I0046524

DU
TRANSPORT
DES BOIS.

DU TRANSPORT, DE LA CONSERVATION ET DE LA FORCE DES BOIS;

OU L'ON TROUVERA DES MOYENS D'ATTENDRIR LES BOIS, *DE LEUR DONNER DIVERSES COURBURES*, SUR-TOUT POUR LA CONSTRUCTION DES VAISSEAUX; *ET DE FORMER DES PIECES D'ASSEMBLAGE POUR SUPPLÉER AU DÉFAUT DES PIECES SIMPLES:*

Faisant la conclusion du TRAITÉ COMPLET DES BOIS ET DES FORETS;

Par M. DUHAMEL DU MONCEAU, *de l'Académie Royale des Sciences; de la Société Royale de Londres, de la Société des Arts de la même Ville; de l'Académie Impériale de Petersbourg; de l'Institut de Bologne; des Académies de Palerme & de Besançon; Honoraire de la Société d'Edimbourg, & de l'Académie de Marine; de plusieurs Sociétés d'Agriculture; Inspecteur Général de la Marine.*

OUVRAGE ENRICHI DE FIGURES EN TAILLE-DOUCE.

A PARIS,
Chez L. F. DELATOUR, rue Saint Jacques, à S. Thomas d'Aquin.

M. DCC. LXVII.

AVEC APPROBATION ET PRIVILEGE DU ROI.

B. L. Prevost Inv. et Sculp.

PRÉFACE.

LA PLACE que j'occupe dans la Marine m'ayant donné occasion d'assister à beaucoup de recettes de Bois, & d'en voir employer une immense quantité de différentes especes, je desirai d'acquérir sur ce point le plus de connoissances qu'il me seroit possible. Je trouvois bien dans les Ports & dans les grands ateliers des opinions généralement accréditées, auxquelles on avoit pris une telle confiance qu'il sembloit ridicule de les révoquer en doute : cependant quand j'osois les approfondir, je les trouvois presque toujours dénuées de preuves : elles étoient appuyées sur des raisonnements vagues qu'on disoit être physiques, quoiqu'ils ne fussent fondés sur aucune démonstration, ni sur des expériences exactes. J'apperçus donc bien-tôt que j'avois peu de lumieres à acquérir dans les endroits même où l'on fait la plus grande consommation de bois, & qu'au contraire je devois chercher un point d'appui pour résister à un courant qui auroit pu me mener bien loin du but où je me proposois d'atteindre ; car on est naturellement porté à suivre les routes déja frayées.

Je cherchai aussi inutilement à m'instruire dans les Livres : si l'on excepte les Ouvrages des Botanistes qui se sont appliqués à faire connoître les différentes especes d'Arbres ; les recherches de quelques Physiciens, tels que Malpighi, Grew, Hales, M. Bonnet ; quelques Dissertations que l'on trouve dans les Mémoires de l'Académie, & qui présentent d'utiles observations sur différents points de l'économie végétale ; enfin quelques Livres de Jardiniers qui ont assez bien traité de la culture des Arbres fruitiers & des Pepinieres ; je n'ai presque retiré aucun secours des autres Auteurs qui n'ont fait que copier ceux qui les avoient précédé, sans entrer dans aucune discussion, & sans chercher à s'assurer de la vérité des faits par de nouvelles expériences ou par des observations exactes. Nous avons encore l'Ordonnance des Eaux & Forêts, où l'on a sagement prescrit quelques formalités pour prévenir la déprédation des Bois ; mais on s'y est beaucoup plus occupé de jetter les fondements d'une nouvelle Jurisprudence, que de ce qui concerne le fond même des Forêts.

Me voyant ainſi preſque dénué de tout ſecours, je pris le parti de traiter la matiere des Forêts comme ſi perſonne ne s'en étoit jamais occupé avant moi. Je la regardai comme un terrein qu'on avoit toujours laiſſé en friche, mais dont le ſol étoit bon, & méritoit d'être cultivé.

Je dois cependant avertir que mon but n'a jamais été de taxer de préjugés ridicules les opinions reçues. Mais je me ſuis fait une loi de n'en adopter aucune qu'après avoir conſulté l'expérience, le ſeul guide qui m'ait paru mériter ma confiance. Je me ſuis donc propoſé de vérifier tous les faits, même ceux qui me paroiſſoient les plus vraiſemblables; d'éclaircir par de nouvelles expériences ceux que je croirois douteux, & de diſcuter ainſi les différents ſentiments pour mettre les perſonnes qui s'intéreſſent à la matiere des Forêts en état de prendre un parti avec connoiſſance de cauſe. Voilà le plan que je me formai en commençant mon *Traité complet des Forêts*. Je n'aurois probablement pas été aſſez hardi pour l'entreprendre, ſi j'avois fait une ſérieuſe attention à toute ſon étendue, ſi j'avois conſidéré toutes les difficultés qu'il falloit ſurmonter, l'immenſité d'opérations que je ſerois obligé d'exécuter & de ſuivre avec la plus grande aſſiduité. Mais au lieu de faire ces réflexions, qui m'auroient probablement détourné de l'entrepriſe, je m'éblouis en quelque façon ſur toutes ces difficultés, & je fixai mes regards ſur l'utilité de l'objet, qui eſt aſſurément des plus intéreſſants, puiſque, outre les agréments qu'on retire des Bois lorſqu'ils ſont ſur pied, on eſt obligé de convenir qu'en les abattant, on ſubvient à des objets d'abſolue néceſſité. Effectivement n'eſt-il pas ſenſible qu'un pays dénué de Bois ſeroit inhabitable, & que ſi on n'y avoit pas la reſſource de la Houille & de la Tourbe, on ne pourroit ſe garantir des rigueurs de l'hiver, & faire cuire les aliments? Mais laiſſons à part les matieres combuſtibles, qui ſont encore abſolument néceſſaires pour l'exploitation des Mines, pour les Verreries & beaucoup de Manufactures; comment former ſans bois les charpentes qui ſoutiennent les couvertures de nos maiſons? Comment conſtruire les Ecluſes, les Moulins, & les induſtrieuſes Uſines qui multiplient les bras ſans occaſionner de grandes dépenſes? Comment ſe procurer ces corps flottants qui ſont l'ame du Commerce & le plus ſolide fondement de la grandeur des Puiſſances maritimes? Cependant on ſe contente de jouir; & déja dans quelques cantons du Royaume, on eſt réduit à brûler des herbes ſeches & les excréments des animaux pour ſubvenir aux beſoins les plus preſſants.

La rareté du Bois m'a donc paru une choſe ſi importante à une infinité d'égards, que j'ai eu le courage d'entreprendre & de ſuivre avec perſévérance, je puis même

même dire, avec opiniâtreté, un travail qui m'occupe depuis près de quarante ans. On ne ſera pas ſurpris de ce que je dis de l'étendue de ce travail, quand on jettera les yeux ſur le nombre prodigieux d'expériences qui fait le fond de mon Ouvrage, où j'ai conſidéré mon objet ſous un point de vue que je crois nouveau. Ce n'eſt pas ici un édifice établi ſur des hypothèſes; toujours en garde contre les vraiſemblances & les probabilités, je ne préſente que des obſervations & des expériences, en un mot des faits bien conſtatés.

On pourra me reprocher de n'avoir pas tiré de ce fond toutes les conſéquences poſſibles. Vous avez, dira-t-on, raſſemblé bien des matériaux; mais il y en a une partie que vous avez négligé de mettre en œuvre. Je l'avoue: mais je prie mes Lecteurs de conſidérer que je n'aurois pas pu ſatisfaire leurs deſirs ſans alonger beaucoup ce Traité que j'aurois deſiré renfermer dans des bornes plus étroites; huit volumes *in-quarto* ſur les Forêts me paroiſſant un Ouvrage déja trop étendu.

Cependant deux volumes ont été à peine ſuffiſants pour faire connoître, dans mon *Traité des Arbres & Arbuſtes*, tous ceux qu'on peut élever en pleine terre dans notre climat, & dont on trouve une partie aſſez conſidérable dans nos Bois & dans nos Jardins, où la plupart viennent auſſi bien que dans leur pays naturel. Comme nos connoiſſances ſe ſont augmentées ſur ce point, je me trouverai inceſſamment obligé de faire paroître un Supplément à ces deux Volumes.

A L'ÉGARD de la *Phyſique des Arbres*, comment renfermer en moins de deux volumes toutes les connoiſſances qu'on a ſur l'économie végétale ? Outre pluſieurs découvertes qui me ſont propres, j'ai raſſemblé dans ce Traité celles qui avoient été faites par différents Phyſiciens : mais j'ai tout vérifié, ſoit pour ma propre inſtruction, ſoit pour me mettre en état de certifier l'exactitude des faits.

JE n'ai pas pu employer moins d'un volume pour les *Semis & Plantations* : il s'agiſſoit d'y expoſer toutes les méthodes que nous avons ſuivies pour élever un grand nombre d'Arbres en pepiniere, dont les uns deſtinés à faire des arbres de haute tige ont ſervi à planter de longues avenues, & les autres tirés jeunes des pepinieres ont été employés à former des maſſifs, pendant que nous avons ſemé environ 150 arpents de Bois par petites parties de ſix, de huit ou de dix arpents pour eſſayer toutes les méthodes poſſibles, & être en état de fournir aux propriétaires des terres, des moyens ſûrs de boiſer leurs domaines par des opérations proportionnées à leur fortune & conformes à leurs vues. Je ſuis cependant parvenu à mettre encore dans le même volume les opérations qui nous ont réuſſi pour rétablir des Bois qui avoient été négligés ou dégradés.

Si j'avois voulu m'étendre en réflexions, je n'aurois pas pu renfermer en deux volumes toutes les recherches que j'ai faites relativement à l'*Exploitation des Forêts*, mettre les propriétaires ou les acheteurs en état d'estimer la valeur d'un Taillis ou d'une Futaie, fixer ce qu'on peut retirer des Taillis relativement à leur âge, à la qualité du terrein où ils ont crû, & à l'espece d'Arbre qui y domine, faire appercevoir le parti qu'on peut tirer des Futaies suivant leur grosseur & l'essence de leur bois, décrire tous les Arts qui se pratiquent dans les Forêts, discuter plusieurs questions qui partagent les Praticiens les plus exercés ; tantôt sur l'âge où il convient d'abattre les Arbres, tantôt sur la saison de l'abattage ou sur la cause des fentes & des éclats, qui en plusieurs circonstances font beaucoup de tort aux Bois exploités. Nous sommes parvenus à indiquer des moyens de prévenir ce dommage en plusieurs circonstances. Nous avons aussi indiqué comment on doit équarrir les Arbres pour conserver aux pieces toute la grosseur qu'elles doivent porter.

Comme il est intéressant d'avoir de bons bois pour la Menuiserie, nous avons expliqué les précautions qu'on doit prendre en refendant les Arbres en planches pour qu'elles soient moins exposées à se fendre, à se déjeter & à se retirer. Je n'étendrai pas davantage l'énumération de ce qui est contenu dans ces deux volumes : ainſi je paſſe au huitieme & dernier que je préſente aujourd'hui au Public. Il s'y agit du *Tranſport des Bois* par terre ou par bateaux ou à flot, & j'eſſaye de faire appercevoir les avantages & les inconvénients de chacune de ces différentes méthodes. Les Marchands y verront comment, faute d'attention, leurs Bois ſont quelquefois uſés, & en partie pourris, avant que d'être livrés à leur deſtination.

J'EXPOSE enſuite ce qu'on peut faire dans les Chantiers & les Arcenaux pour le *Deſſéchement* & la *Conſervation des Bois* de différentes eſpeces. Ici ſe préſente une grande queſtion dont je me ſuis beaucoup occupé, ſavoir lequel eſt le plus avantageux de conſerver les Bois dans l'eau douce, ou ſalée, ou renfermés ſous des hangars, ou empilés à l'air ; ſi elle n'eſt pas completement réſolue dans cet Ouvrage, j'eſpere au moins que l'on conviendra que nous avons employé tous les moyens poſſibles pour l'éclaircir. Nous avons enſuite traité expreſſément de la *Conſervation des Bois de Mâture*, ainſi que *des Mâts* travaillés. Comme il eſt ſouvent avantageux, ſur-tout pour la conſtruction des Vaiſſeaux, de pouvoir attendrir les Bois droits pour leur faire prendre différentes courbures, j'ai lieu d'eſpérer qu'on verra avec quelque ſatisfaction le détail des Expériences que nous avons faites relativement à ce point intéreſſant.

Ce volume eſt terminé par une recherche très-étendue ſur la *Force des Bois* de différents équarriſſages, ſoit d'un ſeul morceau, ſoit de pluſieurs pieces aſſemblées les unes avec les autres. J'ai beaucoup inſiſté ſur ce point, parce qu'il m'a paru également utile à l'Architecture navale & à l'Architecture civile. On en ſera pleinement convaincu par l'expoſé d'une très-belle opération qui a été faite à Marſeille par feu M. Garavaque. Cet Ingénieur de la Marine, en armant la quille & le courſier d'une Galere arquée & hors de ſervice, parvint à lui faire reprendre ſa tonture, & à la mettre en état de faire campagne.

Desirant reſtraindre mon Ouvrage le plus qu'il me ſeroit poſſible, j'ai mieux aimé beaucoup abréger les raiſonnements que de ſupprimer le détail des expériences qui établiſſent des faits, dont on pourra tirer des conſéquences utiles & appropriées aux circonſtances. J'eſpere qu'on me ſaura gré de m'être chargé de la partie la plus fatigante & la plus diſpendieuſe, & que le ſoin & l'attention que j'ai apporté à mon travail pourra attirer à ſon Auteur l'eſtime des honnêtes gens : c'eſt la récompenſe la plus flatteuſe que je puiſſe m'en promettre.

Nota. *M. de Buffon a fait imprimer dans les Volumes de l'Académie des Sciences, années* 1740 *&* 1741, *une grande* ſuite d'Expériences ſur la force des Bois quarrés. *Comme il a ſuivi une autre route que moi, j'aurois deſiré préſenter une idée de ce travail; mais ce huitieme & dernier Volume étant déja fort gros, je me ſuis trouvé obligé de me réduire à l'indiquer.*

TABLE
DES CHAPITRES ET ARTICLES
du Traité du Transport des Bois, &c.

LIVRE PREMIER.
Du Transport des Bois.

LIVRE SECOND.

Autres

LIVRE TROISIEME.

LIVRE QUATRIEME.

Des Bois destinés pour les Rames & les Mâtures ; & de la Conservation des Mâts. *Page* 369

LIVRE CINQUIEME.

De la Force des Bois, soit d'une piece, soit d'assemblage, les uns & les autres de différentes grosseurs, *Page* 409

Fin de la Table.

ERRATA.

Page 40, *lig.* 16, entre d'autres de 18 pieds; *lisez*, en tout de 18 pieds.

DU

DU TRANSPORT DES BOIS, ET DE LEUR CONSERVATION.

LIVRE PREMIER.

Du Transport des Bois.

INTRODUCTION.

Il y a un très-grand nombre d'especes de Bois dont on fait usage dans les Arts. Nous n'avons point parlé, & nous ne devons rien dire des Bois étrangers qu'on ne peut naturaliser dans notre climat, quoiqu'ils entrent dans le Commerce & qu'ils soient employés utilement, soit pour les médicaments, soit pour les Teintures ou la Marqueterie, &c. Mais nous avons suffisamment parlé dans les Volumes précédents (*), des Arbres naturels à notre climat ou qui y ont été naturalisés, tant des Bois durs, comme le Chêne, l'Yeuse, l'Orme, le Noyer, le Hêtre, le Frêne, le faux-Acacia, le Platane, le Micocoulier, le Merisier, le bois de Sainte-Lucie, le Charme, l'Érable, le Mûrier, le Cormier, l'Alisier, le Cornouiller, le Nêflier, les Sauvageons Poirier & Pommier, &c; que des Bois blancs, tendres & légers, tels que le Tilleul, l'Aune, les différentes especes de Peupliers, le Bouleau, le Châtaignier, le Marronnier d'Inde, le Saule; & enfin les arbres résineux, Pins, Sapins ou Picéas, les Melezes, le Cedre du Liban; les vrais Cedres, les Cyprès, l'If, & beaucoup d'autres especes d'arbres dont les uns quittent leurs feuilles & les autres les conservent en hiver.

Après avoir fait connoître les différentes especes d'arbres & enseigné leur culture, la façon de les élever, de les multiplier, de les entretenir pendant leur accroissement, j'ai expliqué à l'occasion de l'exploitation ce qu'on entend par Bois en *peuil* ou *fauchillons*, qui n'ont pas acquis l'âge de trois ans, les Bois *taillis*, qui ont depuis neuf ans jusqu'à trente ans, les Bois dits *hauts-taillis*, *de haut revenu* ou *demi-futaie*, qui ont depuis trente ou quarante ans jusqu'à soixante, les Bois de *haute-futaie*, que l'on compte depuis soixante jusqu'à cent, cent cinquante ans & plus; enfin les *vieilles futaies* en retour ou sur le retour, & qui commencent à dépérir.

J'ai aussi expliqué ce qu'on entend par *Bois mort*, qui est sans seve & qui ne végete plus, pour le distinguer de ce qu'on appelle *Mort-Bois*, qui est le Bois de quelques arbrisseaux de peu de valeur. J'ai aussi parlé des défauts des Arbres sur pied, tels

(*) Dans le Traité des Arbres & Arbustes; dans celui des Semis & Plantations, & en dernier lieu dans le Traité de l'Exploitation des Forêts.

que ceux qui ſont *avortés*, *abougris* ou *rabougris*; ceux qui ont été brûlés ſur pied, qu'on nomme *Arſins*; ceux qui ont été ou rompus ou renverſés par le vent, qu'on nomme *Volis*, *Chablis*, *Chablés* ou *Caablés* verſés & *encroués*; les Bois qu'on a fait mourir par délit & forfaiture, qu'on nomme *Bois de condamnation* ou *Charmés*.

Nous avons dit que les Bois *de touche* ou *Marmanteaux*, ſont ceux qui ſervent à la décoration des Châteaux & Maiſons de Campagne; que les Bois *en défend*, *défenſables* ou *en réſerve* ſont ceux qu'il eſt expreſſément défendu d'abattre ou d'endommager.

Après avoir ainſi conſidéré les Bois ſur pied, vifs, en état de végétation, & me propoſant de faire connoître le profit qu'on peut en tirer en les exploitant, je me ſuis d'abord renfermé dans la diſtinction des Bois en taillis & futaies. Les taillis fourniſſent, ſuivant leur grandeur, des harts ou rouettes, des fagots, des échalas de brin, des perches pour les trains, des cerceaux, des cotrets, de la corde à charbon & de la corde parée, des rondins, des ſerches pour les cribles, des fourches, des bâtons pour les écuyers des eſcaliers, ou des manches de houſſoirs, qu'on appelle *Bois de pique* parce qu'ils ſervent auſſi à faire des hampes de piques & d'eſpontons, &c.

Après avoir expliqué comment les Bûcherons doivent abattre les taillis, nous avons donné la façon d'en faire toutes les différentes marchandiſes qui peuvent les rendre utiles aux Propriétaires. Nous avons enſuite paſſé à l'exploitation des Bois plus gros, de ceux qu'on emploie à faire des chevrons de brin, des ridelles, des limons de charrette, des hêtres refendus en deux pour en faire des rames pour la navigation, du Bois en grume pour le Charronnage; enfin du Bois en bûches de compte, de moule ou de corde, tant en rondins qu'en quartiers. Nous avons détaillé ensuite comment on doit abattre les gros arbres, comment on doit les débiter pour le Charronnage ou pour l'usage de l'Artillerie; la façon de les équarrir pour les ouvrages de Charpente ou de construction des Vaisseaux; les différentes méthodes de les refendre à la scie de long pour en faire des solives, des chevrons, des planches ou des membrures, &c; la façon de travailler les ouvrages de fente, les perches, les échalas, les gournables, le douvain, le traversain pour les futailles & barrils; les serches & enfonçures pour la Boissellerie; les bardeaux, palissons, lattes, barreaux de Moulin, &c.

Ensuite nous avons donné la façon d'ouvrer & de travailler tous les Bois qu'on nomme *de Raclerie*, tels sont les sabots, les talons de souliers, les semelles de galoches, les bâts de bêtes de charge, les attelles de colliers, les arçons de selle, panneaux de soufflets, bois de lanterne, lattes pour les fourreaux d'épée, battoirs de lessive, pelles à four, pelles d'écurie, pelles pour remuer les grains, les sebilles, moules à suif, cuillers à pot, égrugeoires, bois de raquettes (*), copeaux pour les Gaîniers, & ceux dont les Marchands de Vin font usage, &c.

Quand tous les Ouvrages dont nous venons de parler sont faits, il est question de les transporter, soit aux lieux où on en fait la consommation, soit au bord des rivieres navigables pour les conduire dans les grandes villes où doit s'en faire le débit. C'est de cet objet que nous allons maintenant nous occuper; mais je crois devoir commencer par donner ici un détail des privilèges qui ont été accordés aux Marchands Ventiers, pour faciliter la tirée de leurs Bois & la vuidange des ventes.

(*) Les meilleurs bois de Raquettes sont faits de menus Frênes fendus en deux: ils se vendent par paquets de grosse & demi-grosse, que les Ouvriers apportent ordinairement eux-mêmes pour les vendre aux Paulmiers.

CHAPITRE PREMIER.

Privileges accordés aux Marchands Ventiers *pour faciliter la vuidange des Ventes, & principalement pour favoriser l'Approvisionnement de Paris.*

IL EST permis aux Marchands *Ventiers* qui ont à faire tirer & sortir leur bois des Forêts, de faire passer leurs charrettes & harnois sur les terres qui se rencontrent depuis les Forêts jusqu'aux ports des rivieres navigables & flottables, en dédommageant néanmoins les Propriétaires, à dire d'experts : dès que les Marchands ont fait leur soumission de payer le dommage, on ne peut saisir ni arrêter leurs voitures.

Les Marchands de bois flotté sont pareillement autorisés à faire creuser de nouveaux canaux & à se servir des eaux des étangs, en dédommageant les Propriétaires des terres & des étangs, à dire d'experts. Les mêmes Marchands peuvent faire jetter leur bois, à bois perdu, dans les rivieres & ruisseaux, en avertissant dix jours d'avance les Propriétaires qui se trouveront dans l'étendue du flot, par des publications aux Prônes des Paroisses, & en offrant de réparer les dommages qu'ils pourroient causer aux moulins, écluses, chaussées, &c.

Les Propriétaires riverains sont tenus de laisser de chaque côté des rivieres & ruisseaux, un sentier de quatre pieds de largeur, pour le passage des ouvriers qui poussent les bois à val de la riviere.

Il est permis aux Marchands de faire passer leurs bois au travers des étangs & des fossés des Châteaux ; & les Propriétaires sont obligés de tenir leurs parcs ouverts, ainsi que leurs basses-cours, pour le passage des ouvriers, toujours à la charge de dédommagement à dire d'experts.

Comme les Marchands doivent réparer les dommages qu'ils

auroient faits aux chaussées & écluses des moulins, aux bords des rivieres, &c, ils sont tenus d'en faire d'avance constater juridiquement l'état ; & les Propriétaires obligés de mettre leurs rivieres en état ; à faute de quoi, & de n'avoir pas obéi aux sommations, les Marchands sont autorisés à faire les réparations nécessaires, dont ils se rédiment ensuite sur ce qu'ils auroient à payer aux Propriétaires pour les dommages de leur fait.

Le chommage des moulins en valeur & tournants, est estimé au plus à quarante sols par jour.

Il est permis aux Marchands, de se servir des terreins voisins des rivieres flottables ou navigables pour y faire des amas de leur bois, en payant aux Propriétaires dix-huit deniers par corde (*), si le terrein qu'ils occupent est en pré, & un sol seulement par corde si ces terres sont en labour ; & ce, pendant chaque année que le bois occupera le terrein : & pour faciliter le payement de ce loyer, les Marchands sont obligés d'empiler les bois à leur marque par piles détachées, qui doivent être de huit pieds de hauteur sur quinze toises de longueur ; moyennant cette somme, les Propriétaires sont obligés de laisser passer sur leurs héritages les ouvriers qui font l'empilage ou qui façonnent les trains, ainsi que les voitures qui apportent les rouettes & les perches.

CHAPITRE II.

Du Transport des Bois ouvrés ou non ouvrés qui ne forment pas un gros volume.

IL EST clair que quand les bois sont divisés par petites masses, le transport en est beaucoup plus facile que quand ils forment un gros volume. C'est pourquoi quand les ventes sont fort éloignées du lieu du débit, ou quand les chemins sont très-mau-

(*) J'ignore si cette taxe est uniforme dans toutes les Provinces du Royaume.

vaïs, on eſt obligé de faire ouvrer & travailler dans les Forêts les bois qu'on y exploite; & c'eſt du tranſport de ces ſortes de bois que nous allons parler dans les Articles ſuivants.

ARTICLE I. *Du tranſport des Ouvrages de Raclerie.*

COMME les Ouvrages de Raclerie ne forment que de petites maſſes, le tranſport en eſt toujours facile. Si, cependant, les chemins ſont difficiles, on en charge des bêtes de ſomme qui les tranſportent, ſoit aux villes voiſines pour en fournir les ouvriers, ſoit aux bords des rivieres où on les charge ſur des bateaux : quand les chemins ſont praticables, il eſt plus expéditif d'en charger des charrettes à ridelles que de les tranſporter à ſomme.

On voit très-fréquemment arriver à Paris, au port de la Greve, des bateaux chargés de pelles, de bâts, d'attelles, de colliers, de panneaux de ſoufflets, &c. Dans ce tranſport, on prend la précaution de couvrir les bateaux de genêt, de paille ou de bannes de toile, pour défendre ces ouvrages de la pluie & du hâle, qui les feroient fendre, ce qui porteroit un grand préjudice au Marchand.

ARTICLE II. *Du tranſport des Ouvrages de Fente.*

COMME les Ouvrages de Fente, tels que les échalas, la latte, les ſerches & les enfonçures de boiſſeaux, les cercles des futailles, ſont des marchandiſes plus peſantes que les ouvrages de Raclerie, on les tire, autant qu'il eſt poſſible, des Forêts par charrois; cependant on eſt quelquefois obligé d'y employer des bêtes de ſomme (*Pl. I. fig.* 1 *&* 2). Il ſuffit de remarquer que quand on tranſporte ces ouvrages de fente par bateaux, on peut ſe diſpenſer de les garantir de la pluie & du hâle, parce qu'ils courent peu de riſque d'être endommagés par les fentes.

Article III. *Du transſport du Charbon.*

Le Charbon ſe tire ſouvent des Forêts à ſomme; tantôt dans de grands ſacs qui peſent environ 125 liv. & que l'on place en travers ſur le dos des chevaux (*Pl. I. fig.* 3), tantôt dans de plus petits ſacs qu'on empile de long ſur le bât des bêtes de charge (*Pl. I, fig.* 4). Ordinairement ces charges de charbon ſe vendent dans les lieux peu éloignés des Forêts.

Dans les villes où l'on exerce la police ſur cette denrée, on exige que les ſacs, grands ou petits, contiennent juſte une certaine meſure, comme mine, minot ou boiſſeau.

Mais quand il faut voiturer le charbon à des lieux plus éloignés, comme une ville ou un port où on en remplit des bateaux, on charge le charbon dans de grands fourgons garnis de claies (*Pl. I. fig.* 5). Pour que ces voitures en puiſſent contenir beaucoup,on éleve les claies plus haut que les ridelles; & quand on n'a pas à paſſer par des chemins où les ornieres ſoient profondes, on ſupprime l'enfonçure de ces fourgons, & on y forme un fond de claies bombées en deſſous, & retenues par des enlacements de cordes. Suivant l'uſage des pays, ces voitures ſont tantôt à deux roues (*Pl. I. fig.* 5), & tantôt à quatre (*fig.* 6). Pour la fourniture des groſſes forges qui conſomment beaucoup de charbon, on le voiture ordinairement dans des bannes jaugées (*fig.* 7 *&* 8) qui ſe déchargent par deſſous. On emploie quelquefois de pareilles bannes pour conduire le charbon aux ports, & l'on a, par ce moyen, la facilité de ſavoir plus préciſément, ſoit en poids, ſoit en meſure, la quantité de charbon qu'on tire de la Forêt; car ſouvent une banne de charbon contient 15 à 16 demi-queues de charbon, ce qui revient à 2500 liv. peſant.

Le charbon étant rendu au port d'une riviere navigable, par quelque voiture que ce ſoit, il faut enſuite le charger dans des bateaux. Si ces bateaux ſont grands, on dreſſe tout autour de fortes perches, ou de menues ridelles, qu'on éleve perpendiculairement aux bords (*fig.* 9); on les met à 6 ou 8 pieds de diſtance

distance les unes des autres, parce que c'est la grandeur des claies qui doivent retenir le charbon. On traverse ces perches verticales avec d'autres perches placées horizontalement, & liées aux premieres par des harts ou des rouettes : de plus, pour éviter que les perches d'un bord ne s'écartent de celles de l'autre par la charge du charbon, on les contient avec des cordes de tilleul qui traversent le bateau de distance en distance, même au travers du charbon, & on les attache aux perches verticales; enfin, on revêt intérieurement tout ce bâti avec de fortes perches & des claies, après quoi on remplit de charbon toute cette capacité. Les bateaux qui sont moins grands, & qui viennent par les canaux, sont garnis seulement de perches de bois blanc à la hauteur d'une claie; &, au lieu des cordes de tilleul, on met dans le charbon des perches de bois blanc.

Les bateaux qui descendent à Paris par la Seine, l'Oise & la Marne (*Pl. I. fig.* 10), sont plus forts que ceux qui y viennent par les canaux, & qu'on nomme de *Loire*. Les grands bateaux ont communément 14 à 15 toises de longueur sur 5 toises de largeur : on les charge comble jusqu'à 15 ou 16 pieds de hauteur au-dessus du plat-bord : ils contiennent 2 à 3000 voies de charbon. Ceux des canaux ont 17 à 18 toises de longueur, & 11 à 12 pieds de largeur par le bas; on ne les charge qu'à la hauteur d'une claie pour qu'ils puissent passer par les écluses : ceux-ci contiennent 6, 7 à 800 voies de charbon. Le charbon qui remonte la Seine est chargé dans de plus grands bateaux (*Fig.* 9) que celui qui descend cette riviere; ces bateaux sont chargés comble.

On amene le charbon à découvert; le fond des bateaux est garni d'un plancher pour garantir le charbon de l'humidité, & pour faciliter le travail de la pelle quand on le décharge, ou lorsqu'on le mesure pour le vendre.

On distingue, à Paris, le charbon de bois par les lieux d'où on le tire : on estime beaucoup, par exemple, *le charbon d'Yonne* qu'on fait en Bourgogne avec du Cheneau souvent pelard; on l'amene à Paris par la riviere d'Yonne dont il prend le nom.

On estime un peu moins *le charbon de Marne* qu'on fait en Champagne, & qui est communément de bois de quartier ou de gros rondin.

De même, on appelle *Charbon de Loire*, celui qui est fait aux bords de cette riviere, & qui arrive à Paris par le canal de Briare : comme ce charbon est gros, long & fait de toutes sortes de bois, on l'estime peu.

Le *Charbon* qu'on nomme *de Seine*, parce qu'il est fait aux bords de cette riviere au-dessus de Paris, est à peu près de même qualité que celui de Loire.

A l'égard du charbon qui est fait, soit en Normandie, soit en Picardie, & dont les bateaux remontent la Seine, on le nomme *Charbon de l'Ecole*, à cause du port de ce nom où on le décharge à Paris : il est de même nature que celui de Loire, c'est-à-dire, fait de toutes sortes de bois.

Les charbons qui se font dans la forêt de Crecy-en-Brie, dans les bois de Tournon, d'Auxois, de Ferriere, de Chevreuse, arrivent à Paris par terre, dans des charrettes garnies de claies, ou à somme dans des sacs.

Dans la plûpart des Provinces où l'on n'exerce pas de police sur le charbon, on ne le vend pas dans des bannes jaugées : on le débite dans des sacs de différentes grandeurs, & qui n'ont point de mesure précise : c'est à l'acquéreur à juger, par habitude, de la grandeur de ces sacs, & de ce qu'ils peuvent contenir. Mais à Paris, il faut, comme je l'ai dit, que les sacs contiennent juste une certaine mesure; tout le charbon qui se vend, ou sur les ports dans les bateaux, ou sur le pavé, est vendu à la mesure. Le *minot* contient huit boisseaux; le *boisseau*, deux demi-boisseaux ou quatre quarts de boisseau ; les deux minots font une *mine;* & vingt mines font le *muid :* le minot doit avoir 11 pouces 9 lignes de hauteur en dedans, sur un pied 2 pouces 8 lignes de diametre; les deux minots, ou la mine, forment un sac qui pese à peu-près 120 livres : c'est ce que l'on appelle *charge* ou *voie de Charbon;* & c'est ce qu'un homme de force ordinaire peut porter.

ARTICLE IV. *Du transport des Perches, Fagots, Cotrets & autres menus Bois.*

TOUS ces bois se tirent des Forêts à somme, ou plus communément par charrois ; on les voiture ainsi aux endroits où l'on doit en faire la consommation, ou aux ports des rivieres navigables ; & là on en charge des bateaux.

A l'égard des *échalas* ou *charniers* (*) de brin ou de fente, on arrange les bottes de long dans des charrettes à ridelles : comme cette marchandise est pesante, une charrette remplie de bottes d'échalas jusqu'au dessus des ridelles, fait une charge pour le tirage de 3 ou 4 chevaux.

Les *cotrets* se tirent de la même maniere des Forêts, ou sur des charrettes à deux roues, ou sur des chariots à quatre roues.

A l'égard des *fagots*, comme ils encombrent beaucoup sans faire un grand poids, on en remplit le corps de la voiture entre les ridelles, en les arrangeant de long ; ensuite, quand on est plus élevé que les ridelles ou les roues, on place les fagots en travers, on en forme une pile assez haute, que l'on retient par un cordage qu'on serre le plus qu'il est possible, ou on emploie une forte perche, dont un bout est passé dans une échelette qui est au-devant de la voiture, & le bout opposé est assujetti par une corde. Dans d'autres endroits, pour augmenter l'élévation des ridelles, on dispose en dedans, le long des ridelles, un rang de fagots mis debout ; ces fagots, en s'écartant un peu les uns des autres par le haut, forment une grande cavité qu'on remplit de fagots couchés, suivant la longueur de la voiture. Cette façon de charger les fagots évite d'employer des cordages pour les assujettir ; mais une voiture ordinaire, ainsi chargée, peut à peine contenir de quoi faire le tirage de deux chevaux de moyenne force, pour peu que les chemins soient praticables. La plus grande difficulté qu'il y ait à voiturer les fagots, est que les voitures chargées fort haut sont

(*) Ce qu'on appelle à Paris *Echalas*, se nomme dans l'Orléanois *Charnier*, dans le Bourdelois *Œuvre*, ailleurs *Paisseau*, &c.

très-sujettes à verser lorsque les routes sont étroites, que les ornieres sont profondes, ou quand il faut traverser des fossés.

La maniere de charger les bateaux avec des fagots, est d'en remplir d'abord le fond jusqu'au plat-bord, empilés & placés de long; ensuite, quand on est parvenu à la hauteur du plat-bord, on met, sur les deux bords, des fagots entassés en travers, de façon qu'ils débordent un peu le bateau des deux côtés; on remplit le milieu avec des fagots posés en long, ce que l'on continue jusqu'à ce que le bateau entre assez dans l'eau. Comme les fagots sont légers, & qu'il faudroit, pour la charge d'un bateau, les empiler fort haut, souvent on met du bois de corde dans le fond.

ARTICLE V. *Du transport des Bois de chauffage par terre.*

ON FAÇONNE & on corde le bois à brûler dans les Forêts, comme nous l'avons expliqué dans le Traité *de l'Exploitation des Bois*; mais il faut ensuite l'en tirer pour le voiturer, soit directement aux lieux où il doit être consommé, soit aux bords des rivieres, d'où on le transporte quelquefois fort loin.

Comme le bois à brûler est pesant, on en transporte peu à somme: quelques pauvres gens viennent prendre le plus menu qu'ils transportent sur des ânes, ou de petits mulets, pour aller le vendre dans les lieux peu éloignés. Mais le transport se fait ordinairement par charrois, soit avec des chariots, soit avec d'autres voitures à deux roues, suivant l'usage du pays. Assez souvent ce transport se fait sur des voitures garnies de ridelles; en ce cas, on arrange en long les morceaux de bois; &, suivant la longueur de la voiture, & celle du bois qui varie selon l'usage des différentes Forêts, on met bout à bout trois ou quatre bûches, ayant l'attention de mettre à chaque extrémité de la charrette, à l'avant & à l'arriere, une bûche en travers pour élever le bout des bûches qui sont posées dans leur longueur, afin qu'elles ne coulent point dans les montées & les descentes du transport.

Assez souvent les Marchands de bois, ou les Tiérachiens qui entreprennent de tirer les bois des Forêts, se servent de charrettes (*Pl. I. fig.* 11) qui ne sont garnies de ridelles que vers les roues; à cet endroit ils mettent le bois suivant la longueur de la voiture; & à l'avant, ainsi qu'à l'arriere, ils le posent en travers: une chaîne, ou une lieure de corde, ou des ranchées (comme on le voit dans la Figure 11), empêchent que le bois ne s'écroule. Ces sortes de voitures sont ordinairement légeres & fort commodes dans les mauvais chemins, dont elles se tirent mieux que toute autre. De quelque voiture qu'on se soit servi, quand le bois est rendu au bord des rivieres, on en forme des piles séparées les unes des autres, & ces piles doivent toutes avoir 8 pieds de hauteur sur 15 toises de longueur: elles doivent contenir 22 cordes de bois; ce qui est commode, & pour les Marchands qui payent tous leurs ouvriers à la corde, & pour les Propriétaires du terrein, à qui les Marchands sont tenus de payer un droit fixé pour chaque corde de bois, selon l'usage du pays.

Les Forêts qui fournissent le plus de bois à brûler pour Paris, sont celles de Lorraine, de Champagne, de Bourgogne, de Brie, de Picardie & de Normandie.

ARTICLE VI. *Du Bois à brûler qu'on transporte par bateaux.*

ON CHARGE le bois à brûler sur des bateaux comme on y charge les fagots; c'est-à-dire, que quand on a rempli le fond avec des bûches posées de longueur, on en arrange de travers sur les plats-bords des deux côtés, & le milieu se remplit avec des bûches placées en long. On ne les empile pas aussi haut que les fagots, parce qu'il n'en faut pas autant pour faire la charge d'un bateau. Il y a des bateaux qui descendent la riviere en suivant le cours de l'eau (*fig.* 10); & d'autres qui la remontent, à l'aide des chevaux ou des bœufs (*fig.* 9).

Ce bois, arrivé ainsi par bateaux, se nomme, à Paris, *Bois neuf*: on le décharge à l'Isle Louvier, au port de la Tournelle, au port de l'Ecole, &c. Le bois qui arrive par charrois est aussi appellé *Bois neuf;* il est ordinairement destiné pour des provisions particulieres.

Quand il arrive un bateau chargé de bois de différentes qualités, les Marchands sont tenus, en le déchargeant, d'empiler ces bois séparément; car il leur est défendu de mêler dans le bois qu'ils vendent à la membrure, plus d'un tiers de bois blanc, tel que l'Aune, le Bouleau, le Peuplier, le Tilleul, le Saule: si un Marchand se trouve surchargé de bois blanc, il doit le vendre à part, & à meilleur marché que le bon bois, qui est le Hêtre, le Chêne, le Charme, le Frêne, l'Alisier, les Sauvageons-Poirier & Pommier, &c. L'Orme est aussi regardé comme bois dur parmi celui que l'on vend à la corde ou à la voie. Ce sont ordinairement les Boulengers, les Rôtisseurs, les Pâtissiers, les Potiers de terre, les Plâtriers, &c, qui achetent les bois blancs; car quand ces bois tendres sont secs, ils brûlent très-vîte, & donnent une flamme vive qui chauffe beaucoup: les Tourneurs en bois tendre, les ouvriers qui font des talons de souliers & des semelles de galoches, achetent aussi cette sorte de bois pour le travailler.

Le *Bois pelard,* c'est-à-dire, celui dont l'écorce a été enlevée sur pied pour en faire du tan, est mis au nombre des bois neufs; il est menu, & communément il se consomme par les Cuisiniers, Pâtissiers, Boulengers & par les Rôtisseurs. Ce bois, qui est fort sec & de pur chêneau, fait beaucoup de flamme & un feu très-ardent. Tous les bois dont nous venons de parler se vendent à la voie, mesurés dans une *membrure* (*Pl. I. fig.* 12), comme nous l'expliquerons dans un instant.

Tout le bois neuf, destiné à brûler, qui se vend à Paris, se distingue, sur les ports, en *Bois de compte* & *Bois de corde* (*).

(*) Il ne sera peut-être pas hors de propos de rapporter ici quelques Observations qui ont été faites à l'occasion du cordage des bois ronds & fendus.

Les dimensions de la corde de Paris étant de 8 pieds de long & 4 de hauteur, & les bûches ayant 42 pouces de longueur, la corde forme un solide de 112 pieds cubes, mais qu'il est impossible de remplir, sans vuide, avec des bûches, soit rondes, soit fendues, telles que sont les bois à brûler. On n'admet d'ailleurs dans une corde de bois, suivant les Réglements des Eaux & Forêts, que des bois d'une certaine grosseur déterminée

Le *Bois de compte*, qu'on nomme aussi *Bois de moule*, doit avoir au moins 18 pouces de circonférence : il se mesure dans un anneau de fer, qu'on nomme *le moule*, qui doit avoir 2 pieds 1 pouce de diametre, c'est-à-dire, 6 pieds 3 pouces de circonférence : il faut, pour former une voie de bois de compte, la quantité de ce que peuvent contenir 3 de ces anneaux, plus 12 bûches, qu'on nomme *témoins*.

Le bois qui a moins de 18 pouces de circonférence, jusqu'à 6, s'appelle *Bois de corde ;* on y mêle alors du *bois de quartier* ou fendu, avec le *rondin ;* le bois qui n'a que 6 pouces de grosseur, est nommé *taillis ;* le plus menu doit être converti en charbon, ou bien on en fait des perches qu'on vend dans leur longueur, ou qu'on emploie pour en former les trains, comme nous le dirons dans la suite : on en fait aussi des falourdes & des cotrets.

pour les plus petits morceaux, attendu que ceux au-dessous doivent être convertis en charbon, ou entrer dans les fagots pour en être les paremens. A Paris, tous les bois ronds, qui ont 17 pouces de pourtour, ou davantage, peuvent, suivant l'Ordonnance de la Ville de 1672, être réservés pour être vendus entre les bois qu'on nomme *de compte* ou *de moule*, qui sont plus chers que ceux *de corde*. Dans les Provinces, on ne fait pas cette derniere distinction ; mais il en résulte qu'il n'y est pas facile, comme à Paris, de se procurer de gros bois à brûler en bûches rondes, parce que tous les Marchands de bois savent pratiquement que les gros bois ronds sont ceux qui rempliroient le mieux la corde, ou que le bois de quartier foisonne beaucoup plus à la mesure, &, qu'en conséquence, ils n'en réservent aucuns à vendre ronds ; &, suivant des expériences qui ont été faites à Metz, 8 cordes de bois ronds, étant converties en bois fendu, rendent 11 cordes : on apperçoit bien que ces proportions doivent varier suivant la grosseur des bois.

On pourroit aussi démontrer, en se servant du principe de M. de Mairan, sur les piles de bois (*Dissert. sur la Glace* 1749. p. 143.) qu'avec tous bois précisément cylindriques, de 3 pouces $\frac{1}{2}$ de diametre, c'est-à-dire, de la grosseur la plus favorable au remplissage exact de la corde, il ne seroit pas possible d'y faire entrer jusqu'à 97 pieds cubes de bois. Si l'on joint à cette donnée le résultat de l'expérience de Metz, il s'ensuit que c'est tout au plus s'il peut entrer 70 pieds cubes effectifs de bois dans une corde la mieux mesurée qu'il est possible en bois fendu ; & que sur les 112 pieds du cube de la corde, il se trouve nécessairement au moins 42 pieds de vuide. On sent assez combien la fraude ou mal-façon dans le cordage, & la forme tortueuse des bois, peuvent augmenter ce vuide, au grand préjudice de l'acheteur. Dans quelques Provinces, on croit éviter cet inconvénient en vendant les bois au quintal ; c'est l'usage de Marseille ; mais on n'évite pas absolument tous les autres : car les bois, en se desséchant, perdent plus de leur poids que de leur grosseur ; &, pour cette raison, les Marchands essayent de les vendre verds, & nouvellement abattus le plus qu'il est possible : outre cela, le poids des bois change beaucoup suivant que l'air est sec ou humide ; & les Marchands tâchent de vendre leurs bois dans les circonstances qui se trouvent leur être plus avantageuses. Cette Note est tirée, en partie, des Mémoires de M. de Fourcroy, Ingénieur en chef, à Calais.

J'ai dit que tous les bois à brûler se mesuroient d'abord, dans les Forêts, à la corde (*) : cette corde est une pile de 8 pieds de longueur sur 4 de hauteur. Mais tous les bois à brûler qu'on vend à Paris (le bois de moule excepté) doivent se vendre par demi-corde qu'on nomme *voie*, & qui se mesure dans un assemblage de charpente appellé *membrure* (*Pl. I. fig.* 12). Cette mesure doit contenir une pile de 4 pieds de hauteur, sur 4 pieds de largeur. La membrure est composée d'une piece de bois de 6 pouces d'équarrissage, & de 7 à 8 pieds de longueur. Sur cette piece, qui fait la base de la membrure, s'élevent deux pieces de même grosseur, éloignées l'une de l'autre de 4 pieds dans œuvre, assemblées à mortaises dans la piece de la base : ces montants ont 4 pieds de hauteur, & sont affermis par deux liens extérieurs assemblés dans la piece d'en bas & dans les montants.

Lorsque cette membrure est exactement remplie de bois, elle donne ce qu'on nomme *une voie*, &, par conséquent, une demi-corde de 4 pieds de base sur 4 pieds de hauteur. Tout le bois destiné pour la consommation de Paris, doit avoir 3 pieds ½ de longueur.

Le plus beau bois, &, sans contredit, le meilleur à brûler qu'on apporte à Paris, est celui qu'on nomme *Bois d'Andelle*, du nom d'une petite riviere du Vexin Normand, aux bords de laquelle il s'en façonne beaucoup. Ce bois est très-droit, sans nœuds, essence de Hêtre, mêlé d'un peu de Charme : par une exception particuliere, ces bois qui arrivent par les rivieres de Seine & d'Oise, n'ont que 2 pieds 4 pouces de longueur ; la grosseur des bûches n'est point déterminée, & ce bois se mesure à l'anneau ; mais comme il est moins long que tout autre, il en faut 4 anneaux pour former une voie, & 16 bûches en sus pour témoins.

Les Tourneurs, ceux qui font des formes pour les Cordonniers & les Arçonneurs, achetent aussi de ce bois pour le travailler.

Après avoir parlé de la façon de voiturer les bois à brûler

(*) Exploitation des Bois, Tome I. p. 199.

par charrois & par bateaux, je vais parler du bois qu'on voiture à flot, & qu'on appelle, pour cette raison, *Bois flotté*.

ARTICLE VII. *Du Bois flotté.*

IL Y A, dans certaines Provinces, des bois qu'on ne peut conduire à Paris, ni par terre, ni par bateaux. Suivant plusieurs Auteurs, un Bourgeois de Paris, nommé *Rouvet*, Marchand de bois, fut le premier qui, en 1449, s'avisa de faire venir à Paris, par la Seine, des bois flottés du Morvant, petite Province située entre la Bourgogne & le Nivernois. Pour cet effet il retenoit par éclusées, dans les saisons convenables, l'eau des petites rivieres qui sont au-dessus de Cravant, dans lesquelles il faisoit jetter les bûches à bois perdu; au moyen de quoi elles se rendoient jusquà la riviere d'Yonne; là, on les assembloit par trains pour les conduire à Paris. Cette invention fut si bien reçue, que les habitants de cette ville firent des feux de joie à l'arrivée de ces trains. Le succès de cette entreprise hardie détermina par la suite d'autres Marchands à rendre flottables d'autres petites rivieres; ensuite les ruisseaux de l'Isle, de Loupy, &c; au moyen desquels on pouvoit tirer, pour l'approvisionnement de Paris, des bois de Lorraine, du Barrois, de la Champagne, &c. En 1490, on fit venir du bois flotté de la Forêt de Lions, par la riviere d'Andelle, qui se jette dans la Seine un peu au-dessus du Prieuré des deux Amants: ce bois en a retenu le nom *d'Andelle*. Par ce moyen on a eu la facilité d'exploiter aussi avantageusement les bois qui se sont trouvés à portée des rivieres flottables, que ceux des environs des rivieres navigables, & d'en conduire à Paris de très-loin, & avec peu de frais; ce qui a été & est encore d'un grand secours pour fournir Paris de bois de chauffage & de bois de charpente.

Il y a donc deux façons de flotter les bois de chauffage; savoir, *à bois perdu* & *en train.*

Quand il ne se trouve dans les Forêts, ni dans leur voisinage, aucune riviere navigable, mais seulement des ruisseaux, qui, ſans être propres à la navigation, ont cependant un courant d'eau un peu rapide, on voiture, par charrois ou à ſomme, les bois des ventes au bord de ces petites rivieres; les marchands ont ſoin de marquer toutes les bûches aux deux bouts avec leur marteau; &, quand ils ont raſſemblé ſuffiſamment de bois pour faire ce qu'ils nomment *un flot*, ils font avertir les Seigneurs ou Propriétaires des rivieres, moulins, écluſes, &c, dix jours avant que de jetter leur bois à l'eau, par des publications aux Prônes des Paroiſſes ſituées depuis l'endroit où ils doivent jetter leur bois, juſqu'à l'embouchure de ces ruiſſeaux dans les rivieres navigables; après ce terme expiré, les Marchands peuvent jetter leur bois à bois perdu, ſur les rivieres & ruiſſeaux, ſans qu'on puiſſe les en empêcher; ils ont même le droit de traverſer les étangs & foſſés des Seigneurs & des Propriétaires, qui ſont tenus, à cet effet, de faire des ouvertures à leurs parcs & baſſes-cours pour la facilité du travail des ouvriers employés par les Marchands: ils peuvent auſſi faire de nouveaux canaux, & ſe ſervir, pour leur flot, des eaux des étangs & foſſés, en dédommageant les Propriétaires à dire d'Experts. Nous avons rapporté plus haut les privileges qui ont été accordés aux Marchands pour leur donner toutes les facilités propres au ſuccès de ce flottage. Il faut que les Marchands faſſent façonner leur bois en ſaiſon convenable, qu'ils le laiſſent ſécher ſur la feuille, qu'ils le faſſent voiturer, en tems ſec, près des ruiſſeaux flottables, & qu'ils examinent s'il eſt aſſez ſec & flottant ſur l'eau avant de l'y jetter bûche à bûche: car les bois qui tombent au fond de l'eau, & qu'on nomme *fondriers* ou *canards*, doivent être réſervés pour un autre flot, & même pour celui de l'année ſuivante; ſans cette attention, la plus grande partie des bûches iroit à fond.

Autrefois, vingt-quatre heures après le flot, les Seigneurs, ou leurs Meûniers, faiſoient pêcher ces bois fondriers & ſe les approprioient comme *épave;* maintenant les Marchands ont quarante jours après le flot pour faire pêcher leur bois; mais les frais néceſſaires pour repêcher ces bois, pour le triage ou *tricage* de ceux qui appartiennent à différents Marchands, les encheres que les Marchands mettent les uns sur les autres pour les voitures, toutes ces choses occasionnent des disputes, des procédures & des frais, qui excedent souvent la valeur du bois; d'ailleurs, ce bois pourrit au bord des rivieres en attendant le jugement de ces différends. C'est pour ces raisons que les Marchands, qui connoissent leurs intérêts, prennent beaucoup d'attention à ce que leurs bois ne deviennent point *fondriers*.

Ceci bien entendu, & après que les Marchands se sont mis en regle vis-à-vis les Propriétaires riverains, ils font jetter leur bois dans l'eau bûche à bûche; & alors le courant les entraîne vers le bas, pendant que des ouvriers accompagnent le flot pour pousser à val les bois qui pourroient s'arrêter dans des anses, ou dans les endroits où le lit de la riviere se trouveroit embarrassé; c'est pour la commodité de ce travail, que les Propriétaires sont astreints à laisser aux bords des rivieres un sentier de quatre pieds de largeur.

Pendant ce travail, on fait à l'embouchure de la petite riviere dans la riviere navigable, une estacade ou traverse avec des pieux & des perches, afin d'empêcher que le bois ne passe dans la grande riviere.

Nous avons dit qu'il ne falloit jamais jetter dans l'eau, à bois perdu, des bois nouvellement abattus & remplis de leur seve; car pour peu que le flottage fût long une partie iroit au fond, & ces bois deviendroient en peu de temps *canards* ou *fondriers*, au lieu que les bois secs restent plus long-temps flottables. Cependant quand les bois secs restent trop long-temps sur l'eau, il arrive quelquefois que la plus grande partie devient *fondrier*, sur-tout lorsque le bois, de sa nature, est de bonne qualité & pesant; alors les Marchands sont obligés de les tirer à terre avant la fin du flot, pour les y laisser quelque temps se dessécher, après quoi ils les font rejetter à l'eau. Comme cette opération entraîne des frais, on n'y a recours qu'à la derniere extrémité, & après qu'on a apperçu qu'une partie de ce bois est tombée au fond de l'eau; les Marchands, comme nous l'avons dit, ont le droit de le faire repêcher pendant quarante jours après que le flot est passé; & s'il arrive que dans l'intervalle de ces quarante jours, d'autres Marchands faſſent paſſer des flots, ce terme de quarante jours ne commence à courir que d'après la paſſée du dernier flot, ſans être tenu d'aucun dédommagement envers les Seigneurs & Propriétaires riverains; mais après ces délais expirés, les Seigneurs & Propriétaires ſont en droit, pour débarraſſer leurs eaux, de faire pêcher les bois fondriers, à la charge de les laiſſer ſur le bord des rivieres, ſans qu'ils puiſſent ſe les approprier, parce que ces bois ſont réputés appartenir aux Marchands dont ils portent la marque, après toutefois qu'ils auront rembourſé les frais de cette pêche, & le loyer des héritages que les bois ont occupés; le tout à dire d'Experts.

De même ſi, pendant le flot, il arrivoit une crûe & un débordement d'eau, les bois qui ſeroient portés dans les champs, hors le lit de la riviere, & qu'on nomme *Bois échappés*, appartiennent aux Marchands dont ils portent la marque; & il eſt défendu à tout autre de ſe les approprier, ſous des peines très-rigoureuſes.

Les bois ainſi jettés dans l'eau dont ils ſuivent le cours, ſe rendent peu à peu à l'embouchure des ruiſſeaux dans les grandes rivieres, où ils ſe trouvent arrêtés par une eſtacade: alors on les tire de l'eau, & on les empile ſur le port, après avoir eu l'attention de ſéparer les bois qui appartiennent à différents Marchands.

Quand les bois n'ont fait qu'un petit trajet à bois perdu, & que, pour les rendre à leur deſtination, on eſt obligé de leur faire remonter les grandes rivieres, les Marchands les chargent dans des bateaux: ces bois, qui ont conſervé toute leur écorce, ſont vendus comme demi-flottés, ou comme *bois de gravier*, qui different peu des bois neufs.

Le plus ordinairement on forme des trains des bois qui ont été flottés à bois perdu, pour les conduire, ſuivant le cours des grandes rivieres, aux grandes villes où ils doivent être conſommés. Je vais expliquer la façon de former les trains.

ARTICLE VIII. *Des Trains de Bois à brûler.*

ON APPELLE sur nos rivieres, *Train*, une espece de radeau formé d'une certaine quantité de pieces ou morceaux de bois réunis, au moyen de plusieurs longues perches liées ou attachées les uns aux autres par des *harts* ou *rouettes*.

Les trains suivent toujours le cours de l'eau, & je n'ai pas connoissance qu'on leur fasse remonter les rivieres, quoique cela ne me paroisse pas impossible à pratiquer.

C'est pour cette raison que le bois flotté qui arrive à Paris, vient ordinairement d'Auvergne, du Bourbonnois, du Nivernois, de la Bourgogne, du Morvant, de la forêt de Compiegne, de la Lorraine, de Montargis, & d'autres lieux situés en remontant les rivieres au-dessus de Paris.

On ne fait point de trains de fagots, ni de cotrets; mais on en fait de bois de charpente, de bois de sciage & de bois à brûler : c'est de ces derniers dont je vais m'occuper maintenant; il sera question des autres dans la suite.

Les trains de bois à brûler sont ordinairement composés de 18 coupons, & chaque coupon est de 12 pieds de long; la longueur de ces trains est de 36 toises, c'est-à-dire, 216 pieds. On proportionne leur largeur à celle des rivieres & des canaux par où ils doivent passer; c'est pour cette raison qu'il y a des trains qui n'ont de largeur que trois longueurs de bûches, qui font dix pieds & demi; on les nomme *Trains à trois branches*; d'autres ont *quatre branches*, & par conséquent quatorze pieds de largeur (*Planche III. Fig.* 4). Ces grands trains fournissent ordinairement 25 cordes de bois, c'est-à-dire 50 voies.

Quand les trains doivent flotter sur des rivieres qui ont beaucoup de fond, ceux à trois branches contiennent autant de bois que ceux à quatre, parce qu'on peut mettre le bois à une plus grande épaisseur; car l'épaisseur des trains de bois de chauffage varie depuis 18 pouces jusqu'à 20 & 22.

Les coupons de 3 ou de 4 branches se font à terre; ensuite on les assemble lorsqu'ils sont à flot.

Je le répete, pour faire les coupons, il faut commencer par former les branches, parce que ces coupons sont faits de 3 ou 4 branches assemblées les unes à côté des autres.

Pour faire les branches, il faut former une couloire (*Pl. II. Fig.* 1), c'est-à-dire, un plan incliné, afin de mettre plus aisément le coupon à l'eau. On établit ce plan incliné avec de grosses bûches *b* (*Fig.* 3), qu'on met au bout de la couloire opposé à la riviere; & à mesure qu'on avance du côté de la riviere, on emploie des bûches de plus en plus petites; & enfin on se dispense d'en mettre quand le terrein se trouve naturellement incliné, comme on peut le voir (*Fig.* 2). On enfonce un peu ces bûches dans le terrein, afin qu'elles soient solidement assujetties, & qu'elles forment toutes ensemble un plan assez uniforme : on met, sur ce plan incliné, des perches *a a a* (*Pl. II. Fig.* 1, 2 & 3) à la distance de 6, 7 ou 8 pouces les unes des autres; c'est sur ces perches que le coupon qu'on va faire doit glisser pour être mis à flot. Cette couloire doit avoir 15 pieds de largeur sur une pareille longueur, afin qu'on puisse construire dessus quatre branches de 3 pieds & demi de largeur, & en total 14 pieds sur 12 de longueur.

C'est donc sur la couloire qu'on doit faire les branches; cependant, pour éviter la confusion dans les figures, je vais supposer qu'on fait la branche (*Pl. III. Fig.* 1) hors des couloires; il sera aisé d'imaginer qu'elle est placée dessus. On pose par terre, ou plutôt sur la couloire, deux perches *B B* (*Fig.* 1, 2 & 3) de 12 à 13 pieds de longueur sur 3 ou 4 pouces de circonférence; on les nomme *le chantier de dessous;* on arrange sur ces perches, le plus réguliérement qu'il est possible, des bûches *C C C* &c. (*Fig.* 1, 2, 3 & 4) les grosses & les menues, les unes en rondins, les autres refendues, & on en met ainsi jusqu'à l'épaisseur de 15, 18 ou 20 pouces. Quand les eaux sont basses, on ne donne que 14 pouces d'épaisseur aux branches; lorsque les eaux sont fortes, leur épaisseur excede quelquefois 20 pouces.

Quand le lit de bois est fait, on met par-dessus deux perches *A A* (*Fig.* 1, 2 & 3) pareilles à celles de dessous; on nomme celles-ci *le chantier de dessus;* ensuite on lie, avec des rouettes ou harts, la perche du chantier de dessus avec celle du chantier de dessous, & on met ces rouettes *DD*, &c. (*Fig.* 1 *&* 2) environ à 18 pouces les unes des autres: alors la premiere branche se trouve faite.

Tout auprès de cette branche, & sur la même couloire, on en forme une seconde toute pareille, puis une troisieme, enfin une quatrieme: on réunit ensuite les quatre branches pour en faire un coupon que nous allons décrire.

La *Figure* 4 représente les quatre branches posées tout près les unes des autres: *E E*, *F F*, *G G*, *H H*, sont les quatre branches posées comme elles doivent l'être sur la couloire: chacune est retenue par les chantiers de dessous & de dessus avec des rouettes, comme on le voit (*Fig.* 1). Pour réunir ensemble ces quatre branches, on prend des perches *I I* (*Fig.* 4) de 14 à 15 pieds de longueur, on nomme celles-ci *traverses* ou *traversins*: on les pose sur les chantiers de dessus, de façon qu'elles les croisent à angle droit; on les lie avec des rouettes dans tous les endroits où les traversins croisent & rencontrent les chantiers; & alors un coupon se trouve formé. Il faut 18 de ces coupons pour faire un train; ils sont tous faits les uns comme les autres, excepté qu'on ajoute des *bourraches* ou *nages K* (*Fig.* 2) aux deux bords du premier coupon de l'avant, qu'on nomme le *coupon de tête*; d'autres, au dernier coupon de l'arriere, qu'on appelle *coupon de queue*; & enfin d'autres au coupon du milieu. Cette *nage* s'étend de *L* en *M* (*Fig.* 2) où l'on peut voir comment elle est ajustée.

La nage *L N O M* est liée aux chantiers de dessous en *L*, aux chantiers de dessus en *N*, enfin en *O* & en *M* aux perches verticales, qui sont elles-mêmes liées aux deux chantiers, & qu'on nomme *fausses nages*, qui servent à affermir la nage ou la bourrache. Ces nages servent à *percher*, c'est-à-dire, à donner un point d'appui à une perche dont le bout inférieur porte au fond de la riviere & le supérieur contre la nage, & qui sert à pousser le train d'un côté ou d'un autre au moyen d'une secousse que le Marinier donne; c'est la façon la plus ordinaire de gouverner les trains. A mesure que les coupons sont faits sur la couloire, on les pousse à l'eau avec des leviers comme on le voit (*Fig.* 4); ce qui s'exécute assez aisément, non-seulement par le moyen du plan incliné, mais encore parce que le coupon glisse sur les perches qui forment le dessus de la couloire : ces coupons sont assez fortement liés pour ne se point défaire quand, en les mettant à l'eau, la berge est de deux ou trois pieds plus élevée que l'eau.

Lorsque les bois sont lourds, soit à cause de leur bonne qualité, soit parce qu'ils sont encore chargés d'eau ou de seve, on a soin, pour soutenir le train à flot, & en faisant les branches du milieu *F* & *G* (*Pl. III. Fig.* 4), de placer dans l'épaisseur du bois des demi-muids bien étanches *P* (*Fig.* 3) & vuides : ces demi-muids doivent être bien serrés entre les chantiers de dessus & de dessous, afin qu'ils ne se dérangent point : on n'en met jamais aux branches de la rive.

Quand on a lancé à l'eau deux coupons, on les lie ensemble, pendant que d'autres ouvriers en forment d'autres : ainsi les coupons sont à flot quand on les lie les uns aux autres. Je vais détailler cette opération.

On choisit de fortes rouettes dont le gros bout soit de la grosseur d'une bougie des 4 ou des 5 à la livre ; & l'on tord ce bout auquel on forme une anse ou anneau (*Fig.* 5). Ces rouettes, ainsi disposées, se nomment *croupieres ;* on les attache aux bords des coupons, à tous les endroits où les chantiers de dessus sont croisés par les traversins, comme on le voit en *Q Q* (*Pl. IV*); ensuite on approche les deux coupons l'un de l'autre le plus qu'il est possible, & l'on passe une piece de bois nommée *l'Abillot*, dans les anneaux des croupieres qui se répondent, & dont les unes appartienent à l'un de ces coupons & les autres à un autre, comme on le voit représenté (*Pl. III. Fig.* 6) : *a* est la croupiere d'un des coupons, *b* est celle de l'autre coupon; *c c* représente une partie du traversin d'un coupon ; *d d*, le traversin de l'autre coupon; *e e*, *l'Abillot* qui fait l'office d'un garot : on voit (*Fig.* 7) qu'en tournant *l'Abillot e e*, qui est passé dans l'anneau des croupieres *a* & *b*, on peut lier très-exactement les coupons les uns aux

autres,

autres, parce que la queue de ces croupieres est attachée aux traversins *c c d d* (*Planche III*) des deux coupons qu'on doit lier ensemble l'un à l'autre; & comme il y a dix croupieres sur chaque coupon, les deux se trouvent fortement liés l'un à l'autre. On voit dans la *Planche IV* un coupon de quatre branches mis à flot, avec les croupieres *Q Q*, &c, attachées aux traversins.

Pour un train de bois flotté de 14 coupons à quatre branches, chaque branche composée de 60 bûches, il faut 350 perches de dix-huit à vingt pieds de longueur, & trois milliers de liens, harts ou rouettes de dix à douze pieds: ainsi, pour vingt mille voies de bois flotté qui arrivent par an à Paris, on a besoin de sept mille perches & de soixante mille rouettes qu'on coupe en seve afin qu'elles soient plus pliantes, ce qui fait une déprédation considérable dans les taillis: il seroit donc à desirer qu'on plantât dans les lieux voisins des ports où l'on construit ordinairement les trains, des taillis de bois blanc, qui viennent vîte, & que l'on pourroit employer à faire les perches & les rouettes nécessaires pour assembler les trains; par ce moyen on ménageroit les taillis de Chêne, de Charme, &c.

Comme il y a huit croupieres sur chaque bout des coupons de quatre branches, il faut, pour réunir deux coupons, employer huit abillots, & pour un train de 18 coupons, 136 abillots & 288 croupieres. Lorsque tous ces abillots sont en place, & qu'on a eu l'attention d'employer de bonnes rouettes de Charme, ou de Chêne, pour faire les croupieres, les coupons sont si parfaitement liés les uns avec les autres, qu'on a quelquefois vu employer 30 chevaux à dégager un train engravé, sans que, par cet effort, il se soit rompu.

On joint de même, les uns aux autres, les 18 coupons qui doivent faire un train de 36 toises de longueur; & l'on met en avant, pour les coupons de tête, & en arriere, pour ceux de la queue, les coupons auxquels on a ajusté des bourraches & des *nages* ainsi que je l'ai expliqué plus haut. Le train étant entiérement fait, on le pousse au courant de l'eau dont il suit le fil: la seule façon de le conduire est, quand il ne se trouve pas une trop grande profondeur d'eau, de le diriger avec la perche qu'on fait porter d'un bout au fond de la riviere & de l'autre contre la bourrache, pour donner au train une secousse qui le pousse du côté où l'on veut qu'il prenne sa direction ; & quand les eaux sont basses, comme il faut choisir l'endroit le plus profond du lit de la riviere, ce travail est quelquefois assez pénible. Lorsque l'eau est trop profonde pour pouvoir se servir des perches, on emploie de longues rames avec lesquelles on le dirige exactement dans le fil du courant. Quand les eaux sont bonnes, deux hommes suffisent pour conduire un train de 25 cordes de bois, sur les rivieres qui affluent à la Seine ; & comme cette riviere est plus grande, & que la navigation y est plus dangereuse, sur-tout quand les eaux sont fortes, on emploie assez souvent quatre hommes pour conduire un train. Il y a un accident qui est sur-tout à craindre, c'est quand le train se trouve oblique au courant, & que l'avant va moins vîte que l'arriere, soit qu'il se trouve dans un courant moins rapide, ou qu'il frotte sur un fond de vase ; car alors l'arriere, que le courant prend en travers, allant plus vîte que l'avant, le train se replie, & il se romproit si l'on ne se hâtoit de couper les croupieres à l'endroit où le train est plié ; alors il se sépare en deux, & l'on tâche de faire aborder ces deux petits trains au plus prochain rivage pour les rejoindre & continuer la route.

Nous avons dit que quand on a des trains à conduire sur des petites rivieres, on ne les fait quelquefois que de trois branches ; quelquefois aussi on ne leur donne en longueur que neuf coupons ; & après être parvenu dans la grande riviere, on en joint deux au bout l'un de l'autre, ce qui fait 18 coupons. Souvent aussi quand les eaux sont bonnes, on joint deux trains à côté l'un de l'autre, c'est pourquoi on en voit arriver à Paris qui ont huit branches de largeur ; & comme ceux qui sont chargés de les conduire sont obligés de traverser souvent d'un bord des trains à l'autre, pour qu'ils aient moins de chemin à faire, en attachant les deux trains à côté l'un de l'autre, on en fait déborder un à peu près de la moitié de la longueur d'un coupon, comme on le voit *Planche I. Fig.* 13.

Ordinairement on ne flotte point pendant l'hiver ; cependant il arrive quelquefois que les trains ſont pris par les glaces; & quand la riviere reſte long-temps gelée, on eſt obligé de défaire les trains pour empiler le bois au bord de l'eau juſqu'à ce que le dégel ſoit venu; non-ſeulement parce que dans le temps de la débâcle les trains pourroient être briſés, mais encore parce que les bois ſe trouveroient tellement imbibés d'eau qu'ils deviendroient *canards*, & il ne ſeroit plus poſſible de les flotter lorſque la riviere ſeroit libre. Quand la riviere eſt débâclée, & quand les bois ont été ſuffiſamment deſſéchés, on refait les trains; quoique cela occaſionne des frais conſidérables, on préfere cependant de les ſupporter pour éviter la perte totale du bois.

Les grandes eaux & les crûes ſont très-contraires au flottage des trains : on ne peut alors les conduire avec la perche, & ſouvent même la rame n'eſt pas aſſez puiſſante pour vaincre les courants. Le temps le plus propre pour flotter les trains eſt quand il y a dans la riviere 18 pouces, 2 pieds ou 2 pieds $\frac{1}{2}$ d'eau.

Lorſque les trains ſont arrivés à leur deſtination, on les amarre au bord de l'eau avec un cordage qu'on attache ſur le train à deux traverſins; & quand les eaux ſont fortes, on met quelquefois deux amarres.

Les Marchands ne peuvent avoir que deux trains vis-à-vis leur chantier; les autres trains doivent reſter au-deſſus de Paris juſqu'à ce que ceux qui ſont à port ſoient débardés ou déflottés, & que le bois ſoit placé dans le chantier.

Pour défaire les trains, on fait préciſément le contraire de ce qu'on a fait pour les former: on coupe les croupieres, on ſépare une des branches des coupons en coupant avec une hache (*Planche I. Fig.* 14) les rouettes qui les attachent aux traverſins; c'eſt ce qu'on appelle *débâcler*. Cette hache porte un tranchant d'un côté, & une pointe de l'autre; elle a un grand manche *c*. On coupe les rouettes avec le tranchant de cet inſtrument, & on enfonce la pointe dans les bûches pour les tirer à terre, ce qui s'appelle *débarder*, comme on le voit (*Planche V. Fig.* 3). On tire à terre, le plus qu'il eſt poſſible, la branche qui a été ſéparée des autres; on charge le bois ſur des crochets (*Fig.* 1) pour le porter au chantier où on le *trique*, c'eſt-à-dire, qu'on trie pour ſéparer le bois blanc d'avec le bois dur, dont on forme des piles différentes : on éleve les piles de fond, ces piles n'ont d'épaiſſeur que la longueur d'une bûche ; quand elles ont 8 à 10 pieds, on joint enſemble toutes les piles de fond, & l'on forme ce qu'on appelle un *Théâtre*.

Les Marchands de bois ont ſoin de commencer à la fois pluſieurs piles de la même eſpece de bois, afin de lui donner le temps de ſe ſécher; car ſi on l'enfermoit avec d'autres bois humides il ſe pourriroit, les bouts ſe couvriroient de champignons, & le Marchand ſeroit alors obligé de donner le bois dur au même prix que le bois blanc.

La Police oblige les Marchands de bois à laiſſer des routes *a* (*Fig*. 2) entre leurs piles, afin qu'on puiſſe les viſiter & en connoître la qualité. Si on élevoit les piles ſimples à 30, 40, 50, 60 pieds de hauteur, elles courroient riſque de s'écrouler ou d'être renverſées par le vent ; les Marchands évitent cet inconvénient en joignant pluſieurs piles enſemble pour en former un théâtre. Il y a même beaucoup d'art à bien faire les piles pour pouvoir élever les théâtres, comme on les voit dans les chantiers, à une très-grande hauteur ſans qu'ils s'écroulent.

On commence & l'on termine les piles par mettre les bûches de façon qu'elles ſe croiſent *b,b*, (*Planche V*. *Fig*. 2) de ſorte qu'au premier lit les bûches ſont poſées de long, & au lit ſupérieur elles ſont miſes en travers & croiſent les premieres : en continuant toujours de la même façon, on forme aux deux bouts du théâtre des piles quarrées qu'on nomme *Grillons* ou *Roſeaux*, & qui ſervent d'arcboutants *b* au reſte des bûches *c* qu'on met toutes en travers. Il y a de l'art à bien arranger les piles, & de façon qu'il ne reſte que le moins de vuide qu'il eſt poſſible entre les bûches : en obſervant de mettre leur gros bout tantôt d'un ſens & tantôt de l'autre, la pile s'éleve bien perpendiculairement ; & on met d'eſpace en eſpace au bord des piles, des bûches en travers *d*, pour regagner l'aplomb, ſans quoi la pile ſe renverſeroit tout d'une piece. Si l'on s'apperçoit qu'une pile s'incline un peu, on l'arcboute quelquefois contre une pile voiſine. Quand on conſidere, dans les chantiers, des théâtres élevés juſqu'à 50 & 60 pieds de hauteur, on ne peut s'empêcher d'admirer l'adreſſe de ceux qui les ont faits.

On doit diſtinguer quatre ſortes de bois flotté : ſavoir, 1°, Le bois blanc qu'on met à part; c'eſt le plus mauvais; auſſi la voie de ce bois ſe vend-elle au-deſſous de la taxe ordinaire, aux cuiſeurs de Plâtre, aux Potiers de terre, &c. 2°, Le bois flotté ordinaire, qui contient au moins deux tiers de Chêne, de Charme, ou de Hêtre : le grand débit de ce bois eſt pour l'uſage des cuiſines, & on le vend à la voie : on en fait auſſi des falourdes liées de deux oſiers; elles doivent avoir 26 pouces de circonférence; voyez, pour la façon de les faire, le Traité de l'*Exploitation des Bois*, *Partie I. page* 201. Ces falourdes ſe débitent à ceux qui ne ſont pas en état d'acheter une voie ou une demi-voie de bois. Quoique les ouvriers qui travaillent à défaire les trains aient la permiſſion d'emporter une perche & une hart, il reſte encore beaucoup de perches aux Marchands, qui les font couper de longueur pour en faire des falourdes de menu bois; elles doivent avoir 36 pouces de circonférence; ces perches ne forment ordinairement que le parement de ces falourdes; le dedans eſt rempli de harts qu'on arrange dans l'intérieur des paremens. 3°, On appelle *Bois de gravier* ou *Bois demi-flotté*, celui que les Marchands achetent aux ports des rivieres navigables, & dont ils font faire des trains qui arrivent aſſez promptement à Paris. Ces bois qui n'ont point été tirés de l'eau à pluſieurs repriſes comme ceux qu'on a jettés à bois perdu dans les petites rivieres, & qui outre cela ont peu ſéjourné dans l'eau, ont conſervé leur écorce, & ils ſont ſouvent auſſi bons à l'uſage & auſſi durs que les bois neufs : pluſieurs perſonnes en font proviſion pour brûler dans les appartemens. 4°, Il y a encore une autre eſpece de bois flotté qu'on nomme *Bois de traverſe :* celui-ci eſt tout pur Hêtre ou Charme, & eſt dépourvu d'écorce; comme il brûle bien, qu'il fait une belle flamme & peu de fumée, il eſt recherché par les Cuiſiniers, les Pâtiſſiers, les Boulengers & les Braſſeurs : on le vend à la voie ainſi que le bois de gravier.

CHAPITRE III.

Du Transport des Bois de Charpente.

On distingue les Bois de Charpente en *Bois de brin* qui est simplement équarri, & *Bois de quartier*, c'est-à-dire, qui a été refendu à la scie : les pieces des uns & des autres sont d'un poids trop considérable pour pouvoir être transportées à somme. On n'a recours à ce moyen que pour les plus petites pieces, & lorsque les chemins ne sont pas praticables aux autres voitures ; mais quand les pieces sont trop fortes, on est obligé de les charger sur des voitures, pour les conduire au lieu où elles doivent être employées, ou jusqu'aux ports des rivieres navigables.

Nous considérerons seulement trois façons de voiturer les bois de Charpente relativement à leur espece ; savoir, 1°, lorsqu'il en faut un certain nombre de pieces pour charger une voiture ; 2°, lorsque les pieces sont assez grosses pour qu'une seule fasse la charge d'une voiture ; 3°, lorsqu'elles sont trop grosses pour pouvoir être transportées par une seule voiture.

Article I. *Des Bois dont il faut plusieurs pieces pour charger une voiture.*

Lorsque les pieces de bois sont courtes, on les charge dans des charrettes à ridelles, (*Planche I. Fig.* 6), ou sur des charrettes de roulage & sans ridelles, sur lesquelles on les retient avec des chaînes qui embrassent ces pieces, passent dessous la voiture, & sont serrées avec des perches qui font l'office de garrot : on se sert plus communément de ces voitures que de celles à ridelles. Lorsque les pieces sont plus longues que les charrettes, comme sont des chevrons, on les charge de biais sur la voiture (*Fig.* 16), ensorte que le gros bout passe vers la droite du limonnier, & que le petit bout qui traverse diagonalement l'essieu, excede de beaucoup la voiture : on fait passer le gros bout des pieces du côté droit du limonnier, afin que le Charretier qui est à la gauche puisse plus facilement conduire son cheval, suivant que l'exige la nature du chemin.

Dans quelques Provinces on emploie une autre méthode : on ajuste à l'avant des charrettes (*Fig.* 15) deux forts ranchers avec une traverse, sur laquelle on met le gros bout des chevrons ; & ce bout étant soutenu par le rancher plus haut que la croupe du cheval, le limonnier se trouve au-dessous. Cette méthode est fort bonne dans les chemins où il n'y a pas d'ornieres profondes ; autrement la premiere est préférable, parce que les chevrons sont horizontaux, au lieu qu'avec le rancher, ils portent presque à terre derriere la voiture. Ce que je viens de dire des chevrons doit s'entendre de toutes les longues pieces de bois qui n'ont pas trop de grosseur.

ARTICLE II. *Des Bois dont une piece suffit pour charger une voiture.*

ON VOITURE encore de la même façon des poutres de force ordinaire, savoir de 25 pieds de longueur sur 15 ou 18 pouces d'équarrissage vers le gros bout, en les posant diagonalement sur la voiture (*Fig.* 16), ou en élevant le gros bout sur des ranchers (*Fig.* 15) ; mais quand les pieces sont trop fortes, ou lorsque les chemins sont impraticables, il faut les traîner de la façon que je vais expliquer.

ARTICLE III. *Des plus grosses pieces de Bois qui ne peuvent être chargées sur une voiture ordinaire.*

A L'ÉGARD des très-grosses pieces de bois, si elles se trouvent sur le penchant d'une colline ou d'une montagne, les abatteurs ont soin de les faire tomber sur la partie élevée de la montagne, afin que la chûte soit moins forte, & que la piece soit moins exposée à être endommagée ; ensuite on les fait descendre peu à peu à bras d'homme & avec des leviers, tantôt en leur faiſant prendre quartier, tantôt en les faiſant gliſſer ſur des pieces de bois qu'on poſe deſſous en travers. Quand le terrein permet d'employer la force des bœufs ou des chevaux, on traîne ces pieces par terre; & dans ce cas on doit avoir eu l'attention de ne les point équarrir exactement, afin qu'on puiſſe par la ſuite rafraîchir les endroits qui ont frotté contre le terrein. Quand le terrein eſt à peu près uni, on ſe ſert de rouleaux, ou de deux roues montées ſur un eſſieu. Enfin, on emploie toute ſorte d'induſtrie pour les conduire vers le chemin qu'on a dû pratiquer à travers la Forêt pour l'évacuation des bois; & quand on eſt parvenu à ce chemin, on ajuſte ſous les pieces un avant & un arriere-train, de ſorte que le corps de la piece forme une eſpece de charriot. Lorſqu'il eſt queſtion de prendre un détour, on tranſporte le derriere de la piece peu à peu avec des crics, ou des leviers; & à force de bœufs ou de chevaux, on conduit la piece, autant que faire ſe peut, aux bords d'une riviere. Si les chemins étoient ſans ornieres, on feroit bien d'employer des voitures ſemblables à celles qui ſervent à Paris à tranſporter les groſſes pieces de bois de charpente (*Planche I. Fig.* 17); ces voitures, qu'on nomme *Fardiers*, ſont fort longues. Au-deſſous des limons, vers le milieu, il y a une languette qu'on voit *Figure* 18, où *A* repréſente une portion des limons; *B*, une des chantignoles qui porte une rainure qui entre dans la languette des limons, & que l'on aſſujettit où l'on veut par des chevilles *C*, comme on le voit en *D*, ce qui donne la facilité de placer l'eſſieu à différents points de la longueur des limons. Pour trouver l'équilibre de la piece, on met ſous les limons (*Fig.* 17) en *E*, une courte piece de bois quarré, ſur laquelle appuie le gros bout de la poutre: il y a vers le milieu de la voiture, ou plus vers l'arriere, un rouleau *F* enveloppé d'une chaîne qui embraſſe la poutre à peu près par ſon centre de gravité, & qui la tient ſuſpendue au moyen du levier *G*; le cordage *H* acheve de la ſoutenir, en même temps qu'il empêche le rouleau de tourner en ſens contraire. Au moyen de la chantignole mobile, on place l'eſſieu tantôt au point *I*, tantôt au point *K*, ou même en *L*; en un mot où il convient pour

que

que le limonnier ne ſoit point trop chargé. Ces grandes voitures, qui ſervent pour tranſporter les bois des chantiers de Paris dans les atteliers, ſont d'une grande commodité pour charier les bois ſur le pavé ou dans les chemins où il n'y a point d'ornieres, & quand on n'a pas beſoin de faire tourner ces voitures dans des rues étroites : elles ont, outre cela, la commodité de pouvoir ſe charger & décharger très-aiſément.

Quand on veut les charger, on met les pieces de bois ſur des chantiers où on les raſſemble comme on juge qu'elles doivent être ſous la voiture ; on a ſoin de ne pas faire la charge trop épaiſſe : car quoique les roues de ces fardiers ſoient grandes, il faut que les pieces de bois puiſſent tenir ſous l'eſſieu ſans porter ſur le terrein : quand la charge eſt diſpoſée, on l'embraſſe avec une chaîne dans un point de la longueur des pieces qui ſoit tel, que le fardeau ſoit preſque en équilibre quand les pieces de bois ſe trouvent ſuſpendues à la chaîne. Je dis preſque en équilibre, parce qu'il faut que la charge de ces pieces tende toujours à tomber vers l'arriere, pour que la portion qui eſt en devant puiſſe s'appuyer ſur la courte piece de bois quarré qu'on met en devant ſous les limons de la voiture & derriere le limonnier ; outre cela, il faut que les pieces de bois faſſent équilibre avec le poids des limons qui eſt conſidérable, ſur-tout quand on porte l'eſſieu fort en arriere. De plus, il faut toujours mettre le gros bout des pieces vers l'avant, c'eſt-à-dire, derriere le limonnier. Cependant, comme les pieces ne peuvent être portées en avant au-delà de la derniere paumelle, on ne peut parvenir à trouver l'équilibre de la charge de la voiture que par la facilité qu'on a de porter les roues plus ou moins vers l'arriere.

Suppoſons que la chaîne a été placée à peu près au centre d'équilibre des pieces de bois, on recule le fardier de façon que le gros bout des pieces ſe trouve perpendiculairement ſous la derniere paumelle ; & alors on juge par eſtime où l'on doit placer l'eſſieu & les roues ; on place ſur le fardier, & tout auprès de l'eſſieu, un fort rouleau qui fait l'office d'un treuil, pour élever les pieces de bois ; on joint l'une à l'autre, au moyen d'un crochet, les deux extrémités de la chaîne qui passe sous les pieces; ensuite on rabat le milieu de cette chaîne sur le rouleau; on passe dans la boucle que forme la chaîne un grand & fort levier, qui se trouve ainsi embrassé par la chaîne, & dont le gros bout pose sur la circonférence du rouleau du côté de l'arriere du fardier; alors on attele des chevaux à une corde attachée au bout du levier; ces chevaux faisant force, & étant secourus par le rouleau qui fait l'effet d'un treuil, soulevent la charge des pieces de bois, dont le gros bout doit appuyer un peu sous la traverse de bois quarré qui est derriere le limonnier. Si du premier coup on n'a pas atteint l'équilibre convenable, on laisse retomber la charge sur les chantiers, & on avance ou on recule l'essieu, le rouleau, & même la chaîne; mais quand on a trouvé l'équilibre, on arrête la corde qui est au haut du levier au bout des pieces de bois quarré qui excedent le derriere du fardier; alors la voiture se trouve en état d'être conduite à sa destination.

Quand on ne peut gagner qu'une petite riviere qui n'est point navigable, on fait flotter les bois par petits radeaux qu'on proportionne à la force de la riviere, pour les conduire jusqu'aux ports des grandes rivieres où on en forme des trains, comme nous allons l'expliquer, ou bien on en charge des bateaux.

ARTICLE IV. *Du Flottage des Bois de Charpente.*

LA NAVIGATION des petits radeaux par les ruisseaux est ordinairement longue & pénible; & par cette raison à leur arrivée aux ports des grandes rivieres, les bois se trouvent assez pénétrés d'eau pour être devenus *canards :* alors il faut, avant que d'en former des trains, les tirer à terre, & les y laisser se dessécher, ce qui altere considérablement le bois, non-seulement parce que l'eau emporte toujours avec elle les parties les moins fixes du bois, mais encore parce que l'augmentation & la diminution du volume des pieces, par l'eau qui s'y introduit & qui ensuite sort du bois, produit un mouvement qui en fatigue beaucoup les parties solides. Enfin, après ce premier flottage, il se forme dans les pieces, des fentes qui, au second flottage, se remplissent d'eau & de vase, ce qui les endommage encore beaucoup.

Les Flotteurs ont différentes méthodes pour construire les trains : les uns percent les pieces obliquement vers les angles *a* (*Planche VI. Fig.* 1) de chaque bout pour y passer leurs *riolles* ou *rouettes* : les autres font plusieurs trous de 3 ou 4 pouces de profondeur aux extrémités des pieces *b*, dans lesquels ils introduisent un bout de leurs rouettes *c*, & les arrêtent avec des coins. Cette méthode porte un préjudice considérable aux pieces, parce que les rouettes qui sont d'un bois tendre & spongieux, pompent l'eau qui s'insinue par leur moyen dans le cœur des pieces ; les bouts des rouettes qui restent dans les trous s'y pourrissent, & communiquent leur pourriture aux parties voisines ; c'est ce qui fait qu'on trouve quelquefois à l'extrémité des pieces jusqu'à 8 de ces chevilles pourries, qui sont à plus d'un pied du bout des pieces, ce qui met dans la nécessité de les rogner de 18 pouces à chaque bout pour trouver le bois sain. On ménageroit beaucoup de bois, si l'on se servoit de crampes pour faire ces trains ; mais tout au moins devroit-on suivre la méthode de ceux qui ne font que deux trous aux angles vers les extrémités des pieces *a* (*Fig.* 1) ; par cette pratique, les rouettes ne restent point dans les trous qui demeurent ouverts, & se dessechent sans qu'il s'y forme de pourriture : nous allons expliquer en détail cette maniere de faire les trains.

On fait ces trains ou radeaux plus ou moins grands, suivant la force des rivieres. Lorsque les pieces de bois doivent être rendues dans un port de mer, on les embarque dans des flûtes ou des gabares, ce qui est facile au moyen d'un sabord qu'on a pratiqué à la pouppe, & qui répond dans la cale ; mais pour peu que les bois doivent rester sur l'eau, il faut avoir grande attention de ne les point renfermer dans la cale des vaisseaux lorsqu'ils sont très-remplis de seve ou très-pénétrés d'eau ; ils s'y échaufferoient, & pourriroient bientôt. J'ai vu débarquer des pieces de bois de Chêne pour la construction des vaisseaux, & de Hêtre pour les rames des galeres, qui, pour cette raison, étoient presque pourries : il sortoit de la cale une odeur fétide très-désagréable.

Avant d'expliquer comment on fait les trains de bois de charpente pour les conduire à flot sur les rivieres, je crois devoir faire remarquer que pour traîner ces bois sur des rouleaux, on attache à un des bouts, ou aux deux bouts de chaque piece, un anneau qui passe dans un crampon (*Pl. VI. Fig.* 3) saisi par un coin qu'on enfonce dans la piece à coups de masse ; comme ce coin fend quelquefois la piece, on a trouvé plus à propos de le former en pas de vis ; mais je trouve encore mieux d'employer un crochet (*Fig.* 4), qui entre dans un trou fait à la piece ; pour peu que le crochet entre à force, il n'échappe point : on attele les chevaux sur l'anneau.

ARTICLE V. *Maniere de faire les Trains de Bois quarré.*

ON FAIT les trains de bois quarré à l'usage des Charpentiers, avec plus de facilité qu'on ne fait les trains de bois à brûler, & ce moyen est fort commode pour les transporter au loin à peu de frais.

Ces trains sont ordinairement formés de 4 *Brelles* BC (*Pl. VI. Fig.* 2) : on appelle ainsi ce qu'on nomme *Coupons* dans les trains de bois à brûler. Chaque brelle a communément 7 toises & demie de longueur ; leur largeur varie plus que la longueur. On tient ces trains étroits quand ils doivent descendre des rivieres qui ont peu de largeur & beaucoup de sinuosités, ou quand ils doivent passer par des écluses. Cependant, suivant l'usage le plus ordinaire, la largeur des brelles sur les grandes rivieres, varie depuis 14 jusqu'à 18 ou 20 pieds ; sur les petites rivieres, on fait quelquefois des brelles qui n'ont que 6 ou 8 pieds de largeur ; mais à l'entrée des grandes rivieres, on en réunit plusieurs à côté les unes des autres, pour en former une seule de la largeur que nous venons de dire : car comme il n'en coûte pas plus aux Marchands de faire conduire un grand train qu'un petit, il est de leur intérêt de les faire aussi grands qu'il est possible.

On forme plus ou moins de brelles, suivant que les bois sont plus ou moins longs. Comme toutes les brelles d'un même train ne sont pas de la même longueur, on assortit, le mieux qu'il est possible, les pieces qui doivent former une brelle, & l'on a soin que les deux côtés soient formés par deux fortes pieces qui aient toute la longueur de la brelle, comme *D E*, *F G* (*Fig.* 2); on nomme celles-ci *Gardes.* On choisit encore une assez belle piece *H I* qu'on place au milieu pour y mettre ce qu'on nomme les *Moussieres*, qui sont deux chevilles *H* enfoncées à la tête de cette piece, pour retenir les rames dont on se sert pour conduire le train; en conséquence il faut placer une moussiere à la tête du train, & une autre à la queue.

Toutes les pieces qui doivent former une brelle, doivent être placées à côté les unes des autres, & liées sur des traversins *K*, *K*, qu'on nomme *Pouliers :* ce sont des perches qui ont environ *6* à 7 pouces de grosseur au milieu, & dont la longueur fait la largeur des brelles; on place cinq pouliers sur chaque brelle, savoir, deux près l'un de l'autre à chaque extrémités, & un dans le milieu.

Pour attacher au moyen des rouettes les pieces de bois quarré qui forment les brelles avec les pouliers qui les traversent, on perce, avec une tariere, un trou oblique, qui commence à la face supérieure d'une piece, & qui aboutit à une face verticale *M* (*Fig.* 5) ou *a a* (*Fig.* 1) : il faut encore que ce trou soit tel que l'ouverture de la face supérieure & horizontale, & celle de la face verticale, soient assez écartées l'une de l'autre pour qu'on puisse mettre entre deux la perche qu'on nomme *le Poulier ;* de sorte qu'en mettant une rouette dans le trou de la face horizontale, elle sorte par le trou de la face verticale; & qu'en embrassant les pouliers *N*, on puisse faire dessus le nœud ou le maillon qui serre fortement le poulier contre la piece. On fait la même chose à l'autre extrémité de la piece; & ayant ainsi lié très-fermement les cinq pouliers sur toutes les pieces de bois quarré qui forment une brelle, elle se trouve achevée (*Fig.* 2); sur quoi il faut remarquer :

1°, Qu'on ajuste à terre, à côté les unes des autres, toutes les pieces qui doivent former une brelle : on pose dessus une regle, qui repréſente les pouliers, pour marquer où doivent ſe faire les trous, ſoit ſur la face ſupérieure & horizontale, ſoit ſur les faces verticales ; & après avoir ſéparé ces pieces, on perce les trous à terre.

2°, Souvent il n'y a dans une brelle que trois pieces qui aient toute ſa longueur, ſavoir, les deux gardes des bords *DE*, *FG*, & la piece du milieu *HI* (*Fig.* 2), où l'on place les mouſſieres.

3°, Les autres pieces qu'on nomme *de rempliſſage*, ſe trouvant de différentes longueurs, ſont ajuſtées de façon que pluſieurs puiſſent faire la longueur de la brelle ; & l'on a ſoin qu'elles ſoient liées les unes aux pouliers de l'avant, les autres à ceux de l'arriere & à celui du milieu : ſi cela ne peut pas être, on perce des trous *O* aux bouts des pieces qui ſe touchent, pour les lier les unes aux autres avec des rouettes.

4°, Pour qu'un train puiſſe bien ſe gouverner à l'eau, il faut qu'il ſoit plus large par le bout de derriere, que par celui de devant ; c'eſt pourquoi on diſpoſe toutes les pieces de façon que le bout le plus menu ſoit placé à l'avant de la brelle, & le gros bout vers l'arriere.

5°, A la brelle de l'avant & à celle de l'arriere, on perce, comme je l'ai dit, deux trous dans la piece du milieu, & l'on enfonce dans ces trous deux fortes chevilles ou *Mouſſieres H*, qui forment le point d'appui de la rame qui ſert à gouverner le train ou radeau.

6°, Quand les bois ſont lourds, & qu'on juge qu'en peu de temps ils pourroient devenir canards, on a ſoin de ménager entre les pieces de rempliſſage, ſur-tout vers l'avant & vers l'arriere, des places vuides dans leſquelles on puiſſe mettre des futailles, qu'on y aſſujettit fermement avec de fortes harts qui paſſent dans des trous pratiqués au bout des pieces, & qui embraſſent la futaille.

7°, On fait plus ou moins de coupons ou brelles, ſuivant que les pieces de bois ſont plus ou moins longues : le coupon de devant ſe nomme coupon ou *Brelle de tête*, & celui de derriere *Brelle de queue*.

8°, On a ſoin, en établiſſant les pieces, qu'elles forment par leur réunion, à peu près un parallélogramme rectangle, dont le dessus doit toujours être de niveau, parce que les faces supérieures des pieces sont assujetties par les pouliers; mais on ne peut observer la même régularité pour la face inférieure des pieces, parce qu'elles ne sont pas toutes d'une même épaisseur.

9°, On établit sur le rivage, comme nous l'avons dit, toutes les pieces qui doivent former une brelle; on marque les endroits où doivent être placés les trous, qu'on perce aussi à terre; ensuite on les jette à l'eau pour lier à flot avec des rouettes les pouliers sur les pieces.

10°, Lorsque deux brelles sont faites, il faut les lier l'une à l'autre & les joindre de façon qu'il y ait du jeu entre elles: car il n'en est pas ici comme des trains de bois à brûler; ceux-ci étant composés d'un grand nombre de bûches posées en travers, ont toujours suffisamment de jeu pour qu'on puisse leur faire prendre la courbure des sinuosités d'une riviere. Il n'en seroit pas de même des brelles de bois de charpente; comme elles sont roides, elles ne se prêteroient point aux efforts que feroient les Mariniers pour leur faire prendre différents contours, si les brelles étoient fermement & trop exactement liées les unes au bout des autres; c'est pourquoi on fait avec des harts, de forts liens *P*, *P*, (*Planche VI. Fig.* 2), de 6 ou 8 pieds de longueur, & on les attache par leurs extrémités aux pouliers des deux brelles qu'on veut mettre l'une au bout de l'autre, en laissant entre elles la distance d'environ un pied ou deux, ce qui suffit pour mettre le train en état de prendre différentes inflexions.

11°, Ces trains étant dressés de la maniere que nous venons de dire, on les conduit de la même façon que ceux de bois à brûler; on les gouverne avec des perches ou avec deux rames, qu'on place entre les moussieres de l'avant & celles de l'arriere.

ARTICLE VI. *Maniere de faire les Trains de Bois de Sciage.*

LES TRAINS de bois de ſciage ſe dreſſent comme ceux de bois à brûler ; c'eſt-à-dire, qu'on met les planches, les membrures, &c, en travers : comme ces pieces ont ordinairement 12 ou 18 pieds de long, elles font la largeur totale d'un coupon, qu'on appelle ici une *Ecluſée* ; au lieu qu'il faut trois ou quatre branches pour faire un coupon de bois à brûler, qui eſt communément de 14 pieds de largeur. On arrange donc à terre, ſur un plan incliné ou ſur une couloire, & ſur trois ou quatre chantiers poſés deſſous, & qui ont ſouvent 12 ou 14 toiſes de longueur, un lit de grandes planches ou membrures de la longueur & largeur qu'on veut donner à l'écluſée : ſuppoſons que ce ſoit 18 pieds, on arrange ſur les chantiers de deſſous un lit de planches de 18 pieds ; s'il y a des planches de 6 pieds, on en met trois *p*, (*Fig.* 6) entre d'autres de 18 pieds ; ſi elles ont 9 pieds, on en met deux bout à bout *q q* pour faire une longueur de 18 pieds, ou une de 9 & une de 6, *r r*, & il reſte un vuide de 3 pieds ; on forme ainſi, lit par lit, l'épaiſſeur entiere de l'écluſée : ainſi, un train qui eſt compoſé de deux écluſées, ſe trouve avoir 24 à 28 toiſes de longueur. A l'égard de l'épaiſſeur de ces trains, on met d'ordinaire trois ſolives l'une ſur l'autre, ou trois poteaux, ou cinq membrures, ou 4 chevrons, ou 15 planches d'un pouce d'épaiſſeur, ou 10 planches d'un pouce & demi, ou 8 de 2 pouces ; de ſorte que l'épaiſſeur des écluſées ſe trouve être de 15 à 16 pouces, & que le train entier contient à peu près 300 pieces de bois. On finit toujours les écluſées comme on les a commencé, par des pieces qui aient toute la largeur de l'écluſée ; on poſe par-deſſus les chantiers de deſſus, qu'on lie à ceux de deſſous avec des rouettes, de la même façon que nous avons dit qu'on lioit les coupons de bois à brûler, & on les pouſſe de même à l'eau ; on y ajoute encore quelques traverſins *T* (*Fig.* 7), pour attacher les harts ; enfin, on attache enſemble les deux écluſées, comme les brelles de bois quarré ; & ces trains ſe conduiſent auſſi avec des rames ou des perches.

CHAPITRE

CHAPITRE IV.

Résumé de ce qui a été dit ſur le Tranſport des Bois.

On a vu, par ce que nous venons de dire, que quand les Forêts ſe trouvent à portée des endroits où les bois doivent être employés, on les y voiture par terre ; c'eſt ſans doute le cas le plus avantageux : mais ce moyen eſt impraticable quand les Forêts ſont éloignées du lieu de la conſommation ; & ſi les chemins ſont trop difficiles pour tranſporter les arbres en entier, on prend le parti de convertir les gros corps en ouvrages de fente, ſerches de boiſſellerie, merrain, traverſin, lattes, échalas, &c. parce que ces petits ouvrages peuvent être voiturés en détail par des bêtes de ſomme, ce qui ne ſeroit pas praticable pour les groſſes pieces : on a lieu de regretter les belles & groſſes pieces qu'on ſe trouve forcé de convertir ainſi en menus ouvrages.

Mais quand il ſe trouve des rivieres flottables ou navigables à portée des Forêts, on peut faire, ſelon l'occaſion, des bouts de chemins pour conduire les groſſes pieces au bord de ces rivieres, où on les embarque dans des bateaux dont on proportionne la grandeur à la force des rivieres, ce qui eſt auſſi bon que de les tranſporter par charrois ; mais le plus ſouvent, lorſque les rivieres ne portent pas bateau, ou que l'on veut ménager les frais du tranſport, on en forme des radeaux, ou des trains proportionnés à la force de l'eau & à la largeur des rivieres, comme nous l'avons dit, & on les tranſporte de cette façon aux endroits où l'on doit les employer : ſi c'étoit des bois de conſtruction, lorſqu'ils ſeroient rendus à un port de mer, on les chargeroit ſur des flûtes, ou des gabares, qui les rendroient aux ports où l'on conſtruit des vaiſſeaux.

Il ſe préſente ici deux queſtions qu'il eſt à propos de diſcuter ;

l'une consiste à savoir s'il faut laisser quelque temps les bois dans les ventes après qu'ils ont été équarris ou débités, ou s'il est préférable de les en tirer sur le champ, & de les voiturer au lieu où l'on doit en faire l'emploi. La seconde question, qui est la plus importante, consiste à savoir lequel est le plus convenable de voiturer les bois, soit par charrois, soit dans des bateaux, en un mot, à sec; ou bien à flot, comme en trains ou en radeaux, & quel est le degré d'altération que le flottage occasionne aux bois.

ARTICLE I. *Faut-il tirer les Bois hors des ventes aussi-tôt qu'ils sont exploités ?*

SI L'ON se rappelle ce que nous avons dit dans la seconde Partie, Livre IV, de l'*Exploitation des Bois*, on sera convaincu qu'on ne peut pas tirer trop promptement les bois des Forêts, aussi-tôt qu'ils ont été équarris, ou refendus à la scie de long, suivant leurs différentes destinations; car en séjournant dans les Forêts, la face qui porte contre terre se pourrit, celle de dessus se fend par le hâle, & l'eau qui entre ensuite dans les fentes y occasionne la pourriture. Il arrive encore que dans certaines circonstances, par exemple, dans les années chaudes & humides, les bois sont percés par différentes especes de vers à scarabées. En un mot, on est toujours plus en état de bien conserver les bois dans les chantiers, que dans les Forêts. Cependant comme il faut quelquefois attendre des crûes d'eau pour voiturer les bois par les rivieres, ou un temps sec quand le transport doit se faire par terre, ou qu'enfin il y a telle saison où les travaux de la terre font manquer de voitures, il faut dans ce cas, faire ensorte de rassembler les pieces de bois sur un terrein élevé & sec, les empiler sur des chantiers assez élevés au-dessus du terrein, & de façon que l'air puisse les traverser de toute part; enfin faire ensorte de couvrir exactement ces tas de pieces avec des croûtes ou dosses qu'on a levé sur les bois de sciage, ou avec de gros copeaux; mais le mieux est toujours de rendre les bois à leur destination le plus promptement qu'il sera possible: nous en avons amplement prouvé la nécessité dans le Traité de l'*Exploitation des Bois*.

ARTICLE II. *Quel est le plus avantageux de voiturer les Bois par charrois ou dans des bateaux ; en un mot, à sec, ou à flot, en Trains ou en Radeaux ?*

CETTE Question tient à une autre très-considérable, que nous discuterons avec tout le soin possible lorsque nous parlerons de la conservation des bois dans les Chantiers ; il s'agira alors d'examiner ce que l'eau douce & l'eau salée peuvent opérer sur les bois. Pour ne point revenir plusieurs fois sur les mêmes objets, je me contenterai de dire ici en général, & comme par anticipation, qu'il seroit avantageux pour les bois de charpente, qu'ils pussent être voiturés au lieu où ils doivent être employés sans avoir été mis dans l'eau ; & que quand, à raison de l'éloignement des Forêts, on est obligé de les conduire à flot, il est à propos de faire ensorte qu'ils n'y séjournent que le moins qu'il est possible, & sur-tout éviter de les remettre dans l'eau à plusieurs reprises. Cet article est des plus intéressants pour les Marchands de bois ; car j'ai vu quantité de pieces qui étoient à moitié usées, & entiérement rebutables, pour avoir resté longtemps, soit dans les Forêts, soit sur les ports, soit aux entrepôts, où les bois déposés au voisinage de l'eau, sont toujours exposés à des brouillards, à des exhalaisons qui sortent de la terre, en un mot, à une humidité qui produit la pourriture, ou au moins qui les endommage considérablement.

La négligence des Marchands de bois est quelquefois telle, que j'ai vu des pieces qui, à toutes les marées, se trouvoient couvertes d'eau, & alternativement exposées au grand hâle ; assurément rien n'étoit plus propre à les faire pourrir promptement.

Enfin, quand on détruit les trains pour en charger les bois sur des vaisseaux, il faut avoir soin de les laisser se dessécher avant de les enfermer dans la cale, où immanquablement ils s'échaufferoient & s'altéreroient plus ou moins, suivant la longueur du temps de la navigation. C'est ce que j'ai vu arriver bien des fois, & particuliérement à Marseille, où j'étois lorsqu'il arriva de la Lorraine Allemande des pieces de bois de Hêtre pour faire des rames. Ces bois avoient d'abord été flottés dans une riviere, & embarqués ensuite dans un bâtiment avant qu'ils fussent secs. Au déchargement, on sentoit une odeur de pourriture désagréable; heureusement, comme la traversée n'avoit pas été longue, il ne se trouva, à la plûpart de ces pieces, que la superficie échauffée, sur-tout aux endroits où les pieces se touchoient; l'altération s'y étendoit jusqu'à deux pouces de profondeur; l'intérieur se trouva bon, quoiqu'il fût très-chargé d'humidité; quelques-unes cependant étoient tellement pourries, qu'elles rompoient en les déchargeant.

Au reste, ces propositions générales souffrent des exceptions; & je le ferai voir dans le Chapitre suivant : car il y a tant de ressemblance entre les altérations que les bois souffrent dans le transport, & celles qu'ils éprouvent dans les Chantiers, qu'on ne peut séparer ces deux objets : nous allons donc examiner dans le Livre suivant ce qui arrive aux bois que l'on conserve dans les Chantiers, suivant les méthodes usitées.

EXPLICATION des Planches & des Figures du Livre premier.

PLANCHE PREMIERE.

ELLE est principalement destinée à exposer le transport des bois tant par terre que par eau.

FIGURES 1 & 2. Des bêtes de charge qui transportent à somme des ouvrages de Raclerie, ou des menus bois, tels que les échalas, les lattes, &c.

Figures 3 & 4, autres qui transportent du charbon dans de grands & de petits sacs.

Figure 5, Fourgon garni de claies par le côté & en dessous pour le transport du charbon.

Figure 6, Voiture à quatre roues, ou chariot en usage dans plusieurs Provinces pour tirer des ventes le bois & le charbon. On attelle ces différentes voitures avec des chevaux ou des bœufs, & quelquefois des mulets.

Figures 7 & 8, Deux Bannes jaugées, une grande & une petite, qui servent au transport du charbon, principalement pour la fourniture des grosses forges. On voit auprès différents tas de charbon.

Figure 9, Bateau chargé de charbon qui remonte une riviere étant tiré par des chevaux.

Figure 10, autre Bateau chargé de charbon qui descend une riviere en suivant le cours de l'eau.

Figure 11, Charrette chargée de bois à brûler, qui n'a de ridelles que vis-à-vis les roues.

Figure 12, Moule ou membrure dont on se sert à Paris pour mesurer le bois par voie.

Figure 13, Train de bois à brûler qui suit le courant d'une riviere.

Figure 14, Outil qui sert à remuer les bois & à couper les harts, pour faire ou défaire les trains.

Figure 15, Charrette chargée de bois long, suivant l'usage de quelques Provinces. On voit que le bout de devant est soutenu plus haut que le limonier par de forts ranchers.

Figure 16, Charrette sans ridelles en usage dans d'autres Provinces pour transporter des bois longs en les chargeant obliquement sur la voiture.

Figure 17, Voiture nommée *Fardier*, qui sert à Paris pour transporter les gros bois de charpente.

Figure 18, Elle sert à faire comprendre comment on ajuste les chantignolles sous les limons du Fardier pour changer à volonté la position des roues relativement à la longueur du fardier.

PLANCHE II.

ELLE sert à faire comprendre comment on fait ce qu'on appelle une *Couloire*; c'est un chantier formé avec des perches, qui s'incline vers une riviere. Il sert à faire les coupons qu'on met à l'eau, & qu'on joint les uns avec les autres pour en former des trains.

Figure 1, La couloire vue de face. *A*, la partie élevée de la couloire. *B*, la partie basse qui répond à la riviere.

Figure 2, Coupe de la couloire par la ligne *a b*, pour faire voir sa pente vers la riviere qui est en *b*.

Figure 3, Elle sert à faire voir comment on forme le plan incliné avec des bûches lorsque le terrein est plat.

PLANCHE III.

Elle est destinée à faire voir comment on forme les branches & les coupons pour les trains de bois à brûler.

Figure 1, Branche vue en perspective. *B B*, le bout des chantiers de dessous; *A A*, les chantiers de dessus : ces chantiers paroissent en entier dans la Figure 2. Les chantiers de dessus & de dessous sont liés les uns aux autres par des harts ou rouettes qui sont en *D D*, & les bûches sont représentées par *C*.

Figure 2, Coupe de la branche Figure 1 par la ligne *A B* : on voit en *B B*, un chantier de dessous dans toute sa longueur, & en *A A*, un chantier de dessus aussi dans toute sa longueur. *C*, *C*, les bûches vues par le bout; *D D*, harts ou rouettes qui lient le chantier de dessus avec celui de dessous. *L N O M*, perche courbe qu'on nomme *Bourrache*; elle sert à donner un point d'appui à la perche avec laquelle on gouverne le train.

Figure 3, Coupe pareille d'une branche de train, pour faire voir comment on assujettit des futailles vuides entre les chantiers de dessus & ceux de dessous pour faire flotter les trains quand les bois sont trop lourds.

Figure 4, Coupon formé de quatre branches liées les unes aux autres par des traversins *I*, *I*; quand les branches sont ainsi assemblées, & quand un coupon est formé sur la couloire, on le pousse à l'eau, & on joint ensemble à flot plusieurs coupons pour former un train.

Figure 5, Forte rouette ou hart, au bout de laquelle on fait un anneau. Alors on la nomme *Croupiere* à cause de sa forme, ou

Coupiere, parce qu'elle sert à joindre les uns aux autres plusieurs coupons.

Figure 6, Elle sert à faire voir comment on attache les coupons les uns aux autres au moyen des croupieres; elles sont attachées aux traversins *cc*, *dd*, de deux coupons ; on passe dans les anneaux des croupieres un morceau de bois *ee*, qu'on nomme *Abillot*, & en tournant ce morceau de bois, qui fait l'office de garrot, on roule l'une sur l'autre les deux croupieres, comme on le voit *Figure 7*, & les deux coupons sont bien réunis.

PLANCHE IV.

ELLE représente deux coupons de quatre branches, garnis de leurs traversins & de leurs croupieres *Q Q*; mais nous observerons qu'on n'a pas, à beaucoup près, donné assez de longueur à la queue des croupieres, leurs anneaux *Q Q*, sont trop près des traversins : en *A A*, est la jonction de deux coupons, & les abillots sont représentés en place.

PLANCHE V.

ON Y VOIT comment on défait les trains de bois à brûler, & comment on les empile dans les chantiers.

FIGURE 1, représente un ouvrier qui charge les bûches sur le dos des crocheteurs qui les portent au chantier.

Figure 2, Elle est destinée à faire voir comment on empile les bois pour former ce qu'on nomme un Théâtre.

Figure 3, est un homme qui tire à terre les bûches avec un instrument que nous avons représenté *Planche I. Figure 14*.

PLANCHE VI.

ELLE est destinée à faire voir comment on réunit les bois quarrés & les bois de sciage pour en faire des trains propres à flotter sur les rivieres.

FIGURE 1, On voit sur cette Figure que pour réunir les pieces de bois quarré avec des harts, les uns font un trou *aa* à l'angle des pieces dans lequel on passe une hart : d'autres percent un trou au bout de la piece en *b*, y mettent un bout de la hart *c*, qu'ils retiennent par une cheville *b* qui fait l'office d'un coin.

Figure 2, Elle représente deux brelles, l'une qu'on voit en entier *HB*, & l'autre seulement en partie *C*; & il faut se souvenir qu'aux trains de bois quarré on appelle *Brelle* ce qu'on nomme *Coupon* dans les trains de bois à brûler. Les pieces *D E*, *FG*, qui bordent les brelles s'appellent *Gardes*. On voit en *O O O*, comment on arrange les bois de différentes longueurs entre les gardes pour former le train. On met aussi au milieu de la brelle une belle piece *HI*, au bout de laquelle on met deux fortes chevilles *H* qu'on nomme *Moussieres;* elles servent à retenir l'aviron avec lequel on gouverne le train : toutes les pieces de bois quarré sont retenues par les pouliers ou traversins *K*, *K*, &c. & on en met deux près l'un de l'autre au bout du train pour y arrêter les croupieres *P*, *P*, qui servent à joindre les brelles les unes avec les autres.

Figures 3 & 4, Elles représentent un anneau & une crampe de fer qu'on ajuste au bout des pieces pour y atteller des chevaux ou des bœufs, lorsqu'on a à les conduire auprès du chantier où on fait les trains.

Figure 5, Elle sert à faire voir encore plus clairement que la Figure premiere, comment on fait les trous aux angles des pieces de bois quarré, & comment les harts qui passent dans ces trous sont liées sur les pouliers *M*.

Figure 6, Elle représente une éclusée de bois de sciage ; car pour ces sortes de trains on appelle *Eclusée* ce que nous avons nommée *Brelle* pour les bois de charpente, & *Coupon* pour les bois à brûler. On retient tous ces bois de sciage, qui font la largeur de l'éclusée, par des chantiers de dessus & de dessous *s*, *t*, & des traversins *T*, *T*, *T*.

Figure 7, Elle représente deux éclusées qu'on réunit l'une à l'autre par les croupieres *V*, *V*, &c. qu'on attache aux traversins *T*, *T*.

LIVRE

Fig. 9
Fig. 10
Fig. 10
Fig. 7
Fig. 11
Fig. 12
Fig. 14
C
Fig. 17
L K I
E

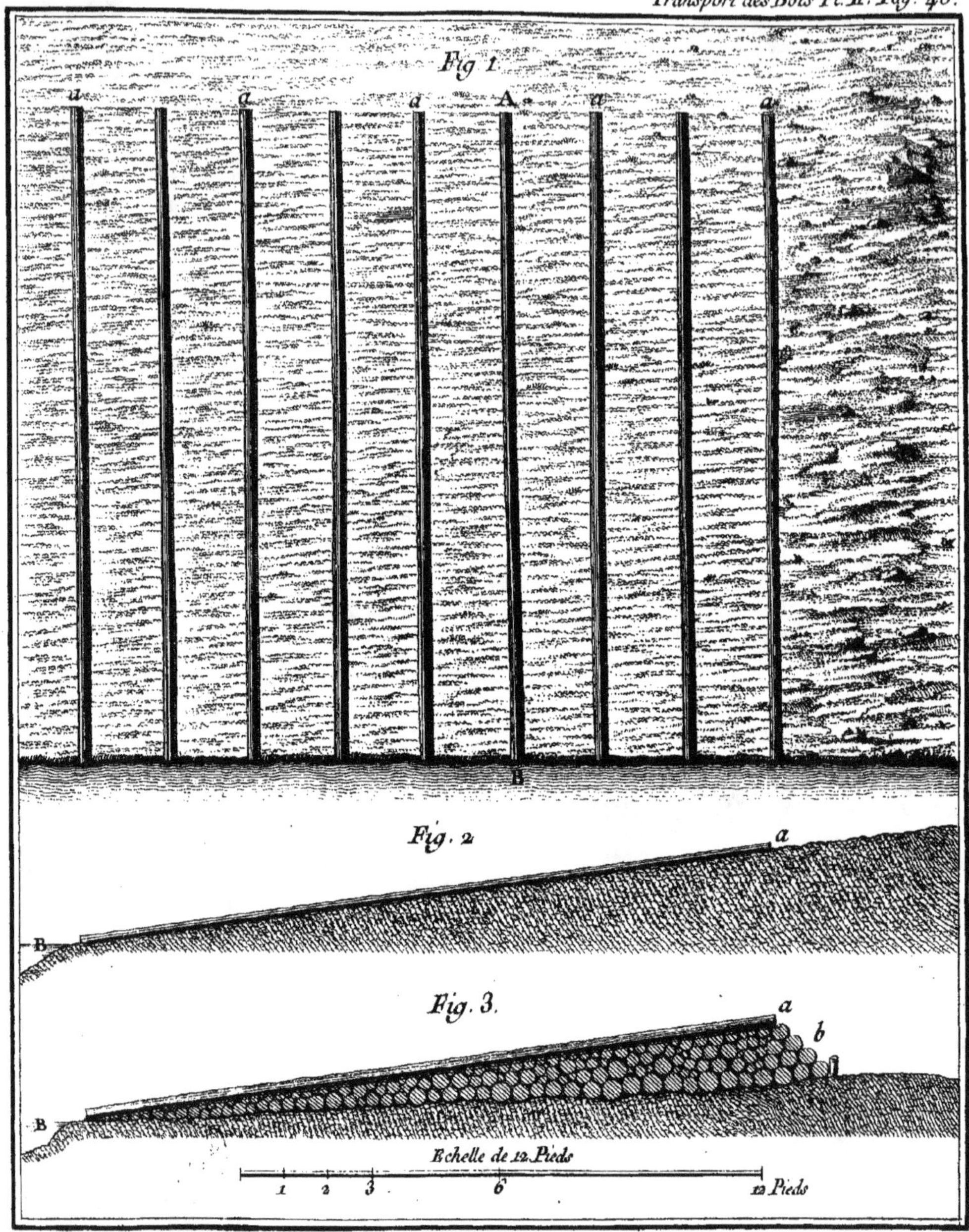
Fig. 1.
a
a
a
A
a
a
B
Fig. 2
a
B
Fig. 3.
a
b
B
Echelle de 12 Pieds
1
2
3
6
12 Pieds

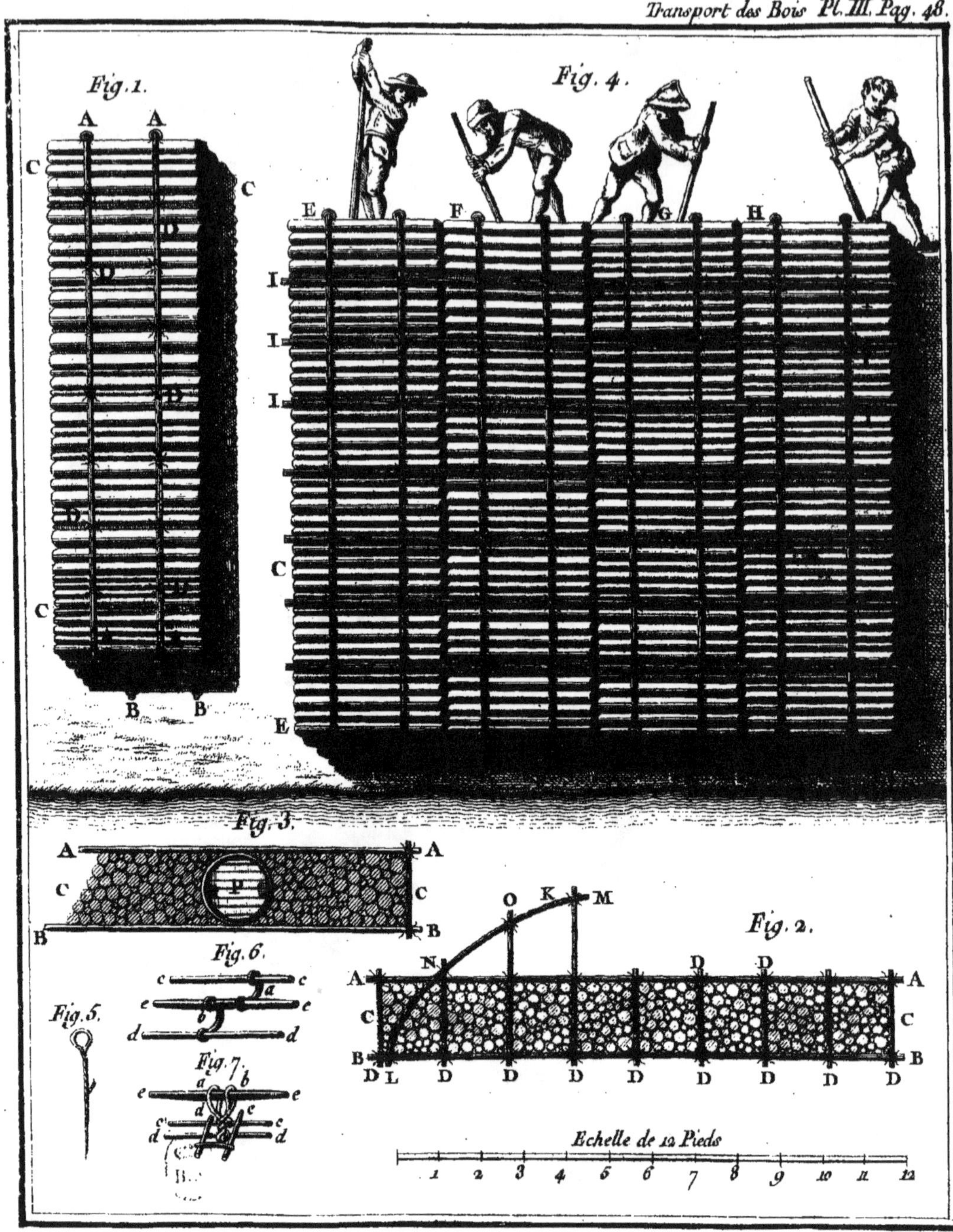
Fig. 1.
Fig. 4.
Fig. 3.
Fig. 2.
Fig. 6.
Fig. 5.
Fig. 7.
Echelle de 12 Pieds
1 2 3 4 5 6 7 8 9 10 11 12

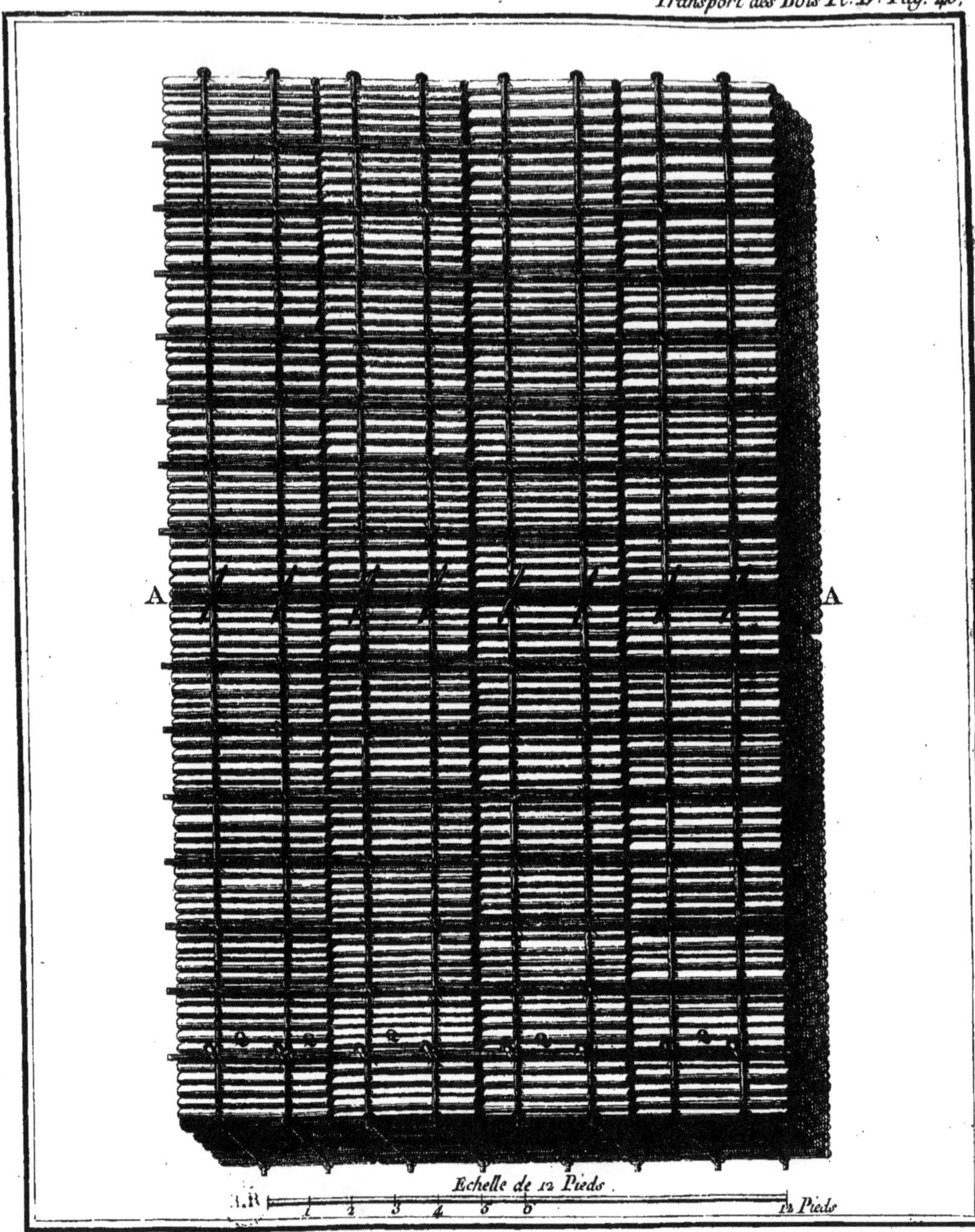
A
A
Echelle de 12 Pieds.
1
2
3
4
5
6
12 Pieds

Fig. 2.
c
b
b
b
a
c
b
Fig. 3
Fig. 1.

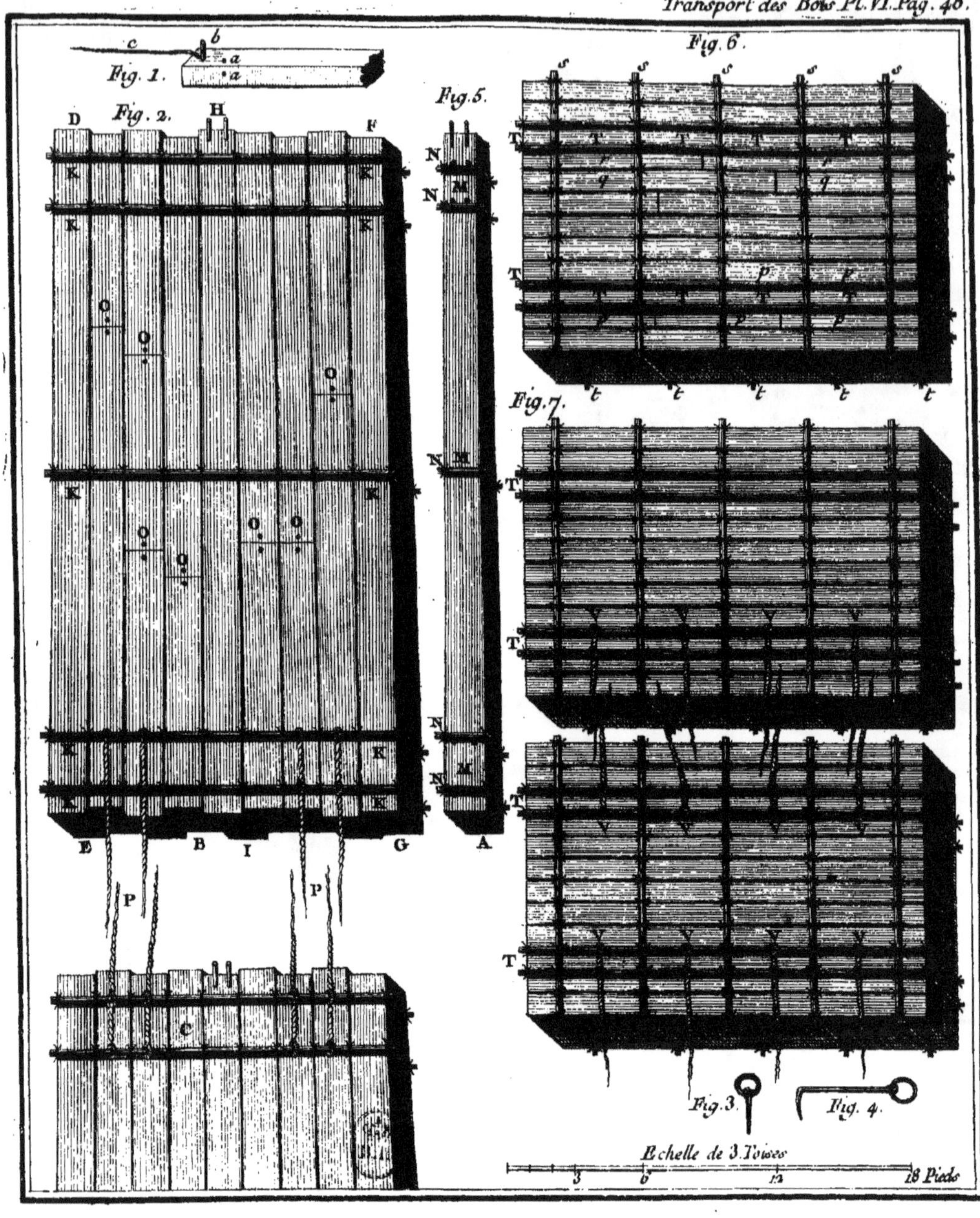
Fig. 1.
Fig. 2.
Fig. 5.
Fig. 6.
Fig. 7.
Fig. 3.
Fig. 4.
Echelle de 3 Toises
3
6
12
18 Pieds

LIVRE SECOND.

Des Bois considérés dans les Magasins ou dans les Chantiers.

Nous supposons les Bois tirés des Forêts & rendus à leur destination ; dès-lors il se présente plusieurs Questions à résoudre : savoir, quels sont les effets de la seve relativement à la durée des bois ? si l'on doit les mettre promptement en œuvre, ou s'il faut auparavant leur laisser perdre, soit leur seve, soit l'humidité qu'ils auront contractée dans le transport lorsqu'ils ont été flottés : ensuite il faudra examiner comment il convient de les disposer dans les Chantiers jusqu'au temps où l'on aura à les employer pour qu'ils ne s'alterent que le moins qu'il sera possible. Voilà en général les objets qui doivent nous occuper dans ce Livre ; mais ils nous engageront à discuter bien des Questions subsidiaires, dont l'éclaircissement est important pour la solution du problême physique que nous avons à résoudre.

CHAPITRE PREMIER.

Des effets de la Seve relativement à la durée des Bois.

Ceux qui emploient les Bois à différentes especes d'ouvrages, quelque habiles qu'ils soient dans leur métier, sont la plupart dépourvus des connoissances nécessaires pour en bien traiter ; & quand ils parlent de cet objet, on reconnoît toujours ou le langage de la prévention, ou l'abus de certaines traditions remplies d'erreurs. Chaque pays, chaque attelier a ses principes particuliers ; on y cite de prétendues expériences qui se contredisent, & sur lesquelles ceux qui prétendent les avoir faites, ne peuvent se concilier, parce que la durée ou le dépérissement des bois ayant des causes compliquées, on ne manque jamais de recourir à celles qui conviennent mieux au systême favori. On s'habitue à parler de la seve, comme de beaucoup d'autres choses, sans les entendre : les uns prétendent que la seve est la cause de la pourriture des bois, les autres pensent qu'elle contribue à leur conservation : les uns veulent qu'on la laisse subsister en partie, les autres l'excluent absolument : les uns prétendent qu'il faut la délayer avec de l'eau douce, d'autres pensent qu'on doit, autant qu'il est possible, préférer l'eau salée à l'eau douce ; d'autres, qu'il est mieux de dessécher les bois à l'air, parce que la seve s'échappe naturellement, &c. Aucun de ces avis n'est fondé sur des raisonnements solides, ni sur des expériences exactes & suivies, qui puissent tendre à éclaircir de quelle nature est la seve, en quoi elle consiste, & pourquoi on lui attribue tel ou tel effet.

Quant à moi, je regarde la seve comme une substance composée de parties résineuses, muqueuses, mucilagineuses ou gommeuses, étendues dans beaucoup de phlegme. (Voyez la premiere Partie de l'*Exploitation des Bois* & la *Physique des Arbres*). Si ce phlegme est abondant, la seve tend à la fermentation & ensuite à la putréfaction ; mais si l'humidité a été en grande partie dissipée, les substances moins volatiles s'épaississent, & deviennent un baume conservateur, qui empêche les fibres ligneuses de se corrompre, ou une espece de colle qui les fortifie & les unit les unes aux autres. Je ne m'étendrai point sur les parties intégrantes de la seve, & ne m'arrêterai point à fixer exactement jusqu'à quel point elles peuvent influer sur la durée ou la destruction du bois, parce que j'ai donné dans la premiere Partie de l'*Exploitation des Bois*, Chap. I, des détails que je crois suffisants sur cette matiere. Mais je dois faire remarquer, qu'en parlant ici des propriétés de la seve, je suppose qu'elle est bien conditionnée ; car sûrement il y en a telle qui a bien plus de disposition à se corrompre que d'autres ; pendant que certaines ſeves ſont ſi remplies de phlegme qu'elles ſe diſſipent preſqu'entiérement, & qu'il ne reſte enſuite dans le bois que des fibres arides & très-fragiles. Après ce que j'ai dit ailleurs de la nature de la ſeve, je crois devoir me borner préſentement aux idées générales que je viens de préſenter, afin de diſcuter pluſieurs Queſtions particulieres, qui ont un rapport très-direct à l'objet que je me propoſe de traiter dans ce Chapitre.

ARTICLE I. *Doit-on employer les Bois lorſqu'ils ſont encore remplis de ſeve, ou pénétrés de l'eau dans laquelle on les aura flottés? ou eſt-il plus avantageux de ne les employer que quand ils ſont ſecs?*

ON A VU dans la ſeconde Partie de l'*Exploitation des Bois & des Forêts, page 465 & ſuiv.* que les bois ſe tourmentent & ſe fendent en ſe deſſéchant; d'où l'on peut conclure que pour les ouvrages qui demandent de la préciſion, il faut que les bois ſoient très-ſecs avant de les mettre en œuvre ; ſans cette précaution, les aſſemblages de Menuiſerie ſe tourmenteroient, ils ſe déjetteroient; & comme ils ſe retirent beaucoup, les joints ne manqueroient pas de s'ouvrir : ainſi tout l'ouvrage ſeroit bientôt en déſordre.

Ces accidents ne ſont pas tant à craindre pour les gros ouvrages de Charpenterie où l'on emploie de groſſes pieces de bois : ils ne courent pas autant de riſque de ſe déjetter, ou s'ils ſe déjettent, l'effet en eſt communément moins dangereux ; mais il en réſulte d'autres inconvénients, lorſque ces bois ſont renfermés dans du plâtre, ou même qu'ils ſont revêtus de Menuiſerie, comme cela ſe pratique communément quand on fait des pans de bois, des cloiſons, des plafonds, &c. A l'égard des membres des vaiſſeaux & des galeres, comme ils ſont renfermés entre les bordages & les vaigres, l'humidité de ces bois, lorſqu'ils ſont verds, ne peut ſe diſſiper ; cette humidité ſe concentre entre les différentes pieces de bois ; elle s'y corrompt,

& les fait pourrir. Voici une Expérience qui prouve ce que j'avance.

EXPÉRIENCE *relative à cet objet.*

UNE POUTRE faine, tant qu'elle refte dans fon entier & qu'elle eft placée dans un lieu fec, fe defféche fans fe pourrir : on en voit dans les Charpentes des Eglifes, dans des Monafteres & dans de vieux Châteaux, qui font encore très-faines, quoiqu'elles foient en place depuis deux ou trois cents ans. Je dis des poutres faines ; car fi ces pieces euffent été de bois en retour, elles auroient pourri par le centre. J'ai fait refendre & débiter en planches une forte poutre nouvellement abattue, & une autre qui étoit feche : j'ai fait remettre les unes fur les autres les planches qui avoient été tirées à la fcie de chacune de ces poutres; & afin que ces planches fe joigniffent plus exactement, je les avois fait fortement ferrer les unes contre les autres, avec des moifes de bois & des coins (*Planche VII. Fig.* 1) : l'une & l'autre poutre fut dépofée dans un lieu fec. Les planches de la poutre feche fe font confervées en bon état ; mais celles qui avoient été tirées de la poutre nouvellement abattue, & qui étoit encore remplie de feve, s'échaufferent aux endroits où les planches fe touchoient.

La feve qui, dans les poutres entieres, fe feroit échappée par les pores, fortoit de chacune des planches, & s'amaffoit entre elles où elle prenoit une mauvaife odeur ; elle fe corrompoit, & le bois s'altéroit ; quelquefois même il fe formoit des efpeces d'agaric entre les planches.

Cette expérience peut faire comprendre ce qui doit arriver aux bois qui font renfermés & recouverts par des lambris de Menuiferie, ou revêtus de plâtre : la feve qui s'évapore fe trouvant arrêtée, fe corrompt, & porte la pourriture dans les parties voifines.

Cet inconvénient eft peu à craindre pour les charpentes; comme les pieces qu'on y emploie font ifolées & frappées de tous les côtés par l'air, la feve a la liberté de fe diffiper ; & tout ce qu'on pourroit craindre, c'eft que les tenons ne s'échauffassent dans les mortaises, ou l'extrémité des poutres vers leurs portées.

A l'égard des tenons, il ne doit pas en résulter de grands accidents, parce que, comme je le ferai voir dans la suite, la seve, dans le bois qui se desseche, se dissipe en vapeurs légeres qui s'élevent dans la piece en suivant les pores du bois. Mais on éprouve souvent que les poutres se pourrissent, plutôt qu'ailleurs, à la partie qui est renfermée dans les murs qui forment un obstacle à la dissipation de la seve.

Un autre inconvénient qui arrive aux poutres qu'on emploie quand le bois est encore verd, c'est qu'elles plient sous la charge, & qu'elles deviennent courbes; ce qui les affoiblit à cause de la tension inégale des fibres de la piece.

Il est évident que les membres des vaisseaux sont fort exposés à la pourriture, non-seulement parce qu'ils sont renfermés entre le bordage & les vaigres, mais encore parce qu'ils sont continuellement dans un atmosphere chaud & humide, qui est très-propre à occasionner la pourriture.

Il n'est donc pas douteux qu'il faut, autant qu'il est possible, n'employer que des bois bien secs, soit pour les ouvrages de Menuiserie, si l'on veut éviter qu'ils ne se déjettent, soit lorsqu'il s'agit de charpente, afin qu'ils conservent de la solidité dans leur assemblage, principalement lorsque les pieces ne doivent point être apparentes; & aussi relativement à la construction des vaisseaux, pour éviter que la seve des bois ne s'amasse & ne séjourne entre les membres.

On a bien senti qu'il seroit avantageux de procurer une issue à l'humidité qui s'échappe des bois, ou, ce qui est la même chose, de leur donner de l'air; pour cet effet, on a observé de faire un trou au bout des baux des vaisseaux & des poutres des bâtiments; on a fait des rainures sur la face des membres des vaisseaux aux endroits où ils se touchoient; on a mis des taquets entre les membres pour les empêcher de se toucher les uns les autres; mais toutes ces tentatives ont été à-peu-près inutiles: car, en premier lieu, que peut opérer un trou de tariere en comparaison de la grosseur d'un bau ou d'une poutre? une rainure d'un demi-pouce de largeur par comparaiſon à la ſolidité des membres des vaiſſeaux ? Les taquets paroîtroient plus efficaces ; mais ce qui rend preſque tous ces moyens inſuffiſants, c'eſt qu'il n'y a dans tout cela aucune cauſe phyſique qui puiſſe occaſionner le renouvellement de l'air qui, demeurant ſtagnant, ne peut, pour cette raiſon, diſſiper l'humidité qui s'arrête entre ces bois, & qui y occaſionne la pourriture qu'on voudroit éviter. J'ai vu dans des radoubs, que les trous de tariere qu'on avoit faits aux bouts des baux pour faciliter la diſſipation de l'humidité, étoient, ainſi que les rainures & les fentes naturelles du bois, remplis de champignons.

Il ſeroit beaucoup plus convenable pour les bâtiments civils, de renoncer aux plafonds, & pour les vaiſſeaux de ne pas vaigrer en plein, de ménager de petits ſabords au-deſſous du premier pont, d'ouvrir les écoutilles & les ſabords quand il fait un beau temps, & enfin d'opérer le renouvellement de l'air de la cale par les manches que l'on peut employer comme nous l'avons dit dans notre *Traité ſur la conſervation de la ſanté des Equipages en mer*. On a propoſé de faire du feu dans la cale, ſur le leſt : je crois que ce moyen ſeroit bon & très-propre à renouveller l'air dans un vaiſſeau ; mais il eſt trop dangereux en ce qu'il pourroit occaſionner un incendie. Indépendamment de toutes ces précautions, il eſt toujours plus ſûr de n'employer que des bois ſecs ; ſur quoi il reſte à examiner ſi les bois trop deſſéchés ſont bons à être employés ; s'il n'y a pas un état moyen qu'il faille préférer ; & en ce cas, quel eſt cet état moyen : c'eſt ce que nous allons diſcuter dans l'Article ſuivant.

ARTICLE II. *S'il y auroit de l'inconvénient à employer des Bois trop deſſéchés ; & à quel point de deſſéchement il convient de les employer.*

JE PENSE que les bois pourroient parvenir à un tel degré de deſſiccation qu'ils ſeroient altérés autant qu'ils peuvent l'être par un ſurcroît d'humidité ; car je vois que tous les corps ſolides perdent cette propriété quand ils sont privés de toute humidité. Pour rendre ma pensée plus sensible, je prends pour exemple le mortier que l'on emploie dans les bâtiments : un bon mortier, fait avec de la chaux & du ciment, est mol, & n'a aucune consistance; en se desséchant peu à peu, il acquiert une solidité comparable à celle de la pierre. J'ai fait de pareil mortier avec du sable bien desséché dans une étuve, & de la chaux qui, sortant du fourneau, étoit fort seche; j'ai ajouté à ces matieres arides, dont je connoissois le poids, une quantité d'eau que j'avois aussi pesée: une grande partie de cette eau se dissipa d'elle-même, & à proportion qu'elle s'évaporoit, le mortier devenoit très-dur: un an après que le mortier fut fait, l'ayant tenu exposé au soleil, à l'abri de la pluie, je le trouvai fort dur: je le pesai, & je reconnus que son poids excédoit celui de la chaux & du sable que j'y avois employés : il contenoit donc encore de l'eau? je le mis ensuite dans une étuve échauffée à 50 & 60 degrés du thermometre de M. de Reaumur, sans pouvoir le ramener au poids des matieres dont il étoit composé; enfin, après l'avoir exposé successivement à différents degrés de chaleur, je fus obligé de lui faire subir un feu de calcination pour n'avoir plus que le poids des matieres solides qui formoient ce mortier; mais alors il n'avoit plus de consistance, & il se brisoit aisément; d'où j'ai conclu que la solidité de ce mortier dépendoit de la petite portion d'eau qu'il avoit retenue.

Il en est de même du plâtre; lorsqu'on le tire de la carriere, il n'a que la dureté d'une pierre tendre; après avoir été calciné, il a perdu sa dureté; mais il la reprend quand on lui rend de l'eau, & il la perd si on le fait passer par une nouvelle calcination, qui fait évaporer totalement l'eau qui avoit été employée pour le gâcher. Les pierres dures, le marbre même, perdent leur dureté quand on en fait de la chaux; & elles la recouvrent, au moins en partie, lorsqu'on leur restitue l'eau qu'on leur avoit enlevée par la calcination. Les morceaux de bois que l'on fait bouillir dans l'huile se desséchent beaucoup, ils perdent considérablement de leur poids; alors ils ne se déjettent, ni ne se tourmentent plus; ils ont perdu le fil de leur bois, & peuvent être coupés aussi aisément en travers qu'en suivant la direction des fibres; mais aussi ils ont beaucoup perdu de leur force. Tous ces faits prouvent assez bien que, si la trop grande quantité d'humidité rend les corps tendres, il en faut néanmoins une petite quantité pour qu'ils soient durs; d'où je conclus que les bois trop secs ne peuvent être d'un bon service. En effet, on voit que les bois extrêmement vieux ont perdu de leur dureté, qu'ils se rompent aisément, & qu'ils pourrissent promptement quand on les expose à l'humidité. Une vieille poutre débitée en planches fera une très-bonne menuiserie; mais si l'on emploie ce bois à quelque ouvrage qui reste exposé aux injures de l'air, ou qui soit dans un endroit chaud & humide, il pourrira promptement. Si l'on charge une pareille piece, elle rompra sous un poids médiocre. Ceux qui sont dans l'usage d'employer des bois, conviendront de tous ces faits.

Il est vrai qu'on a peu à craindre que les bois de bonne qualité soient trop secs; car il faut bien des années pour qu'ils le deviennent assez. J'ai fait lever à la scie dans une poutre abattue depuis quinze ans, & qui étoit restée comme abandonnée à l'air libre, un soliveau de 3 pieds de longueur sur 8 & 10 pouces d'équarrissage. Cette piece de bois, étant seche, n'auroit dû peser que cent livres & quelque chose de plus, à en juger par d'autres bois de même qualité: cependant elle se trouva peser 134 livres; & en moins d'un an, elle ne pesa plus que 104 liv. J'ai vu des planches, qui étoient restées à couvert dans des Magasins depuis une trentaine d'années, qui, malgré cela, se gauchissoient quand on les blanchissoit à la varlope seulement sur une face; ce qui ne pouvoit venir que de ce qu'elles n'avoient pas encore perdu toute leur humidité du côté où elles avoient été travaillées. On verra par des expériences que je rapporterai dans la suite, qu'un barreau pris dans le centre d'une grosse piece de démolition, a beaucoup perdu de son poids après avoir été conservé dans un Magasin sec.

Je ne crois pas, au reste, qu'il soit possible de fixer au juste le temps où les bois sont devenus assez secs pour pouvoir être employés utilement à de gros ouvrages; non-seulement parce que

que les bois se dessechent plus promptement dans les Provinces où le soleil a beaucoup d'action, que dans celles qui sont plus froides ; parce que le desséchement des bois de même qualité, & déposés dans un même lieu, se fait en raison de leur superficie ; mais encore parce que certains bois se dessechent bien plus promptement que d'autres : car il faut beaucoup moins de temps pour dessécher les bois gras qui viennent des vieux arbres en retour, que les bois forts qui viennent d'arbres qui étoient encore dans l'âge de profiter. Cependant, pour ne pas laisser cette question indécise, j'estime que, pour les charpentes, il faut éviter d'employer les bois avant qu'ils aient essuyé deux printemps depuis leur abattage. Mais ce temps ne suffit pas, à beaucoup près, pour ceux qu'on destine à faire de belles menuiseries : ceux-ci ne peuvent jamais être de trop ancienne coupe.

Les besoins pressants empêchent souvent qu'on ne mette entre l'abattage & l'emploi des bois, un temps suffisant pour qu'ils soient devenus assez secs pour être employés : car lorsqu'on entreprend une bâtisse considérable, on est obligé d'abattre une grande partie des bois dont on a besoin, parce qu'ordinairement on n'en trouve pas assez d'anciennement abattus qu'on ait conservés en chantier : il est plus ordinaire de conserver dans les Magasins des bois pour la menuiserie ; cependant il est rare qu'on en soit suffisamment pourvu pour faire des ouvrages solides : enfin les constructions seroient interrompues dans les ports si l'on n'employoit pas, au moins pour certaines pieces rares, des bois de fraîche coupe. Ces raisons ont engagé à chercher les moyens de précipiter le desséchement des bois : ces moyens consistent, ou à exposer les bois à la plus grande ardeur du soleil, ou à les mettre quelque temps flotter dans l'eau pour parvenir à délayer la seve tenace qu'ils contiennent, & qui se dissipe difficilement ; enfin, on a tenté de les dessécher artificiellement par le secours du feu. Je me propose d'examiner séparément ce qu'on peut espérer de ces différentes méthodes ; mais auparavant j'ai cru devoir examiner ce qui arriveroit si l'on formoit quelqu'obstacle à l'évaporation de la seve, en couvrant les bois avec des résines.

ARTICLE III. *Est-il avantageux à la conservation des Bois de les enduire de peinture à l'huile, ou de goudron, ou de bray, ou de quelqu'autre substance impénétrable à l'eau?*

LES ENDUITS dont on peut couvrir les bois, peuvent produire deux effets très-différents : ils peuvent empêcher qu'ils ne soient pénétrés par la pluie, ou que l'humidité qui seroit dans le bois ne s'en échappe. Examinons ce qui doit résulter de ces deux propriétés des enduits.

La superficie des bois qui sont exposés à la pluie en est pénétrée : cette humidité altere peu à peu les bois qu'on voit tomber en pourriture plutôt ou plus tard, suivant leur bonne ou leur mauvaise qualité. On est parvenu à parer en partie à cet inconvénient, en couvrant la superficie des bois avec des enduits impénétrables à l'eau.

Dans l'Inde, on les couvre avec une espece de peinture qu'on fait avec de la chaux & une huile qu'on rend plus siccative en la faisant bouillir avec de la litharge. On peut, pour économiser les matieres, y mêler un peu de ciment très-fin : cet enduit est très-bon même en Europe. On a coutume de peindre à l'huile les bois qui sont exposés aux injures de l'air : c'est quelquefois avec de l'ochre rouge, d'autres fois avec de l'ochre jaune ou avec du blanc de céruse, ou d'autres substances, suivant la couleur qu'on desire. Pour rendre ces enduits de plus longue durée, quand on a mis deux couches de peinture, avant que la seconde soit seche, on saupoudre dessus quelque sable fin, ou du machefer, ou de la limaille de fer; & ayant secoué tout ce qui ne s'est pas attaché à la peinture, on donne une troisieme & derniere couche.

Dans les ports, on couvre les bois avec du goudron, ou avec du bray, ou avec de la résine fondue dans de l'huile, ou avec un mélange de soufre, d'huile, ou de graisse & de goudron : toutes ces choses, & quantité d'autres qu'on pourroit employer, ſont excellentes pour empêcher que les bois ne ſoient pénétrés par la pluie, & endommagés par les injures de l'air. On en a des expériences trop ſouvent répétées pour qu'on puiſſe en douter; il eſt donc certain que ces enduits ſont tous propres à empêcher que l'eau des pluies ne pénetre & n'endommage les bois qui y ſont expoſés. Mais on a voulu étendre l'uſage de ces enduits; par exemple, dans la conſtruction des Galeres, on a couvert tous les membres de bray à meſure qu'ils étoient travaillés : on pouvoit bien, par cette précaution, prévenir un peu qu'ils ne ſe fendiſſent; mais l'intention principale étoit d'empêcher que l'humidité d'une piece ne ſe portât ſur une autre, & on ne faiſoit pas attention que cet enduit de bray, dont on couvroit indiſtinctement tous les membres auſſi-tôt qu'ils étoient travaillés, pouvoit, dans certains cas, accélérer leur pourriture. En effet, comme dans les grands chantiers de conſtruction, on met preſque toujours & indiſtinctement en œuvre des bois plus ou moins ſecs, il doit arriver que le bray forme un obſtacle à la diſſipation de l'humidité contenue dans les bois, ſoit qu'elle dépende de la ſeve, ou de l'eau douce ou ſalée dans laquelle on les aura mis flotter. Cette humidité qui ne peut s'échapper, doit exciter une fermentation & occaſionner la pourriture, principalement aux pieces qu'on met dans la cale des Vaiſſeaux, dans le paillot des Galeres, ou dans d'autres endroits chauds & humides : il ſuit delà que les enduits qui ſont très-propres à préſerver les bois ſecs des injures de l'air, peuvent précipiter leur altération, lorſqu'on en couvre des bois chargés d'humidité. Et cet effet ſeroit plus ſenſible, ſi les ſubſtances réſineuſes s'appliquoient auſſi exactement ſur les corps humides que ſur ceux qui ſont ſecs, parce qu'elles feroient plus d'obſtacle à la diſſipation des vapeurs humides. Quoi qu'il en ſoit, voici une Expérience que j'ai faite pour eſſayer de connoître immédiatement ce qui réſulteroit d'un enduit de bray, appliqué ſur des bois ſecs & ſur des bois humides.

EXPÉRIENCE.

J'AI pris de bons bois dans trois états différents : une piece étoit fort ſeche, une autre étoit nouvellement abattue, & une troiſieme étoit pénétrée d'eau de mer.

J'ai fait refendre à la ſcie chacune de ces pieces, & tous ces morceaux ont été réduits à des poids égaux, de ſorte que j'avois de chaque piece deux morceaux qui pouvoient être exactement comparés l'un à l'autre. Je fis enſuite couvrir de bray, le plus exactement qu'il me fut poſſible, trois moitiés de chacune de ces pieces, & les trois autres reſterent ſans en être enduites.

Je fis mettre ces ſix morceaux dans la terre pour y reſter juſqu'à ce qu'ils fuſſent pourris : les bois ſecs ſe ſont conſervés plus ſains que ceux qui étoient ou verds, ou chargés de l'eau de la mer ; & le morceau de bois ſec, couvert de bray, étoit moins attaqué de la pourriture que celui qui n'en étoit point enduit : au contraire les bois chargés d'humidité, & couverts de bray, ont pourri plus promptement que tous les autres.

Tout cela eſt d'accord avec les obſervations répétées une infinité de fois, qui prouvent que les bois ſecs ſur leſquels on applique un enduit qui n'eſt point perméable à l'humidité, réſiſtent plus long-temps aux injures de l'air que ceux qui ſont, ſans aucun enduit, expoſés au ſoleil & à la pluie. Mais auſſi on trouvera dans la ſuite, lorſque nous parlerons de l'imbibition, des expériences qui prouvent que le bray n'empêche pas que les bois qu'on tient ſous l'eau n'en ſoient pénétrés à la longue. Or les bois qu'on met dans une terre médiocrement humide, ſont peut-être dans une ſituation plus propre à être pénétrés d'humidité, que ceux qui ſont entiérement ſubmergés. L'eau, à la vérité, doit entrer en moindre quantité dans leurs pores ; mais par cette raiſon-là même, elle doit y occaſionner plus promptement la pourriture, parce qu'un peu d'humidité excite la fermentation, & beaucoup d'humidité y forme un obſtacle ; ce qui fait que les bois qui ſont toujours ſous l'eau ne pourriſſent jamais.

J'avoue que dans l'exécution de mon Expérience, j'ai négligé une circonſtance qui auroit pu devenir intéreſſante. J'aurois dû faire peſer ces pieces de bois en différents temps, pour connoître, au moins à peu près, quel étoit l'obſtacle que le bray formoit à l'introduction de l'humidité de la terre ; mais quand on eſt occupé de quantité d'expériences, il eſt impoſſible qu'il n'échappe quelques circonſtances qui auroient jetté du jour ſur les points qu'on ſe propoſoit d'éclaircir.

Avant que d'entamer le fond de la queſtion, je crois devoir rapporter des Obſervations que je penſe ne pouvoir être conteſtées par ceux qui ont quelque connoiſſance des bois ; & on peut les regarder, au moins pour la plûpart, comme des conſéquences des expériences que je viens de rapporter, & de pluſieurs qui ſont dans le Traité de l'*Exploitation des Bois.*

ARTICLE IV. *Diverſes Obſervations ſur la durée des Bois, ou conſéquences qu'on peut tirer des Expériences que nous avons rapportées, ſoit dans le* Traité de l'Exploitation, *ſoit dans cet Ouvrage.*

1°, QUAND on forme quelque obſtacle à l'évaporation de la ſeve, le bois tiré d'une Forêt, & qui ſe trouve encore rempli de ſeve, doit avoir peu de durée, & ſe pourrir plus promptement que celui qu'on a laiſſé ſe deſſécher avant que de l'enduire de quelque ſubſtance que ce ſoit qui puiſſe faire obſtacle à l'évaporation de la partie flegmatique de la ſeve : j'ai rapporté ci-devant des Expériences qui le prouvent.

2°, Les pieces de bois verd qu'on charge d'un poids conſidérable, ſe courbent ſous cette charge, & prennent la forme d'un arc, ce qui diminue leur force, parce qu'il ſe trouve alors une tenſion inégale dans les fibres, & que celles qui ſont à l'extérieur de la courbe étant déjà fort tendues, ſe trouvent, par cette courbure, dans un état de dilatation qui doit les affoiblir.

3°, Quand pluſieurs pieces de bois verd ſont ſi près l'une de l'autre qu'elles ſe touchent, elles pourriſſent plus promptement que quand elles ſont renfermées entre des pierres, des briques, &c; parce que la ſeve des pieces voiſines forme une plus grande ſomme d'humidité, & que cette humidité ſe raſſemble entre les pieces, & augmente la cauſe prochaine de la pourriture.

4°, Les bois extrêmement vieux & secs subsistent fort long-temps, quand on ne les surcharge pas, & quand on les tient à couvert & au sec comme de la menuiserie qui s'emploie dans l'intérieur des maisons ; mais ces bois se détruisent promptement quand ils se trouvent exposés à un air humide, telles sont les portes des écluses, les fonds des vaisseaux, &c.

5°, La pourriture fait d'autant plus de progrès, que les corps qui en sont susceptibles sont placés dans un lieu chaud & humide ; parce que cette position est la plus favorable à la fermentation, & par conséquent à la putréfaction.

6°, Les bois tenus au sec & très-exposés au grand air, comme sont les charpentes des maisons, sont dans une position très-favorable pour leur conservation, lorsqu'on a soin d'entretenir les couvertures.

7°, Les bois, au contraire, qui sont toujours dans l'eau, ou renfermés dans de la glaise ou du sable humide, ne pourrissent jamais, de quelque qualité qu'ils soient. J'ai vu les pilotis d'un pont qui avoient resté sous l'eau depuis un temps immémorial, & qui étoient encore fort sains : ils paroissoient très-durs, même étant devenus secs ; mais quand on les travailloit, soit au rabot, soit à la varlope, les copeaux qui en sortoient se réduisoient en petits fragments.

Rien ne prouve mieux que les bois, même ceux qui sont tendres, se conservent pendant un temps très-considérable dans l'eau ou dans la terre humide, qu'une observation que le hazard m'a fournie. En faisant une fouille, on trouva un pilotis de sapin qui avoit servi pour les fondations d'une Eglise tombée de vétusté, & démolie depuis 80 ans : ce pilotis avoit plusieurs siecles : l'extérieur du bois étoit détruit inégalement, suivant que les veines s'étoient trouvées plus ou moins tendres ; mais l'intérieur étoit parfaitement sain ; il avoit la couleur & l'odeur de résine, comme les pieces que l'on emploie pour les mâtures. La circonstance de cette odeur de résine qui s'étoit conservée dans un bois aussi vieux, m'a paru une chose très-singuliere.

8°, Il n'en est pas de même des bois qui sont exposés tantôt au sec, & tantôt à l'humidité : les fibres ligneuses qui ont été tendues par l'eau, font ensuite resserrées par le sec ; ce mouvement alternatif & continuel les fatigue, & les détruit ; l'eau emporte avec elle, toutes les fois qu'elle s'évapore, quelques-unes des parties les moins fixes du bois.

9°, Les bois qui restent submergés, se réduisent peu à peu à rien, lorsqu'ils sont exposés au cours de l'eau : ce fluide les use imperceptiblement, comme feroit le frottement des corps solides, quoique plus lentement ; & souvent même dans l'eau dormante, la superficie en est détruite par les insectes : il ne s'agit pas ici des vers à tuyau qui détruisent les digues de Hollande, aussi bien que nos vaisseaux : j'en parlerai ailleurs ; il n'est question, pour le présent, que de certains petits insectes qui ne pénetrent pas bien avant dans le bois, mais qui en endommagent tellement la superficie, qu'il en faut quelquefois retrancher l'épaisseur d'un pouce ou deux lorsqu'on veut le travailler.

10°, Il est très-important de remarquer que les bois d'excellente qualité subsistent fort long-temps dans les positions les plus défavorables à leur durée : j'ai vu des portes d'écluses qui étoient encore fort bonnes, quoiqu'elles fussent très-anciennement construites. Il n'est pas douteux que les membres des vaisseaux doivent pourrir promptement ; 1°, parce qu'ils sont renfermés entre le bordage & le vaigrage ; 2°, parce qu'en bien des endroits les pieces de bois se touchent ; 3°, parce que ces membres sont toujours dans un lieu chaud & humide : cependant j'ai visité des vaisseaux construits avec d'excellent bois de Provence, dont les membres étoient encore très-sains, quoiqu'ils eussent 50 ans de construction : on a vu des vaisseaux mal entretenus, & dans lesquels l'eau de la pluie perçoit jusqu'à la cale, qui ont cependant subsisté très-long-temps sans pourrir, ce qui ne peut dépendre que de l'excellente qualité de leur bois ; & si on ne peut pas fixer à 10 ans la durée de la plûpart des vaisseaux que l'on construit maintenant, on ne doit pas l'attribuer à la négligence des Officiers qui veillent aux constructions ou à l'entretien de ces bâtimens ; mais à la mauvaise qualité des gros bois qu'on est forcé d'employer aujourd'hui, comme je l'ai prouvé dans mon Traité de l'*Exploitation des Bois* ; & c'eſt un inconvénient auquel on n'a pas encore pu trouver de remede.

11°, Le bois pourri endommage celui qui ſe trouve dans ſon voiſinage ; comme c'eſt une eſpece de levain qui excite la fermentation, il faut y remédier en retranchant ce mauvais bois le plutôt qu'il eſt poſſible.

Je vais parler maintenant des moyens que nous avons employés pour acquérir des connoiſſances ſur l'évaporation de la ſeve.

CHAPITRE II.

Des Moyens que nous avons employés pour acquérir le plus de connoiſſances qu'il nous ſeroit poſſible ſur l'évaporation de la ſeve & le deſſéchement des Bois.

AVANT que d'entamer la diſcuſſion de l'objet qui eſt énoncé au titre de ce Chapitre ; comme nous aurons ſouvent occaſion de parler de bois verds & de bois ſecs, de bois durs & de bois tendres, il m'a paru utile de faire connoître, au moins à peu près, le poids des bois de différentes qualités & de diverſes eſpeces, les uns verds & nouvellement abattus, les autres ſecs & de vieille coupe. Je donnerai enſuite des notions ſur l'évaporation de la ſeve : ce ſont des connoiſſances préliminaires qui nous mettront en état de traiter des Queſtions plus importantes.

ARTICLE

ARTICLE I. *Du poids du Bois de Chêne de différentes qualités, & de plusieurs autres especes de Bois, les uns nouvellement abattus, & les autres d'ancienne coupe.*

MALGRÉ tous les soins que nous nous sommes donnés pour arriver à la plus grande exactitude, nous ne pouvons donner ici que des à peu près, parce qu'il s'est présenté bien des difficultés que nous n'avons pu surmonter. J'ai pris les bois les plus verds qu'il m'a été possible; mais comme ils n'étoient arrivés dans les ports que plusieurs mois après qu'ils avoient été abattus, j'ignore ce qu'ils avoient perdu de leur seve. Quand il étoit question de bois secs, je ne pouvois encore connoître quel étoit leur point de desséchement: & dans ce cas j'étois obligé de choisir ceux de la plus ancienne coupe. Enfin, comme il ne m'étoit pas possible de me transporter dans toutes les Provinces, il falloit que je m'en rapportasse à l'exactitude de ceux à qui je m'étois adressé.

1°, Il y a certains bois de Chêne qui, lorsqu'ils sont verds, tombent au fond de l'eau de la mer: de ce genre sont beaucoup de Chênes de Provence; & comme le pied cube d'eau de mer pese un peu plus de 72 livres, il s'ensuit que le poids d'un pied cube de ces bois excede cette somme.

2°, Le bois qu'on prend dans le pied d'un arbre est plus pesant que celui de la cime; j'ai prouvé ce fait dans mon Traité de l'*Exploitation des Bois*. Quand on fait travailler des pieds cubes de bois dans les ports, il est souvent difficile de savoir si le bois qu'on fait réduire à ces dimensions a été pris du pied ou de la cime d'un arbre.

3°, Le bois de Provence, verd & nouvellement abattu, s'est trouvé quelquefois du poids de 90 livres, & le sec de 60 liv. cependant on a vu d'excellents bois de Provence, qui étant parfaitement secs, pesoient plus de 80 livres.

4°, Les bois de l'intérieur du Royaume, de la Bourgogne par exemple, pesent, étant encore verds, aux environs de

70 livres, & lorsqu'ils sont très-secs, à peu près 53 à 55 liv.

5°, Les bois de Saintonge, verds, pesent 77, quelquefois 80 liv. demi-secs, 70 liv. & parfaitement secs, 62 à 63. Ceux d'Espagne, verds, 85 liv. Ceux de Bayonne, assez secs pour être employés aux constructions, 74 à 82, suivant leur degré de sécheresse. Les bois de Canada, tout nouvellement abattus, se sont trouvés peser 82 livres, & secs, environ 56.

6°, Je terminerai cette énumération par des épreuves que j'ai faites à Marseille avec feu M. REYNOUARD le Cadet, qui étoit alors Constructeur des Galeres dans ce Port.

Le pied cube le plus rempli de seve qui fût dans l'arsenal, pesoit 87 liv. 10 onces; un an après sa coupe, & en état d'être employé aux constructions, le même bois pesoit 76 liv. 8 onces.

L'Orme de Provence, verd, 64 livres; au bout d'un an d'abattage, 53 liv.

Le Peuplier de Provence, verd, 55 liv. 10 onces; un an après, 34 liv. 6 onces.

Le Noyer de Provence, verd, 61 livres; un an après, 49 liv. 6 onces.

Le Tilleul de Provence, verd, 50 liv. 10 onces; un an après, 31 liv. 5 onces.

Le Pin blanc de Provence, verd, 60 liv. 3 onces; un an après 49 liv. 4 onces.

Le Pin-Pignier du même endroit, verd, 71 livres; un an après, 60 liv. 4 onces.

Nous avons procédé ensuite à l'examen des bois de Bourgogne: nous entendons par *verds*, ceux de la plus fraîche coupe que nous avons pû avoir.

Le Chêne de Bourgogne, verd, 63 liv. 6 onces; un an après, 52 liv. 12 onces.

L'Orme, verd, 66 livres; un an après, 56 liv. 4 onces.

Le Noyer, verd, 57 livres; un an après, 48 liv. 4 onces.

Le Hêtre, verd, 63 livres; un an après, 48 liv. 7 onces.

Le Pin du Nord, sec, 41 liv. 3 onces.

Le Sapin de Dauphiné, sec, 33 liv.

Le Chêne de Bayonne, sec, 74 à 80 liv.
L'Orme, sec, 52 livres.
Le Pin des Pyrénées, sec, 42 à 43 livres.
Et le Sapin des mêmes montagnes, sec, 37 liv. 9 onces.

Nous venons de donner une idée, à peu près juste, de la différence qui s'est trouvée entre les bois verds & les bois secs de différentes especes. Je dis, à peu près, car dans cette derniere Expérience, que je regarde comme plus exacte que les précédentes; 1°, nous n'avons pû prendre les bois verds & les bois secs dans la même piece; tout ce qu'il nous a été possible de faire, a été de choisir dans l'arsenal les bois qui nous ont paru être d'une même qualité: & cela suppose quelque incertitude dans le choix; car tous les bois d'un même canton ne sont pas toujours aussi bons & aussi parfaits les uns que les autres.

2°, J'ai averti que les bois que nous avons regardés comme verds, avoient été abattus depuis quelques mois; & comment pouvoir connoître la quantité de seve qu'ils avoient perdue, sur-tout n'ayant pû être informé si les uns n'avoient pas été équarris plutôt que les autres, & s'ils avoient tous été dans la même position, également exposés à l'air, au soleil, au vent, &c. Ces circonstances font cependant des différences très-considérables; car il s'échappe beaucoup de seve des bois la premiere année après qu'ils ont été abattus, comme on le verra par les deux Expériences suivantes, en attendant que nous en rapportions de beaucoup plus détaillées.

La premiere Expérience fut faite sur un pied cube de bois. Ce pied cube, encore verd, pesoit 87 livres: on le déposa dans un magasin sec, où il étoit frappé de tous les côtés par l'air: au bout d'un an il ne pesoit plus que 66 liv. il avoit perdu plus d'un quart de son poids, quoiqu'il ne fût pas encore parfaitement sec.

Pour la seconde Expérience, on prit un pied cube dans une piece qui n'avoit été abattue que depuis quelques mois: il pesoit 86 livres; après avoir été conservé pendant un an dans une chambre où l'on faisoit du feu, il ne se trouva peser alors que 68 livres.

Puisque l'occasion s'en présente, je vais rapporter ici d'autres

Expériences, à peu près semblables, que M. COSSIGNI, Directeur des Fortifications, a faites avec beaucoup d'exactitude à Besançon, & dans l'Isle de France.

Bois du Royaume : Poids d'un pied cube.

	livres.	onces.	gros.	grains.
Chêne extrêmement sec	49	10	0	0
Le même, provenant d'un vieux membre de vaisseau, & pesé à l'Isle de France	49	4	3	47
Même bois provenant d'un vieux bordage de vaisseau, & pesé à l'Isle de France	50	5	6	54
Le poids moyen de ces bois est	49	12	0	0
Sapin extrêmement sec	29	1	7	24
Même bois provenant d'un vieux mât pesé à l'Isle de France	30	15	3	49
Même bois provenant d'un vieux bordage, & pesé à l'Isle de France	32	0	6	4
Le poids moyen de ces bois est de	30	11	0	0

Bois de l'Isle de France.

	livres.	onces.	gros.	grains.
Bois de Noyer sec	45	5	3	40
Bois de Mûrier d'un an	64	5	2	16
Bois d'Orme de 3 ans	43	9	2	16
Bois de Tilleul de 2 ans	35	9	2	48
Bois de Hêtre de 2 ans	46	5	0	0
Tremble encore verd	37	0	4	32
Bois puant tout verd	36	12	0	0
Bois de Natte sec	66	12	4	64
Colophone sec	53	11	7	56
Tacamacu sec	45	0	0	0
Bois blanc, dit de violon, verd	30	4	5	38
Le même bois pesé sec à Paris	26	8	4	0
Benjoin	65	3	4	34
Bois d'Olive	65	3	1	24
Bois de Pomme	62	2	6	0
Bois de Cannellier	39	12	0	0
Ebene noire	87	4	2	14
Ebene blanche	67	10	6	50

	livres.	onces.	gros.	grains.
Bois de fer	86	12	0	0
Bois de fer, dit de Zagaie	92	6	4	58
Bois de ronde	75	2	0	0

Autres Bois de l'Inde.

	livres.	onces.	gros.	grains.
Cochinchine sec	64	2	4	51
Bois de Teque de l'Inde	46	1	2	0
Almaron de Pondichery	46	0	0	0
Alipé de Pondichery	45	8	0	0
Polchit de Pondichery & de l'Isle de France.	44	0	5	36
Bois des Isles des trois Freres	66	9	5	0

Nota. Le bois de Cannellier, celui de Pomme & celui d'Olive, n'ont aucune ressemblance avec ceux que nous connoissons ici sous ces noms.

Voilà donc, à peu près, le poids des différentes sortes de bois choisis les uns verds & les autres secs. Nous avons cru qu'il étoit encore nécessaire d'étudier avec le plus grand soin, quelle pouvoit être l'évaporation de la seve dans un morceau de bois de bonne qualité.

ARTICLE II. *Expériences faites sur différentes sortes de Bois pour acquérir des connoissances sur l'évaporation de la seve.*

§ 1. *Expérience pour connoître combien de temps un solide de 512 pouces cubes est à perdre sa seve, étant tenu dans un lieu sec.*

1°, Les arbres qui ont fourni ces cubes, étoient tirés d'un terrein gras : 2°, on les avoit abattus le 29 Février 1736 : 3°, aussitôt qu'ils eurent été abattus, on tira de chacun un cube de 8 pouces de côté, qui formoit par conséquent un solide de 512 pouces cubes : 4°, on les pesa séparément le 14 Mars : 5°, on les déposa ensuite dans une chambre seche ; & on les pesa réguliérement tous les mois depuis ce temps jusqu'au 11 Janvier 1740 ; ce qui fait quatre années entieres. Un de ces cubes fut numéroté A & l'autre B : voici l'état de toutes ces pesées.

	A livres.	A onces.	B livres.	B onces.
1736.				
Le 14 Mars	24	15	25	2¼
Le 14 Avril	22	11	22	8¼
Le 10 Mai	21	14¾	21	2¼
Le 10 Juin	20	9½	20	8½
Le 10 Juillet	19	9½	19	7½
Le 11 Août	18	10¼	18	9½
Le 10 Octobre	18	7	18	6
1737.				
Le 14 Février	18	2¼	18	1
Le 8 Avril	17	15½	17	15
Le 7 Mai	17	14¼	17	13¾
Le 10 Août	17	4	17	4
1739.				
Le 10 Janvier	16	12	16	8¼
Le 16 Avril	16	11¾	16	8
1740.				
Le 2 Janvier	16	14	16	10

Ils avoient augmenté de poids à cause de l'humidité de l'air, le temps étant à la pluie.

	A livres.	A onces.	B livres.	B onces.
1740.				
Le 10 Janvier, à midi	16	14	16	9¼

On mit ces deux cubes pendant 5 heures devant le feu, ils se trouverent peser

	A livres.	A onces.	B livres.	B onces.
à 5 heures du soir	16	13½	16	8¼
Et le lendemain 11, à 5 heures du soir	16	13	16	8¼

Comme ces bois faisoient une espece d'hygrometre, augmentant & diminuant de poids suivant que l'air étoit sec ou humide, on les jugea secs, & on mit fin à l'Expérience.

§ 2. REMARQUES *sur cette Expérience.*

1°, CES cubes, quoique de petites dimensions, ont toujours diminué de poids pendant l'espace de trois ans; c'est-à-dire, depuis le 14 Mars 1736 qu'ils furent équarris, jusqu'au 16 Avril 1739, que leur poids commença de varier selon l'état de l'air, ce qui en faisoit des especes d'hygrometres.

2°, On voit que la plus forte diminution de poids est arrivée dans le courant de la premiere année, pendant laquelle ces solides ont perdu plus d'un tiers de leur poids primitif.

3°, Pendant les deux dernieres années, leur poids n'a diminué que d'un dix-septieme.

4°, D'où l'on peut conclure que le Chêne de bonne qualité, débité dans la dimension de ces cubes, & tenu dans un lieu sec, parvient à un degré de sécheresse propre à être employé dans l'espace d'un peu plus d'une année, & qu'il acquiert une sécheresse entiere dans l'espace d'environ 22 mois, puisqu'alors il augmente ou diminue de poids, suivant que l'air est sec ou humide.

5°, Je n'ai garde d'en conclure, que les gros bois de Charpente & de construction puissent acquérir le même degré de sécheresse dans un pareil espace de temps; car il est certain que l'humidité ne s'échappe pas aussi promptement d'une grosse piece de bois qu'elle peut le faire d'un petit cube: j'ai même des preuves du contraire; car ayant fait lever un bout de soliveau de 8 pouces d'équarrissage & de 3 pieds 10 pouces de longueur, dans une grosse poutre qui avoit été abattue il y avoit 14 à 15 ans, ce soliveau, qui pesoit alors 134 livres, se trouva avoir perdu en 2 ou 3 ans près d'un quart de son poids.

6°, On peut conclure de ces Expériences, que le rapport du bois verd au même bois sec, est comme 3 est à 2; & qu'ainsi le bois verd diminue d'un tiers de sa pesanteur totale pour être réputé sec au point de produire le même effet qu'un hygrometre.

7°, On peut remarquer, en passant, que le cube B, qui pesoit étant verd 3 onces $\frac{3}{4}$ plus que le cube A, est devenu, dès la premiere pesée, de 2 onces $\frac{1}{4}$ plus léger; & que le même cube B, a pesé 3 onces $\frac{1}{4}$ moins que le cube A : peut-être que celui-là avoit été, avant l'Expérience, déposé dans une place plus humide que le cube A : je ne peux me rappeller cette circonstance.

8°, La proportion de la seve dans un morceau de bois verd, relativement à la partie vraiment ligneuse, varie certainement suivant la qualité du bois, selon son âge, le terrein où il a crû, &c; cependant on peut dire, en général, que les bois verds perdent, en se desséchant, entre le tiers & les deux cinquiemes de leur poids.

9°, Comme on a vu par l'Expérience que nous venons de rapporter que les bois secs se chargent de l'humidité de l'air, il s'ensuit que quand on les pese lorsque l'air est sec, on les trouve plus légers que quand on les pese dans le temps que l'air est humide. Comme cette différence devient assez considérable lorsqu'on pese beaucoup de bois à la fois, elle m'a souvent embarrassé dans l'exécution de mes Expériences, ne sçachant point alors à quoi attribuer l'augmentation de poids dans des bois qui me paroissoient devoir plutôt en perdre.

Continuons d'acquérir le plus de connoissances qu'il sera possible sur l'évaporation de la seve; & pour cela examinons d'abord si elle se fait en raison des surfaces.

ARTICLE III. *Que l'évaporation de la seve se fait en raison des surfaces.*

IL EST certain que la température de l'air sec ou humide, chaud ou froid, influe beaucoup sur l'évaporation de la seve : il est probable aussi qu'un morceau de bois d'un tissu lâche, & qui contient beaucoup d'humidité, doit en perdre plus dans un temps donné, qu'un autre dont le tissu est serré, & qui par conséquent doit contenir moins de seve; enfin, on peut voir dans quantité de nos Expériences, qu'il y a des caprices infinis (qu'on me passe le terme) dans le desséchement des bois : par exemple, une piece de bois, encore fort chargée de seve, est plusieurs jours sans presque diminuer de poids, ou même sans en perdre;

&

& tout d'un coup, sans qu'on puisse en attribuer la cause ni au poids de l'atmosphere marqué par le barometre, ni au degré de chaleur qu'indique le thermometre, ni à la sécheresse & à l'humidité de l'air, tout d'un coup, dis-je, cette piece de bois perd considérablement de son poids. Malgré toutes ces variétés, il est plus que probable que, s'il étoit possible d'avoir une parité exacte à tous égards, le desséchement des bois se feroit en raison des surfaces. C'est dans la vue d'être plus certain de ce fait, que j'ai exécuté les Expériences suivantes.

§ I. *PREMIERE EXPÉRIENCE.*

LE 11 Mars 1740, je fis abattre un jeune Chêne, qui pouvoit avoir 8 à 9 pouces de diametre. On leva dans le centre du corps de l'arbre un Barreau *a b* (*Planche VII. Fig.* 2), qui avoit deux pouces d'équarrissage, & quelque chose de plus, pour pouvoir remplacer le bois qui devoit être emporté par les traits de la scie dont je parlerai dans la suite : *a* désigne le bout du barreau qui répondoit aux racines, & *b* celui qui aboutissoit aux branches.

On coupa au bout *a* un morceau de bois de deux pouces de longueur; & par le moyen de trois traits de scie désignés dans la Figure par les lignes ponctuées, on obtint quatre petites planches, qui, posées les unes sur les autres, formoient ensemble un petit cube de deux pouces de côté, 8 pouces de solidité, & 24 pouces de surface, ou 288 lignes de superficie. Mais en composant ce cube de 4 petites planches, on avoit doublé les surfaces; & ainsi la superficie totale s'est trouvée être de 48 pouces ou de 576 lignes quarrées : ceci est relatif aux cubes cotés 1 & 8.

Les cubes 2 & 7 avoient pareillement deux pouces de côté, 8 de solidité, & 24 de superficie, ou 288 lignes, étant formés chacun de trois petites planches désignées, comme les premieres, par les lignes ponctuées : la superficie se trouve être augmentée de quatre surfaces, ou de quatre fois 48 lignes, qui, multipliées par 4 surfaces, donnent 192 lignes : ainsi la superficie du cube composé de trois planches, étoit de 40 pouces ou de 480 lignes quarrées.

Les cubes n°. 3 & 6, de 2 pouces de côté, 8 pouces de solidité, 24 pouces ou 288 lignes de superficie, n'étant formés que de deux planches au moyen du trait de scie désigné par la ligne ponctuée, la superficie n'avoit augmenté que de deux surfaces, ou de deux fois 48 lignes, ce qui fait 96 : ainsi la superficie de chacun de ces cubes composés de deux planches, étoit de 32 pouces ou de 384 lignes.

Ces différents cubes ayant été pris d'un même arbre, & toujours deux correspondants, l'un tiré vers les racines & l'autre du côté des branches, ne différoient que par leur surface. Voyons ce que cette circonstance a produit dans l'évaporation de la seve.

Le 11 Mars 1740 ils pesoient, savoir :

N°.	onces.	gros.	gr.	N°.	onces.	gros.	gr.	
1	6	3	46	8	6	4	60	Gelée.
2	6	4	44	7	6	4	36	
3	6	6	6	6	6	5	6	
4	6	3	2	5	6	2	56	

Le 12 Mars.

N°.	onces.	gros.	gr.	N°.	onces.	gros.	gr.	
1	6	1	15	8	6	2	60	Dégel.
2	6	3	36	7	6	3	24	
3	6	5	12	6	6	4	6	
4	6	2	36	5	6	2	16	

Le 13 Mars.

N°.	onces.	gros.	gr.	N°.	onces.	gros.	gr.	
1	6	0	60	8	6	2	60	Pluie.
2	6	3	0	7	6	3	0	
3	6	4	6	6	6	3	60	
4	6	2	0	5	6	2	0	

Le 14 Mars.

N°.	onces.	gros.	gr.	N°.	onces.	gros.	gr.	
1	6	0	18	8	6	2	4	Beau.
2	6	2	12	7	6	2	4	
3	6	3	50	6	6	3	0	
4	6	1	36	5	6	1	24	

Le 15 Mars.

N°.	onces.	gros.	gr.	N°.	onces.	gros.	gr.	
1	6	0	0	8	6	0	38	Beau.
2	6	1	2	7	6	0	36	
3	6	1	60	6	6	1	36	
4	6	1	30	5	6	1	6	

Le 16 Mars.

N°.	onces.	gros.	gr.	N°.	onces.	gros.	gr.	
1	6	0	0	8	6	0	8	Pluie.
2	6	1	0	7	6	0	12	
3	6	1	36	6	6	1	10	
4	6	1	15	5	6	1	0	

Le 17 Mars.

N°.	onces.	gros.	gr.	N°.	onces.	gros.	gr.	
1	5	7	58	8	6	0	0	Humide.
2	6	0	50	7	6	0	0	
3	6	1	0	6	6	0	50	
4	6	1	0	5	6	0	54	

Le 18 Mars.

N°.	onces.	gros.	gr.	N°.	onces.	gros.	gr.	
1	5	7	4	8	5	7	0	Humide.
2	6	0	0	7	5	7	36	
3	6	0	30	6	6	0	4	
4	6	0	0	5	6	0	0	

Le 19 Mars.

N°.	onces.	gros.	gr.	N°.	onces.	gros.	gr.	
1	5	6	20	8	5	6	10	Beau.
2	5	6	20	7	5	6	50	
3	5	7	0	6	5	7	20	
4	5	7	10	5	5	7	12	

Le 20 Mars.

N°.	onces.	gros.	gr.	N°.	onces.	gros.	gr.	
1	5	4	52	8	5	5	40	Beau.
2	5	5	50	7	5	5	60	
3	5	7	0	6	5	6	50	
4	5	6	50	5	5	6	50	

Le 21 Mars.

N°.	onces.	gros.	gr.	N°.	onces.	gros.	gr.	
1	5	2	60	8	5	4	36	Beau.
2	5	4	50	7	5	4	16	
3	5	7	0	6	5	5	60	
4	5	5	18	5	5	5	20	

Le 22 Mars.

N°.	onces.	gros.	gr.	N°.	onces.	gros.	gr.	
1	5	2	4	8	5	3	48	Humide.
2	5	3	60	7	5	4	0	
3	5	6	36	6	5	5	0	
4	5	5	4	5	5	5	0	

Le 23 Mars.

N°.	onces.	gros.	gr.	N°.	onces.	gros.	gr.	
1	5	2	0	8	5	3	44	Humide.
2	5	3	48	7	5	3	50	
3	5	6	20	6	5	4	48	
4	5	5	0	5	5	4	0	

Le 24 Mars.

N°.	onces.	gros.	gr.	N°.	onces.	gros.	gr.	
1	5	1	60	8	5	3	20	Beau.
2	5	3	0	7	5	3	4	
3	5	6	0	6	5	4	2	
4	5	4	48	5	5	3	60	

Le 25 Mars.

N°.	onces.	gros.	gr.	N°.	onces.	gros.	gr.	
1	5	1	20	8	5	3	2	Humide.
2	5	2	6	7	5	2	60	
3	5	5	48	6	5	4	0	
4	5	4	40	5	5	3	45	

Le 26 Mars.

N°.	onces.	gros.	gr.	N°.	onces.	gros.	gr.	
1	5	1	10	8	5	2	62	Humide.
2	5	2	0	7	5	2	44	
3	5	5	40	6	5	3	49	
4	5	4	34	5	5	3	40	

Le 27 Mars.

N°.	onces.	gros.	gr.	N°.	onces.	gros.	gr.	
1	5	1	0	8	5	2	48	Humide.
2	5	1	6	7	5	2	36	
3	5	5	32	6	5	3	36	
4	5	4	28	5	5	3	36	

Le 28 Mars.

N°.	onces.	gros.	gr.	N°.	onces.	gros.	gr.	
1	5	0	60	8	5	2	0	Beau.
2	5	1	4	7	5	2	4	
3	5	4	60	6	5	3	0	
4	5	4	0	5	5	3	2	

Le 29 Mars.

N°.	onces.	gros.	gr.	N°.	onces.	gros.	gr.	
1	5	0	36	8	5	1	40	Beau.
2	5	1	0	7	5	1	60	
3	5	3	36	6	5	2	36	
4	5	3	48	5	5	2	42	

Le 30 Mars.

N°.	onces.	gros.	gr.	N°.	onces.	gros.	gr.	
1	5	0	0	8	5	1	4	Beau.
2	5	0	53	7	5	1	6	
3	5	3	0	6	5	2	4	
4	5	2	36	5	5	2	6	

Le 31 Mars.

N°.	onces.	gros.	gr.	N°.	onces.	gros.	gr.	
1	4	7	46	8	5	0	54	Humide.
2	5	0	4	7	5	0	48	
3	5	2	26	6	5	1	45	
4	5	1	48	5	5	1	36	

Le 1 Avril.

N°.	onces.	gros.	gr.	N°.	onces.	gros.	gr.	
1	4	7	2	8	5	0	0	Beau.
2	4	7	66	7	5	0	0	
3	5	0	0	6	5	1	0	
4	5	1	4	5	5	1	6	

Le 2 Avril.

N°.	onces.	gros.	gr.	N°.	onces.	gros.	gr.	
1	4	6	62	8	4	7	64	Beau.
2	4	7	66	7	5	0	0	
3	5	0	0	6	5	1	0	
4	4	1	4	5	5	1	6	

Le 3 Avril.

N°.	onces.	gros.	gr.	N°.	onces.	gros.	gr.	
1	4	6	25	8	4	7	30	Beau.
2	4	7	38	7	4	7	54	
3				6	5	0	52	
4	5	0	58	5	5	0	64	

Le 4 Avril.

N°.	onces.	gros.	gr.	N°.	onces.	gros.	gr.	
1	4	6	0	8	4	6	64	Beau.
2	4	7	2	7	4	7	4	
3	5	1	2	6	5	0	14	
4	5	0	14	5	5	0	18	

Le 5 Avril.

N°.	onces.	gros.	gr.	N°.	onces.	gros.	gr.	
1	4	5	60	8	4	6	10	Beau.
2	4	6	66	7				
3	5	0	0	6	4	7	4	
4	4	7	62	5	4	7	59	

Le 6 Avril.

N°.	onces.	gros.	gr.	N°.	onces.	gros.	gr.	
1	4	5	48	8	4	5	59	Beau augment.
2	4	6	18	7				
3	5	0	0	6	4	7	12	
4	4	7	16	5	4	7	24	

Le 7 Avril.

N°.	onces.	gros.	gr.	N°.	onces.	gros.	gr.	
1	4	5	40	8	4	5	32	Beau
2	4	6	42	7				
3	5	0	0	6	4	7	40	aug.
4	4	7	12	5	4	7	36	aug.

Le 8 Avril, point de variation.

Le 9 Avril.

N°.	onces.	gros.	gr.	N°.	onces.	gros.	gr.	
1	4	4	36	8	4	4	64	Beau.
2	4	5	64	7	4	5	48	
3	4	7	18	6	4	6	20	
4	4	6	26	5	4	6	12	

Le 11 Avril.

N°.	onces.	gros.	gr.	N°.	onces.	gros.	gr.	
1	4	4	0	8	4	4	60	Beau.
2	4	5	10	7	4	4	64	
3	4	6	66	6	4	5	48	
4	4	5	68	5	4	5	58	

Le 13 Avril.

N°.	onces.	gros.	gr.	N°.	onces.	gros.	gr.	
1	4	3	64	8	4	4	48	Beau.
2	4	4	62	7	4	4	18	
3	4	6	18	6	4	5	22	
4	4	5	0	5	4	5	10	

Le 15 Avril.

N°.	onces.	gros.	gr.	N°.	onces.	gros.	gr.	
1	4	3	42	8	4	4	30	Beau.
2	4	4	6	7	4	4	0	
3	4	6	0	6	4	4	65	
4	4	5	0	5	4	4	66	

Le 18 Avril.

N°.	onces.	gros.	gr.	N°.	onces.	gros.	gr.	
1	4	3	6	8	4	4	30	Beau.
2	4	3	64	7	4	3	40	
3	4	5	50	6	4	4	46	
4	4	4	38	5	4	4	54	

§ 2. *SECONDE EXPÉRIENCE.*

J'AI cru devoir répéter cette Expérience ſur un morceau de bois un peu plus gros, ne me propoſant pas de la ſuivre auſſi long-temps : pour cela je fis lever dans le centre d'un gros Orme nouvellement abattu, deux cubes qui avoient un peu plus de ſix pouces de côté. On en ſcia un en quatre morceaux par trois traits de ſcie, & ces quatre morceaux numérotés B formoient, étant poſés les uns ſur les autres, un cube B, de ſix pouces de côté; l'autre cube deſtiné à reſter dans ſon entier, fut réduit à ſix pouces comme l'autre, on le numérota A.

		livres.	onces.	gros.			livres.	onces.	gros.
Le 11 Mars	A peſoit	9	3	0	—	B	9	1	0
Le 14 Mars	A . . .	9	2	4	—	B	8	14	0
Le 17 Mars	A . . .	9	0	0	—	B	8	12	6
Le 20 Mars	A . . .	8	12	0	—	B	8	5	0
Le 23 Mars	A . . .	8	10	0	—	B	8	3	0
Le 26 Mars	A . . .	8	9	0	—	B	7	15	4

	livres.	onces.	gros.			livres.	onces.	gros.
Le 29 Mars A . . .	8	7	4	—	B	7	12	0
Le 1 Avril A . . .	8	5	0	—	B	7	10	2
Le 3 Avril A . . .	8	3	2	—	B	7	8	0
Le 6 Avril A . . .	7	15	0	—	B	7	4	0
Le 9 Avril A . . .	7	14	0	—	B	7	3	0
Le 12 Avril A . . .	7	12	0	—	B	7	2	0
Le 15 Avril A . . .	7	12	0	—	B	7	1	0

§ 3. REMARQUES *sur les Expériences précédentes.*

ON apperçoit dans les Expériences que nous venons de rapporter, qu'il y a bien des variétés dans l'évaporation de la ſeve, & l'on n'en ſera pas ſurpris après ce que nous avons dit plus haut ſur toutes les cauſes qui peuvent favoriſer l'évaporation de la ſeve, ou lui faire obſtacle.

Ce ſont ces cauſes qui font que rarement l'évaporation de la ſeve ſe fait exactement en raiſon des ſurfaces. Car à l'égard de la premiere ſuite d'Expériences dont les cubes n°. 1 & n°. 4 ont leurs ſurfaces dans le rapport de 2 à 1, il n'y a qu'une ſemaine où l'évaporation ſe trouve à peu près en même raiſon, ſavoir de 380 à 198. Dans la ſeconde ſuite d'Expériences, où le rapport des ſurfaces eſt toujours de 2 à 1, il n'y a dans les douze Expériences qu'une ſeule qui donne l'évaporation dans la même raiſon que les ſurfaces; mais toujours eſt-il bien établi par nos Expériences, que l'évaporation eſt plus grande dans les morceaux qui ont plus de ſurfaces.

ARTICLE IV. *Que la ſeve ſe diſſipe en vapeurs dans les Bois qui ſe deſſechent.*

POUR continuer à répandre le plus de jour qu'il nous ſera poſſible ſur l'évaporation de la ſeve, nous allons eſſayer de connoître ſi elle ſe fait en vapeurs ou par écoulement.

J'ai reçu quelques Mémoires dans leſquels on m'aſſuroit qu'il falloit placer les bois debout pour les décharger d'une ſeve rouſſe qui couloit par en bas, laquelle altéroit la qualité du bois quand on ne la déchargeoit pas de cette façon. Je crus devoir répéter cette Expérience que je ſoupçonnois avoir été mal faite.

§ I. *EXPÉRIENCES.*

DANS cette vue, je pris le 4 Avril 1757 neuf ſoliveaux de brin, de 9 pieds de longueur ſur 6 pouces d'équarriſſage, & qui avoient été abattus l'hiver précédent, de ſorte qu'étant outre cela nouvellement équarris, ils étoient remplis de ſeve. Trois furent marqués A 1, A 2, A 3; trois autres B 1, B 2, B 3; & enfin les trois derniers C 1, C 2, C 3. Je les choiſis à peu près de ſemblable groſſeur; & pour donner une idée de leur ſolidité, je vais marquer leur poids.

A 1 peſoit 177 liv. A 2, 178. A 3, 171.

B 1 peſoit 147 liv. B 2, 162, & B 3, 187 liv. & demie.

C 1 peſoit 187 liv. & demie, C 2, 162, & C 3, 123 livres 4 onces.

Le même jour, après les avoir peſés, on les mit en équilibre, en les poſant horizontalement ſur une lame de fer en couteau, & on marqua d'un trait le lieu où ils étoient en équilibre.

Enſuite (*Planche VII. Fig. 3*) on poſa horizontalement ſur des chantiers les trois ſoliveaux A. Les trois ſoliveaux B furent dreſſés verticalement le long d'une muraille, de ſorte que le bout qui répondoit à la ſouche étoit en haut, & le bout qui répondoit à la cime étoit en bas, où il poſoit ſur une planche. Les trois ſoliveaux marqués C, étoient auſſi placés verticalement le long d'une muraille; mais dans une ſituation contraire, de ſorte que le bout qui répondoit à la ſouche étoit en bas poſé ſur une planche, & le bout qui répondoit à la cime étoit en haut. Ces ſoliveaux étoient à l'abri de la pluie dans une vaſte grange, fort élevée & ſeche.

Il ne découla jamais aucune ſeve rouſſe de ces ſolives placées verticalement: ainſi il falloit que l'Auteur du Mémoire que j'ai cité, n'eût pas fait attention que l'eau qu'il voyoit au bas de ces arbres, venoit d'un nœud pourri rempli d'eau qui étoit caché dans l'intérieur de la piece ; ou de ce que ces arbres étant à l'air, l'eau de la pluie qui étoit tombée dessus, & qui avoit rempli les fentes, avoit pris une teinture rousse que l'Auteur jugea être de la seve : car je puis assurer qu'il n'a jamais découlé de seve de mes soliveaux qui étoient à couvert, non plus que dans beaucoup d'autres Expériences où j'avois posé verticalement des bois remplis de seve.

Quoi qu'il en soit, tous les huit jours, on présentoit ces soliveaux sur le tranchant de fer, qu'on faisoit répondre au trait qui marquoit leur centre d'équilibre ; & on plaçoit des poids au milieu de la longueur du bras le plus léger. Ils ne changerent point de centre d'équilibre jusqu'au premier Juillet 1757, qu'ils se trouverent comme il suit :

Les trois soliveaux A 1, qui étoient restés horizontaux, étant placés sur le couteau, se trouverent en équilibre.

B 1, qui étoit resté le bout répondant à la souche en haut, conserva aussi son équilibre.

	livres.	onces.	gros.
B 2 étoit diminué par le pied qui étoit en haut, de	1	0	0
B 3 étoit diminué par le même bout, de . .	0	12	0
C 1 étoit diminué par le bout d'en haut qui répondoit à la cime, de	1	4	0
C 2 avoit conservé son équilibre.			
C 3 étoit diminué par le bout d'en haut qui répondoit à la cime, de	0	12	0

C'est donc, dans cet examen, les bouts qui étoient en haut qui ont le plus perdu de leur poids, soit qu'un de ces bouts répondît à la cime ou à la souche. Leur équilibre n'a pas sensiblement changé jusqu'au premier Août qu'ils se trouverent comme il suit :

	livres.	onces.	gros.
A 1, posé horizontalement, étoit diminué du côté qui répondoit à la souche, de	1	8	0
A 2 étoit diminué du côté de la souche, de .	0	8	0
A 3 avoit conservé son équilibre.			

	livres.	onces.	gros.
B 1, dont le côté qui répondoit à la souche étoit en haut, avoit diminué de ce bout, de . .	0	8	0
B 2 étoit diminué par le même bout, de . . .	0	15	0
B 3 étoit diminué par le même bout, de . . .	0	12	0
C 1, dont le bout qui avoit répondu à la cime étoit en haut, avoit diminué de	0	12	0
C 2 étoit diminué par ce même bout, de . .	0	8	0
C 3 étoit diminué par ce même bout, de . .	0	8	0

C'eſt toujours le bout d'en haut qui a le plus perdu de son poids. L'équilibre de ces ſoliveaux n'a pas beaucoup changé juſqu'au 24 Août, auquel on les a trouvés ainſi :

	livres.	onces.	gros.
A 1 étoit reſté dans le même état.			
A 2, de même.			
A 3 avoit diminué du côté de la ſouche, de. .	1	0	0
B 1 n'avoit pas changé d'état.			
B 2 avoit diminué par le bout qui étoit en haut, de	1	0	0
B 3 avoit diminué par le même bout, de . .	0	12	0
C 1, dont le bout qui avoit répondu à la cime, étoit en haut, avoit diminué de ce côté, de.	1	6	0
C 2 avoit conſervé ſon équilibre.			
C 3 avoit diminué par le bout qui étoit en haut, de	0	14	0

Le 4 Septembre.

	livres.	onces.	gros.
A 1 étoit diminué du côté de la ſouche, de :	1	8	0
A 2 étoit diminué du même bout, de	0	9	0
A 3 étoit diminué du même bout, de	0	2	0
B 1 diminué par le bout qui répondoit à la ſouche & qui étoit en haut, de	0	9	0
B 2 diminué au même bout, de	1	0	0
B 3 diminué au même bout, de	0	13	4
C 1 diminué par le bout qui répondoit à la cime & qui étoit en haut, de	0	13	0

C 2

	livres.	onces.	gros.
C 2 diminué au même bout, de	0	9	0
C 3 de même.	0	9	0

Le 16 Novembre.

A 1 diminué par le bout qui répondoit à la souche, de	1	7	0
A 2 diminué au même bout, de	0	7	0
A 3 diminué au même bout, de	0	1	0
B 1 diminué par le bout qui tenoit à la souche, & qui avoit resté en haut, de	0	8	0
B 2 diminué au même bout, de	0	10	0
B 3 diminué au même bout, de	0	8	0
C 1 diminué par le bout qui répondoit à la cime, & qui étoit en haut, de	0	12	0
C 2 diminué au même bout, de	0	8	0
C 3 diminué au même bout, de	0	8	4

Le 24 Novembre on a trouvé peu de différence.

Le 30 Décembre.

A 1 diminué par le bout qui répondoit à la souche, de	0	13	0
A 2 diminué au même bout, de	0	14	0
A 3 diminué au même bout, de	0	8	0
B 1 diminué par le bout qui répondoit à la souche, & qui étoit en haut, de	0	8	0
B 2 diminué au même bout, de	0	12	0
B 3 diminué au même bout, de	0	10	0
C 1 diminué par le bout qui répondoit à la cime, & qui étoit en haut, de	1	8	0
C 2 diminué au même bout, de	1	5	0
C 3 diminué au même bout, de	0	5	0

On a peu trouvé de différence le 30 Janvier 1738.

Il a encore été de même le 30 Février.

Le 30 Mars 1738.

	livres.	onces.	gros.
A 1 diminué par le bout qui répondoit aux racines, de	0	12	0
A 2 diminué au même bout, de	0	13	0
A 3 diminué au même bout, de	0	7	0
B 1 diminué par le bout qui répondoit à la souche, & qui avoit toujours été en haut, de .	0	7	0
B 2 diminué par le même bout, de	0	12	0
B 3 diminué au même bout, de	0	10	0
C 1 diminué par le bout qui répondoit à la cime, & qui étoit en haut, de	1	7	0
C 2 diminué par le même bout, de	1	4	0
C 3 diminué par le même bout, de	0	4	0

Le 25 Septembre 1738.

A 1 point de changement.			
A 2 de même.			
A 3 diminué par le bout qui répondoit à la cime, de	0	1	0
B 1 diminué par le bout qui répondoit à la souche, & qui étoit en haut, de	0	12	0
B 2 diminué au même bout, de	1	3	0
B 3 diminué au même bout, de	1	2	0
C 1 diminué par le bout qui répondoit à la cime, & qui étoit resté en haut, de	1	13	0
C 2 diminué au même bout, de	0	8	0
C 3 diminué au même bout, de	0	15	0

§ 2. REMARQUES *sur ces Expériences.*

1°, On voit qu'il n'a coulé aucune seve par le bout des soliveaux qui étoit en bas.

2°, Que c'est toujours le bout qui étoit en haut, qui a le plus perdu de son poids, soit que ce bout fût la partie qui répondoit à la souche, soit que ce fût celle qui répondoit à la cime, &

cela, apparemment, parce que la seve réduite en vapeurs, s'échappoit par le bout le plus élevé.

3°, Une chose qu'il est peut-être bon de remarquer, c'est que les trois soliveaux A, qui étoient couchés sur des chantiers, pesoient au commencement de l'Expérience 526 liv. & quoiqu'ils fussent les plus pesants, ils n'ont perdu que 11 liv. 6 onces; les soliveaux B, dont le bout qui répondoit à la souche étoit en haut, pesoient 492 livres, & ils ont diminué de 14 liv. 11 onces; & les soliveaux C, qui étoient dans une situation contraire, ne pesoient que 472 liv. & ont diminué de 18 liv. 6 onces.

Il est vrai que ces diminutions ne sont prises que sur le changement de l'équilibre, & je me reproche de n'avoir pas pesé les bois à la fin de l'Expérience; mais elles semblent annoncer que la seve a plus de disposition à s'échapper quand on tient les arbres dans une position verticale, que quand on les tient dans l'horizontale, & qu'elle se dissipe mieux dans les arbres qu'on tient verticalement dans la même situation qu'ils avoient sur leur souche, que quand on les met dans une situation contraire.

Ces conséquences, je l'avoue, pourroient être contestées; mais elles ont quelque vraisemblance. D'abord nos Expériences prouvent que la seve ne s'échappe pas par écoulement, comme plusieurs se le sont imaginé, mais qu'elle se dissipe par le bout qui est en haut, soit que ce bout soit celui qui répondoit aux racines, ou celui qui répondoit aux branches; & l'on voit combien étoit peu raisonnable la proposition que j'ai entendu faire de placer (en mettant les bois en œuvre) la partie de l'arbre qui répondoit aux branches en haut, afin, disoit-on, que la seve qui a coutume de s'échapper par le petit bout lorsque l'arbre végete, pût s'écouler par le même bout lorsque l'arbre est abattu. Premiérement, la seve ne s'écoule point: secondement, elle s'échappe à-peu-près également par l'un & l'autre bout.

Je sens bien qu'on peut dire que, quoique mes bois fussent déposés dans un bâtiment très-vaste, fort élevé & sec, cependant les couches d'air, depuis le bas de ce bâtiment jusqu'au haut, pouvoient n'être pas également seches, & que celles d'en bas étant certainement les plus chargées d'humidité, il pouvoit en résulter que la partie de mes pieces qui répondoit à cet air moins sec, devoit se dessécher plus lentement que l'autre; mais je ne vois pas comment j'aurois pu me mettre à l'abri de cette objection.

CHAPITRE III.

Sur le desséchement des Bois & leur Conservation.

COMME on a attribué à la seve le prompt dépérissement des bois, on en a conclu qu'on ne pouvoit rien faire de plus favorable à leur conservation, & de plus propre à prolonger leur durée, que de précipiter leur desséchement: pour cela, les uns, dans la vue de délayer une seve tenace qu'ils regardoient comme pernicieuse, ont voulu qu'on les flottât ou dans l'eau douce ou dans l'eau salée: d'autres ont soutenu qu'il seroit mieux de les exposer à la grande ardeur du soleil & aux vents hâleux: d'autres, pour prévenir les fentes, ont voulu qu'on les déposât sous des hangars; enfin, quelques-uns ont prétendu qu'il falloit les dessécher artificiellement dans des étuves. Je me propose de discuter ces différents sentiments les uns après les autres, & je commence par ce qui regarde le flottage des bois.

ARTICLE I. *Est-il avantageux de conduire les Bois à flot au lieu de leur destination, & de les mettre dans l'eau douce ou salée pour les rendre d'un bon service?*

POUR suivre avec ordre cette discussion, nous examinerons en premier lieu ce que le flottage opere sur les bois à brûler. 2°, son effet sur les planches & les bois refendus; 3°, enfin ce qu'il peut opérer sur les gros bois de Charpente.

ARTICLE II. *Des Bois à brûler.*

IL FAUT diſtinguer les différentes qualités des Bois à brûler : car ſur les ports & dans les chantiers de Paris, on met, comme nous l'avons dit, une grande différence entre le *bois neuf*, le *bois de gravier* & le *bois* véritablement *flotté*. Le *bois neuf* eſt celui qui n'a été voituré ni en trains, ni à flot. Le *bois de gravier* eſt celui qui, diſpoſé en Trains aux Ports des grandes rivieres navigables, n'en a été tiré que pour être mis dans les chantiers. Les *bois* véritablement *flottés* ſont ceux qui ont été jettés à bois perdu dans les petites rivieres, & qui ayant été tirés de l'eau à l'embouchure de celles-ci dans les grandes rivieres, ont été mis en Trains après avoir été deſſéchés. Ces bois étoient originairement de même qualité ; & ſi leur prix eſt différent à Paris, c'eſt que ces derniers ont été plus ou moins endommagés par le flottage.

Les bois neufs ſont, ſans contredit, les meilleurs de tous ; les bois de gravier qui conſervent leur écorce, en different peu ; & entre les bois flottés il y en a qui ſont bien plus altérés les uns que les autres. Ceux qu'on a été obligé de tirer pluſieurs fois de l'eau pour les laiſſer ſe deſſécher avant de les mettre en Trains, & ceux qui ont eſſuyé un long flottage, ſont bien plus mauvais que ceux qu'on n'a tirés de l'eau qu'une ſeule fois pour les mettre en trains.

Ceux-là ont perdu toute leur écorce ; ils ſont extrêmement légers quand ils ſont ſecs : ils font une grande flamme en brûlant ; ils ſe conſument très-vîte, ne forment point de braiſe, & il reſte très-peu de ſels dans leurs cendres & les Leſſiveuſes les rejettent : ils ſont, à pluſieurs égards, ſemblables aux bois uſés & en partie pourris, excepté que les bois flottés font une grande flamme & un feu ardent, au lieu que les bois uſés ſe conſument comme de l'amadou, ſans faire ni flamme, ni braiſe ; mais les cendres des uns & des autres contiennent très-peu de ſels.

Ces obſervations qu'on répete tous les jours à Paris, où l'on conſomme beaucoup de bois flotté, prouvent inconteſtablement que l'eau altere beaucoup la qualité du bois, & qu'elle en extrait toute la feve, non-feulement fa partie flegmatique, mais encore fa partie muqueufe; ce qui fait qu'il ne refte dans ces bois vraiment flottés qu'une fibre ligneufe, feche & aride comme de la paille; fur quoi il eft effentiel de remarquer, pour ce que nous avons à dire dans la fuite, 1°, Que les bois s'alterent d'autant plus qu'ils font plus jeunes.

2°, Que le flottage endommage beaucoup plus les bois blancs que les bois durs : le Bouleau, le Peuplier & le Tilleul, perdent prefque toute leur fubftance; ils deviennent légers comme du liege.

3°, Les bois ufés font beaucoup plus endommagés par le flottage que les bons bois vifs : malheureufement la plûpart des groffes pieces de bois font ufées dans le cœur.

4°, L'effet du flottage fe manifefte plus fur les bois à brûler que fur ceux de fciage & de charpente, parce que communément les bois à brûler font jeunes & très-chargés d'aubier. Mais la déprédation très-fenfible des bois à brûler nous aidera à mieux connoître ce qui arrive aux bois de meilleure qualité, & qui éprouvent des altérations moins aifées à appercevoir.

ARTICLE III. *Comparaifon des Bois de fciage qu'on a voiturés à flot, ou qu'on a mis fous l'eau, avec ceux qu'on a toujours tenus à fec.*

NOUS avons dit l'idée que nos recherches nous ont fait prendre de la feve du bois : or quand on met les bois fous l'eau, ce fluide fe mêle avec la feve, & il remplit tous les efpaces qui, dans l'ordre naturel, étoient remplis d'air. Les fibres tendues par la feve & le fluide étranger, reftent dans cet état fans s'altérer; ce qui fait, comme nous l'avons dit, que les bois durent des fiécles fous l'eau fans s'altérer; après avoir refté trente ans & plus fous l'eau, la piece paroît être au même état où elle étoit quand on l'a fubmergée. Mais qu'arrive-t-il lorfqu'elle en a été retirée? l'eau étrangere qui a délayé la fubftance gélatineuſe de la ſeve, ayant emporté avec elle une partie de cette ſubſtance, les bois ſe fendent un peu moins, ils ſe tourmentent peu ; mais ils ont un déſavantage conſidérable ſur ceux qui auroient été deſſéchés & conſervés ſous des hangars ; parce que l'eau étrangere a emporté une partie de la ſubſtance gélatineuſe qui contribuoit à la fermeté du bois. Si les bois flottés ſe fendent & ſe tourmentent moins que les autres, c'eſt par la même raiſon qui fait que les bois tendres & de mauvaiſe qualité ſont moins ſujets à ſe fendre & à ſe tourmenter que les bois forts.

J'ai apperçu ſenſiblement, ſur les bois qu'on met dans l'eau, cette diſſipation de la ſubſtance gélatineuſe ; car ayant mis flotter dans une eau pure, & preſque dormante, des bois de ſciage remplis de ſeve, au bout de quelques jours j'appercevois ſur toute la ſuperficie de ces bois une eſpece de gelée, qu'on peut comparer à celle d'un bouillon bien fait ; il eſt vrai qu'ayant voulu ramaſſer de cette gelée pour la deſſécher, & voir ce que je pourrois en obtenir, elle ſe diſſipa preſqu'entiérement ; mais il reſte toujours pour conſtant que cette gelée étoit formée par une ſubſtance émanée du bois.

Il n'en eſt pas de même des bois qu'on laiſſe ſe deſſécher doucement ſous des hangars ; la partie flegmatique de la ſeve ſe diſſipe dans l'air ; la portion gélatineuſe qui eſt plus fixe demeure dans les pores, & entretient la liaiſon des fibres ligneuſes ; & quand au bout d'une couple d'années le flegme de la ſeve s'eſt en partie évaporé, la ſubſtance ligneuſe a conſervé toute la bonne qualité qu'elle peut avoir.

Quoique les bois tenus ſous les hangars s'éclatent moins que ceux qu'on laiſſe au grand air, néanmoins, quand ils ſont de très-bonne qualité, ils ſe fendent plus que ceux qu'on a tenus quelque temps dans l'eau ; mais ceux-ci (je parle toujours des bois très-forts) ſe fendent encore quand, après les avoir tirés de l'eau, on les expoſe au grand hâle pour les ſécher promptement ; & pour qu'ils ne ſe fendiſſent pas, il faudroit qu'ils euſſent ſouffert une grande altération.

En attendant que je rapporte des Expériences plus préciſes,

je dirai qu'ayant exposé à l'air des pilotis du Pont d'Orléans, qui étoient restés plusieurs siecles sous l'eau, il s'est formé des gerses à toute leur circonférence.

De plus, ayant à ma disposition des bois fort secs, qui avoient des fentes & quelques roulûres, j'en fis mettre dans l'eau douce un morceau qui pesoit 82 livres au commencement d'Octobre; l'ayant retiré à la fin de Décembre, il pesoit 115 livres, ainsi son poids étoit augmenté de 33 liv. c'est beaucoup: les assistants jugeoient que les fentes & les gélivûres étoient anéanties. Elles étoient effectivement resserrées; mais en examinant ce morceau de bois avec attention, j'appercevois bien qu'elles subsistoient, & je concevois qu'il ne pouvoit pas en être autrement. L'eau qui avoit gonflé les fibres avoit refermé les fentes; mais il étoit impossible qu'elle eût réuni les fibres qui étoient séparées. Je fis refendre ce morceau de bois; il se sépara aux endroits où étoient les fentes & les gélivûres. On en laissa les morceaux au sec, & ils se fendirent encore en plusieurs endroits.

Je conviens que les bois tendres & gras qui se fendent peu quand on les tient sous des hangars, ne se fendent presque point lorsqu'on les a tenus un temps assez considérable dans l'eau; mais c'est toujours aux dépens de leur qualité, parce qu'on les approche de l'état des bois usés; & comme nous supposons que ces bois sont foibles, & de nature à pourrir aisément, il est dangereux, sur-tout à leur égard, de les altérer par un long flottage. Traitez, comme vous voudrez, de bon Chêne blanc de Provence, il durera: mais il n'en est pas de même des bois tendres de la Lorraine, de la Bourgogne, &c; quelque attention qu'on y apporte, ils seront de peu de durée; à plus forte raison se pourriront-ils encore plutôt, si on les affoiblit par un flottage long-temps continué.

Je sais que quelques personnes qui pensent désavantageusement du flottage, ayant tiré de l'eau des bois qui en se desséchant se montroient gelifs, roulés & cadranés, &c; ils prétendoient que ces défauts avoient été produits par le flottage. En effet, j'ai vu des pilotis du Pont d'Orléans qui étoient

pourris

pourris au cœur ; mais sûrement ces défauts existoient dans les ieces avant qu'elles eussent été mises dans l'eau ; le gonflement des fibres a fait qu'on ne les a pas apperçus dans les bois nouellement tirés de l'eau ; mais à mesure que l'eau s'est retirée, les gélivûres se sont ouvertes & sont devenues sensibles, ainsi ue les roulûres & les cadranûres ; pour la carie, elle est deveue tout d'un coup très-sensible. L'eau n'a certainement pas pu roduire ces défauts ; mais elle ne les a pas corrigés. Elle peut ien en avoir arrêté le progrès ; elle les a même rendu imper-eptibles, ou moins sensibles, pour les raisons que je viens de apporter ; mais ils se sont montrés à mesure que les bois se sont esséchés. Voici une Expérience qui le prouve.

Nous prîmes une piece de bon bois fort, qui étant restée sous un hangar au grand air, s'étoit beaucoup fendue ; on tint note de ses fentes ; nous la mîmes dans l'eau : au bout de quelque temps les fentes disparurent ; mais cette piece ayant été tirée, on vit, à mesure qu'elle se desséchoit, les mêmes fentes reparoître, & devenir aussi considérables qu'elles l'étoient quand nous avions is cette piece dans l'eau.

On remarque assez fréquemment qu'un nœud pourri s'étend orsqu'on laisse les pieces affectées de ce défaut dans un lieu un eu humide ; la sanie dont il est imbibé, altere alors le bon ois, au lieu que la pourriture de ce nœud reste sans faire de rogrès tant que la piece est sous l'eau, parce que l'eau pure ui imbibe la partie pourrie, & qui lave, pour ainsi dire, la laie, arrête le progrès du mal. Mais quand on tire la piece de 'eau, & qu'on la laisse se dessécher, le nœud pourri reparoît. l est vrai que l'eau ayant emporté une partie de la seve corrompue, la pourriture fait moins de progrès ; mais on auroit produit un aussi bon effet, si, en laissant la piece sous un hangar, on avoit paré le nœud pourri jusqu'au vif.

Au reste, les uns condamnent l'eau, les autres s'en déclarent partisans ; & suivant que les uns ou les autres sont affectés d'une façon de penser, l'un prétend que tous les désordres qu'on apperçoit dans les pieces qu'on tire de l'eau, doivent être attribués aux effets de ce fluide ; & les autres, au contraire, attri-

M

buent à l'eau tout ce qui s'apperçoit d'avantageux. Suivant les uns, l'eau a occasionné tout le mal; suivant les autres, elle a produit tout ce qui est bien. Tout le monde a vu des bois d'excellente qualité, qui ont été de longue durée, quoiqu'ils eussent été long-temps exposés aux injures de l'air. J'ai vu de vieux bois d'excellente qualité, qui n'avoient jamais été flottés. Ces observations mettent ceux qui sont opposés au flottage, en état de soutenir que la seve n'est point une liqueur corrosive, toujours prête à fermenter & à se corrompre; & elle nous confirme dans l'idée qu'elle est une liqueur balsamique, qui, quand elle a perdu une partie de son humidité, peut s'opposer à la pourriture des fibres ligneuses, & en même temps faire l'effet d'une colle forte qui contribue à la dureté du bois.

Mais d'un autre côté, j'ai vu des bois de Lorraine extrêmement gras pourrir dans les chantiers. On a prétendu les conserver en les renfermant sous des hangars : ils y ont subsisté plus long-temps; mais enfin ils s'y sont pourris. C'est alors qu'on a attribué tout le désordre à la seve, toujours prête à fermenter, à se corrompre & à faire tomber en pourriture les fibres ligneuses; & comme on remarquoit que la pourriture commençoit toujours par le centre des pieces, au lieu de reconnoître que le mal venoit de ce qu'il y avoit un principe de corruption dans le cœur de ces arbres, comme nous l'avons démontré dans le Traité de l'*Exploitation*, on s'est persuadé que l'intérieur des pieces ne pourrissoit que parce que la seve avoit plus de peine à s'en échapper que de la superficie. D'après cette idée, on a imaginé qu'il falloit délayer cette seve corrosive, cette liqueur fermentative, en mettant les bois dans l'eau : on les a donc submergés dans l'eau pure, ou enfouis dans une vase très-chargée d'eau; effectivement, pour les raisons que nous avons rapportées plus haut, ces bois ne se sont point pourris, tant qu'ils ont été dans l'eau, & l'on a cru avoir une preuve décisive de la justesse de tous les raisonnements qu'on avoit faits sur la seve. Mais quand on a eu tiré ces bois de l'eau pour les employer, comme cela se pratique ordinairement, les défauts de ces bois, en apparence si sains, se sont manifestés; ils se sont pourris même si promptement, qu'il a fallu changer des pieces qui tomboient en pourriture avant que l'ouvrage fût fini. Cet événement n'a pas paru singulier; on a jugé qu'il devoit arriver parce qu'on avoit employé les bois au sortir de l'eau. On a donc jugé à propos de les tirer de l'eau, & de les conserver en chantier pour ne les employer que quand ils seroient bien secs: mais on n'en a presque retiré aucun avantage; ils se sont pourris comme si on ne les eût jamais mis dans l'eau. Tout ce qu'on avoit gagné, se réduisoit donc à les avoir conservés dix à douze ans sous l'eau où ils n'avoient pas pourri, comme ils auroient fait dans les chantiers; mais l'eau n'ayant pas fait changer leur nature, ils se sont pourris lorsqu'ils en ont été tirés.

On peut se rappeller que dans les Expériences que j'ai rapportées dans le Traité de l'*Exploitation*, pour connoître quelle étoit la saison la plus favorable pour abattre les arbres, tous les abattages m'ont donné des pieces de bonne qualité qui se corrompoient difficilement, & d'autres qui tomboient promptement en pourriture. Il me paroît donc que le tempérament des arbres est ce qui décide mieux de leur durée; & si cette différence se remarque sur de jeunes arbres, combien, à plus forte raison, influera-t-elle sur de gros arbres, qui, comme je l'ai prouvé, sont presque tous en retour, & affectés d'un germe de pourriture dans le cœur. Achevons d'exposer, le plus qu'il nous sera possible, l'état de la question qui partage ceux qui sont les mieux instruits de ce qui concerne les bois.

1°, Il est certain que dans les plus anciens édifices on trouve des charpentes & des poutres qui, étant à couvert des injures de l'air, se sont conservés des siecles parfaitement saines, sans qu'on voie dans aucun des ouvrages d'architecture faits dans ces temps reculés, qu'on prît aucune précaution particuliere pour les rendre de longue durée. Ainsi, à moins que d'être bien certain qu'on peut aider la nature par tel ou tel moyen, ce qui ne peut se savoir que par une longue étude fondée sur plusieurs Expériences, on courroit risque de tout gâter, en voulant, d'après de simples conjectures, améliorer les bois.

2°, On admet comme une chose certaine, que la seve se

dissipe plus promptement des bois qui ont séjourné dans l'eau, que de ceux qu'on laisse se dessécher à l'air. C'est pour cette raison que les Menuisiers & les Tonneliers mettent leurs bois tremper dans l'eau lorsqu'ils n'en ont point de secs, & qu'ils sont pressés de faire quelques ouvrages. En ce cas, ils débitent & corroyent grossiérement leurs bois; puis ils les jettent à l'eau; & s'ils en ont la commodité, ils préferent de les mettre à la chûte d'un moulin, afin d'enlever plus promptement la seve, non pas dans la vue de les empêcher de pourrir; leur intention est de faire ensorte qu'ils ne se tourmentent point. Mais est-on assuré, par des expériences bien faites, que les bois imbibés d'eau se dessèchent plus promptement que ceux qui n'ont jamais été flottés ? & si cela est, comme on le pense, cet effet s'opere-t-il sur de gros bois comme sur des planches minces? N'est-il point à craindre que voulant enlever par art, & avec précipitation, cette seve qui a fait la nourriture du bois pendant qu'il étoit sur pied, l'eau n'emporte en même-temps les parties utiles au bois, des substances gommeuses, mucilagineuses, muqueuses, résineuses, qui étant épaissies, contribueroient à la bonté du bois ? & si la soustraction de ces substances est utile pour des ouvrages qu'on tient à couvert, & qui n'ont pas besoin de beaucoup de force, ne seroit-elle pas désavantageuse aux bois qui doivent être exposés aux injures de l'air, & qui ont à supporter des efforts considérables ?

Ainsi, dans certaines circonstances, on voit que la seve fermente & qu'elle se corrompt; dans d'autres, on apperçoit qu'elle contribue à la conservation des bois & à leur force. Si pour certains ouvrages de précision, il est avantageux d'extraire la seve pour réduire le bois fort à l'état de bois gras; dans d'autres, il peut être plus avantageux de laisser la seve s'échapper doucement, afin que la partie flegmatique se dissipe sans détruire les parties substantieuses qui contribuent à la bonté du bois; car il y a beaucoup de gros ouvrages où l'on n'a point à craindre que les bois se tourmentent.

Voilà beaucoup d'incertitudes & quantité de questions que j'ai essayé d'éclaircir par les Expériences que je vais rapporter.

ARTICLE IV. *Expériences pour connoître si l'eau étrangere qui est dans une piece de Bois qui a long-temps resté sous l'eau, se dissipe promptement.*

§ 1. PREMIERE EXPÉRIENCE.

ON A tiré de l'eau & des vases une piece de bois qui y étant depuis bien des années étoit très-pénétrée de l'eau de la mer : sa solidité étoit de quatre pieds sept pouces cubes. Le 27 Août 1727, que commença l'Expérience, elle pesoit 353 liv. on la mit dans un Magasin sec ; & le 3 Mai 1729, au bout de vingt mois, elle se trouva peser 292 liv. ainsi elle avoit perdu 61 liv. de son premier poids. Le 2 Octobre 1731, au bout de 28 mois, elle pesoit 261 liv. ainsi elle avoit encore perdu 31 liv. de son poids, en tout 92 liv. Chaque pied cube, au commencement de cette Expérience, pesoit 77 liv. & à la fin, ayant diminué de 20 liv. près d'un quart, le pied cube ne pesoit plus que 57 liv. c'est le poids des bois de Chêne de très-médiocre qualité. Je conviens que pour l'exactitude de l'Expérience, il auroit fallu continuer à peser tous les deux jours cette piece de bois pour voir si elle faisoit l'hygrometre ; car c'est ce qui auroit décidé si elle étoit parfaitement seche.

Voici une autre Expérience, faite dans la même vue, pendant que j'étois à Toulon.

§ 2. SECONDE EXPÉRIENCE.

DANS l'année 1732, au mois de Juin, il arriva à Toulon du bois de la forêt d'Arta en Albanie : on le mit sous l'eau de la mer dans le port afin de le conserver, excepté deux pieces qu'on laissa sur des chantiers à terre, afin qu'elles séchassent à l'air. Sur cela j'engageai à faire l'Expérience qui suit.

Le 6 Mars 1736, nous fîmes tirer deux pieces de celles qui étoient à la mer ; nous en fîmes équarrir une pour la réduire à huit pieds de long, dix pouces de large, & neuf pouces d'épaifſeur, ce qui fait 5 pieds cubes. On la porta le même jour à la balance, & elle peſoit 417 liv. 8 onces poids de marc; par conſéquent le pied cube peſoit 83 livres 8 onces.

Le même jour, nous fîmes équarrir une des pieces qu'on avoit laiſſé ſécher ſur les chantiers en plein air depuis près de quatre ans; on la réduiſit aux mêmes dimenſions que la précédente, ſavoir huit pieds de long, 10 pouces de large, & neuf pouces d'épaiſſeur, faiſant 5 pieds cubes, qui peſerent 297 liv. poids de marc; par conſéquent le pied cube peſoit 59 livres 6 onces 3 gros un tiers.

Le même jour, nous fîmes équarrir la ſeconde piece qui avoit été tirée de la mer; on lui donna ſix pieds de long, 9 pouces de large, & huit pouces d'épaiſſeur, faiſant trois pieds cubes: cette piece peſoit 263 liv. 8 onc. par conſéquent le pied cube peſoit 87 liv. 13 onces 2 gros 2 grains.

Nous fîmes auſſi équarrir la ſeconde piece qu'on avoit laiſſé ſécher au grand air: on la réduiſit aux mêmes dimenſions de ſix pieds de long, neuf pouces de large, & huit pouces d'épaiſſeur, faiſant trois pieds cubes; elle peſoit 210 liv. 8 onces, par conſéquent le pied cube peſoit 70 liv. 2 onc. 5 gros 1 grain.

Nous fîmes marquer avec un ciſeau les pieces qui avoient été à la mer, ARTA, MER.

Et celles qui n'y avoient point été miſes, mais qui avoient ſéché à l'air ſur des chantiers depuis près de quatre ans, ARTA, TERRE.

Le 28 Décembre 1736, nous fîmes retirer ces quatre pieces de bois d'Arta, que nous avions miſes vers la mi-Mars précédente ſous les hangars de l'Artillerie; nous remarquâmes premiérement que celles qui n'avoient point été miſes à la mer étoient plus gerſées que les autres, & les fentes plus du double plus ouvertes; l'intérieur des fentes étoit de couleur feuille morte pâle, parce qu'elles étoient anciennes & formées avant l'Expérience.

Les pieces qui avoient été miſes à la mer ſe fendirent, à la vérité, & ſe gerſerent en quelques endroits, mais pas la moitié autant que les premieres, tant pour la quantité que pour la largeur des fentes ; & leur couleur marquoit qu'elles étoient nouvelles. Ces pieces étoient preſque dans le même état que quand on les dépoſa ſous les hangars ; c'eſt-à-dire, qu'elles avoient toujours l'œil vif & ſain ; mais il s'en falloit beaucoup qu'elles ne fuſſent ſeches.

		livres.	onc.	gros.	gr.
I. Piec. Arta, Mer.	Nous fîmes peſer la groſſe de la mer qui cuboit cinq pieds ; & miſe dans la même balance que la premiere fois, elle peſoit.	338			
	Par conſéquent le pied cube ne peſoit plus que	67	9	4 $\frac{4}{5}$	
	Il peſoit à la premiere fois	83	8		
	Donc il avoit diminué de poids par chaque pied cube	15	14	3 $\frac{1}{5}$	
I. Piec. Arta, Terre.	Nous prîmes enſuite la groſſe piece qui avoit toujours ſéché ſur terre, & qui cuboit pareillement cinq pieds ; nous la fîmes porter à la balance, & elle peſa . .	274			
	Par conſéquent le pied cube ne peſoit plus que	54	12	6 $\frac{2}{5}$	
	Et il peſoit auparavant	59	6	3 $\frac{1}{5}$	
	Il avoit donc diminué de poids par chaque pied cube de	4	9	4 $\frac{4}{5}$	
II. Piece, Arta, Mer.	Nous prîmes encore la ſeconde piece de la mer, qui cuboit trois pieds ; nous la fîmes porter à la balance, & elle peſa .	210			
	Par conſéquent le pied cube ne peſoit que	70	0	0	0
	Et il peſoit le 6 Mars	87	13	2	2
	Donc il avoit diminué par chaque pied cube de	17	13	2	2
	Nous fîmes pareillement porter à la balance la ſeconde piece qui avoit toujours ſéché ſur terre, & elle peſa	192			

		livres.	onc.	gros.	gr.
II. Piece. Arta, Terre.	Par conséquent le pied cube ne pesoit plus que	64			
	Et il pesoit le 6 Mars	70	2	5	1
	Donc il avoit diminué de poids par chaque pied cube de	6	2	5	1

Le même jour nous fîmes reporter ces pieces sous les hangars, & le 24 Août 1737, nous les fîmes peser.

		livres.
I. Piec. A. mer.	La grosse piece de la mer ne pesoit plus que . .	310
	Et elle pesoit le 28 Décembre	338
	Par conséquent elle avoit diminué de	28
I. Piec. A. terre	La grosse piece de terre ne pesoit plus que . .	264
	Et elle pesoit le 28 Décembre	274
	Par conséquent elle avoit diminué de	10
II. Piece, A. mer.	La petite piece de la mer ne pesoit plus que . .	195
	Et elle pesoit le 28 Décembre	210
	Par conséquent elle avoit diminué de	15
II. Piece, A. terre.	La petite piece de terre ne pesoit plus que . . .	183
	Et elle pesoit le 28 Décembre	192
	Par conséquent elle avoit diminué de	9

Les fentes de l'une & de l'autre étoient à peu près semblables; cependant les pieces de la mer n'étoient pas parfaitement seches.

§ 3. RÉCAPITULATION *des poids extrêmes, premier & dernier, de l'Expérience précédente.*

		livres.	onc.
I. Piec. A. mer.	Le 6 Mars 1736, la grosse de la mer pesoit . .	417	8
	Le 24 Août 1737, elle ne pesoit plus que. . . .	310	
	Donc elle avoit diminué de	107	8

Le

		livres.	onc.
I. Piec. A. terre	Le 6 Mars 1736, la grosse de la terre pesoit. .	297	
	Le 24 Août 1737, elle ne pesoit plus que. . . .	264	
	Donc elle avoit diminué de	33	
II. Pie-, A. er.	Le 6 Mars 1736, la petite de la mer pesoit . .	263	8
	Le 24 Août 1737, elle ne pesoit plus que . . .	195	0
	Donc elle avoit diminué de	68	8
I. Pie-e, A. rre.	Le 6 Mars 1736, la petite de la terre pesoit . .	210	8
	Le 24 Août 1737, elle ne pesoit plus que . . .	183	0
	Donc elle avoit diminué de	27	8

§ 4. *Suite de l'Expérience, & conséquences qui en résultent.*

	livres.
Le 19 Janvier 1739, la grosse piece d'ARTA, MER ne pesoit plus que	293
Et elle pesoit le 24 Août 1737	310
Par conséquent elle avoit encore diminué de . .	17
Le 19 Janvier 1739, la grosse piece d'ARTA, TERRE ne pesoit plus que	256
Et elle pesoit le 24 Août 1737	264
Par conséquent elle avoit encore diminué de. .	8
Le 19 Janvier 1739, la petite piece d'ARTA, MER ne pesoit plus que	184
Et elle pesoit le 24 Août 1737	195
Par conséquent elle avoit encore diminué de. .	11
Le 19 Janvier 1739, la petite piece d'ARTA, TERRE ne pesoit plus que	179
Et elle pesoit le 24 Août 1737	183
Par conséquent elle avoit encore diminué de .	4

Ces pieces, depuis le commencement de l'Expérience, ont

N

toujours resté sous le hangar de l'Artillerie, où le soleil donne la moitié de la journée; car ce hangar n'est fermé que par une claire-voie.

On voit néanmoins que les pieces qui ont été sorties de la mer n'étoient pas encore seches, à beaucoup près, le 19 Janvier 1739, quand on a fini l'Expérience, puisqu'elles étoient beaucoup plus pesantes que celles qui n'avoient point été dans l'eau, & que d'ailleurs elles diminuoient encore beaucoup de poids, preuve qu'elles continuoient à se dessécher. Je n'étois plus à Toulon à la fin de l'Expérience; mais on m'écrivit que les fentes des pieces qu'on avoit tirées de l'eau, étoient devenues aussi considérables que celles des pieces qui n'y avoient jamais été.

Cette Expérience a été trop tôt discontinuée; quelques-unes des suivantes seront plus instructives. Cependant on voit que les bois forts se fendent en se séchant, lors même qu'ils ont passé un temps considérable dans l'eau de la mer.

ARTICLE V. *Expériences pour reconnoître le temps nécessaire pour que l'eau de mer, dont un morceau de bois est imbibé, se dissipe.*

1°, On a pris un pied cube d'une piece de bois qui avoit séjourné plusieurs années dans la vase & l'eau de la mer. Le 1 Octobre 1731, au commencement de l'Expérience, ce pied cube pesoit 76 liv. $\frac{1}{2}$. On le repesa le 23 Septembre 1732: ce cube étant resté ces neuf mois dans un bâtiment, il se trouva ne plus peser que 57 liv. ainsi il avoit perdu 19 liv. $\frac{1}{2}$ de son premier poids, ce qui fait, comme dans l'Expérience précédente, la différence d'un quart: cependant ce pied cube de bois n'étoit sûrement pas aussi sec qu'il auroit pu l'être; l'Expérience précédente le donne à penser, puisqu'il s'est fait encore une dissipation assez considérable d'humidité la seconde année: cependant voilà le pied cube réduit au poids de 57 liv. comme la piece de l'Expérience rapportée dans l'Article IV.

2°, On a pris un pied cube d'une piece qui avoit été tirée de l'eau depuis quelque temps, & qui par conséquent s'étoit déjà desséchée, elle pesoit le 3 Décembre 1731, au commencement de l'Expérience, 70 liv. $\frac{3}{4}$; ainsi elle étoit plus légere que l'autre de 5 liv. $\frac{1}{4}$. L'ayant mise à couvert jusqu'au 3 Septembre 1732, elle se trouva ne plus peser que 61 liv. $\frac{1}{2}$, n'ayant perdu que 9 liv. $\frac{1}{4}$ de son poids. Comme il y avoit déjà quelque temps que ce morceau de bois étoit tiré de l'eau, il n'est pas douteux qu'il s'étoit desséché, & qu'ayant ensuite resté neuf mois à couvert, comme le précédent, il devoit être plus sec; cependant il s'est trouvé peser 4 liv. $\frac{1}{2}$ de plus : ce qui, à la vérité, est peu de chose sur un pied cube; mais je suis porté à en conclure que la qualité du bois de ce pied cube étoit supérieure à l'autre.

3°, On a fait encore un cube de même dimension avec une piece de bois qui avoit été tirée de l'eau, & conservée à couvert pendant deux ans & demi. Le 3 Décembre 1731, au commencement de l'Expérience, ce pied cube pesoit 68 liv. $\frac{1}{4}$. Neuf mois après, il ne pesoit plus que 58 liv. ainsi, quoique ce bois eût pu se dessécher pendant deux ans, il a encore perdu 10 liv. $\frac{1}{4}$ de son poids : ce qui confirme une Expérience que j'ai rapportée plus haut, pour prouver que les grosses pieces de bois sont bien long-temps à se dessécher parfaitement. Mais la premiere Expérience étoit faite sur des bois neufs, & celle-ci sur des bois qui avoient long-temps séjourné dans l'eau. Au reste, voilà ce cube revenu à 58 liv. ce qui ne fait qu'une livre de différence avec le cube N°. 1.

4°, Pour voir où pouvoit aller le desséchement d'une piece qui n'auroit jamais été dans l'eau, on a tiré un pied cube d'une piece de bois qui avoit resté six ans dans un Magasin : le pied cube pesoit, au commencement de l'Expérience, savoir le 3 Décembre 1731, 59 liv. $\frac{1}{4}$, & le 23 Septembre 1738, il ne pesoit plus que 52 liv. ainsi ce cube qui paroissoit devoir être parfaitement sec, a encore perdu 7 liv. 4 onces de son poids. D'où l'on peut conclure que les autres cubes n'étoient pas parfaitement secs; & que les grosses pieces, quelque seches qu'elles paroissent, se dessechent encore considérablement quand on les réduit en plus petits morceaux; enfin, qu'il n'est point certain, quoiqu'on le pense assez communément, que les bois qui ont resté dans l'eau se dessechent beaucoup plus promptement que ceux qui n'y ont jamais été.

Comme le flottage des bois est un point très-intéressant, soit pour savoir si l'on doit transporter les bois à flot, soit pour décider si l'on doit conserver les bois dans l'eau, à l'air ou sous des hangars, nous avons prodigieusement multiplié les Expériences pour essayer d'éclaircir ce mystere, & de connoître (s'il étoit possible) la vérité. Pour cela j'ai cru devoir prendre l'inverse : ainsi, je vais commencer par examiner si un morceau de bois doit rester bien long-temps dans l'eau pour en être autant pénétré qu'il peut l'être.

ARTICLE VI. *Expériences sur l'imbibition des Bois que l'on tient dans l'eau.*

IL S'AGIT ici d'examiner : 1°, Suivant quelle loi les bois se chargent de l'eau dans laquelle ils flottent.

2°, Si les bois de différente qualité s'en chargent plus ou moins promptement, & en plus ou moins grande quantité les uns que les autres.

3°, S'ils sont bien long-temps à s'en charger autant qu'ils peuvent en prendre.

Pour cela j'ai pris de ces petites balances qu'on emploie pour peser les Louis d'or : elles trébuchoient à un sixieme de grain; cependant je ne me proposois pas d'atteindre à ce degré de précision.

Comme la plûpart des bois secs sont spécifiquement plus légers que le volume d'eau qu'ils déplacent, & comme il étoit nécessaire qu'ils allassent au fond de l'eau, j'ôtai un des plateaux du côté de *A*, *Planche VII. Fig.* 4. J'y substituai une balle de plomb attachée à un crin; & cette balle de plomb trempant dans l'eau du vase *C*, je mis des poids dans le plateau *D*, jusqu'à ce que ce plateau étant dans l'air, & la balle nageant dans l'eau, tout fût en équilibre. Ces poids étoient de fine cendrée de plomb. Pour lors je détachai la balle du bras *A*, & je pesai dans une autre balance les petits prismes de bois *E* (*Planche VII. Fig.* 5) qui devoient servir pour mes Expériences. Ils avoient tous une base quarrée d'un pouce de côté, & de 2 de hauteur.

Je pris ensuite la balle de plomb que j'avois pesée dans l'eau, & je l'ajustai sous le prisme de bois, *E* (*Fig.* 5). Au moyen d'un autre crin, j'attachai le prisme au bras *A* de la balance, enfin j'emplis d'eau le vase *C*, qui étoit de crystal.

Comme il y avoit équilibre entre la balle nageante dans l'eau & le plateau *D* dans l'air, l'effet de la balle étoit nul; de sorte que si le prisme de bois étoit plus pesant que le volume d'eau qu'il déplaçoit, il falloit, pour rétablir l'équilibre, mettre des poids dans le plateau *D*; & ces poids exprimoient le surcroît de pesanteur du prisme sur l'eau dans laquelle il flottoit. Si, au contraire, le prisme étoit plus léger que son volume d'eau, il falloit ôter du plateau *D* assez des poids qu'on y avoit mis pour faire l'équilibre avec la balle; & la somme de cette soustraction exprimoit de combien le prisme étoit plus léger que l'eau qu'il déplaçoit.

La substance ligneuse, de quelque espece que soient les bois, est plus pesante que l'eau; & elle iroit constamment au fond, s'il n'y avoit pas des pores remplis d'air qui la font flotter. Les bois blancs les plus légers, le liége même, se précipitent au fond quand on les réduit en poussiere fine, & quand on en a pompé l'air par la machine pneumatique. Il suit delà que le poids des bois qui trempent dans l'eau doit augmenter à mesure que l'eau s'insinue dans leur intérieur, & qu'elle prend la place de l'air qui remplissoit les pores & qui les faisoit surnager. C'est aussi ce qui arrivoit à mes prismes; & pour rétablir l'équilibre, j'étois obligé de mettre des poids dans le plateau *D*: ces poids indiquoient la quantité d'eau qui s'insinuoit dans mes prismes.

Comme l'eau ne pénetre que peu à peu les bois, j'étois obligé d'avoir un grand nombre de fort petits poids; il m'auroit été difficile de me procurer plusieurs milliers de grains, de demi-grains, & de tiers de grains: ce qui me fit prendre le parti d'employer pour poids de ces fines dragées de plomb qu'on nomme *de la cendrée*, choiſiſſant la plus fine ; & pour que les grains fuſſent plus réguliérement d'une même groſſeur, je paſſai cette cendrée par une paſſoire ; enſuite j'en peſai pluſieurs gros, & en ayant compté les grains, je reconnus qu'en prenant une moyenne ſur pluſieurs peſées, il falloit cent vingt-cinq grains pour faire un gros. Ainſi toutes les fois que je dis que j'ai ajouté ou ſouſtrait un nombre, il faut imaginer que chaque unité de ce nombre eſt un cent vingt-cinquieme de gros.

Je paſſe au détail des Expériences, dont l'exécution a été bien longue, & a exigé beaucoup d'exactitude & de patience.

§ I. PREMIERE EXPÉRIENCE.

Je fis venir de Toulon un morceau de Chêne de Provence bien ſain & d'un grain très-ſerré : j'en fis former des priſmes ſuivant les dimenſions que j'ai rapportées plus haut.

Celui numéroté 1 peſoit dans l'air, le 30 Juin 1737, 1 once 1 gros 16 grains ½.

L'ayant ajuſté à la balance hydroſtatique comme je l'ai expliqué, il fallut pour le mettre en équilibre, parce qu'il étoit plus léger que l'eau, ôter du plateau *D* 168 dragées. Les jours ſuivants, à meſure que le bois s'imbiboit, je mettois de pareils poids dans le plateau *D*, & on en ôtoit quand le morceau de bois diminuoit de poids. Ainſi A, ſignifie *ajouté :* S, ſignifie *ſouſtrait :* T, *thermometre.* Les Numéros de la premiere colonne indiquent les jours du mois.

Jour	T.	Temps		Moment	Nombre
JUIN.					
30	T. 20 ½	*beau*	A	le matin.	23
				à midi.	23
				à 4 heures.	144
				le ſoir.	11
JUILLET.					
1	T. 20	*beau*	A.....	matin.	15
				midi.	4
				ſoir.	9
2	T. 20	*beau*	A.....	matin.	10
				ſoir.	13
3	T. 22 ½	*pluie*	A...	matin.	6
				midi.	7
				ſoir.	7
4	T. 22	*beau*	A.....	matin.	7
5	T. 21 ½	*beau*	A....	midi.	3
				ſoir.	5
6	T. 22	*pluie*	A.....	matin.	8
				midi.	3
				ſoir.	5
7	T. 17	*beau*	A.....	matin.	9
				midi.	0
				ſoir.	10
8	T. 16	*beau*	A.....	matin.	5
				midi.	5
				ſoir.	3

JUILLET.		
9 T. 16 *beau* A.	matin. 7 midi. 4 soir. 2	
10 T. 16 *beau* A.	matin. 5 midi. 3 soir. 4	
11 T. 16 *beau* A.	matin. 5 soir. 5	
12 T. 18 *beau* A.	matin. 3 soir. 5	
13 T. 19 ½ *orage* A. . *	matin. 4 soir. 7	
14 T. 20 *beau*	matin. 5 soir. 5	
15 T. 20½ *beau*.	matin. 4 soir. 5	
16 T. 20 *beau*.	matin. 3 soir. 8	
17 T. 21 *beau*	matin. 3 soir. 5	
18 T. 22 ½ *orage*.....	matin. 4 soir. 3	
19 T. 22 *beau*	matin. 3 soir. 3	
20 T. 21 ½ *beau*.....	matin. 4 soir. 4	
21 T. 22 *tonnerre*.....	matin. 3 soir. 2	
22 T. 21 ½ *pluie*.....	matin. 2 soir. 4	
23 T. 20 *beau*.	matin. 4 soir. 0	
24 T. 20 *beau*.......	matin. 4 soir. 3	
25 T. 20 *pluie*.......	matin. 0 soir. 3	
26 T. 18 *humide*	matin. 3 soir. 4	

JUILLET.	
27 T. 17 ½ *pluie*	matin. 3 soir. 0
28 T. 17 *pluie*.......	matin. 3 soir. 4
29 T. 17 *humide*.....	matin. 3 soir. 0
30 T. 19 *orage*	matin. 4 soir. 0
31 T. 19 *orage*.......	matin. 0 soir. 2

AOUST.	
1 T. 17 *beau*	matin. 4 soir. 0
2 T. 18 *orage*	matin. 0 soir. 3
3 T. 16½ *vent*......	matin. 3
	On n'a plus examiné que les matins.
4 T. 17 *pluie*.............	3
5 T. 16 *humide*............	4
6 T. 16 *beau*.............	3
7 T. 16 *beau*	3
8 T. 16 *beau*............	0
9 T. 16 ½ *vent*...........	6
10 T. 17 *vent*............	0
11 T. 17 *beau*	4
12 T. 16 *pluie*............	0
13 T. 16 *pluie*	0
14 T. 16 ½ *orage*..........	0
15 T. 16 *vent*	0
16 T. 15 *pluie*	1
17 T. 15 *beau*	0
18 T. 14 *pluie*	0
19 T. 15 *pluie*............	0
20 T. 15 *pluie*............	6
21 T. 15 *pluie*	7

* Il faut supposer un A par tout où on ne trouvera point S, tant pour cette Expérience que pour les suivantes; mais on a mis exactement A & S, à la fin de l'Expérience, lorsque les bois faisoient l'hygrometre.

AOUST.

22 T. 14 *pluie*..............6
23 T. 14 *pluie*..............0
24 T. 16 *vent*..............0
25 T. 14 *pluie*..............4
26 T. 15 *ſec*..............1
27 T. 15 *pluie*..............0
28 T. 16 ½ *pluie*..............1
29 T. 16 ½ *ſec*..............2
30 T. 16 *pluie*..............0
31 T. 15 ½ *pluie*..............2

SEPTEMBRE.

1 T. 15 *ſec*..............2
2 T. 15 *ſec*..............0
3 T. 15 *humide*..............0
4 T. 14 ½ *humide*..............2
5 T. 14 *humide*..............0
6 T. 14 *ſec*..............0
7 T. 14 *pluie*..............0
8 T. 14 *ſec*..............1
9 T. 15 *beau*..............2
10 T. 16 *beau*..............1
11 T. 18 *beau*..............3
12 T. 18 *beau*..............0
13 T. 18 *beau*..............0
14 T. 18 *humide*..............0
15 T. 19 *beau*..............0
16 T. 18 ½ *beau*..............0
17 T. 16 *pluie*..............3
18 T. 17 *pluie*..............0
19 T. 17 *ſec*..............0
20 T. 16 *humide*..............0
21 T. 17 *beau*..............0
22 T. 17 *humide*..............1
23 T. 17 ½ *humide*..............0
24 T. 17 ½ *ſec*..............0
25 T. 17 *ſec*..............1

SEPTEMBRE.

26 T. 16 *humide*..............0
27 T. 15 *humide*..............0
28 T. 15 *humide*..............4
29 T. 14 ½ *ſec*..............0
30 T. 14 *ſec*..............0

OCTOBRE.

1 T. 14 *humide*..............0
2 T. 14 *humide*..............0
3 T. 13 *humide*..............0
4 T. 13 *humide*..............0
5 T. 13 *humide*..............0
6 T. 13 *humide*..............0
7 T. 14 *humide*..............3
8 T. 13 *humide*..............0
9 T. 13 *humide*..............0
10 T. 13 *humide*..............0
11 T. 13 *humide*..............0
12 T. 11 ½ *humide*..............0
13 T. 11 ½ *ſec*..............1
14 T. 11 ½ *beau*..............1
15 T. 11 *humide*..............0
16 T. 11 *humide*..............0
17 T. 10 ½ *ſec*..............0
18 T. 10 ½ *beau*..............0
19 T. 10 *beau*..............0
20 T. 10 *ſec*..............1
21 T. 10 *humide*..............2
22 1
23 1
24 T. 10 *humide*..............0
25 T. 10 *humide*..............0
26 T. 10 *ſec*..............2
27 T. 10 *humide*..............0
28 T. 11 *beau*..............0
29 T. 10 ½ *beau*..............1
30 T. 11 *beau*..............0

On l'a tiré de l'eau ; & l'ayant bien eſſuyé, il peſoit 1 once

6 gros 50 grains, ainsi il étoit augmenté de 5 gros 33 $\frac{1}{2}$ grains.

On l'a suspendu en l'air par le crin qui le tenoit à la balance, & le 6 Septembre 1738, il s'est trouvé peser 1 once 0 gros 54 grains, ainsi il étoit plus léger qu'au commencement de l'Expérience de 34 $\frac{1}{2}$ grains. Je remarquerai une fois pour toutes que l'eau se troubloit, & se chargeoit de la substance du bois, surtout quand les bois étoient verds.

§ 2. SECONDE EXPÉRIENCE.

LE Prisme N°. 2 pesoit dans l'air 1 once 1 gros 46 $\frac{1}{2}$ grains; en le plongeant dans l'eau, il fallut ajouter 99 petits poids pour le mettre en équilibre.

Comme cette Expérience s'est faite en même temps que la précédente, la température de l'air étoit la même.

JUIN, 1737.

30 matin........14
midi..........22
à quatre heures.16
soir..........10

JUILLET.

1 matin........12
midi...........4
soir...........6
2 matin........10
soir...........11
3 matin.........8
midi...........5
soir...........5
4 matin........10
midi...........6
soir...........0
5 matin........12
midi...........5
soir...........7
6 matin.........6
midi...........3
soir...........0

JUILLET.

7 matin.........9
midi...........0
soir...........10
8 matin.........3
midi...........3
soir...........4
9 matin.........7
midi...........4
soir...........4
10 matin........4
midi...........3
soir...........3
11 matin........3
soir...........4
12 matin........3
soir...........5
13 matin........4
soir...........7
14 matin........5
soir...........5
15 matin........2
soir...........6
16 matin........4

JUILLET.

soir...........4
17 matin........3
soir...........3
18 matin........4
soir...........5
19 matin........3
soir...........4
20 matin........2
soir...........3
21 matin........3
soir...........9
22 matin........3
soir...........2
23 matin........4
soir...........3
24 matin........3
soir...........1
25 matin........3
soir...........1
26 matin........2
soir...........2
27 matin........0
soir...........4

JUILLET.

28 matin.........0	soir...........	29 matin.........	soir...........2	30 matin.........2	soir...........2

AOUST.	SEPTEMBRE.	OCTOBRE.	Comme l'eau étoit devenue épaisse, on l'a changé pour en mettre de nouvelle.	MARS.
1.......3	1.......0	1.......0		3.......0
2.......3	2.......0	2.......0		10.......0
3.......3	3.......0	3.......0		18.S.....4
4.......3	4.......0	4.......0	NOVEMBRE.	26.S....10
5.......0	5.......0	5.......0		
6.......4	6.......0	6.......0	7.A....14	AVRIL.
7.......3	7.......1	7.......0	13.S.....7	
8.......0	8.......8	8.......3	21.S.....8	5.S.....6
9.......4	9.......0	9.......0	28.A.....3	11.S.....3
10.......0	10.......3	10.......0		19.......0
11.......0	11.......1	11.......0	DÉCEMBRE.	
12.......0	12.......3	12.......1		MAI.
13.......0	13.......0	13.......1	5.A.....2	
14.......2	14.......0	14.......1	13.S.....2	1.S.....6
15.......3	15.......0	15.......0	20.A.....4	8.S.....1
16.......4	16.......1	16.......0	28.A.....2	15.S.....2
17.......2	17.......1	17.......0		23.A.....3
18.......2	18.......0	18.......0	JANVIER,	31.S.....1
19.......1	19.......4	19.......2	1738.	
20.......1	20.......0	20.......1		JUILLET.
21.......1	21.......0	21.......0	2.A.....1	
22.......0	22.......2	22.......0	16.S....26	3.S.....1
23.......0	23.......0	23.......0	22.A....15	13.A.....8
24.......1	24.......0	24.......0	30.A....15	21.S.....6
25.......0	25.......2	25.......1		28.S.....5
26.......1	26.......0	26.......3	FÉVRIER.	
27.......3	27.......0	27.......0		AOUST.
28.......0	28.......0	28.......0	8.S.....5	
29.......1	29.......0	29.......0	16.A.....5	5.......0
30.......2	30.......0	30.......2	24.A.....3	
31.......2				

On l'a retiré de l'eau ; & l'ayant essuyé, il pesoit 1 once 6 gros 5 grains, étant augmenté de 4 gros 30 $\frac{1}{2}$ grains.

§ 3. TROISIEME EXPÉRIENCE.

LE Prisme de Provence N°. 3, pesoit dans l'air, 1 once 2 gros 48 grains; en le plongeant dans l'eau, il fallut, pour le mettre en équilibre, ajouter 71 petits poids.

JUIN, 1737.

30		16

JUILLET.

1	matin	24
	midi	16
	soir	11
2	matin	12
	midi	5
	soir	9
3	matin	8
	soir	9
4	matin	4
	midi	6
	soir	4
5	matin	17
	midi	3
	soir	6
6	matin	7
	midi	4
	soir	11
7	matin	8
	midi	4
	soir	5
8	matin	7
	midi	4

JUILLET.

	soir	6
9	matin	3
	midi	4
	soir	5
10	matin	5
	midi	2
	soir	4
11	matin	4
	midi	3
	soir	4
12	matin	3
	soir	4
13	matin	4
	soir	6
14	matin	5
	soir	5
15	matin	0
	soir	0
16	matin	3
	soir	5
17	matin	3
	soir	6
18	matin	3
	soir	4
19	matin	4

JUILLET.

	soir	3
20	matin	4
	soir	4
21	matin	3
	soir	4
22	matin	4
	soir	10
23	matin	3
	soir	3
24	matin	3
	soir	0
25	matin	2
	soir	3
26	matin	0
	soir	4
27	matin	3
	soir	4
28	matin	0
	soir	0
29	matin	0
	soir	2
30	matin	0
	soir	2
31	matin	0
	soir	0

AOUST.

1. matin 4	4 … 3	8 … 5	12 … 4	16 … 2
soir 3	5 … 3	9 … 0	13 … 0	17 … 4
2 … 0	6 … 4	10 … 3	14 … 0	18 … 2
3 … 5	7 … 0	11 … 0	15 … 2	19 … 1

AOUST.

20.......1
21.......0
22.......1
23.......1
24.......1
25.......2
26.......1
27.......0
28.......1
29.......0
30.......0
31.......2

SEPTEMBRE.

1.......1
2.......0
3.......1
4.......0
5.......0
6.......2
7.......0
8.......0
9.......2
10.......0
11.......1
12.......2
13.......0
14.......0
15.......0
16.......1
17.......0
18.......0
19.......3
20.......0
21.......1
22.......0
23.......1
24.......1
25.......0
26.......0
27.......0
28.......0
29.......2
30.......0

OCTOBRE.

1.......0
2.......0
3.......0
4.......0
5.......0
6.......0
7.......2
8.......0
9.......0
10.......0
11.......0
12.......0
13.......2
14.......1
15.......0
16.......0
17.......0
18.......3
19.......0
20.......0
21.......0
22.......0
23.......0
24.......0
25.......0
26.......1
27.......2
28.......3
29.......0
30.......1

Comme ce morceau de bois n'imbiboit presque plus, on ne l'a plus pesé que tous les huit jours, & on n'a point changé l'eau.

NOVEMBRE.

7.A....3
13.A....3
21.S....1
28.A....2

DÉCEMBRE.

5.A....2
13.S....3
20.A....8
28.A....3

JANVIER, 1738.

2.A....2
16.S....6
22.S....1
30.......0

FÉVRIER.

8.A....1
16.S....3
24.......8

MARS.

3.S....3
10.S....3
18.......0
26.......0

MAI.

1.A....6
8.S....1
15.S....4
23.S....1
31.A....1

JUIN.

7.A....1
14.A....2
20.A....4
28.A....1

JUILLET.

5.S....2
13.A....2
21.......0
28.S....4

AOUST.

5.A....2

On a tiré ce Prisme de l'eau ; & après l'avoir bien essuyé, il pesoit 1 once 7 gros 52 grains. Ainsi il avoit aspiré 5 gros 4 grains d'eau.

§ 4. *QUATRIEME EXPÉRIENCE.*

UN Prisme de bon bois de Chêne de pareilles dimensions, pesant dans l'air 1 once 1 gros 36 grains, a été ajusté comme les précédents à une balance hydrostatique : il a fallu 72 dragées pour mettre le Prisme à flot. Cet ajustement a été fait le 31 Octobre 1737. Le 4 Novembre, il a fallu 136 dragées pour rétablir l'équilibre ainsi :

Novembre,	20..A...3	6..A...5	16..A...9	19.......0
1737.	21..A...3	7..A...7	22..A...6	Mai.
4..A..136	22..A...3	8..A...6	30..A..13	
5..A..16	23..A...7	9..A...7	Février.	1..A...7
6..A..14	24..A...5	10..A...5		8..S...3
7..A...8	25..A...5	11.......0	8..A...0	15..A...5
8..A...8	26..A...4	12..A...7	16..A...3	23..S...3
9..A...9	27..A...4	13..A...4	24..A..12	31..A...4
10..A...6	28..A...7	14..A...3	Mars.	Juin.
11..A...6	29..A...8	15..A...5		
12..A...7	30..A...4	16..A...0	3..S...2	7..A...3
13..A...8	Décembre.	17..A...2	10..S...2	14..A...2
14..A..10		18..A...2	18..A..10	20..S...1
15..A...5	1..A...7	26..A..23	26..A...6	28..A...4
16..A...5	2..A...7	Janvier,	Avril.	Juillet.
17..A...6	3..A...6	1738.		
18..A...5	4..A...7		1.......0	5..S...3
19..A...3	5..A...6	2..A...6	11..S...1	13..A...4

Le *6* Septembre on l'a tiré de l'eau ; & l'ayant bien essuyé, il pesoit 1 once 6 gros 21 grains; il s'étoit chargé de 4 gros 57 grains d'eau.

§ 5. *Cinquieme Expérience.*

Le 31 Octobre 1737, j'ai pris un Prisme de pareilles dimensions, mais de bois de la Forêt d'Orléans, choisi de bonne qualité : il pesoit 1 once 0 gros 13 grains.

Je l'ai ajusté, comme les précédents, à la balance hydrostatique : il a fallu mettre aux bras de la balance, de son côté, un poids d'environ 2 gros 35 grains pour le faire plonger. Voici son augmentation jour par jour.

Novembre, 1737.

4..A..126	10.......7	16.......6	22.......5	28.......7
5......20	11.......8	17.......9	23.......9	29.......6
6......15	12......11	18.......7	24.......7	30.......5
7......20	13.......6	19.......6	25.......6	
8.......8	14......11	20.......8	26.......4	
9......12	15.......8	21.......5	27.......5	

DÉCEMBRE.	11.......0	16.......3	18.S.....4	23.S....20
	12.......9	22.......16	26.S.....4	31.S.....1
1.A...12	13.......0	30.......12	AVRIL.	JUIN.
2.......15	14.......4	FÉVRIER.		
3.......2	15.......4		3.......0	8.A...40
4.......4	16.......2	8.......5	11.S.....1	14.A.....8
5.......3	17.......0	16.......9	19.......0	20.A.....3
6.......4	18.......9	24.......5	MAI.	28.A....7
7.......0	26.......21	MARS.		JUILLET.
8.......8	JANVIER,		1.A....12	
9.......5	1738.	2.S.....2	8.A.....2	5.A.....7
10.......5	2.......10	10.S.....3	15.A...24	

Le 6 Septembre 1738, on l'a tiré de l'eau ; & après l'avoir essuyé, il pesoit 1 once 5 gros 37 grains. Ainsi il étoit plus pesant de 5 gros 24 grains.

§ 6. SIXIEME EXPÉRIENCE.

COMME les bois, quand ils sont imbibés à un certain point, sont l'hygrometre sous l'eau, & comme ils augmentent & diminuent de poids, j'ai voulu voir si ces variations seroient les mêmes dans l'air. Pour cela, j'ai suspendu à une autre petite balance, un prisme de pareilles dimensions qui étoit aussi de Provence ; mais il resta toujours dans l'air. Quand son poids diminuoit, j'ôtois des poids du plateau opposé au Prisme ; & quand le poids du Prisme augmentoit, je mettois des poids dans ce même plateau. Ainsi, quand on voit A, qui signifie *ajouté*, c'est signe que le poids du Prisme avoit augmenté ; & quand on voit S qui signifie *soustrait*, c'est signe que le poids du Prisme diminuoit. Il pesoit au commencement de l'Expérience 1 once 1 gros 18 grains.

JUILLET, 1737.

8 matin.S.......3	soir.S.........2	11 matin.........0
midi.S.........6	10 matin.S.......3	midi.S........3
9 matin.S.......5	midi.S.........2	soir.S.........4
midi.S.........3	soir..........0	12 matin.........0

JUILLET, 1737.

midi.S........2
ſoir.S........4
13 matin........0
midi..........0
ſoir..........0
14 matin........0
ſoir.S........2
15 matin.A.......3
ſoir.A........1
16 matin.S.......1
ſoir.S........5
17 matin.S.......7
ſoir..........0
18 matin.A.......1
ſoir.A........1
19 matin.A.......1
ſoir..........0
20 matin.........2
ſoir..........0
21 matin.S.......2
ſoir..........0
22 matin.........0
ſoir..........0
23 matin.A.......2
ſoir.A........1
24 matin.S.......2
ſoir..........0
25 matin.S.......4
ſoir..........0
26 matin.A.......2
ſoir..........0
27 matin.........0
ſoir..........0
28 matin.A.......1
ſoir.A........2
29 matin.A.......1
ſoir.A........1
30 matin.A.......1
ſoir..........0
31 matin.A.......1
ſoir..........0

AOUST.

1 matin.S.4
2.A.....1
3.A.....1
4.A.....1
5.......0
6.......0
7.A.....1
8.......0
9.S.....3
10.A.....3
11.A.....1
12.S.....3
13.A.....1
14.A.....1
15.S.....1
16.S.....1
17.S.....1
18.......0
19.A.....2
20.A.....2
21.A.....1
22.S.....1
23.S.....1
24.S.....1
25.S.....2
26.S.....1
27.A.....3
28.A.....1
29.S.....1
30.A.....2
31.......0

SEPTEMBRE.

1.S.....2
2.S.....3
3.A.....1
4.......0
5.......0
6.......0
7.A.....1
8.A.....1
9.A.....1
10.A.....3
11.S.....1
12.......1
13.......0
14.......0
15.A.....1
16.S.....1
17.......0
18.......0
19.......0
20.......0
21.S.....2
22.S.....1
23.A.....2
24.A.....1
25.A.....1
26.......0
27.S.....2
28.......0
29.......0
30.S.....1

OCTOBRE.

1.......0
2.S.....1
3.A.....3
4.A.....2
5.A.....2
6.......0
7.S.....3
8.......0
9.......0
10.......0
11.S.....8
12.A.....2
13.......0
14.A.....1
15.......0
16.A.....1
17.A.....1
18.A.....1
19.......0
20.S.....1
21.......0
22.......0
23.......0
24.A.....2
25.S.....1
26.S.....1
27.......0
28.A.....1
29.A.....2
30.A.....1
31.......0

NOVEMBRE.

1.......0
2.S.....2
3.......0
4.A.....2
5.S.....1
6.S.....1
7.S.....2
8.S.....2
9.A.....2
10.A.....1
11.S.....1
12.S.....2
13.A.....1
14.S.....2
15.......0
16.S.....3
17.A.....1
18.S.....1
19.S.....2
20.S.....1

NOVEMBRE.	26.A.....1	JANVIER, 1738.	16.A.....3	24.S....21
	27.A.....1		22.A.....4	MARS.
21.S.....1	28.S.....2		30.A.....9	
22.A.....2	29.A.....1	1.A.....2	FÉVRIER.	3.A...20
23.A.....1	30.S.....1	2.S.....2		10.......0
24.S.....4		3.A.....3	8.S....14	18.A....3
25.A.....3		4.S.....4	16.A.....7	26.S....15

On a fini les Expériences le 20 Juin, & le Prisme s'est trouvé peser 1 once 1 gros 4 grains. Ainsi, son poids étoit diminué de 14 grains.

§ 7. SEPTIÈME EXPÉRIENCE.

TOUTES les Expériences que j'ai rapportées jusqu'à présent, ont été faites sur du bois de Chêne assez dur : il est bon de savoir ce qui arrive au Bois de Chêne d'un tissu lâche, & que les Ouvriers appellent *bois gras*.

Je pris donc un Prisme de pareilles dimensions que les précédents; mais qui étoit comme l'on dit *gras*, & de ces bois que l'on appelle à Paris *de Hollande* : il ne pesoit dans l'air que 8 gros 63 grains.

Comme ce morceau de bois étoit beaucoup plus léger qu'un pareil volume d'eau, il fallut 3 gros 39 grains pour qu'il entrât dans l'eau.

Il étoit chargé de bouteilles d'air beaucoup plus grosses que les précédentes. Comme on le laissa quatre jours dans l'eau sans le mettre en équilibre, il fallut ajouter le 4 Novembre 163 grains.

NOVEMBRE, 1737.

5...A.19	10.......25	15.......8	20.......7	25.......8
6.......15	11.......21	16.......8	21.......6	26.......7
7.......20	12.......5	17.......9	22.......5	
8.......15	13.......5	18.......7	23.......8	
9.......13	14.......11	19.......6	24.......7	

Comme le crin qui soutenoit le Prisme étoit un peu court, je craignis qu'il n'y eût erreur, parce qu'on avoit peine à voir s'il étoit submergé ou non; je le retirai de l'eau; je l'essuyai, & y ajustai

ajuſtai un crin plus long. Après avoir emporté le limon dont il s'étoit couvert, en le mettant dans l'eau, il s'eſt trouvé diminué de 43 grains : & on a continué l'Expérience comme il ſuit :

NOVEMBRE, 1737.	7.......0	JANVIER, 1738.	10.S.....5	31.A....3
Le	8.......7	2.......24	18.A...15	JUIN.
28.......7	9.......5	16.......57	26.A.....6	7.A....4
29.......5	10.......3	22.......1	AVRIL.	14.A...11
30.......7	11.......0	30.......13	3.A....3	20.A...57
DÉCEMBRE.	12.......9	FÉVRIER.	11.......0	28.A...28
1.......2	13.......5	8.S.....9	19.......0	JUILLET.
2.......4	14.......0	16.S.....3	MAI.	5.A...18
3.......2	15.......4	24.A...20	1.A...10	13.A...20
4.......5	16.......0	MARS.	8.S...18	
5.......7	17.......0	3.A....6	15.S.....5	
6.......3	18.......7		23.A....3	
	26.......11			

Le 6 Septembre, on le tira de l'eau ; & l'ayant eſſuyé, il peſoit 1 once 5 gros 61 grains ; ſon poids étoit augmenté de 4 gros 70 grains.

§ 8. *HUITIEME EXPÉRIENCE.*

COMME l'Aubier eſt un bois imparfait, que l'on peut regarder comme un bois extrêmement tendre & d'un tiſſu lâche, j'en fis faire un Priſme de pareilles dimenſions que les précédents : il ne peſoit que 6 gros 43 grains. Ce Priſme étant plus léger que pareil volume d'eau, il fallut 4 gros 7 grains pour le faire entrer dans l'eau. Après avoir reſté dans l'eau depuis le 31 Septembre juſqu'au 4 Novembre, il fallut ajouter 277 grains.

NOVEMBRE, 1737.	10.......10	17.......5	24.......4	DÉCEMBRE.
5....A.23	11.......7	18.......4	25.......5	1.......12
6.......15	12.......8	19.......3	26.......7	2.......15
7.......13	13.......9	20.......6	27.......7	3.......10
8.......13	14.......11	21.......7	28.......7	4.......7
9.......13	15.......10	22.......5	29.......6	5.......6
	16.......7	23.......6	30.......10	6.......7

DÉCEMBRE.	16......6	FÉVRIER.	AVRIL.	JUIN.
	17......7			
7......8	18......8	8......37	11......0	7.A....3
8......7	26......22	16......14	19......0	14.A...18
9......9	JANVIER, 1738.	24......80	MAI.	20.A....2
10......6		MARS.		28.A...26
11......11			1.A....3	JUILLET.
12......10	2......46	3.S...90	8.A....3	
13......7	16......30	10.S...70	15.A....2	5.A...26
14......9	22......5	18.S....3	23.A....3	13.A...20
15......8	30......26	26.S....2	31.A...10	

On le tira de l'eau le 6 Septembre : étant essuyé, il pesoit 1 once 4 gros 65 grains : son poids étoit augmenté de 6 gros 22 grains.

§ 9. NEUVIEME EXPÉRIENCE.

LE 18 Mars 1738, je pris un Prisme de mêmes dimensions que les précédents, mais de bois de Chêne qu'on venoit d'abattre, & qui étoit tout rempli de seve. Je le couvris de poix noire le plus exactement qu'il me fut possible : car on sait que la poix ne s'attache pas exactement aux corps humides. Comme mon intention étoit de connoître si, malgré la poix, il se chargeroit de l'eau dans laquelle on le mettroit flotter, je l'ajustai de même que les autres à une balance hydrostatique. Il pesoit dans l'air, tout poissé, 1 once 6 gros 20 grains : & s'étant trouvé plus pesant que pareil volume d'eau, il fallut ajouter des petits poids dans le plateau opposé pour le mettre en équilibre.

A l'égard des Observations météorologiques, on peut consulter l'Expérience des cylindres écorcés ou non écorcés, dans le Traité de l'*Exploitation*.

A désigne qu'il a *augmenté* de poids, & S qu'il est *diminué*.

MARS.	24......0	30.S....1	3.S....4	9......0
	25.A....2	31.S....1	4.S....4	10.S....6
20......0	26......0	AVRIL.	5.S....3	11......0
21......0	27.S....2		6.S....3	MAI.
22.S...13	28......0	1.S....5	7.A....8	
23......0	29......0	2.S....4	8.A....7	1.A...16

MAI.	23.S....14	JUIN.	20.A...20	JUILLET.
8.A....4	31.S....4	7.A....7	28.A...17	5.A...26
15.S....1		14.A...20		13.A....8

Le 6 Septembre, je le tirai de l'eau, qui n'étoit point teinte; la poix boursouflée s'étoit en plusieurs endroits : elle étoit cassante; & quand on appuyoit le doigt sur les vessies, elles se rompoient par petits éclats.

Le Prisme étant essuyé, pesoit 1 once 6 gros 41 grains : ainsi son poids étoit augmenté de 21 grains, ainsi la poix n'avoit pas fait un obstacle absolu à l'introduction de l'eau.

§ 10. DIXIEME EXPÉRIENCE.

LE même jour 28 Mars 1738, on prit du même morceau de bois un pareil prisme; on le couvrit de poix : il pesoit en cet état 1 once 5 gros 4 grains. On l'ajusta à une balance, étant destiné à rester dans l'air pour voir quel obstacle la poix feroit à l'évaporation de la seve.

MARS.	27.......0	4.S.....2	8.S.....4	JUILLET.
19.......0	28.......0	5.S.....1	23.S.....3	
20.......0	29.S.....2	6.S.....2	31.S.....2	5.S.....2
21.......0	30.......0	7.S.....2	JUIN.	13.S.....4
22.......0	AVRIL.	8.S.....2		21.S.....6
23.S.....1		9.A.....1	7.S.....5	28.S.....7
24.S.....1	1.S.....1	10.......0	14.A.....1	AOUST.
25.......0	2.S.....1	MAI.	20.S.....3	
26.S.....2	3.S.....1	1.S.....3	28.A.....5	5.S.....6

Le 6 Septembre, je l'ôtai de la balance : il pesoit 1 once 4 gros 20 grains : ainsi son poids étoit diminué de 56 grains. La poix n'y avoit pas, à beaucoup près, fait autant de vessies qu'à celui qui étoit dans l'eau, & elle n'avoit pas fait un obstacle absolu à la dissipation de la seve.

J'ai fait ces Expériences neuvieme & dixieme en grand, & les résultats ont été les mêmes; j'ai remarqué que l'eau dans laquelle trempoient les morceaux de bois couverts de poix, avoit pris l'odeur & le goût de cette résine : ce qui prouve qu'il s'en dissout un peu, & ayant laissé très-long-temps dans l'eau des morceaux de bois couverts de poix, j'apperçus qu'elle s'étoit décomposée par le long séjour qu'elle avoit fait dans l'eau, & qu'elle étoit presque comme de la terre.

§ 11. ONZIEME EXPÉRIENCE.

LE 18 Mars 1738, je pris un Prisme de mêmes dimensions que les précédents, mais d'un bois de Chêne très-sec : je le couvris de poix qui s'étendit mieux que sur le bois verd. Je l'ajustai à la balance hydrostatique, comme celui de la neuvieme Expérience. Il pesoit dans l'air, étant couvert de poix, 1 once 3 gros. Je le mis tremper dans l'eau.

MARS.	26.......0	2.A.....2	MAI.	14.A...80
	27.......0	3.......0		20.A...86
19.......0	28.......0	4.......0	1.A.....7	28.A...50
20.......0	29.S.....1	5.......0	8.A.....4	
21.......0	30.S.....1	6.......0	15.A.....1	JUILLET.
22.......0	31.S....2	7.A.....1	23.A.....5	
23.......0		8.A.....1	31.A....2	5.A...20
24.......0	AVRIL.	9.......0	JUIN.	13.A...30
25.......0	1.S.....1	10.......0	7.A...50	

Je le tirai de l'eau le 6 Septembre 1738. La poix ne s'étoit pas boursouflée comme aux Prismes de bois verd, & l'eau n'avoit pas changé de couleur, quoiqu'elle se fût fait jour au travers de la poix.

Ce Prisme étant essuyé, pesoit 1 once 4 gros : ainsi son poids étoit augmenté d'un gros.

§ 12. DOUZIEME EXPÉRIENCE.

LE 18 Mars 1738, j'ajustai à une balance un Prisme de bois de Chêne sec & couvert de poix, qui resta dans l'air ; il pesoit, étant couvert de poix, 1 once 2 gros 56 grains.

MARS.	27.......0	4.......0	8.S.....1	JUILLET.
	28.......0	5.......0	15.S.....2	
19.......0	29.......0	6.......0	23.S.....2	5.A.....1
20.......0	30.......0	7.S.....1	31.A.....1	13.S.....1
21.......0	31.......0	8.S.....1	JUIN.	21.......0
22.......0	AVRIL.	9.S.....9		28.A.....2
23.......0		20.A....3	7.S.....3	AOUST.
24.......0	1.......0	MAI.	14.S.....1	
25.......0	2.......0		20.A.....2	2.S.....2
26.......0	3.......0	1.A.....1	28.S.....1	

Le 6 Septembre 1738, je l'ai ôté de la balance : il pesoit 1 once 2 gros 50 grains ; ainsi il n'étoit diminué que de 6 grains. Peut-être encore qu'une partie de cette diminution venoit de la poix qui s'étoit desséchée.

§ 13. *TREIZIEME EXPÉRIENCE.*

Le 18 Avril 1738, je fis tirer de terre une racine d'Orme, qui avoit quatre pouces de diametre : j'en fis faire deux Prismes de pareilles dimensions que les précédents.

N°. 1 pesoit 1 once 1 gros 14 grains.
N°. 2 pesoit 1 once 1 gros 24 grains.

On les laissa jusqu'au 6 Septembre 1738 dans un lieu sec ; & alors ils ne pesoient plus que, savoir :

N°. 1, 5 gros 58 grains, étant diminué de 3 gros 28 grains.
N°. 2, 5 gros 52 grains, étant diminué de 3 gros 44 grains.

Ils s'étoient fort retirés, de sorte qu'ils n'avoient plus que 10 lignes d'équarrissage au lieu de douze.

§ 14. *QUATORZIEME EXPÉRIENCE.*

Pour opérer sur des morceaux de bois un peu plus gros, je pris un madrier de cœur de Chêne abattu l'hiver précédent : il avoit 3 pieds de longueur, 6 pouces de largeur, & 3 pouces d'épaisseur : il pesoit le 18 Juin 1734. 29 liv. 1 once 0 gros.

	livr.	onc.	gros.
Je le mis flotter dans une baignoire remplie d'eau : après y avoir resté douze heures, on le retira ; & l'ayant laissé ressuyer un quart d'heure, il pesoit	29	4	4 1/2
Il alloit déjà au fond de l'eau par un bout : on le remit dans l'eau ; & vingt-quatre heures après l'avoir laissé ressuyer comme la premiere fois, il pesoit	29	11	0
Il n'y avoit encore qu'un de ses bouts qui tombât au fond de l'eau : douze heures après, il y entroit entiérement, & pesoit	29	12	2
Douze heures après, de même.			
Douze heures après	29	13	4
Douze heures après	30	0	0
Dix-huit heures après, de même.			
Dix-huit heures après	30	0	4
Vingt-quatre heures après	30	1	0
Vingt-quatre heures après	30	1	4
Vingt-quatre heures après	30	3	0
Vingt-quatre heures après	30	3	6
Vingt-quatre heures après	30	4	6

Ce morceau de bois qui étoit rempli de seve, n'a aspiré de l'eau de la baignoire que 1 livre 3 onces 6 gros en dix jours.

§ 15. QUINZIEME EXPÉRIENCE.

	livr.	onc.	gros.
UN madrier aussi de Chêne, & de pareilles dimensions que le précédent, mais abattu depuis deux ans, pesoit au commencement de l'Expérience	19	8	0
Après avoir resté douze heures dans l'eau de la baignoire, l'ayant laissé ressuyer comme à la treizieme Expérience, il pesoit	20	4	0
Douze heures après	20	8	0

Il n'alloit point au fond de l'eau.

	livr.	onc.	gros.
Douze heures après	20	9	0
Douze heures après	20	12	0
Douze heures après	20	14	0
Douze heures après, de même.			
Dix-huit heures après	20	15	0
Dix-huit heures après	21	2	0
Vingt-quatre heures après.	21	4	0
Vingt-quatre heures après.	21	5	4
Vingt-quatre heures après.	21	8	0
Vingt-quatre heures après.	21	9	2
Vingt-quatre heures après.	21	11	0

Il a aſpiré 2 livres 3 onces d'eau en dix jours.

	livr.	onc.	gros.
Un madrier de pareilles dimenſions, abattu de l'hiver précédent, qui peſoit	25	9	0
ne peſoit plus en Octobre 1742, que	18	2	0

ARTICLE VII. *Réſumé des Expériences précédentes.*

ON VOIT par les Expériences que nous venons de rapporter :

1°, Qu'il faut un temps conſidérable pour que les bois ſoient en quelque façon raſſaſiés d'eau, ou qu'ils ſoient pénétrés de ce fluide autant qu'ils peuvent l'être ; puiſque de petits parallélipipedes de deux pouces de hauteur ſur un pouce d'équarriſſage, ont toujours augmenté de poids pendant ſix mois. Combien faudroit-il plus de temps pour qu'une groſſe poutre fût pareillement pénétrée du fluide dans lequel on la plonge ?

2°, Que quand les bois plongés dans un fluide en ſont entiérement pénétrés, ils éprouvent dans leur peſanteur des variations ſuivant les différentes températures de l'air, où ils ſont, comme je l'ai dit, l'hygrometre.

3°, Cette augmentation & cette diminution que ſouffre le poids des bois plongés dans l'eau, vient principalement de ce que les fluides contenus dans les pores du bois ſe dilatent quand la pesanteur de l'air diminue, & se condensent quand le poids de l'atmosphere augmente. Le poids du fluide dans lequel les bois sont plongés, augmente & diminue aussi suivant les altérations de l'air; & la pesanteur relative du poids & de l'eau variant, il s'ensuit que les bois doivent se porter vers le fond ou vers la superficie, suivant les variations.

Ce qui regarde le changement de densité du fluide, est précisément comme les petites boules de verre qu'on rend de même pesanteur que le fluide dans lequel on les plonge, & qui se portent à la superficie du fluide, ou tombent au fond, suivant les altérations de l'atmosphere : & ce qui appartient à la condensation ou à la raréfaction de l'air contenu dans les pores du bois, est comme ces petites figures d'émail qu'on fait monter ou descendre dans l'eau contenue dans une bouteille, en appuyant le pouce sur le goulot.

Après plusieurs jours où les bois avoient peu ou point changé de poids, on les a assez souvent vu augmenter subitement d'une quantité considérable. J'attribue ce fait à ce que quelques bulles d'air, fort adhérentes au bois, s'étoient d'abord gonflées, & avoient, pour cette raison, diminué le poids des parallélipipedes ; & ces bulles s'étant rompues, ou s'étant détachées du bois, les parallélipipedes étoient tout d'un coup devenus plus pesants. Je soupçonne que cela arrivoit ainsi dans les bois presque completement chargés d'eau, parce que je l'ai vu sensiblement dans ceux qui étoient nouvellement plongés dans l'eau.

Les Expériences que je viens de rapporter ont été faites en 1737 & 1738. Je vais en rapporter que M. Dalibard a suivies en 1746 avec beaucoup de soin & d'application. La principale différence qui se trouve entre ses Expériences & les miennes, consiste en ce que je me suis presque toujours contenté d'observer la variation de poids de mes parallélipipedes toujours plongés dans l'eau, au lieu que M. Dalibard a toujours tiré ces bois de l'eau pour les peser dans l'air.

ARTICLE

ARTICLE VIII. *EXTRAIT d'un Mémoire de M. Dalibard, intitulé :* EXPÉRIENCES Physiques sur la Variation de pesanteur des Corps plongés dans différents liquides ; *lû à l'Académie des Sciences les 29 Janvier, 9 & 12 Février 1746* *.

M. DALIBARD entreprend de prouver dans ce Mémoire, par des Expériences suivies pendant plus d'un an, que les corps plongés dans des liquides capables de les pénétrer, éprouvent, dans leur pesanteur, des variations suivant les différentes températures de l'air. Il ne donne que les observations qu'il a faites sur des bois de différentes especes plongés dans l'eau.

Il fit couper au mois d'Avril 1744, trois branches de bois verd, savoir une de Chêne, une de Tilleul & une de Saule, de chacune desquelles il fit tirer quatre parallélipipedes de deux pouces de longueur sur un pouce quarré de base. Après avoir réduit chacun des quatre morceaux de Chêne au même poids de 677 grains, & chacun de ceux de Saule à 397 grains, il en mit deux de chaque espece dans des vases qu'il remplit d'eau, & conserva les autres dans un lieu sec.

Il fit de même tirer d'une branche du même pied de Chêne, six parallélipipedes de deux pouces de long sur un pouce de large, & deux lignes d'épaisseur. Après avoir réduit ces six morceaux de Chêne au même poids que chacun des premiers, il les mit pareillement dans un vase rempli d'eau. Il entretint toujours l'eau à la même hauteur d'environ trois pouces dans chacun de ces vases, desquels il ne retira les bois qu'une fois chaque jour, vers le lever du soleil, pour les peser. Après avoir ainsi continué de les peser tous les jours pendant treize mois & huit jours, il a donné le Journal de ses observations.

Ce Journal est partagé en huit colonnes, dont la premiere contient les jours du mois ; la seconde, les hauteurs du mercure dans le barometre ; la troisieme, les degrés du thermometre ; la quatrieme, les degrés de l'hygrometre ; la cinquieme, les

* Savants Etrangers, Tom. 1. page 212.

poids des deux premiers morceaux de Chêne plongés dans l'eau, & distingués par les lettres *a* & *b*; la sixieme, les poids des deux morceaux de Tilleul, aussi distingués l'un de l'autre; la septieme, les poids des deux morceaux de Saule encore distingués; & enfin la huitieme, les poids des six derniers morceaux de Chêne minces.

M. D. tire de son Journal dix Observations, qu'il reprend ensuite chacune en particulier pour les comparer aux changements de la température, & reconnoître si les variations de la pesanteur des bois plongés peuvent se rapporter à quelque cause Physique.

1°, Les bois plongés dans l'eau ont augmenté de pesanteur par l'introduction de l'eau dans l'intérieur du bois, ce qu'on appelle *imbibition*, & la quantité d'eau introduite est une addition à la pesanteur absolue du bois.

2°, L'augmentation de pesanteur est plus considérable dans les premiers jours que dans les jours suivants. Les degrés de l'imbibition vont en décroissant depuis le moment où le bois est plongé dans l'eau, jusqu'à ce qu'il en ait pris autant qu'il peut en contenir dans ses pores. M. D. appelle *imbibition parfaite*, non pas la plus grande pesanteur, mais l'état moyen où se trouve le bois entre l'augmentation & la diminution journaliere de son poids : cette augmentation journaliere ne suit aucune regle.

3°, L'augmentation de pesanteur n'est pas uniformément décroissante : quelquefois elle est plus grande, & quelquefois moindre, suivant les changements de la température.

4°, Le Chêne est plutôt parvenu à l'imbibition parfaite que les deux autres especes de bois, & le Tilleul plutôt que le Saule. Cette Expérience est d'autant plus surprenante qu'elle est opposée au sentiment qui se présente naturellement. M. Dalibard, pour rendre raison de ce fait, propose une opinion fort vraisemblable. Il regarde le Chêne comme composé de fibres qui laissent entr'elles des cavités plus directes & plus ouvertes que celles des bois mous. Ceux-ci, au contraire, sont, selon lui, un tissu de fibres tortueuses, qui laissent entr'elles une infinité de cellules dont l'entrée est extrêmement étroite. Suivant cet arrangement, l'eau a plus de facilité à pénétrer le Chêne que les bois mous. M. D. compare les cavités de ces derniers à celle d'un ballon. On éleve, dit-il, un poids très-pesant appuyé sur un ballon vuide, en enflant celui-ci; & on l'éleve d'autant plus facilement, mais plus lentement, que le trou du ballon par lequel on souffle est plus petit. La force du ballon est donc inversement proportionelle à l'ouverture de son orifice; elle l'est pareillement dans les bois mous, comme M. D. le prouve par leur effet dans la méthode usitée pour détacher les pierres meulieres de leurs carrieres.

5°, Les bois les plus mous ont plus augmenté de poids par l'imbibition que les plus durs. Le Chêne a augmenté d'environ un sixieme, le Tilleul de plus d'un demi, & le Saule de près de sept huitiemes. Ces grandes différences viennent de la dureté ou de la mollesse des fibres, de leur roideur ou de leur flexibilité, & de la quantité des espaces vuides qui se trouvent dans l'intérieur du bois, & qui se remplissent par l'imbibition.

6°, Les deux morceaux de bois de chaque espece ont pris l'un plus & l'autre moins d'augmentation dans leur poids. Cette inégalité peut venir de deux causes; la premiere, de ce que l'un étoit d'un tissu plus serré & plus plein que l'autre, & la seconde, de ce que l'un avoit plus perdu que l'autre par la transpiration insensible pendant qu'on les a travaillés.

7°, Tous les bois plongés ont été plus pesants pendant l'été que pendant l'hiver. Cette observation paroît d'abord opposée à la regle générale, savoir que les corps sont plus dilatés dans la chaleur que dans le froid, parce que les particules d'air renfermées dans leur intérieur sont plus raréfiées; M. D. croit que l'excès de pesanteur du bois plongé pendant l'été, vient, non de la chaleur, qui auroit dû produire un effet tout contraire, mais de la substance même du bois, dont il a remarqué qu'une partie s'est dissoute dans l'eau pendant tout le premier été. Il fait observer que cette substance dissoute étoit plus pesante que le volume d'eau, qui, en la dissolvant, s'est mis à sa place dans l'intérieur du bois, puisque cette substance étant sortie, s'est précipitée au fond de l'eau. D'ailleurs il appuie son sentiment sur ce que les bois plongés ont été moins pesants dans l'été de

1745, qu'ils ne l'avoient été même dans l'hiver précédent.

Il reste toujours constant que le bois, même plongé dans l'eau, est plus pesant dans un temps froid que dans un temps chaud. Il faut cependant excepter de cette regle les temps de forte gelée. Quand l'eau vient à se glacer entiérement, le bois qui y est plongé diminue considérablement de pesanteur, & d'autant plus que la gelée est plus forte. Dans ce cas, le froid resserre les fibres ligneuses ; & en les faisant rapprocher les unes des autres, il les oblige à chasser une partie de la liqueur qui en occupoit les intervalles. Plus la contraction de ces fibres est violente, plus est grande la quantité d'eau chassée hors du corps plongé. Cela est prouvé par plusieurs Expériences rapportées dans le Mémoire de M. D.

8°, Après une forte gelée, le bois qui avoit considérablement diminué de poids, revient peu à peu à la même pesanteur qu'il avoit eu avant la gelée. Le relâchement des fibres ligneuses, qui avoient été contractées par la gelée, ne se fait pas aussi promptement lors du dégel que la contraction s'en étoit faite par la gelée. Il suit delà que le bois emploie plus de temps à reprendre ce qu'il avoit perdu, qu'il n'en avoit mis à le perdre.

9°. Tous les bois, après leur premiere & principale imbibition, ont constamment augmenté ou diminué de poids d'un jour à l'autre, tantôt tous ensemble, & tantôt séparément. M. D. regarde cette observation comme la plus importante de son Mémoire, parce que c'est cette variation qu'il avoit en vue de découvrir.

Après s'être assuré du fait par des Expériences suivies avec exactitude pendant plus d'un an, il avoue qu'il est difficile de déterminer quelles sont les causes & les loix de ces variations journalieres. Elles lui paroissent suivre les changemens de la température qui agissent souvent en sens contraire. Il a remarqué ci-devant que la chaleur & le froid contribuent peu sensiblement aux variations de pesanteur des bois plongés dans l'eau, si ce n'est dans des températures éloignées, comme de la chaleur de l'été au froid de l'hiver, ou lorsqu'il succede subitement une forte gelée à un froid modéré. Ainsi l'effet de la chaleur

& du froid eſt peu ſenſible d'un jour à l'autre.

Il n'en eſt pas de même des changements de la gravité de l'air; ils cauſent des variations bien ſenſibles dans la peſanteur du bois plongé dans l'eau. L'Auteur de ce Mémoire, après avoir indiqué les jours où ces variations ſont les plus ſenſibles dans ſon Journal, remarque que l'aſcenſion du Mercure dans le barometre eſt preſque toujours ſuivie de l'augmentation de peſanteur des bois plongés, & que la deſcente du Mercure eſt preſque toujours ſuivie de la diminution de cette peſanteur.

A l'égard des effets de l'humidité & de la ſécheresſe, M. D. après avoir obſervé & cité les jours où l'hygrometre a le plus varié, en conclut que les bois plongés dans l'eau augmentent ordinairement de poids dans la ſécheresſe, & diminuent dans l'humidité. Sur quoi il fait remarquer que l'impresſion de l'humidité n'eſt pas toujours d'auſſi longue durée ſur les bois plongés que ſur l'hygrometre. C'eſt delà qu'il arrive quelquefois, ſuivant M. D. que les bois augmentent de poids quand l'hygrometre ſemble encore annoncer le contraire. J'ajouterai que l'hygrometre n'indique ordinairement l'humidité de l'air que quand elle a ſubſiſté un certain temps, parce qu'il faut du temps pour que cette humidité pénetre les corps ſpongieux qui ſont les hygrometres. Il faut auſſi du temps pour que ces corps ſpongieux ſe deſſechent : c'eſt pourquoi les hygrometres marquent encore de l'humidité quand l'air eſt devenu ſec.

M. D. a remarqué qu'il arrive auſſi quelquefois que les bois éprouvent de la variation dans leur peſanteur, ſans que les trois inſtruments en marquent aucune dans la température de l'air. Quand cette variation eſt conſidérable & générale dans tous les bois, elle annonce un changement de temps preſque certain; mais ce cas eſt très-rare. La variation des bois ſuit plus fréquemment le changement de temps, qu'elle ne le précede. Elle le ſuit même ſouvent de fort loin, & c'eſt une des plus grandes difficultés pour ſavoir à quel changement de température ſe rapporte telle ou telle variation. D'après ce que je viens de dire des hygrometres, ſi l'on regarde les bois comme de vrais hygrometres, les phénomenes obſervés s'expliqueront très-naturellement.

Enfin les variations du bois plongé ſuivent celles de l'air & qui ſe manifeſtent dans l'atmoſphere : en général plus cet air eſt peſant, ſec & froid, plus le bois gagne de poids ; plus l'air perd de ſa gravité, acquiert d'humidité & devient chaud, plus le bois perd de ſa peſanteur : & quand ces propriétés de l'air agiſſent en ſens contraire, le bois plongé cede à l'impreſſion la plus forte.

Malgré la quantité de preuves que M. D. peut tirer de ſon Journal pour appuyer toutes ces viciſſitudes d'augmentation & de diminution du bois plongé, il convient qu'il n'eſt pas poſſible d'établir ſur ce ſujet aucune regle ſans exception. Il y a des jours où quelques-uns des bois ont varié différemment de ce que la température annonçoit ; d'autres fois il eſt arrivé que de deux morceaux de bois de la même eſpece, & plongés dans le même vaſe, l'un a augmenté de poids, pendant que l'autre a diminué. M. Dalibard prétend que ces cas, qui ſont très-rares, ne doivent point empêcher de s'en tenir à ce qu'il a avancé : & ſon ſentiment s'approche fort de ce que j'ai dit plus haut à l'occaſion de mes Expériences.

L'air, dit-il, preſſe la ſuperficie de l'eau, comme il preſſe la ſuperficie du mercure contenu dans le tuyau du barometre, c'eſt-à-dire, avec toute la peſanteur de l'atmoſphere. S'il devient plus peſant, il oblige l'eau à entrer en plus grande quantité dans les pores du bois, en comprimant les particules d'air qui y ſont renfermées, comme il force le mercure à monter dans le tube du barometre. Si, au contraire, l'air de l'atmoſphere perd de ſa gravité, l'eau eſt repouſſée de l'intérieur du bois par le reſſort des fibres ligneuſes, & par la dilatation des particules d'air renfermées dans leurs intervalles. C'eſt ainſi que la variation de peſanteur du bois plongé eſt cauſée par la gravité plus ou moins grande de l'air de l'atmoſphere.

Pour ce qui eſt des effets de la ſéchereſſe & de l'humidité, M. D. croit qu'ils ſont à peu près les mêmes que ceux de la gravité de l'air. Il remarque ſeulement que l'air éprouve à chaque inſtant, dans ſa gravité, des variations qui ne ſont pas apparentes ſur le barometre, mais qui le ſont ſur l'hygrometre & ſur le bois plongé dans l'eau. Cela ſe prouve par l'exemple des orages &

des brouillards, qui, sans faire varier le barometre, produisent un effet bien sensible sur l'hygrometre *. C'est delà qu'il juge que, quoique les variations du bois plongé semblent suivre celles de l'hygrometre, elles ne suivent cependant que celles du barometre. Ainsi, l'air ne lui paroît agir sur les bois plongés dans l'eau, qu'en vertu de sa gravité & de sa chaleur ; s'il agit sur eux en vertu de son humidité ou de sa sécheresse, M. D. croit que ce n'est que relativement à sa gravité, qui en reçoit quelque altération.

Pour les cas d'exception dont il a été parlé, M. D. dit 1°, Que les bois plongés ne suivent point le changement de la température, quand il n'est pas d'assez longue durée ; ce qu'il prouve par une observation convainquante rapportée à la fin de ce Mémoire. 2°, Que quand la pesanteur diminue dans quelques-uns des morceaux de bois, tandis qu'elle augmente dans les autres, cela vient de ce que n'étant pas isochrones dans leurs variations, l'un en commence une nouvelle, pendant que l'autre ne fait qu'achever la derniere ; ainsi ces exceptions ne peuvent point tirer à conséquence.

10°, Enfin les six derniers morceaux de Chêne minces ont été bien plutôt imbibés, & ont pris plus d'augmentation dans leur pesanteur que chacun des deux premiers morceaux du même bois. La durée de l'imbibition de tous ces bois s'est trouvée, à peu de chose près, réciproquement proportionnelle à l'étendue de leurs surfaces, comme nous avons fait voir que le desséchement des bois est à peu près proportionnel aux surfaces.

Ces six derniers morceaux de Chêne ont éprouvé les mêmes variations que les autres, & suivant les mêmes loix ; mais 1°, ils ont subi les variations plutôt que les autres ; 2°, ils en ont éprouvé qui n'ont point du tout été sensibles sur les autres : cela vient de la différence des surfaces & des épaisseurs : 3°, ils ont plus augmenté de poids au total, que chacun des deux premiers de même espece. La différence de ces pesanteurs peut venir de deux causes : ou de la différence des surfaces, se trou-

* On a fait des Barometres à aiguille qui sont si sensibles, qu'un nuage qui passe fait varier l'élévation du mercure ; mais M. Dalibard s'est servi des Barometres ordinaires.

vant trois fois autant de fibres découvertes dans ces six derniers que dans chacun des deux premiers ; ou du temps qui a été employé à travailler la regle dont ces six derniers ont été tirés, pendant lequel temps ils ont perdu davantage par la transpiration insensible.

Après toutes ces observations, M. D. pour avoir une entiere confirmation de l'effet de la chaleur & du froid sur les bois plongés dans l'eau, a imaginé de mettre dans la glace, & ensuite dans l'eau bouillante, les vases qui les contenoient. Il a trouvé que tous les bois ont augmenté de poids dans la glace, & qu'ils ont tous diminué considérablement dans l'eau bouillante. Il fait ensuite sur cela deux remarques importantes.

1°, Comme le bois de Saule ne répara qu'en deux jours la perte qu'il avoit faite dans l'eau bouillante, pendant que les autres bois avoient réparé la leur en un jour, il en résulte que l'imbibition du Saule est plus long-temps à s'achever que celle des autres especes de bois.

2°, L'effet de la chaleur & du froid sur le bois plongé dans l'eau, se trouve pleinement confirmé. Il reste toujours constant que le bois dans l'eau doit être plus pesant en hiver qu'en été; par conséquent ce n'est point la chaleur qui avoit rendu le bois plus pesant dans l'été de 1744, qu'il ne l'a été dans l'hiver suivant.

Voulant ensuite comparer l'effet de l'imbibition sur les bois plongés dans l'eau avec l'effet du desséchement sur ceux de même espece qui avoient été gardés dans un lieu sec, M. D. a mis tous ces bois dans un four qu'il avoit fait chauffer exprès, comme pour cuire le pain. Après les y avoir laissés deux heures entieres, il les pesa promptement. Les bois qui avoient été imbibés pendant vingt & un mois, avoient beaucoup plus perdu dans cette dessiccation forcée que les bois neufs, comme l'Auteur de ce Mémoire s'y étoit attendu. Cette observation donne lieu à deux remarques importantes; l'une sur ce qui a été avancé précédemment, que les bois avoient perdu de leur propre substance dans l'imbibition; & l'autre sur les raisons qui doivent faire préférer le bois neuf au bois flotté. Nous rapporterons dans la suite quantité d'Expériences faites en grand, qui prouvent la même chose.

La

La premiere remarque confirme la raiſon qui a été donnée ſur l'excès de peſanteur des bois dans l'eau pendant l'été de 1744.

La ſeconde eſt que le Chêne flotté contient au moins un ſeizieme de bois moins que le Chêne qui n'a point été mis dans l'eau. Il s'en faut beaucoup que M. Dalibard regarde cette raiſon comme la ſeule qui doive faire préférer le bois neuf au bois flotté. Il en rapporte pluſieurs autres qui tendent au même but, comme l'épuiſement des ſels & des huiles cauſé par la deſſiccation forcée qu'il n'a pas pû évaluer, le peu de valeur de la cendre du bois flotté, &c; d'où il conclut qu'il n'a fait cette évaluation que ſur le moindre pied, en rapportant ce qui ne s'eſt rencontré que comme par hazard ſur ſon chemin.

Enfin l'Auteur trouve que le Chêne a pris dans l'imbibition environ les deux cinquiemes de ce qu'il a perdu dans la deſſiccation; le Tilleul a gagné à peu près autant qu'il a perdu, & le Saule a gagné environ trois cinquiemes en ſus de ce qu'il a perdu. L'effet de la deſſiccation du Chêne n'a été ſi conſidérable, que parce que c'étoit de l'Aubier.

M. Dalibard rend compte, après cela, de quelques particularités qu'il a remarquées en faiſant toutes les obſervations dont nous venons de parler. 1°, Trois jours après qu'il eut mis ſes bois dans l'eau, il apperçut à chaque bout des morceaux de Tilleul une ſubſtance mucilagineuſe qui lui parut ſortir de la moëlle. Il ne doute point que ce ne fût la ſeve qui ſortoit de l'intérieur du bois à meſure que l'eau commençoit à y pénétrer. Quoiqu'il n'ait rien paru de ſemblable aux morceaux de Chêne & de Saule, il n'eſt pas douteux qu'il n'en ſoit auſſi ſorti une bonne quantité de ſubſtance, qui n'a manqué d'être apperçue que parce qu'elle s'eſt en même-temps diſſoute dans l'eau.

2°, Les morceaux de Tilleul & de Saule ſe ſont trouvés en équilibre avec l'eau, quoiqu'ils n'euſſent pas la même peſanteur. Il y avoit 16 à 17 grains de différence entre les deux premiers, & 2 grains entre les derniers. Cela prouve évidemment que ces morceaux contenoient plus de bois les uns que les autres, ſous le même volume.

3°, Les eaux dans leſquelles les bois étoient plongés, ſe

ſont corrompues en croupiſſant, mais dans des temps inégaux. Celle du Chêne a commencé la premiere à ſentir mauvais, enſuite celle du Tilleul, & enfin celle du Saule. Il eſt évident, par cette obſervation, que le Saule contribue moins à infecter l'eau que le Chêne & le Tilleul.

4°, Il s'eſt formé ſur l'eau où étoit le Tilleul, une pellicule blanchâtre & tranſparente qui s'eſt diſſipée au bout de deux jours. Il en a paru une nouvelle dix jours après, mais beaucoup plus fine, qui n'a duré qu'un jour. Il n'eſt pas douteux que ces deux pellicules ſe ſont formées de la ſubſtance mucilagineuſe dont il a été parlé ci-devant.

5°, Il s'eſt de même formé une pellicule de couleur de rouille ſur l'eau où étoit le Chêne. Toutes ces pellicules qui n'ont pas duré long-temps, & qui, en ſe diſſipant, ont rendu les eaux fort troubles, prouvent que les bois ont perdu beaucoup de leur ſubſtance par la diſſolution dans l'eau.

6°, M. D. en faiſant ces Expériences, a remarqué qu'un jour le mercure du barometre, qui étoit le matin à 28 pouces, étant deſcendu deux heures après à 27 pouces 6 lignes, y reſta juſqu'au ſoir, & qu'il plut tout le reſte de la journée. Ayant eu la curioſité de peſer ſes bois l'après-midi de ce jour-là, il ne trouva aucune variation dans leurs peſanteurs, ni même le lendemain, quoique l'hygrometre eût eu dans cet intervalle une variation de vingt & un degrés ; il n'y eut que les ſix morceaux de Chêne minces dont le poids ſe trouva le jour ſuivant diminué de trois grains. On ne peut attribuer le défaut de variation des autres bois, qu'au peu de durée du changement de la température. La diminution de peſanteur ne peut ſe faire que lentement. Il faut un temps proportionné à l'épaiſſeur des ſolides pour déterminer le reſſort des fibres ligneuſes à chaſſer la quantité d'eau ſurabondante dans le bois. C'eſt un hygrometre qui agit d'autant plus lentement, que le parallélipipede a plus d'épaiſſeur. M. D. regarde avec raiſon ce retardement, ou ce défaut de variation dans les bois d'une certaine épaiſſeur, comme le plus grand obſtacle à ſurmonter pour déterminer au juſte les loix que ſuivent les variations des corps plongés.

Toutes les Expériences que je viens de rapporter, tant les miennes que celles de M. Dalibard, ont été faites dans l'eau douce. Dans la suite, nous en rapporterons qui ont été faites dans l'eau de la mer.

CHAPITRE IV.

Expériences exécutées pour parvenir à reconnoître la différente qualité des Bois par leur imbibition & leur desséchement.

JE ME SUIS proposé de m'assurer si l'on pouvoit reconnoître la différente qualité des bois par leur imbibition & leur desséchement, & de savoir si l'eau emporte beaucoup de leur substance. Comme les bois sont fort long-temps à se pénétrer d'eau, dans la vue de précipiter leur imbibition, on les a fait bouillir, & ensuite tremper plusieurs jours, dans de l'eau; & afin de précipiter aussi leur desséchement, on les a mis dans une étuve échauffée à près de 30 degrés du thermometre de M. de Réaumur, où on les a laissés pendant dix à douze jours.

ARTICLE I. *Premiere suite d'Expériences faites sur des Barreaux de bois de différentes especes, ou de différentes qualités.*

TOUTES ces Expériences ont été faites sur des barreaux de différentes especes de bois, ou de la même espece de bois, mais de différente qualité. Ils avoient tous deux pieds de longueur, dix lignes d'épaisseur & vingt lignes de largeur, calibrées le plus exactement qu'il a été possible; ainsi chaque barreau faisoit un solide de 57600 lignes cubes: & afin de parvenir à une plus grande exactitude, on donne ici un résultat moyen, pris de plusieurs Expériences faites sur chaque espece de bois.

Je vais détailler exactement la marche de la premiere Expérience; & comme toutes les autres ont été faites sur le même plan, je les exposerai d'une façon beaucoup plus abrégée.

I. BARREAU de bois de Chêne abattu & débité en planches depuis 60 ou 80 ans, excellent bois, liant, très-dur & fort sec.

Ce Barreau débité comme il a été dit, pesoit 1 liv. 3 onces 2 gros, ou 154 gros.

Quoique ce bois parût fort sec, on le mit passer trois jours dans l'étuve: après ce temps son poids se trouva diminué de $3\frac{1}{2}$ gros.

On le mit passer six jours dans une salle, où il reprit son premier poids.

On le mit bouillir & tremper plusieurs jours dans de l'eau: au sortir de l'eau, ayant été essuyé, il pesoit 1 liv. 10 onc. 4 gros, ou 212 gros: augmenté de 58.

On le remit passer huit à dix jours dans l'étuve: au sortir, il pesoit 1 liv. 1 onc. $4\frac{1}{2}$ gros, ou $140\frac{1}{2}$ gros: diminué de $13\frac{1}{2}$ gr.

On le remit bouillir & tremper dans l'eau: après y avoir resté plusieurs jours, il pesoit 1 liv. 11 onces $1\frac{1}{2}$ gros, ou 217 gros $\frac{1}{2}$: c'est-à-dire, $5\frac{1}{2}$ gros plus que la premiere fois.

On le remit pour la troisieme fois dans l'étuve, où il passa 8 à 10 jours; & son poids fut réduit à 1 liv. 6 gros, ou 134 gros.

Il avoit perdu 20 gros de son premier poids.

On voit par cette Expérience: 1°, Que le bois, en bouillant, s'est chargé d'une plus grande quantité d'eau la seconde fois que la premiere. 2°, Que toutes les fois qu'on le fait sécher après l'avoir pénétré d'eau, il perd toujours de son premier poids: celui-ci a perdu près d'un huitieme. 3°, Enfin, que les bois les plus secs perdent de leur humidité quand on les tient quelque temps dans une étuve échauffée à trente degrés; mais ensuite ils se chargent de l'humidité de l'air, & reviennent à leur premier poids: ainsi ils sont l'hygrometre.

Ces mêmes vérités seront prouvées par les autres barreaux;

mais les quantités varieront ſuivant les différentes eſpeces de bois, & même ſuivant leur différente qualité.

II. Barreau. Comme le bois du premier étoit très-vieux, quoique de fort bonne qualité, j'ai cru qu'il étoit à propos de ſoumettre à la même épreuve un barreau de Chêne, bien ſec, de bonne qualité, mais qui n'étoit abattu que depuis dix ans.

Il peſoit 1 livre 2 onces $\frac{1}{2}$ gros, ou 144 $\frac{1}{2}$ gros.

Celui-ci, quoique moins vieux que le précédent, étoit plus léger de 9 $\frac{1}{2}$ gros. Il a perdu 3 $\frac{1}{2}$ gros dans l'étuve; il a repris 1 gros dans la ſalle baſſe, tout comme le Barreau précédent.

Mis à l'eau, lorſqu'il en ſortit, il peſoit 1 livre 8 onces 2 $\frac{1}{2}$ gros, ou 194 $\frac{1}{2}$ gros: augmenté de 50.

Remis à l'étuve, lorſqu'il en ſortit pour la ſeconde fois, il peſoit 1 livre 3 gros, ou 131 gros: diminué du premier poids de 12 $\frac{1}{2}$ gros.

Remis à l'eau, lorſqu'on l'en tira pour la ſeconde fois, il peſoit 1 livre 5 onces 6 gros, ou 174 gros: augmenté du premier poids de 29 $\frac{1}{2}$ gros.

Au ſortir de l'étuve pour la troiſieme fois, il peſoit 1 livre 1 $\frac{1}{2}$ gros, ou 129 $\frac{1}{2}$ gros.

Il a perdu 15 gros ou près d'un dixieme de ſon premier poids.

III. Barreau. Il étoit auſſi de dix ans d'abattage; mais la piece dont on l'a tiré, avoit paſſé quatre mois dans l'eau. Je m'étois propoſé d'examiner ſi cette circonſtance feroit une différence remarquable; on verra qu'elle a peu changé la nature du bois, & qu'un bois qui n'a ſéjourné dans une eau dormante que trois ou quatre mois ſans en avoir été tiré, n'a point ſouffert d'altération ſenſible. Au reſte, il étoit fort ſec, & peſoit 1 livre 2 onces 1 gros, ou 145 gros.

Ayant reſté quatre jours dans l'étuve, ſon poids a diminué de 2 $\frac{1}{2}$ gros; & il a repris ſon premier poids, après avoir reſté ſix jours dans une ſalle baſſe.

Ayant bouilli & trempé dans l'eau, il peſoit 1 liv. 7 onces 7 gros, ou 191 gros: augmenté de 46 gros, ou 5 onces 6 gros.

Au ſortir de l'étuve pour la ſeconde fois, il ne peſoit plus que 1 livre 4 gros, ou 132 gros : c'eſt 13 gros de diminution de ſon premier poids, & 7 onces 3 gros de ce qu'il peſoit au ſortir de l'eau.

En ſortant de l'eau pour la ſeconde fois, il peſoit 1 liv. 8 onc. 8 ½ gros, ou 200 ½ gros : augmenté de 55 ½ gros, 9 ½ gros de plus que la premiere fois qu'il avoit été mis dans l'eau.

Lorſqu'il fut tiré de l'étuve pour la troiſieme fois, il ne peſoit plus que 15 onces 2 gros, ou 122 gros.

Il a perdu 23 gros, ou plus d'un ſixieme.

IV. BARREAU. Ayant employé juſqu'à préſent du bois fort, j'ai voulu voir ce qui arriveroit à du bois gras : pour cela j'ai pris de ce bois qu'on emploie pour les belles Menuiſeries, & qui eſt connu ſous le nom de *Bois de Hollande* ou *de Voſges*; au reſte il étoit bon dans ſon genre.

Il ne peſoit que 11 onces 7 ½ gros, ou 95 ½ gros.

Il a perdu 1 once dans l'étuve, & il a repris ſon premier poids dans la ſalle baſſe.

Au ſortir de l'eau, il peſoit 1 livre 8 ½ gros, ou 136 ½ gros : ainſi il s'étoit chargé de 41 gros d'eau.

En ſortant de l'étuve pour la ſeconde fois, il peſoit 11 onces ou 88 gros : il a perdu 7 ½ gros de ſon premier poids.

En ſortant de l'eau pour la ſeconde fois, il peſoit 1 livre 2 onces 5 gros, ou 149 gros : ainſi il avoit aſpiré 53 ½ gros, ou 6 onces 5 ½ gros d'eau.

Enfin, en ſortant pour la troiſieme fois de l'étuve, il ne peſoit plus que 10 onces, ou 80 gros.

Il a perdu 15 ½ gros, ou plus d'un ſixieme de ſon premier poids.

V. BARREAU. Après avoir fait les Expériences que je viens de rapporter ſur le bois de Chêne choiſi de différente qualité, j'ai cru devoir les étendre ſur différentes eſpeces de bois. Le Barreau dont il s'agit, a été pris dans une bille d'Orme à grande feuille, abattu depuis ſix ans : il peſoit 1 liv. 1 once 1 ½ gros, ou 137 ½ gros.

Il étoit donc plus léger que les Barreaux de bon Chêne; mais il pesoit davantage que le Chêne dit de Hollande.

L'ayant mis passer six jours dans l'étuve, il perdit sept gros de son poids. Dans la salle basse, il ne reprit que 2 ½ gros d'humidité.

Au sortir de l'eau, il pesoit 1 livre 10 onces 1 ½ gros, ou 209 ½ gros : ainsi il avoit aspiré 72 gros d'eau.

Au sortir de l'étuve pour la seconde fois, il ne pesoit plus qu'une livre, ou 128 gros, & avoit perdu 9 ½ gros de son premier poids.

En sortant de l'eau pour la seconde fois, il pesoit 1 livre 11 onces 6 ½ gros, ou 222 ½ gros : ainsi il avoit aspiré 85 gros, ou 10 onces 5 gros d'eau.

Au sortir de l'étuve pour la troisieme fois, il ne pesoit plus que 15 onces 2 gros, ou 122 gros.

Il avoit perdu de son premier poids 15 ½ gros, ou 1 once 7 ½ gros.

VI. Barreau. Il étoit de Hêtre, vieux & fort sec; il pesoit 1 livre 1 once 6 gros, ou 142 gros.

Ayant passé quelques jours à l'étuve, son poids a diminué de 5 gros; & il a repris son premier poids dans la salle basse.

Au sortir de l'eau, il pesoit 1 livre 14 onces 1 ¾ gros ou 241 gros ¾, son poids étant augmenté de 99 ¾ gros.

Au sortir de l'étuve pour la seconde fois, il ne pesoit plus que 1 livre 3 ½ gros ou 131 ½ gros : diminué de 10 ½ gros.

Au sortir de l'eau pour la seconde fois, il pesoit 1 liv. 14 onc. 7 ½ gros, ou 247 ½ gros; s'étant chargé de 105 ½ gros d'eau.

Au sortir de l'étuve pour la troisieme fois, il ne pesoit plus que 15 onces 6 gros, ou 126 gros.

Il avoit perdu 16 gros, ou près d'un neuvieme.

VII. Barreau. Il étoit pris dans un jeune Noyer abattu depuis 3 ou 4 ans : il pesoit 13 onces 6 gros, ou 110 gros.

Mis dans l'étuve, son poids diminua de 4 gros; & ayant séjourné dans la salle basse, il augmenta de 5 ½ gros.

Au sortir de l'eau, il pesoit 1 livre 14 onces 4 gros, ou 244 gros : augmenté de 134 gros.

En sortant de l'étuve pour la seconde fois, il pesoit 12 onces 5 ½ gros, ou 101 ½ gros : diminué de 8 ½ gros.

Etant tiré de l'eau pour la seconde fois, il pesoit 1 livre 14 onces 2 gros, ou 242 gros : augmenté de 132 gros.

Enfin, sortant de l'étuve pour la troisieme fois, il ne pesoit que 12 onces ½ gros, ou 96 gros ½.

Il avoit perdu 13 ½ gros, ou près d'un huitieme de son premier poids.

VIII. Barreau de bois de Tilleul de Forêt bien sec. Il pesoit 11 onces 4 ½ gros, ou 92 ½ gros.

Il diminua de 3 gros à l'étuve, & il reprit 2 ½ gros dans la salle basse.

Au sortir de l'eau, il pesoit 1 livre 12 onces 2 gros, ou 226 gros : augmenté de 133 ½ gros.

En sortant de l'étuve pour la seconde fois, il ne pesoit que 10 onces 5 ¼ gros, ou 85 gros ¼ : diminué de 7 ¼ gros.

Au sortir de l'eau pour la seconde fois, il pesoit 1 livre 12 onces 5 gros, ou 229 gros : augmenté de 136 ½ gros.

Enfin, en sortant de l'étuve pour la troisieme fois, il ne pesoit que 10 onces 5 gros, ou 85 gros.

Il avoit perdu 7 ½ gros, ou un peu plus d'un treizieme.

IX. Barreau de Sapin bien sec & peu résineux. Il pesoit 10 onces 6 ¾ gros, ou 86 ¾ gros.

Il perdit 4 gros de son poids à l'étuve, & il ne reprit dans la salle basse que 3 ½ gros.

Au sortir de l'eau, il pesoit 1 liv. 4 onces 1 ½ gros, ou 161 ½ gros : augmenté de 74 ¾ gros.

En le tirant de l'étuve pour la seconde fois, il ne pesoit plus que 9 onces 7 gros : diminué de 7 ¾ gros.

Au sortir de l'eau pour la seconde fois, il pesoit 1 livre 7 onces 7 gros, ou 191 gros : augmenté de 124 ¼ gros.

Enfin, en le tirant de l'étuve pour la troisieme fois, il ne pesoit

pesoit plus que 9 onces 4 ½ gros, ou 76 ½ gros.

Il avoit perdu de son premier poids 10 ¼ gros, ou un neuvieme.

X. BARREAU pris dans une grosse bille de bois d'Aulne de huit mois d'abattage. Il pesoit 13 onc. 6 ¾ gros, ou 110 ¾ gros.

Il perdit à l'étuve 1 once 6 gros de son poids, & n'en reprit dans la salle basse que 4 gros.

Au sortir de l'eau, il pesoit 1 liv. 9 onces 5 ½ gros, ou 205 ½ gros: augmenté de 94 ¾ gros.

En sortant de l'étuve pour la seconde fois, il se trouva réduit à 11 onces 6 gros, ou 94 gros: diminué de 16 ¾ gros.

Celui-ci a perdu environ $\frac{1}{7}$ de son premier poids.

XI. BARREAU pris dans une grosse bûche de Genévrier abattu depuis plus de 60 ans. Il pesoit 12 onces 1 gros, ou 97 gros.

Il perdit 3 gros de ce poids à l'étuve, & il ne reprit qu'un gros dans la salle basse.

Au sortir de l'eau, il pesoit 1 livre 1 once 6 ½ gros: augmenté de 45 ½ gros.

En sortant de l'étuve pour la seconde fois, il ne pesoit que 11 onces 1 ½ gros: diminué de 7 ½ gros.

En sortant de l'eau pour la seconde fois, il pesoit 1 livre 3 onces 1 gros: augmenté de 56 gros.

Et au sortir de l'étuve pour la troisieme fois, il ne pesoit que 10 onces 6 ½ gros, ou 86 ½ gros.

Il avoit perdu 10 ½ gros, ou près d'un neuvieme de son premier poids.

REMARQUES sur ces Expériences.

On voit par ce qui vient d'être rapporté, 1°, Que les bois les plus anciennement abattus & les plus secs, perdent de leur poids quand on les tient quelque temps dans une étuve échauffée seulement à trente degrés du thermometre de M. de Reaumur; mais qu'alors ils sont très-avides de l'humidité de l'air, de sorte qu'ils s'en chargent quelquefois assez pour reprendre leur premier poids.

2°, Que ces bois se chargent de beaucoup d'eau quand on les fait tremper quelque temps dans de l'eau bouillante.

3°, Que quand ensuite on les remet à l'étuve, non-seulement ils perdent cette eau qui leur étoit étrangere; mais encore une partie plus ou moins grande de leur propre substance.

4°, Qu'en les remettant une seconde fois dans l'eau bouillante, ils s'en chargent plus que la premiere fois.

5°, Que si on les remet à l'étuve, ils perdent non-seulement l'eau dont ils s'étoient chargés, mais encore une plus grande partie de leur substance qu'ils n'avoient fait la premiere fois.

ARTICLE II. *Seconde suite d'Expériences faites sur des Cubes de bois verd.*

CES Expériences ont été faites sur des Cubes de différentes especes de bois, chacun ayant trois pouces de côté, & formant un solide de 27 pouces cubiques. On les a traités à peu près comme les Barreaux de la premiere suite, & les résultats sont peu différents de ceux que nous ont fournis les barreaux. Je vais encore rapporter un résultat moyen que j'ai conclu de plusieurs cubes semblables; mais les Barreaux étoient de bois sec, & les Cubes de bois nouvellement abattu, sçavoir, le 10 Septembre, huit jours avant le commencement des Expériences.

Avant que de rapporter le détail de ces Expériences, il est bon d'observer qu'un Cube de Chêne, de 4 pouces en quarré, pesoit, étant verd, 2 livres 5 onces; & qu'après avoir resté longtemps dans l'étuve, son poids s'est réduit à 1 livre 7 onces: ainsi ce Cube, qui n'avoit point été dans l'eau, a perdu, en se desséchant 14 onces; ce qui fait près d'un quart de son poids.

I. CUBE de bois de Chêne: il pesoit 1 livre 2 onces 2 gros, ou 146 gros.

Après avoir resté dix à douze jours dans une étuve, il pesoit 12 onces 1 $\frac{1}{2}$ gros: son poids étoit diminué de 48 $\frac{1}{2}$ gros.

On l'a mis tremper & bouillir dans l'eau; au sortir, il pesoit 1 liv. 3 onces 6 $\frac{1}{2}$ gros: son poids étoit augmenté de 12 $\frac{1}{2}$ gros.

Remis dans l'étuve passer huit à dix jours, il en sortit pesant 11 onces $6\frac{1}{2}$ gros : son poids est diminué de $51\frac{1}{2}$ gros.

On l'a encore remis bouillir & tremper dans l'eau ; il pesoit 1 livre 3 onces $1\frac{1}{2}$ gros : son poids est augmenté de $7\frac{1}{2}$ gros.

Après avoir encore passé huit à dix jours dans l'étuve, il pesoit 11 onces 2 gros : son poids est moindre qu'il n'étoit d'abord de 56 gros.

On l'a mis dans une salle basse qui n'étoit point humide; & trois ans après, il pesoit 12 onces : son poids est augmenté de 6 gros.

Il a perdu 50 gros ou près d'un tiers de son premier poids.

II. CUBE de Chêne. Comme on a vu par les Expériences précédentes que l'eau simple dissout une partie de la substance du bois, je me suis proposé de connoître si une lessive de sel alkali n'en emporteroit pas une plus grande quantité.

Ce Cube pesoit 1 livre 1 once, ou 136 gros.

On le mit dans une lessive de sel alkali; & après y être resté quelques jours, il pesoit 1 livre 2 onces $4\frac{1}{2}$ gros : augmenté de $12\frac{1}{2}$ gros.

Après avoir passé seulement deux ou trois jours dans l'étuve, il pesoit 1 livre 1 once $\frac{1}{2}$ gros : augmenté d'un demi-gros de son premier poids.

On le mit bouillir & tremper dans l'eau ; il pesoit 1 livre 4 onces $3\frac{1}{2}$ gros : augmenté de $27\frac{1}{2}$ gros.

Après avoir passé dix à douze jours dans l'étuve, il pesoit 12 onces 4 gros : diminué de 36 gros.

On le remit dans l'eau bouillante ; & après y être resté quelques jours, il pesoit 1 liv. 5 onces $\frac{1}{2}$ gros : augmenté de $32\frac{1}{2}$ gros.

On le remit à l'étuve; au bout de huit à dix jours, il ne pesoit plus que 11 onces 5 gros : diminué de 43 gros.

Au bout de trois ans, son poids étoit un peu augmenté; mais le bois étoit absolument gâté.

Ce cube a donc perdu plus d'un tiers de son premier poids.

III. CUBE de Chêne; je me suis proposé d'examiner si en frottant d'huile un morceau de bois, on ralentiroit son dessechement, & si on le rendroit moins pénétrable à l'eau.

Au commencement de l'Expérience, il pesoit 1 livre 2 gros, ou 130 gros.

On le frotta d'huile, puis on le mit tremper & bouillir dans l'eau; il pesoit 1 livre 4 onces 2 gros : augmenté de 32 gros.

L'ayant tenu dix à douze jours dans l'étuve, il pesoit 12 onces 2 ½ gros : diminué de 31 ½ gros.

On le remit dans l'eau bouillante; & après y avoir resté quelques jours, il pesoit 1 liv. 2 onc. 2 ½ gros : augmenté de 15 ½ gros.

On le remit passer sept à huit jours dans l'étuve; au sortir, il ne pesoit plus que 11 onces 3 gros : diminué de 39 gros.

Au bout de trois ans, son poids étoit augmenté; mais la qualité du bois étoit fort altérée.

Ce cube a donc perdu plus d'un cinquieme de son premier poids.

IV. CUBE de Hêtre : il pesoit 1 liv. 1 once 2 gros, ou 138 gros.

L'ayant mis dans l'eau bouillante, il pesoit 1 livre 7 onces ½ gros : augmenté de 46 ½ gros.

Après avoir resté huit à dix jours à l'étuve, il pesoit 11 onc. 7 ½ gros : diminué de 42 ½ gros.

Au sortir de l'eau bouillante pour la seconde fois, il pesoit 1 livre 6 onces 6 ½ gros : augmenté de 44 ½ gros.

Après avoir resté huit à dix jours à l'étuve, il pesoit 11 onc. 4 gros : diminué de 46 gros.

Au bout de trois ans, on n'en retrouva qu'un, qui ne pesoit que 8 onces 6 gros.

Ce Cube avoit perdu un peu plus de la moitié de son premier poids.

V. CUBE de Hêtre : il pesoit 1 livre 3 gros.

On le mit bouillir & tremper quelques jours dans une lessive de sel alkali; au sortir, il pesoit 1 livre 10 onces 5 gros : augmenté de 82 gros.

Ayant passé deux ou trois jours dans l'étuve, il pesoit 1 livre 8 onces 7 ½ gros : augmenté de son premier poids de 68 ½ gros.

L'ayant mis tremper & bouillir dans l'eau, on l'a pesé; mais le poids ne se trouve point.

Ayant paſſé huit à dix jours dans l'étuve, il peſoit 13 onces 4 gros : diminué du premier poids de 23 gros.

Après avoir encore bouilli & trempé dans l'eau, il peſoit 1 livre 6 onces 1 gros : augmenté de 46 gros.

Après avoir paſſé huit à dix jours dans l'étuve, il ne peſoit plus que 10 onces 5 ½ gros : diminué de 45 ½ gros.

Au bout de trois ans, il peſoit 12 onces, & ne valoit rien.

Il avoit perdu de ſon premier poids entre un tiers & un quart.

VI. CUBE de Charme : il peſoit 14 onces 6 gros, ou 118 gros.

L'ayant mis tremper dans l'eau bouillante, il peſoit 1 livre 3 onces 5 ½ gros : augmenté de 39 ½ gros.

Au ſortir de l'étuve, il peſoit 10 onces 4 ½ gros : diminué de 33 ½ gros.

On le remit dans l'eau bouillante ; & ſon poids fut de 1 liv. 5 onces 6 ½ gros : augmenté de 56 ½ gros.

On le remit huit à dix jours dans l'étuve, & il ne peſoit plus que 10 onces 4 gros : diminué de 33 gros.

Trois ans après, ſon poids étoit un peu augmenté & le bois en étoit aſſez bon.

Il avoit perdu plus d'un tiers de ſon premier poids.

VII. CUBE d'Érable : il peſoit 15 onces 6 gros, ou 126 gros.

L'ayant mis dans l'eau bouillante, il peſoit 1 livre 5 onces 6 ½ gros : augmenté de 48 ½ gros.

Ayant paſſé huit à dix jours dans l'étuve, il peſoit 11 onces 6 ½ gros : diminué de ſon premier poids de 31 ½ gros.

L'ayant remis dans l'eau, il peſoit 1 livre 5 onces 7 ½ gros : augmenté de 49 ½ gros.

Au ſortir de l'étuve pour la ſeconde fois, il peſoit 11 onces 3 gros : diminué de 35 gros.

Au bout de trois ans, il peſoit 12 onces ; ſon bois étoit aſſez bon.

Ce Cube a perdu près d'un quart de ſon premier poids.

VIII. CUBE d'Érable : il peſoit 14 onc. 7 ½ gros, ou 119 ½ gros.

Il fut frotté d'huile ; & après avoir resté huit jours dans l'étuve, il pesoit 11 onces 3 ½ gros : diminué de 28 gros.

Au sortir de l'eau bouillante, il pesoit 1 livre 5 onces 4 gros ; augmenté de 52 ½ gros.

Après avoir passé huit à dix jours dans l'étuve, il ne pesoit plus que 11 onces 3 ½ gros : diminué de 28 gros.

Au bout de trois ans, il pesoit 11 onces 2 gros ; le bois étoit bon.

Ce Cube avoit perdu près d'un tiers de son premier poids.

IX. CUBE de Tremble : il pesoit d'abord 12 onces 3 gros, ou 99 gros.

Après avoir trempé dans l'eau bouillante, il pesoit 1 livre 2 onces 5 gros : augmenté de 50 gros.

Au sortir de l'étuve, il pesoit 7 onces 8 ½ gros : diminué de 34 ½ gros.

On le remit dans l'eau ; au sortir, il pesoit 1 livre 2 onces 8 ½ gros : augmenté de 53 ½ gros.

On le remit huit à dix jours à l'étuve ; & au sortir, il pesoit 7 onces 8 ½ gros : diminué de 34 ½ gros.

Au bout de trois ans, il pesoit 8 onces 4 gros.

Le bois étoit assez bon pour la qualité de ce mauvais bois.

Il avoit perdu environ un tiers de son premier poids.

X. CUBE de Tremble : il pesoit 15 onces 4 ½ gros, ou 124 ½ gros.

On le frotta d'huile ; après avoir resté huit à dix jours dans l'étuve, il pesoit 11 onces 2 gros : diminué de 34 ½ gros.

L'ayant mis tremper dans l'eau bouillante, il pesoit 1 livre 1 once 3 gros : augmenté de 14 ½ gros.

Ayant séjourné huit à dix jours dans l'étuve, il pesoit 11 onces : diminué de 36 ½ gros.

Au bout de trois ans, il étoit un peu plus pesant, & son bois étoit assez bon.

Ce Cube avoit perdu entre le tiers & le quart de son premier poids.

XI. CUBE de Tremble : il pesoit 12 once, ou 96 gros.

L'ayant mis bouillir dans une lessive de sel alkali, il pesoit 1 livre 4 onces 3 gros : augmenté de 67 gros.

Après avoir resté deux ou trois jours dans l'étuve, il pesoit encore 1 livre 2 onces 3 gros. Il falloit que l'étuve fût peu échauffée, puisqu'il n'a perdu que 16 gros de son humidité ; & pour cette même raison, il a aspiré peu d'eau.

Ayant trempé dans l'eau bouillante, il pesoit 1 livre 2 onces 5 gros.

Ayant resté huit à dix jours dans l'étuve, il pesoit 8 onces 7 ½ gros : diminué de 24 ½ gros.

On le remit tremper plusieurs jours dans de l'eau ; après qu'il eut bouilli, il pesoit 1 livre 3 onc. 1 gros:augmenté de 57 gros.

Après avoir resté huit à dix jours dans l'étuve, il pesoit 7 onces 6 ½ gros : diminué de 33 ½ gros.

Nota. Que les bois qui ont bouilli dans la lessive sont toujours humides jusqu'à ce qu'ils ayent trempé dans l'eau douce.

Au bout de trois ans, il pesoit 12 onces.

Le bois n'en valoit rien, quoiqu'il n'eût rien perdu de son poids : ce que j'attribue aux sels de la lessive.

REMARQUES *sur ces Expériences.*

Quoique ces Expériences offrent bien des variétés, on ne laisse pas d'appercevoir :

1°, Que l'étuve échauffée à 30 degrés du thermometre, fait perdre peu de seve au bois verd.

2°, Que l'eau bouillante pénetre en grande abondance & assez promptement les bois.

3°, Que cette humidité étrangere se dissipe plus promptement que la seve.

4°, Qu'elle emporte avec elle une portion de la substance du bois.

5°, Que quand, après avoir desséché ces bois, on les remet dans l'eau bouillante, ils en prennent ordinairement une plus grande quantité que la premiere fois.

6°, Que cette eau se dissipe assez promptement, & qu'elle emporte avec elle de la substance du bois.

7°, Que les bois de médiocre qualité & les bois tendres sont plus altérés par ces opérations, que les bois durs & de bonne qualité.

On appercevra l'utilité qu'on peut retirer de ces Expériences, lorsque nous parlerons des Étuves.

ARTICLE III. *Troisieme suite d'Expériences faites sur des bouts de Chevrons, pour essayer de connoître la meilleure maniere de dessécher les bois lorsqu'ils sont abattus.*

LES Expériences de cette Suite, sont presque une répétition de celles de la premiere Suite; mais elles ont été faites plus en grand, & avec des circonstances nouvelles. On prit des bouts de Chevron de trois pouces d'équarrissage, & de trois pieds de longueur; les uns furent mis dans l'eau d'un vivier aussi-tôt après qu'ils eurent été abattus; d'autres furent déposés à couvert; d'autres ont toujours été tenus à l'air; enfin, d'autres ont été conservés en grume avec leur écorce, ou en rondins écorcés.

Les résultats que je présente ici sont une moyenne prise sur six pieces.

Toutes ont été abattues du 8 au 10 Septembre 1732, équarries & pesées pour la premiere fois, huit jours après qu'elles eurent été abattues.

Ces bouts de Chevrons ont été coupés de longueur, & réduits à leur équarrissage par un Menuisier, le plus exactement qu'il a été possible; car on sait que les bois verds ne se travaillent pas bien exactement à la varlope.

Quoiqu'on ait usé de la plus grande diligence pour travailler ces bois, il n'est pas douteux qu'ils ont perdu de leur seve pendant les huit jours qui se sont écoulés depuis leur abattage jusqu'à la pesée; & comme on ne les travailloit pas tous à la fois,

fois, les uns ont un peu plus perdu que les autres. On avoit bien prévu ce petit inconvénient; mais il n'a pas été possible de l'éviter.

D'ailleurs les nœuds, les veines de bois blanc ou rouge, changent la pesanteur spécifique des bois. C'est ce qui nous a engagés à prendre une moyenne sur six morceaux différents. Cette précaution diminue les erreurs, mais ne les anéantit pas.

Quelques-uns ont paru augmenter peu de poids étant dans l'eau, parce que, quoique le vivier où on les mettoit, fût assez grand, il y avoit des pieces qui étoient soulevées par celles de dessous; & celles-là n'étoient pas entiérement submergées. On les avoit chargées avec des pierres; mais des accidents qu'il est impossible d'éviter dans les Expériences en grand, qui exigent beaucoup de temps, ont occasionné des dérangements qui ont fait flotter plusieurs pieces.

Enfin, (& ceci regarde presque toutes les Expériences) comme ces pieces étoient en assez grande quantité, on les empiloit au lieu où elles devoient rester; & quoiqu'on eût l'attention de laisser du jour entr'elles, celles qui étoient au milieu & au bas des piles, n'étoient pas autant exposées à l'air que les autres.

I. CHEVRON de Chêne pesant aussi-tôt qu'il fut équarri, 12 livres 13 onces 4 gros.

Après avoir resté six semaines dans l'eau, il pesoit 12 livres 14 onces.

Comme il étoit peu augmenté de poids, parce qu'on l'avoit mis dans l'eau très-chargé de seve, on l'y remit, où il resta 20 mois. On l'en retira le 20 Mai 1734, & l'ayant laissé à l'air, on ne le pesa que le 31 du même mois: il pesoit 12 livres 14 onces 4 gros. Tous les bois qui n'ont été pesés que 8 jours après être tirés de l'eau, se sont beaucoup desséchés pendant ce temps.

Alors on le déposa sous un hangar, où il resta deux ans: ensuite il pesoit 9 livres 14 onces.

Au reste le bois paroissoit bon, & l'aubier sain.

Il a perdu plus d'un quart de son poids.

Nota. Le poids du pied cube de Chêne varie beaucoup: il

y en a qui ne pesent pas 65 liv. & d'autres passent au-delà de 73 liv. lorsqu'ils sont nouvellement abattus. Le poids varie aussi quand ils sont secs : les bons bois de la Forêt d'Orléans pesent aux environs de 55 à 58 liv. le pied cube. Il y en a qui ne pesent que 45, 48 liv. & il y a des bois de Provence qui pesent 68 liv. & plus.

II. CHEVRON pareil au précédent, pesant, après avoir été équarri, 12 liv. 10 onc. 5 gros & demi.

Au lieu de le mettre dans l'eau, on le déposa dans un Grenier; après y avoir resté un mois, il pesoit 11 liv. 9 onc. 2 gros & demi.

On le laissa huit jours au grand air & au soleil; il ne pesoit plus, après ce temps, que 9 liv. 15 onc. 5 gros.

On le mit sous un hangar, & deux ans après il pesoit 9 livres 10 onces.

Il a perdu plus d'un quart de son poids.

L'aubier des angles étoit en poussiere ; le bois en étoit bon, mais plus fendu que celui qui avoit été flotté.

III. CHEVRON pareil aux précédents pour les dimensions; mais il ne fut équarri que plus de huit jours après avoir été abattu : il pesoit 11 liv. 14 onc. 5 gros.

On l'empila à l'air ; & après y avoir resté un mois, il pesoit 11 liv. 5 onc.

On le laissa encore huit jours à l'air, le temps étant beau & sec ; il ne pesoit plus que 10 liv. 1 once.

L'ayant laissé pendant deux ans à l'air, son poids étoit réduit à 9 liv. 11 onces.

Son bois étoit assez bon ; mais il étoit très-fendu.

Il n'est pas diminué d'un sixieme ; mais il faut remarquer que si l'on pesoit tous les huit jours les bois, sur-tout ceux qui restent à l'air, on les trouveroit tantôt plus pesants & tantôt plus légers, suivant que l'air auroit été sec ou humide ; & par des expériences répétées, nous avons reconnu que ces différences de poids étoient quelquefois très-considérables : d'ailleurs le Chevron dont il s'agit, avoit déja perdu un peu de sa seve avant la premiere pesée.

IV. CHEVRON de Chêne pareil aux précédents, excepté qu'il ne fut équarri que 15 jours après avoir été abattu : il pesoit 11 liv. 2 onc. 4 gros & demi.

Pour ralentir l'évaporation, on le frotta d'huile, & on le déposa dans un grenier, où il resta sept mois. On l'exposa en suite à l'air par un beau temps pendant huit jours : alors il pesoit 8 liv. 10 onc.

On le mit ensuite sous un hangar, où il resta deux ans : alors il pesoit 8 liv. 8 onc.

Le bois étoit bon & peu gersé ; mais l'aubier étoit en poussiere. Il est diminué de près d'un cinquieme.

V. CHEVRON pareil aux précédents. Ayant été couvert de poix ou bray gras, il pesoit 13 liv. 3 gros.

Après avoir resté un mois dans un grenier, il pesoit 12 liv. 14 onces 7 gros. Ainsi, malgré la poix, il s'étoit desséché.

VI. CHEVRON de Chêne pareil aux précédents : il pesoit tout verd 13 liv. 6 onc. 4 gros.

On le mit dans un caveau : après y avoir resté six semaines, il pesoit 12 liv. 10 onc. 4 gros.

Remis dans le caveau, il y resta vingt mois ; & après avoir passé huit jours à l'air, il pesoit 11 liv. 6 onc. 4 gros.

Placé sous un hangar, son poids, deux ans après, fut de 9 liv. 13 onces.

Il a perdu de son premier poids entre le quart & le tiers.

VII. CHEVRON de Hêtre tout nouvellement abattu, & débité sur les mêmes dimensions que les précédents : il pesoit 13 liv. 3 onces 5 gros.

Ayant resté six semaines dans l'eau, il pesoit 15 liv. 14 onc.

On l'a remis dans l'eau, où il resta vingt mois ; l'ayant retiré le 20 Mai 1734, on le pesa le 31 du même mois ; son poids étoit de 12 liv. 3 onces.

Et après avoir resté deux ans sous un hangar, 9 liv. 8 onc.

Il a perdu près du tiers de son premier poids.

Nota. Le poids moyen d'un pied cube de Hêtre nouvellement abattu s'eſt trouvé d'environ 68 à 70 liv. & ſec, de 42 à 45.

VIII. CHEVRON de Hêtre ſemblable au précédent, peſant 13 liv. 1 once 2 gros.

On le dépoſa dans un grenier; & au bout d'un mois, il peſoit 11 liv. 6 onc. 3 gros & demi.

Après avoir reſté dix jours à l'air, il peſoit 9 liv. 15 onc.

Et étant reſté deux ans ſous un hangar, 9 liv. 9 onc.

Son poids étoit diminué de plus du quart, & pas tout-à-fait du tiers.

IX. CHEVRON de Hêtre ſemblable aux précédents : peſant 12 liv. 5 onc. 4 gros & demi.

Pour ralentir l'évaporation de la ſeve, on le mit dans un caveau : au bout de ſix ſemaines, il peſoit 11 liv. 12 onces.

On le remit dans le même caveau, où il reſta vingt mois; tiré de-là, on l'expoſa à l'air pendant huit jours, il peſoit 11 liv. 4 gros.

Et après avoir reſté près de deux ans ſous un hangar, 9 liv. 6 onc. 4 gros.

Au reſte le bois en étoit de bonne qualité.

Son poids eſt diminué de près du quart.

X. CHEVRON de Tremble, mêmes dimenſions que les précédents, & abattu dans le même temps : il peſoit 10 liv. 1 once 2 gros.

Après avoir reſté un mois dans un grenier, il peſoit 8 liv. 6 onces.

On le remit au grenier : après y avoir reſté vingt mois, & de plus huit jours à l'air, il peſoit 7 liv. 13 onces.

Ayant enſuite paſſé deux ans ſous un hangar, 7 liv. 6 onc.

Le bois étoit d'aſſez bonne qualité pour ſon eſpece.

Ce Chevron a perdu preſque la moitié de ſon poids.

Nota. Le pied cube de Tremble, poids moyen, pris ſur

plusieurs, est de 45 à 43 livres lorsqu'il est nouvellement abattu, & sec de 35 à 37.

XI. CHEVRON de Tremble semblable au précédent, pesant 8 liv. 11 onc. 6 gros & demi.

Après avoir resté un mois à l'air, il pesoit 7 liv. 14 onces & demi-gros.

On le remit à l'air, où il resta près de deux ans : il pesoit alors 7 liv. 1 once 5 gros.

Ensuite ayant passé deux ans sous un hangar, 6 liv. 12 onc.

Le bois étoit assez bon, mais très-fendu.

Il n'a pas tout à fait diminué du quart.

XII. CHEVRON de Tremble semblable aux précédents, pesant 10 liv. 8 onc. 3 gros.

On le mit dans un caveau; six semaines après, il pesoit 9 liv. 7 onces 4 gros.

On le remit à la cave, où il resta vingt mois; & après avoir passé huit jours à l'air, il pesoit 7 liv. 4 onc. 5 gros.

Ensuite étant resté près de deux ans sous un hangar, 6 livres 10 onces 4 gros.

Son bois étoit assez bon.

Ce Chevron a perdu près de la moitié de son poids.

XIII. CHEVRON d'Aulne pareil aux précédents, pesant 12 liv. 5 gros.

Après avoir resté un mois à l'air, il pesoit 8 liv. 7 onc. 2 gr.

Ayant resté vingt mois à l'air, il pesoit 6 liv. 15 onc.

Ayant ensuite passé deux ans sous un hangar, 6 liv. 12 onc.

Ce soliveau a perdu près de la moitié de son poids.

Nota. Le pied cube d'Aulne nouvellement abattu pese aux environs de 50 à 55; & étant sec, il pese de 35 à 40.

XIV. CHEVRON d'Aulne pareil aux précédents, pesant 12 liv. 2 onc. 1 gros.

Ayant resté six semaines dans un caveau, il pesoit 10 liv. 14 onces.

Ayant été remis dans le caveau pendant vingt mois, & après avoir resté huit jours à l'air, il pesoit 8 liv. 4 gros.

Ayant ensuite demeuré deux ans sous un hangar, 6 liv. 15 onces 4 gros.

Son bois étoit assez bon.

Ce Chevron a perdu près de la moitié de son premier poids.

XV. CHEVRON d'Aulne semblable aux précédents, pesant 11 liv. 10 onces.

Après avoir resté un mois dans un grenier, il pesoit 8 liv. 8 onces 4 gros.

Remis au grenier, après y avoir resté vingt mois, & huit jours à l'air, il pesoit 7 liv. 11 onc.

Ayant resté deux ans sous un hangar, 7 livres 6 onces.

Son bois étoit assez bon.

Ce Chevron a perdu près d'un tiers de son poids.

XVI. CHEVRON d'Aulne pareil aux précédents, pesant 11 livres 11 onces.

Après avoir resté six semaines dans l'eau, il pesoit 12 livres 5 onces.

On le remit dans l'eau, où il a flotté pendant vingt mois: l'en ayant retiré, & laissé à l'air pendant huit jours, il ne pesoit plus que 9 livres.

Etant très-léger, il étoit toujours sur l'eau.

Ayant resté deux ans sous un hangar, 7 liv. 7 onces.

Son bois étoit bon; mais il étoit fendu.

Ce Chevron a perdu entre le tiers & la moitié de son poids.

XVII. CHEVRON d'Erable de mêmes dimensions que les précédents, & abattu dans la même saison: il pesoit 13 liv. 1 onc.

Après avoir resté un mois dans un grenier, il pesoit 11 livres 2 onces.

On le remit pendant vingt mois dans le grenier; & après avoir passé huit jours à l'air, il pesoit 9 livres 10 onces.

Ayant resté deux ans sous un hangar, 9 liv. 7 onces.

Le bois étoit bon, & l'aubier sain.

Ce Chevron a perdu près de moitié de son premier poids.

Nota. Le pied cube d'Érable nouvellement abattu, pese à peu près de 60 à 64; & quand il est sec, 46 à 48 livres.

XVIII. CHEVRON d'Érable, pareil au précédent, pesant 13 liv. 2 onces.

Après avoir séjourné six semaines dans l'eau, il pesoit 14 liv. 4 onces.

On le remit passer vingt mois dans l'eau; & ayant resté à l'air pendant huit jours, il pesoit 13 livres 8 onces.

Ayant resté deux ans sous un hangar, 9 liv. 1 onc.

Le bois étoit meilleur que le précédent, qui étoit toujours resté à couvert.

Ce Chevron a perdu près d'un tiers de son premier poids.

XIX. CHEVRON d'Érable pareil aux précédents, pesant 12 liv. 5 onc. 1 gros.

On le déposa dans un caveau; & six semaines après, il pesoit 11 livres 6 onces 4 gros.

Ayant encore resté vingt mois dans le même caveau, & huit jours à l'air, il pesoit 10 livres 11 onces.

Et ayant resté deux ans sous un hangar, 9 liv. 6 onces.

Son bois étoit bon & peu fendu.

Ce Chevron a perdu près d'un quart de son premier poids.

XX. CHEVRON d'Érable pareil aux précédents, pesant 12 liv. 3 onces 2 gros.

Ayant resté un mois à l'air, il pesoit 10 livres 9 onces 2 gros.

On le laissa encore à l'air pendant vingt mois; alors il pesoit 9 livres 1 once.

Et ayant resté deux ans sous un hangar, 8 liv. 13 onces.

Son bois étoit bon, mais très-fendu.

Ce Chevron a perdu entre le quart & le tiers de son premier poids.

XXI. CHEVRON de Charme de mêmes dimensions, & abattu dans la même saison que les précédents : il pesoit 13 livres 7 onces 7 ½ gros.

Ayant séjourné six semaines dans l'eau, il pesoit 14 liv. 1 gr.

Ayant encore passé vingt mois dans l'eau, & huit jours à l'air, il pesoit 11 liv. 6 onces.

Et après avoir resté deux ans sous un hangar, 8 liv. 15 onces 4 gros.

Le bois étoit assez bon, mais très-fendu.

Ce Chevron a perdu près d'un tiers de son premier poids.

Nota. Le pied cube de Charme nouvellement abattu pese de 65 à 70 livres ; & quand il est sec, de 45 à 50.

XXII. CHEVRON de Charme semblable au précédent, pesant 12 livres 1 once 4 gros.

Après avoir resté un mois à l'air, il pesoit 10 liv. 8 onc. 3 gr.

Et vingt mois après, étant toujours resté à l'air, il pesoit 8 liv. 11 onces 4 gros.

Enfin étant resté deux ans sous un hangar, 8 liv. 5 onc. 4 gr.

Ce Chevron a perdu près d'un tiers de son premier poids.

XXIII. CHEVRON de Charme semblable aux précédents, pesant 13 liv. 9 onc. 6 gros.

Après avoir resté six semaines dans un grenier, il pesoit 11 liv. 10 onces 4 gros.

Remis au grenier, & après y avoir resté vingt mois, & huit jours à l'air, il pesoit 10 liv. 1 once.

Ayant passé deux ans sous un hangar, 9 liv. 10 onces.

Bon bois, mais fort fendu.

Ce Chevron a perdu près de la moitié de son premier poids.

XXIV. CHEVRON de Charme pareil aux précédents ; son poids 12 liv. 5 onc. 1 gros.

On

On l'a mis dans un caveau; & six semaines après, il pesoit 11 livres 7 onces.

Ayant resté vingt mois dans le même caveau, & huit jours à l'air, il pesoit 9 livres 15 onces 5 gros.

Et ayant passé deux ans sous un hangar, 8 livres 11 onces.

Le bois en étoit bon, mais fort fendu.

Ce Chevron a perdu près d'un tiers de son premier poids.

ARTICLE IV. *Quatrieme suite d'Expériences faites sur des Madriers, pour trouver une façon de dessécher les Bois sans qu'ils se fendent beaucoup.*

CES Expériences ont été faites avec des Madriers de Bois de Chêne, équarris à la scie sur toutes les faces.

Comme, dans mes Registres, il y a de l'incertitude sur leurs dimensions, je ne les rapporterai point; mais il est certain que tous furent réduits par un Menuisier à des dimensions pareilles.

Tous ont été abattus l'hiver de 1732 : ils sont restés en grume jusqu'au mois de Mars, qu'on a emporté les dosses à la scie de long, & ensuite on les a réduits à d'exactes dimensions avec la varlope.

Il y aura plus d'égalité dans les poids de ces Madriers, parce qu'étant refendus à la scie, ils étoient plus à vive-arête & sans aubier; quelques-uns en avoient seulement un peu sur quelques-uns de leurs angles.

I. MADRIER pesant 20 liv. 10 onc.

On l'a mis dans un grenier, où après avoir resté six mois on l'a pesé : son poids alors étoit de 15 livres 12 onces.

On l'a remis dans le grenier; & deux ans après il pesoit 15 liv. 6 onces.

Ainsi son poids étoit diminué de 5 liv. 4 onces.

Ce qui approche d'un quart.

Il étoit très-fendu; ce qui a empêché de mesurer exactement ce qu'il avoit perdu de son volume : néanmoins ayant égard aux fentes, il paroissoit s'être contracté d'une ligne sur une face, & d'une ligne & demie sur l'autre.

II. MADRIER pareil au précédent, pesant 19 livres 8 onces.

On l'a frotté d'huile, & il a été déposé dans le même grenier que le précédent; six mois après, il pesoit 14 liv. 12 onc. 4 gros.

Deux ans après, il pesoit 14 liv. 6 onces 4 gros.

Ainsi il étoit diminué de son premier poids de 5 liv. 1 onc. 4 gros.

Ce qui fait une diminution qui approche d'un quart. Ainsi l'huile n'avoit pas formé un grand obstacle à la dissipation de la seve. Cependant il n'étoit point fendu. Il n'avoit rien perdu sur une de ses dimensions : sur l'autre il avoit perdu une ligne. Un peu d'aubier qui étoit resté sur un angle, étoit plus endommagé qu'au Madrier précédent : on l'emportoit avec l'ongle, quoiqu'il ne fût point piqué de vers.

III. MADRIER pareil aux précédents, pesant 20 liv. 8 onces.

On l'a mis flotter dans une mare bourbeuse & d'eau grasse; l'en ayant retiré six mois après, il pesoit 23 livres 10 onces.

Et étant resté à l'air pendant dix jours, il ne pesoit plus que 20 liv. 13 onces 4 gros.

On l'a déposé dans un grenier, & deux ans après, il pesoit 14 liv. 15 onces.

Il avoit donc perdu de son premier poids 5 liv. 9 onc.

Il n'approche pas tant que l'autre d'un quart.

Au sortir de l'eau, il paroissoit que son volume étoit augmenté d'une ligne dans toutes ses dimensions; mais étant resté dix jours à l'air, il étoit revenu à son premier volume.

Il n'étoit point du tout fendu : néanmoins il paroissoit avoir diminué d'un quart de ligne sur toutes ses dimensions; & comme il avoit été mis dans une eau bourbeuse & grasse, le bois avoit changé de couleur. Au reste, il paroissoit très-bon.

IV. MADRIER pareil aux précédents, pesant 20 liv. 7 onc.

On le mit dans du fumier de vache, qu'on renouvelloit assez fréquemment : au bout de six mois, il pesoit 18 liv. 11 onces 4 gros.

Une couche mince de dessus paroissoit comme brûlée, & elle s'enlevoit aisément avec le couteau : l'aubier, par comparaison au bois, étoit plus blanc qu'à l'ordinaire.

Après avoir resté deux ans dans un grenier, il pesoit 15 liv.

Ainsi son poids étoit diminué de 5 liv. 7 onces.

C'est encore assez près d'un quart.

Il avoit au milieu une grande fente, & il paroissoit avoir diminué d'une ligne dans toutes ses dimensions.

V. MADRIER pareil aux précédents, pesant 20 liv. 8 onces.

On l'a mis flotter pendant six mois dans de l'eau claire ; au sortir de l'eau, il pesoit 23 livres 2 onces 3 gros.

Le lendemain, étant resté ce temps à l'air, il ne pesoit plus que 22 livres 9 onces 7 gros & demi.

Ayant resté deux ans dans un grenier, il pesoit 15 liv. 10 onc. 4 gros.

Ainsi son premier poids étoit diminué de 4 livres 13 onces 4 gros.

Ce qui fait un peu plus d'un quart.

Comme il étoit traversé de plusieurs nœuds, il avoit des fentes assez considérables.

VI. MADRIER pareil aux précédents, pesant 19 livres 9 onc. 6 gros.

L'ayant laissé exposé à l'air & au soleil pendant six mois, il pesoit 14 livres 10 onces 2 gros.

Et après avoir resté deux ans dans un grenier, il pesoit 14 liv. 7 onces.

Ainsi son poids étoit diminué de 5 liv. 2 onc. 6 gros.

Il avoit donc diminué d'un tiers & au-delà.

Il s'étoit retiré d'une ligne & demie sur deux de ses faces, & point sur les deux autres ; ce qui faisoit qu'il n'étoit pas fendu.

REMARQUE.

ON PEUT, en suivant attentivement le détail de cette suite

d'Expériences, & en comparant leurs résultats, voir ce que les circonstances d'avoir mis les bois dans l'eau claire ou bourbeuse, sous du fumier, dans un grenier sec, ou à l'air, ont pu produire sur ces Madriers.

ARTICLE V. *Cinquieme suite d'Expériences faites avec des Planches de Chêne de douze pieds de longueur & de deux pouces d'épaisseur.*

CES arbres avoient été abattus dans l'hiver de 1732, & refendus à la scie au printemps 1733 : ainsi ils avoient perdu une partie de leur seve; mais ils n'étoient pas secs.

Comme l'intention étoit de reconnoître lequel étoit le plus avantageux de mettre sécher les bois sous un hangar, ou de commencer par les tenir quelque temps dans l'eau, on a toujours fait deux lots des planches qui appartenoient au même arbre : un de ces lots a été déposé sous un hangar, & l'autre a été jetté dans l'eau. Les planches qui devoient être comparées, & qui appartenoient au même arbre, étoient marquées d'un pareil N°. de plus, celles qui devoient rester sous un hangar, étoient marquées d'une *H*, & celles qui devoient être jettées à l'eau, d'une *F*.

Il est bon de remarquer pour les planches & les membrures, qu'on ne les a pas réduites à des dimensions exactement pareilles : on s'est contenté de mettre en comparaison deux planches tirées d'un même arbre, & à très-peu près de mêmes dimensions.

I. La planche N°. I, *H*, pesoit le 10 Avril 1733, 87 liv. 12 onces.

Après avoir resté sous un hangar jusqu'au premier Juin 1734, elle pesoit 68 livres.

Et le 26 Octobre 1742, 66 liv.

Celle du N°. I, *F*, le 10 Avril 1733, pesoit 89 liv. 10 onces 4 gros.

Le premier Juin 1734, ayant été tirée de l'eau, & après

avoir resté huit ou dix jours à l'air pour se ressuyer, elle pesoit 93 livres.

Etant restée sous le hangar jusqu'en Octobre 1742, elle pesoit 65 livres 8 onces.

La planche *F*, qui étoit la plus pesante au commencement de l'Expérience, se trouva la plus légere à la fin.

II. La planche N°. II, *H*, pesoit en Avril 1733, 96 liv. 13 onces.

Au premier Juin 1734, 76 liv. 9 onc.

Et le 26 Octobre 1742, 72 livres 8 onces.

Celle du N°. II, *F*, pesoit en Avril 1733, 97 liv. 6 onces.

Au premier Juin 1734, 100 livres 6 onces.

Et le 28 Octobre 1742, 72 liv. 8 onc.

Quoique la planche *F* fût un peu plus pesante que *H* au commencement, elle étoit de même poids à la fin.

III. La planche N°. III, *H*, en Avril 1733, pesoit 85 liv. 8 onces.

Au premier Juin 1734, 68 liv. 4 onces.

Le 26 Octobre 1742, 64 liv. 8 onc.

Celle du N°. III, *F*, en Avril 1733, 89 liv. 8 onc.

Le premier Juin 1734, 75 liv. 4 onc.

Le 26 Octobre 1742, 62 liv. 8 onc.

La planche *F*, qui au commencement étoit de quatre livres plus pesante que la planche *H*, étoit de deux livres plus légere à la fin.

IV. La planche N°. IV, *H*, en Avril 1733, pesoit 96 liv. 8 onces.

Au premier Juin 1734, 73 livres.

Le 26 Octobre 1742, 69 liv. 8 onc.

Celle du N°. IV, *F*, en Avril 1733, 104 liv. 10 onc. 4 gros.

Au premier Juin 1734, 103 liv.

Le 26 Octobre 1742, 75 liv. 8 onc.

La planche *F*, au commencement, pesoit 8 liv. 2 onc. 4 gros plus que la planche *H;* à la fin elle ne pesoit que 6 liv. de plus. Ainsi elle a perdu 2 liv. 2 onc. 4 gros sur l'avantage de poids qu'elle avoit relativement à l'autre piece; ce qui s'accorde avec ce qui est arrivé jusqu'à présent.

Il falloit que ces planches flottassent : car elles étoient souvent plus légeres en sortant de l'eau à la seconde pesée, qu'à la premiere. Il est vrai que, comme elles avoient beaucoup de surface, elles se sont considérablement desséchées pendant les 8 à 10 jours qu'on les a laissé exposées au grand air pour qu'elles se ressuyassent.

ARTICLE VI. *Sixieme suite d'Expériences faites sur des Membrures.*

LES Expériences suivantes ont été faites sur des membrures de Chêne. Les arbres ont été abattus dans l'hiver 1732, refendus à la scie le 15 Août 1733, & pesés pour la premiere fois le 30 du même mois. Aussi-tôt on les a mis ou sous le hangar ou dans l'eau. On les en a tirés le 20 Mai 1734, & on les a pesés; le premier Juin suivant, on les a tous mis sous le hangar, & on les a pesés pour la derniere fois le 26 Octobre 1742. Ces membrures ont été numérotées comme les planches dont nous venons de parler, & elles étoient plus chargées de seve.

I. N°. V, *H.* Le 30 Août 1733, pesoit 65 livres 4 onces.
Le premier Juin 1734, 53 liv. 8 onc.
Le 26 Octobre 1742, 48 liv.
N°. V, *F.* Le 30 Août 1733, 68 livres 12 onces.
Le premier Juin 1734, 67 liv. 8 onces.
Le 26 Octobre 1742, 49 livres.

La membrure *F* pesoit au commencement de l'Expérience 3 livres 8 onces plus que la membrure *H*; & à la fin elle ne pesoit qu'une livre de plus.

II. N°. VI, *H.* Le 30 Août 1733, 62 livres.
Le premier Juin 1734, 37 livres 8 onces.

Le 26 Octobre 1742, 34 livres 4 onces.
N°. VI, *F.* Le 30 Août 1733, 63 livres.
Le premier Juin 1734, 49 livres 8 onces.
Le 26 Octobre 1742, 35 livres.
Au commencement *F* pesoit une livre de plus que *H*; & à la fin elle n'excédoit que de 12 onces.

III. N°. VII, *H.* Le 30 Août 1733, 64 liv. 4 onc.
Le premier Juin 1734, 50 liv.
Le 26 Octobre 1742, 43 livres 4 onces.
N°. VII, *F.* Le 30 Août 1733, 60 liv. 8 onces.
Le premier Juin 1734, 57 livres 8 onces.
Le 26 Octobre 1742, 40 livres.
Au commencement *H* étoit de 3 livres 12 onces plus pesante que *F*, & à la fin elle n'excédoit que de 3 livres 4 onces.

IV. N°. VIII, *H.* Le 30 Août 1733, 62 liv. 4 onces.
Le premier Juin 1734, 59 livres.
Le 26 Octobre 1742, 42 livres.
N°. VIII, *F.* Le 30 Août 1733, 61 livres 8 onces.
Le premier Juin 1734, 57 liv. 12 onc.
Le 26 Octobre 1742, 41 liv.
Au commencement *H* étoit plus pesante que *F*, de 12 onces; & à la fin *F*, d'une livre plus légere.

V. N°. IX. *H*, Le 30 Août 1733, 62 liv.
Le premier Juin 1734, 51 livres.
Le 26 Octobre 1742, 43 liv.
N°. IX, *F.* Le 30 Août 1733, 58 livres.
Le premier Juin 1734, 55 livres 8 onces.
Le 26 Octobre 1742, 42 livres.
Au commencement *H* étoit plus pesante que *F* de 4 livres; & à la fin *H* n'excédoit *F* que d'une livre. Ainsi la membrure qui avoit été mise dans l'eau, avoit un peu moins perdu de son poids que celle qui étoit toujours restée sous le hangar; ce qui n'arrive pas ordinairement.

Si les membrures qu'on a mises dans l'eau, pesent moins à la seconde pesée qu'à la premiere, c'est qu'il s'est beaucoup dissipé d'humidité depuis le 20 Mai qu'on les a tirées de l'eau jusqu'au premier Juin qu'on les a pesées.

ARTICLE VII. *Septieme suite d'Expériences sur deux Planches & deux croûtes qu'on a tirées d'un même Arbre, & qu'on a mises en comparaison deux à deux.*

POUR les Expériences suivantes, on a refendu des bois quarrés par 3 traits de scie. Ainsi chaque piece a fourni deux planches du bois du cœur & deux épaulieres où il y avoit de l'aubier. On les a distinguées en mettant un *C* sur les planches du cœur, & un *E* sur les épaulieres. Le reste comme pour l'Expérience précédente.

I. N°. X, *H-E.* Le 30 Août 1733, pesoit 75 liv. 12 onc.
Le premier Juin 1734, 63 liv. 8 onces.
Le 26 Octobre 1742, 57 liv.
N°. X, *F-E.* Le 30 Août 1733, 79 liv. 8 onces.
Le premier Juin 1734, 75 livres 8 onces.
Le 26 Octobre 1742, 56 livres 8 onces.
Au commencement de l'Expérience *F* pesoit plus que *H* de 3 livres 12 onces; & à la fin de l'Expérience, *H* pesoit plus que *F* de 8 onces.

II. N°. X, *H-C.* Le 30 Août 1733, 80 livres 8 onces.
Le premier Juin 1734, 66 livres 8 onces.
Le 26 Octobre 1742, 58 livres 8 onces.
N°. X, *F-C.* Le 30 Août 1733, 79 livres.
Le premier Juin 1734, 81 livres.
Le 26 Octobre 1742, 57 livres 8 onces.
Au commencement *H* excédoit *F* de 1 livre 8 onces; & à la fin seulement d'une livre.

III.

III. N°. XI, *H-E*. Le 30 Août 1733, 70 livres.
Le premier Juin 1734, 56 livres 8 onces.
Le 26 Octobre 1742, 51 liv. 8 onces.
N°. XI, *F-E*. Le 30 Août 1733, 61 liv. 8 onces.
Le premier Juin 1734, 57 livres 8 onces.
Le 26 Octobre 1742, 46 livres.

Au commencement *H* excédoit *F* de 8 livres 8 onces; & à la fin son excédent n'étoit que de 5 livres 8 onces.

IV. N°. XI, *H-C*. Le 30 Août 1733, 72 livres 8 onces.
Le premier Juin 1734, 57 livres 4 onces.
Le 26 Octobre 1742, 50 livres 8 onces.
N°. XI, *F-C*. Le 30 Août 1733, 74 livres 8 onces.
Le premier Juin 1734, 71 livres.
Le 25 Octobre 1742, 49 livres 12 onces.

Au commencement *F* pesoit 2 livres plus que *H*; & à la fin *H* pesoit 12 onces plus que *F*.

V. N°. XII, *H-E*. Le 30 Août 1733, 68 livres 12 onces.
Le premier Juin 1734, 58 livres 8 onces.
Le 25 Octobre 1742, 51 livres 4 onces.
N°. XII, *F-E*. Le 30 Août 1733, 65 livres.
Le premier Juin 1734, 62 livres 12 onces.
Le 26 Octobre 1742, 48 livres 12 onces.

Au commencement *H* pesoit 3 livres 12 onces plus que *F*; & à la fin *H* n'excédoit que de 2 livres 8 onces.

VI. N°. XII, *H-C*. Le 30 Août 1733, 71 livres 12 onc.
Le premier Juin 1734, 59 liv. 8 onces.
Le 25 Octobre 1742, 52 livres.
N°. XII, *F-C*. Le 30 Août 1733, 70 livres.
Le premier Juin 1734, 70 livres 5 onces.
Le 26 Octobre 1742, 50 livres.

Au commencement *H* pesoit une livre 12 onces plus que *F*; & à la fin 2 livres de plus : ainsi *H* a moins diminué de 4 onces.

VII. N°. XIII, *H-E.* Le 30 Août 1733, 62 livres 4 onces.
Le premier Juin 1734, 54 livres.
Le 25 Octobre 1742, 46 liv. 8 onc.
N°. XIII, *F-E.* Le 30 Août 1733, 63 livres 4 onces.
Le premier Juin 1734, 61 livres 12 onces.
Le 25 Octobre 1742, 48 livres.

Au commencement *F* pesoit 1 livre plus que *H*; & à la fin 1 livre 8 onces.

VIII. N°. XIII, *H-C.* Le 30 Août 1733, 69 livres.
Le premier Juin 1734, 60 livres 4 onces.
Le 25 Octobre 1742, 50 livres 8 onces.
N°. XIII, *F-C.* Le 30 Août 1733, 68 liv. 4 onc.
Le premier Juin 1734, 66 livres 12 onces.
Le 25 Octobre 1742, 50 livres 8 onces.

Au commencement *H* pesoit 12 onces plus que *F*; & à la fin les deux étoient du même poids.

IX. N° XIV, *H-E.* Le 30 Août 1733, 49 liv. 12 onc.
Le premier Juin 1734, 41 liv. 8 onces.
Le 25 Octobre, 1742, 35 livres.
N°. XIV, *F-E.* Le 30 Août 1733, 41 livres 12 onces.
Le premier Juin 1734, 44 liv.
Le 25 Octobre 1742, 31 livres.

Au commencement *H* pesoit 8 livres plus que *F*; & à la fin *H* n'excédoit que de 4 livres.

X. N°. XIV, *H-C.* Le 30 Aout 1733, 49 livres 8 onc.
Le premier Juin 1734, 40 livres 8 onces.
Le 25 Octobre 1742, 34 livres 8 onces.
N°. XIV, *F-C.* Le 30 Août 1733, 47 livres.
Le premier Juin 1734, 45 livres 12 onces.
Le 25 Octobre 1742, 33 livres.

Au commencement *H* pesoit 2 livres 8 onces plus que *F*; & à la fin seulement 1 livre 8 onces.

XI. N°. XV, *H-E*. Le 30 Août 1733, 63 livres.
Le premier Juin 1734, 51 livres.
Le 25 Octobre 1742, 44 livres 4 onces.
N°. XV, *F-E*. Le 30 Août 1733, 68 liv.
Le premier Juin 1734, 58 livres.
Le 25 Octobre 1742, 44 liv. 4 onces.
Au commencement *F* pesoit 5 livres plus que *H*; & à la fin ils étoient précisément de même poids.

XII. N°. XV, *H-C*. Le 30 Août 1733, 61 livres.
Le premier Juin, 1734, 46 livres 12 onces.
Le 25 Octobre 1742, 41 livres 4 onces.
N°. XV, *F-C*. Le 30 Août 1733, 62 livres 8 onces.
Le premier Juin 1734, 58 livres 6 onces.
Le 25 Octobre 1742, 42 liv. 4 onces.
Au commencement *F* pesoit 1 livre 8 onces plus que *H*; & seulement 1 livre à la fin.

XIII. N°. XVI, *H-E*. Le 30 Août 1733, 81 livres 4 onces.
Le premier Juin 1734, 74 livres.
Le 25 Octobre 1742, 64 liv.
N°. XVI, *F-E*. Le 30 Août 1733, 93 livres 12 onces.
Le premier Juin 1734, 87 livres 5 onces
Le 25 Octobre 1742, 75 livres 4 onces.
Au commencement *F* pesoit 12 liv. 8 onc. plus que *H*; & seulement 11 liv. 4 onc. à la fin.

XIV. N°. XVI, *H-C*. Le 30 Août 1733, 85 livres.
Le premier Juin 1734, 80 livres 5 onces.
Le 25 Octobre 1742, 65 livres.
N°. XVI, *F-C*. Le 30 Août 1733, 98 livres 4 onces.
Le premier Juin, 1734, 96 livres 5 onces.
Le 25 Octobre 1742, 72 livres.
Au commencement *F* pesoit 13 livres 4 onc. plus que *H*; & à la fin seulement 7 livres.

La diminution de *F* est bien considérable : peut-être cette planche avoit-elle quelques défauts ; mais je dois rapporter les faits comme je les trouve sur mes Registres.

REMARQUE.

ON voit par le grand nombre d'Expériences que nous venons de rapporter, que les bois qu'on met passer quelque temps dans l'eau douce, perdent communément plus de leur poids en se séchant, que ceux qu'on fait sécher à couvert.

Il n'en est pas tout-à-fait de même des croûtes : celles qui contiennent beaucoup d'aubier perdent moins de leur poids, parce que les vers qui endommagent l'aubier, n'attaquent pas ceux qui ont été flottés ; & comme dans ces croûtes, il y avoit plus ou moins d'aubier, on a apperçu des différences dans les résultats. Si, d'ailleurs, on remarque quelques pieces qui s'écartent de la regle générale, c'est parce que quelquefois dans les pieces de bois flotté il s'est rencontré des nœuds & des veines de bois dur, qui ne se trouvoient pas dans la piece de comparaison qu'on avoit conservée sous un hangar. Enfin, comme tous ces bois empilés pouvoient bien n'être pas également exposés au hâle, il a pu se trouver quelques différences dans leur poids. Toutes ces raisons nous ont obligé de multiplier beaucoup les Expériences.

ARTICLE VIII. *Huitieme suite d'Expériences pour connoître ce que le flottage produit sur les bois secs par comparaison avec les bois nouvellement abattus.*

COMME toutes les Expériences que je viens de rapporter ont été faites avec des bois qui contenoient encore beaucoup de seve, j'ai cru devoir mettre en comparaison des bois secs avec des bois qui auroient toute leur seve.

J'ai choisi des pieces de Chêne assez seches, abattues depuis trois ans ; & j'en ai fait faire des bouts de Chevron de trois pieds de longueur, & de trois pouces d'équarrissage, semblables, pour les dimensions, à ceux de la troisieme suite d'Expériences. Trois ont été marqués du numéro I, trois du numéro II, trois du numéro III, trois du numéro IV, trois du numéro V, & trois du numéro VI.

On les a pesés en Mars ou Avril 1733, après les avoir réduits aux dimensions qu'ils devoient avoir.

On les a mis aussi-tôt dans l'eau, où ils sont restés jusqu'au 21 Mai 1734. Les ayant laissés à l'air se ressuyer une couple de jours, on les a pesés pour la seconde fois.

Ensuite on les a mis sous un hangar, & on les a pesés le 25 Mai 1735; enfin pour la quatrieme & derniere fois, le 5 Juin 1736.

On a fait les mêmes opérations sur d'autres chevrons nouvellement abattus & remplis de leur seve.

Voici le résultat de ces Expériences.

I. N°. I, sec. En Mars 1733, pesoit 33 liv. 5 onc. 2 gros.
Mai 1734, 38 liv. 10 onc.
Mai 1735, 30 liv. 4 onc. 6 gros.
Juin 1736, 29 liv. 12 onc. 2 gros.
En flottant dans l'eau son poids est augmenté de 5 liv. 4 onc. 6 gros; & à la fin de l'Expérience il étoit diminué de 3 liv. 9 onces.

N°. I, verd. En Mars 1733, 40 liv. 5 onc. 4 gros.
Mai 1734, 42 liv. 4 onc.
Mai 1735, 31 liv. 12 onc.
Juin 1736, 30 liv. 10 onc. 4 gros.
En flottant dans l'eau son poids est augmenté de 1 livre 14 onces 4 gros; à la fin il étoit diminué de 9 livres 11 onces.

II. N°. II, sec. En Mars 1733, 32 liv. 14 onc. 6 gros.
Mai 1734, 38 liv. 2 onc. 4 gros.
Mai 1735, 31 liv. 7 onc. 2 gros.
Juin 1736, 30 liv. 12 onc.
En flottant dans l'eau son poids a augmenté de 5 liv. 3 onc. 6 gros; à la fin il étoit diminué de 2 livres 2 onces 6 gros.

N°. II, verd. En Mars 1733, 40 liv. 5 onc. 4 gros.
Mai 1734, 42 liv. 4 onc.
Mai 1735, 31 liv. 12 onc.
Juin 1736, 30 liv. 10 onc. 4 gros.
En flottant dans l'eau son poids a augmenté de 1 liv. 14 onc. 4 gros; à la fin il étoit diminué de 9 liv. 11 onc.

III. N°. III, sec. En Mars 1733, 32 liv. 6 onc. 2 gros.
Mai 1734, 41 liv. 10 onc.
Mai 1735, 30 liv. 12 onc.
Juin 1736, 30 liv. 6 onc.
En flottant dans l'eau son poids a augmenté de 9 liv. 3 onc. 6 gros; à la fin il étoit diminué de 2 liv. 2 gros.
N°. III, verd. En Mars 1733, 37 liv. 11 onc.
Mai 1734, 39 liv. 4 onc.
Mai 1735, 30 liv. 1 onc.
Juin 1736, 29 liv. 2 onc.
En flottant dans l'eau son poids a augmenté de 1 liv. 9 onces; à la fin il étoit diminué de 8 liv. 9 onc.

IV. N°. IV, sec. En Avril 1733, 32 liv. 7 onc. 4 gros.
Mai 1734, 35 liv. 4 onc.
Mai 1735, 31 liv. 14 onc.
Juin 1736, 30 liv. 15 onc.
En flottant dans l'eau son poids a augmenté de 2 liv. 12 onc. 4 gros; à la fin il étoit diminué de 1 liv. 8 onc. 4 gros.
N°. IV, verd. En Avril 1733, 33 liv. 7 onc. 4 gros.
Mai 1734, 35 liv. 4 onc.
Mai 1735, 31 liv. 14 onc.
Juin 1736, 30 liv. 15 onc.
En flottant dans l'eau son poids a augmenté de 1 liv. 12 onc. 4 gros; à la fin il étoit diminué de 2 liv. 8 onc. 4 gros.

V. N°. V, sec. En Mai 1733, 31 liv. 4 gros.
Mai 1734, 39 liv. 4 onc.
Mai 1735, 31 liv. 4 onc.

Juin 1736, 30 liv. 2 onc. 4 gros.

En flottant dans l'eau son poids est augmenté de 8 liv. trois onc. 4 gros; à la fin il étoit diminué de 14 onc.

N°. V, verd. Mai 1733, 38 liv. 4 onc. 4 gros.

Mai 1734, 42 liv. 5 onc.

Mai 1735, 31 liv. 14 onc.

Juin 1736, 30 liv. 10 onc.

En flottant dans l'eau son poids a augmenté de 4 liv. 4 gros; à la fin il étoit diminué de 7 liv. 10 onc. 4 gros.

VI. N°. VI, sec. En Mai 1733, 33 liv. 9 onc. 4 gros.

Mai 1734, 41 liv. 4 onc.

Mai 1735, 32 liv. 8 onc.

Juin 1736, 31 liv. 8 onc.

En flottant dans l'eau son poids a augmenté de 7 liv. 10 onc. 4 gros; à la fin il étoit diminué de 2 liv. 1 onc. 4 gros.

N°. VI, verd. A la fin de Mai 1733, 36 liv. 10 onc. 4 gros.

Mai 1734, 39 liv. 10 onc.

Mai 1735, 30 liv. 3 onc.

Juin 1736, 29 liv. 2 onc.

En flottant dans l'eau son poids est augmenté de 2 liv. 15 onces 4 gros; à la fin il étoit diminué de 7 liv. 8 onc. 4 gros.

RÉSULTAT des Expériences précédentes.

Il suit de ces Expériences:

1°, Que les bois secs se chargent de beaucoup plus d'eau que les bois verds; & cela est naturel, puisqu'ils ont perdu une grande partie de leur seve.

2°, Que les bois verds perdent, en se séchant, beaucoup plus de leur premier poids que les bois secs; ce qui est encore naturel, puisqu'ils doivent se décharger non-seulement de l'eau qu'ils avoient imbibée, mais encore d'une partie de leur seve.

3°, Que les bois secs qui ont été flottés perdant plus de leur poids que ceux qui n'ont pas été mis dans l'eau, on peut en conclure qu'une portion de leur ſubſtance ayant été diſſoute par l'eau s'eſt diſſipée avec elle : auſſi, comme je l'ai dit, tous les bois qu'on met tremper dans l'eau ſont-ils, au bout de quelque temps, couverts d'une ſubſtance gélatineuſe.

4°, Nous ferons obſerver que, quoique les bois flottés ſe fendent ordinairement moins que ceux qui n'ont point été mis dans l'eau, cependant quelques pieces des bois ſecs dont nous venons de parler, & qui avoient été flottés, étoient aſſez conſidérablement fendues en 1736 quand ils ont été bien ſecs.

5°, J'ai averti que les chevrons que je regardois comme ſecs contenoient encore de la ſeve : la preuve en eſt qu'ayant tenu quelques-uns de ces chevrons dans un four chaud pendant quatre fois 24 heures avant de les mettre dans l'eau, il s'eſt quelquefois trouvé 10 à 11 onces de diminution ſur le poids d'un ſeul, quoique ces bois euſſent été abattus trois ans auparavant, & qu'ils paruſſent fort ſecs. Nous rapporterons ſur ce point quantité d'Expériences.

ARTICLE IX. *Neuvieme ſuite d'Expériences ſur des pieces de bois de même poids, les unes vertes, les autres ſeches, miſes en comparaiſon.*

J'AI cru que rien ne ſeroit plus propre à faire connoître ſi les bois perdent beaucoup de leur ſubſtance, que de prendre deux moitiés d'un même arbre, de réduire ces deux moitiés à un même poids ſans s'embarraſſer qu'ils euſſent rigoureuſement des dimenſions pareilles, de mettre une de ces moitiés ſous un hangar & de faire flotter l'autre. Et comme j'avois remarqué que les bois qui reſtoient conſtamment dans l'eau, s'altéroient moins que ceux qui étoient tantôt dans l'eau, & tantôt à l'air; je me propoſai d'en tenir dans ces deux ſituations.

En effet, ne voit-on pas ſur les ports de Paris, que les bois à brûler qu'on a d'abord jettés à bois perdu ſur de petites rivieres, & qu'on a enſuite tirés à bord quand ils étoient aſſez chargés d'eau pour devenir canards: ne voit-on pas, dis-je, que ces

ces bois qu'on tient tantôt dans l'eau & tantôt à l'air, ne ſont pas à beaucoup près ſi bons pour le chauffage, que ceux qu'on met tout d'abord en trains, & qui arrivent à Paris ſans être jamais ſortis de l'eau. Les bois qu'on nomme *Bois de gravier* ont preſque toute leur écorce, & ils tiennent un milieu entre les *Bois flottés* & les *Bois neufs*. Il eſt vrai que communément ils reſtent moins long-temps dans l'eau. Mais on remarque auſſi qu'un pilotis qui eſt enfoncé dans le lit d'une riviere commence par pourrir à l'endroit où le bois eſt alternativement expoſé à ſe ſécher & à être mouillé : la partie qui eſt toujours au-deſſus de l'eau, & que l'eau ne mouille jamais, ſubſiſte davantage, & celle qui eſt toujours ſous l'eau ne pourrit point. Maintenant que l'on comprend les vues que je me ſuis propoſées, lorſque j'ai entrepris cette nouvelle ſuite d'Expériences, il faut en expoſer les détails.

Dans le mois de Janvier 1737, je fis abattre un Chêne qui me fournit une piece de bois quarré de douze pieds de long ſur ſept pouces d'équarriſſage. Je choiſis une autre piece de Chêne de pareilles dimenſions; mais ce Chêne étoit abattu depuis dix à douze ans.

Je fis ſcier par les ſcieurs de long ces deux pieces par le milieu; ce qui me fournit huit pieces de ſix pieds de longueur ſur ſept pouces de largeur, & trois pouces & demi d'épaiſſeur; on les réduiſit toutes à un même poids, ſavoir :

Les quatre pieces de bois ſec peſoient chacune 41 liv. 8 onc.

Et les quatre pieces de bois verd peſoient chacune 56 liv. 2 onc.

Les quatre pieces de bois ſec furent marquées d'une *S*, & les quatre de bois verd d'un *V*.

De plus on écrivit *pied* ſur celles qui étoient près de la ſouche, *haut* ſur celles qui étoient plus près de la cime; enfin, on mit une *H* ſur celles qui devoient toujours reſter ſous le hangar, une *F* ſur celles qui devoient toujours reſter dans l'eau, & *F-E* ſur celles qui devoient être tantôt à l'eau & tantôt à l'air.

Les quatre pieces marquées *H* furent miſes ſous le hangar; une de bois ſec & une de bois verd marquées *F*, étant deſtinées à reſter toujours ſous l'eau, furent miſes dans l'eau, & chargées de pierres : les deux autres marquées *F-E*, l'une ſeche & l'autre verte, furent deſtinées à reſter alternativement huit jours à l'eau & huit jours à l'air.

Dans le mois d'Avril 1738, on reconnut ces huit pieces de bois, & on les laiſſa les unes ſous le hangar & les autres dans l'eau, comme il a été dit.

Le 28 Septembre 1738, on retira celles qui étoient dans l'eau, & on les mit ſous le hangar avec les autres.

Le 20 Mai 1742, jugeant que ces bois étoient ſecs, on les peſa tous.

N°. 1. Hangar, du pied, ſec peſoit 37 liv. 15 onc.
Ainſi il avoit perdu de ſon premier poids 3 liv. 9 onc.
N°. 2. Flotté, du pied, ſec peſoit 37 liv. 8 onc.
Il avoit donc perdu de ſon premier poids 4 liv. c'eſt-à-dire, 7 onc. de plus que N°. 1.
N°. 3. Flotté alternativement & à l'air, du pied, ſec, 37 liv.
Il avoit perdu de ſon premier poids, 4 liv. 8 onc.
Il a perdu 8 onc. de plus que N°. 2, & 15 onc. plus que N°. 1.
N°. 4. Hangar, du haut, ſec peſoit 38 liv. 8 onc.
Il avoit perdu de ſon premier poids, 3 liv.
Ainſi il a moins diminué de 9 onc. que le morceau du pied numéro 1.

N°. 5. Hangar, du pied, verd, 36 liv.
Il avoit perdu de ſon premier poids, 20 liv. 2 onc.
N°. 6. Hangar, du haut, verd, 34 liv. 8 onc.
Il avoit perdu de ſon premier poids, 21 liv. 10 onc.
C'eſt 1 liv. 8 onc. de plus que N°. 5.
N°. 7. Flotté, du haut, verd, 35 liv.
Il a donc perdu de ſon premier poids, 21 liv. 2 onc.
C'eſt 8 onc. moins que N°. 6.
N°. 8. Flotté & à l'air, du pied, verd, 34 liv. 15 onc.
Ainſi il a perdu de ſon premier poids, 21 liv. 3 onc.
Il a perdu 1 liv. 1 onc. plus que N°. 5, & 1 onc. de plus que N°. 7, quoique celui-ci fût du pied, & N°. 7 de la cime.

RÉSULTAT de ces Expériences.

CETTE ſuite d'Expériences prouve comme les autres, que les bois qu'on met flotter dans l'eau douce perdent plus de leur poids, que ceux que l'on conſerve à couvert ; & que ceux qu'on tient alternativement dans l'eau & à l'air, perdent encore plus de leur poids. On peut regarder cette regle comme générale, quoique quelques-uns s'en écartent, parce qu'une veine de bois blanc, ou un nœud, ſuffit pour changer les Réſultats.

On voit encore que le bois de la cime des arbres perd plus de ſon poids en ſéchant, que celui qui eſt auprès de la ſouche.

ARTICLE X. *Dixieme ſuite d'Expériences qui prouvent que les pieces de Bois qui paſſent un certain temps dans l'eau, ſont moins ſujettes à être piquées des vers que celles qui ſont tenues à ſec.*

NOUS avons prouvé, par un grand nombre d'Expériences, que les bois qu'on met dans l'eau perdent un peu de leur ſubſtance ; mais elles prouvent de plus que l'aubier des arbres qui ont été flottés ſe conſerve mieux que celui des arbres qui ont toujours été tenus dans un lieu ſec. Pour mettre ce fait à l'abri de toute difficulté, j'ai encore fait une Expérience ; & comme les cerceaux qu'on fait pour les futailles ſont de bois fort jeune, & preſqu'entiérement d'aubier, j'ai choiſi des cerceaux de Chêne, afin de connoître plus promptement l'effet que l'eau pourroit produire.

Le 2 Mars 1737, je pris dix-huit rouelles de cercles de Chêne nouvellement travaillées, & pareil nombre d'autres qui, ayant été travaillées en 1736, étoient ſeches : car ces bois qui ont peu d'épaiſſeur, ſechent promptement. Neuf rouelles de bois verd & neuf de bois ſec, furent miſes dans un grenier bien ſec, le 11 Mars 1737. Le même jour neuf rouelles pareilles de bois verd & neuf de bois ſec furent jettées dans l'eau, où elles ont reſté huit mois. On les a donc tirées de l'eau le 25 Octobre 1737, & on les a mises, ainsi que les rouelles qui avoient été déposées dans le grenier, sous un même hangar. Dans les mois de Septembre & Octobre 1738, on a employé tous ces cercles à relier des futailles, pour connoître leur différente qualité.

1°, Les cercles de 1736 qu'on avoit mis au grenier, puis sous le hangar, étoient tellement vermoulus, que quand on en soulevoit un par un bout il rompoit sous son propre poids.

2°, Ceux de 1737 n'étoient pas aussi gâtés; cependant aucun n'a pu être employé, & ceux qui étoient au milieu des rouelles, étoient plus gâtés que les autres.

3°, Les rouelles abattues en 1736, & qu'on avoit mises passer huit mois dans l'eau, n'étoient point piquées: elles avoient perdu leur écorce; néanmoins une partie de ces cercles a résisté aux coups de maillet, & a été employée.

4°, Les rouelles abattues en 1736, & qui avoient été mises dans l'eau, avoient perdu leur écorce; mais il n'y avoit aucune piqûre de vers: tous les cercles étoient bons, & ils furent employés.

5°, Neuf rouelles de 1736, que j'avois laissées à l'air, n'étoient pas en aussi bon état que celles qui avoient été flottées: quelques-uns des cercles étoient piqués de vers; mais ils étoient meilleurs que ceux des rouelles qui avoient été tenus au grenier & sous le hangar.

6°, J'en avois aussi mis à la cave, & les cercles étoient à peu près dans le même état que ceux des rouelles qui étoient restées à l'air.

7°, J'ai fait les mêmes Expériences sur des bottes de latte; mais il suffira de dire que celles qui ont toujours été à couvert, avoient leur aubier vermoulu; celles qui avoient séjourné quelque temps dans l'eau, avoient leur aubier sain, & les autres précisément comme ce que nous avons dit des cercles; mais à toutes, le bois du cœur étoit sain, & n'étoit point encore attaqué par les vers. C'est pourquoi je ne parlerai point des Expériences que j'ai faites avec des échalas, parce qu'étant presqu'entiérement de cœur de Chêne, ils ne m'ont fourni aucun sujet d'observations.

Je crois que l'eau fait périr la ſemence des inſectes; peut-être auſſi a-t-elle altéré la ſeve du bois, qui probablement convient aux vers, & détermine les inſectes à y dépoſer leurs œufs.

ARTICLE XI. *Onzieme ſuite d'Expériences faites ſur des Bois tendres flottés & non flottés.*

LES Expériences que nous venons de rapporter, ont été faites ſur du bois de Chêne, qu'on regarde comme du bois dur : j'ai cru devoir donner encore d'autres expériences que j'ai faites dans la même vue ſur des bois tendres ; & j'ai choiſi l'Aulne, parce qu'on ſçait qu'il s'altere plus promptement que le Chêne.

§ I. *PREMIERE EXPÉRIENCE.*

1°, On a abattu de gros corps d'Aulne dans le mois d'Octobre 1732 ; on les a ſciés par billes de ſix pieds de longueur.

Trois de ces billes en grume & dans leur écorce, ont été jettées dans l'eau le 15 Novembre de la même année. On les a refendues en planches en 1735, & le bois s'en eſt trouvé très-bon.

2°, Trois billes pareilles qu'on a écorcées avant de les jetter à l'eau, ſe ſont trouvées pareillement très-bonnes en 1735.

3°, Trois billes du même bois, abattu dans le même temps, ont été dépoſées, avec leur écorce, ſous un hangar le 15 Novembre. En 1735 deux ſe ſont trouvées fort échauffées ; la troiſieme l'étoit moins.

4°, Trois pareilles billes ont été écorcées avant de les mettre ſous le hangar. En 1735, elles étoient échauffées en quelques endroits, mais moins que les précédentes.

5°, Trois pareilles billes ont été miſes en chantier à l'air avec leur écorce. En 1735, le bois s'eſt trouvé très-échauffé, & preſque hors de ſervice.

6°, Trois billes pareilles ont été miſes en chantier à l'air comme les précédentes; mais elles avoient auparavant été écorcées. Quand on les a refendues en planches en 1735, le bois s'eſt trouvé moins échauffé que celui des précédentes ; il y en eut même une qui ſe trouva aſſez bonne.

7°, Trois billes pareilles ont été déposées un mois après leur abattage, dans une cave; on les en a retirées en Juin 1733, & on les a déposées sous un hangar jusqu'en 1735 qu'on les en a tirées pour les débiter en planches. Elles se sont trouvées plus ou moins échauffées.

8°. De pareilles billes qu'on avoit écorcées avant de les mettre dans la cave, se sont trouvées en 1735 moins échauffées que celles qui avoient leur écorce; mais elles n'étoient pas saines.

§ 2. SECONDE EXPÉRIENCE.

CETTE Expérience ne differe de la précédente, que parce que les arbres ont été abattus dans le mois de Décembre, au lieu que les autres l'avoient été en Octobre.

Les billes qu'on avoit mises à l'eau, soit avec leur écorce, soit sans leur écorce, se sont trouvées très-bonnes en 1735.

Celles qu'on avoit déposées sous le hangar avec leur écorce, étoient fort échauffées en 1735. Celles qui n'avoient point leur écorce, étoient en meilleur état: il y en avoit même une fort bonne.

Celles qu'on avoit mises à l'air avec leur écorce, étoient entiérement pourries: celles qui avoient été écorcées, étoient un peu moins gâtées.

Enfin, celles qu'on avoit mises à la cave, étoient plus ou moins échauffées; mais celles qui avoient leur écorce, l'étoient plus que celles qui en avoient été dépouillées.

§ 3. TROISIEME EXPÉRIENCE.

CETTE Expérience ne differe des précédentes qu'en ce que les arbres ont été abattus dans le mois de Mai 1733.

Toutes les billes abattues le 24 Mai, & qui ont été jettées à l'eau dans le mois de Juillet suivant, se sont trouvées très-bonnes en 1735.

Entre celles qu'on a mises sous un hangar, toutes celles qui étoient écorcées étoient bonnes; une dans son écorce s'est trouvée bonne ; les deux autres commençoient à s'échauffer.

A l'égard de celles qu'on a laiſſées à l'air, celles qui avoient leur écorce, étoient ou pourries, ou échauffées.

Entre celles qui avoient été dépouillées de leur écorce, il s'en eſt trouvé une dont le bois étoit bon ; les deux autres l'avoient un peu échauffé.

Toutes celles qui ont été miſes à la cave avec leur écorce, étoient gâtées ; celles qu'on avoit dépouillées de leur écorce, commençoient à s'échauffer.

§ 4. *QUATRIEME* EXPÉRIENCE.

J'AJOUTE aux Expériences que je viens de rapporter, qu'ayant fait débiter en planches de gros Aulnes en Septembre 1732, le premier Mars 1733, quinze de ces planches furent jettées à l'eau. On les en retira dans le mois de Septembre pour les dépoſer ſous un hangar ; & en 1735, elles ſe trouverent très-bonnes.

De plus on a abattu des Aulnes ; on les a mis flotter pendant un an ; on les a retirés de l'eau, & on les a laiſſés cinq à ſix mois à l'air ; on les a équarris. On les a rejettés à l'eau, où ils ont paſſé près d'un an. Quelque temps après qu'ils en ont été retirés, on les a travaillés, & on en a fait les ſolives d'un petit bâtiment de Payſan, où on les a trouvées aſſez ſaines au bout de dix-huit ans.

CONSÉQUENCES *qu'on peut tirer des Expériences précédentes.*

1°, Qu'il y a quelqu'avantage à ne pas laiſſer long-temps les bois dans leur écorce : ſouvent aux bois durs de bonne qualité, l'écorce eſt vermoulue, & les vers ne peuvent pénétrer dans l'intérieur du bois ; mais aux bois tendres, les inſectes pénetrent dans la ſubſtance ligneuſe.

2°, Qu'il vaut mieux tenir les bois ſous des hangars, qu'expoſés aux injures de l'air.

3°, Qu'il n'eſt point avantageux de les tenir dans un lieu humide.

4°, Qu'il est à propos de mettre les bois qui sont sujets à être piqués des vers passer quelque temps dans l'eau aussi-tôt qu'ils sont abattus, préférant de perdre un peu de la force de ces bois dans la vuë de les préserver des vers. Cela vient d'être prouvé dans l'Article X. Il est vrai que les Expériences que nous venons de rapporter ne paroissent avoir d'application directe qu'aux bois tendres, & particuliérement à celui d'Aulne. Quand cela seroit, elles ne seroient pas inutiles. Mais elles peuvent aussi s'appliquer très-bien aux bois de Chêne, d'Orme, de Noyer qui souvent deviennent la pâture des insectes, lorsqu'ils sont de médiocre qualité.

CHAPITRE V.

Des Bois qu'on fait flotter dans l'eau de la Mer.

IL N'A ÉTÉ question jusqu'à présent que des bois qu'on a flottés dans l'eau douce : il faut maintenant examiner ce qui arrive quand on les flotte dans l'eau de la mer ; car quelques-uns ont cru que le sel de cette eau pourroit contribuer à leur conservation. On sait que l'eau de la mer se corrompt au moins aussi promptement que l'eau douce : mais il pourroit arriver que l'eau s'évaporant, le sel resteroit dans le bois, & contribueroit à sa conservation.

ARTICLE I. *Suite d'Expériences sur l'imbibition des Bois plongés dans l'eau de la Mer.*

§ I. PREMIERE EXPÉRIENCE.

UN parallélipipede de bois de Hollande extrêmement sec, qui avoit 20 $\frac{1}{2}$ pouces de longueur, 11 $\frac{1}{2}$ de largeur, & 11 d'épaisseur, pesoit 89 liv. 10 onc. d'où il suit qu'un pied cube de de ce bois auroit pesé 59 liv. 11 onces $\frac{2}{3}$. Cette piece fut mise dans l'eau de mer le 10 Décembre au matin ; le soir, non-seulement elle flottoit, mais de plus elle soutenoit sur l'eau un poids de 24 liv. 5 onc. & une once de plus la faisoit enfoncer dans l'eau.

Le 11 du même mois, elle soutenoit . . .	21 l.	2 onc.
Le 12	18	7
Le 14	16	14
Le 17	16	4
Le 22	13	9
Le 31	10 l.	15 onc.
Le 12 Janvier . .	7	10
Le 21	6	1
Le 1 Février .	4	15
Le 12	4	2

Cette piece a toujours resté pendant ce temps dans l'eau, & elle n'étoit pas encore à beaucoup près assez pesante pour aller au fond de l'eau.

§ 2. *SECONDE EXPÉRIENCE.*

UN bout de soliveau sec, de la Forêt de Saint-Germain, qui avoit 7 pouces d'équarrissage sur 2 pieds de longueur, pesoit 42 liv. 6 onc.

Ainsi le pied cube de ce bois pesoit 62 liv. 4 onc. c'est 2 liv. 9 onc. de plus que le bois de Hollande.

On l'a mis dans l'eau de mer le 10 Décembre au matin ; le soir il soutenoit 10 liv. 14 onc. & une once de plus le faisoit enfoncer dans l'eau.

Le 11 du même mois il soutenoit	9 l.	6 onc.
Le 12	8	15
Le 14	8	7
Le 17	8	0
Le 22	7	10
Le 31	7 l.	3 $\frac{1}{2}$
Le 12 Janvier .	6	14
Le 21	6	9
Le 1 Février .	6	5
Le 12	6	1 $\frac{1}{2}$

§ 3. *TROISIEME EXPÉRIENCE.*

COMME je vis qu'il ne m'étoit pas possible de suivre cette

Expérience jusqu'à l'imbibition parfaite, je pris un bout de soliveau de bois de Normandie de 2 pieds de longueur sur 7 pouces d'équarrissage ; il étoit retiré de l'eau de la mer depuis huit mois, & il y avoit séjourné plus d'un an ; il pesoit 49 liv. 8 onc. ce qui indique que le pied cube pesoit 72 liv. c'est 9 liv. 12 onc. de plus que la piece précédente, ce qui pouvoit venir de ce que le bois en étoit de meilleure qualité, ou qu'il étoit moins sec.

Et comme on estime que l'eau de mer ne pese gueres plus de 72 liv. je jugeai que le soliveau seroit tout près d'aller au fond de l'eau : cependant il soutint une livre deux onces. On pourroit penser que l'air adhérent à la surface de la piece, pouvoit contribuer à la faire flotter ; mais le soir elle portoit encore 14 onc. & demie.

Le 11 elle soutenoit. 12 $\frac{1}{2}$ onc.
Le 12 11
Le 14 . . . . 9 $\frac{1}{4}$.
Le 17 . . . . 6 $\frac{1}{4}$.
Le 22 1
Le 31 elle étoit fondriere, & il falloit 6 onc. pour la faire flotter.
Le 12 Janvier . . . 12 onc.
Le 21 . . . . 15 $\frac{1}{2}$
Le 1 Février. . . . 19
Le 12 . . . . . 1 liv. 8 $\frac{1}{2}$

CONSÉQUENCES *des Expériences précédentes.*

Par cette Expérience, on étoit bien parvenu à rendre assez promptement ce soliveau fondrier ; mais il auroit fallu la continuer bien long-temps pour parvenir à une parfaite imbibition, on n'en peut pas douter après les Expériences que nous avons rapportées plus haut. Il s'en faut donc beaucoup que ces Expériences ayent été achevées ; cependant j'ai cru devoir les rapporter, parce qu'elles pourront être de quelque utilité à ceux qui font des Radeaux & des Trains, ou d'autres établissements qui ne flottent que par la légéreté du bois. Car on apperçoit à peu près ce qu'ils perdent de leur légéreté relative à l'eau, dans un temps donné.

54. QUATRIEME EXPÉRIENCE,
Qui indique à peu près la quantité d'eau de mer dont se peut charger un pied cube de bois de Chêne.

DANS le même temps, nous fîmes tirer de l'eau de la mer un vieux pilotis qui y étoit depuis cinquante ou soixante ans : comme la superficie en étoit couverte de coquillage, & comme elle étoit outre cela rongée par des insectes à la profondeur d'une ou de deux lignes ; nous fîmes enlever cette croûte défectueuse, & la piece de bois se trouva réduite à 22 pouces de longueur sur 7 de largeur. Le bois en paroissoit très-sain : il étoit fort dur sous la coignée ; les copeaux qu'on enlevoit étoient très-solides & plus durs que n'auroient été ceux de bois neuf. Cette piece pesoit 57 liv. 14 onc. ce qui revient à 83 liv. 2 onc. & demie pour le poids d'un pied cube de ce bois ; l'ayant mis dans l'eau de la mer, il fallut 5 liv. 15 onc. pour la ramener à la surface de l'eau. Ainsi un pied cube de ce bois pesoit 9 liv. $\frac{1}{2}$ plus que l'eau de la mer.

En supposant que ce bois étant sec, & avant d'être employé en pilotis, eût pesé 60 liv. le pied cube, ce qui fait le poids ordinaire des bois de Chêne de l'intérieur du Royaume, son poids, par le long séjour qu'il avoit fait dans l'eau, auroit augmenté de 23 liv.

J'aurois fort desiré pouvoir suivre le desséchement de ce morceau de bois, ainsi que l'imbibition des autres ; mais cela ne m'étoit pas possible. Voici des Expériences qui ont été suivies avec plus de soin.

ARTICLE II. *Autre suite d'Expériences sur l'imbibition du Bois plongé dans l'eau de la Mer.*

LES Expériences que j'ai rapportées plus haut, m'ayant convaincu que l'eau est long-temps à pénétrer parfaitement un petit morceau de bois, je me proposai de connoître si la superficie d'une piece de bois peut, pour ainsi dire, se rassasier d'un fluide pendant que le centre de cette même piece n'auroit pas encore été pénétré par ce fluide.

§ 1. PREMIERE EXPÉRIENCE.

UN bout de soliveau de 6 pieds de longueur, de 12 & 11 $\frac{1}{2}$ pouces d'équarrissage, franc d'aubier, cubant 5 pieds 9 pouces, chaque pied cube pesoit 69 liv. 12 onc.

Cette piece ayant resté six mois submergée d'eau de mer, chaque pied cube pesoit 71 liv. 2 onc.

Ainsi le poids de chaque pied cube étoit augmenté de 1 liv. 6 onc. pour avoir resté six mois dans l'eau de la mer.

Ayant fait réduire cette piece à 11 & 11 pouces d'équarrissage, chaque pied cube pesoit 72 liv. 15 onc.

Ainsi, ayant retranché du bois de la superficie, qui naturellement devoit être plus pénétré que l'intérieur, le bois se trouvoit néanmoins plus pesant de 1 livre 13 onces par pied cube.

En suivant notre Expérience, cette même piece fut réduite à 8 & 8 pouces d'équarrissage : pour lors chaque pied cube ne pesoit plus que 70 liv. Elle étoit de 2 liv. 15 onc. moins pesante qu'à la précédente pesée. Seroit-ce parce qu'elle auroit été moins pénétrée d'eau ? je le pensois d'abord ; mais l'ayant réduite à 6 & 6 pouces d'équarrissage, le pied cube auroit dû devenir plus léger, si la légéreté de la précédente pesée étoit venue de ce que l'eau n'avoit pas pénétré aussi avant dans la piece ; mais cette supposition fut détruite, puisqu'à cette derniere pesée le pied cube se trouva de 70 liv. 8 onc. de sorte que chaque pied cube étoit de 8 onc. plus pesant qu'à la précédente pesée.

En réfléchissant sur ces variétés de poids, il me parut qu'elles pouvoient dépendre de plusieurs causes, savoir, 1°, de l'eau qui s'étoit introduite dans le bois ; 2°, de la différente densité du bois de la circonférence & de celui du centre, qui, comme je l'ai prouvé dans le Traité de l'*Exploitation des Forêts*, est plus pesant dans les jeunes bois, & plus léger dans les vieux ; 3°, de ce que le fluide peut s'insinuer avec plus de force, & en plus grande abondance, dans des bois plus denses que dans d'autres. Pour essayer d'éclaircir ces doutes, je fis l'Expérience suivante.

§ 2. SECONDE EXPÉRIENCE.

POUR tenter de parer à ces inconvénients, & dans la vue de me mettre à portée de distinguer ce qui dépendoit de la quantité d'eau aspirée par le bois, ou de la différente pesanteur des différentes couches ligneuses, je pris deux soliveaux de 6 pieds de longueur, 12 & 12 pouces d'équarrissage, autant qu'il étoit possible, de la même qualité de bois. Un de ces soliveaux numéroté *A*, fut mis dans l'eau de la mer, où il resta cinq mois; l'autre, numéroté *B*, ne fut point mis dans l'eau.

Le soliveau *A*, avant d'être mis à l'eau, pesoit par pied cube 71 liv. & le soliveau *B*, aussi par pied cube, 70 liv.; ainsi chaque pied cube de *A*, pesoit 1 liv. plus que chaque pied cube de *B*.

A, ayant resté cinq mois dans l'eau de la mer, pesoit 73 liv. 8 onces, son poids n'étoit donc augmenté que de 2 liv. 8 onc.

A, ayant été réduit à 11 & 11 pouces, le pied cube pesoit 75 liv. ainsi il s'est trouvé augmenté de 1 liv. 8 onc.

B, ayant pareillement été réduit à 11 & 11 pouces, chaque pied cube pesoit 71 liv., c'est-à-dire, une liv. de plus que quand il portoit 12 & 12.

D'où il suit que si l'on étoit certain que le bois des deux soliveaux *A* & *B* eût été absolument pareil, l'augmentation réelle de *A*, après avoir séjourné dans l'eau, ne seroit que de 8 onces.

L'équarrissage de *A* étant réduit à 8 & 8, chaque pied cube pesoit 72 liv. & 12 onc.; ainsi il étoit de 2 liv. 4 onc. moins pesant que quand il avoit 11 & 11.

L'équarrissage de *B* étant pareillement réduit à 8 & 8 pouces, chaque pied cube s'est trouvé peser 75 liv. c'est 4 liv. de plus que lorsqu'il avoit 11 & 11 d'équarrissage: ce qui ne peut venir que de l'augmentation de densité des couches ligneuses. Apparemment que les couches ligneuses de *A* avoient diminué de densité, pendant que les couches ligneuses de *B* étoient devenues plus denses; ce qui ne paroîtra pas singulier si l'on se rappelle les Expériences que j'ai rapportées sur la différente densité des couches ligneuses dans le Traité de l'*Exploitation*.

L'équarrissage du soliveau *A* ayant été réduit à *6* & *6*, chaque pied cube pesoit 72 liv. *3* onc. c'est *9* onc. de moins que quand il portoit 8 & 8.

L'équarrissage de *B*, ayant pareillement été réduit à *6* & *6* pour chaque pied cube, s'est trouvé peser 73 liv., c'est 2 liv. de moins que quand son équarrissage étoit de 8 & 8 ; ce qui ne peut venir que de ce que les couches ligneuses du centre de cette piece étoient moins denses que la couronne qu'on a emportée pour la réduire de 8 à *6*; mais ce bois étoit encore de meilleure qualité que celui de la superficie, puisque chaque pied cube pesoit 3 liv. de plus qu'au commencement de l'Expérience: & de même le centre de la piece *A* étoit d'une liv. *3* onc. plus pesant qu'avant qu'il eût été dans l'eau : ce qui me fait penser que l'eau n'avoit pas pénétré jusqu'à ces couches ligneuses. Je tire cette conséquence de ce que le poids du soliveau *B* a encore plus diminué que celui du soliveau *A*.

Il est évident que les différentes pesanteurs de ces soliveaux réduits à différentes épaisseurs, ne viennent point principalement de l'eau dans laquelle le soliveau *A* a trempé, puisqu'elle s'est pareillement remarquée au soliveau *B*, qui n'avoit point été dans l'eau ; ainsi cette Expérience, intéressante à plusieurs égards, ne m'a point fourni les lumieres que j'en espérois.

ARTICLE III. *Premiere suite d'Expériences exécutées en Provence en 1734 sur des Bois de Bourgogne secs.*

M. D'HÉRICOURT, qui étoit Intendant des Galeres à Marseille, s'intéressant beaucoup à mes recherches, me fournissoit tous les moyens d'exécuter mes Expériences avec précision & avec toutes les commodités possibles : il ne pouvoit alors me procurer rien de plus avantageux que d'engager M. Garavaque, Ingénieur de la Marine, à exécuter les Expériences que nous imaginerions pouvoir être propres à notre instruction.

On tira d'un même bordage de Chêne de Bourgogne, qui étoit refendu à la scie depuis deux ans, & qui paroissoit bien sec, quatre morceaux de bois qui avoient chacun bien exactement 2 ½ pieds de longueur, 6 pouces de largeur, & 1 ½ d'épaisseur. Ils pesoient chacun 5 liv. 1 once.

§ 1. PREMIERE OPÉRATION.

UN de ces morceaux de bois fut déposé dans un Magasin fort aéré le 21 Juillet 1734.

	livr.	onc.	gr.		livr.	onc.	gr.
Le 22 comme le jour précédent	5	1	0	Le 23 de même.			
Le 23 de même.				Le 30.............	5	0	0
Le 27 de même.				Le 30 Septembre ...	5	0	4
Le 28 de même.				Le 30 Octobre.....	5	1	0
Le 29 de même.				Le 30 Novembre...	5	6	0
Le 30 de même.				Le 30 Décembre ...	4	15	2
Le 31 de même.				Le 6 Février 1735.	5	1	2
Le 9 Août	5	0	4	Le 6 Avril........	5	1	0
Le 16	5	0	0	Le 6 Mai.........	4	15	2
				Le 6 Juin..........	5	8	0

RÉSUMÉ.

Ainsi depuis le 21 Juillet 1734 jusqu'au 6 Avril 1735, ce morceau de bois n'avoit point perdu de son poids; il avoit seulement fait l'hygrometre, augmentant ou diminuant de poids suivant la situation de l'athmosphere: & définitivement le 6 Juin 1735 son poids étoit augmenté de 7 onç. ce qu'on ne peut attribuer qu'aux changements qui arrivoient dans l'athmosphere.

§ 2. SECONDE OPÉRATION.

UN pareil morceau de bois fut déposé dans un Magasin peu aéré.

	livr.	onc.	gr.
Le 22 Juillet comme le 21..........	5	1	0
Le 23 de même.			
Le 27 de même.			
Le 28 de même.			
Le 29 de même.			
Le 30............	5	1	2
Le 31 de même.			
Le 9 Août........	5	2	0
Le 16 de même.			
Le 23 de même.			
Le 30 de même.			
Le 30 Septembre....	5	2	4
Le 30 Octobre......	5	1	4
Le 30 Novembre de même.			
Le 30 Décembre....	4	15	0
Le 6 Février 1735..	4	15	6
Le 6 Avril de même.			
Le 6 Mai.........	4	14	0
Le 6 Juin.........	4	15	2

RÉSUMÉ.

Ainsi le poids de ce morceau de bois qui avoit d'abord augmenté d'une once, se trouva, à la fin de l'Expérience, plus léger qu'il n'étoit au commmencement d'une once 6 gros.

§ 3. TROISIEME OPÉRATION.

Un pareil morceau de bois fut mis dans l'eau de la mer; & toutes les fois qu'on le pesoit pour connoître l'augmentation de son poids, on le tiroit de l'eau, & on l'essuyoit pour le peser dans l'air.

	livr.	onc.	gr.
Le 21 Juillet, avant de le mettre dans l'eau, il pesoit comme les autres.....	5	1	0
Le 22 Juillet.......	5	4	0
Le 23............	5	6	0
Le 27............	5	9	0
Le 28 de même.			
Le 29............	5	9	4
Le 30 de même.			
Le 31............	5	9	0
diminué de			4
Le 9 Août........	5	12	4
Le 16............	5	15	2
Le 23............	6	1	0
Le 30............	6	2	2
Le 30 Septembre....	6	7	6
Le 30 Octobre......	6	10	6
Le 30 Novembre....	6	11	2
Le 30 Décembre....	7	5	2
Le 6 Février 1735..	7	6	2
Le 6 Avril........	7	7	0
Le 6 Mai.........	7	4	6
Le 6 Juin.........	7	3	2

RÉSUMÉ.

RÉSUMÉ.

Ainsi depuis le 21 Juillet 1734 jusqu'au 6 Juin 1735, ce morceau de bois s'est chargé de 2 livres 2 onces 2 gros de l'eau de la mer.

Il ne faut pas être surpris de la diminution qui est arrivée le 31; on a vu que cela est arrivé dans l'eau douce, & je crois devoir l'attribuer à des bulles d'air qui se dilatent, & font sortir de l'eau qui étoit dans les pores; mais quand cet air s'est échappé, il doit s'insinuer beaucoup d'eau dans les pores du bois; c'est pourquoi on l'a vu beaucoup augmenter de poids immédiatement après. Je me suis étendu ci-dessus sur l'explication de ce fait; ainsi je n'insisterai pas davantage sur ce point.

§ 4. QUATRIEME OPÉRATION.

ELLE est tout-à-fait la même que la précédente; excepté que le morceau de bois qui étoit entiérement semblable, a été mis dans de l'eau douce.

	livr.	onc.	gr.		livr.	onc.	gr.
Le 22 Juillet, il pesoit	5	4	4	Le 30.	6	12	4
Le 23.	5	5	4	Le 30 Septembre.	7	4	2
Le 27.	5	8	4	Le 30 Octobre.	7	10	0
Le 28.	5	9	0	Le 30 Novembre.	7	13	0
Le 29.	5	10	2	Le 30 Décembre.	8	15	8
Le 30.	5	10	6	Le 6 Février 1735.	9	2	2
Le 31.	5	11	4	Le 6 Avril.	9	2	6
Le 9 Août.	6	2	4	Le 6 Mai.	9	1	0
Le 16.	6	6	4	Le 6 Juin.	9	3	2
Le 23.	6	9	0				

RÉSUMÉ.

On voit que ce morceau de bois s'est chargé depuis le 21 Juillet 1734 jusqu'au 6 Juin 1735, de 4 livres 2 onces 2 gros d'eau douce, pendant que celui qui a resté le même temps dans l'eau de la mer ne s'en est chargé que de 2 livres 2 onces 2 gros.

Ce fait mérite qu'on y prête attention : car, comme l'eau de la mer est plus pesante que l'eau douce, je me serois attendu à un résultat tout contraire. Mais on verra dans plusieurs de nos Expériences, que le bois est plus intimement pénétré par l'eau douce que par l'eau de la mer.

ARTICLE IV. *Seconde suite d'Expériences faites avec des Barreaux de bois de Bourgogne plus menus que les précédents.*

CES Expériences ont été faites avec du bois pris dans la même piece que les morceaux de l'Expérience précédente, & elles n'en different que parce qu'elles sont faites avec des Barreaux plus menus. Il nous a paru intéressant de répéter les mêmes Expériences avec des bois qui auroient d'autres dimensions. Nous ne donnâmes donc à nos Barreaux que 3 pouces d'équarrissage sur 2 pieds $\frac{1}{2}$ de longueur. Ils pesoient chacun 8 livres.

§ 1. PREMIERE OPÉRATION.

UN de ces Barreaux fut déposé le 24 Juillet dans un Magasin fort aéré, où il se trouvoit exposé au grand hâle.

	livr.	onc.	gr.		livr.	onc.	gr.
Le 26 Juillet, il pesoit	7	15	6	Le 30 Septembre de même.			
Le 27 de même.							
Le 28 de même.				Le 30 Octobre......	7	15	3
Le 29 de même.				Le 30 Novembre....	7	15	4
Le 30 de même.				Le 30 Décembre....	7	14	0
Le 31............	7	15	4	Le 6 Février 1735.	7	15	6
Le 9 Août........	7	15	2	Le 6 Avril de même.			
Le 16............	7	15	0	Le 6 Mai.........	7	13	2
Le 23............	7	15	2	Le 6 Juin.........	7	15	0
Le 30 de même.							

RÉSUMÉ.

Ainsi ce Barreau fort sec a perdu 1 once de son poids. Si à la derniere pesée l'air avoit été fort humide, il auroit encore moins perdu.

§ 2. SECONDE OPÉRATION.

UN pareil Barreau, pesant 8 livres comme le précédent, fut déposé dans un Magasin peu aéré.

	livr.	onc.	gr.		livr.	onc.	gr.
Le 26 Juillet, il pesoit	7	15	6	Le 30 Septembre....	8	2	4
Le 27............	8	0	0	Le 30 Octobre......	8	1	4
Le 28 de même.				Le 30 Novembre de même.			
Le 29............	8	0	4				
Le 30............	8	1	0	Le 30 Décembre....	7	15	2
Le 31 de même.				Le 6 Février 1735..	8	1	6
Le 9 Août........	8	1	6	Le 6 Avril........	8	1	0
Le 16............	8	2	2	Le 6 Mai.........	7	15	2
Le 23 de même.				Le 6 Juin.........	8	1	0
Le 30 de même.							

RÉSUMÉ.

Ainsi le poids de ce Barreau a augmenté de 1 once en se chargeant de l'humidité de l'air de ce Magasin.

§ 3. TROISIEME OPÉRATION.

Un pareil Barreau, pesant aussi 8 livres, a été mis dans l'eau de la mer.

	livr.	onc.	gr.		livr.	onc.	gr.
Le 26 Juillet, il pesoit	8	7	6	Le 30............	9	6	4
Le 27............	8	9	0	Le 30 Septembre....	9	11	4
Le 28............	8	9	4	Le 30 Octobre.....	9	12	4
Le 29............	8	10	2	Le 30 Novembre...	10	0	6
Le 30 de même.				Le 30 Décembre....	11	2	2
Le 31............	8	10	6	Le 6 Février 1735.	11	2	4
Le 9 Août........	9	0	2	Le 6 Avril........	11	5	0
Le 16............	9	3	2	Le 6 Mai.........	11	2	0
Le 23............	9	4	6	Le 6 Juin.........	11	4	2

RÉSUMÉ.

Ce Barreau plongé dans l'eau de la mer s'est chargé de 3 liv. 4 onces 2 gros de cette eau.

§ 4. QUATRIEME OPÉRATION.

UN pareil Barreau, de même poids que les autres, fut mis dans l'eau douce.

	livr.	onc.	gr.		livr.	onc.	gr.
Le 26 Juillet, il pesoit	8	6	6	Le 30.............	9	7	2
Le 27.............	8	7	0	Le 30 Septembre....	9	15	0
Le 28.............	8	8	0	Le 30 Octobre......	10	4	4
Le 29.............	8	8	4	Le 30 Novembre ...	10	6	2
Le 30.............	8	9	4	Le 30 Décembre....	11	10	6
Le 31 de même.				Le 6 Février 1735.	11	14	0
Le 9 Août........	8	15	0	Le 6 Avril........	11	15	0
Le 16.............	9	2	6	Le 6 Mai..........	11	12	6
Le 23.............	9	5	0	Le 6 Juin.........	11	15	4

RÉSUMÉ.

Ce Barreau s'est chargé de 3 liv. 15 onc. 4 gros d'eau douce; ainsi au contraire du morceau de bois de la premiere Expérience, il s'est un peu moins chargé d'eau douce que d'eau salée, & cette différence est de 11 onces 2 gros.

ARTICLE V. *Troisieme suite d'Expériences sur des Bois de Bourgogne plus gros que les précédents.*

CETTE Expérience a été faite avec du bois de même qualité; mais c'étoit des bouts de Chevrons refendus dans une grosse piece : ils avoient 2 pieds 6 pouces de longueur & 4 pouces d'équarrissage. Ils pesoient chacun 17 livres.

§ 1. PREMIERE OPÉRATION.

UN de ces Chevrons fut mis dans un Magasin fort aéré le 26 Juillet 1734.

	livr.	onc.	gr.		livr.	onc.	gr.
Le 29 il pesoit......	16	14	2	Le 30 Octobre.....	14	9	0
Le 30.............	16	13	0	Le 30 Novembre....	14	6	2
Le 31.............	16	11	0	Le 30 Décembre....	13	4	6
Le 9 Août........	16	1	0	Le 6 Février 1735.	13	7	2
Le 16.............	15	11	4	Le 6 Avril........	13	7	4
Le 23.............	15	8	2	Le 6 Mai..........	13	3	2
Le 30.............	15	5	0	Le 6 Juin.........	13	5	2
Le 30 Septembre....	14	12	0				

RÉSUMÉ.

Ce bout de Chevron, quoique pris dans une piece abattue depuis deux ans & qui paroissoit seche, a perdu 3 liv. 10 onc. 6 gros de son poids, parce qu'il étoit pris dans une grosse piece. On peut remarquer qu'à la fin de l'Expérience, il faisoit l'hygrometre : cependant je crois qu'il auroit pu encore diminuer de poids.

§ 2. SECONDE OPÉRATION.

UN pareil bout de Chevron fut mis dans un Magasin peu aéré.

	livr.	onc.	gr.		livr.	onc.	gr.
Le 29 il pesoit......	17	1	4	Le 30 Octobre......	15	7	4
Le 30 de même.				Le 30 Novembre...	15	5	6
Le 31.............	17	0	6	Le 30 Décembre....	13	11	6
Le 9 Août.........	16	12	2	Le 6 Février 1735..	13	15	4
Le 16.............	16	10	6	Le 6 Avril........	13	15	2
Le 23.............	16	9	0	Le 6 Mai..........	13	10	6
Le 30.............	16	7	2	Le 6 Juin.........	13	14	2
Le 30 Septembre...	16	1	0				

RÉSUMÉ.

Ce Chevron a perdu de son premier poids 3 liv. 1 onc. 6 gros : il s'en faut 9 onces qu'il n'ait autant diminué que celui qui étoit dans un Magasin fort aéré ; il a fait l'hygrometre.

§ 3. TROISIEME OPÉRATION.

UN pareil bout de Chevron a été mis dans l'eau de mer le 26 Juillet 1734.

	liv.	onc.	gr.		liv.	onc.	gr.
Le 29 il pesoit......	17	3	4	Le 30 Octobre......	18	11	2
Le 30.............	17	5	2	Le 30 Novembre...	18	13	2
Le 31.............	17	6	6	Le 30 Décembre....	19	13	2
Le 9 Août........	17	13	2	Le 6 Février 1735..	19	15	2
Le 16.............	18	1	0	Le 6 Avril........	19	15	6
Le 23.............	18	1	2	Le 6 Mai..........	19	11	6
Le 30.............	18	2	6	Le 6 Juin.........	19	15	2
Le 30 Septembre...	18	7	8				

RÉSUMÉ.

Ce bout de Chevron s'est chargé de 2 livres 15 onces 2 gros d'eau de mer : ainsi son poids n'est pas augmenté d'un cinquieme.

§ 4. QUATRIEME OPÉRATION.

UN pareil bout de Chevron a été mis dans l'eau douce le 26 Juillet 1734.

	livr.	onc.	gr.		livr.	onc.	gr.
Le 29 il pesoit......	17	7	4	Le 30 Octobre......	20	5	4
Le 30.............	17	11	0	Le 30 Novembre....	20	9	0
Le 31.............	17	13	2	Le 30 Décembre....	22	1	2
Le 9 Août........	18	2	4	Le 6 Février 1735.	22	7	0
Le 16.............	18	11	0	Le 6 Avril........	22	8	4
Le 23.............	18	15	2	Le 6 Mai.........	22	3	4
Le 30.............	19	2	6	Le 6 Juin.........	22	8	2
Le 30 Septembre...	19	14	0				

RÉSUMÉ.

Ce bout de Chevron s'est chargé de 5 liv. 8 onc. 2 gros d'eau douce, c'est-à-dire, plus d'un tiers de son poids, & 2 liv. 9 onc. de plus que le Chevron qui étoit dans l'eau de mer; c'est ce qui est arrivé le plus ordinairement.

ARTICLE VI. *Quatrieme ſuite d'Expériences ſur des Bois de Provence verds.*

AYANT fait les précédentes Expériences ſur des bois de Bourgogne ſecs, nous nous ſommes propoſés d'en faire ſur des Bois de Provence verds & nouvellement abattus.

On a fait lever à la ſcie dans une piece de bois nouvellement abattue en 1734, quatre petites pieces de bois de 2 pieds 6 pouces de longueur, 3 pouces d'épaiſſeur & 3 de largeur qui peſoient chacune 11 livres 8 onces.

§ 1. PREMIERE OPÉRATION.

UN de ces morceaux de bois a été mis le 26 Juillet 1734 dans un Magaſin fort aéré.

	livr.	onc.	gr.		livr.	onc.	gr.
Le 27 il peſoit comme au 26........	11	8	0	Le 30 Septembre....	10	1	0
Le 28.............	11	6	6	Le 30 Octobre......	10	0	6
Le 29.............	11	5	0	Le 30 Novembre....	9	14	4
Le 30.............	11	4	0	Le 30 Décembre....	9	2	6
Le 31.............	11	2	2	Le 6 Février 1735..	9	5	2
Le 9 Août........	10	12	2	Le 6 Avril........	9	5	0
Le 16.............	10	9	0	Le 6 Mai..........	9	2	2
Le 23.............	10	8	0	Le 6 Juin.........	9	3	2
Le 30.............	10	7	0				

RÉSUMÉ.

Ce morceau de bois a perdu 2 livres 4 onces 6 gros de ſon premier poids ; c'eſt à peu près un cinquieme de diminution.

§ 2. SECONDE OPÉRATION

UN pareil morceau de bois a été mis dans un Magaſin peu aéré.

Le 27 Juillet comme au 26..................... 11 liv. 8 onc.

	livr.	onc.	gr.		livr.	onc.	gr.
Le 28 Juillet.......	11	6	4	Le 30 Septembre...	10	14	6
Le 29.............	11	5	0	Le 30 Octobre.....	10	7	0
Le 30.............	11	4	6	Le 30 Novembre...	10	6	6
Le 31 de même.				Le 30 Décembre....	9	4	0
Le 9 Août........	11	3	6	Le 6 Février 1735.	9	6	4
Le 16.............	11	3	0	Le 6 Avril de même.			
Le 23.............	11	1	6	Le 6 Mai.........	9	3	6
Le 30.............	11	0	6	Le 6 Juin.........	9	5	2

RÉSUMÉ.

Ce morceau de bois a perdu 2 liv. 2 onc. 6 gros de son premier poids ; c'est 2 onces de moins que le précédent.

§ 3. TROISIEME OPÉRATION.

UN pareil morceau de bois a été mis le même jour 26 Juillet 1734 dans l'eau de mer.

	livr.	onc.	gr.		livr.	onc.	gr.
Le 27 il pesoit......	12	0	0	Le 30 Septembre...	13	2	4
Le 28.............	12	2	4	Le 30 Octobre......	13	7	0
Le 29.............	12	3	2	Le 30 Novembre....	13	8	2
Le 30.............	12	4	4	Le 30 Décembre....	13	14	2
Le 31.............	12	5	6	Le 6 Février 1735..	13	14	16
Le 9 Août........	12	9	2	Le 6 Avril........	13	15	0
Le 16.............	12	11	4	Le 6 Mai..........	13	11	4
Le 23.............	12	12	4	Le 6 Juin.........	13	11	6
Le 30.............	12	13	6				

RÉSUMÉ.

Ce morceau de bois s'est chargé de 2 liv. 3 onc. 6 gros d'eau de mer : ainsi son poids n'est pas augmenté d'un cinquieme.

§ 4. QUATRIEME OPÉRATION.

UN pareil morceau de bois a été mis dans l'eau douce le même jour 26 Juillet.

Le

	livr.	onc.	gr.		livr.	onc.	gr.
Le 27, il pesoit.....	11	12	4	Le 30 Septembre....	12	10	2
Le 28............	11	13	4	Le 30 Octobre......	12	12	2
Le 29............	11	14	4	Le 30 Novembre....	12	13	0
Le 30............	11	15	4	Le 30 Décembre....	13	4	4
Le 31............	11	15	6	Le 6 Février 1735..	13	7	6
Le 9 Août........	12	3	0	Le 6 Avril........	13	8	0
Le 16............	12	4	6	Le 6 Mai..........	13	4	6
Le 23............	12	5	6	Le 6 Juin..........	13	7	6
Le 30............	12	7	0				

RÉSUMÉ.

Le poids de ce morceau de bois a augmenté de 1 liv. 15 onc. 6 gros ; c'est 4 onces de moins que le précédent.

ARTICLE VII. *Cinquieme suite d'Expériences sur des Bois de Provence plus gros que les précédents.*

On a levé dans une grosse piece de bois d'un même arbre, quatre morceaux de bois de 2 pieds 6 pouces de longueur, 6 & 4 pouces d'équarrissage : ils pesoient chacun 32 livres.

§ 1. *PREMIERE OPÉRATION.*

Le 26 Juillet 1734, on mit un de ces morceaux de bois dans un Magasin fort aéré.

	livr.	onc.	gr.		livr.	onc.	gr.
Le 27, il pesoit.....	31	15	4	Le 30 Septembre....	27	5	4
Le 28............	31	10	4	Le 30 Octobre......	26	12	2
Le 29............	31	9	6	Le 30 Novembre ...	26	6	0
Le 30............	31	5	6	Le 30 Décembre....	22	14	2
Le 31............	31	1	6	Le 6 Février 1735..	22	2	6
Le 9 Août........	29	15	0	Le 6 Avril........	23	0	6
Le 16............	29	13	4	Le 6 Mai..........	22	8	6
Le 23............	28	12	6	Le 6 Juin..........	22	11	2
Le 30............	28	6	0				

RÉSUMÉ.

Le poids de ce morceau de bois a diminué de 9 livres 4 onc. 6 gros.

§ 2. SECONDE OPÉRATION.

UN pareil morceau de bois a été mis dans un Magasin peu aéré le 26 Juillet.

	livr.	onc.	gr.		livr.	onc.	gr.
Le 27, il pesoit......	31	15	4	Le 30 Septembre....	29	13	2
Le 28.............	31	10	6	Le 30 Octobre......	28	2	0
Le 29.............	31	10	0	Le 30 Novembre....	27	13	2
Le 30.............	31	7	2	Le 30 Décembre....	23	8	0
Le 31.............	31	6	6	Le 6 Février 1735..	23	12	4
Le 9 Août........	31	1	6	Le 6 Avril........	23	9	0
Le 16.............	30	14	4	Le 6 Mai..........	23	0	4
Le 23.............	30	11	2	Le 6 Juin.........	23	3	4
Le 30.............	30	8	0				

RÉSUMÉ.

Ce morceau de bois a perdu 8 livres 12 onc. 4 gros de son poids ; ainsi il a perdu 8 onces 2 gros moins que le précédent.

§ 3. TROISIEME OPÉRATION.

UN morceau de bois pareil aux précédents a été mis dans l'eau de mer le 26 Juillet 1734.

	livr.	onc.	gr.		livr.	onc.	gr.
Le 27, il pesoit.....	32	7	0	Le 30 Septembre....	33	1	0
Le 28.............	32	8	0	Le 30 Octobre......	33	2	2
Le 29.............	32	8	6	Le 30 Novembre....	33	3	4
Le 30.............	32	9	2	Le 30 Décembre....	33	11	6
Le 31.............	32	9	6	Le 6 Février 1735..	33	14	0
Le 9 Août........	32	12	0	Le 6 Avril........	33	15	6
Le 16.............	32	12	6	Le 6 Mai..........	33	6	6
Le 23.............	32	13	6	Le 6 Juin.........	33	12	6
Le 30.............	32	14	6				

RÉSUMÉ.

Comme ce morceau de bois étoit plein de ſeve, ſon poids n'a augmenté que d'une livre 12 onces 6 gros.

§ 4. QUATRIEME OPÉRATION.

UN morceau de bois pareil aux précédents a été mis dans l'eau douce le 26 Juillet.

	livr.	onc.	gr.		livr.	onc.	gr.
Le 27, il peſoit......	32	7	6	Le 30 Septembre....	33	7	4
Le 28..............	32	8	2	Le 30 Octobre......	32	9	4
Le 29..............	32	8	6	Le 30 Novembre....	33	10	6
Le 30..............	32	9	2	Le 30 Décembre....	33	15	0
Le 31..............	32	9	6	Le 6 Février 1735.	34	6	2
Le 9 Août.........	32	14	0	Le 6 Avril.........	34	6	6
Le 16..............	33	0	0	Le 6 Mai..........	33	14	6
Le 23..............	33	1	4	Le 6 Juin..........	34	5	2
Le 30..............	33	3	2				

RÉSUMÉ.

Le poids de ce morceau de bois a augmenté de 2 livres 5 onces 2 gros ; c'eſt 8 onces 4 gros de plus que celui qui a été plongé dans l'eau de mer.

ARTICLE VIII. *Sixieme ſuite d'Expériences faites ſur du Bois de Pin.*

NOUS avons voulu connoître ce qui arriveroit au bois de Pin : pour cela nous avons fait lever à la ſcie dans une piece de bois quarré, abattue en 1733, quatre bouts de Chevrons de 2 pieds 6 pouces de longueur, & 3 pouces d'équarriſſage. Le 28 Juillet 1734 ils peſoient chacun 4 livres 10 onces.

§ 1. PREMIERE OPÉRATION.

ON en mit un dans un Magaſin fort aéré.

	livr.	onc.	gr.		livr.	onc.	gr.
Le 29, il pesoit de même	4	10	0	Le 30 Septembre ...	4	6	0
Le 30	4	10	4	Le 30 Octobre	4	6	6
Le 31	4	9	4	Le 30 Novembre	4	6	2
Le 9 Août	4	6	6	Le 30 Décembre	4	5	2
Le 16	4	5	6	Le 6 Février 1735 .	4	6	4
Le 23 de même.				Le 6 Avril	4	6	2
Le 30	4	7	2	Le 6 Mai	4	4	6
				Le 6 Juin	4	5	6

RÉSUMÉ.

Ce bout de Chevron n'avoit donc perdu que 4 onces 2 gros de son premier poids, & on voit que le Pin fait beaucoup plus l'hygrometre que le Chêne : car si l'on partoit de la pesée du 6 Mai, il auroit perdu 5 onces 2 gros de son premier poids.

§ 2. SECONDE OPÉRATION.

On mit dans un Magasin peu aéré un pareil Chevron.

	livr.	onc.	gr.		livr.	onc.	gr.
Le 29 Juillet, il pesoit	4	11	0	Le 30 Octobre	4	9	6
Le 30	4	11	4	Le 30 Novembre	4	9	2
Le 31	4	11	2	Le 30 Décembre	4	7	2
Le 9 Août	4	11	6	Le 6 Février 1735 ..	4	9	0
Le 16	4	11	2	Le 6 Avril	4	8	6
Le 23	4	10	6	Le 6 Mai	4	7	2
Le 30	4	10	4	Le 6 Juin	4	8	6
Le 30 Septembre	4	11	6				

RÉSUMÉ.

Ce morceau de bois, qui a encore plus fait l'hygrometre que le précédent, n'a perdu qu'une once 2 gros de son poids.

§ 3. TROISIEME OPÉRATION.

Un pareil bout de Chevron a été mis dans l'eau de mer.

Le 29 Juillet, il pesoit .... 5 liv. 2 onc.

	livr.	onc.	gr.		livr.	onc.	gr.
Le 30.............	5	4	0	Le 30 Octobre......	7	5	6
Le 31.............	5	5	2	Le 30 Novembre....	7	12	2
Le 9 Août........	6	2	2	Le 30 Décembre.....	8	11	4
Le 16.............	6	12	0	Le 6 Février 1735..	8	9	6
Le 23.............	6	14	4	Le 6 Avril........	8	10	4
Le 30.............	7	1	2	Le 6 Mai..........	8	9	2
Le 30 Septembre de même.				Le 6 Juin.........	8	10	0

RE'SUME'.

Ce morceau de bois qui a fait prodigieusement l'hygrometre, s'est chargé définitivement de 4 livres de l'eau de la mer : ainsi son poids est presque doublé.

§ 4. *QUATRIEME OPERATION.*

Un pareil Chevron a été mis dans l'eau douce le 28 Juillet.

	livr.	onc.	gr.		livr.	onc.	gr.
Le 29, il pesoit.....	5	5	0	Le 30 Octobre......	8	9	2
Le 30.............	5	8	2	Le 30 Novembre....	8	12	0
Le 31.............	5	10	4	Le 30 Décembre....	10	2	2
Le 9 Août........	6	12	0	Le 6 Février 1735..	10	3	6
Le 16.............	7	1	4	Le 6 Avril........	10	7	4
Le 23.............	7	3	4	Le 6 Mai..........	10	4	6
Le 30.............	7	5	4	Le 6 Juin.........	10	7	2
Le 30 Septembre...	8	1	2				

RE'SUME'.

Ce morceau de bois s'est chargé de 5 livres 13 onc. 2 gros d'eau douce ; c'est 1 livre 13 onces 2 gros de plus que celui qui a été dans l'eau de mer ; & il n'a pas fait l'hygrometre comme l'autre. Son poids est beaucoup plus que doublé, ce qui n'est pas arrivé au bois de Chêne.

ARTICLE IX. *REMARQUES sur les six précédentes suites d'Expériences.*

1°, Les pieces de la premiere de ces six suites d'Expériences étoient quatre morceaux de bois de Bourgogne, de la coupe de 1732; tous les quatre refendus dans la même piece, réduits d'égale épaisseur, largeur & longueur, & dont le bois étoit très-sec, parce que la piece dont ils avoient été tirés n'étoit pas épaisse.

2°, Les pieces de la seconde suite d'Expériences ayant été prises des mêmes bordages que celles de la premiere, étoient pareillement très-seches, mais de dimensions différentes & plus minces.

3°, Les morceaux de la troisieme suite d'Expériences, provenants d'une piece de bois quarré plus grosse que les bordages qui avoient fourni les pieces de la premiere & seconde suite, étoient moins secs, quoique de bois de Bourgogne & de la coupe de 1732; ce bois, qui avoit perdu une partie de sa seve, n'étoit donc pas aussi sec que celui des premiere & seconde suites d'Expériences.

4°, Les pieces de la quatrieme suite avoient été prises dans les branches d'un Chêne de Provence qu'on venoit d'abattre en 1734, six semaines avant le commencement des Expériences: ils avoient donc presque toute leur seve.

5°, Il en est de même des pieces de la cinquieme suite, excepté qu'on les avoit tirées d'une grosse piece du même arbre.

6°, Les pieces de bois de Pin qui ont servi à la sixieme suite d'Expériences, provenoient d'une piece quarrée qui avoit été abattue en 1733, & dont le bois paroissoit assez sec.

§ 1. RÉSULTAT *d'une visite faite à la fin d'Août 1734.*

I. On a remarqué que la piece de la premiere suite d'Expériences mise dans un Magasin aéré, ne s'est trouvée diminuée que d'une once: cependant elle n'avoit qu'un pouce & demi d'épaisseur; & étant aussi mince, elle auroit dû sécher plus que les pieces plus grosses. Elle n'avoit éprouvé ni gerçure, ni changement notable depuis le commencement de l'Expérience du 21 Juillet jusqu'à la fin d'Août.

On ne dit rien des autres pieces de cette premiere suite qui ont été mises dans l'eau de mer, & dans l'eau douce, sinon, comme on l'a vu dans la Table; que celle qui a été mise dans l'eau douce a presque toujours pris beaucoup plus d'eau que celle qui a été mise dans l'eau salée; on ne voyoit d'ailleurs dans ces pieces aucune altération extérieure, si ce n'est un petit gonflement dans leurs masses, mais presque insensible à la mesure.

II. Les pieces de la seconde suite d'Expériences mises dans le Magasin fort aéré & dans celui qui l'étoit moins, n'ont éprouvé aucun changement notable, parce que le bois en étoit sec; les semblables dans l'eau de mer & dans l'eau douce, ont augmenté de poids, comme on voit dans la table; & l'augmentation a été plus grande dans l'eau douce que dans l'eau salée.

III. La piece de la troisieme suite d'Expériences qui étoit nouvellement refendue dans une grosse piece, avoit, lorsqu'on la mit dans le Magasin aéré, quelques gerçures sur le fil; mais elle n'en avoit aucune sur le bois debout: les anciennes gerçures sur le bois de fil ont considérablement augmenté, & il s'en est formé, sur le bois debout, beaucoup de nouvelles dont une étoit plus large que toutes les autres. Il faut observer qu'il n'en paroissoit aucune le 21 Juillet sur le bois debout de cette piece.

Ces gerçures s'étendoient du centre vers la circonférence de la piece, c'est-à-dire du cœur vers l'écorce, comme on peut voir dans la *Planche VII. Fig. 6*, *A*, *B*, *C*, *D*, où *A* exprime le centre, *B C D* la circonférence; les premieres gerçures ont paru sur la surface *C D*, fort peu sur les surfaces *A B* & *A D*, par la raison que les gerçures prenoient ces faces presque parallélement, les gerçures qui sont en rayons ne coupant point ses faces. Voyez le *Traité de l'Exploitation des Bois*, *Liv. IV*, *Chap. II*, *pag* 465, où l'on trouve l'explication de ces faits.

La piece de cette troisieme suite, mise dans un Magasin moins aéré, n'a reçu presque aucune altération notable jusqu'au commencement de Septembre. Les autres pieces semblables qui étoient dans l'eau de mer & dans l'eau douce n'avoient aucune gerçure; elles prenoient chaque jour de l'eau diversement, comme on le voit dans les tables.

IV. La piece de la quatrieme suite d'Expériences, mise dans

un Magasin fort aéré, s'y gerça considérablement; mais les gerçures paroissoient plus sensibles sur le bois debout que sur le bois de fil. On se rappellera qu'elle étoit de bois de branchage de Provence nouvellement abattu.

Il s'étoit fait une très-grande gerçure dans toute la longueur de la piece sur la face *A B*; elle étoit fort large & alloit jusqu'au centre *E* de la piece. Sur les autres faces de cette piece (*Planche VII. Fig. 8*), il n'en paroissoit aucune considérable, probablement parce que cette gerçure allant d'un bout à l'autre de la piece, laissoit aux parties du bois la liberté de se resserrer sans l'ouvrir. Il en paroissoit sur la face *B C* quelques-unes presque insensibles. La face *A D* en étoit entiérement exempte. A l'égard de la face *C D*, on n'en pouvoit rien dire à cause qu'elle étoit couverte par l'écorce qu'on y avoit laissée exprès.

L'autre piece de la quatrieme suite, mise dans un Magasin peu aéré, commençoit à se gercer: aussi les gerçures en étoient très-profondes, quoique fort peu ouvertes pour lors; car elles prenoient depuis le centre jusqu'à la circonférence ou à l'écorce, & alloient vers l'écorce en s'élargissant. On remarquoit qu'elles n'étoient pas si larges sur cette piece que sur celle dont nous venons de parler: mais il s'en trouvoit beaucoup sur chacune de ses faces.

Les autres pieces de cette quatrieme suite d'Expériences, mises dans l'eau de mer ou l'eau douce, n'avoient aucune gerçure; elles se chargeoient d'eau diversement, comme on le voit dans la table.

V. La piece de la cinquieme suite d'Expériences, mise dans le Magasin fort aéré, se gerça considérablement, parce que le bois en étoit très-verd; elle étoit prise de la partie du tronc la plus éloignée du cœur de la piece.

La face *C D*, (*Planche VII. Fig.* 7) étoit gercée tout au long par des gerçures entrecoupées: la face *B C*, qui avoit deux pieds & demi de longueur, n'étoit point gercée dans la longueur d'un pied; mais l'autre pied & demi l'étoit beaucoup: la raison de cela paroît dépendre de ce que la piece avoit été refendue, de façon que le cœur du tronc *E* touchoit par l'autre bout

bout de la piece l'angle *A* de la face opposée ; & comme nous voyons que toutes les gerçures ne paroissoient point sur la face *B C* jusqu'à moitié de la longueur de la piece, il semble que, par la même raison, cette même face *B C* devoit se trouver gercée depuis le milieu jusques vers l'autre bout.

La face *A B*, étoit gercée environ à un pied de longueur, tirant de ce bout à l'autre ; mais le reste de la piece n'étoit point gercé sur cette face, ce qui paroît dépendre encore de l'obliquité de la piece, relativement à l'arbre d'où on l'avoit tirée.

La face *A D* de la longueur de la piece n'étoit point gercée dans l'espace d'un pied & demi de longueur ; mais le reste de la même face avoit deux petites gerçures, prenant la piece en l'effleurant à cause de la position du centre de l'arbre à l'autre bout de la piece.

La seconde piece de cette cinquieme suite d'Expériences, mise dans le Magasin moins aéré, n'avoit presque aucune gerçure considérable : quelques-unes commençoient cependant à se former ; mais elles étoient presque insensibles.

Les autres pieces semblables, mises dans l'eau de mer & dans l'eau douce, n'avoient aucunes gerçures ; elles se chargeoient d'eau diversement, comme on le voit dans la table.

VI. Les pieces de Pin mises dans les Magasins, n'avoient aucunes fentes, parce que ce bois étoit fort sec ; celles qui étoient dans l'eau douce & salée s'en chargeoient diversement.

§ 2. OBSERVATIONS *sur les variations des mêmes Pieces, depuis le 30 Août 1734 jusqu'au 6 Juin 1735, fin des précédentes Expériences.*

I. La piece de la premiere suite d'Expériences déposée dans un Magasin fort aéré, qui étoit diminuée le 30 Août d'une once, a augmenté de poids, savoir le 30 Septembre suivant d'une demi-once, & le 30 Octobre d'après, d'une autre demi-once ; de sorte qu'au lieu d'avoir continué à diminuer, elle avoit augmenté d'une once pendant ces deux mois ; ayant été pesée à la fin d'Octobre, elle se trouva revenue à son premier poids ; à la fin de Novembre elle pesoit 5 onces de plus, en Décembre 1 onc. 6 gros de moins. Ensuite ayant fait prodigieusement l'hygrometre, le 6 Juin 1735, son poids s'est trouvé augmenté de 7 onces.

Cette piece n'avoit éprouvé aucune gerçure, ni aucun changement extérieur, étant en Novembre dans le même état qu'elle étoit ci-devant.

La piece de la même suite d'Expériences, déposée dans un Magasin moins aéré, pesoit à la fin d'Octobre 4 gros plus qu'elle ne pesoit quand elle avoit été mise en expérience : elle avoit augmenté de poids par gradation jusqu'au 30 Septembre, d'une once & demie ; en Octobre, elle est revenue à son premier poids à une demi-once près, puisqu'elle ne pesoit plus que 5 livres 1 once 4 gros, & définitivement le 6 Juin 1735, son poids étoit diminué de 1 once 6 gros. Au reste cette piece étoit dans le même état que l'autre : elle n'avoit aucune gerçure, ni aucun changement extérieur.

Les deux pieces qui ont été mises dans l'eau douce & dans l'eau salée, ont toujours augmenté de poids; mais celle qui étoit dans l'eau douce a augmenté plus que l'autre qui étoit dans l'eau salée, comme on le voit dans la table. On a continué de les y laisser jusques à ce qu'elles n'ayent plus augmenté.

On peut remarquer que celle qui étoit dans l'eau douce a augmenté en poids de 4 livres 2 onces 2 gros, tandis que celle qui étoit dans l'eau de mer n'a augmenté que de 2 livres 2 onc. 2 gros, d'où l'on doit conclure que l'eau douce pénetre plus facilement le bois que l'eau salée.

On ne voyoit aucune altération sur ces pieces, sinon un gonflement dans leurs masses qui n'étoit presque pas sensible à la mesure.

II. La piece de la seconde suite d'Expériences, qui fut mise dans un Magasin fort aéré le 24 Juillet 1734, n'a diminué que de 4 gros jusqu'en Novembre ; ensuite son poids a augmenté, puis diminué, comme on voit à la table; & après avoir fait l'hygrometre, le 6 Juin 1735 elle avoit perdu 1 once de son premier poids.

Cette variation de poids dans une piece exposée au grand air, ne peut venir que de l'humidité qui étoit répandue dans l'air quand le temps étoit à la pluie, laquelle pénétroit facilement les pores d'un bois qui étoit fort sec. En effet, c'est précisément dans le temps de l'augmentation de poids qu'il régna pendant des semaines entieres des pluies & des brouillards qui rendoient l'air fort humide.

La piece de cette suite, déposée dans un Magasin moins aéré, a fait aussi prodigieusement l'hygrometre; & après avoir augmenté de poids jusqu'à 2 onc. 4 gros, elle a ensuite été de 6 gros plus légere qu'au commencement de l'Expérience; & définitivement le 6 Juin 1735, elle étoit d'une once plus pesante qu'au commencement de l'Expérience : d'où l'on doit conclure que ce Magasin donnoit de l'humidité à ce bois qui étoit fort sec, au lieu de favoriser la dissipation du peu de seve qu'il avoit.

Ces pieces, dans l'un & l'autre Magasin, n'éprouverent aucun changement sensible; elles n'avoient aucune gerçure, parce que le bois en étoit très-sec.

Les deux pieces de la même suite qui ont été mises dans l'eau de mer & dans l'eau douce, augmenterent de poids diversement, comme on voit dans la table; celle qui étoit dans l'eau de mer a augmenté de 3 livres 4 onces 2 gros, & celle qui étoit dans l'eau douce, de 3 livres 15 onces 4 gros : d'où l'on conclut que l'eau douce pénetre le bois bien plus promptement que l'eau salée, comme on l'a vu dans les pieces de la premiere suite.

III. A l'égard de la piece de la troisieme suite d'Expériences, déposée dans un Magasin fort aéré, on a vu dans les dernieres observations comprises dans les remarques du 30 Août 1734, que cette piece avoit quelques gerçures sur le bois debout, comme on le voit (*Planche VII. Fig. 9*).

Les gerçures de cette piece ont augmenté considérablement en ouverture & en longueur, principalement celles qui étoient marquées *C D*; elles entroient fort avant dans la piece, comme on le voit par le profil *A B C D*, qui représente le bois debout de la piece. Il ne paroiſſoit aucune gerçure ſur les autres faces *B C*, *B A* & *A D*; ces gerçures paroiſſoient un peu lorſqu'elle fut miſe en Expérience.

La piece de la même ſuite, dépoſée dans un Magaſin moins aéré, étoit à peu près dans le même état que ſon égale; elle n'avoit de gerçures conſidérables que ſur une face, qui étoit la même que la face de la piece ci-deſſus, ayant été refendue dans la même piece.

Les deux autres pieces de la même ſuite, miſes dans l'eau de mer & dans l'eau douce, augmenterent de poids diverſement, comme on le voit dans la table; on n'y remarqua aucun changement extérieur, ſinon un gonflement inſenſible à la meſure.

On remarqua que la piece qui étoit dans l'eau douce avoit ſurnagé juſques au 30 Septembre : elle nagea enſuite entre deux eaux juſques au 30 Octobre; en Novembre, elle tomba au fond de l'eau.

IV. La piece de la quatrieme ſuite d'Expériences, qui a été miſe dans un Magaſin fort aéré, étoit en Novembre dans le même état qu'elle étoit le 30 Août 1734; cette grande gerçure ſur la face *A B* (*Fig. 13*) du fil de la piece qui prenoit toute ſa longueur, étoit toujours très-large & alloit en augmentant. On peut croire que cette grande fente avoit fait qu'il ne s'en étoit point formé d'autres ſur les autres faces; car il n'en paroiſſoit aucune en Novembre, peut-être par les raiſons rapportées dans les dernieres obſervations.

La piece (*Planche VII. Fig. 9*) qui étoit dans le Magaſin moins expoſé à l'air, s'étoit gercée différemment. Il s'étoit formé une grande fente ſur la face *A B*, & pluſieurs moins conſidérables ſur toutes ſes autres faces, comme on le voit dans la *Figure*.

On préſume que la raiſon eſt que le cœur du bois étoit preſque au milieu de la piece (*Fig. 9*), au lieu que dans la piece (*Fig. 13*), il étoit près d'une des faces, ce qui fait que comme il s'étoit ouvert pluſieurs fentes ſur la piece (*Fig. 9*), elles étoient moins conſidérables.

Les deux pieces de cette ſuite qui ont été miſes dans l'eau de mer & dans l'eau douce, augmenterent de peſanteur différemment, comme on le voit dans la table.

On a remarqué que celle qui trempoit dans l'eau ſalée, & à laquelle on avoit laiſſé exprès toute l'écorce ſur une de ſes faces, reſta ſur l'eau ſans tomber au fond, au lieu que ſon égale de même poids tomba au fond dans l'eau douce. Deux raiſons faiſoient que cette piece ſurnageoit dans l'eau de mer. 1°, L'écorce qu'elle avoit ſur un de ſes côtés, & qui la rendoit plus légere par rapport au volume d'eau qu'elle déplaçoit. 2°, La plus grande peſanteur de l'eau ſalée, par comparaiſon à celle de l'eau douce.

On remarqua encore que celle qui étoit dans l'eau douce avoit deux petites gerçures fort profondes & très-fines, comme il eſt marqué dans la *Planche VII. Fig. 14.*

Celles qui paroiſſoient ſur le bois de fil qui répondoient à celles-ci, étoient preſque inviſibles; néanmoins elles exiſtoient, & l'on jugeoit que lorſque cette piece ſeroit tirée de l'eau, les gerces s'ouvriroient & deviendroient auſſi conſidérables que celles des autres pieces, & peut-être en moins de temps.

V. La piece de la cinquieme ſuite d'Expériences dépoſée dans un Magaſin fort aéré, continua à ſe gercer conſidérablement; ſes gerçures s'élargiſſoient & s'allongeoient notablement ſur les deux faces *B C* & *C D* (*Planche VII. Fig. 10*); ſur la face *A B* de la piece, il s'en forma enſuite quelques-unes qui commençoient à paroître en Novembre.

L'autre face *A D* n'étoit point gercée; la raiſon en eſt que par la diſpoſition du cœur du bois de cette piece, les gerçures prenoient cette face parallélement. Voyez ce que nous avons dit ſur les fentes dans le *Traité de l'Exploit. des Forêts, Liv. IV, Chap. II.*

Cette piece n'étoit gercée que juſqu'à moitié ſur chaque face; car la face *A B* n'étoit gercée que de la moitié en haut, & la face *C D* l'étoit de la moitié en bas. La raiſon de cela vient de ce que le cœur de la piece qui étoit vers l'angle *A* de la piece par un bout, ſe trouvoit vers l'angle oppoſé de l'autre.

La piece de cette ſuite, miſe dans un Magaſin moins aéré, gerçoit conſidérablement en Novembre, nonobſtant l'humidité qui régnoit dans ce Magaſin, & qui avoit fait augmenter de peſanteur les pieces de la premiere & ſeconde Expériences. Les gerçures de cette piece s'élargirent & s'allongerent très-considérablement, & sembloient faire plus de progrès que dans l'autre piece, quoiqu'elles ne paruſſent que depuis le 30 Août 1734 ; elles devinrent plus larges que dans son égale qui étoit au grand-air. Cette piece n'étoit gercée que sur deux faces *B C* & *C D* (*Planche VII. Fig. 11*). La troisieme face *A D* n'avoit qu'une grande gerçure qui alloit tout au long de la piece vers l'angle *A*, à côté de laquelle il y en avoit d'autres fort petites : la face *A B* étoit tout à fait saine & sans gerçures.

Les deux autres pieces qui avoient été mises dans l'eau de mer & dans l'eau douce, avoient en Novembre quelques gerçures très-fines qui commençoient à paroître sur le bois debout; elles étoient presque insensibles sur les faces du fil de la piece; on les appercevoit au bois debout sur deux côtés, comme on voit dans la *Planche VII. Fig. 12*, qui représente le profil de la piece.

On peut remarquer que les deux pieces de cette suite qui ont été à l'air, ont diminué constamment & presque uniformément de poids suivant les dates des Expériences; qu'elles n'ont jamais augmenté de poids comme les pieces des premiere & seconde suites. La raison en est que celles-ci étoient du bois fort verd, & qu'en cet état le bois n'est guere susceptible de l'impression de l'air, puisque la diminution qu'elles souffrent de leur poids est plus forte que l'humidité qu'elles reçoivent accidentellement de l'air en temps de brouillards & de pluies; l'évaporation de la seve est seulement plus ou moins considérable ; au lieu que les pieces des premiere & seconde suites étant d'un bois fort sec, & ne diminuant plus de poids, l'humidité qu'elles recevoient de l'air en temps de brouillards & de pluies, les pénétroit & augmentoit leur poids. Il est vrai que cette humidité prise de l'air s'évapore facilement, comme l'expérience nous le montre.

Ceci fait voir que les bois qui sont parvenus jusqu'à un certain point de sécheresse, étant plus susceptibles de recevoir les impressions de l'athmosphere, ne doivent point être exposés au grand air ; car l'humidité qu'ils reçoivent & qu'ils perdent alternativement dans les divers changements de temps, peuvent avancer leur destruction.

VI. Les pieces de la sixieme suite d'Expériences de bois de Pin du Dauphiné, n'avoient éprouvé aucun changement sensible, point de gerces à celles qui étoient à l'air, aucune altération à celles qui étoient dans l'eau; mais ce bois étoit trop usé, pour qu'on pût en tirer aucune lumiere.

Essayons maintenant de connoître si la circonstance d'avoir séjourné dans l'eau de mer, ou dans l'eau douce, influe sensiblement sur la force des bois.

ARTICLE X. *Expériences faites en Provence sur du Bois de Chêne de cette Province, pour connoître la force du Bois flotté ou non-flotté.*

ON a pris quatre pieces de jeune bois, de 8 à 9 pouces de diametre, de la coupe de Janvier & Février 1732, on les a sciées de 5 pieds de longueur chacune sans les façonner; mais on les a fait refendre à la scie par le milieu pour avoir deux pieces de bois semblables tirées du même corps d'arbre. On les a pesées séparément, & les deux moitiés ou *A A*, ou *B B*, &c. ont été réduites à un même poids, & marquées deux à deux par les lettres *A A*, *B B*, *C C*, *D D*.

Les deux premieres *A A* pesoient 49 liv. chacune; les deux *B B*, 74 liv. 8 onces; les deux *CC*, 65 liv. & les deux *D D*, 77 livres, n'ayant aucun égard à leurs dimensions.

On mit ensuite la moitié de chacune de ces pieces sous un hangar assez aéré, ouvert comme une remise seulement du côté du levant, & les autres moitiés dans l'eau de la mer, enchaînées fortement au fond de l'eau. Elles ont resté dix mois dans cet état, depuis le 13 Août 1733 jusqu'au 11 Juin 1734; ensuite on les a tirées, & on les a repesées.

La piece *A* du hangar pesoit 46 livres, ayant diminué de 3 livres; l'autre piece *A* de la mer pesoit 67 livres, ayant augmenté de 18 liv.

La piece *B* du hangar pesoit 69 liv. ayant diminué de 5 liv. 8 onces; l'autre piece *B* de la mer pesoit 87 livres, ayant augmenté de 12 livres 8 onces.

La piece *C* du hangar pesoit 58 liv. ayant diminué de 7 liv. l'autre piece *C* de la mer pesoit 79 liv. ayant augmenté de 14 livres.

La piece *D* du hangar pesoit 72 liv. ayant diminué de 5 liv. l'autre piece *D* de la mer pesoit 92 livres, ayant augmenté de 15 livres.

On les a mises ensemble dans divers autres endroits, savoir:

Les deux moitiés *A A* déposées dans un Magasin fort aéré; les deux moitiés *B B*, plongées dans l'eau douce; les deux moitiés *CC*, déposées dans un Magasin peu aéré; & les deux autres moitiés *D D*, exposées à la pluie & au soleil.

On a observé tous les jours leurs poids & les changements qui leur sont survenus, dont il a été fait des Tables que nous ne rapporterons point ici, parce qu'elles n'apprendroient rien de plus que celles que nous avons insérées plus haut. Il suffira de présenter des tables particulieres de chacune de ces pieces, de marquer leurs diminutions & leurs augmentations, & de montrer ensuite dans une autre table la force des barreaux provenants de ces mêmes pieces qu'on a fait rompre sous des poids connus, pour essayer de découvrir si celles qui avoient été mises dans l'eau étoient plus fortes ou plus foibles que les autres.

§ I. PREMIERE EXPÉRIENCE, *sur les deux pieces A A.*

L'UNE des deux pieces numérotées *A A*, a été mise sous le hangar, & sa pareille dans la mer le 13 Août 1733, & ensuite elles ont été mises toutes deux dans un Magasin fort aéré, où elles ont demeuré jusqu'au 30 Janvier 1736; après quoi on en a fait de petits barreaux qu'on a rompus sous des poids connus.

Poids de ces deux Pieces.

Le 13 Août 1733, avant de mettre ces pieces sous le hangar

gar & dans la mer, elles pesoient chacune 49 livres.

Le 11 Juin 1734, les ayant tirées du hangar & de l'eau de mer pour les mettre dans le Magasin, elles ont pesé, savoir :

	A tirée du hangar, & mise dans le Magasin fort aéré.	*A tirée de la mer, & mise dans le Magasin fort aéré.*
	livres.	livr.
Le 11 Juin 1734	46 . .	 67
Le 12.	46 . .	 65
Le 16.	46 . .	. . . . . . 61½
Le 17.	46 . .	. . . . . . 60¾
Le 18.	46 . .	 60
Le 19.	46 . .	. . . . . . 59¾
Le 21.	46 ½. .	 58
Le 22.	46 ½. .	. . . . . . 57¾
Le 5 Juillet	46 ¾. .	. . . . . . 54½
Le 12.	46 ¾. .	 53
Le 19.	46 ½. .	. . . . . . 52½
Le 26.	46 ½. .	. . . . . . 51¼
Le 28 Août.	46 . .	 49
Le 28 Septembre	45 ½. .	 48
Le 29 Novembre	46 . .	 48
Le 30 Janvier 1735. . .	46 ½. .	 48
Le 28 Novembre. . . .	45 ½. .	 46
Le 30 Janvier 1736. . .	46 ¾. .	. . . . . . 47¼

OBSERVATIONS.

LA piece A, tirée du hangar & mise dans le Magasin fort aéré, ayant diminué sous le hangar de 3 livres pendant un séjour de dix mois, & n'ayant diminué ensuite que d'une demi-livre en dix-sept mois dans un endroit fort aéré & tout à fait semblable au hangar, fait voir,

1°, Qu'elle est parvenue au point d'une très-grande sécheresse, puisqu'elle a cessé de diminuer, & que son poids a augmenté & diminué suivant que le temps étoit plus ou moins sec ou humide.

D'où l'on peut conclure 2°, que des pieces de bois de médiocre grosseur, refendues par le cœur, & mises sous un hangar, acquierent en dix mois un degré de sécheresse convenable pour être mises en œuvre aux constructions & aux charpentes, puisqu'on voit par la table des poids, que cette piece n'a presque plus perdu de son poids en dix-neuf mois dans un endroit fort aéré.

On voit encore dans la même table que la piece *A* tirée de la mer, & mise dans le même Magasin fort aéré, après s'être chargée de dix-huit livres d'eau en dix mois qu'elle avoit été dans l'eau de mer, s'en est entiérement déchargée en deux mois & demi; d'où l'on peut conclure :

1°, Que tout bois de Chêne de cette dimension qui a resté dix mois dans la mer, se décharge de toute l'eau qu'il y a prise en deux mois & demi, & aussi d'une grande partie de sa seve. Il ne faut pas oublier que cette Expérience a été faite en Provence où l'air est fort sec.

2°, Ce morceau de bois qui a séjourné un temps considérable dans la mer, est resté un peu plus pesant que l'autre, puisque l'on voit que cette piece est d'une demi-livre plus pesante que son égale qui n'a point été dans l'eau; mais la piece tirée de la mer n'étoit pas aussi seche que l'autre, & si on l'avoit conservée plus long-temps, elle seroit devenue sûrement plus légere que celle à laquelle on la comparoit. Cela est bien établi par nombre de nos Expériences. On a cessé de la peser quand on l'a vue ne peser plus à peu près que le poids de celle à laquelle on la comparoit. J'avoue qu'on auroit dû continuer à la peser jusqu'à ce qu'elle n'eût plus perdu de son poids.

Voyons quelle a été la force de ces deux pieces dans l'état où elles étoient le 30 Janvier 1736.

Examen de la force de ces Bois.

On a refendu ces deux pieces *A*, *A*, pour en former des Barreaux de trois pieds de longueur, un pouce de largeur, & un demi-pouce d'épaisseur, & on les a rompus avec les précautions que nous marquerons lorſqu'il s'agira de la force des bois.

PREMIERE OPÉRATION.

BARREAUX provenants de la piece *A* tirée du hangar, & miſe dans un Magaſin fort aéré.

1. Barreau. Il n'étoit preſque que d'aubier ; il a rompu par grands éclats étant chargé de . . .	43 liv.	Ils ont plié de 3 pouces 6 lignes.
2. Barreau. Il a caſſé net dans un endroit où le bois étoit extrêmement tranché, étant chargé de . . .	61	
Total .	104	

On n'a pu tirer que ces deux barreaux de cette piece, parce que le bois étoit extrêmement tranché par des gerces, & que les morceaux ſe ſéparoient en les travaillant.

SECONDE OPÉRATION.

BARREAUX provenants de la piece *A* tirée de la mer, & miſe dans le même Magaſin fort aéré.

1. Barreau. . . .	59 liv.	Ils ont plié de 2 pouces 6 lignes.
2. Barreau. . . .	71	
3. Barreau. . . .	47	
Somme. .	177.	

RÉSUMÉ.

On ne peut faire aucune comparaiſon entre ces deux pieces *A* & *A*, à cauſe,

1°, Que la piece *A* tirée du hangar, n'a fourni que deux barreaux, dont un n'étoit preſque que de l'aubier, & le bois de l'autre étoit extrêmement tranché.

2°, Que pour avoir une comparaiſon juſte, il faudroit avoir

même nombre de barreaux, & qui fussent tous sans défaut.

Cependant si l'on retranche un tiers de la force des trois barreaux qui ont été à la mer pour n'avoir que la force de deux barreaux, pour la comparer à celle des deux barreaux qui ont toujours été sous le hangar, chaque barreau pris du morceau de bois qui a été à la mer, porteroit 7 livres de plus que ceux qui ont toujours été sous le hangar; mais encore un coup on ne peut compter sur l'exactitude de cette Expérience.

TROISIEME OPÉRATION.

BARREAUX provenants de la piece *A* tirée du hangar, & mise dans le Magasin fort aéré, de la même longueur que les précédents, mais d'un pouce d'équarrissage.

	liv.
Soliveau sans défaut	315
Il a plié de 2 pouces 6 lignes.	
Autre qui a cassé par un nœud vers le milieu de la piece, qui tranchoit la moitié des fibres longitudinales du barreau	140
Autre id. qui étoit en partie d'aubier, & à qui il manquoit du bois dans l'épaisseur	169
Il a plié d'un pouce 5 lignes.	
Somme . . .	624

RÉSUMÉ.

On ne peut faire de comparaison de ces barreaux avec les autres ci-dessous, à cause que le second barreau *A* a cassé vers le milieu de la piece par un nœud, & que le troisieme étoit de l'aubier, à qui il manquoit du bois tant sur l'épaisseur que sur la largeur. On pourroit néanmoins faire quelque comparaison en y suppléant de cette maniere.

Puisque le premier barreau *A* sans défaut a porté 315, on peut supposer que les deux autres étoient capables d'une pareille force, & alors la force des trois seroit de 945 livres.

QUATRIEME OPÉRATION.

BARREAUX d'un pouce en quarré, provenants de la piece *A* tirée de la mer, & mise dans le même Magasin fort aéré.

		Courbure	pouc.	lign.
1. Barreau	240 liv.	Courbure	2 pouc.	2 lign.
2. Barreau	290		2	
3. Barreau	270		2	1
Total ..	800.			

RÉSUMÉ.

Ces barreaux n'étoient point tranchés, & n'avoient point de défaut.

Donc les barreaux de la piece tirée du hangar, & qui n'ont point été à la mer, sont de 145 livres plus forts que ceux qui en ont été tirés : mais les rectifications laissant des incertitudes, il faut avoir recours aux Expériences suivantes.

§ 2. SECONDE EXPERIENCE, *sur les deux pieces B, B.*

L'UNE des deux pieces *B*, *B*, a été mise sous le hangar, & sa pareille dans la mer, le 13 Août 1733. Toutes deux ensuite plongées dans l'eau douce jusqu'au 30 Janvier 1736, après quoi on en a fait des barreaux qu'on a fait rompre sous des poids connus.

Poids de ces deux pieces.

Le 13 Août, avant de mettre ces pieces sous le hangar & dans la mer, elles pesoient chacune 74 liv. $\frac{1}{2}$.

Le 11 Juin 1734, les ayant tirées du hangar & de l'eau de la mer pour les plonger dans l'eau douce, elles ont pesé; savoir : celle du hangar diminuée de 5 liv. $\frac{1}{2}$, & celle qui avoit été dans l'eau de la mer, augmentée de 12 liv. $\frac{1}{2}$, l'une & l'autre étant mises dans l'eau douce, ont augmentées, comme il suit.

	B *tirée du hangar, & mise dans l'eau douce.* livres.	B *tirée de la mer, & mise dans l'eau douce.* livr.
Le 11 Juin 1734	69	87
Le 12	69	87
Le 16	69	87
Le 17	69	87
Le 18	69	87
Le 19	72	88
Le 21	75	88
Le 22	76 ½	88
Le 5 Juillet	78	89
Le 12	79 ¼	89 ½
Le 19	80	89 ¼
Le 26	81	89 ¾
Le 28 Août	83	89 ¾
Le 28 Septembre	84	90
Le 29 Novembre	87	92
Le 30 Janvier 1735	88 ½	92
Le 28 Novembre	90	92 ½
Le 30 Janvier 1736	92	93

OBSERVATIONS.

ON remarque, 1°, Qu'il faut bien peu de temps au bois plongé dans l'eau douce pour en prendre prodigieusement, puisqu'on voit par cette table que cette piece en a pris 10 à 11 liv. dans le premier mois qu'elle y a resté.

2°, Que le bois de Chêne sec & refendu qui séjourne dix-huit mois dans l'eau douce, s'en charge si considérablement que l'eau qu'il y prend égale le tiers du poids de la piece plongée, puisque cette piece a pris 23 livres d'eau, & qu'elle pesoit à la fin 92 liv.

3°, On remarque encore que la piece *B* tirée de la mer, & mise dans l'eau douce, ne prenoit presque plus d'eau de mer, n'en ayant pris qu'une demi-livre dans l'espace de près d'un an; mais qu'elle a pris six livres d'eau douce, outre & par-dessus 12 livres & demie d'eau ſalée qu'elle avoit pris dans la mer.

A l'égard de la piece *B* qui a été miſe dans l'eau douce après avoir reſté dix mois ſous un hangar, on peut remarquer, 1°, qu'elle n'avoit perdu que 5 liv. $\frac{1}{2}$ de ſa ſeve, & qu'elle a aſpiré 23 liv. d'eau douce, c'eſt-à-dire, 17 liv. $\frac{1}{2}$ de plus que la quantité de ſeve qu'elle avoit perdu.

2°, Celle qui avoit été dans l'eau de mer, étoit d'une livre plus peſante que l'autre quand on a tiré l'une & l'autre de l'eau. Mais ces deux pieces continuoient à aſpirer de l'eau; leur poids augmentoit, & celle qu'on avoit tirée du hangar ſe chargeoit plus que l'autre.

Examen de la force de ces Bois.

Premiere Opération.

Barreaux d'un pouce de largeur & d'un demi-pouce d'épaiſſeur, provenants de la piece *B*, tirée du hangar & miſe dans l'eau douce.

1. Barreau	95 liv.
2. Barreau	92
3. Barreau	103
4. Barreau	69
5. Barreau	96
Somme . . .	455.

Résumé.

Tous ces Barreaux ont caſſé par longs éclats en ſe fendant dans leur longueur.

On a obſervé entre les fibres longitudinales de tous les barreaux de petits grains comme la moëlle du bois tendre; ces grains ſont comme enfermés dans des eſpaces entre les fibres longitudinales, à peu près comme dans la *Planche VII. Fig. 15.* Sur quoi conſultez la *Phyſique des Arbres, Liv. I, Chap. III, pag. 34.*

SECONDE OPÉRATION.

BARREAUX d'un pouce de largeur & demi-pouce d'épaisseur, provenants de la piece *B*, tirée de la mer & mise ensuite dans l'eau douce.

1. Barreau	53 liv.
2. Barreau qui a cassé en navet	90
3. Barreau qui a cassé par éclats sans bruit. . . .	91
4. Barreau qui a cassé de même.	91
5. Barreau qui a cassé de même.	80
Somme . . .	405.

RÉSUMÉ.

Tous ces barreaux ont cassé sans bruit : on a observé même de la moëlle entre les fibres comme à ceux ci-dessus.

On apperçoit par cette table que la somme des forces des barreaux provenants de la piece tirée du hangar, & mise dans l'eau douce, est plus forte que celle des Barreaux de la piece tirée de la mer, & mise dans l'eau douce.

TROISIEME OPÉRATION.

BARREAUX de trois pieds de longueur & d'un pouce en quarré, provenants de la piece *B*, tirée du hangar & mise dans l'eau douce.

1. Barreau	200 liv.	Courbure 2 p. 7 l.
2. Barreau qui a cassé en navet .	175	
3. Barreau qui a cassé de même	150	
Somme . .	525.	

QUATRIEME OPÉRATION.

BARREAUX de trois pieds de long, & d'un pouce en quarré, provenants

provenants de la piece *B*, tirée de la mer & mise dans l'eau douce.

1. Barreau	150 liv.
2. Barreau, cassé en navet.	180
3. Barreau, cassé de même	100
Somme . . .	430.

On a observé que le bois de ces barreaux étoit fort mollasse, cassant sans éclats & sans bruit.

RÉSUMÉ.

Cette Expérience faite avec des barreaux plus gros, provenants de la même piece que les barreaux du commencement de l'Expérience, confirme la remarque qu'on vient de faire que le bois tiré du hangar, & mis ensuite dans l'eau douce, est plus fort que le même bois tiré de la mer, & mis de même dans l'eau douce.

§ 3. *TROISIEME EXPÉRIENCE, sur les deux Pieces CC.*

UNE des deux pieces *C C*, a été mise sous un hangar, & sa pareille dans la mer, le 13 Août 1733; & toutes deux ont été mises dans un Magasin peu aéré jusqu'au 30 Janvier 1736: après quoi on en a fait des barreaux qu'on a fait rompre sous des poids connus.

Poids de ces deux Pieces.

Le 13 Août, avant que de mettre ces pieces sous le hangar & dans la mer, elles pesoient chacune 65 livres.

Le 11 Juin 1734, les ayant retirées de l'eau de mer pour les mettre toutes deux dans ce Magasin peu aéré, elles ont pesé, savoir:

	C *tirée du hangar, & mise dans le Magasin.*	C *tirée de la mer, & mise dans le Magasin.*
	livr.	livr.
Le 11 Juin 1734	58	79
Le 12	58	78
Le 16	58	75
Le 17	58	74½
Le 18	58	74½
Le 19	58 ½	73½
Le 21	58 ½	72¼
Le 22	58 ½	72¼
Le 5 Juillet	58	68
Le 12	58	67½
Le 19	57 ¾	66½
Le 26	58	65¼
Le 28 Août	56	63
Le 28 Septembre	56	62
Le 29 Novembre	57 ¼	62½
Le 30 Janvier 1735	57 ¼	62¼
Le 28 Novembre	55 ½	58½
Le 30 Janvier 1736	56 ½	59½

OBSERVATIONS.

On remarque, en confirmation de ce qui a été dit de la piece *A*, que le bois de Chêne de Provence de petit échantillon, qui a resté un temps assez considérable dans la mer, se décharge, en moins de deux mois, de toute l'eau qu'il y prend; puisqu'on voit par cette table que cette piece *C* est revenue à son premier poids le 26 Juillet 1734 dans l'espace de quarante-sept jours; & ce qu'elle a perdu depuis, peut être regardé comme faisant partie de sa seve. Cette Expérience sur cette piece *C* confirme tout ce qui a été dit de la piece *A*, savoir: que le bois se décharge en deux mois & demi au plus de toute l'eau qu'il peut prendre dans la mer par un séjour de près d'une année; car cette piece *C* n'a pas laissé de diminuer de son poids autant que la piece *A*, quoiqu'au sortir de la mer elle ait été déposée dans un Magasin peu aéré.

On remarque que cette piece pese trois livres de plus que son égale qui n'a point été dans l'eau, & que la piece *A* qui a aussi été dans la mer, ne pese qu'une demi-livre de plus que son égale qui n'a point été dans l'eau; mais ni l'une ni l'autre n'étoient parvenues à une sécheresse parfaite.

Reste à expérimenter combien peut influer sur la qualité du bois, cette plus ou moins grande pesanteur des pieces qui étoient ci-devant parfaitement égales de poids.

Cependant j'avoue qu'il auroit été à propos de suivre plus long-temps cette Expérience, & de la continuer jusqu'à ce que la piece *C* de la mer n'eût plus diminué de poids: car je suis persuadé qu'alors elle auroit été plus légere que celle à laquelle on la comparoit.

Examen de la force de ces Bois.

PREMIERE OPÉRATION.

BARREAUX *C* d'un demi-pouce d'épaisseur, provenants de la piece tirée du hangar, & mise dans le Magasin.

1. Barreau . .	35 liv.	Courbure	4 pouces	10 lignes.
2. Barreau . .	32	. . . . .	5 . . .	9
3. Barreau . .	35	. . . . .	5 . . .	1
4. Barreau . .	37	. . . . .	5 . . .	2
5. Barreau . .	39	. . . . .	5 . . .	0
6. Barreau . .	43	. . . . .	4 . . .	10
7. Barreau . .	42	. . . . .	5 . . .	7
8. Barreau . .	40	. . . . .	4 . . .	3
9. Barreau . .	32	. . . . .	3 . . .	0
Somme . .	335.			

Somme moyenne, 37 livr. $\frac{2}{9}$ par Barreau.

SECONDE OPÉRATION.

BARREAUX *C*, provenants de la piece tirée de la mer, & mise dans le Magasin.

1. Barreau . .	29 liv. Courbure	3 pouces	o lignes.
2. Barreau . .	32	2 . .	6
3. Barreau . .	25	3 . .	9
4. Barreau . .	29	2 . .	6
5. Barreau . .	31	5 . .	2
Somme . .	146.		

Somme moyenne, 29 livres $\frac{1}{5}$ par Barreau.

RÉSUMÉ.

On voit par cette table que le bois provenant de la piece tirée du hangar est plus fort que celui tiré de la mer; ce qui confirme ce qui a été dit ci-devant.

TROISIEME OPÉRATION.

BARREAUX *C*, d'un pouce en quarré, provenants de la piece tirée du hangar & mise dans le Magasin.

1. Barreau. . . . . 60 liv.
   Le bois de ce barreau étoit tout à fait tranché.
2. Barreau. 250
3. Barreau. 189
   Il étoit un peu tranché vers le bout.

Somme . . 499.

RÉSUMÉ.

On suppose que la piece tranchée *C* 1, a une force moyenne entre celles des barreaux *C* 2 & *C* 3, qui est de 219 liv. $\frac{1}{2}$.

Ainsi la force totale des 3 barreaux est de 658 liv. $\frac{1}{2}$.

QUATRIEME OPÉRATION.

BARREAUX *C*, d'un pouce en quarré, provenants de la piece tirée de la mer & mise dans le Magasin.

1. Barreau	180 liv.	Courb. 1 pouc.	2 lig.
Il a cassé en navet.			
2. Barreau	210 . . .	1	9
Il a cassé par longs éclats sans bruit.			
3. Barreau	140		
Il a cassé par une gerçure qui tranchoit la piece vers l'extrémité.			
Somme totale .	530 livres.		

RÉSUMÉ.

On a observé même moëlle entre les fibres, comme aux pieces ci-dessus. Il paroît que cette Expérience dément celle qui a été faite sur les barreaux de la même piece de bois ci-devant; mais en ayant égard au défaut qu'on a remarqué dans le premier barreau qui étoit tout à fait tranché, & en lui supposant une force moyenne entre les deux autres, quoique le dernier fût aussi un peu tranché, on trouveroit néanmoins que le bois des barreaux qui n'a point été dans l'eau, seroit plus fort que celui qui a resté dans la mer.

§ 4. *QUATRIEME EXPÉRIENCE, sur les deux Pieces D D.*

UNE des deux pieces *D D* a été mise sous le hangar, & sa pareille dans la mer, le 13 Août 1733, & ensuite laissées toutes deux au grand air, exposées au soleil & à la pluie jusqu'au 30 Janvier 1736.

Poids de ces deux Pieces.

Le 13 Août 1733, avant de mettre ces pieces ſous le hangar & dans la mer, elles peſoient chacune 77 liv.

Le 11 Juin 1734, les ayant retirées du hangar & ſorties de l'eau de mer pour les laiſſer expoſées au grand air, elles ont peſé, ſavoir :

	D *tirée du hangar expoſée au grand air.* livres.	D *tirée de la mer expoſée au grand air.* livr.
Le 11 Juin 1734	72	92
Le 12	72	90
Le 16	72	$85\frac{1}{2}$
Le 17	72	85
Le 18	72	84
Le 19	72	84
Le 21	72	$82\frac{1}{2}$
Le 22	72	$82\frac{1}{4}$
Le 5 Juillet	$74\frac{3}{4}$	81
Le 12	$71\frac{3}{4}$	79
Le 19	$70\frac{3}{4}$	77
Le 26	70	76
Le 28 Août	68	$73\frac{1}{2}$
Le 28 Septembre	$69\frac{1}{4}$	73
Le 29 Novembre	$70\frac{1}{2}$	74
Le 30 Janvier 1735	$70\frac{1}{2}$	$74\frac{1}{4}$
Le 28 Novembre, on ne trouva plus cette piece ; elle fut perdue, & l'on continua de peſer ſa pareille de la mer.		70
Le 30 Janvier 1736		$70\frac{3}{4}$

OBSERVATIONS.

On n'a point fait faire de barreaux de cette piece *D*, provenant de la piece tirée de la mer, à cause qu'on n'avoit point de piece de comparaison, son égale étant égarée.

Au reste, voilà l'exposé de quatre Expériences qui ont été suivies avec beaucoup de soin; si l'on n'est pas satisfait des conséquences que nous en avons tirées, comme on aura les faits sous les yeux, chacun pourra en tirer toutes celles qu'il jugera les plus probables.

§ 5. CINQUIEME EXPÉRIENCE, *faite dans les mêmes vues que la précédente.*

COMME cette Expérience étoit importante pour décider la grande question sur les bois qu'on tient dans l'eau & à l'air, nous avions lieu d'être mortifiés de quelques accidents qui étoient arrivés dans l'exécution de celles que nous venons de rapporter; heureusement nous avions jugé convenable d'en faire une autre dans le même goût.

On avoit donc préparé d'autres bois de Chêne pour faire une Expérience pareille, ou à peu près, à celle que nous venons de rapporter; & les ayant tenus sous un hangar & dans l'eau de la mer depuis le 14 Juillet 1734 jusqu'au 15 Juin 1736, lorsqu'on jugea que celles qui étoient dans l'eau de la mer, en étoient à peu près aussi chargées qu'elles pouvoient l'être, on les mit avec les autres sous le hangar; & quand elles furent revenues au poids de celles qui devoient leur servir de comparaison, on fit tirer de ces pieces douze barreaux d'un pouce d'équarrissage, six du bois qui n'avoit jamais été dans l'eau, & six du bois qui avoit séjourné sous l'eau de la mer un temps considérable. On les fit rompre, & la force moyenne des barreaux qui n'avoient jamais été dans l'eau se trouva de . . . . 195 liv.

Celle des barreaux qui avoient resté un an dans l'eau ne se trouva que de. 175

RÉSUMÉ.

ON peut conclure des Expériences que nous venons de rapporter,

1°, Que le bois de Chêne de Provence, qui a séjourné seulement un an dans l'eau, perd considérablement de sa force & de sa bonne qualité.

2°, Que ce bois parvient dans l'espace de cinq années, étant conservé sous un hangar, à un degré de sécheresse suffisant pour être employé à toutes sortes d'Ouvrages, excepté à la Menuiserie.

3°, Que le bois qu'on tient dans l'eau pendant dix à douze mois, se charge d'une quantité d'eau égale à un quart de son poids.

4°, Qu'il perd une grande partie de cette eau lorsqu'on le tient sous un hangar sec pendant deux ou trois mois.

5°, Que le bois qu'on tire de l'eau se fend presque autant en se séchant que celui qui n'y a pas été.

On voit, dans nos Expériences, que les bois qui ont resté dans l'eau, ont été à la fin plus pesants que les autres; mais cela vient, je le répete, de ce qu'ils n'étoient pas parfaitement secs: Car 1°, ils continuoient à perdre de leur poids: 2°, nous avons rapporté des Expériences qui prouvent que les bois qui ont été dans l'eau, sont plus légers que les autres, quand ils sont parfaitement secs; & cela doit être puisqu'ils abandonnent à l'eau une partie de leur substance.

Nous avons rapporté dans la seconde partie de l'*Exploitation*, *Liv. IV*, *Chap. II*, un nombre d'Expériences, qui prouvent que les bois refendus tout verds sont moins endommagés par les fentes, que ceux qu'on laisse dans leur entier: il convient de réunir toutes ces idées.

ARTICLE XI. *Remarques sur les Expériences précédentes.*

I. LES quatre pieces de bois de Chêne de Provence, mises en Expérience le 13 Août 1733, après avoir été refendues en deux, ont produit chacune huit pieces; & chaque couple ayant été réduite au même poids, elles ont été mises le même jour, savoir, une de chaque couple dans la mer, & leurs égales sous un hangar fort aéré, & ont pesé chacune séparément, savoir, la premiere

premiere couple marquée *A A*; 49 livres chaque piece; la seconde couple marquée *B B*, 74 livres ½ chacune; la troisieme couple marquée *C C*, 65 livres chacune; & la derniere couple marquée *D D*, 77 livres.

Ces huit pieces, après avoir resté les unes dans l'eau de mer & leurs pareilles sous un hangar, pendant l'espace de dix mois, savoir, depuis le 13 Août 1733 jusques au 11 Juin 1734, en furent tirées ce jour-là & repesées séparément.

La piece *A* du hangar, ne pesa plus que 46 livres, ayant diminué de trois livres; sa pareille qui avoit été dans l'eau de mer, se trouva peser 67 livres, ayant augmenté de dix-huit livres.

La piece *B* du hangar ne pesa plus que 69 livres, avec diminution de 5 livres ½; sa pareille dans l'eau de mer, 87 livres avec augmentation de 12 livres ½.

La piece *C* du hangar, ne pesoit plus que 58 livres, avec diminution de 7 livres; sa pareille dans l'eau de mer, 79 livres avec augmentation de 14 livres.

La piece *D* du hangar ne pesoit plus que 72 livres, ayant diminué de 5 livres; sa pareille dans l'eau de mer, 92 livres avec augmentation de 15 livres.

On déposa ensuite ces pieces dans des lieux différents, pour remarquer les changements qui leur surviendroient. Ainsi, on mit le 12 Juin 1734, les deux pieces *A A* dans un Magasin fort aéré; les deux pieces *B B* furent plongées dans un réservoir d'eau douce; les deux pieces *C C* furent mises dans un Magasin moins aéré; & les deux pieces *D D* furent mises au grand air, à découvert, étant exposées au soleil & à la pluie.

II. Ayant ensuite continué de peser toutes ces pieces séparément, suivant les dates marquées dans les tables ci-dessus, jusqu'au 30 Janvier: la piece *A* tirée du hangar, qui avoit séjourné dans ce magasin fort aéré environ sept mois & demi, savoir, depuis le 12 Juin 1734 jusqu'au 30 Janvier 1735, n'avoit point diminué du poids qu'elle avoit lorsqu'on la tira du hangar, puisqu'elle pesoit encore 46 livres comme elle pesoit lorsqu'elle en avoit été retirée; il est vrai que cette piece avoit eu quelques petites diminutions & augmentations de poids en certains temps, dans l'intervalle de ſon ſéjour dans ce Magaſin, (comme on le voit dans les tables) dont la cauſe ne pouvoit être que l'humidité ou la ſéchereſſe de l'air; mais comme elle n'avoit plus diminué de ſon poids dans l'intervalle de plus de ſept mois & demi de ſéjour qu'elle avoit fait dans ce Magaſin fort aéré, on voit évidemment que celui qu'elle avoit fait auparavant, ſous le hangar, lui avoit ſuffi pour atteindre au point de la ſéchereſſe convenable pour le bois que l'on doit mettre en œuvre.

D'où l'on doit conclure que les pieces de bois de Chêne de Provence refendues en deux, ouvertes par le milieu, & de la groſſeur de celles-ci, lorſqu'elles ont reſté ſous un hangar bien aéré pendant l'intervalle de dix mois, acquierent dans cet intervalle toute la ſéchereſſe convenable pour être miſes en œuvre.

La piece *A* tirée de l'eau de mer, qui avoit auſſi ſéjourné avec ſon égale dans ce même Magaſin fort aéré, depuis le 11 Juin 1734 juſqu'au 30 Janvier 1735, & qui peſoit 67 livres lorſqu'elle fut miſe dans ce Magaſin, s'eſt trouvée réduite, le 28 Septembre 1734, à 48 liv. ayant diminué de 19 livres dans l'intervalle de trois mois & demi.

Cette piece, qui avoit diminué ſi conſidérablement en ſi peu de temps, n'ayant preſque plus diminué depuis le 28 Septembre juſqu'au 30 Janvier 1736, on peut prendre cette date du 28 Septembre 1734, comme le terme de ſa diminution totale.

Cependant ſon égale qui n'avoit point touché à l'eau, & qui avoit reſté ſous le hangar, avoit diminué davantage que celle-ci, ne peſant que 46 livres.

On remarque que celle-ci peſant deux livres de plus que ſon égale, cette augmentation de poids ne peut provenir que de quelques ſubſtances étrangeres comme le ſel, ou autre matiere dont l'eau de la mer eſt imprégnée, leſquelles, mêlées avec l'eau de la mer qui a pénétré les pores du bois, ſe trouvent engagées entre ſes fibres ſans pouvoir en ſortir, ou ne permettent pas à l'humidité de ſe diſſiper; ce qui rend cette piece plus peſante de deux livres qu'elle n'auroit dû être, ſi elle n'avoit point été plongée dans l'eau de mer; d'où l'on voit que le bois de Chêne de Provence qui a séjourné quelque temps dans la mer, acquiert plus de pesanteur que le même bois qui a resté à l'air. Sur quoi je ferai une réflexion qui prouve que cette piece n'étoit pas si seche que celle qui n'avoit jamais été dans l'eau. La piece *A* qui n'a jamais été dans l'eau, a perdu trois livres de son poids; & ces trois livres étoient la seve qu'elle contenoit. La piece *A* qui a été dans l'eau de mer, s'est chargée de dix-huit livres d'eau; à quoi il faut ajouter trois livres de seve qu'elle devoit contenir comme la piece *A* qui a toujours resté sous les hangars. C'est vingt & une livres qu'elle auroit dû perdre, savoir, trois livres de seve & dix-huit livres d'eau; elle n'a perdu que dix-neuf livres; c'est donc deux livres d'humidité qu'elle avoit retenu, & qu'elle auroit probablement perdu à la longue, à moins que le sel de la mer n'attirât toujours l'humidité de l'air; car on sait que le linge qu'on a lavé dans l'eau de mer ne seche jamais parfaitement. Mais cette augmentation de poids ne seroit pas avantageuse, si elle ne résultoit que de l'eau que le bois auroit retenu, ou de l'humidité qu'il aspireroit continuellement de l'air.

En comparant le temps que cette piece a resté dans l'eau de mer pour se charger de toute l'eau qu'elle a pu prendre, avec celui qu'elle a resté dans le Magasin pour s'en décharger, on trouve qu'en dix mois cette piece s'est chargée de dix-huit livres d'eau de mer, & qu'elle s'est déchargée de toute cette humidité, & d'une livre de plus, dans l'espace de trois mois & demi qu'elle a été dans un Magasin fort aéré; d'où l'on peut tirer la conséquence suivante, en la supposant aussi seche que l'autre, ce qui n'est pas exact.

Que tout bois de Chêne de Provence des dimensions de nos pieces, quelque séjour qu'il ait fait dans l'eau de mer, s'en décharge entiérement dans l'intervalle de trois mois & demi, & conséquemment qu'il est en état d'être mis en œuvre; mais les bois qui se conservent dans l'eau, ne s'y préparent pas, puisqu'on voit que cette piece auroit dû perdre vingt & une livres au lieu de dix-neuf; & si c'est l'onctuosité de la mer qui a fait obstacle à cette diminution, parce que les corps plongés dans l'eau de mer ne se dessechent jamais parfaitement, c'est probablement un désavantage. On a vu plus haut, dans les Expériences que j'ai faites, & dans celles de M. Dalibard, que les bois qui ont été plongés long-temps dans l'eau douce, y ont perdu de leur poids lorsqu'ils ont été parfaitement desséchés; les bois à brûler flottés le prouvent encore, & l'eau où l'on plonge les bois, devenant rousse & bourbeuse, ne laisse aucun doute sur la dissolution de la substance ligneuse par l'eau.

III. La piece *B* tirée du hangar le 11 Juin 1734, où elle a diminué de 5 livres ½ de son premier poids, qui étant de 74 livres ½ s'est trouvée réduit à 69 livres; cette piece ayant été tirée de ce hangar le 11 Juin, & mise dans de l'eau douce, où elle étoit encore en Février 1735, on voit, par la table, qu'elle a toujours augmenté de poids en se chargeant d'eau douce, de 2, 3 & 4 livres à chaque pesée, ensorte qu'à la fin de l'Expérience elle pesoit 88 livres ½, ayant pris 19 livres ½ d'eau douce. Mais comme cette piece se chargeoit toujours d'eau, on l'a laissée dans l'eau, & l'on a continué de la peser jusqu'à ce qu'elle ne prît plus d'eau.

On a remarqué 1°, Que les gerçures qu'elle avoit lorsqu'elle fut mise dans l'eau douce, s'étoient beaucoup resserrées, ensorte qu'elles ne paroissoient presque plus. 2°, Que cette piece s'étoit fort enflée; mais comme elle étoit fort irréguliere à cause qu'elle avoit été simplement refendue d'une branche d'arbre, ainsi que toutes les autres pieces de ces premieres Expériences, on ne put mesurer l'augmentation de son volume.

La piece *B* son égale, tirée de la mer le même jour 11 Juin 1734, qui se trouvoit peser 87 livres, ayant pris 12 livres ½ d'eau de mer dans les dix mois du séjour qu'elle y avoit fait, fut mise, avec son égale, ce même jour dans l'eau douce. Cette piece a resté avec son même poids jusqu'au 18 du mois de Juin; mais le 19 elle prit une livre d'eau douce, & elle en a toujours pris de plus en plus, comme on le voit dans la table, nonobstant toute l'eau de mer dont elle étoit remplie; ensorte que lorsqu'elle fut pesée, elle se trouvoit à 92 livres ½, ayant pris 5 livres ½ d'eau douce, outre toute l'eau salée qu'elle avoit; par où l'on voit que, nonobstant toute l'eau de mer dont une piece de bois peut être remplie, en séjournant dix mois entiers dans la mer, elle prend encore de l'eau douce considérablement ; en ayant pris cinq livres & demie dans l'intervalle des sept mois & demi du séjour qu'elle y a fait ; ce fait est singulier & digne de remarque. Il montre, comme plusieurs autres de nos Expériences, que l'eau douce pénetre plus puissamment les bois que l'eau salée. On a continué de laisser ces deux pieces dans cette eau jusqu'à ce qu'elles n'en prissent plus ; après quoi on les en a retirées pour les laisser sécher sous un hangar, en observant leurs diminutions, & les autres changements qui survinrent.

IV. La piece *C* mise le 13 Août 1733 sous un hangar, & retirée le 11 Juin 1734 pour être mise dans un Magasin moins aéré, avoit perdu sept livres de son premier poids, ayant été réduite de 65 liv. à 58 : elle n'a diminué dans ce Magasin peu aéré, en sept mois & demi, que de trois quarts de livres, puisqu'elle pesoit encore le 30 Janvier 1735, 57 liv. $\frac{1}{4}$.

La petite diminution survenue sur cette piece confirme dans l'opinion que les bois de petits échantillons ainsi refendus en deux, & partagés dans le cœur, exposés sous un hangar aéré y acquierent en dix mois de séjour toute la sécheresse convenable pour être mis en œuvre ; car on a vû ci-dessus que la piece *A* tirée du hangar, & mise dans un Magasin plus aéré que celui-ci, dans lequel elle auroit dû avoir diminué davantage, a resté néanmoins avec le même poids qu'elle avoit quand on l'y a mise.

La piece *C* son égale, tirée de l'eau de mer & mise dans le même Magasin peu aéré le 12 Juin 1734, étoit augmentée de 14 livres de son premier poids, étant parvenue de 65 jusqu'à 79 liv. mais depuis qu'elle a été mise dans ce Magasin, elle a réguliérement diminué de jour à autre, en sorte qu'à la fin de l'Expérience elle ne pesoit que 62 liv. $\frac{1}{2}$, ce qui donne 16 liv. $\frac{1}{2}$ de diminution.

On voit par-là qu'elle a non seulement perdu toute l'eau de mer qu'elle avoit prise, mais qu'elle s'est encore purgée de deux livres & demie de sa seve, ou de son humeur naturelle ; néanmoins si au lieu d'avoir mis cette piece dans l'eau de mer, on l'avoit mise sous le même hangar, elle auroit diminué comme son égale jusqu'à ne plus peser que 57 liv. $\frac{1}{4}$; d'où il résulte que les cinq livres de poids qu'elle a encore par dessus son égale, ne peuvent être que de sa seve ou de quelques matieres étrangeres qu'elle auroit prises dans la mer, lesquelles sont très-adhérentes au bois, puisque nous voyons que le poids de cette piece n'a plus diminué à la fin de l'expérience. Cela prouve encore que le bois qui a séjourné longtemps dans la mer conserve plus de sa pesanteur que celui qui n'a point touché à l'eau.

Cependant la piece *C* du hangar a resté dix-sept mois sous le hangar, au lieu que la piece *C* de la mer n'y a resté que sept mois ; & nous voyons des bois qui perdent à la longue un peu de leur poids, quoiqu'ils fassent l'hygrometre.

V. La piece *D* pesant 77 livres, qui avoit perdu sous le hangar 5 liv. ayant été exposée le 11 Juin 1734 au grand air, au soleil & à la pluie, a encore perdu 4 livres de son poids dans l'espace de deux mois, ne pesant plus le 28 Août que 68 livres.

Cette piece étoit tout à fait singuliere dans l'ordre de ses poids ; elle conserva son même poids de 72 livres pendant les onze premiers jours qu'elle fut mise au grand air, & ne diminua point du tout jusqu'au 22 Juin, quoiqu'exposée au soleil & au vent où elle auroit dû se dessécher considérablement. Treize jours après, savoir le 5 Juillet, elle se trouva tout à coup augmentée de 2 liv. $\frac{3}{4}$ au lieu d'avoir diminué ; mais sept jours après, savoir le 12, elle perdit toute cette grande augmentation de poids, & se trouva diminuée de 3 livres, ne pesant plus que 71 liv. $\frac{1}{4}$; ensuite elle diminua réguliérement d'une livre ou environ de huit en huit jours, jusqu'au 28 Août suivant, où elle se trouva réduite à 68 liv. Un mois après, savoir le 29 Septembre, elle se trouva encore augmentée d'une livre un quart, & toujours en augmentant de poids au lieu d'aller en diminuant, en sorte qu'elle pesoit à la fin de l'Expérience 70 liv. $\frac{1}{2}$, c'est-à-dire, une livre & demie de moins qu'elle ne pesoit lorsqu'elle fut mise au grand air, & une livre & demie de plus qu'elle ne pesoit le 28 Août, temps où elle fut réduite à son moindre poids.

Toutes ces grandes variations de poids survenues à cette piece au grand air, donnent lieu de juger,

1°, Que les bois qui sont ainsi à découvert, exposés au soleil & à la pluie, aux rosées, aux exhalaisons de la terre, & à toutes les injures du temps, essuyent des changements fort subits relatifs à l'inconstance des temps.

2°, Cette station du même poids dans l'intervalle de onze jours que cette piece fut exposée au grand air dans le plus fort de l'été, prouve également que la diminution qu'elle essuyoit pendant le jour, par l'action du soleil & du vent, étoit compensée par la rosée de la nuit ou des pluies qu'elle recevoit; ainsi elle reprenoit précisément d'un côté ce qu'elle perdoit d'un autre, c'est-à-dire que la rosée & la pluie lui rendoient ce que l'action du soleil & du vent lui faisoit perdre de sa seve.

3°, Cette grande & subite augmentation de poids survenue le 5 Juillet & dissipée le 12, prouve aussi que le bois qui est une fois parvenu jusqu'à un certain point de sécheresse par l'évaporation de toute son humeur naturelle, quoiqu'il soit ensuite pénétré d'humidité, s'en décharge très-aisément & en très-peu de temps.

4°, La régularité des diminutions que cette piece a éprouvées ensuite d'environ 1 livre de huit en huit jours, jusqu'au 28 Août où elle fut réduite au moindre poids où elle soit jamais parvenue, montre que pendant cet intervalle elle en a plus perdu par le hâle qu'elle n'en a reçu par les rosées, les brouillards & les pluies; ensorte que les altérations de l'air ont permis sa diminution ou son desséchement naturel.

5°, L'augmentation survenue ensuite d'une livre un quart le 28 Septembre, & d'une autre livre un quart le 29 Novembre, montre encore que pendant l'intervalle de ces deux mois elle a pris plus d'humidité qu'elle n'a perdu de son humeur naturelle; en effet les temps pluvieux & les brouillards qui régnerent fréquemment pendant ces deux mois, sont la véritable cause de cette augmentation surprenante.

De tout cela il suit que le bois dans l'état de sécheresse est tout à fait susceptible de l'impression de l'air, & très-capable de grande altération : d'où l'on peut conclure que les bois ne doivent point être exposés au grand air ; car les changements subits de sécheresse & d'humidité ne peuvent que déranger extrêmement son économie naturelle, & précipiter la désunion de ses parties, qui est la cause de leur destruction.

La piece *D* son égale, tirée de la mer le 11 Juin 1734, où elle avoit augmenté de poids depuis 77 livres jusqu'à 92, fut mise ce même jour au grand air, où elle diminua réguliérement de jour à autre depuis le 11 Juin jusqu'au 28 Septembre, qui font trois mois & demi, ensorte qu'elle ne pesoit plus que 73 liv. ce qui donne 19 liv. de diminution, & l'on voit qu'elle a perdu 4 livres de son humeur naturelle. Mais si elle avoit été mise sous le hangar, comme la piece *D* son égale, au lieu d'avoir resté dans la mer, elle auroit diminué jusqu'à 68 livres, d'où il suit qu'elle a encore 5 livres de plus qu'elle ne devroit avoir ; ce qui ne peut venir que de la matiere étrangere, ou d'un reste de sa seve, comme il a été dit de la piece *C*; car cette piece n'a plus diminué depuis le 28 Septembre 1734 jusqu'au 30 Janvier 1736 : d'où l'on tire deux conséquences.

1°, Que le Bois de Provence dans les dimensions de la piece *D*, & qui après avoir séjourné dans l'eau de mer, est ensuite exposé au grand air, au soleil & à la pluie, perd dans l'intervalle de trois ou quatre mois au plus, toute l'eau étrangere dont il s'étoit chargé.

2°, Que ces mêmes bois demeurent plus pesants que ceux qui ont resté à l'air n'ayant point touché à l'eau, & qu'ils parviennent bien difficilement au même degré de sécheresse, que les bois qui ont toujours resté à couvert, ce qui a été pareillement prouvé par les Expériences que nous avons rapportées plus haut.

VI. On a remarqué que toutes les pieces de Chêne de cette Expérience qui ont resté sous le hangar, sont un peu plus fendues que celles qui ont séjourné dans la mer ; mais qu'en général celles-ci comme les autres, le sont fort peu. Nous croyons

que

que c'eſt par la raiſon que ces pieces ont été refendues par le milieu lorſqu'elles étoient toutes vertes : car dans cet état les parties du bois ont pu s'approcher les unes des autres en ſe déchargeant de leur ſeve ſans ſe déſunir, ni ſe rompre à cauſe de la diſpoſition des gerçures que l'expérience nous montre partir de l'écorce, & aller toutes aboutir vers le cœur du bois qui eſt au centre. En effet le bois étant ainſi ouvert, la partie *A* (*Planche VII. Fig.* 16.) peut s'approcher de la partie *B* & celle-ci de la partie *C*, en entraînant la partie *A B* avec elle ſans former de déſunion ; il en eſt de même de la partie *E* vers la partie *D* & vers *C* : auſſi il ne manque jamais d'arriver (ceci a été remarqué dans le *Traité de l'Exploitation*) que dans toutes les pieces refendues en deux, la coupe *A E* que la ſcie fait toujours en ligne droite, devient courbe comme *a e* quand le bois eſt devenu bien ſec, & toute la ſurface de la piece devient bouge ou convexe, ce qui fait que ces bois ainſi refendus ſe fendent fort peu. Sur quoi conſultez le *Traité de l'Exploitation, Liv. IV, Chap. II*, où il eſt prouvé qu'on peut empêcher le bois de ſe fendre beaucoup en refendant les pieces à la ſcie, dès que les bois ſont arrivés dans les Arcenaux, avant que de les mettre dans des Magaſins ; & autant qu'il eſt poſſible, il faut faire paſſer le trait de la ſcie par le cœur de la piece, ce qui feroit une économie digne d'attention pour tous les bois qui doivent être refendus à la ſcie.

ARTICLE XII. *De la durée des Bois flottés & non flottés expoſés à la pourriture.*

AYANT connu, autant qu'il nous a été poſſible, quelle étoit la force des Bois qui avoient ſéjourné dans l'eau par comparaiſon avec ceux de même qualité & tirés du même arbre, qui n'avoient jamais été dans l'eau, je me ſuis propoſé de connoître ſi la circonſtance d'avoir été conſervés ſous un hangar, ou d'avoir été tenus quelque temps ſous l'eau, influeroit ſur leur durée. Dans cette vue, je projettai de les mettre pourrir comme j'avois fait à l'égard des bois abattus en différentes ſaiſons, ainſi que je l'ai rapporté dans le *Traité de l'Exploitation, Liv. III, Ch. V.* Pour précipiter la pourriture de ces bois, nous nous imaginâmes de faire faire un petit caveau dans un raiz de chauſſée humide, & d'y dépoſer les bois dont nous nous propoſions d'éprouver la durée ; & comme nous ſavions que rien n'étoit plus propre à précipiter la fermentation, & par conſéquent la pourriture, que d'entretenir dans ce caveau une chaleur humide, nous y fîmes faire une couche de fumier de cheval.

On mit enſuite dans ce caveau, 1°, des bouts de Chevrons de bois de Provence fort verd ; 2°, de bois de la même Province fort ſec ; 3°, d'autre pénétré d'eau de mer ; 4°, du Chêne qui avoit été dans l'eau de mer & qui étoit médiocrement ſec ; 5°, du bois qui avoit été dans l'eau de mer, & qui étoit fort ſec. Ceci fut fait dans le mois de Mai 1736, & M. Garavaque ſe chargea d'examiner le progrès de la pourriture ſur ces différents bois. Nous eſpérions connoître par ces Expériences les cauſes qui précipitent la pourriture des bois, & ce qui pourroit les rendre plus ſujets à pourrir.

Le 25 Juillet 1736, on viſita ces bois ; on n'apperçut aucun changement, & l'on mit en forme de pieux les morceaux de bois de toutes les eſpeces qu'on avoit fait rompre. Toujours dans l'intention de connoître ceux qui pourriroient les premiers, le 10 Octobre, on peſa les bois qui étoient dans le caveau : ils ſe trouverent augmentés de poids, parce qu'il régnoit beaucoup d'humidité dans ce lieu ſouterrein. Les bois commençoient à jaunir les uns plus que les autres, & cela nous faiſoit eſpérer que nous aurions bientôt de la pourriture.

Le 26 Octobre 1736, la couleur jaune de la ſuperficie de ces bois augmentoit ; mais comme le fumier ne donnoit pas ſenſiblement de chaleur humide, on eſſaya d'exciter un peu de chaleur avec de la cendre chaude, & d'y introduire de la fumée d'eau bouillante.

Le 17 Mai 1737, les progrès de la pourriture étoient bien lents, & nous eſſayâmes de tranſporter notre pourriſſoir dans une autre place, eſpérant que l'opération ſe feroit alors plus promptement.

En 1738, l'eau s'étant introduite dans notre pourriſſoir tout fut dérangé, & cette Expérience ne put être conduite à ſa fin.

ARTICLE XIII. *Principales Conſéquences qu'on peut tirer des Expériences que nous venons de rapporter.*

JE ne prétends point m'étendre ſur toutes les conſéquences qu'on pourroit tirer du grand nombre d'Expériences que je viens de rapporter. Il ſeroit poſſible de les combiner d'une infinité de manieres ; mais cela me méneroit trop loin. Ainſi je laiſſe ce ſoin à ceux qui s'intéreſſeront aſſez à ce qui regarde les bois pour faire une étude ſuivie de mon Ouvrage, où ils trouveront un grand nombre de faits ſur la fidélité deſquels ils peuvent compter, mettant toujours à part les petites erreurs qui ſe gliſſent néceſſairement dans l'exécution d'un auſſi grand nombre d'Expériences, & ſur-tout dans les différentes copies qu'on a été obligé d'en faire ; car il eſt preſqu'impoſſible qu'un chiffre ne ſoit quelquefois écrit au lieu d'un autre ; mettant encore à part les erreurs qui ſont inſéparables des recherches phyſiques, comme j'en ai déja prévenu dans le *Traité de l'Exploitation des Forêts*, où j'ai fait remarquer que, dans de groſſes piles de bois, il n'eſt pas poſſible que toutes les pieces ſoient également expoſées au grand air & au hâle ; & cependant cette ſeule circonſtance doit produire des différences dans les peſées. D'ailleurs puiſqu'on voit que les bois ſe chargent de l'humidité de l'air, & qu'enſuite ils l'abandonnent, il s'enſuit néceſſairement que le poids qu'on trouve un jour n'eſt pas le même que celui qu'on auroit trouvé deux jours auparavant, ou qu'on trouveroit deux jours après. Le moyen qui nous a paru le plus propre pour éviter les erreurs, c'eſt de multiplier beaucoup les Expériences. Nous les avons donc ainſi multipliées : & ce qui nous engage à y avoir confiance, c'eſt que, dans la plupart, les résultats sont presque les mêmes; de sorte qu'on peut n'avoir aucun égard à quelques résultats particuliers qui s'écartent des autres; mais nous ne nous sommes point permis de faire ce retranchement. Nous avons tout rapporté comme nous l'avons trouvé sur nos Journaux, & nous laissons au lecteur de faire le choix qu'il jugera convenable. Comme nous avons considéré notre objet sous différents aspects, notre Ouvrage présente un grand nombre de faits entre lesquels on recueillera ceux que l'on croira préférables. Il est néanmoins de notre devoir d'épargner aux Observateurs le soin & la peine de faire toutes les combinaisons possibles; & sans nous écarter des bornes que nous nous sommes prescrites pour ne point faire un Ouvrage trop volumineux, nous devons exposer au moins les conséquences les plus frappantes qu'on peut tirer de nos Expériences.

Pour suivre constamment l'ordre que nous avons choisi au commencement de ce Chapitre, nous allons examiner, dans autant d'articles séparés, les avantages & les inconvénients qu'il y a, 1°, A tenir les bois à l'air dans les Chantiers & les Arcenaux de la Marine; 2°, A les tenir sous des hangars; 3°, A les mettre dans l'eau douce, ou dans celle de la mer.

§ 1. *Des Bois conservés en pile à l'air.*

Les bois qu'on tient à l'air, étant exposés au vent & au soleil, se dessechent très-promptement : cela est bien établi par nos Expériences, qui prouvent aussi que ces bois se gercent, se fendent, s'éclatent & se tourmentent si prodigieusement quand ils sont de la meilleure qualité, qu'ils deviennent quelquefois hors de service. Ce n'est pas là le seul inconvénient : lorsqu'ils sont en partie desséchés, ils sont mouillés par la pluie qui les pénetre; cela n'a pas besoin d'être prouvé : mais nos Expériences ont fait voir de plus qu'ils aspirent très-puissamment l'humidité de l'air, & à plus forte raison celle des brouillards, des rosées & des exhalaisons qui s'élevent de la terre. Il est vrai que nos Expériences prouvent auſſi que cette humidité étrangere eſt très-promptement emportée par le vent & le ſoleil ; mais il réſulte de ces alternatives de ſéchereſſe & d'humidité un jeu continuel dans les fibres ligneuſes, qui ſont gonflées par l'humidité, & qui ſe reſſerrent par la ſéchereſſe. Aſſurément ce jeu doit fatiguer les fibres, uſer les bois ; & la tenſion des fibres augmente beaucoup, quand il ſurvient une forte gelée, lorſque les bois ſont pénétrés d'eau. Ce n'eſt pas tout : il ſuit des Expériences que nous avons faites ſur des bois pénétrés d'eau, que l'eau étrangere diſſout & emporte avec elle une portion de la ſubſtance ligneuſe, ce qui réduit les bois à un état d'aridité qui leur eſt préjudiciable. Ajoutons à cela que l'eau des pluies entrant dans les fentes qui ſe ſont ouvertes y ſéjourne, s'imbibe dans le bois & y porte la corruption. Tous ces accidents ſont beaucoup plus à craindre pour certains bois que pour d'autres. Si une goutte d'eau tombe ſur du bois gras, poreux, ſpongieux, & dépourvu de ſubſtance gélatineuſe, on la voit s'étendre & s'imbiber dans le bois comme elle feroit ſur un papier brouillard, au lieu qu'une pareille goutte d'eau qui tombe ſur un bois dur, fort ſerré, & rempli de ſubſtance muqueuſe, reſte raſſemblé en goutte, & ſouvent ou elle s'écoule, ou elle ſe deſſéche ſans pénétrer dans le bois. De même on peut remarquer ſur des panneaux de Menuiſerie, que l'hiver dans de grandes humidités, il y a des planches qui changent de couleur, & qui ſont comme ſi on les avoit miſes tremper dans l'eau, pendant que d'autres ſont en apparence aſſez ſeches. Aſſurément les bois qui ſont les plus pénétrés par l'humidité en ſont auſſi les plus endommagés. C'eſt pour cela que les bois vieux & uſés, les bois creux qui ſont fort gras, pourriſſent très-promptement quand on ne les tient pas au ſec, pendant que les bons bois forts y ſubſiſtent des temps conſidérables ſans tomber en pourriture. La ſuperficie des bois gras qui reſtent expoſés à l'air ſemble, dans les temps fort humides, être comme convertie en terre ; & dans les temps de grande ſéchereſſe, elle ſemble comme brûlée.

On doit conclure de ce que nous venons de dire, que

l'humidité qui entre dans les fentes, endommage beaucoup plus les bois gras que les bois forts ; mais elle porte surtout un préjudice notable aux bois qui ont des veines blanches ou rousses, & à ceux qui étant en retour ont le bois du cœur altéré, ainsi qu'à ceux qui ont des nœuds pourris. L'eau qui imbibe ces parties déja attaquées de pourriture, les pénetre intimement ; elle s'y corrompt, & elle porte la corruption dans tous les endroits qu'elle a pénétrés. C'est pour cela que j'ai vu des pieces de bois qui paroissoient assez saines à la superficie, & qui étoient entiérement pourries en dedans.

Pour remédier à ces inconvénients, on a proposé de mettre les pieces debout au lieu de les empiler à plat comme on le fait ordinairement ; & l'on a prétendu que quand les bois étoient dans cette position, ils se déchargeoient d'une seve rousse qui suintoit par le bas des pieces : j'ai prouvé dans mes Expériences que cette seve étoit une pure idée ; & si l'on a vu suinter quelque chose des pieces qu'on avoit mises dans cette position, c'étoit de l'eau qui s'étoit amassée dans quelque nœud pourri ou dans des fentes. Cependant cette situation me paroît être avantageuse à quelques égards : malheureusement on ne peut en faire usage pour de grosses pieces, sur-tout quand on en a un certain nombre.

Je conviens néanmoins qu'on est très-fréquemment dans la nécessité absolue de tenir les bois à l'air : dans ce cas, voici les précautions qu'on peut prendre pour qu'ils soient le moins exposés qu'il est possible aux causes destructives dont nous venons de parler.

Les exhalaisons qui sortent de la terre, endommagent beaucoup ces bois. J'ai vu des piles où les pieces de dessus étoient trop seches, & celles de dessous remplies de champignons ; & cet inconvénient est d'autant plus grand que le terrein est moins élevé au-dessus de l'eau, comme cela arrive fréquemment aux chantiers qui sont aux bords des rivieres, & dans les arcenaux qui sont au bord de la mer. Pour y remédier, je ne vois pas de meilleur moyen que de paver à chaux & à ciment l'endroit où l'on doit former les piles, &

de lui donner considérablement de pente pour que l'eau n'y séjourne pas. Ensuite il faudra mettre sur ce pavé des chantiers fort élevés, afin que les bois qu'on mettra dessus, soient desséchés par l'air qui passera librement par dessous. Il faudra encore faire ensorte qu'il y ait du jour entre toutes les pieces, & qu'elles ne se touchent point dans le sens vertical.

Le premier lit étant fait, on mettra dessus des calles de bois de 4 à 5 pouces d'épaisseur, sur lesquelles on formera le second lit; ce que l'on continuera toujours de même jusqu'à une certaine hauteur; & pour empêcher que les bois ne soient endommagés par le grand hâle & les pluies, on fera ensorte qu'un des côtés soit plus élevé que l'autre pour former dessus un toit avec de mauvaises planches: tout cela se voit (*Planche VIII. Fig.* 1).

A Rochefort, pour empiler ces pieces promptement & sans peine, on a une pratique qui m'a paru mériter d'être rapportée ici.

Je suppose (*Planche VIII. Fig.* 2) qu'ayant formé la pile de bois *AB*, on veuille monter dessus la piece *CD*, on forme un plan incliné avec les pieces *EF* & *GH*, dont un bout *EG* porte sur la pile, & l'autre *FH* par terre. Lorsqu'on a placé la piece *CD* sur le bout des pieces *FH*, on met un crochet ou crampon, au bout *C*, & un autre au bout *D*, avec les cordes *CI* & *DK*; & ayant attelé des bœufs aux bouts *I* & *K*, lorsqu'on les fait tirer, la piece *CD* monte sur le plan incliné toujours parallélement aux pieces de la pile, & elle se trouve élevée dessus & mise en place très-promptement sans exiger plus de deux hommes qui n'ont aucune fatigue.

A l'égard des bois moins gros, comme sont les solives, (*Planche X. Fig.* 1.) on fait ensorte que chaque lit se croise pour qu'il y ait de l'air entre toutes les pieces, & on forme dessus un toit léger avec des dosses ou croûtes: on a seulement soin de faire les piles fort hautes, pour qu'il tienne plus de bois sous un même toit.

On arrange quelquefois de même les chevrons & les planches (*Planche IX. Fig.* 1); mais quand cela se peut, il vaut mieux les ranger debout le long d'un mur *A B* exposé au Nord (*Planche IX. Fig.* 2) faisant reposer le bas des planches sur des madriers *C D*, & élevant dessus un petit Auvent *E F* pour les garantir de la pluie qui tombe perpendiculairement.

Pour ce qui est des bois tors, genoux, varangues, alonges, il faut les lotir par espece, & les arranger le mieux qu'il est possible (*Planche IX. Fig.* 3 *&* 4) à peu près comme les bois droits, ayant attention de mettre la courbure en haut, afin que l'eau s'égoutte. Ou pour que les piles se forment plus réguliérement, on les arrange sur le plat, les posant sur des chantiers. A l'égard des courbes, courbatons, varangues acculées, (*Planche IX. Fig.* 5) on les arrange le plus réguliérement qu'il est possible la branche unique en bas ; & pour le mieux, le long d'une muraille, les assortissant par grandeur: car pour toute espece de bois, il faut avoir grande attention à les lotir par échantillons semblables, pour éviter des remuements considérables qui coûtent toujours de la main-d'œuvre.

En Angleterre, on ne fait autre chose, pour conserver les bois, que de les mettre en pile à l'air, ayant grand soin de les assortir. On les range par classes: savoir, pour les bois droits, une grande piece, 2 moyennes, & 3 petites. A l'égard des courbes, 4 grandes, & 5 moyennes & petites ; le tout disposé de maniere que, sans faire beaucoup d'embarras, on puisse retirer les pieces dont on a besoin. Les bois qui servent de genoux sont tenus à part.

Dans les ports que j'ai vus, on ne met point les bois sous des hangars ; ils y occuperoient trop de place. On ne les met point non plus dans l'eau ; mais quand on a élevé les membres, on les laisse un tems avant de les couvrir du bordage & du vaigrage, afin qu'ils se dessechent. Cette pratique est fort bonne pour Londres : mais en la suivant en Provence, les bois se fendroient prodigieusement ; & en Ponant, les bois tendres s'altéreroient : c'est pourquoi on a tenté à Rochefort, d'établir sur les vaisseaux qui sont en construction, un toit fort léger qui s'appuie sur les membres même du vaisseau.

Quelqu'attention qu'on apporte à l'arrangement des bois dans les

les chantiers, ils ne ſont pas entiérement à couvert des injures de l'air. Le petit toit qu'on établit ſur les piles, étant fait fort à la légere, l'eau paſſe par pluſieurs endroits, & tombe ſur les bois. Les bords des piles ne peuvent être à couvert de l'eau que le vent y porte, non plus que de l'ardeur du ſoleil : c'eſt pourquoi on a préféré de les mettre ſous des hangars, comme nous allons l'expliquer.

§ 2. *Des Bois conſervés ſous les hangars.*

Il eſt certain que les bois ſont beaucoup plus à couvert des injures de l'air ſous les hangars, que ſous les appentis dont nous venons de parler. Cependant on a vu les bois ſe pourrir ſous des hangars d'une énorme grandeur qu'on avoit fait conſtruire dans les ports de mer ; ou dans d'autres cas, ſe fendre ſi prodigieuſement que pluſieurs ne pouvoient pas ſervir à leur deſtination. Rendons ceci plus clair.

On a vu dans nos Expériences, que les bois d'une excellente qualité ſe fendent beaucoup plus que les autres, & que tous les bois qu'on expoſe à un prompt deſſéchement ſe fendent plus que ceux dont la diſſipation de la ſeve ſe fait lentement. C'eſt pour cette raiſon que les bois qu'on met ſous des hangars fort aérés en Provence, où la plûpart des bois ſont de très-bonne qualité, & où l'air eſt très-ſec, ſe fendent énormément : c'eſt donc le cas où il faut défendre les bois d'un trop grand hâle.

Il n'en eſt pas de même des bois tendres, & qu'on a à conſerver dans des Provinces plus ſeptentrionales ; ces bois étant moins ſujets à ſe fendre, & l'air plus humide ne précipitant pas autant leur deſſéchement, il eſt bon qu'ils ſoient plus expoſés à l'air, ſans quoi ils s'échaufferoient & ſe pourriroient. On l'a vu dans nos Expériences, & j'en ai ſouvent fait la remarque dans les ports : car au fond des hangars où il n'y avoit point de jour, les bois ſe pourriſſoient, pendant que ſur le devant où les hangars étoient fort ouverts, ils ſe fendoient.

En général il faut éviter de tenir les bois, ſur-tout ceux qui ont encore leur ſeve, dans un lieu trop renfermé; & il ne faut pas les entaſſer immédiatement les uns ſur les autres. Il faut, au contraire, ménager aſſez d'eſpace entre les pieces, pour que l'humidité qui s'échappe ne ſe porte pas de l'une ſur l'autre, & ne s'amaſſe pas entr'elles : car on a vu dans nos Expériences qu'elle s'y corromproit & y occaſionneroit des champignons. Il ſuit de-là que, ſous les hangars comme en plein air, il faut les empiler ſur des chantiers élevés, & mettre de fortes calles entre les pieces.

Quand on fait des hangars pour y conſerver des bois, il faut donc éviter, ſur-tout dans les pays chauds, de les faire trop ouverts de tous les côtés : les bois s'y fendroient plus qu'en plein air; mais en même temps il faut donner une iſſue aux vapeurs humides qui rempliſſent les endroits où l'on renferme beaucoup de bois.

Le moyen de remplir ces deux intentions, eſt de ne point ſe propoſer, en faiſant des hangars, de conſtruire un beau bâtiment formé d'une ſuite de belles arcades fort élevées & très-ſurbaiſſées, où les bois ſont preſque comme dehors : il eſt mieux de renoncer au beau coup d'œil que préſentent ces hangars, pour faire un bâtiment moins beau, mais plus utile. On aime toujours à faire de beaux bâtiments, & ſouvent on ne penſe pas aſſez à les rendre propres à remplir leur objet.

D'abord il faudra intercepter, autant qu'on le pourra, les exhalaiſons qui s'élevent du terrein, en faiſant dans toute l'étendue du hangar une aire de glaiſe bien battue, & aſſeoir deſſus un bon pavé à chaux & à ciment. Enſuite on formera une grande halle (*Planche X. Fig. 2 & 3*) dont la charpente ſoit ſoutenue par des arcades de pierre de taille, ou des poteaux qui doivent avoir peu d'élévation.

Cette halle ſera terminée aux deux bouts par deux grands pignons (*Fig. 2*), qui auront chacun deux grandes portes, & au-deſſus une grande fenêtre.

On fera un plancher à jour à la hauteur *L L*, & on jettera ſur cette halle un grand toit qui s'étendra juſqu'à 4 ou 5 pieds au-deſſus du terrein pour mettre les bois entiérement à l'abri du ſoleil & du vent; & aux baies des portes & fenêtres du pignon il y aura des ventaux & contrevents, qu'on fermera lorſque les circonſtances l'exigeront. Voila les bois à couvert de la pluie & du grand hâle; il faut maintenant donner une iſſue aux vapeurs: c'eſt pourquoi j'ai dit qu'il falloit que le plancher *L L* fût à jour; & j'ajoute qu'on fera au haut du toit des lucarnes, ou encore mieux des eſpeces de tuyaux de cheminée *E F*, qu'on tiendra fort larges pour former des ventouſes, & donner une iſſue aux vapeurs, qui étant plus légeres que l'air frais, s'élevent, & trouveront au haut du toit une iſſue par où elles s'échapperont, en même-temps qu'elles empêcheront le ſoleil & le vent de porter un trop grand hâle dans l'intérieur de la halle.

On entrera les groſſes pieces par les portes *G G*, & on les arrangera au raiz de chauſſée ſur des chantiers, en mettant entre deux, des calles comme nous l'avons expliqué plus haut; & on mettra au premier étage les petits bois, tels que le merrain, les gournables, les voliches, &c. dont on fera des piles à peu près comme on le voit (*Planche IX. Fig.* 1). C'eſt à ceux qui veilleront à l'arrangement des bois, à les aſſortir par eſpece, pour qu'on puiſſe tirer les pieces dont on aura beſoin, ſans être obligé de remuer beaucoup de bois.

Au reſte, quand on fait attention aux grands approviſionnements de bois qu'on fait dans les ports, on conçoit qu'il n'eſt pas poſſible de tout mettre ſous des hangars, & qu'on ne peut y placer que les bordages, les préceintes, les brions, &c. les merrains, les gournables & les pieces les plus précieuſes. Or, les pieces qu'il faut conſerver avec plus de ſoin, ſoit à cauſe qu'elles ſe trouvent rarement dans les Forêts, ſoit parce qu'elles ſont plus ſujettes à pourrir dans la place qu'elles occupent, ſoit parce qu'elles entraînent de grandes dépenſes quand il faut les changer, ſont les fourrures de gouttiere, les alonges d'écubier, les aiguillettes de porques, les gouttieres, toutes les ſerres, les brions, les ringeots, les étraves, les étambots, les barres d'arcaſſe, les membres de la flottaiſon. A l'égard des pieces de quilles, des varangues & des genoux de fond; comme ces pieces sont toujours en dessous de la lign de flottaison, elles sont moins sujettes à pourrir ; mais comm elles sont rares, il convient de les conserver soigneusemen jusqu'à ce qu'elles soient employées. L'impossibilité où l'on e de conserver tant de bois sous des hangars, les inconvénient qu'il y a à les tenir à l'air, ont engagé à les mettre dans l'eau Résumons ce que nous avons dit de cette pratique.

§ 3. *Des Bois conservés sous l'eau.*

On a vu des bois pourrir sous des hangars; & sans faire a tention que ces bois en retour avoient des vices considérabl dans le cœur, sans examiner si les hangars étoient trop hum des, sans considérer qu'il transpiroit de leur sol une quanti d'exhalaisons, sans penser que ces bois entassés les uns sur l autres retenoient une humidité pourrissante, on s'est pre de condamner les hangars comme étant la vraie cause de to les désordres qui arrivoient à ces bois : d'un autre côté voy que dans les Provinces méridionales, des bois déposés dans d endroits à couvert, mais exposés au soleil & aux vents br lants de ces Provinces, se fendoient beaucoup, au lieu d' conclure qu'il falloit les tenir dans des bâtiments mieux fe més, on s'est pressé de décider que les bois étoient très-m sous les hangars, & on a pris le parti de les mettre dans l'ea C'est alors que les sentiments se sont trouvés très-partagés : l uns assuroient que les bois s'altéroient beaucoup dans l'ea d'autres pensoient qu'il étoit avantageux de les y lai quelques mois avant de les empiler, ou à l'air, ou sous des ha gars; d'autres prétendoient que le mieux étoit de les lai toujours dans l'eau. C'est cette diversité de sentiments qui engagé à faire un grand nombre d'Expériences sur les b plongés dans l'eau.

Ces Expériences nous ont fait voir :

1°, Qu'il faut beaucoup de temps pour que les bois soie rassasiés d'eau.

2°, Que l'eau douce s'insinue plus promptement dans les bois que l'eau de mer.

3°, Qu'un morceau de bois rassasié d'eau de mer se charge encore d'eau douce, quand on le plonge dans ce fluide.

4°, Que ces eaux étrangeres se dissipent assez promptement quand on a exposé au hâle le bois qui en est pénétré.

5°, Que l'eau dissout les parties les plus dissolubles de la seve, & qu'elle en emporte une partie lorsqu'elle se dissipe.

6°, Que les bois pénétrés d'eau de mer ne se dessechent point parfaitement, & qu'ils se chargent beaucoup de l'humidité de l'air.

7°, Que les bois parfaitement secs sont l'hygromettre, augmentant ou diminuant de poids suivant que l'air est sec ou humide.

8°, Que les bois rassasiés d'eau sont aussi l'hygrometre suivant l'état de l'atmosphere, lors même qu'on les tient sous l'eau.

9°, Que les bois qui ont été flottés, perdent plus de leur poids en se desséchant, que ceux qui ne l'ont point été; & qu'ils en perdent plus quand ils ont été plongés dans une eau courante, que lorsqu'ils ont été mis dans une eau dormante, & quand ils ont été tantôt dans l'eau & tantôt au sec.

10°, Que les bois tendres & de médiocre qualité, sont beaucoup plus altérés par l'eau, que les bois d'une excellente qualité; & que les bois blancs sont de même plus altérés par l'eau, que les bois durs, comme le Chêne, &c.

11°, Que les bois de Chêne de médiocre qualité sont beaucoup moins sujets à se fendre en séchant, quand ils ont été long-temps flottés que quand ils n'ont point été dans l'eau; ce qui vient de l'altération qu'ils ont soufferte: car les bois se fendent d'autant moins qu'ils sont plus tendres, & le bois pourri ne se fend point.

12°, Que les bois d'excellente qualité se fendent en séchant, quoiqu'ils aient resté long-temps dans l'eau.

13°, Que les bois, même les bois blancs, ne s'alterent point tant qu'ils restent dans l'eau, ou dans la terre humide, pourvu qu'ils ne soient point exposés au frottement de l'eau, qui les use peu à peu comme feroit un corps dur.

14°, Que l'introduction de l'eau dans le bois fait refermer les fentes; mais que la solution de continuité subsiste, ensorte que les fentes, les roulures, les cadranures, les gélivures, reparoissent quand le bois est desséché.

15°, Que l'eau empêche le progrès de la carie, & préserve de pourriture le bois du cœur qui est en retour; mais qu'elle ne remédie pas au mal qui se manifeste quand les bois tirés de l'eau sont desséchés.

16°. J'ai des pilotis de la démolition des Ponts de Saumur & d'Orléans qui subsistoient de temps immémorial: ces pilotis étoient de bois de Chêne qui paroissent avoir été de bonne qualité, parce que les couches annuelles en sont très-serrées: quelques-uns étoient altérés au cœur, & avoient quelques nœuds & quelques gélivures, (*Planche X. Fig. 5.*) mais le reste étoit très-sain. Ayant laissé sécher ces bois, je les ai fait travailler; ils étoient durs; ils se coupoient bien net sous l'outil: on y reconnoissoit les pores du Chêne qui étoit devenu noir presque comme de l'ébene; & ces bois étant secs se sont trouvés peser 60 liv. le pied cube. On voit par-là, comme par nos Expériences, que les défauts qui se trouvent dans les bois quand on les met dans l'eau, y subsistent sans faire de progrès. Le bois reste donc dans l'eau tel qu'on l'y a mis. Pour avoir quelque chose d'exact sur l'altération de ce bois, il faudroit pouvoir connoître quel étoit son poids avant d'avoir été employé en pilotis; mais 60 liv. est un bon poids pour du bois très-sec, & celui-là l'étoit quand nous l'avons pesé. Dans certaines terres, les bois qui y séjournent long-temps changent de nature; ils y deviennent pierre, & quelquefois agate; mais les bois des pilotis des Ponts de Saumur & d'Orléans n'étoient point du tout pétrifiés.

17°, Les bois qui ont passé quelque temps dans l'eau, sont, comme on l'a vu par nos Expériences, beaucoup moins sujets à être piqués de vers, que ceux qu'on a toujours conservés à l'air; & comme il est prouvé d'un autre côté que l'eau est fort long-temps à pénétrer intimement un petit parallélipipede de Chêne d'un pouce quarré ſur deux pouces de longueur, il s'enſuit qu'une groſſe piece de bois ſera peu pénétrée d'eau en ſéjournant trois ou quatre mois dans une eau dormante : ainſi elle ſera peu altérée par ce flottage, & on aura l'avantage de moins craindre les vers.

Mais, dira-t-on, ſi par ce flottage on garantit les bois des vers qui les piquent & les moulinent dans l'air, on les expoſe en même-temps à ces vers aquatiques qui détruiſent les digues de Hollande. Je réponds à cela premiérement, que ces vers redoutables n'exiſtent point dans l'eau douce; & en ſecond lieu, nous ferons voir dans la ſuite de cet Ouvrage, que ces vers n'attaquent les bois que dans les mois de Juin, Juillet & Août, juſqu'à ce que les fraîcheurs de Septembre ſe faſſent ſentir : ainſi on a près de neuf mois à les laiſſer dans l'eau ſalée ſans rien craindre de ces vers.

Je penſe donc, d'après mes Expériences, qu'on peut flotter les bois nouvellement abattus, uniquement pour empêcher qu'ils ne ſoient piqués des vers; & comme trois ou quatre mois ſuffiſent pour cela, leur qualité n'en ſera point diminuée, ſurtout ſi on les met dans une eau dormante, & ſi l'on fait enſorte qu'ils ne flottent point à la ſurface de l'eau.

Je dis plus : ſi l'on ſe propoſoit d'employer ces bois refendus en planches, ou en membrures pour la menuiſerie dans l'intérieur des bâtiments, on feroit bien de les mettre dans une eau courante, même au ſaut d'un moulin; parce que dans cette occaſion, il ne s'agit pas de ménager la force des bois, mais ſeulement de les empêcher de ſe fendre & de ſe tourmenter : ainſi il faut en quelque ſorte les uſer, & réduire les bois forts à l'état des bois tendres.

Il n'en eſt pas de même pour les bois de Charpente, à qui il faut ménager toute leur force : le mieux feroit aſſurément de les tenir ſous des hangars avec les précautions que nous avons détaillées. S'ils ſe pourriſſent dans cette poſition, il ne faudra pas en attribuer la cauſe, comme on l'a fait, à la ſeve qui ne peut pas s'échapper d'une groſſe piece de bois; mais au commencement d'altération qu'elle aura eu dans le cœur lorsqu'elle étoit sur pied; altération dont j'ai amplement parlé dans le *Traité de l'Exploitation*, *Liv. V*, *Chap. III.*

Je m'abstiendrai cependant de pousser les choses à l'extrême, & de prétendre qu'on perd les bois en les mettant dans l'eau. Mes Expériences me font croire que l'eau ne remédie point aux vices dont une piece est affectée d'origine : elle empêche que ces défauts ne fassent du progrès, elle les masque; mais ils reparoissent quand les pieces tirées de l'eau sont parvenues à leur état de sécheresse. D'ailleurs nous avons prouvé que le flottage des bois endommageoit plus les bois tendres que les bois forts, qui, après avoir resté long-temps dans l'eau, se fendent & s'éclatent lorsque ces bons bois viennent à se dessécher. Qu'on traite, comme on voudra, une piece saine de bon Chêne de Provence, il sera de longue durée; & qu'on s'y prenne, comme on voudra, pour conserver une piece de bois gras en retour, & qui a un commencement d'altération dans le cœur, on ne parviendra pas à la conserver, elle pourrira incessamment. Je conviens, comme je l'ai déja dit, que l'eau empêche le progrès du mal; mais c'est un petit avantage puisqu'on ne le détruit pas, que les défauts reparoissent dans les bois de mauvaise qualité, & que les bois forts se fendent; lorsqu'étant tirés de l'eau, ils se dessechent.

Je crois cependant qu'il seroit plus avantageux de les tenir dans l'eau, que de les laisser exposés aux injures de l'air sans prendre aucune précaution; mais si l'on se détermine à les mettre dans l'eau, il faut faire ensorte qu'ils ne flottent point, & sur toute chose qu'ils ne soient point tantôt à l'eau & tantôt à l'air, comme je l'ai vu au bord de la mer, où à toutes les marées ils étoient mouillés, & ils restoient à sec quand la mer étoit retirée. Mes Expériences ont prouvé que c'est le cas où les bois souffrent la plus grande altération.

Il est encore très-important d'éviter d'empiler les bois dans des endroits où ils sont exposés aux exhalaisons qui sortent du terrein, comme cela arrive très-fréquemment, & presque nécessairement au bord de la mer & des rivieres. J'ai

J'ai vu remuer de ces piles de bois où les pieces de l'intérieur des piles étoient pleines de champignons, pendant que celles du dessus étoient extrêmement fendues; car les bons bois trop exposés au hâle se fendent prodigieusement.

Entre ceux qu'on met sous des hangars, les uns sont sujets à ce défaut, d'autres sont piqués de vers si on ne les a pas mis quelque temps flotter dans l'eau (*). Ceux qu'on met au fond de l'eau, perdent toujours un peu de leur qualité; & si c'est de l'eau salée, ils sont détruits par les vers aquatiques qui endommagent les vaisseaux & les digues de Hollande. Nous rapporterons dans la suite les recherches que nous avons faites pour mettre les bois à couvert des désordres que causent ces insectes; mais en attendant, je vais exposer un moyen que je crois pratiqué en Italie, & que je soupçonne avoir aussi été mis en usage à S. Malo. J'avoue que je ne l'ai point éprouvé : le voici.

Il faut faire sur le terrein où l'on se propose de mettre les bois un lit de gros sable ou de gravier de 3 ou 4 pouces d'épaisseur : on arrange dessus les préceintes & les bordages, de sorte qu'ils ne se touchent point : on met du même gravier qui remplit tous les vuides, & qui recouvre le premier lit de bordages de 2 à 3 pouces d'épaisseur; & faisant alternativement un lit de gravier & un lit de bordages, on éleve la pile à telle hauteur qu'on veut, en garnissant ses bords avec de mauvaises planches pour retenir le sable, & on finit par une épaisse couche de sable. Je crois qu'à S. Malo on les enterre dans du sable humide; mais en Italie, on fait ces piles sous des halles.

(*) Il y a des especes de bois qui sont très-sujets à être piqués par les vers, de sorte que dans un même magasin quelques pieces sont vermoulues pendant que d'autres ne sont point attaquées par les vers. En général l'aubier est plus sujet à être vermoulu que le bois, & quelquefois il est entiérement réduit en poussiere pendant que le bois est très-sain. J'ai remarqué encore qu'il y a certains hangars où ces insectes font beaucoup plus de désordre que dans d'autres, & les bois que l'on conserve à l'air sont moins sujets à la vermoulure que ceux qu'on tient sous les hangars. Ce que j'ai trouvé de meilleur pour préserver les bois de la vermoulure est de les mettre, aussitôt qu'ils sont abattus & débités, passer quelques mois dans l'eau, comme nous l'avons déjà dit en parlant des bois que l'on conserve sous l'eau.

Voilà à peu près à quoi se réduit ce que nous avions à dire sur la Conservation des bois dans les chantiers & les arcenaux : examinons maintenant ce qu'on peut espérer d'un moyen qui a été proposé pour prolonger la durée des bois en les desséchant par la chaleur du feu.

EXPLICATION *des Planches & des Figures du Livre second.*

PLANCHE VII.

LA FIGURE 1, représente un corps d'arbre nouvellement abattu & refendu en planches, qu'on a placées les unes sur les autres dans le même ordre qu'elles étoient dans la piece entiere; & les ayant serrées avec des moises, elles se sont trouvées au bout d'un temps considérablement endommagées, pendant que les planches prises d'un arbre sec ne l'étoient pas.

La Figure 2 représente une piece de bois quarré qu'on a coupé par parallélipipedes 1, 2, 3, 4, &c. le parallélipipede 4 est resté entier; celui 3 a été coupé en deux; celui 2 en 3, & celui 1 en 4, pour reconnoître si l'évaporation de la seve se fait en raison des surfaces.

La Figure 3 représente des pieces de bois qu'on a mis se dessécher, les unes posées verticalement; à quelques-unes le bout des racines en haut, & à d'autres ce bout en bas ; on en a posé aussi horizontalement *D D* sur des chantiers, & de temps en temps on les plaçoit en équilibre comme *E* sur un morceau de fer *F* en couteau.

Les Figures 4 & 5 représentent des balances hydrostatiques pour reconnoître l'augmentation & la diminution du poids des parallélipipedes *E* plongés dans l'eau.

La Figure 6 représente la direction des fentes qui se sont formées sur le bout d'une piece de bois refendue à la scie, & dont le cœur *A* de l'arbre étoit à un des angles de la piece,

Les Figures 7, 8, 9, 10, 11, 12, 13 & 14, repréſentent la direction qu'affectent communément les fentes, ſuivant que le centre de l'arbre eſt dedans ou hors la piece.

La Figure 15 ſert à faire voir une ſubſtance grenue qui s'apperçoit entre les fibres ligneuſes dans des barreaux rompus; mais on a augmenté la quantité de cette ſubſtance pour la rendre plus ſenſible qu'elle n'eſt dans le naturel.

La Figure 16 eſt un corps d'arbre refendu en deux pour faire voir comment les fibres ligneuſes ſe rapprochent lorſque les arbres ſe deſſechent.

PLANCHE VIII.

LA FIGURE 1 fait voir comment on doit empiler les bois quarrés qui reſtent à l'air en les plaçant ſur des chantiers, mettant entre les pieces des cales aſſez épaiſſes, & faiſant enſorte que les pieces ne ſe touchent point dans le ſens vertical. On voit auſſi une partie de cette pile de bois couverte d'une eſpece d'auvent pour empêcher que la pluie ne tombe deſſus.

La Figure 2 ſert à faire concevoir comment on peut former les piles *Figure 1*, par le tirage des bœufs, en faiſant gliſſer les pieces *C D* ſur des pieces *E F*, *G H*, qui forment un plan incliné.

PLANCHE IX.

LA FIGURE 1 repréſente des piles de planches ou de merrain ou de gournables, qui ſont couvertes par un petit toit fait de mauvaiſes planches.

La Figure 2 fait voir comment on peut diſpoſer les planches dans une poſition verticale le long d'un mur, les élevant ſur des chantiers *C D*, & les couvrant d'un petit auvent *E F*.

Les Figures 3 & 4 repréſentent des genoux, ou d'autres bois tors placés ſur des chantiers.

La Figure 5 repréſente des varangues de fond, des courbes ou courbatons qui ſont rangés à peu près par échantillons ſur un endroit pavé & le long d'un mur.

La Figure 6 a rapport au Livre III, & repréſente un bordage qu'on attendrit par le feu pour pouvoir le courber ſans le rompre.

PLANCHE X.

LA FIGURE 1 repréſente une pile de bois ſur laquelle on a établi un toit avec de mauvaiſes planches.

La Figure 2 eſt une halle pour mettre les bois précieux à couvert ; on la voit par le bout ou par le pignon.

La Figure 3 eſt la même halle vue dans ſa longueur. Les eſpeces de cheminées *E F* qu'on voit s'élever au-deſſus du toit, ſont de larges ventouſes qui ſervent à diſſiper l'humidité qui s'échappe des bois.

La Figure 4 eſt le plan de cette halle.

La Figure 5 eſt un tronc d'arbre qui eſt carié au cœur, & qui a un nœud pourri.

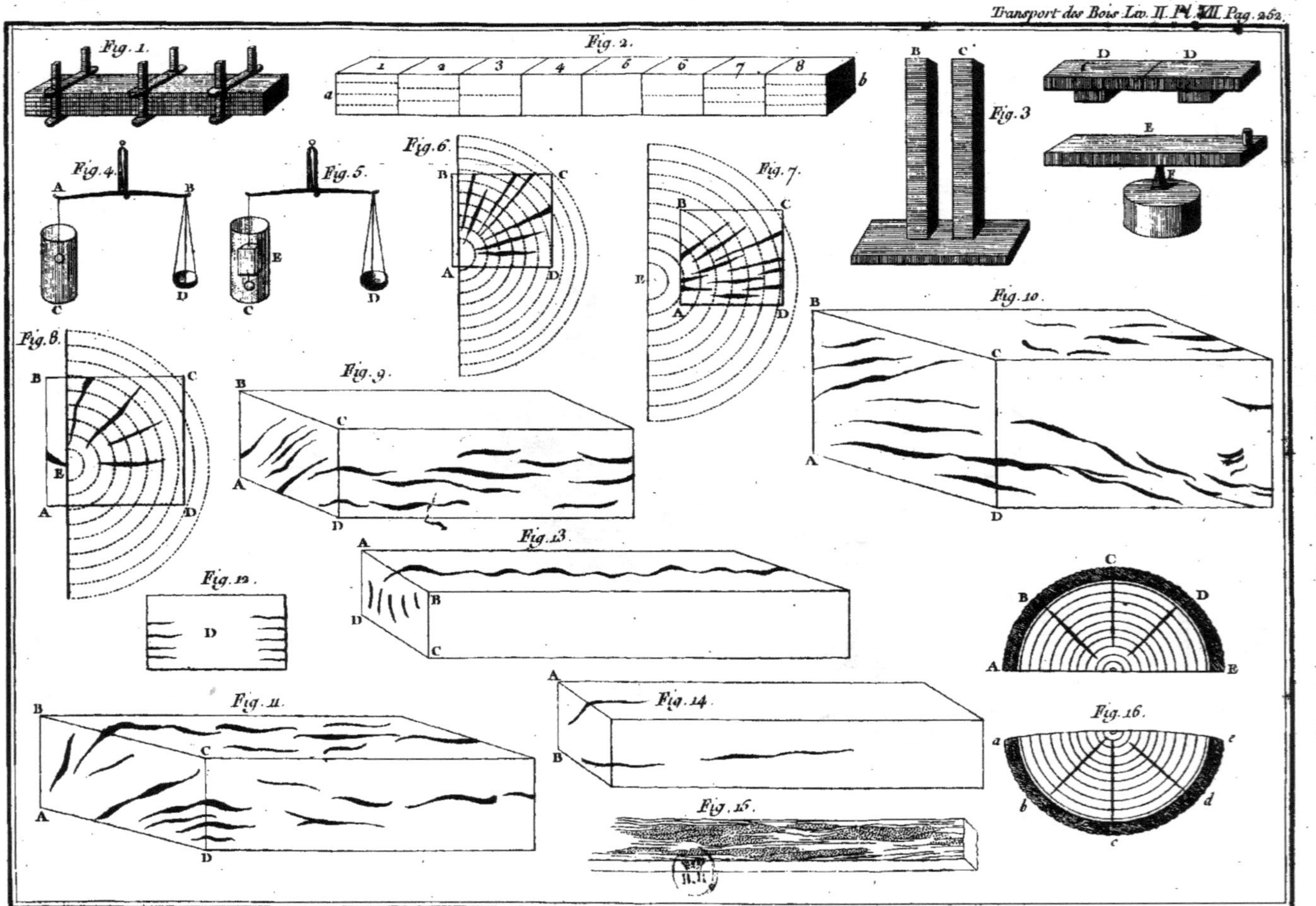
Fig. 1.
Fig. 2.
Fig. 3
Fig. 4.
Fig. 5.
Fig. 6.
Fig. 7.
Fig. 8.
Fig. 9.
Fig. 10.
Fig. 11.
Fig. 12.
Fig. 13.
Fig. 14.
Fig. 15.
Fig. 16.

Fig. 1.
Fig. 2.
K
B
D
H
F
C

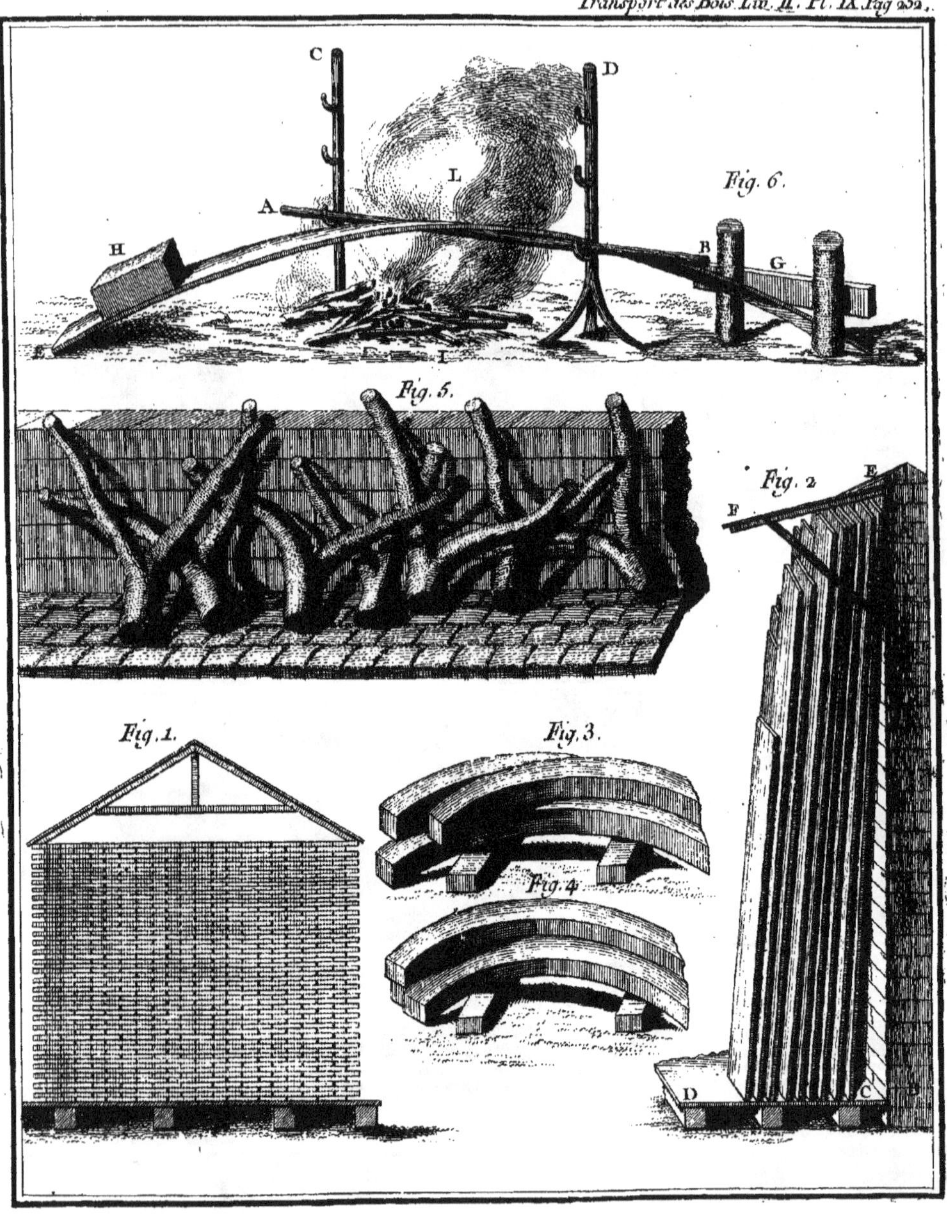
Fig. 6.
C
D
L
A
H
B
G
I
Fig. 5.
Fig. 2
E
F
Fig. 1.
Fig. 3.
Fig. 4
D
C

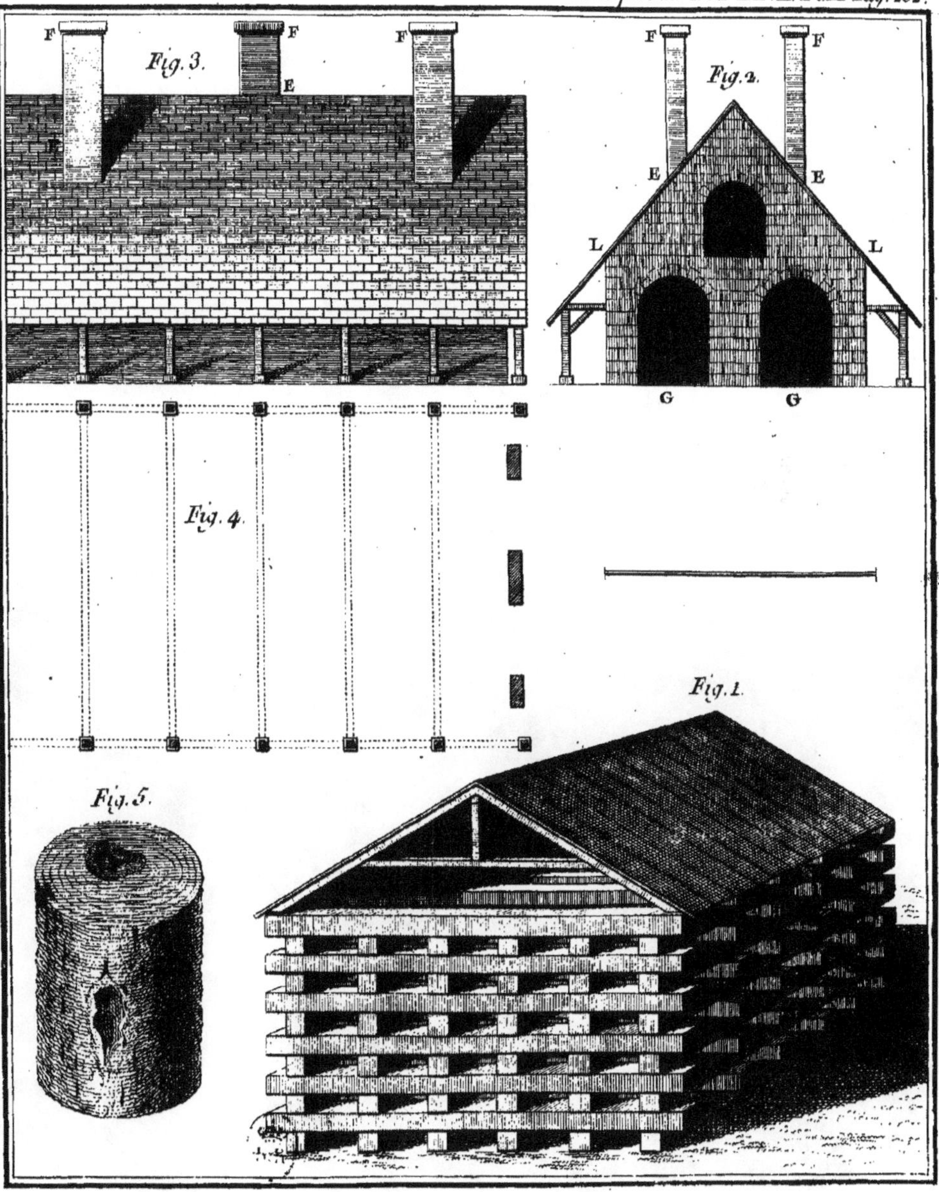
F
F
F
Fig. 3.
E
F
F
Fig. 2.
E
E
L
L
G
G
Fig. 4.
Fig. 1.
Fig. 5.

LIVRE TROISIEME.

Du Desséchement des Bois par une chaleur artificielle, & de leur attendrissement par la même opération.

Nous avons rapporté beaucoup d'Expériences sur le desséchement naturel des Bois, sur le dommage qu'un trop prompt desséchement peut leur causer par les fentes & les contours bizarres qu'ils prennent, sur les moyens qu'on peut employer pour prévenir ces accidents, ou au moins les diminuer beaucoup. Ces objets ont été amplement discutés dans le *Traité de l'Exploitation*, & nous venons d'examiner ce qui arrive aux bois que l'on conserve sous des hangars.

Dans le Livre précédent nous avons encore rapporté un grand nombre d'Expériences sur l'imbibition des bois, soit dans l'eau salée, soit dans l'eau douce, & sur le temps qui est nécessaire pour que cette eau étrangere se dissipe. Ceux qui se donneront la peine d'étudier attentivement ces Expériences, seront en état d'apprécier l'avantage qu'on peut attendre du flottage des bois, & le préjudice que cette opération peut leur causer.

Comme on s'étoit persuadé que la seve étoit la seule cause de la pourriture, on a proposé de dessécher encore plus les bois qu'ils ne peuvent l'être naturellement, & d'employer pour cela l'action du feu : non seulement on a prétendu y trouver l'avantage de se débarrasser d'une liqueur qu'on regardoit comme corruptible, & comme la source de l'altération des parties solides; mais encore on a cru que le feu étoit propre à endurcir le bois, & qu'il le rendroit capable d'une plus grande résistance. Je sais que les manches des couteaux communs, qu'on nomme des *Jambettes*, deviennent très-durs &

très-solides par l'opération qu'on leur fait éprouver, qui change tellement l'organisation du bois que j'ai plusieurs fois été embarrassé de reconnoître de quel bois ils étoient faits. M'étant trouvé à S. Etienne en Forest, je vis que ces manches étoient presque tous de Hêtre, & que ce qui augmente leur dureté, vient de ce qu'on les moule entre deux plaques d'acier qu'on fait chauffer, & qu'on place dans une forte presse : la chaleur des plaques fond, ou au moins attendrit beaucoup les fibres ligneuses ; la pression les rapproche les unes des autres, elles s'unissent & se soudent en quelque façon les unes aux autres ; par-là leur densité & leur dureté est beaucoup augmentée. Quand j'ai dit que les fibres ligneuses entroient en quelque façon en fusion, je n'ai rien dit de trop ; puisqu'entre les deux plaques d'acier qui forment le moule, il s'étend des balevres d'un quart de pouce de longueur qui ressemblent aux jets des métaux qu'on jette en moule. Il est certain que cette opération doit rendre le bois bien meilleur ; mais elle n'est praticable que pour de très-petits ouvrages, & je ne la rapporte que pour faire appercevoir le changement le plus notable qui puisse arriver au bois qu'on expose à une chaleur vive.

CHAPITRE PREMIER.

Examen de ce que l'action immédiate du feu peut produire pour augmenter la durée des Bois.

On s'est persuadé que la chaleur du feu, indépendamment de l'effet de la presse, durcissoit beaucoup le bois ; & l'on cite pour exemple l'usage où sont les Sauvages qui ne connoissant point les métaux, ont des fleches de bois qu'ils font chauffer jusqu'à en griller le bout pour les endurcir ; mais j'ignore de quel bois elles sont, & quel degré de dureté elles acquierent par ce moyen. Quoi qu'il en ſoit, c'eſt dans cette perſuaſion que l'on a coutume de brûler le bout des pieux à la partie qui doit entrer en terre, pour empêcher qu'ils ne pourriſſent trop promptement.

On ſait que les pieux, dont un bout eſt enfoncé dans la terre & le reſte eſt à l'air, pourriſſent très-promptement, ſurtout au niveau de la terre; & que pour prévenir ce dépériſſement, pluſieurs ont coutume de brûler la partie des pieux qui doit être en terre juſqu'à un demi-pied au-deſſus du terrein. Voici les Expériences que j'ai faites pour eſſayer de connoître ce qu'on pouvoit eſpérer d'avantageux de cette pratique.

ARTICLE I. *Expériences faites ſur des pieux pour m'aſſurer ſi le feu prolonge ſenſiblement leur durée.*

1°, Je pris un rondin de Chêne abattu en Octobre 1732; je le fis écorcer, & mettre en partie en terre comme ſi ç'eût été un poteau: l'ayant viſité ſix ans après en Avril 1738, non-ſeulement l'aubier étoit pourri; mais même le bois étoit fort endommagé.

2°, Un autre rondin pareil s'eſt trouvé à très-peu de choſe près dans le même état en 1738; ſeulement le bois étoit un peu moins altéré.

3°, Un pareil rondin verd & écorcé comme les précédents, fut mis, par le bout qui devoit être en terre, dans un grand braſier pour réduire en charbon la ſuperficie de l'aubier. Dans cette opération, il perdit 7 livres 15 onces 4 gros de ſon poids: ſur le champ, on mit en terre la portion qui étoit grillée. En 1738, la ſuperficie de ce pieu paroiſſoit ſaine, parce que la croûte charbonneuſe n'avoit ſouffert aucune altération. On ſait que le charbon eſt une ſubſtance incorruptible. Mais ſous cette croûte, l'aubier étoit un peu moins endommagé que celui des pieux premier & ſecond qui n'avoient point été grillés: cependant le bois du cœur étoit à très-peu de choſe près dans le même état que celui de la piece N°. 2.

4°, Un pareil rondin verd & écorcé, fut grillé comme celui du N°. 3; & dans cette opération, il perdit 6 livres 2 onces de son poids. En 1738, l'aubier & le bois se trouverent un peu en meilleur état qu'au rondin N°. 3.

5°, Pour répéter ces mêmes Expériences sur des bois secs, je fis scier de pareils rondins au pied des ridelles qui avoient été abattues l'année précédente; je les fis écorcer & griller comme les rondins verds. Le rondin N°. 5 perdit à cette opération 5 livres 8 onces de son poids. En 1738, l'aubier étoit presque réduit en terre; mais le bois étoit un peu meilleur que celui des bois verds.

6°, Un rondin semblable au précédent, d'un an d'abattage, ne perdit de son poids, en grillant, que 2 livres 11 onces. Il est vrai que, comme il étoit sec, je craignois de le trop brûler. En 1738, la superficie réduite en charbon étoit saine; l'aubier étoit réduit en terre, & le bois étoit un peu meilleur que celui du N°. 5, quoiqu'il fût traversé de veines blanches très-échauffées.

7°, Un rondin pareil aux précédents, abattu depuis un an, fut écorcé, & mis en terre sans l'avoir brûlé. En 1738, l'aubier étoit entiérement détruit, & rempli de fourmis qui y avoient fait leur logement. Il y avoit aussi dans cet aubier de petits cloportes: ces insectes ne se sont rencontrés dans aucun autre rondin. Le bois du cœur avoit encore un peu de solidité.

8°, Un rondin tout pareil, d'un an d'abattage, fut écorcé, & mis en terre sans avoir été brûlé. Son aubier, en 1738, étoit absolument anéanti, & le bois un peu meilleur que celui du N°. 7.

On voit par ces Expériences que l'opération de brûler les pieux, prolonge un peu leur durée: je dis un peu; car les rondins brûlés étoient très-endommagés: mais quand nous aurions apperçu une différence plus marquée, seroit-il possible de faire usage de ce moyen pour de gros bois? Si en brûlant l'extrémité d'un pieu, la chaleur pénetre jusqu'au centre, il n'en sera pas de même lorsqu'on exposera au feu une grosse piece.

ARTICLE

ARTICLE II. *Expérience faite ſur les Baux d'un Vaiſſeau.*

M. le Vaſſeur, actuellement Commiſſaire de la Marine à Bayonne, fit brûler les bouts des baux du Vaiſſeau *le Ferme*, avant de les mettre en place, de ſorte que la ſurface de ces baux étoit couverte d'une couche de charbon de l'épaiſſeur de quatre lignes ſur les quatre faces. Ces baux brûlés ſe ſont pourris au moins auſſi-tôt que ceux qui ne l'avoient point été.

Comme on a toujours penſé que le bois dont la ſuperficie auroit été réduite en charbon, ſeroit de plus longue durée, on en a fait l'épreuve ſur pluſieurs vaiſſeaux ; mais les vaiſſeaux changeant de département, ceux qui ont fait les épreuves en changeant auſſi, & ces Expériences étant fort longues, on a le plus ſouvent oublié qu'on les eût commencées ſur tel vaiſſeau ; ce qui fait que je n'ai eu connoiſſance que de celle que je vais rapporter.

Etant à Rochefort, en 1737 ou 1738, avec quelques Officiers de ce département, qui penſoient que la croûte charbonneuſe contribuoit à la conſervation du bois, il arriva qu'on délivra des bordages qui avoient été brûlés par le côté qui touchoit aux membres. Effectivement, ſi l'on s'étoit contenté d'examiner la ſuperficie charbonneuſe de ces bordages, on les auroit jugé très-ſains ; mais en ayant fait parer pluſieurs pour enlever ce qui étoit réduit en charbon, on trouva le bois de deſſous cette croûte pourri preſque comme à ceux qui n'avoient pas été chauffés.

Il ne faut donc pas croire qu'il y ait un grand avantage à brûler la ſuperficie du bois pour le préſerver de la pourriture. Au contraire, on peut regarder tout ce qui a été brûlé comme perdu. Ceci eſt bien prouvé par mes Expériences, par celle de M. le Vaſſeur, & par l'Obſervation que je viens de rapporter.

ARTICLE III. *Conſéquences des Expériences précédentes.*

ON peut conclure de ces Expériences que la ſubſtance

charbonneuſe qui couvre le bois, n'empêche point que l'humidité ne pénetre dans la piece, & que l'aubier ne pourriſſe. Si on a trouvé le bois un peu moins altéré dans les rondins qui ont été brûlés, qu'aux autres, ce n'eſt pas à la couche de charbon qui les recouvroit qu'on en eſt redevable, mais apparemment à la chaleur qui a pénétré dans le bois. Elle aura peut-être diſſipé un peu de ſon humidité, ou elle aura mis en fuſion la ſubſtance gélatineuſe qui aura durci le bois. Mais ce bon effet qui a été peu conſidérable ſur des rondins qui n'étoient pas gros, ne s'eſt point du tout fait appercevoir ſur les baux du vaiſſeau *le Ferme*, qui étoient des pieces trop groſſes pour que la chaleur eût pu en pénétrer toute la ſolidité, quoique leur extérieur fût réduit en charbon.

Quoi qu'il en ſoit, nous avons cru qu'il convenoit d'examiner ce qui arriveroit au bois qu'on n'expoſeroit pas à une chaleur vive capable de les brûler; mais qu'on tiendroit long-temps expoſés à une chaleur plus modérée, qui les pénétreroit plus intimement. Cependant avant de rapporter toutes les Expériences que nous avons exécutées, il eſt bon de faire remarquer qu'en expoſant les bois à la chaleur du feu, on s'eſt propoſé deux objets : l'un, de ſavoir s'il ſeroit poſſible, par ce moyen, de prolonger leur durée; l'autre, de les attendrir par la chaleur pour pouvoir les ployer & les contraindre à prendre la courbure qui ſeroit néceſſaire pour s'ajuſter aux contours qu'on auroit à leur faire prendre. Je m'étendrai dans la ſuite ſur ce dernier article; mais j'ai cru en devoir avertir d'avance, parce que les Expériences que je vais rapporter auront quelquefois trait à l'un & l'autre objet.

CHAPITRE II.

Des Effets d'une chaleur modérée & long-temps continuée sur plusieurs Pieces de Bois, les unes vertes, les autres seches.

COMME, en exécutant les Expériences que je viens de rapporter, je m'étois apperçu que, quoique le dessus des bois fût réduit en charbon, la chaleur n'avoit pas pénétré jusqu'au centre des pieces qui étoit fort humide, j'ai cru devoir faire usage du feu avec plus de modération, en n'exposant point les bois à l'action immédiate du feu.

ARTICLE I. *Expériences faites sur plusieurs Pieces de Bois séchées à plusieurs reprises, jusqu'à ce que la chaleur les eût pénétrées intimement.*

DANS le mois d'Août 1724, on a pris un morceau de bois de Chêne, de 2 pieds 6 pouces de longueur sur 12 & 12 pouces d'équarrissage, qui étoit de coupe nouvelle : il pesoit 195 liv.

PREMIERE OPÉRATION.

ON l'a mis dans un four chauffé comme pour cuire du pain. Après y avoir resté 24 heures, son poids étoit réduit à . . . . 175 liv.

Il étoit donc diminué de 20

Il s'étoit contracté d'une ligne sur chaque face ; & à un des bouts, il s'étoit formé au cœur une fente de 2 lignes d'ouverture, 3 pouces de longueur & 4 pouces de profondeur.

SECONDE OPÉRATION.

ON le remit paſſer encore 24 heures dans le four échauffé au même point. Au ſortir du four il peſoit . . 163 liv. 8 onc.

Ainſi ſon poids étoit encore diminué de . . 11 . . 8

Point de diminution ſenſible dans le volume ; aucun changement dans la fente.

TROISIEME OPÉRATION.

AYANT encore paſſé 24 heures au four, ſon poids étoit réduit à . . . . 158 liv. 8 onc.

Diminué de. 5

Ce morceau de bois étoit réduit ſur une face à 11 pouces 7 l. & demie, & ſur l'autre à 11 pouc. 7 l.

Point de changement ſenſible dans la fente.

ARTICLE II. *Expérience faite ſur un bout de Madrier de coupe nouvelle.*

CE Madrier avoit 2 pieds 6 pouces de longueur ſur 1 pied de largeur & 3 pouces d'épaiſſeur. Il peſoit 44 liv.

PREMIERE OPÉRATION.

AYANT mis ce Madrier dans un four chauffé au degré propre à cuire le pain, 24 heures après il peſoit 34 liv. 3 onc.

Son poids étant diminué de. . . . . . . 9 . . 13

Il n'avoit que de très-petites gerces ; mais il s'étoit contracté d'une ligne tant ſur la largeur que ſur l'épaiſſeur.

SECONDE OPÉRATION.

ON le remit au four ; & après y avoir reſté 24 heures, il

pesoit . . . . 29 liv. 12 onc.

Son poids étant diminué de. . . . . 4 . . . 7

Sa largeur étoit réduite à 11 pouc. 9 lign. & son épaisseur à 2 pouc. 11 lignes.

On a apperçu plusieurs gerces sur l'épaisseur; elles étoient longues & fort étroites.

TROISIEME OPÉRATION.

ON le remit au four; & après y avoir resté 24 heures, il pesoit . . . . 28 liv. 10 onc.

Ainsi son poids étoit diminué de . . 1 . . . 2

Sa largeur étoit de 11 pouc. 9 lignes, & son épaisseur de 2 pouces 11 lignes.

Les gerces ne s'étoient pas sensiblement ouvertes.

ARTICLE III. *Expérience faite sur un bout de Poteau.*

CE Poteau avoit 2 pieds 6 pouces de longueur sur 12 & 12 pouces d'équarrissage; il pesoit 188 liv.

PREMIERE OPÉRATION.

ON le mit passer 24 heures dans le four chaud : au sortir, il pesoit . . . . 167 liv.

Son poids étoit diminué de 21

Sa largeur étoit de 11 pouces 10 lignes, & son épaisseur de 11 pouces 10 $\frac{1}{2}$ lignes.

On voyoit de très-petites gerces au cœur de la piece.

SECONDE OPÉRATION.

CE Poteau ayant encore passé 24 heures dans le four chaud, il pesoit. . . . . 155 liv. 5 onc.

Ainsi il avoit diminué de . . . . . 11 . . 11

Sa largeur étoit de 11 pouc. 9 lignes, & son épaisseur de 11 pouces 10 $\frac{1}{2}$ lignes.

Les fentes du cœur s'étoient ouvertes d'une ligne.

TROISIEME OPÉRATION.

On le remit encore passer 24 heures dans le four; & après ce temps, il pesoit . . . . 149 liv. 10 onc.
Il étoit donc diminué de . . . . . 5 . . 11

Sa largeur étoit de 11 pouces 9 lignes, & son épaisseur de 18 pouces 8 lignes.

ARTICLE IV. *Expérience faite sur un Madrier de deux ans d'abattage.*

Ce Madrier avoit 2 pieds 6 pouces de longueur, 1 pied de largeur, & 3 pouces d'épaisseur; il pesoit 38 liv.

PREMIERE OPÉRATION.

Ce Madrier, qui étoit assez sec, a été mis dans un four chauffé à cuire du pain; & après y être resté 24 heures, il pesoit . . . . 31 liv. 4 onc.
Il avoit perdu de son poids . . . . . 6 . . 12

Sa largeur étoit de 11 pouc. 9 lignes, & son épaisseur de 2 pouces 11 $\frac{1}{2}$ lignes.

Il avoit plusieurs petites fentes.

SECONDE OPÉRATION.

On remit ce Madrier passer 24 heures dans le four chaud; au sortir, il pesoit . . . . 28 liv. 7 onc.
Ainsi il étoit diminué de . . . . . 2 . . 13

Les fentes étoient un peu augmentées; elles avoient trois quarts de pouce de profondeur.

TROISIEME OPÉRATION.

On remit encore ce Madrier paſſer 24 heures au four ; au ſortir il peſoit . . . . 27 liv. 7 onc.

Ainſi ſon poids étoit diminué de. . . . 1

Les fentes n'avoient point augmenté.

ARTICLE V. *Remarques ſur les Expériences précédentes.*

On peut remarquer à l'égard des Madriers des *Expériences* 2 & 4, que celui de nouvelle coupe, *Expér.* 2, a beaucoup plus perdu de ſon poids, que celui qui étoit de coupe ancienne, *Expér.* 4 ; ce qui eſt naturel, quoiqu'il en ait été autrement à l'égard du morceau de bois de l'*Expérience* 1 : cette différence vient, ſans doute, de ce que le morceau de bois de l'*Expérience* 1 étant d'un pied en quarré, il ne s'eſt deſſéché qu'à la ſuperficie. Mais le morceau de bois de l'*Expér.* 2, qui a plus perdu d'humeur & de ſeve, a moins diminué dans ſes dimenſions, que celui d'ancienne coupe, *Expér.* 4 ; ce qui n'eſt pas dans l'ordre naturel : apparemment que cette différence dépend de la différente qualité de ces deux Madriers ; ce que je ne trouve point indiqué dans mes regiſtres : mais j'incline à le penſer, parce qu'il ne s'eſt preſque point formé de fentes au Madrier de nouvelle coupe, *Expér.* 2, au lieu qu'il s'en eſt formé au Madrier d'ancienne coupe, *Expér.* 4.

Au ſurplus, il ſemble qu'on peut regarder les deux Madriers des *Expér.* 2 & 4, comme aſſez privés de leur ſeve par ces trois opérations, puiſqu'ils ont très-peu perdu de leur poids à la derniere, & qu'ils ont été réduits à ne peſer que 47 à 48 liv. le pied cube : cette réduction à moins de 50 liv. le pied cube, eſt conſidérable. Je ſuis fâché de n'avoir pas fait rompre quelques Barreaux de ce bois ainſi deſſéché.

Bien des circonſtances font que les bois perdent plus ou moins de leur volume en ſe deſſéchant : leur qualité différente, le ſens dans lequel ils ont été refendus ou parallélement aux couches annuelles, ou perpendiculairement à ces couches. Il paroît que l'extraction de la feve du bois ne doit point leur faire perdre de leur force. Je dis, par exemple, qu'une piece de 12 pouces d'équarrissage, remplie de feve, ne doit pas être plus forte que la même piece réduite par la contraction qui se fait à mesure qu'elle se desseche, & qui la réduit à 11 pouces, puisque la feve du bois ne peut augmenter sa force qui dépend du nombre & de la solidité de ses fibres. Je dis plus: la feve rend les fibres ligneuses plus tendues & plus aisées à rompre; la piece de bois verd plie sous la charge, les fibres extérieures à la courbure sont plus tendues que les autres; & cette tension inégale diminue encore la force des pieces. Il ne faut pas cependant que le desséchement soit porté trop loin; les fibres ligneuses réduites à un état d'aridité en seroient plus aisées à rompre; j'en ai parlé plus haut.

Cependant on conçoit que si tout étoit égal d'ailleurs, un morceau de bois d'un plus gros volume doit être plus fort qu'un autre d'un moindre volume, par la même raison, qu'une piece méplate est plus forte quand on la charge sur son côté large, que quand on la charge sur le côté mince. Ce point sera traité expressément lorsqu'il s'agira de la force des bois.

J'ajouterai que dans ces Expériences, il a paru que les pieces diminuoient d'une ligne, ou d'une ligne & demie sur leur longueur. J'ai prouvé, dans le *Traité de l'Exploitation Liv. IV, Chap. II, Art. III,* que les bois perdoient de leur longueur en se desséchant; mais c'est de bien peu de chose, & dans les Expériences que je viens de rapporter, il est bien difficile d'établir au juste quelle est cette diminution, parce qu'elle se fait inégalement dans différentes parties d'un même morceau de bois. On trouve de la diminution sur une face, & point sur les autres; ce qui fait que je ne l'ai point marqué dans le détail des Expériences.

A l'égard des pieces *Expér.* 1 *&* 3, comme elles avoient un pied d'équarrissage, il est certain qu'il s'en faut beaucoup qu'elles ayent perdu toute leur feve; & cela est démontré, puisqu'après les trois opérations, elles se sont trouvées peser plus de 63 liv. le pied cube. Si elles avoient perdu toute leur feve, elles

elles n'auroient pesé que 50 à 55 livres le pied cube, suivant qu'elles étoient plus ou moins compactes, comme on peut le voir par les *Expériences* 2 & 4, faites sur des bois minces qui se sont desséchés au point de ne peser plus que 48 & 50. liv.

On pensera, sans doute, qu'il auroit fallu remettre au four les grosses pieces des *Expériences* 1 & 3, jusqu'à ce que leur poids ne souffrît plus de diminution; mais il nous parut que nous les brûlerions à leur superficie avant d'être parvenus à ce parfait desséchement. Cependant on trouvera dans la suite, que nous avons exécuté cette Expérience: car il nous a paru qu'elle étoit nécessaire pour savoir ce que ces desséchements artificiels produisent dans le bois, soit en le durcissant, ou en altérant sa qualité, soit en y produisant des fentes qui pourroient le rendre défectueux & hors de service.

Nous aurons soin aussi de laisser des bois se refroidir avant que de les remettre au four: car il m'a paru qu'une piece de bois se fendoit moins quand on la laissoit se dessécher tout de suite, que lorsqu'on la faisoit sécher à plusieurs reprises; ce qui peut dépendre de ce que c'est la partie extérieure d'une piece qui se desseche la premiere, & que le bois, en se refroidissant, se condensoit & se consolidoit davantage dans les parties de la surface dont la seve étoit déja sortie: de sorte que la seve des parties plus intérieures, qui étoit dilatée par la chaleur, ne trouvant plus de pores ouverts à la superficie pour s'échapper, se portoit aux endroits les plus foibles de la piece, où elle faisoit irruption pour se dissiper.

Au contraire quand on tient continuellement une piece dans un même degré de chaleur, les vapeurs qui transsudent continuellement, empêchent la superficie de se durcir, & les passages restent ouverts; ce qui facilite la dissipation de l'humidité du cœur, qui se réduit en vapeurs à mesure que la chaleur y pénetre.

Revenons au détail de nos Expériences. Je commence par plusieurs suites exécutées avec soin dans les Ports sur des bois de différents crûs, qui ont été remis au four un bien plus grand nombre de fois que dans les précédentes.

ARTICLE VI. *Expérience faite sur un bout de soliveau de Bois de Crecy.*

ON avoit pris ce bois dans un terrein graveleux & marécageux. Il fut abattu en 1726 : il étoit dur sous la hache, d'un beau grain : il avoit au cœur, du côté de la racine, une gélivure de 6 pouces de longueur si étroite, qu'on n'a pas pu mesurer sa profondeur.

La longueur de ce morceau de bois étoit de 2 pieds 6 pouces ; sa largeur & son épaisseur, de 12 pouces. Il pesoit 170 liv. 7 onces.

§ 1. PREMIERE OPÉRATION.

ON l'a mis passer 21 heures dans un four chaud : au sortir du four, sa longueur étoit de 2 pieds 5 pouc. 11 lig. sa largeur, de 11 pouc. 11 lig. son épaisseur, de 11 pouc. 10 $\frac{1}{2}$ lig. Il pesoit 157 liv. 4 onc. son poids étoit diminué de 13 liv. 3 onc. La gélivure s'étoit élargie d'environ 1 $\frac{1}{2}$ ligne : il s'y en étoit formé une nouvelle perpendiculaire à la premiere : elle avoit, comme la premiere, 1 $\frac{1}{2}$ lig. de largeur, & 2 pouces de profondeur, d'où il étoit sorti un peu d'eau rousseâtre. Au cœur de l'autre bout il s'étoit ouvert des fentes qui se croisoient en étoile ; elles avoient 2 pouces de profondeur.

§ 2. SECONDE OPÉRATION.

ON l'a remis passer 21 heures au four : au sortir, sa longueur étoit de 2 pieds 5 pouc. 11 lig. sa largeur, de 11 pouces 10 $\frac{1}{2}$ lig. son épaisseur, 11 pouc. 10 lig. Il pesoit 153 liv. son poids étoit diminué de 4 liv. 4 onc. La premiere gélivure n'avoit point augmenté de largeur ; mais elle s'étoit étendue, & elle avoit 6 pouces. Les fentes du bout d'en haut étoient considérablement augmentées.

§ 3. TROISIEME OPÉRATION.

ON l'a remis passer 21 heures au four. Au sortir, sa longueur étoit de 2 pieds 5 pouc. 11 lig. sa largeur, de 11 pouc. 10 lig. son épaisseur, de 11 pouc. 9 ½ lig. Il pesoit 145 liv. 14 onc. son poids étoit diminué de 7 liv. 2 onc. Les fentes étoient un peu augmentées.

§ 4. QUATRIEME OPÉRATION.

ON l'a remis passer 21 heures au four. Au sortir, sa longueur étoit de 2 pieds 5 pouc. 11 lig. sa largeur, 11 pouc. 9 lig. son épaisseur, 11 pouc. 9 lig. Il pesoit 139 liv. son poids étoit diminué de 6 liv. 14 onc. La premiere gélivure avoit peu changé: la perpendiculaire étoit profonde de 5 pouces : l'étoile du bout étoit augmentée, & il s'étoit formé quelques fentes sur les faces.

§ 5. CINQUIEME OPÉRATION.

ON l'a remis passer 21 heures au four. Au sortir, sa longueur étoit de 2 pieds 5 pouc. 10 ½ lig. sa largeur, de 11 pouc. 9 lig. son épaisseur, de 11 pouc. 8 ½ lig. Il pesoit 134 liv. étant diminué de 5 liv. La premiere gélivure n'avoit point augmenté: les autres s'étoient un peu étendues.

§ 6. SIXIEME OPÉRATION.

ON l'a mis passer 39 heures au four. Au sortir, sa longueur étoit de 2 pieds 5 pouc. 10 ½ lig. sa largeur, 11 pouc. 7 ½ lig. son épaisseur, 11 pouc. 7 lig. Il pesoit 127 liv. 1 onc. son poids étoit diminué de 6 liv. 15 onc. Les gélivures & fentes étoient peu augmentées.

§ 7. SEPTIEME OPÉRATION.

ON l'a remis 21 heures au four. Au sortir, sa longueur étoit de 2 pieds 5 pouc. 10 ½ lig. sa largeur, 11 pouc. 5 ½ lig. son épaisseur, 11 pouc. 5 ½ lig. Il pesoit 121 liv. 14 onc. son poids étoit diminué de 5 liv. 3 onc. La premiere gélivure tout-à-fait fermée : la fente perpendiculaire n'avoit plus qu'une demi-ligne d'ouverture : l'étoile du bout, ainsi que les autres fentes, étoient diminuées d'ouverture, mais point en profondeur.

§ 8. *HUITIEME OPÉRATION.*

ON l'a mis passer 21 heures au four. Au sortir, sa longueur étoit de 2 pieds 5 pouc. 10 ½ lig. sa largeur, 11 pouc. 5 lig. son épaisseur, 11 pouc. 4 lig. Il pesoit 118 liv. 7 onc. son poids étoit diminué de 3 liv. 7 onc. Les fentes & gélivures avoient peu changé : il paroissoit quelques nouvelles gerces auprès de la premiere gélivure.

§ 9. *NEUVIEME OPÉRATION.*

ON a mis le même morceau de bois passer 21 heures au four. Au sortir, sa longueur étoit de 2 pieds 5 pouc. 10 ½ lig. sa largeur, 11 pouc. 4 ½ lig. son épaisseur, 11 pouc. 3 ½ lig. Il pesoit 116 liv. 1 onc. son poids étoit diminué de 2 liv. 6 onc. Il y a eu peu de changement aux fentes : elles diminuoient au lieu d'augmenter.

§ 10. *DIXIEME OPÉRATION.*

ON l'a remis passer 21 heures au four. Au sortir, sa longueur étoit de 2 pieds 5 pouc. 10 ½ lig. sa largeur, 11 pouc. 3 ½ lig. son épaisseur, 11 pouc. 3 lig. Il pesoit 112 liv. 14 onc. son poids étoit diminué de 3 liv. 3 onc. Les fentes du côté des racines étoient entiérement fermées : celles du côté des branches ne l'étoient pas.

§ 11. *ONZIEME OPÉRATION.*

APRÈS avoir resté 29 heures au four, sa longueur étoit de

2 pieds 5 pouces 10 $\frac{1}{2}$ lig. sa largeur, 11 pouc. 3 lig. son épaisseur, 11 pouces 3 lig. Il pesoit 108 liv. 13 onc. son poids étoit diminué de 4 liv. 1 onc. Les fentes du bout qui répondoit aux racines, étoient fermées : celles de l'autre bout étoient un peu resserrées.

§ 12. DOUZIEME OPÉRATION.

APRÈS avoir resté 39 heures au four, sa longueur étoit de 2 pieds 5 pouc. 10 $\frac{1}{2}$ lig. sa largeur, 11 pouc. 3 lig. son épaisseur, 11 pouc. 3 lig. Il pesoit 105 liv. 12 onc. son poids étoit diminué de 3 liv. 1 onc. Il s'est formé du côté des racines deux petites gerces : le côté des branches étoit à peu près dans le même état.

§ 13. TREIZIEME OPÉRATION.

APRÈS avoir resté 21 heures au four, sa longueur étoit de 2 pieds 5 pouc. 10 lig. sa largeur, 11 pouc. 3 lig. son épaisseur, 11 pouc. 2 $\frac{1}{2}$ lig. Il pesoit 103 liv. 6 onc. son poids avoit diminué de 2 liv. 6 onc. Il a paru trois nouvelles fentes du côté des racines : les anciennes étant toujours fermées : le reste à peu près dans le même état.

§ 14. QUATORZIEME OPÉRATION.

APRÈS avoir resté 21 heures au four, sa longueur étoit de 2 pieds 5 pouc. 10 lig. sa largeur, 11 pouc. 2 $\frac{1}{2}$ lig. son épaisseur, 11 pouc. 2 lig. Il pesoit 101 liv. son poids étoit diminué de 2 liv. 6 onc. Point de changement sensible aux fentes.

§ 15. QUINZIEME OPÉRATION.

APRÈS avoir resté 21 heures au four, sa longueur étoit de 2 pieds 5 pouc. 10 lig. sa largeur, 11 pouc. 2 $\frac{1}{2}$ lig. son épaisseur, 11 pouc. 2 lig. Il pesoit 99 liv. 6 onc. son poids étoit diminué de 1 liv. 10 onc. Peu de changement aux fentes.

§ 16. SEIZIEME OPÉRATION.

APRÈS avoir resté 21 heures au four, sa longueur étoit de 2 pieds 5 pouc. 10 lig. sa largeur, 11 pouc. 2 lig. son épaisseur, 11 pouc. 1 ½ lig. Il pesoit 97 liv. 2 onc. son poids étoit diminué de 2 liv. 4 onc. Aucun changement aux fentes ni aux gerces.

§ 17. DIX-SEPTIEME OPÉRATION.

APRÈS avoir resté 21 heures au four, sa longueur étoit de 2 pieds 5 pouc. 10 lig. sa largeur, 11 pouc. 2 lig. son épaisseur, 11 pouc. 2 lig. Il pesoit 95 liv. 2 onc. son poids étoit diminué de 2 liv. Tout est resté dans le même état, excepté une petite fente qui s'est ouverte sur une des faces.

§ 18. DIX-HUITIEME OPÉRATION.

APRÈS avoir resté 39 heures au four, sa longueur étoit de 2 pieds 5 pouc. 10 lig. sa largeur, 11 pouc. 2 lig. son épaisseur, 11 pouc. 1 ½ lig. Il pesoit 94 liv. 10 onc. son poids étoit diminué de 8 onc. Aucun changement.

§ 19. DIX-NEUVIEME OPÉRATION.

APRÈS avoir resté 21 heures au four, sa longueur étoit de 2 pieds 5 pouc. 10 lig. sa largeur, 11 pouc. 1 ½ lig. son épaisseur, 11 pouc. 1 ½ lig. Il pesoit 93 liv. 8 onc. son poids étoit diminué de 1 liv. 2 onc. Il n'y a point eu de changement, sinon que le bois paroissoit retiré inégalement & les fibres comme crispées.

§ 20. VINGTIEME OPÉRATION.

APRÈS avoir resté 21 heures au four, sa longueur étoit de 2 pieds 5 pouc. 10 lig. sa largeur, 11 pouc. 1 ½ lig. son épaisseur 11 pouc. 1 lig. Il pesoit 93 liv. 2 onc. son poids étoit diminué de 6 onc. Il y avoit peu de changement dans les fentes.

§ 21. *VINGT ET UNIEME OPÉRATION.*

APRÈS avoir resté 21 heures au four, sa longueur étoit de 2 pieds 5 pouc. 10 lig. sa largeur, 11 pouc. 1 lig. son épaisseur, 11 pouc. ½ lig. Il pesoit 92 liv. 6 onc. son poids étoit diminué de 12 onc. Les fentes à peu près dans le même état.

§ 22. *VINGT-DEUXIEME OPÉRATION.*

APRÈS avoir resté 22 heures au four, sa longueur étoit de 2 pieds 5 pouc. 10 lig. sa largeur, 11 pouc. 1 lig. son épaisseur, 11 pouc. ½ lig. Il pesoit 92 liv. 6 onc. son poids n'étoit point diminué.

§ 23. *VINGT-TROISIEME OPÉRATION.*

APRÈS avoir resté 23 heures au four, sa longueur étoit de 2 pieds 5 pouc. 10 lig. sa largeur, 11 pouc. 1 lig. foible; son épaisseur, 11 pouc. ½ lig. Il pesoit 92 liv. 6 onc. son poids n'étoit pas diminué.

§ 24. *Remarques sur l'Expérience précédente.*

AU commencement de l'Expérience, le cube de ce morceau de bois étoit de 2 pieds 6 pouc. & après l'Expérience, ayant resté environ 24 jours dans un four chaud, (car on ne le tiroit du four que pour le peser & chauffer le four; sur le champ, on l'y remettoit) à la fin de l'Expérience, son cube n'étoit plus que de 2 pieds 1 pouce 4 lignes 3 points. Au commencement de l'Expérience, le pied cube pesoit 68 liv. 3 onces, & à la fin seulement 43 liv. 10 onces.

ARTICLE VII. *Expérience faite sur un bout de Bordage de Chêne blanc de Nantes.*

CE Chêne coupé en 1718, étoit très-bon & très-sain. Ce bordage, avant l'épreuve, avoit 2 pieds 6 pouces de longueur, sa largeur étoit de 12 pouc. son épaisseur, 3 pouces. Il pesoit 43 livres 1 once.

§ 1. PREMIERE OPÉRATION.

ON l'a mis passer 21 heures dans un four chaud. Au sortir du four, sa longueur étoit de 2 pieds 5 pouc. 10 ½ lig. sa largeur, 11 pouc. 8 ½ lig. son épaisseur, 3 pouc. Il pesoit 34 liv. 13 onc, son poids étoit diminué de 8 liv. 4 onces.

§ 2. SECONDE OPÉRATION.

MÊME temps dans le four qu'à la premiere. Au sortir du four, sa longueur, 2 pieds 5 pouc. 10 ½ lig. sa largeur, 11 pouces 7 ½ lig. son épaisseur, 2 pouces 11 ½ lig. Il pesoit 33 liv. 10 onc; son poids étoit diminué de 1 liv. 3 onc.

§ 3. TROISIEME OPÉRATION.

AUSSI 21 heures dans le four. Au sortir du four, sa longueur, 2 pieds 5 pouc. 10 lig. sa largeur, 11 pouc. 5 ½ lig. son épaisseur, 2 pouc. 11 ½ lig. Il pesoit 30 liv. 14 onc. son poids étoit diminué de 2 livres 12 onces.

§ 4. QUATRIEME OPÉRATION.

COMME les précédentes. Au sortir du four, sa longueur, 2 pieds 5 pouc. 10 lig. sa largeur, 11 pouc. 4 lig. son épaisseur, 2 pouc. 11 ½ lig. Il pesoit 28 liv. 15 onc. ainsi son poids étoit diminué de 1 livre 15 onces.

§ 5.

§ 5. *CINQUIEME OPÉRATION.*

MÊME temps au four que dans les précédentes. Au sortir du four, sa longueur étoit de 2 pieds 5 pouc. 10 lig. sa largeur, 11 pouc. 3 lig. son épaisseur, 2 pouc. 11 $\frac{1}{2}$ lig. Il pesoit 28 liv. 4 onc. ainsi son poids se trouve diminué de 11 onc.

§ 6. *SIXIEME OPÉRATION.*

ON a mis ce bordage au four, où il a passé 39 heures. Au sortir du four, sa longueur étoit de 2 pieds 5 pouc. 10 lig. sa largeur, 11 pouc. 2 $\frac{1}{2}$ lig. son épaisseur, 2 pouc. 10 $\frac{1}{2}$ lig. Ce bordage pesoit alors 27 liv. 12 onc. ainsi son poids se trouve diminué sur celui de la précédente Expérience, de 8 onces.

§ 7. *SEPTIEME OPÉRATION.*

MIS au four pendant 21 heures. Au sortir du four, sa longueur étoit de 2 pieds 5 pouc. 10 lig. sa largeur, 11 pouc. 1 $\frac{1}{2}$ lig. son épaisseur, 2 pouc. 10 lig. $\frac{1}{4}$. Il pesoit 26 liv. 10 onc. ainsi la diminution du poids est de 1 liv. 2 onc.

§ 8. *HUITIEME OPÉRATION.*

SEMBLABLE à la 7e. Au sortir du four, sa longueur étoit de 2 pieds 5 pouc. 10 lig. sa largeur, 11 pouc. 1 lig. son épaisseur, 2 pouc. 10 lig. $\frac{1}{4}$. Son poids étoit de 26 liv. 8 onc. ainsi la différence du poids est de 2 onc.

§ 9. *Remarques sur l'Expérience précédente.*

AU commencement de l'Expérience, avant que ce bordage eût été mis au four, son cube étoit de 6 pouc. 7 lig. 6 points, & pesoit 68 liv. 14 onc. & demi. A la fin de l'Expérience, au sortir du four, son cube n'étoit plus que de 6 pouc. 6 lig. 8 points, & ne pesoit plus que 48 liv. 8 onc.

Ce morceau de bois s'étoit extrêmement tourmenté, & fendu en plusieurs endroits.

ARTICLE VIII. *Expérience faite sur un bout de Bordage de bois de Nantes.*

CE bois avoit été coupé en 1726, & ce morceau étoit de qualité inférieure au précédent; il renfermoit le cœur de l'arbre. Sa longueur, avant l'épreuve, étoit de 2 pieds 6 pouc. sa largeur, 12 pouc. son épaisseur, 3 pouces. Il pesoit 41 liv. 8 onc.

§ 1. *PREMIERE OPÉRATION.*

ON a mis ce bordage au four, où il a passé 21 heures. Au sortir du four, sa longueur étoit de 2 pieds 5 pouc. 10 lig. sa largeur, 11 pouces 9 lig. son épaisseur, 3 pouces. Il pesoit, au sortir du four, 34 liv. ainsi son poids étoit diminué de 7 liv. 8 onc.

§ 2. *SECONDE OPÉRATION.*

MÊME temps au four. Au sortir, sa longueur, 2 pieds 5 pouc. 10 lig. sa largeur, 11 pouc. 8 ½ lig. son épaisseur, 3 pouc. Son poids étoit de 33 liv. 4 onc. ainsi il étoit diminué de 12 onc.

§ 3. *TROISIEME OPÉRATION.*

AUSSI 21 heures dans le four. Au sortir, sa longueur, 2 pieds 5 pouc. 10 lig. sa largeur, 11 pouc. 7 ½ lig. son épaisseur, 3 pouc. Son poids étoit de 30 liv. 14 onc. ainsi il étoit diminué de 2 l. 6 onc.

§ 4. *QUATRIEME OPÉRATION.*

COMME la précédente. Au sortir du four, sa longueur étoit de 2 pieds 5 pouc. 10 lig. sa largeur, 11 pouc. 6 ½ lig. son épaisseur, 3 pouc. La pesanteur étoit de 28 liv. 12 onc. ainsi le poids étoit diminué de 2 liv. 2 onc.

§ 5. CINQUIEME OPÉRATION.

DE même que les précédentes. Au sortir du four, la longueur, 2 pieds 5 pouces 10 lig. la largeur, 11 pouc. 5 ½ lig. l'épaisseur, 3 pouc. La piece pesoit alors 27 liv. 15 onc. ainsi le poids étoit diminué de 13 onc.

§ 6. SIXIEME OPÉRATION.

CE morceau de bois étant mis au four, & y ayant passé 39 heures; au sortir, sa longueur étoit de 2 pieds 5 pouc. 10 lig. sa largeur, 11 pouc. 5 lig. son épaisseur, 3 pouc. Le poids étoit de 27 liv. 10 onc. ainsi il étoit diminué de 5 onc.

§ 7. SEPTIEME OPÉRATION.

ON a mis ce bordage au four, & il y a passé 21 heures: au bout de ce temps, ayant été tiré du four, la longueur étoit de 2 pieds 5 pouc. 10 lig. la largeur, 11 pouc. 2 ½ lig. l'épaisseur, 2 pouc. 11 ½ lig. Le poids 25 liv. 7 onc. ainsi il étoit diminué de 2 livres 3 onc.

§ 8. HUITIEME OPÉRATION.

MÊME temps au four que pour la septieme. Au sortir du four, longueur du bordage, 2 pieds 5 pouc. 10 lig. largeur, 11 pouc. 2 ½ lig. épaisseur, 2 pouc. 11 ½ lig. Poids de la piece, 25 liv. 6 onc. ainsi son poids étoit diminué d'une once.

§ 9. *Remarques sur l'Expérience précédente.*

AU commencement de l'Expérience, avant qu'on eût mis ce bordage au four, son cube étoit de 7 pouces 6 lignes; il pesoit 66 liv. 6 ½ onc. Au sortir du four, son cube n'étoit plus que de 6 pouc. 10 lig. 5 points, & ne pesoit que 43 liv. 5 onc. ce qui fait une différence de 23 liv. 1 once & demie,

Ce bordage avoit beaucoup travaillé; il étoit arqué & éclaté par un bout; & il s'y étoit fait en plusieurs endroits de petites fentes.

ARTICLE IX. *Expérience faite sur un morceau de bois de la Forêt de Belle-Blanche.*

CE bois avoit été abattu en 1718, dans un terrein gras & marécageux: il étoit assez dur, sans fentes ni gélivûres. Avant l'épreuve, ce morceau avoit 2 pieds 6 pouces de longueur, 12 pouces de largeur, 12 pouces d'épaisseur: il pesoit 177 livres 6 onces.

§ 1. PREMIERE OPÉRATION.

ON le mit au four, où il passa 21 heures. Au sortir du four, sa longueur étoit de 2 pieds 5 pouces 11 ½ lig. sa largeur, 11 pouc. 10 ½ lig. son épaisseur, 11 pouces 10 lig. Le poids étoit de 165 liv. 12 onc. ainsi il avoit diminué au four de 11 livres 10 onc.

§ 2. SECONDE OPÉRATION.

MIS comme à la précédente, 21 heures dans le four. Au sortir, sa longueur étoit de 2 pieds 5 pouces 10 ½ lig. sa largeur, 11 pouc. 10 lig. son épaisseur, 11 pouc. 9 lig. Son poids, 161 liv. 4 onc. le poids étoit diminué de 4 liv. 8 onc.

§ 3. TROISIEME OPÉRATION.

AYANT passé le même temps au four, la longueur, 2 pieds 5 pouc. 10 ½ lig. largeur, 11 pouc. 9 lig. épaisseur, 1 pouc. 7 ½ lig. Poids de la piece, 153 liv. 2 onc. diminution, 8 liv. 2 onc.

§ 4. QUATRIEME OPÉRATION.

MÊME temps au four. La longueur, au sortir du four, 2 pieds 5 pouc. 10 ½ lig. largeur, 11 pouc. 8 lig. épaisseur, 11 pouc.

7 lig. Poids de la piece, 146 liv. 4 onc. diminution de poids, 6 liv. 14 onc.

§ 5. *CINQUIÈME OPÉRATION.*

LONGUEUR de la piece au sortir du four, 2 pieds 5 pouc. 10 $\frac{1}{2}$ lig. largeur, 11 pouc. 7 $\frac{1}{2}$ lig. épaisseur, 11 pouc. 6 lig. Poids de la piece, 141 liv. 2 onc. différence de poids, 5 liv. 2 onc.

§ 6. *SIXIEME OPÉRATION.*

ON a mis ce morceau de bois au four, & on l'y a laissé 39 heures. Au sortir du four sa longueur étoit de 2 pieds 5 pouc. 10 lig. sa largeur, 11 pouc. 7 lig. son épaisseur, 11 pouc. 5 lig. Le poids de la piece étoit de 133 liv. 10 onc. la diminution, de 7 livres 8 onces.

§ 7. *SEPTIEME OPÉRATION.*

REMIS au four pendant 21 heures. Au sortir, longueur, 2 pieds 5 pouc. 10 lig. largeur, 11 pouc. 6 lig. épaisseur, 11 pouc. 4 $\frac{1}{2}$ lig. Le poids de la piece, 127 liv. 6 onc. la diminution étoit de 6 liv. 4 onc.

§ 8. *HUITIÈME OPÉRATION.*

MÊME temps au four que dans la précédente. Au sortir, la longueur étoit de 2 pieds 5 pouc. 10 lig. la largeur, 11 pouc. 5 lig. l'épaisseur, 11 pouc. 4 $\frac{1}{2}$ lig. Le poids de la piece, 124 liv. 1 onc. la diminution étoit de 3 liv. 5 onc.

§ 9. *NEUVIEME OPÉRATION.*

DE même que la précédente. Au sortir du four, longueur, 2 pieds 5 pouc. 10 lig. largeur, 11 pouc. 5 lig. épaisseur, 11 pouc. 3 lig. Poids de la piece, 120 liv. 14 onc. ainsi elle a diminué de 3 liv. 3 onces.

§ 10. DIXIEME OPÉRATION.

VINGT & une heures dans le four. Au sortir, la longueur de ce bordage étoit de 2 pieds 5 pouc. 10 lig. la largeur, 11 pouc. 4 ½ lig. l'épaisseur, 11 pouc. 1 lig. La piece pesoit dans cet état 117 liv. 4 onc. ainsi elle étoit diminuée de 3 liv. 10 onc.

§ 11. ONZIEME OPÉRATION.

ON l'a remis passer 21 heures au four. Au sortir, la longueur étoit de 2 pieds 5 pouc. 9 ½ lig. la largeur, 11 pouc. 4 lig. l'épaisseur, 11 pouc. Sa pesanteur étoit de 112 liv. 10 onc. ainsi cette piece avoit diminué de 4 liv. 10 onc.

§ 12. DOUZIEME OPÉRATION.

CE bordage a été mis au four, où on l'a laissé 39 heures, comme dans la sixieme Opération. Au sortir, la longueur étoit de 2 pieds 5 pouc. 9 ½ lig. la largeur, 11 pouc. 2 lig. l'épaisseur, 11 pouc. La pesanteur, 108 liv. 4 onc. la diminution 4 liv. 6 onces.

§ 13. TREIZIEME OPÉRATION.

ON l'a remis passer 21 heures au four. Au sortir, longueur, 2 pieds 5 pouc. 9 ½ lig. largeur, 11 pouc. 1 lig. épaisseur, 10 pouc. 11 lig. Pesanteur, 105 liv. la diminution étoit de 3 liv. 4 onc.

§ 14. QUATORZIEME OPÉRATION.

COMME la précédente, 21 heures dans le four. Au sortir, la longueur étoit de 2 pieds 5 pouc. 9 ½ lig. la largeur, 11 pouc. ½ lig. l'épaisseur, 10 pouc. 9 lig. La pesanteur, 101 liv. 12 onc. la diminution, 3 liv. 4 onc.

§ 15. QUINZIEME OPÉRATION.

MIS au four comme dans l'opération précédente, 21 heures. Au sortir du four, la longueur étoit de 2 pieds 5 pouc. 9 ½ lig. largeur, 11 pouc. épaisseur, 10 pouc. 8 ½ lig. Poids, 98 liv. 11 onc. diminution, 3 liv. 1 onc.

§ 16. SEIZIEME OPÉRATION.

COMME la précédente. Au sortir du four, longueur, 2 pieds 5 pouc. 9 ½ lig. largeur, 10 pouc. 11 ½ lig. épaisseur, 10 pouc. 8 ½ lig. La pesanteur étoit de 95 liv. 2 onc. ainsi ce bordage, étoit diminué de 3 liv. 9 onc.

§ 17. DIX-SEPTIEME OPÉRATION.

COMME la précédente. Au sortir du four, longueur, 2 pieds 5 pouc. 9 ½ lig. largeur, 10 pouc. 11 lig. épaisseur, 10 pouces 8 ½ lig. Pesanteur de la piece, 92 liv. 8 onc. ainsi elle a diminué de 2 liv. 10 onc.

§ 18. DIX-HUITIEME OPÉRATION.

ON a mis ce bordage au four, & on l'y a laissé passer 39 heures. Au sortir, sa longueur étoit de 2 pieds 5 pouc. 9 lig. sa largeur, 10 pouc. 11 lig. son épaisseur, 10 pouc. 8 lig. Sa pesanteur étoit de 89 liv. 4 onc. ainsi il a diminué de 3 l. 4 onc.

§ 19. DIX-NEUVIEME OPÉRATION.

REMIS au four où il a passé 21 heures. Au sortir, longueur, 2 pieds 5 pouc. 9 lig. largeur, 10 pouc. 10 ½ lig. épaisseur, 10 pouc. 8 lig. Pesanteur, 87 liv. 8 onc. diminution de poids, une liv. 12 onc.

§ 20. VINGTIEME OPÉRATION.

COMME la dix-neuvieme. Au sortir du four, longueur, 2 pieds 5 pouc. 9 lig. largeur, 10 pouc. 10 $\frac{1}{2}$ lig. épaisseur, 10 pouc. 7 lig. $\frac{3}{4}$. Poids de la piece, 85 liv. 12 onc. ainsi elle a diminué d'une liv. 12 onc.

§ 21. VINGT ET UNIEME OPÉRATION.

REMIS au four pendant 21 heures. Au sortir, la longueur, 2 pieds 5 pouc. 9 lig. la largeur, 10 pouc. 10 $\frac{1}{2}$ lig. l'épaisseur, 10 pouc. 7 $\frac{1}{2}$ lig. La pesanteur, 84 liv. 4 onc. ainsi ce bordage a diminué d'une livre 8 onc.

§ 22. VINGT-DEUXIEME OPÉRATION.

AU sortir du four, la longueur étoit de 2 pieds 5 pouc. 9 lig. la largeur, 10 pouc. 10 $\frac{1}{2}$ lig. l'épaisseur, 10 pouc. 7 $\frac{1}{2}$ lig. La pesanteur, 84 liv. la diminution, de 4 onc.

§ 23. VINGT-TROISIEME OPÉRATION.

COMME dans les précédentes, le bordage a été 21 heures dans le four. Au sortir du four, la longueur étoit de 2 pieds 5 pouc. 9 lig. la largeur, 10 pouc. 10 $\frac{1}{2}$ lig. l'épaisseur, 10 pouc. 7 lig. $\frac{1}{4}$. La pesanteur étoit de 83 liv. 14 onc. ainsi la diminution a été de 2 onc.

§ 24. *Remarques sur l'Expérience précédente.*

AVANT qu'on eût mis ce bordage au four, il pesoit 70 liv. 15 onc. & son cube étoit de 2 pieds 6 pouces, A la fin de l'Expérience, ce même cube n'étoit plus que d'un pied 11 pouc. 9 lignes 11 points, & ne pesoit plus que 42 livres 3 onces 6 gros; ce qui fait 28 livres 11 onces 2 gros de diminution.

Ce bordage s'étoit peu tourmenté ou arqué; il s'y étoit fait plusieurs fentes ou crevasses en plusieurs sens, principalement vers les extrémités.

ARTICLE

ARTICLE X. *Expérience sur une piece de Bois de Bretagne.*

CE bois avoit été coupé en 1726 dans un terrein ingrat & montagneux : il étoit roux, facile à travailler, un peu fendu au cœur vers la racine. Cette piece, avant l'épreuve, avoit 2 pieds 5 pouces de longueur, 12 pouces de largeur, 12 pouces d'épaisseur; elle pesoit 164 livres 6 onces.

§ 1. PREMIERE OPÉRATION.

ON a mis cette piece au four, & elle y a resté 21 heures. Au bout de ce temps, on l'a tirée du four, sa longueur alors s'est trouvée de 2 pieds 4 pouc. 11 lig. sa largeur, 11 pouc. 11 ½ lig. son épaisseur, 11 pouc. 11 lig. Sa pesanteur, 151 liv. 8 onc. elle avoit par conséquent diminué de 12 liv. 14 onc.

§ 2. SECONDE OPÉRATION.

COMME la précédente. Au sortir du four, longueur, 2 pieds 4 pouc. 11 lig. largeur, 11 pouc. 10 ½ lig. épaisseur, 11 pouc. 10 lig. Poids de la piece, 147 liv. diminution, 4 liv. 8 onc.

§ 3. TROISIEME OPÉRATION.

MÊME temps au four. Au sortir, la longueur étoit de 2 pieds 4 pouc. 11 lig. largeur, 11 pouc. 9 ½ lig. épaisseur, 11 pouc. 8 ½ lig. Pesanteur, 138 liv. 12 onc. ainsi elle avoit diminué de 8 livres 4 onces.

§ 4. QUATRIEME OPÉRATION.

AU sortir du four, longueur, 2 pieds 4 pouc. 11 lig. largeur, 11 pouc. 8 ½ lig. épaisseur, 11 pouc. 8 lig. Pesanteur, 131 liv. 8 onc. ainsi elle avoit diminué de 7 liv. 4 onc.

§ 5. CINQUIEME OPÉRATION.

Au sortir de l'étuve, la longueur étoit de 2 pieds 4 pouc. 11 lig. la largeur, 11 pouc. 7 ½ lig. l'épaisseur, 11 pouc. 6 ½ lig. Le poids de cette piece étoit alors de 126 liv. 2 onc. ainsi la diminution étoit de 5 liv. 6 onc.

§ 6. SIXIEME OPÉRATION.

CETTE piece fut mise au four où elle resta 39 heures. Au bout de ce temps elle fut retirée ; sa longueur étoit alors de 2 pieds 4 pouc. 11 lig. sa largeur, 11 pouc. 6 ½ lig. l'épaisseur, 11 pouc. 5 lig. Le poids étoit de 119 liv. 6 onc. ainsi elle avoit diminué à l'étuve de 6 liv. 12 onc.

§ 7. SEPTIEME OPÉRATION.

ON a remis cette piece au four ; mais on a observé de ne l'y laisser que 21 heures. Au sortir du four, la longueur étoit de 2 pieds 4 pouc. 10 ½ lig. la largeur, 11 pouc. 6 lig. l'épaisseur, 11 pouc. 5 lig. Le poids de la piece étoit de 113 liv. 14 onc. diminution, 5 liv. 8 onc.

§ 8. HUITIEME OPÉRATION.

MÊME temps que la précédente. Au sortir du four, longueur, 2 pieds 4 pouc. 10 ½ lig. largeur, 11 pouc. 5 lig. épaisseur, 11 pouc. 3 ½ lig. Poids de la piece, 111 liv. 5 onc. diminution, 2 liv. 9 onc.

§ 9. NEUVIEME OPÉRATION.

Au sortir du four, la longueur étoit de 2 pieds 4 pouc. 10 ½ lig. la largeur, 11 pouc. 4 lig. l'épaisseur, 11 pouc. 3 lig. Le poids de la piece étoit de 108 liv. 12 onc. la diminution, de 2 liv. 9 onc.

§ 10. *Dixieme Opération.*

Au fortir du four, la longueur de cette piece étoit de 2 pieds 4 pouc. 10 ½ lig. la largeur, 11 pouc. 4 lig. l'épaisseur, 11 pouc. 2 ½ lig. Le poids de la piece, 105 liv. 12 onc. la diminution, de 3 liv.

§ 11. *Onzieme Opération.*

Au fortir de l'étuve, longueur, 2 pieds 4 pouces 10 lig. largeur, 11 pouc. 3 ½ lig. épaiffeur, 11 pouces 2 lig. Poids de la piéce, 101 liv. 13 onc. diminution, 3 liv. 15 onc.

§ 12. *Douzieme Opération.*

Cette piece de bois fut mife au four; & y ayant refté 39 heures, on la retira: la longueur étoit alors de 2 pieds 4 pouc. 10 lig. la largeur, 11 pouc. 2 ½ lig. l'épaiffeur, 11 pouc. 1 ½ lig. Le poids de la piece, 98 liv. 4 onc. ainfi la diminution a été de 3 liv. 9 onc.

§ 13. *Treizieme Opération.*

On a encore mis cette piece de bois au four : mais elle n'y a demeuré que 21 heures; & au fortir, fa longueur étoit de 2 pieds 4 pouc. 10 lig. fa largeur, 11 pouc. 2 lig. fon épaiffeur, 11 pouc. 1 ½ lig. Sa pefanteur, 96 liv. 4 onc. elle avoit diminué au four de 2 liv.

§ 14. *Quatorzieme Opération.*

Comme la précédente. Au fortir du four, la longueur, 2 pieds 4 pouc. 10 lig. la largeur, 11 pouc. 2 lig. l'épaiffeur, 11 pouc. 1 lig. Poids de la piece, 93 liv. 10 onc. diminution, 2 liv. 10 onc.

§ 15. QUINZIEME OPÉRATION.

AU ſortir du four, longueur, 2 pieds 4 pouc. 10 lig. largeur, 11 pouc. 1 ½ lig. épaiſſeur, 11 pouc. 1 lig. Poids, 91 liv. 12 onc. diminution, 1 liv. 14 onc.

§ 16. SEIZIEME OPÉRATION.

AU ſortir du four, longueur, 2 pieds 4 pouc. 10 lig. largeur, 11 pouc. 1 ½ lig. épaiſſeur, 11 pouc. ½ lig. Poids de la piece, 89 liv. diminution, 2 liv. 12 onc.

§ 17. DIX-SEPTIEME OPÉRATION.

COMME les précédentes, 21 heures au four. Au ſortir, la longueur étoit de 2 pieds 4 pouc. 10 lig. la largeur, 11 pouc. 1 ½ lig. l'épaiſſeur, 11 pouc. Poids de la piece, 86 liv. 14 onc. diminution de poids, 2 liv. 2 onc.

§ 18. DIX-HUITIEME OPÉRATION.

ON a mis cette piece de bois au four pendant 39 heures. Au ſortir du four, la longueur étoit de 2 pieds 4 pouc. 10 lig. la largeur, 11 pouc. 1 lig. l'épaiſſeur, 10 pouc. 11 ½ lig. Le poids de la piece, 85 liv. 1 onc. la diminution, de 1 liv. 13 onc.

§ 19. DIX-NEUVIEME OPÉRATION.

CETTE piece de bois miſe au four pendant 21 heures. Au ſortir du four, longueur, 2 pieds 4 pouc. 10 lig. largeur, 11 pouc. 1 lig. épaiſſeur, 10 pouc. 11 lig. Peſanteur de la piece, 83 liv. 14 onc. diminution, 1 liv. 3 onc.

§ 20. *VINGTIEME OPÉRATION.*

VINGT ET UNE heures au four, comme dans la précédente. Au sortir du four, la longueur étoit de 2 pieds 4 pouc. 10 lig. la largeur, 11 pouc. ½ lig. l'épaisseur 10 pouc. 11 lig. Poids de la piece, 83 liv. 6 onc. diminution, 8 onc.

§ 21. *VINGT ET UNIEME OPÉRATION.*

AU sortir du four, longueur, 2 pieds 4 pouc. 10 lig. largeur, 11 pouc. épaisseur, 10 pouc. 11 lig. Pesanteur de la piece, 82 liv. 8 onc. la diminution a été de 14 onc.

§ 22. *VINGT-DEUXIEME OPÉRATION.*

DE même que les précédentes. Au sortir du four, longueur; 2 pieds 4 pouc. 10 lig. largeur, 11 pouc. épaisseur, 10 pouc. 11 lig. Poids de la piece, 82 liv. 8 onc. ainsi il n'y a eu aucune diminution.

§ 23. *VINGT-TROISIEME OPÉRATION.*

CETTE piece de bois ayant encore passé 21 heures dans le four, au sortir la longueur étoit de 2 pieds 4 pouc. 10 lig. la largeur, 11 pouc. l'épaisseur, 10 pouc. 11 lig. Poids de la piece, 82 liv. 6 onc. ainsi elle a diminué de 2 onces.

§ 24. *Remarques sur l'Expérience précédente.*

AVANT que ce morceau de bois passât au four, son cube étoit de 2 pieds 5 pouc. & le pied cube de ce bois pesoit 68 liv. Après avoir subi toutes les différentes épreuves, il ne cuboit plus que 2 pieds 6 points, & le pied cube ne pesoit que 41 liv. 3 onces : c'est 26 livres 14 onces de diminution par pied cube.

Cette piece de bois s'est peu tourmentée; il ne s'y est fait que quelques fentes peu considérables, & les bouts se sont arqués médiocrement.

ARTICLE XI. *Expérience sur un Bordage de bois de Bretagne.*

CE Bois coupé en 1726, provenoit d'un terrein montueux & ingrat. Avant l'épreuve, ce bordage avoit 2 pieds 6 pouces de longueur, 12 pouces de largeur, 3 pouces d'épaisseur. Il pesoit 38 livres 7 onces.

§ 1. *PREMIERE OPÉRATION.*

ON l'a mis au four où il a passé 21 heures. Au sortir du four, la longueur de ce bordage étoit de 2 pieds 5 pouc. 10 lig. la largeur, 11 pouc. 10 lig. l'épaisseur, 3 pouc. La pesanteur, 31 liv. 14 onc. ainsi il avoit diminué de 6 liv. 9 onces.

§ 2. *SECONDE OPÉRATION.*

COMME la précédente. Longueur, 2 pieds 5 pouc. 10 lig. largeur, 11 pouces 9 lig. épaisseur, 2 pouces 11 $\frac{1}{2}$ lig. Poids, 31 liv. diminution, 14 onc.

§ 3. *TROISIEME OPÉRATION.*

COMME dans les précédentes Expériences, 21 heures dans le four. Au sortir du four, la longueur étoit de 2 pieds 5 pouces 9 $\frac{1}{2}$ lig. la largeur, 11 pouc. 8 $\frac{1}{2}$ lig. l'épaisseur, 2 pouc. 10 $\frac{1}{2}$ lig. La pesanteur de la piece étoit de 29 liv. ainsi elle a diminué de 2 livres.

§ 4. *QUATRIEME OPÉRATION.*

COMME dans les précédentes Opérations. Au sortir du four, la longueur, 2 pieds 5 pouces 9 $\frac{1}{2}$ lig. largeur, 11 pouces 8 lig. épaisseur, 2 pouc. 10 lig. Poids, 26 liv. 15 onc. diminution de poids, 2 livres 1 once.

§ 5. *Cinquieme Opération.*

Vingt et une heures dans le four. Au sortir, longueur, 2 pieds 5 pouc. 9 ½ lig. largeur, 11 pouc. 7 lig. épaisseur, 2 pouces 10 lig. Poids de la piece, 26 liv. 6 onc. ainsi elle a diminué de 9 onc.

§ 6. *Sixieme Opération.*

On a mis ce bordage au four; & après y avoir resté 39 heures, on l'a retiré, la longueur étoit alors de 2 pieds 5 pouc. 9 ½ lig. la largeur, 11 pouc. 7 lig. l'épaisseur, 2 pouc. 9 ½ lig. Le poids, 26 liv. la diminution étoit de 6 onc.

§ 7. *Septieme Opération.*

Remis au four pour y rester 21 heures. Au sortir du four, la longueur étoit de 2 pieds 5 pouc. 9 lig. la largeur, 11 pouc. 6 lig. l'épaisseur, 2 pouc. 9 lig. La pesanteur de la piece, 24 liv. 15 onc. la diminution, 1 liv. 1 onc.

§ 8. *Huitieme Opération.*

Au four 21 heures comme dans la précédente Opération. Au sortir du four, longueur, 2 pieds 5 pouc. 9 lig. largeur, 11 pouc. 6 lig. épaisseur, 2 pouc. 9 lig. Poids de la piece, 24 liv. 14 ½ onc. diminution de poids, une once & demie.

§ 9. *Remarques sur la précédente Expérience.*

Avant que ce morceau de bois fût mis au four, son cube étoit de 7 pouces 6 lignes, & le pied cube pesoit 61 liv. 8 onc. Après qu'il fut sorti du four, le cube étoit de 6 pouc. 6 lig. 8 points, & le pied cube ne pesoit plus que 45 liv. 9 ½ onc. c'est une diminution de 15 liv. 14 onc. 4 gros.

Ce morceau de bois s'est tourmenté ; il s'est arqué ; il s'y est fait des fentes en différents endroits, & il s'est éclaté dans un coin.

ARTICLE XII. *Expérience faite sur un Soliveau rempli de seve.*

CE soliveau avoit 3 pieds de longueur, 10 & 8 pouces d'équarrissage, cubant 1 pied 6 pouces ; il étoit d'un Chêne de très-bonne qualité, d'un grain fin & serré, tout verd & rempli de seve, n'ayant été abattu que depuis trois semaines : il n'avoit ni roulures ni gélivures. Il pesoit 132 liv. ce qui est à peu près à raison de 79 livres 3 onces 2 gros le pied cube.

§ 1. PREMIERE OPÉRATION.

ON mit ce soliveau dans un four chauffé comme pour cuire du pain, le côté qui regardoit le pied de l'arbre étant vers le fond du four, & posé sur la face qui avoit 8 pouces d'épaisseur: ayant resté 24 heures dans le four, dont la bouche étoit fermée, il ne pesoit plus que 107 liv. ainsi son poids étoit diminué de 25 liv. La couleur du bois étoit devenue brune & comme enfumée ; il s'étoit formé au bout qui regardoit le fond du four, c'est-à-dire, au pied de l'arbre qui n'avoit aucune gerçure, quinze petites fentes sur les angles s'étendant sur le bout de la piece ; & sur les faces, elles étoient ouvertes de l'épaisseur d'une lame de couteau, & seulement profondes de 4 à 5 lig.

Il s'est formé au bout qui regardoit l'entrée du four, une fente de 5 pouces de longueur, d'une ½ lig. d'ouverture, & étant sondée avec un fil de fer fin, elle avoit 4 à 5 pouc. de profondeur. Il ne s'est formé aucune fente sur les faces, de 10 pouc. de largeur. La piece n'a point diminué sensiblement de longueur, & elle avoit encore 8 pouc. d'épaisseur ; mais elle n'avoit plus que 9 pouc. 9 lig. de largeur, au lieu de 10 pouc.

Il étoit sorti par la grande fente un écoulement de seve qui s'étoit grillée comme du caramel, & formoit un charbon très-léger

léger comme de la crême fouettée : on a estimé qu'il y en avoit ce qu'il faudroit pour remplir une petite cuiller.

Quand on a tiré du four ce morceau de bois, il n'étoit pas possible de le manier, tant il étoit chaud.

§ 2. SECONDE OPÉRATION.

ON a remis au four le même bout de soliveau : après l'y avoir laissé 22 heures, on l'en a retiré, & il pesoit 103 l. 8 onc.

Ainsi son poids étoit diminué de 3 8

On n'a apperçu aucun changement aux fentes ni à la longueur, ni à la largeur; mais il avoit perdu 2 lig. de son épaisseur, sur une face seulement, & rien sur la face opposée; les angles de la piece étoient un peu grillés.

Nota, qu'à cette seconde Opération le four n'étoit pas aussi chaud qu'à la premiere, non plus qu'à celles que nous allons rapporter.

§ 3. TROISIEME OPÉRATION.

ON remit la même piece dans le four; & après y avoir resté 22 heures, elle ne pesoit plus que . . . . 93 l.

Ainsi son poids étoit diminué de. . . . . 10 8 onc.

La grande fente a paru s'être un peu refermée; elle n'avoit qu'une ligne d'ouverture.

Au reste on n'apperçut aucun changement sensible sur la longueur de la piece, sa largeur étoit diminuée d'une ligne, elle n'avoit plus que 9 pouces 8 lig. elle avoit aussi diminué d'une ligne d'épaisseur sur la face qui n'avoit point diminué à la seconde Opération.

§ 4. QUATRIEME OPÉRATION.

ON a remis le même bout de soliveau dans le four chauffé à l'ordinaire : après y avoir resté 37 heures, il ne pesoit que 84 liv.

Ainsi son poids étoit diminué de 9

La grande fente s'étoit beaucoup refermée, & elle n'avoit

plus qu'un quart de ligne d'ouverture. On voyoit ſortir un peu de fumée par cette fente ; ce qui fit juger que la piece n'étoit pas encore parfaitement ſeche.

Elle n'avoit point diminué ſenſiblement de longueur ; elle avoit perdu une ligne de largeur, qui n'étoit plus que de 9 pouces 6 lignes : elle avoit auſſi perdu de ſon épaiſſeur, qui étoit réduite à 7 pouces 10 lignes.

§ 5. CINQUIEME OPÉRATION.

ON remit encore cette même piece dans le four chauffé à l'ordinaire ; & après qu'elle y eut reſté 24 heures, elle ne peſoit plus que . . . . 81 liv.

Ainſi ſon poids étoit diminué de 3

Nulle autre diminution qu'une ligne ſur ſon épaiſſeur.

§ 6. *Remarques ſur l'Expérience précédente.*

QUOIQUE ce ſoliveau continuât à perdre de ſon poids dans le four, on finit l'Expérience, parce qu'il n'étoit pas queſtion de le réduire en charbon.

A la fin de l'Expérience, ſa peſanteur étoit de . . . 81 liv.

Il avoit perdu de ſon premier poids 51

Sa longueur n'avoit point ſenſiblement varié ; ſa largeur de 10 pouces étoit réduite à 9 pouces 6 lig. ſon épaiſſeur qui étoit de 8 pouces, étoit réduite à 7 pouces 9 lignes.

On trouvera dans le *Traité de l'Exploitation*, *Liv. IV*, *Chap. II*, pourquoi les fentes diminuent de largeur à meſure que les bois ſe deſſéchent.

ARTICLE XIII. *Expérience faite ſur du Bois qui avoit perdu une partie de ſa ſeve.*

CETTE Expérience eſt la même que la précédente, excepté que le bout du ſoliveau qui avoit auſſi 3 pieds de longueur, 10 & 8 pouces d'équarriſſage, étoit pris d'un arbre qui avoit été abattu l'hiver précédent : ainſi il avoit huit à neuf mois d'abattage. Cependant, après avoir été travaillé, il paroiſſoit auſſi rempli de ſeve que s'il eût été récemment abattu : il peſoit 139 liv. c'eſt à raiſon de 83 liv. 6 onc. 4 gros le pied cube. Il avoit au pied un ſimple trait en forme de croiſſant, ſigne d'une roulure qui devoit ſe manifeſter plus ſenſiblement quand le bois ſeroit ſec ; on appercevoit auſſi cinq traits ſans profondeur, indice des fentes qui ſe formeroient lorſque le bois ſeroit ſec. Ces traits qui n'avoient point de profondeur, partoient d'un même centre. On n'appercevoit aucune gerce ſur les côtés.

§ 1. *Premiere Opération.*

On mit ce ſoliveau dans un four échauffé comme pour la premiere Expérience : après y avoir été 24 heures, il ne peſoit plus que. . . . . 111 liv.

Ainſi ſon poids étoit diminué de. 28

La roulure du pied s'étoit ouverte, & elle avoit 7 pouces 6 lignes de profondeur, 4 pouces 6 lignes d'étendue, & 3 lignes d'ouverture.

Un des traits qui annonçoient des fentes à la tête, s'étoit ouvert de 2 lig. & cette fente avoit 2 pouc. de profondeur.

On n'apperçut aucune diminution ni ſur la longueur, ni ſur l'épaiſſeur de la piece : mais elle s'étoit contractée de 2 lignes ſur la largeur, qui n'étoit plus que de 9 pouces 10 lignes.

Il ſortit de la ſeve par les deux bouts à peu près en même quantité qu'à la premiere Expérience.

§ 2. *Seconde Opération.*

On remit ce même bout de ſoliveau au four ; & 22 heures après il peſoit . . . . 107 liv.

Ainſi il avoit diminué de 4

La roulure du pied ne s'étoit point élargie ; mais on y fit entrer un fil de fer de 13 pouces de longueur.

La fente de la tête avoit 4 pouces 6 lig. de profondeur : les autres traits s'étoient ouverts d'un quart de ligne.

On ne remarqua qu'une ligne de diminution sur la largeur qui étoit de 9 pouces 9 lignes.

§ 3. *TROISIEME OPÉRATION.*

LE même morceau de bois ayant été remis au four, & y étant resté 22 heures, il ne pesoit plus que . . . 96 liv.

Ainsi il avoit diminué de 11

L'ouverture de la roulure n'étoit point augmentée; mais elle avoit 13 pouces de profondeur : les gerces qui s'étoient ouvertes à la tête, s'étoient refermées, & la principale fente parut un peu diminuée.

On n'apperçut de diminution que sur l'épaisseur, qui n'étoit plus que de 7 pouces 11 lignes.

§ 4. *QUATRIEME OPÉRATION.*

LE même morceau de bois ayant resté 37 heures au four, pesoit . . . . 86 liv.

Ainsi son poids étoit diminué de 10

La roulure du pied s'étoit refermée d'une ligne, & elle n'avoit plus que 2 lignes d'ouverture : celle de la tête s'étoit aussi considérablement fermée ; elle n'avoit plus qu'une ligne d'ouverture : les autres gerces étoient fermées entiérement.

La longueur de la piece étoit diminuée de 3 lignes, elle n'étoit plus que de 9 pouces 6 lignes ; son épaisseur étoit diminuée d'une ligne, & n'étoit plus que de 7 pouces 10 lignes.

§ 5. *CINQUIEME OPÉRATION.*

CE morceau de bois ayant resté 24 heures au four, pesoit . . . . 83 liv.

Ainsi son poids étoit diminué de 3

La roulure du pied étoit restée à 2 lignes d'ouverture ; les gerces de la tête étoient refermées, & la grande fente n'étoit plus que d'un quart de ligne d'ouverture.

Il n'avoit point diminué de largeur : son épaisseur ayant diminué d'une ligne, elle n'étoit plus que de 7 pouc. 9 lig. 6 points.

§ 6. *Remarques sur la précédente Expérience.*

Ce bout de soliveau pesoit au commencement de l'Expérience . . . . 139 liv.

A la fin. 83

Ainsi son poids étoit diminué de 56

On n'a point apperçu de diminution sur sa longueur qui étoit de 3 pieds. Sa largeur qui étoit de 10 pouces, s'est trouvée réduite à 9 pou. 6 lig. & son épaisseur qui étoit de 8 pou. à 7 pou. 9 lig. 6 points.

Les fentes qui s'étoient ouvertes d'abord, quand le bois a commencé à se dessécher, se sont fermées à mesure qu'il approchoit d'être sec. Nous en avons donné la raison physique dans le *Traité de l'Exploitation, Liv. IV, Chap. II.*

Article XIV. *Expérience faite sur un bout de Soliveau abattu depuis six ans.*

Ce bout de soliveau étoit de pareilles dimensions que les précédents, 3 pieds de longueur, 10 & 8 pouces d'équarrissage, & pareillement de Chêne très-dur & fort sain, mais abattu depuis six ans. Comme il étoit toujours resté à l'air, la superficie en paroissoit grillée par le soleil; cependant après avoir été équarri & réduit aux dimensions que je viens de marquer, il paroissoit contenir encore beaucoup de seve. Il pesoit 133 liv. c'est à raison de 79 liv. 12 onc. 6 gros le pied cube. Il ne paroissoit aucune indice de fente au pied; mais on appercevoit à la tête quatre traits qui indiquoient qu'il se formeroit des fentes à ces endroits.

§ 1. Premiere Opération.

Ce morceau de bois ayant resté 24 heures au four, pesoit. . . . . 105 liv.

Ainsi il étoit diminué de. . . . . 28 liv.

Il ne s'étoit ouvert aucune fente au pied ; les quatre traits de la tête s'étoient ouverts d'un quart de ligne ; la profondeur de ces fentes étoit de 4 pouces.

Il ne paroissoit aucune gerce sur les faces. Sa largeur étoit diminuée de 2 lig. & avoit 9 pouc. 10 lig. son épaisseur étoit aussi diminuée de 2 lig. mais seulement du côté du pied.

Il sortit très-peu de seve par le bout de la tête.

§ 2. SECONDE OPÉRATION.

CE morceau de bois ayant resté 22 heures dans le four, pesoit. 102 liv.

Ainsi il étoit diminué de 3

Les gerces & fentes étoient dans le même état qu'à la premiere Opération. Sa largeur étoit diminuée d'une ligne, & étoit réduite à 9 pouc. 9 lign. Il avoit aussi diminué de 2 lignes d'épaisseur au bout qui répondoit à la tête, où il n'avoit point diminué à la premiere Opération. Son épaisseur étoit de 7 pouc. 10 lig.

§ 3. TROISIEME OPÉRATION.

LE même morceau de bois ayant encore resté 22 heures au four, il ne pesoit plus que . . . . 92 liv.

Ainsi son poids étoit diminué de. 10

Il ne s'étoit point formé de fentes au pied ; les quatre fentes qui s'étoient ouvertes à la tête, étoient refermées entiérement.

Son épaisseur étoit diminuée d'une demi-ligne, & étoit de 7 pouces 9 lignes 6 points.

§ 4. QUATRIEME OPÉRATION.

ON a remis ce morceau au four, & après y avoir resté 37 heures, il pesoit . . . . 84 liv.

Ainsi son poids étoit diminué de 8

Sa largeur étoit diminuée de 2 lignes ; elle étoit réduite à

9 pouc. 7 lig. son épaisseur étoit aussi diminuée de 2 lig. & étoit réduite à 7 pouc. 7 $\frac{1}{2}$ lig.

On n'a apperçu aucun changement dans les fentes.

§ 5. CINQUIEME OPÉRATION.

CE même morceau ayant été remis au four pendant 24 heures, il pesoit . . . . 81 liv. 8 onc.

Ainsi il avoit perdu de son poids . . . . 2 . . 8

Sa largeur étoit diminuée d'une ligne, & étoit de 9 pouces 6 lig. son épaisseur étoit diminuée d'une demi-ligne, & étoit de 7 pouces 6 lignes.

§ 6. *Remarques sur la précédente Expérience.*

CETTE piece, au commencement de l'Expérience, pesoit . . . . 133 liv.

A la fin, elle pesoit . . . . 81 . . 8 onc.

Son poids étoit diminué de . . . . . 51 . . 8

Elle n'a point sensiblement diminué de longueur, qui a toujours été de 3 pieds; sa largeur qui étoit de 10 pouces a été réduite à 7 pouc. 6 lig.

Le 18 Octobre, elle pesoit 82 liv. on la mit dans l'eau douce, où elle est restée jusqu'à la fin de Novembre : alors elle pesoit 115 liv. ainsi en six semaines elle s'étoit chargée de 33 livres d'eau, & il s'en falloit encore 18 qu'elle ne fût revenue au poids qu'elle avoit au commencement de l'Expérience. Mais on a vu plus haut, qu'il faut beaucoup de temps pour que les bois soient autant chargés d'eau qu'ils peuvent l'être.

ARTICLE XV. *Expérience faite sur un bout de Soliveau extrêmement sec.*

CETTE Expérience a été faite avec un bout de soliveau de mêmes dimensions que les précédents, 3 pieds de longueur, 10 pouces de largeur & 8 d'épaisseur; mais pour l'avoir très-ſec, on l'a pris dans une piece de démolition. Il peſoit 98 liv.

Il avoit ſur un de ſes côtés une fente de 12 pouc. de longueur, 2 lig. d'ouverture & 15 de profondeur. Le bois étoit très-ſec, ſain & de bonne qualité.

§ 1. PREMIERE OPÉRATION.

CE bout de ſoliveau a été mis au four; & après y avoit reſté 22 heures, il peſoit . . . . 94 liv. 8 onc.

Ainſi ſon poids étoit diminué de . . . . 3 . . 8

Ses dimenſions n'avoient ſouffert aucune diminution, & il ne s'étoit formé aucune nouvelle fente.

§ 2. SECONDE OPÉRATION.

ON l'a mis paſſer 22 heures dans un four échauffé comme pour toutes les autres Opérations : lorſqu'il en fut tiré, il peſoit. . . . . 83 liv.

Ainſi ſon poids étoit diminué de . . . 11 . . 8 onc.

Sa largeur étoit diminuée d'une ligne : elle n'étoit plus que de 9 pouc. 11 lig. ſon épaiſſeur avoit auſſi diminué d'une lig. & étoit de 7 pouc. 11 lig.

§ 3. TROISIEME OPÉRATION.

LE même morceau de bois ayant paſſé 37 heures au four, ne peſoit plus que . . . . 75 liv.

Son poids étoit diminué de. 8

Sa largeur étant diminuée de 2 lig. étoit de 9 pouc. 9 lig. & ſon épaiſſeur, auſſi diminuée d'une lig. étoit de 7 pouc. 10 lig.

Il ne s'étoit point formé de nouvelles fentes.

§ 4. QUATRIEME OPÉRATION.

LE même morceau ayant reſté 24 heures dans le four, il peſoit . . . . 74 liv.

Ainſi

Ainsi il n'étoit diminué que de . . . . 1 liv.

Sa largeur étoit diminuée d'une ligne; elle étoit de 9 pouc. 8 lignes; son épaisseur, aussi diminuée d'une ligne, étoit de 7 pouces 9 lignes.

§ 5. *Remarques sur l'Expérience précédente.*

Ce bout de soliveau pesoit, au commencement de l'Expérience, ... 98 liv.
à la fin 74

Ainsi son poids étoit diminué de 24

Sa longueur est restée de 3 pieds; sa largeur, qui étoit de 10 pouces, s'est réduite à 9 pouces 8 lig. & son épaisseur, qui étoit de 8 pouces, à 7 pouces 9 lignes.

Ce morceau de bois qui étoit très-sec, a beaucoup moins perdu de son poids que ceux des premieres Expériences; & il auroit encore moins diminué, si avant l'Expérience la piece dont le morceau de bois a été tiré, n'avoit pas resté à terre, où probablement elle s'étoit chargée de l'humidité que le terrein lui fournissoit.

Article XVI. *Remarques sur les quatre Expériences précédentes.*

Ces Expériences ont été faites sur quatre pieces de bois précisément de mêmes dimensions, mais de différentes coupes: on y voit que les bois contiennent beaucoup de seve, & qu'ils la conservent bien long-temps. La piece qui avoit été abattue l'hiver précédent, en avoit autant que celle qui venoit de l'être. Cela n'est pas fort étonnant; mais il l'est, que la piece abattue depuis plus de 6 ans, toujours restée au grand air, & dont la superficie étoit grillée à un pouce d'épaisseur par les injures de l'air & par l'ardeur du soleil, se soit trouvée avoir presque toute sa seve, quand elle a été équarrie, & réduite aux proportions des autres. Cela n'étoit pas particulier à cette piece: car on a formé des madriers de pareilles dimensions, tirés de pieces qui étant abattues depuis 15 ans devoient être fort seches, & ils se sont tous trouvés contenir beaucoup de seve ou d'humidité : une de ces pieces, qui avoit 3 pieds de longueur sur 10 & 8 pouces d'équarrissage, pesoit 134 liv. elle n'a pas été desséchée au four ; mais à en juger suivant la nature de son bois, & le poids de celles qui avoient été desséchées, celle-ci n'auroit dû peser que 100 liv. ainsi elle devoit contenir 34 liv. de seve ou d'humidité. Il est vrai que, comme on ne s'attendoit pas à faire ces Expériences, on avoit été obligé de prendre des pieces qui étoient posées sur terre, & qui avoient pu se charger de l'humidité du terrein. Il ne seroit pas non plus hors de toute vraisemblance, qu'en exposant au soleil une piece de gros échantillon, la superficie se desséchât d'abord & précipitamment, & que la dissipation de la seve de l'intérieur en devînt plus difficile, la croûte de bois desséchée mettant à couvert du hâle le bois de l'intérieur, & faisant même peut-être un obstacle à l'évaporation de la seve de l'intérieur : c'est probablement pour ces raisons, que nous avons apperçu dans nos Expériences, que les bois se desséchoient plus complettement & plus promptement sous les hangars aérés, qu'en plein air. L'Expérience que nous allons rapporter sur un bordage, en fournira une preuve.

La piece qui a été prise dans une piece de démolition, qui cependant n'avoit été que 9 ans en place, avoit encore beaucoup d'humidité ; & le pied cube dont nous allons parler, en contenoit encore six livres.

On n'a pas poussé plus loin l'épreuve ; & on s'est contenté de remettre ces pieces cinq fois au four, parce qu'elles avoient beaucoup moins perdu de leur poids dès la 4 & la 5e Opération qu'aux autres, & que les bouts & les arrêtes commençoient à se convertir en charbon.

Les pieces ne se sont point tourmentées au four, à l'exception de celle de l'Art. XI qui s'est un peu déjetée ; les autres étoient dans leur premier état, excepté qu'elles avoient diminué de volume ; & à toutes les pieces, la diminution étoit plus grande sur la largeur, que sur l'épaisseur. On a encore remarqué que les fentes qui s'étoient ouvertes d'abord, s'étoient refermées à mesure que le bois se desséchoit. On a vu l'explication de ces faits dans le *Traité de l'Exploitation*, *Livre IV*, *Chap. II.*

Au reste il me paroît qu'il ne seroit pas à propos de pousser le desséchement à un point extrême. J'en ai dit les raisons dans un article particulier : & en effet qu'y gagneroit-on ? puisque nous avons vu que les bois très-desséchés se chargent très-promptement de l'humidité de l'air. Quand il seroit praticable de dessécher ainsi les bois de service, on ne remédieroit pas aux défauts qui viennent du retour, ni à cette altération que nous avons prouvé exister dans l'intérieur des pieces de gros échantillon.

ARTICLE XVII. *Expérience faite sur un pied cube de Bois très-sec.*

CETTE expérience a été faite avec un pied cube de bois qui étoit resté à couvert dans une salle depuis une vingtaine d'années, & qui ne pesoit que 47 livres.

On le fit fendre, & il se trouva très-sec dans l'intérieur. Le plus gros morceau pesoit 36 livres, & c'est sur cette piece de bois qu'on a fait les Opérations dont nous allons rendre compte.

§ 1. *PREMIERE OPÉRATION.*

AYANT passé 22 heures au four, elle pesoit . . . 35 liv.

§ 2. *SECONDE OPÉRATION.*

AYANT encore passé 22 heures au four, elle pesoit . 33 liv.

§ 3. *TROISIEME OPÉRATION.*

AYANT passé 37 heures au four, elle pesoit . 30 liv. 8 onc.

§ 4. QUATRIEME OPÉRATION.

ENFIN ayant encore passé 24 heures au four, elle se trouva du même poids . . . . 30 liv. 8 onc.

§ 5. *Remarques sur l'Expérience précédente.*

CE morceau de bois pesoit, au commencement de l'Expérience, ... 36 liv.
& à la fin, il ne pesoit plus que . . . . . 30 . . 8 onc.
Ainsi son poids étoit diminué de . . . . . 5 . . 8

ARTICLE XVIII. *Expériences dans lesquelles on a ménagé davantage la chaleur. Expérience faite sur un Madrier pris dans un Chêne abattu en 1732.*

DANS toutes les Expériences que nous venons de rapporter, les bois avoient été exposés à une chaleur si vive qu'ils étoient grillés, & trop desséchés pour être d'un bon service.

On a ménagé davantage la chaleur pour les Expériences suivantes.

On a scié sur les quatre faces un Chêne abattu l'hiver 1732, pour n'avoir que le cœur du bois : on en a formé un Madrier qui avoit 3 pieds de longueur, 3 pouces d'épaisseur, & 6 pouces de largeur. Le 21 Juin 1734, il pesoit 19 liv. 10 onc. 4 gr.

§ 1. PREMIERE OPÉRATION.

ON le mit passer 5 heures dans un four dont la chaleur étoit semblable à ce qu'elle est quand on tire le pain. Au sortir du four, il pesoit . . . . . 18 liv. 5 onc.
Ainsi son poids étoit diminué de 1 5 4 gros.

§ 2. SECONDE OPÉRATION.

L'AYANT mis sous un hangar, il pesoit 12 heures après . . . . . 18 liv. 5 onc. 4 gr.

Son poids étoit augmenté de. . . . . 4 gr.

§ 3. TROISIEME OPÉRATION.

L'AYANT encore remis passer 12 heures sous le même hangar, il pesoit . . . . 18 liv. 6 onc.

Ainsi ce morceau de bois qui n'étoit pas fort chargé de seve lorsqu'on l'a mis au four, & qui s'y étoit encore desséché, aspiroit puissamment l'humidité de l'air, qui ces jours-là étoit considérable.

§ 4. QUATRIEME OPÉRATION.

AYANT chauffé le four au même degré que pour la premiere opération, on y mit le même Madrier; & y ayant resté 24 heures, il ne pesoit plus que . . 16 liv. 6 onc.

Ainsi son poids étoit diminué de. . . 2

Il s'étoit formé plusieurs fentes assez considérables.

§ 5. CINQUIEME OPÉRATION.

APRÈS avoir resté 48 heures sous le hangar, il pesoit 16 l. 7 on.

Son poids étoit augmenté d'une once.

§ 6. SIXIEME OPÉRATION.

CE Madrier ayant encore passé 24 heures dans le four échauffé au même degré, il pesoit . . . . . 16 liv. 4 onc.

Ainsi il n'avoit perdu que 2 onces du poids qu'il avoit à la quatrieme Opération.

§ 7. SEPTIEME OPÉRATION.

ON le mit sous le hangar; & 8 ans après, savoir le 25e Octobre 1742, il pesoit . . . . . 16 liv. 12 onc.

§ 8. *Remarques sur l'Expérience précédente.*

ON voit que ce morceau de bois étoit très-sec, & peut-être plus qu'il ne convenoit pour être mis en œuvre, puisqu'ayant resté huit ans sous un hangar, son poids, au lieu de diminuer, étoit augmenté de 8 onc.

ARTICLE XIX. *Expérience faite sur un Madrier pris dans un Chêne abattu depuis cinq mois.*

CE Madrier étoit de mêmes dimensions que le précédent, & pareillement de cœur de Chêne; mais n'étant abattu que depuis cinq mois, il étoit très-rempli de seve: il pesoit le 21 Juin 1734, 31 livres.

§ 1. PREMIERE OPÉRATION.

AYANT passé 5 heures dans le four, il pesoit 30 liv. 1 onc.
Ainsi son poids étoit diminué de 15

§ 2. SECONDE OPÉRATION.

AYANT resté 12 heures sous un hangar, il pesoit . . . . 29 liv. 13 onc. 4 g.
Ainsi son poids au lieu d'augmenter, étoit diminué de 3 4

§ 3. TROISIEME OPÉRATION.

L'AYANT remis sous le même hangar, il pesoit 12 heures

après . . . . 29 l. 10 onc. 0 gr.

Son poids étant encore diminué de . . 3 4

On voit que ce morceau de bois qui étoit tout verd, perdoit de son poids sous le hangar, au lieu d'en augmenter comme ont fait ceux qui étoient secs.

§ 4. QUATRIEME OPÉRATION.

L'AYANT remis passer 24 heures dans le four, il ne pesoit plus que. . . . . 25 liv. 14 onc.

Ainsi son poids étoit diminué de . . 3 12

§ 5. CINQUIEME OPÉRATION.

L'AYANT laissé 48 heures sous le hangar, il pesoit . . . . . 25 liv. 13 onc. 4 gr.

Son poids étoit encore diminué de . . . 4

§ 6. SIXIEME OPÉRATION.

ON le remit passer 24 heures au four; il ne pesoit plus que . . . . . . 25 liv. 4 onc.

Son poids étoit encore diminué de . . . 9

§ 7. SEPTIEME OPÉRATION.

L'AYANT laissé sous le hangar jusqu'au 25 Octobre 1742, il ne pesoit plus que . . . . 19 liv. 12 onc.

§ 8. *Remarques sur l'Expérience précédente.*

CE morceau de bois, au commencement de l'Expérience, pesoit . . . . 31 liv. 0 onc.

& en sortant pour la derniere fois du four. . 25 4

Par conséquent il avoit perdu au four 5 liv. 12 onc. de son poids.

Il n'étoit pas à beaucoup près desséché, puisqu'il a encore perdu 5 liv. 8 onc. de son poids, étant resté sous le hangar.

Et en général, on voit que lorsque les bois sont remplis d'humidité, cette humidité réduite en vapeurs continue à se dissiper après que les bois ont été tirés du four ; mais quand le desséchement des bois a été porté à un certain point, au lieu de perdre de leur poids sous le hangar, ils se chargent de l'humidité de l'air.

ARTICLE XX. *Conséquences qui résultent des Expériences précédentes.*

J'AI déja dit qu'on avoit eu deux intentions en exposant les bois à la chaleur du feu : l'une étoit de les dessécher plus promptement & plus parfaitement ; l'autre, de les attendrir pour leur faire prendre la courbure qui convenoit pour l'usage auquel on les destinoit. Il n'étoit gueres possible de séparer ces deux objets dans l'exposé que nous avons fait de nos Expériences : cependant toutes celles que nous avons rapportées jusqu'à présent ne tendent qu'au desséchement du bois, & l'on peut en conclure que la chaleur du feu ne peut être employée pour dessécher les gros bois. Cette même vérité sera encore établie par des Expériences que nous rapporterons dans la suite. Ainsi on ne doit avoir recours à ce moyen que quand on aura à dessécher des bois minces. Nous en avons, par exemple, fait usage avec assez de succès pour dessécher de la voliche que nous destinions à faire des panneaux de Menuiserie.

Il nous reste encore bien des Expériences à rapporter sur le desséchement des bois par la chaleur du feu : mais dans celles-ci nous serons obligés de parler en même temps de l'attendrissement des bois ; c'est pourquoi il convient d'exposer dans quelle vue on s'est proposé de les attendrir, & quels moyens on a employés à cet effet.

CHAPITRE

CHAPITRE III.

Réflexions générales sur l'Attendrissement des Bois, & sur les divers moyens qui y contribuent.

Nous avons dit dans le *Traité de l'Exploitation, Liv. IV, Chap. III*, que les fendeurs de cerches les exposoient au feu pour les attendrir, & que par ce moyen elles devenoient assez flexibles pour être roulées & mises en bottes sans se rompre.

Quand les Tonneliers font des futailles avec du bois sec & un peu gras, ils courroient risque d'en rompre plusieurs douves lorsqu'ils les forcent pour leur faire prendre la courbure qu'exige le bouge, s'ils n'employoient pas des moyens pour rendre leurs bois flexibles : ils préviennent la rupture en faisant dans leurs futailles un feu de copeaux qui attendrit les douves, & par ce moyen elles deviennent assez souples pour se ployer & se rendre à la courbure nécessaire sans être exposées à se rompre. Les Menuisiers, les Tourneurs en bois tendres, les Boisseliers, les faiseurs de fourches, &c. savent aussi avec le secours du feu redresser les bois courbes, ou courber ceux qui sont droits.

On s'est proposé d'employer le même moyen pour des objets bien plus considérables. Personne n'ignore que le fond ou la carene des vaisseaux forme des courbures tant dans le sens horizontal, que dans le sens vertical, dans la partie la plus renflée du vaisseau : vers le milieu la courbure étant peu considérable, les bordages & les préceintes ont toujours assez de souplesse pour s'y prêter sans se rompre; mais à des parties de l'avant & de l'arriere, la courbure étant trop grande pour que des planches ou des bordages droits de quatre ou six pouces d'épaisseur pussent s'y prêter sans se rompre, on étoit obligé de border ces parties avec des pieces de Gabari ; c'est-à-dire qu'on cherchoit dans les Forêts des arbres qui eussent naturellement cette courbure; & avec la scie, la hache ou l'erminette, on leur faisoit prendre, aux dépens du bois, le contour qu'exigeoit la place où on devoit les mettre. Outre que ces pieces courbes sont fort rares, & qu'il est important de les ménager pour les membres, on faisoit une grande déprédation de bois, & une énorme dépense en main d'œuvre; de plus on étoit forcé d'employer des bois courts qui ne faisoient point une bonne liaison, & des bois tranchés qui manquoient de force. On s'est proposé de couvrir ces parties convexes des vaisseaux avec des bordages droits, & même des préceintes droites, en attendrissant ces bois, quoiqu'assez épais, par la chaleur du feu; & pour cela, on a employé différents moyens dont nous allons parler.

Les uns ont fait chauffer les bordages sur une barre de fer qu'on soutenoit à une certaine hauteur par des Chenêts, & qu'on chauffoit en dessous avec un feu de copeaux, pendant qu'on les humectoit par dessus avec de l'eau. D'autres les plongeoient dans de l'eau de mer qu'on faisoit chauffer au moyen de fourneaux qu'on établissoit sous un long coffre de cuivre; ou bien on les exposoit à la vapeur de l'eau bouillante. Enfin on les a enfouis dans du sable chaud qu'on arrosoit avec de l'eau de mer bouillante. Pour me mettre à portée d'éprouver ces différents moyens, j'ai fait construire de ces différentes étuves à Denainvilliers; & quand on a été décidé sur celles qu'on devoit établir dans les Ports, j'ai été à portée de répéter mes Expériences plus en grand dans les Ports même.

On sait que les bordages sont pour la plupart des planches droites & trop épaisses pour être courbées jusqu'à s'ajuster au contour de plusieurs parties des vaisseaux, si l'on ne prenoit soin de les attendrir de quelque maniere que ce puisse être; sans cette précaution, ces planches épaisses, qui sont de sciage, & par conséquent de bois tranché, se romproient infailliblement.

Mais si l'on fait attention qu'avant que la seve soit convertie en bois, elle passe par l'état d'une substance résineuse, ou gommeuse, ou gélatineuse, capable d'être fort attendrie par la chaleur & l'humidité, on concevra aisément que, quoique les fibres ligneuses soient trop endurcies pour être autant amollies que la portion de la seve qui n'est pas encore convertie en bois, elles ne laissent cependant pas d'être susceptibles d'acquérir par la chaleur & l'humidité quelque souplesse. L'Ecaille, la Corne, les Os fournissent des exemples de cet attendrissement : ces substances ne se fondent point dans l'eau bouillante ; mais elles s'attendrissent assez pour être redressées, ou même pour être moulées. Une piece de bois sec peut donc, en quelque maniere, être comparée à un morceau de colle forte, qui se rompt, quand elle est seche, plutôt que de se plier ; mais qui devient, par le secours du feu & de l'eau, susceptible de toutes les figures qu'on veut lui donner. Aussi la chaleur & l'humidité sont-ils les seuls moyens qu'on ait jusqu'ici employés pour donner au bois la souplesse dont il a besoin pour se ployer sans se rompre. Nous l'avons déja dit, tous les Ouvriers qui veulent redresser des bois courbes, ou faire prendre quelque courbure à des bois droits, usent de cette méthode ; & c'est la seule qui ait été en usage dans tous les Ports tant de France que d'Angleterre & de Hollande, pour rendre les bordages des vaisseaux susceptibles d'être courbés : toute la différence consiste dans les moyens qu'on a employés pour chauffer les bordages & les pénétrer d'eau. Nous allons les exposer.

CHAPITRE IV.

Maniere d'attendrir les Bois par l'action immédiate du feu.

LA MÉTHODE qui a été la premiere en usage, consistoit à poser les bordages *E F* (*Planche IX, Fig. 6 du Livre II.*) qu'on vouloit courber, sur un barreau de fer *A B*, soutenu à différentes hauteurs par de gros chenêts *C D*. Un des bouts *F* du bordage paſſoit ſous la traverſe *G*; on plaçoit la partie où devoit être la plus grande courbure ſur le barreau de fer *A B*; on chargeoit le bout *E* par des poids *H*, qu'on rendoit plus ou moins peſants ſuivant l'épaiſſeur du bordage & l'amplitude de la courbure qu'il devoit prendre. On allumoit deſſous du feu *I*; & afin qu'il ne brûlât pas les bordages, on avoit ſoin qu'il ne fît pas trop de flamme. On arroſoit le deſſus *L* avec de l'eau. Par cette pratique, qui eſt fort ſimple, non-ſeulement on attendriſſoit le bois, & on le diſpoſoit à ſe courber ſans ſe rompre, mais de plus on commençoit à lui faire prendre par les poids dont on le chargeoit, la courbure qu'il devoit avoir; le reſte s'achevoit en l'attachant ſur les membres, comme je l'expliquerai dans la ſuite. Je vais rapporter les Expériences que j'ai faites pour connoître ce qu'on pouvoit eſpérer de cette méthode.

1°, Je pris pour mes Expériences des bois verds abattus de l'hiver précédent, & des bois ſecs abattus depuis trois ans, & qui avoient été conſervés depuis ce temps ſous un hangar fort aéré.

2°, Je les fis équarrir à la coignée, comme on le pratique ordinairement; & je fis lever par des Scieurs de long, des doſſes ou membrures ſur deux de leurs faces pour ne conſerver que le cœur du Chêne.

3°, Je fis enſuite donner un trait de ſcie dans le milieu de ces pieces pour les refendre en deux, afin d'avoir deux pieces qui puſſent être comparées l'une à l'autre avec toute l'exactitude poſſible; car il eſt à préſumer que deux moitiés d'un même arbre ſe reſſemblent parfaitement. On ſait de plus que les bois qui ſont refendus par le cœur de l'arbre, ſont moins ſujets à ſe fendre que les autres, & que c'eſt le cas où ſe trouvent preſque toujours les bordages.

4°, En faiſant débiter ces bois, j'eus encore ſoin qu'il y eût toujours une piece de bois ſec & une de bois verd, débitées ſur de ſemblables dimenſions, pour qu'elles puſſent être plus aiſément comparées l'une à l'autre, quoique pour faire cette comparaiſon avec encore plus d'exactitude, j'aie réduit presque tous mes bois au pied cube, comme on le verra dans la suite.

5°, Pour éviter toute confusion, j'ai fait graver sur chaque piece un numéro.

6°, Enfin, comme je l'ai pratiqué pour toutes mes Expériences, j'ai tenu un Journal sur lequel le poids & tous les détails des Expériences étoient marqués.

ARTICLE I. *Expérience faite sur des Bois verds abattus de l'hiver précédent.*

§ 1. *PREMIERE OPÉRATION* *.

AU commencement du mois de Juin 1735, je fis donc équarrir des pieces de bois abattues l'hiver précédent : elles portoient, étant bien frappées sur toutes les faces, 8 à 10 pouces d'équarrissage. Je les fis refendre en deux par les Scieurs de long, & j'en formai des madriers qui avoient 3 pouces d'épaisseur, 6 pouces de largeur & 6 pieds de longueur. J'eus quatre madriers pareils qui sortoient d'un même arbre ; tous furent marqués de la lettre *A*, & numérotés I, II, III, IV.

N°. I & III pesoient le 13 Juin 1735 ; savoir,

N°. I	100 liv.	14 onc.
N°. III	102	12

§ 2. *SECONDE OPÉRATION.*

Ils furent placés sur des traverses de fer, & chauffés en dessous avec un feu de copeaux : de temps en temps, on les retournoit pour présenter successivement leurs quatre faces à la flamme des copeaux. Après avoir été ainsi chauffés pendant six heures assez vivement pour que la superficie commençât à se griller,

(*) *Nota* que dans les Expériences que je vais rapporter, ce sera toujours une moyenne prise sur quatre pieces de bois, quoique l'exposé de mes Expériences soit fait comme s'il ne s'agissoit que d'une piece : ainsi N°. I indique 4 pieces numérotées I.

N°. I, pesoit	. . . .	95 liv.
N°. III, pesoit aussi	. . . . . .	95

§ 3. TROISIEME OPÉRATION.

On mit ces madriers numérotés I & III, avec les madriers numérotés II & IV sous un hangar, où ils resterent jusqu'au 26 Octobre 1742.

Observez que le madrier N°. II, qui ne devoit point être exposé au feu, pesoit au commencement de l'Expérience, 86 liv. 8 onc. & N°. IV, qui ne devoit pas non plus être exposé au feu, pesoit 104 liv.

§ 4. QUATRIEME OPÉRATION.

Le 26 Octobre 1742,

N°. I, pesoit	. . . . . .	75 liv.	
N°. II, pesoit	. . . . . .	79	8 onc.
N°. III, pesoit	. . . . . .	74	
N°. IV, pesoit	. . . . . .	78	

§ 5. *Conséquences de l'Expérience précédente.*

On voit qu'il s'en falloit beaucoup que la chaleur des copeaux eût dissipé toute la seve des madriers qui y avoient été exposés pendant six heures, puisque le madrier N°. I, n'avoit perdu pendant ces six heures que 5 liv. 14 onc. de son poids; & qu'ensuite, sous le hangar, son poids a encore diminué de 20 liv.

Cependant N°. II, qui a toujours été sous le hangar, n'a perdu que 7 liv. de son premier poids; il est vrai qu'il avoit moins de masse que les autres.

De même le madrier N°. III, n'a perdu pendant les six heures qu'il a été exposé au feu de copeaux, que 7 liv. 12 onc. & sous le hangar son poids est diminué de 21 liv.

Enfin N°. IV, qui a toujours resté sous le hangar, sans avoir été exposé au feu, & dont la masse étoit à peu près égale aux autres, a perdu 26 liv. de ſon poids. Il eſt probable cependant que la chaleur du feu a mis aſſez la ſeve en mouvement pour la diſpoſer à s'échapper enſuite plus facilement d'elle-même ſous le hangar.

ARTICLE II. *Expérience faite avec des Bois ſecs.*

CETTE Expérience a été faite avec du bois qui avoit été abattu depuis trois ans, & conſervé pendant tout ce temps ſous un hangar.

§ 1. *PREMIERE OPÉRATION.*

COMME j'ai toujours remarqué que les bois anciennement abattus perdoient de leur poids quand on les avoit débités, je commençai par faire réduire ces madriers aux mêmes dimenſions que ceux de l'Expérience précédente ; ils peſoient à raiſon de 61 liv. 5 onc. 2 $\frac{2}{3}$ gros le pied cube.

§ 2. *SECONDE OPÉRATION.*

JE les fis remettre ſous le hangar pour voir ſi étant débités, ils perdroient encore de leur poids ; & au bout de huit à dix jours, ils ſe trouverent peſer 60 liv. 14 onc. 5 $\frac{1}{3}$ gros.

Ainſi ils avoient diminué de 6 onc. 5 $\frac{1}{3}$ gr. par pied cube.

§ 3. *TROISIEME OPÉRATION.*

ON les expoſa au feu comme les précédents ; mais à un feu modéré pour ne point brûler ces bois qui étoient ſecs ; & après les y avoir laiſſés cinq heures, ils peſoient 58 liv. 13 onc. 2 $\frac{2}{3}$ gr.

Ainſi chaque pied cube n'avoit diminué dans cette opération, que de 2 liv. 1 onc. 2 $\frac{2}{3}$ gros.

§ 4. *QUATRIEME OPÉRATION.*

ON les remit ſous le hangar ; & douze heures après, le temps étant humide, ils se trouverent peser 58 liv. 14 onc. 5 $\frac{1}{3}$ gr.

Ainsi leur poids avoit augmenté de 1 once 2 $\frac{2}{3}$ gr.

Ayant encore resté douze heures sous le hangar, ils pesoient 59 liv.

Douze heures encore après, ils pesoient de même 59 liv.

Ainsi chaque pied cube n'étoit plus léger qu'au commencement de l'Expérience que de 1 liv. 14 onc. 5 $\frac{1}{3}$ gr.

§ 5. CINQUIEME OPÉRATION.

ON les chauffa comme la premiere fois pendant quatorze heures : alors ils ne pesoient plus que 53 liv. 10 onc. 5 $\frac{1}{2}$ gr.

Ainsi ils avoient perdu de leur premier poids 7 liv. 4 onc.

§ 6. SIXIEME OPÉRATION.

ON les remit sous le hangar; & quarante-huit heures après, ils pesoient 53 liv. 13 onc. 2 $\frac{2}{3}$ gr.

Ainsi leur poids étoit augmenté de 5 $\frac{1}{3}$ gr.

On a vu dans nombre d'Expériences, & on verra encore dans la suite, que les bois continuent à perdre de leur poids quelque temps après être sortis de la chaleur du feu : cependant on voit ici que leur poids est augmenté : sur quoi il est bon de remarquer, 1°, que le temps étoit humide; 2°, que la diminution qui se fait sous le hangar au sortir de l'étuve, ne dure que peu de temps, sur-tout quand l'air est frais; ainsi pour l'appercevoir, j'aurois dû peser mes bois quatre ou six heures après les avoir tirés du feu, au lieu que je ne les ai pesés que douze ou vingt-quatre heures après qu'ils ont été mis sous le hangar.

D'ailleurs la différence qu'on apperçoit ici peut venir de ce que les bois de cette Expérience étoient parvenus à un degré assez considérable de sécheresse.

§ 7. SEPTIEME OPÉRATION.

QUOI QU'IL en soit, on les exposa encore à la chaleur d'un petit

petit feu pendant quatorze heures : ensuite ils pesoient 53 liv. 5 onc. 2 ½ gros.

Ils n'avoient diminué que de 5 onc. 3 gros par pied cube.

Cette diminution est peu considérable : cependant ils n'étoient pas parfaitement secs, quoiqu'il se fût formé quelques grandes fentes, par lesquelles il s'étoit échappé un peu de seve qui s'étoit grillée, & qui sentoit la pomme cuite ; & quoiqu'on eût ménagé le feu, ils avoient une couleur brune & charbonnée.

ARTICLE III. *Expérience faite sur des Bois verds.*

CETTE Expérience est tout-à-fait semblable aux précédentes, excepté qu'au lieu d'employer des bois abattus depuis trois ans, j'ai pris des bois verds qui n'étoient abattus que de l'hiver précédent.

Le pied cube de ces bois verds pesoit, avant que de commencer l'Expérience, 92 liv. 10 onc. 5 ⅓ gros.

§ 1. *PREMIERE OPÉRATION.*

APRÈS avoir été exposés pendant cinq heures à une chaleur modérée, ils pesoient 90 liv. 2 onc. 5 ⅓ gr.

Ainsi le poids de chaque pied cube n'étoit diminué que de 2 l. 8 onc.

§ 2. *SECONDE OPÉRATION.*

ON les mit sous un hangar, & douze heures après, ils ne pesoient que 89 liv. 9 onc. 2 ⅔ gr.

Douze heures après, 89 liv.

Douze heures encore après de même, 89 liv.

Ainsi ces bois qui étoient verds, au lieu de se charger de l'humidité de l'air, ont perdu sous le hangar, 1 liv. 2 onc. 5 ⅓ gr.

§ 3. *TROISIEME OPÉRATION.*

ON les exposa à une chaleur un peu plus vive : car comme

ils étoient pleins de ſeve, on appréhendoit moins de les brûler; après y avoir été expoſés quatorze heures, ils ne peſoient que 79 l.

§ 4. QUATRIEME OPÉRATION.

ON les mit ſous le hangar; & vingt-quatre heures après, ils peſoient 78 livres 14 onces 5 $\frac{1}{3}$ gros.

Leur diminution a donc été par pied cube, de 1 onc. 2 $\frac{2}{3}$ gr.

§ 5. CINQUIEME OPÉRATION.

ON les expoſa encore pendant quatorze heures à la même chaleur : ils ne peſerent plus que 77 liv. 5 onc. 2 $\frac{2}{3}$ gros.

§ 6. *Remarque ſur l'Expérience précédente.*

MON intention étoit de continuer à expoſer ces bois à la chaleur juſqu'à ce qu'ils ne diminuaſſent plus de poids; mais comme leur ſuperficie devenoit charbonneuſe, j'appréhendai de les brûler.

Je remarquai ſeulement qu'il ſe formoit déja beaucoup de petites fentes, & que ces bois avoient une forte odeur de pomme grillée.

ARTICLE IV. *Conſéquences des Expériences précédentes.*

OUTRE les Expériences que je viens de rapporter, comme il ne m'étoit pas poſſible de plier ces bois qui avoient peu de longueur & trois pouces d'épaiſſeur, j'en chauffai de plus minces que je parvins à plier; mais il me parut qu'on ne pouvoit pas eſpérer d'employer ce moyen pour attendrir les bois juſqu'au point de les plier ſans ſe rompre lorſqu'ils auroient autant d'épaiſſeur que les bordages & les préceintes des gros vaiſſeaux, d'autant qu'il eſt bien difficile de les chauffer également dans toute leur longueur; mais je penſai qu'on pouvoit faire uſage de ce moyen pour des bordages moins épais, comme ſont ceux des canots & chaloupes : quoiqu'il reſte toujours l'inconvénient de conſommer beaucoup de copeaux pour entretenir le feu ; cependant ce moyen a été long-temps le ſeul qu'on ait employé dans les ports, où j'ai vu mettre en place, à des chaloupes, des bordages droits qui s'étendoient de toute la longueur de ces petits bâtiments ; & on les avoit, par ce moyen, aſſez attendris pour que leurs deux extrémités s'ajuſtaſſent au contour de la chaloupe, tant à l'avant qu'à l'arriere.

ARTICLE V. *Expérience faite ſur des Bois plus longs que ceux qui ont ſervi pour les Expériences précédentes.*

CETTE Expérience a été faite ſur une piece de bois médiocrement ſeche, qui avoit 10 pieds de long, 12 pouces de largeur & 11 pouces d'épaiſſeur.

Elle peſoit avant l'Expérience, 684 liv.

§ I. *PREMIERE OPÉRATION.*

ELLE fut chauffée vivement ſur deux chandeliers à un feu de gros copeaux pendant quatre heures ſur toutes les faces, enſuite parée pour ôter la couche charbonneuſe : alors elle ne peſoit plus que 554 liv. étant diminuée de 130 liv. Mais cette diminution ne dépendoit pas uniquement de la ſeve, qui s'étoit évaporée ; elle étoit principalement produite par la couche charbonneuſe qu'on avoit ôtée ; c'eſt pourquoi nous avons examiné combien peſoit le pied cube de cette piece chauffée, & enſuite parée, pour la comparer au poids du pied cube de toute la piece avant l'Expérience. Le calcul étant répété pluſieurs fois, nous avons été ſurpris de trouver que le pied cube de la piece chauffée peſoit trois livres de plus que le pied cube de la piece entiere avant qu'elle fût chauffée.

On crut d'abord que cette Expérience prouvoit que l'humidité d'une piece chauffée ſe retiroit au cœur, où il y avoit moins de chaleur ; mais je crois plus naturel de penser que la piece qui s'étoit en partie desséchée avant l'Expérience, avoit perdu seulement l'humidité des couches extérieures qui ont été enlevées ; & pour cette raison le bois du cœur qui étoit moins sec, devoit être plus pesant. D'ailleurs on sait que dans les bons bois, c'est toujours le bois du cœur qui est le plus lourd ; & c'est celui qu'on avoit conservé.

Au reste cette Expérience prouve que l'action du feu n'avoit pas beaucoup desséché l'intérieur de cette piece, qui au toucher paroissoit effectivement fort humide, & qui ne s'étoit pas beaucoup fendue : il avoit suinté par les bouts quelques gouttes de seve.

§ 2. SECONDE OPÉRATION.

ON exposa cette piece au soleil & au vent ; & trois mois après, elle ne pesoit plus que 499 liv.

Ainsi son poids étoit diminué de 55 liv.

Il s'y étoit formé quelques fentes, quoiqu'elle ne fût pas encore parfaitement seche.

ARTICLE VI. *Expérience faite sur une plus grosse Piece.*

ON prit une piece de 8 pieds de longueur, de 12 & 13 pouces forts d'équarrissage ; elle étoit environ d'un an d'abattage, & pesoit 624 liv. Elle cuboit 9 pieds ; c'est à raison de 69 liv. 5 onc. le pied cube.

On la chauffa comme la précédente sur des chandeliers pendant quatre heures, la retournant sur les quatre faces ; plus de deux pouces de la superficie de chaque face étoit réduite en charbon.

On emporta cette couche charbonneuse, & l'on réduisit la piece à 7 $\frac{1}{2}$ pieds de long, 8 & 8 pouc. d'équarrissage. Alors elle cuboit 3 pieds 4 pouc. & pesoit 246 liv. c'est à raison de 74 liv. 3 onc. le pied cube. Voilà encore le poids du pied cube augmenté.

Je ne répéterai point les remarques que j'ai faites à l'occasion de l'Expérience précédente.

ARTICLE VII. *Expérience faite sur une piece de Bois qui avoit été flottée.*

ON prit une piece de bois qui avoit resté deux ans dans l'eau; on la réduisit à 8 pieds de longueur, 12 & 12 pouc. d'équarrissage; elle pesoit 584 liv. & cuboit 8 pieds, c'est à raison de 73 liv. le pied cube.

Après avoir été chauffée pendant quatre heures comme les autres, on la fit réduire à 7 & 7 pouc. d'équarrissage & 7 pieds de longueur: elle cuboit alors 2 pieds 4 pouces 7 lig. & pesoit 176 liv. c'est à raison de 75 liv. le pied cube à très-peu de chose près. Ainsi le poids de chaque pied cube étoit augmenté de 2 l.

ARTICLE VIII. *Remarques sur les Expériences précédentes.*

CETTE épreuve nous engage à faire plusieurs remarques.

1°, La piece qui sortoit de l'eau pesoit plus par pied cube que celle qui n'avoit pas été flottée; ceci est très-naturel.

2°, Pendant l'épreuve où le feu assez violent avoit été continué pendant quatre heures, on ne remarqua qu'une seule goutte d'eau qui eût sorti par le bout de cette piece qui étoit très-humide: ainsi ce qui s'est échappé, s'est dissipé en vapeurs.

3°, Le poids considérable du bois de l'intérieur pourroit faire penser que l'humidité se seroit retirée dans l'intérieur de la piece; cependant je renvoie à ce que j'ai dit plus haut sur cette différence de poids. Il est bon de remarquer qu'on a brûlé plus de trois milliers de copeaux & de menu bois pour rôtir les deux pieces dont nous venons de parler, & cette manœuvre exige beaucoup de main-d'œuvre.

On a exposé ces pieces au grand air, & il s'est formé peu de fentes; mais ce n'étoit pas du bois très-dur.

ARTICLE IX. *Expérience faite sur une Membrure qu'on a chauffée avec ménagement.*

CETTE Expérience a été faite sur une membrure de Chêne très-dur, de 10 pieds de longueur, de 11 pouces de largeur, & 3 $\frac{1}{2}$ pouces d'épaisseur ; elle pesoit 169 liv.

Après avoir été chauffée sur un petit feu de copeaux, elle pesoit 166 liv.

Ainsi son poids étoit diminué de 3 livres.

On exposa cette membrure au soleil & au grand air : elle y perdit considérablement de son poids ; & cependant elle se fendit très-peu. Comme cette membrure étoit mince, les fibres pouvoient se rapprocher sans qu'il se formât beaucoup de fentes.

CHAPITRE V.

Maniere d'attendrir les Bois par l'eau bouillante.

DES Constructeurs qui faisoient des vaisseaux pour les vendre, s'étant proposé d'employer des bordages droits aux parties des vaisseaux où ils devoient prendre beaucoup de courbure, & néanmoins ne voulant point courir risque de les rompre, ont imaginé de faire faire un grand coffre de cuivre de 18 à 20 pieds de longueur, de 3 $\frac{1}{2}$ de largeur ainsi que de hauteur, *CD* (*Planche XI. Fig.* 2). Ayant monté ce grand coffre sur un fourneau de Maçonnerie (*Fig.* 1), ils l'emplissoient avec de l'eau de la mer, dans laquelle ils mettoient les bordages ; ils recouvroient le coffre avec un couvercle à charniere *E*, (*Fig.* 3) qui étoit de trois à quatre pieces, & ils allumoient dessous deux ou quatre feux *F G H I*, (*Fig.* 1) jusqu'à faire bouillir cette eau. Rien assurément n'étoit plus propre à attendrir les bois. J'ai fait faire un petit coffre semblable pour en éprouver l'usage : les bois employés au sortir de l'eau bouillante, étoient très-souples ; ils se prêtoient avec facilité à tous les contours qu'on vouloit leur faire prendre, sans qu'il s'en détachât aucun éclat : mais l'eau dans laquelle on les faisoit bouillir, devenoit rousse ; les bois exposés au soleil, au sortir de l'eau, perdoient beaucoup de leur poids, & ils se retiroient beaucoup, ce qui auroit augmenté les joints ; & la qualité du bois paroissoit fort altérée quand ces bois étoient desséchés. Enfin cette méthode m'a paru défectueuse ; ce qui fait que je me bornerai à cet exposé général, & que je ne rapporterai point les Expériences en détail. Je crois cependant qu'on pourroit en faire usage pour des ouvrages de peu de conséquence, & qui devroient être conservés à l'abri des injures de l'air. Mais il faudroit commencer par leur faire prendre la courbure qu'ils doivent avoir ; & après qu'ils seroient refroidis, former les assemblages : sans quoi on auroit beaucoup de déjoints.

CHAPITRE VI.

Maniere d'attendrir les Bois par la vapeur de l'eau bouillante.

SUIVANT cette troisieme méthode, les bordages ne reçoivent aucune impression immédiate du feu ni de l'eau ; & ils ne courent point risque d'être brûlés ni pénétrés de l'eau bouillante, qui dissout la substance gélatineuse, & altere la qualité des bois.

On prend une grande chaudiere *C* (*Planche XII, Fig. 2 & 3*) qui contient environ trois pieds cubes d'eau : elle est montée sur un fourneau de Maçonnerie *D*, (*Fig. 1*) dans lequel on fait du feu : l'ouverture de cette chaudiere est réduite à 15 ou 18 pouces de diametre, & est fermée bien exactement par un couvercle *E*, (*Fig. 1 & 3*).

A côté de ce couvercle qu'on ouvre pour mettre l'eau dans la chaudiere, eſt un tuyau *F* (*Fig.* 1) auſſi de cuivre, qui communique dans un grand coffre de bois *G H* d'environ 3 ½ pieds en quarré ſur 16 à 18 pieds de longueur : celle de ſes extrêmités *G*, qui eſt du côté de la chaudiere, eſt exactement fermée, recevant ſeulement le tuyau qui vient de la chaudiere; à l'autre bout *H* eſt une porte à couliſſe *I*, (*Fig.* 4) qu'on peut élever pour ouvrir la caiſſe, & qu'on abaiſſe pour la fermer.

Cette caiſſe eſt faite de planches de Chêne, de trois pouces d'épaiſſeur, bien jointes & bien liées par des moiſes ou chevrons *K*, (*Fig.* 1 & 2) de 4 à 5 pouces quarrés : ces liens ſont éloignés les uns des autres de 3 à 4 pieds ; ou bien cette caiſſe eſt reliée de ſix cercles de fer.

Il y a dans ce coffre, à un tiers de ſa longueur, pluſieurs petites barres de fer poſées verticalement ſur une même ligne, à deux pouces les unes des autres ; c'eſt entre ces barres qu'on met ſur le can les bordages qu'on veut chauffer. Ce coffre eſt élevé ſur des chevalets *L*, (*Fig.* 1 & 4) qui ont environ 5 ½ pieds de hauteur.

Il eſt évident que quand on fait bouillir l'eau de la chaudiere, la fumée ou vapeur de l'eau paſſe de la chaudiere dans cette caiſſe qui en eſt bientôt pleine.

On remplit donc d'eau la chaudiere juſqu'à un pied ou 18 pouces au-deſſous de l'endroit où eſt ſoudé le tuyau *F* : on la ferme de ſon couvercle *E*, (*Fig.* 1) ; on ouvre la couliſſe *I*, (*Fig.* 4) & on introduit ſur le can les bordages dans la caiſſe par cette extrémité; on ferme la porte à couliſſe; on allume le feu dans le fourneau *M*, (*Fig.* 1) ſous la chaudiere *C*. Les vapeurs humides ſe communiquent par le tuyau dans l'intérieur de la caiſſe; & ayant laiſſé les bordages dans cette étuve autant d'heures qu'ils ont de pouces d'épaiſſeur, ils s'attendriſſent aſſez pour ſe prêter aux contours qu'on veut leur faire prendre.

Par cette méthode, on conſomme peu de bois; & ſitôt que les bordages ſont introduits dans la caiſſe, un ſeul Journalier ſuffit pour entretenir le feu ſous la chaudiere.

Je

Je me proposai d'éprouver cette façon d'attendrir les bois : je fis donc faire une petite étuve en établissant une grande caisse de bois dans laquelle répondoit l'embouchure d'une chaudiere de cuivre qui contenoit un demi-muid d'eau ; & comme l'ouverture de cette chaudiere n'étoit pas fermée, & qu'elle répondoit à l'intérieur de la caisse, elle étoit au moins aussi remplie de ces vapeurs humides que la grande étuve dont je viens de donner la description.

ARTICLE I. *Premiere Expérience faite sur des Bois médiocrement secs, abattus depuis trois ans, & conservés pendant tout ce temps sous un hangar fort aéré.*

JE pris des bois à demi-secs, pareils à ceux que j'avois employés pour éprouver l'attendrissement des bois chauffés sur des chandeliers avec des copeaux, *Art.* 3 & 4.

§ 1. PREMIERE OPÉRATION.

JE disposai ces bois dans ma caisse à peu près comme je viens de l'expliquer : je fis allumer le feu sous la chaudiere ; je les laissai exposés à la vapeur chaude & humide de l'eau pendant cinq heures, à compter du temps où l'eau commença à bouillir.

Avant de mettre ma piece de bois à l'étuve, elle pesoit 62 liv. 4 onc.

Au sortir de l'étuve, elle pesoit 63 liv. 2 onc. 5 $\frac{1}{4}$ gros.

Ainsi son poids étoit augmenté de 14 onc. 5 $\frac{1}{4}$ gros.

§ 2. SECONDE OPÉRATION.

On la mit sous le hangar, & douze heures après être sortie de l'étuve, elle pesoit 62 liv. 2 onc. 5 $\frac{1}{4}$ gros.

Et vingt-quatre heures après 62 liv.

Ainsi voilà ces bois au-dessous de leur premier poids de 4 onc.

La vapeur de l'eau a fait ici quelque chose d'approchant de ce qui se passe dans la machine de Papin; elle a dissout ce qu'elle a rencontré de plus dissoluble dans le bois; & en s'échappant, cette partie dissoute s'est dissipée.

§ 3. TROISIEME OPÉRATION.

JE remis cette piece de bois exposée à la vapeur de l'eau pendant huit heures.

Au sortir de l'étuve, elle pesoit 63 liv. 9 onc. 2 $\frac{2}{3}$ gros.

Ainsi ce bois ayant resté plus long-temps exposé à la vapeur de l'eau, il s'est chargé davantage d'humidité.

Mais douze heures après être sorti de l'étuve, il pesoit 62 l.

Douze heures encore après, 61 liv. 10 onc. 5 $\frac{1}{4}$ gros.

Enfin vingt-quatre heures après, 61 liv. 2 onc. 5 $\frac{1}{4}$ gros.

Ainsi, voilà le morceau de bois plus léger qu'il n'étoit au commencement de l'Expérience, de 1 liv. 1 onc. 2 $\frac{3}{4}$ gros.

Cette piece de bois avoit quelques grandes fentes, quoiqu'elle ne fût pas parfaitement seche; mais ces fentes peuvent dépendre de la disposition des fibres ligneuses, sur quoi l'on peut consulter l'*Exploitation des Bois*.

ARTICLE II. *Expérience faite avec une piece de Bois abattue l'hiver précédent & très-remplie de seve.*

POUR exécuter sur du bois verd des Expériences pareilles à celles que j'avois faites sur des bois assez secs, je mis dans mon étuve à vapeurs du bois abattu de l'hiver précédent.

§ 1. PREMIERE OPÉRATION.

AVANT d'être mis à l'étuve, il pesoit 82 liv. 6 onc.

Après avoir resté exposé à la vapeur de l'eau pendant cinq heures, il pesoit 83 liv. 1 onc. 2 $\frac{2}{3}$ gros.

Le voilà augmenté de 11 onc. 2 $\frac{2}{3}$ gros.

§ 2. SECONDE OPÉRATION.

CES bois furent mis sous un hangar, & douze heures après, ils pesoient 80 liv. 10 onc. 5 $\frac{1}{3}$ gros.

Les voilà plus légers qu'au commencement de l'Expérience, de 1 liv. 11 onc. 2 $\frac{2}{3}$ gros.

Ainsi les 11 onc. 2 gros $\frac{2}{3}$ d'eau dont ces bois se sont chargés, se sont dissipés, & ont emporté avec elle une livre de la seve.

Il est à propos de faire observer qu'il sortoit de l'étuve une odeur très-forte & désagréable ; ce qui marque qu'il se faisoit une évaporation de la substance du bois, dans l'étuve même, quoique ces bois y eussent augmenté de poids ; en effet si l'on regarde la vapeur de l'eau qui pénetre les bois, & la seve de ces mêmes bois, comme deux liqueurs qu'on mêleroit ensemble, & qui auroient différents degrés de volatilité, la liqueur la plus volatile doit naturellement s'échapper la premiere ; ce qui fait apparemment qu'une portion de la seve s'évapore pendant que la vapeur de l'eau, non seulement en prend la place, mais même se loge dans les pores de ces bois au point d'en augmenter sensiblement le poids.

§ 3. TROISIEME OPÉRATION.

ON les remit passer encore huit heures dans la même étuve ; & au sortir, ils pesoient 82 liv. 10 onc.

Ainsi ils étoient presque revenus au poids qu'ils avoient quand on les avoit sortis la premiere fois de l'étuve.

§ 4. QUATRIEME OPÉRATION.

MAIS après avoir passé douze heures sous le hangar, ils ne pesoient que 80 liv.

Douze heures encore après, 79 liv. 5 onc. 3 $\frac{2}{3}$ gros.

Quarante-huit heures après, 78 liv. 8 onc.

Ainsi les voilà diminués de 3 liv. 14 onc.

Ils continuoient à perdre de leur poids.

On pourroit appréhender que cette façon d'étuver les bois n'altérât leur qualité, & que les vapeurs brûlantes de l'eau ne détruisissent la substance gélatineuse qui paroît leur être avantageuse. Cet effet paroît prouvé par l'odeur forte & désagréable qui s'échappoit de l'étuve, & que ces bois ont conservée assez long-temps.

Il s'est formé quelques gerces peu considérables; mais aussi ces bois n'étoient pas à beaucoup près parfaitement desséchés.

ARTICLE III. *Expérience faite sur des Bois de Chêne abattus depuis deux ans.*

On a levé à la scie quatre dosses sur les quatre faces d'une piece de bois pour n'avoir que du bois du cœur, & on a formé un madrier de 6 pieds de longueur, 6 pouces de largeur & 3 pouces d'épaisseur.

§ 1. PREMIERE OPÉRATION.

Le 18 Juin 1734, il pesoit 54 liv. 4 onc. 4 gros.

Son bois n'étoit pas exempt de défauts : il avoit des veines blanchâtres.

On le mit passer cinq heures à la vapeur de l'eau bouillante : au sortir, il pesoit 54 livres 12 onces 8 gros.

Ainsi son poids étoit augmenté de 8 onc. 4 gros.

§ 2. SECONDE OPÉRATION.

On le transporta sous un hangar, où il resta douze heures: ensuite il pesoit 53 liv. 4 onc.

Et vingt-quatre heures encore après, 53 liv.

§ 3. TROISIEME OPÉRATION.

On le remit paſſer huit heures à la vapeur de l'eau : il peſoit 54 liv. 7 onc. 4 gros.

Il fut mis ſous le hangar, & douze heures après, il peſoit 52 liv. 8 onc.

On le mit au ſoleil, & douze heures après, il peſoit 52 liv.

On le remit ſous le hangar, & vingt-quatre heures après, il peſoit 51 liv. 6 onc.

Etant reſté dix-huit mois ſous le hangar, il ne peſoit plus que 39 liv.

On voit par cette Expérience que ce madrier, qui, pour être parfaitement ſec, devoit perdre de ſon premier poids 15 liv. 4 onc. 4 gros, n'avoit perdu par la chaleur qu'il avoit reçue de l'étuve, que 2 liv. 14 onc. 4 gros.

ARTICLE IV. *Expérience faite ſur des Bois de Chêne abattus de l'hiver précédent.*

Un madrier de Chêne, de mêmes dimenſions que celui dont on vient de parler, 6 pieds de longueur, 6 pouces de largeur, 3 pouces d'épaiſſeur, mais abattu de l'hiver précédent, peſoit le 18 Juin 1734, 39 livres 3 onces.

§ 1. PREMIERE OPÉRATION.

Ayant été expoſé pendant cinq heures à la vapeur de l'eau bouillante, il peſoit 39 liv. 14 onc.

§ 2. SECONDE OPÉRATION.

Ayant reſté douze heures ſous le hangar, il peſoit 39 liv. 2 onces.

Ayant encore reſté vingt-quatre heures ſous le hangar, il peſoit 39 liv.

§ 3. TROISIEME OPÉRATION.

ON l'exposa de nouveau huit heures à la vapeur de l'eau bouillante : alors il pesoit 40 liv. 3 onc.

§ 4. QUATRIEME OPÉRATION.

AYANT resté douze heures sous le hangar, il pesoit 39 liv.

§ 5. CINQUIEME OPÉRATION.

ETANT ensuite resté douze heures exposé au soleil, il pesoit 38 livres 12 onces.

§ 6. SIXIEME OPÉRATION.

L'AYANT remis passer quarante-huit heures sous le hangar, il pesoit 38 liv. 6 onc.

ARTICLE V. *Remarques sur les Expériences précédentes.*

COMME depuis les Expériences que je viens de rapporter, on a construit à Brest, & ailleurs, de grandes Etuves à la vapeur de l'eau, on a eu occasion de remarquer que ces étuves étoient bonnes pour attendrir les bordages qui n'avoient pas beaucoup d'épaisseur ; mais qu'elles ne suffisoient pas pour les bordages & les préceintes des gros vaisseaux.

Un des principaux défauts de ces étuves est qu'il est impossible d'empêcher que les bois qui forment la caisse dans laquelle on met les bordages, ne se tourmentent & ne se déjoignent ; & quand la vapeur de l'eau se dissipe par ces ouvertures, l'action des vapeurs est considérablement diminuée.

CHAPITRE VII.

Des Étuves à ployer les Bordages par le ſable chaud & humecté d'eau bouillante.

ON a encore employé une quatrieme méthode pour attendrir les bois, & mettre les bordages en état de prendre les contours des vaiſſeaux en les enfouiſſant dans du ſable qu'on échauffe par des fourneaux, & qu'on arroſe d'eau bouillante.

ARTICLE I. *Idée générale de l'Étuve au ſable.*

EN général ces étuves au ſable ſont formées par deux ou trois fourneaux *C D*, (*Planche XIV, Fig.* 1) dans leſquels on fait du feu : la flamme, la fumée & l'air chaud qui ſortent de ces fourneaux paſſent entre des plaques de fer fondu, *d d*, (*Planche XIII, Fig.* 1) & un maſſif de Maçonnerie *E E.* Il n'y a entre ce maſſif & les plaques que 4 à 5 pouces d'eſpace, de ſorte qu'il faut ſe repréſenter des tuyaux de cheminée rampants qui ſont horizontaux.

Ces tuyaux rampants ſont terminés chacun par un tuyau de cheminée vertical *F F*, qui eſt aſſez élevé, & qui détermine l'air chaud, la fumée & la flamme, à parcourir le tuyau rampant. Par cette méchanique, deux feux établis au milieu de l'étuve, en chauffent toute la longueur, & communiquent une grande chaleur à une couche de ſable *G*, (*Planche XIII, Fig.* 3) de 7 à 8 pouces d'épaiſſeur, qui eſt ſur les plaques ; c'eſt dans ce ſable qu'on enfouit les bordages qu'on veut attendrir.

Cela ne ſuffit pas : il faut de plus humecter ces bordages avec de l'eau bouillante dont on arroſe le ſable. Pour cela, il y avoit d'abord aux deux bouts de l'étuve deux chaudieres, remplies d'eau, elles étoient échauffées par la chaleur des fourneaux qui passoit sous les chaudieres avant que d'entrer dans les tuyaux verticaux des cheminées; mais on s'est apperçu que l'eau ne chauffoit pas assez promptement pour fournir la quantité d'eau bouillante qui étoit nécessaire pour arroser le sable; & comme on a reconnu que l'eau froide rallentissoit beaucoup l'effet de l'étuve, on a pris le parti d'établir au milieu de l'étuve, derriere les fourneaux, un petit fourneau sur lequel est monté une grande chaudiere *H*, (*Planche XIII*, *Fig.* 3) semblable à celles des Teinturiers, qui est chauffée par un feu particulier.

On enfouit donc les bordages dans le sable; on allume le feu dans les fourneaux; quand le sable a pris une certaine chaleur, on l'arrose avec de l'eau bouillante; & par ce moyen les bordages, & même les préceintes, s'attendrissent suffisamment pour être courbés comme l'exigent les contours des vaisseaux. Voilà une idée générale de l'étuve au sable; mais il convient d'entrer dans des détails, & de donner des idées plus précises; c'est ce que nous allons essayer de faire à l'aide de plusieurs figures.

ARTICLE II. *Description de cette Étuve.*

La *Figure* 1, *Planche XIV*, représente le profil de l'étuve vue de face, & telle qu'elle paroît dans le lieu où on l'a établie.

a c est sa longueur; en *b* est un mur de refend qui sépare l'étuve en deux suivant sa longueur, savoir *b a*, *b c*.

C D sont deux fourneaux, qui ferment par des portes de fer battu, & au-dessous, aux deux côtés de *b*, sont deux cendriers, un pour chaque fourneau: car les deux fourneaux ne communiquent point l'un à l'autre; ils sont séparés par le mur de refend *b*. Le fourneau *D* chauffe la partie *b c*, & la fumée s'échappe par le tuyau *F*.

Le fourneau *C* chauffe la partie *b a*; & la fumée s'échappe par la cheminée *F*.

Le petit tuyau de cheminée qu'on voit au milieu en *f*, est pour

pour décharger la fumée du petit feu qui est destiné à chauffer la chaudiere qui contient l'eau; on ne peut l'appercevoir dans cette Figure, parce que cette chaudiere & son fourneau sont établis derriere l'étuve.

I, *K*, sont des potences avec des palans ou poulies mouflées, qui servent à élever les bordages épais & les préceintes qui sont trop lourdes pour être portées à l'étuve sur l'épaule.

Au bout de cette étuve en *L* doit être un puits avec une pompe qui éleve l'eau dans un réservoir *M* (*Pl. XIV, Fig.* 2 *&* *Pl. XIII*, *Fig.* 1), & l'eau de ce réservoir est élevée par une petite pompe, pour la porter dans la chaudiere *H* (*Fig.* 3 *Planche XIII*, *&* *Planche XIV*, *Fig.* 2) à mesure qu'elle se vuide.

La *Figure* 2 (*Planche XIII*) est une coupe horizontale de l'étuve, prise sur la ligne *N N* (*Fig.* 1), ou plutôt immédiatement au-dessous des plaques de fonte qui soutiennent le sable.

a b & *c d* (*Fig.* 2) sont deux murs paralleles qui font la longueur de l'étuve : ils sont joints l'un à l'autre, au bout de l'étuve, par les murs *e f*.

F F est la coupe des deux cheminées : c'est en *C D* que sont les deux fourneaux qu'on ne peut appercevoir dans cette figure.

I I, sont les deux potences qui portent les palans pour élever les bordages pesants. *K K*, les treuils qu'on emploie pour multiplier la force.

H est l'endroit où l'on monte une chaudiere sur un fourneau de brique, afin d'avoir à portée de l'étuve de l'eau bouillante pour arroser de temps en temps le sable dans lequel sont les bordages.

i i (*Fig.* 2 *&* 6 *Planche XIII*), les barres de fer qui soutiennent les plaques de fer fondu sur lesquelles on met le sable.

O (*Fig.* 4) représente une des plaques de fer fondu qui sont reçues par les bouts dans la maçonnerie *a b* & *c d* (*Fig.* 2) où l'on a formé une feuillure dans laquelle le bout des plaques entre.

C'est sur ces plaques qu'on met le sable, & les joints des plaques sont recouverts par des lattes *P* de fer forgé (*Fig.* 5) comme on le voit (*Fig.* 2 *Planche XIV*). Ces lattes empêchent que le ſable ne tombe ſous les plaques. Ces plaques étant expoſées à un feu continuel, ſeroient bientôt rompues ou courbées, ſi elles n'étoient pas ſoutenues en deſſous par des barreaux de fer forgé *i i* (*Fig.* 2 & 6 *Planche XIII*) dont nous parlerons dans peu; mais je ferai obſerver ici qu'il faut que les plaques, ainſi que les barreaux *i i*, ſoient reçues à l'aiſe dans les feuillures; ſans cela, comme la chaleur augmente leur étendue, ou elles écarteroient les murs, ou elles ſe courberoient beaucoup. C'eſt ſur ces plaques de fer fondu, qu'on met le ſable dans lequel on enfouit les bordages.

La *Figure* 1 (*Planche XIII*) eſt une coupe longitudinale de l'étuve par la ligne ponctuée *A B* de la Figure 2.

d d, le mur de derriere de l'étuve.

C D, les deux fourneaux qui ſont ſéparés par le mur de refend *b* : on y voit leurs grilles & leurs cendriers.

F F, les deux tuyaux verticaux de cheminée pour la décharge de la fumée. *f*, le tuyau qui appartient au fourneau de la chaudiere.

I K, les potences pour aider à mettre les bois à l'étuve.

M, la coupe du réſervoir où l'on puiſe l'eau pour remplir la chaudiere.

Au deſſous de *d d*, les barreaux de fer *i i* qui ſoutiennent les plaques de fer fondu *O* : il y en a deux files qui s'étendent de toute la longueur de l'étuve. D'abord on les faiſoit en arcade; mais pour les rendre moins cheres, plus aiſées à forger & plus ſolides, on les fait, comme on voit (*Fig.* 6), avec deux barreaux paralleles qu'on joint par des traverſes : c'eſt ici où il eſt très-important que les bouts ſoient à liberté dans la maçonnerie pour qu'ils puiſſent reculer. Pour avoir négligé cette attention, j'ai vu les murailles des bouts de l'étuve renverſées, & les barreaux qui étoient très-forts, courbés comme des couleuvres.

On conçoit maintenant comment l'air chaud paſſe des fourneaux *C D* ſous les plaques *O*, pour s'échapper par les tuyaux de cheminée *F F*.

La *Figure* 3 (*Planche XIII*) repréſente la coupe tranſverſale de l'étuve par la ligne *A B* (*Fig.* 1).

a b & *c d*, la coupe des deux murs cotés des mêmes lettres (*Fig.* 2). Ils font la longueur de l'étuve.

h (*Fig.* 3), la coupe d'un des fourneaux.

i i, la coupe des plaques : on voit comme elles ſont engagées dans la maçonnerie & les files de barreaux qui les ſoutiennent.

G, le ſable dans lequel on enfouit les bordages. On met quelquefois deſſus un couvercle *k* pour retenir la chaleur : il eſt ſur-tout utile quand il pleut, pour empêcher que l'étuve ne ſoit refroidie.

H, coupe de la chaudiere montée ſur ſon fourneau avec le tuyau *f* pour la décharge de la fumée.

I, une potence vue de côté : on ſait que ſon uſage eſt d'élever les pieces peſantes pour les monter à l'étuve : cette potence roule ſur des tourillons. On voit un cordage qui eſt ſur la boîte d'une poulie mobile, & dont un bout ſe roule ſur le treuil *K*.

On attache la piece de bois aux garants de cette poulie mouflée.

Ceci bien entendu, on conçoit aiſément la façon de manœuvrer cette potence tournante pour tranſporter les préceintes & bordages lourds ſur l'étuve.

La *Figure* 2 (*Planche XIV*) repréſente la coupe horizontale de l'étuve, à peu près comme à la figure 2 (*Planche XIII*); mais à laquelle les plaques de fonte *O* ſont en place.

a b c d, les murs qui font les deux grands côtés de l'étuve.

e g, les murs des bouts qui ſe joignent à ceux de côté.

C D, endroit où ſont les bouches des fourneaux.

F F, la coupe des tuyaux de cheminée pour la décharge de la fumée.

H, le fourneau ſur lequel eſt montée la chaudiere.

I K, les pieces qui ſoutiennent la potence pour élever les pieces lourdes.

Souvent aux deux bouts *e g* on place deux rouleaux très-commodes pour porter les bordages ſur le ſable, quand ils ne sont pas assez pesants pour avoir recours aux potences : on les voit ponctués à la *Figure* 2 (*Planche XIII*).

Sur la *Planche XIII*, la *Figure* 4 représente une des plaques de fer fondu.

La *Figure* 5, une bande de fer forgé qu'on met sur le joint des plaques pour empêcher que le sable ne s'écoule.

La *Figure* 6 représente les barreaux de fer qui sont destinés à soutenir les plaques en dessous.

La *Figure* 7 est une forte piece de fer forgé qu'on met à l'endroit où le tuyau horizontal se joint au fourneau ; parce que si cette partie étoit faite en brique, elle seroit bientôt endommagée par la violence du feu.

La *Figure* 8 est une forte piece de fer forgé qui supplée aux barres de fer longitudinales *i i* (*Fig.* 6) à la partie qui est au-dessus des fourneaux.

La *Figure* 9 est un des barreaux de fer qui forment la grille au-dessus du cendrier.

La *Figure* 10 représente deux roulettes jointes par un essieu : elles servent à approcher les préceintes du fourneau.

Figure 11, *A B C* sont des fourgons, & pelles pour le service des fourneaux.

Il faut de plus une pelle de fer large pour remuer le sable chaud, & des seaux pour arroser le sable.

Quoiqu'on puisse faire des étuves plus grandes & d'autres plus petites, il est bon de mettre ici les principales dimensions de celle que nous venons de représenter.

ARTICLE III. *Dimensions principales de cette Étuve.*

LONGUEUR de dehors en dehors des murs, 41 pieds ; largeur en dedans des murs, 4 à 5 pieds ; épaisseur des murs des côtés, 2 pieds 6 pouces ; épaisseur des murs des bouts, 3 pieds. Les murs qui revêtissent les fourneaux, ainsi que celui de refend qui les sépare, ont d'épaisseur, 1 pied 4 ou 6 pouces.

La grandeur des fourneaux dans œuvre est de 1 pied 10 pouces & la hauteur des fourneaux depuis la grille, 9 à 10 pouces. Les murs ſont élevés au-deſſus des plaques, de 2 pieds 3 ou 4 pouces. Les tiges des cheminées s'élevent au-deſſus des murs, de 16 pieds. L'ouverture intérieure des tuyaux des cheminées pour le paſſage de la fumée, eſt de 6 pouces.

En faiſant le puits auprès de la chaudiere, on peut ſe paſſer du réſervoir *M*, qui a de longueur 16 pieds 6 pouces; de largeur, 7 pieds 6 pouc. & de hauteur, 7 pieds 6 pouc. La chaudiere pour chauffer l'eau a environ 2 pieds de diametre ſur une pareille profondeur.

Les barres de fer (*Fig.* 6) qui ſupportent les plaques de fonte, ont 1 ½ pouce en quarré ſur 5 pieds 10 pouces de longueur. Les barres (*Fig.* 9) qui forment les grilles, ont 4 pieds 6 pouces de longueur ſur 2 pouces quarrés. Les barres qui ſoutiennent les plaques au-deſſus des feux, ont 7 pouc. de largeur, 3 pouces d'épaiſſeur, & 10 pieds 8 pouces de longueur.

Les plaques de fer qui forment le ſeuil des portes des fourneaux, ont 5 pieds 10 pouces de longueur, 16 pouces de largeur, 2 pouces d'épaiſſeur. Les plaques qui ſupportent le ſable, ont 4 pieds 6 pouc. de longueur, 2 pieds 3 pouc. de largeur, & 2 pouc. d'épaiſſeur.

Les barres qui ſupportent les plaques de fonte, ont 14 à 15 pieds de longueur, 2 pouces de largeur, 1 ½ pouce d'épaiſſeur. Les lattes de fer pour couvrir les joints des plaques de fonte, ont 4 pieds 6 pouces de longueur, 2 ½ pouces de largeur, 5 à 6 lignes d'épaiſſeur.

Avec les cotes que nous venons de rapporter, & en s'aidant de l'échelle qui accompagne les plans, je crois qu'on pourra facilement conſtruire ces étuves; mais il ne ſera pas hors de propos de faire ici quelques réflexions ſur leur conſtruction.

ARTICLE IV. *Réflexions ſur la conſtruction de cette Étuve.*

ON a fait quelques étuves où l'on avoit mis un fourneau à chaque bout de l'étuve, & les deux cheminées au milieu: mais il est mieux de mettre les deux fourneaux au milieu, & les cheminées aux extrémités, comme nous l'avons représenté.

On a fait aussi des étuves où, dans la longueur, il y avoit trois fourneaux & trois cheminées; mais on a reconnu que deux fourneaux suffisoient, d'autant qu'on place à peu près sur les fourneaux même la partie des bordages qui doit prendre le plus de courbure.

On a fait aussi des étuves doubles; mais comme ce n'est autre chose que deux étuves appliquées l'une contre l'autre suivant leur longueur, il seroit inutile d'en dire davantage.

On conçoit qu'il faut que l'étuve soit à portée des bassins ou des chantiers de construction.

Si le niveau des eaux permettoit d'enterrer tout-à-fait l'étuve, de sorte que le sable fût de niveau avec le terrein, le service en seroit plus commode; mais si l'on ne peut pas enterrer l'étuve jusques au niveau des plaques, il faut essayer qu'elles ne soient au-dessus que de deux pieds, comme on le voit dans les plans; & on formera, aux bouts de l'étuve, des plans inclinés par lesquels on montera les bordages sur des rouleaux.

On pourroit établir les murs de l'étuve sur des plate-formes de trois pouces d'épaisseur; mais on essayera de les élever sur une fondation plus solide: car quoique les étuves soient des bâtiments de peu d'apparence, elles ne laissent pas d'être pesantes à cause du fer & du sable qui y entrent en assez grande quantité; & elles ont à souffrir des chocs assez violents à l'occasion des pieces qu'on jette dessus.

Quand on manquera de pierres, on pourra les bâtir avec de la brique; & on recouvrira les bords avec des pieces de bois, ainsi que nous l'avons représenté sur les plans. Mais quand on aura de bonnes pierres, on fera bien de s'en servir, se contentant de revêtir l'intérieur avec un parement de brique, & on carrelera l'intérieur des tuyaux rampants avec de la brique sur le champ.

Si l'on recouvroit les murs avec des tablettes de pierre, l'ouvrage en feroit bien plus folide, & on fe pafferoit des pieces de bois qu'on met pour prévenir la dégradation de la brique. Le tout doit être bâti avec du mortier de chaux & de fable, excepté les parements intérieurs, qui doivent être faits avec de la terre rouge, dont on fe fert pour faire les fours & toutes les efpeces de fourneaux. On m'a dit qu'on faifoit en Angleterre cette partie avec du mortier de chaux & de fable, dans lequel on mêloit de la cendre de vieux bordages, qui ont été cloutés pour les défendre des vers à tuyau : je ne l'ai pas éprouvé.

On pratique ordinairement du côté des bouches des fourneaux un auvent deftiné à mettre à couvert les ouvriers qui chauffent l'étuve, le bois qui fert à la chauffer, & quelques outils, & à recevoir le fable qu'on ôte de deffus les plaques pour arranger les bordages. Cet auvent, à la vérité, n'eft pas fans inconvénients ; car quand l'étuve travaille, elle fe trouve refroidie par l'eau de la pluie qui coule de l'auvent fur le fable, & quand elle ne travaille pas, cette eau rouille & pourrit les fers, & dégrade l'étuve. Mais on préviendroit cet inconvénient en faifant le mur de derriere de l'étuve de trois pieds d'épaiffeur couvert de carreaux de pierre : les ouvriers marcheroient aifément fur cette banquette, fur laquelle on mettroit une partie du fable qu'on retireroit de l'étuve.

A l'égard du mur de devant, j'ajouterois à celui qui eft repréfenté fur les plans cinq arcades, qui auroient trois pieds d'épaiffeur par le haut : elles formeroient par deffus une terraffe plus large que celle de derriere, fur lefquelles on pourroit mettre une partie du fable qu'on tireroit de l'étuve, & fous les arcades on mettroit le bois, les outils, &c. A ces deux terraffes, on donneroit la pente en dehors pour que l'eau des pluies ne fe rendît point fur le fable.

Pour que l'étuve foit plus feche, on forme le deffous des plaques par de petites arcades, fur lefquelles on fait un carrelage avec des briques de champ.

Il eft clair que toute la chaleur des fourneaux doit paffer du foyer dans le deſſous des plaques, pour échauffer toute la longueur de l'étuve; ce qui doit produire une grande chaleur à l'endroit où les fourneaux communiquent ſous les plaques. Il eſt à propos de garnir cet endroit d'un bon lut, ſans quoi on ſeroit expoſé à de fréquentes réparations.

Il eſt encore avantageux de ne pas poſer tout à fait de niveau le carrelage de briques qui eſt ſous les plaques, mais de le tenir de trois pouces plus haut du côté des cheminées que de celui des fourneaux; parce qu'en poſant les plaques de niveau, le tuyau rampant ſe trouvera rétréci à meſure qu'il s'éloigne du fourneau, & l'étuve en ſera chauffée plus également.

Une choſe très-importante ſeroit de veiller à la conſervation des étuves quand elles ne ſervent pas. Pour cela, au lieu de les laiſſer expoſées à toutes les injures de l'air, qui rouille & détruit les fers, je voudrois ôter le ſable, & former ſur l'étuve un petit toit avec des planches de bois commun, à moins qu'on ne trouvât plus à propos d'élever deſſus un appentis à demeure, qui empêcheroit que les eaux pluviales ne dérangeaſſent le ſervice de l'étuve lorſqu'on voudroit l'employer.

Avant qu'on eût établi de grandes étuves dans les Ports, j'en avois fait faire une petite à Denainvilliers, pour exécuter les Expériences dont je vais rendre compte; je parlerai enſuite de la façon de ſe ſervir des grandes étuves & de leur avantage.

ARTICLE V. *Remarques ſur le ſervice de l'Étuve au ſable.*

1°, En remuant le ſable, on a ſoin de mettre celui de la ſuperficie deſſous, & celui du deſſous deſſus; on tranſporte le ſable qui eſt ſur les fourneaux vers l'extrémité de l'étuve, & on le remplace par celui des extrémités.

2°, Toutes les fois qu'on découvre les bordages, on les arroſe

arrose d'eau bouillante, & on en verse encore quand le sable est remis sur les bordages.

3°, Il faut mettre, autant qu'on le peut, sur les fourneaux, la partie des bordages qui doit être la plus courbée, & y jetter plus d'eau bouillante qu'ailleurs.

4°, On peut mettre les uns sur les autres deux rangs de bordages ; mais on place au second rang les bordages qui ont moins besoin d'être chauffés ; ils se préparent à l'être plus parfaitement ; & en arrêtant la chaleur, ils font que ceux de dessous en reçoivent davantage.

5°, Il n'est pas possible de déterminer précisément le temps que les bordages doivent rester à l'étuve, puisque cela dépend de leur épaisseur, de leur longueur, du plus ou moins de courbure qu'on doit leur faire prendre, de la qualité du bois, de la vivacité du feu. Cependant lorsque les bordages ont 25 pieds de longueur, & qu'on ne doit pas leur faire prendre une courbure considérable, on peut compter qu'ils seront assez attendris en les laissant à l'étuve autant d'heures qu'ils ont de pouces d'épaisseur. Mais à mesure qu'on augmente leur courbure, il faut aussi les tenir plus long-temps à l'étuve : ce qui va, pour des bordages de 6 pouces d'épaisseur, jusqu'à 7 à 8 heures, & beaucoup plus long-temps quand on les laisse à l'étuve toute la nuit : car on réserve pour ce temps les bordages fort épais, & auxquels on veut faire prendre une grande courbure; la chaleur qu'ils éprouvent la nuit étant foible, ne fait que les préparer à en recevoir une plus vive le lendemain.

6°. Il y a des bordages qui exigent tant de courbure, qu'il n'est pas possible de les attendrir assez par l'étuve pour les mettre en place ; tels sont les premiers & les seconds bordages au-dessous des préceintes de l'arriere, toutes les pointes de tour des premiers rangs des préceintes de la premiere, seconde & troisieme batterie : on ne peut se dispenser de les gabarier; mais toutes les pieces de remplissage qui se mettent au dessous, peuvent être mises en place au moyen de l'étuve.

7°, On a soin de choisir des bordages longs pour mettre aux places où ils doivent prendre beaucoup de courbure ; &

ſi pour la liaiſon des écarts, il faut employer de courts bordages, on a ſoin de les faire aboutir à l'endroit où eſt la plus grande courbure pour la partager ſur deux bordages.

8°, On peut, en variant l'obliquité des *virûres* de bordages, diminuer de leur courbure : c'eſt-là un point où l'attention du Conſtructeur ſe fait connoître.

9°, Par-tout où la courbure des bordages eſt un peu conſidérable, il faut les arrêter & les forcer de s'appliquer exactement ſur les membres au moyen de *bridolles* & de coins frappés à grands coups de maſſe; car plus on met de bridolles, plus les bordages ſont exactement appliqués ſur les membres, & moins on court riſque de les rompre. Il eſt bon auſſi de laiſſer les bridolles en place juſqu'à ce que les bordages ou les préceintes ſoient refroidies; ſans quoi ils pourroient ſe rompre une demi-heure après avoir été mis en place.

Planche XV, *a a*, *Fig.* 4, ſont les membres; *b b b* repréſente le vaigrage; *c c*, le bordage qu'on met en place; *d d*, les clous qui l'arrêtent ſur les membres, *e* un palan qui ſert à faire force pour plier le bordage. On voit (*Fig.* 5) un Charpentier qui frappe les clous *d d*.

10°, Nous venons de parler de bridolles : l'uſage le plus ordinaire eſt de les placer comme le repréſente la *Figure premiere*, *Planche XV*. La bridolle *C* eſt retenue en *E* par un cordage qui la joint au membre, & en *D* par un autre cordage qui prend dans un taquet de fer *A*. En *F* ſont les coins qui ſerrent le bordage *G* contre le membre *HH*. Le défaut de cette bridolle eſt que, pour retenir le taquet de fer *A*, il faut enfoncer dans le membre, & ſouvent dans le bordage, ſix grands clous qu'il faudra arracher, & qui endommagent toujours le bois. On peut éviter cet inconvénient au moyen d'une cheville à boucle *A* (*Fig.* 2). *C* eſt une clavette qu'on frappe ſur une virole *D* en dedans du vaiſſeau. *E*, eſt la bridolle qui paſſe dans la boucle, & qui eſt arrêtée en haut par le cordage *F*. Les coins *G* ſerrent le bordage *H* contre le membre *B B*.

Il faut remarquer qu'on paſſe la cheville *A* par un des trous deſtiné à recevoir un gournable, ou une cheville qui doit traverser le bordage, le membre & le vaigrage, & qu'on ne remplit par un gournable que quand le vaisseau est presque fini, parce que la cheville à boucle peut servir au lieu de taquet pour monter les membres, les bordages, &c. & par son moyen on évite la dépense des clous & le tort qu'ils font au bois.

11°, Comme il faut entretenir le feu dans l'étuve tant que la construction dure, on ne doit point, pour ménager le bois, en faire usage lorsqu'on fait de légers radoubs, ou pour la construction des canots, chaloupes & autres petits bâtiments. Dans ce cas, on chauffe à feu nud sur des chenêts, ou bien dans l'étuve à la vapeur de l'eau, à moins que l'étuve au sable ne fût chauffée pour quelque construction : car en ce cas on en profite sans déranger le principal travail.

ARTICLE VI. *Expérience faite avec du bois de Chêne à demi-sec qu'on avoit conservé pendant trois ans sous un hangar, & qu'on mit dans l'Étuve au sable sans l'humecter.*

JE m'étois d'abord proposé de connoître si du bois médiocrement sec se dessécheroit parfaitement par la chaleur de l'étuve au sable, & si la diminution de poids ne se répareroit pas par l'humidité de l'air.

Je fis cette Expérience dans une petite étuve que j'avois fait construire à Denainvilliers, & qui, à la grandeur près, étoit telle que celle dont je viens de donner la description : elle n'avoit qu'un feu & une cheminée.

Je choisis, pour cette Expérience, des bois abattus depuis trois ans, & qui paroissoient assez secs pour être employés à toute sorte d'ouvrages de Charpenterie ; je les fis débiter, peser & numéroter avec les précautions que j'ai rapportées ci-dessus aux premieres Expériences des articles qui regardent la façon d'étuver à feu nud & à la vapeur de l'eau. Chaque piece étoit donc refendue en deux ; une moitié fut déposée sous le hangar & l'autre fut miſe dans le ſable chaud de l'étuve ; le ſable, comme nous l'avons dit, étoit ſec.

Avant d'être mis à l'étuve, le pied cube de ces bois peſoit 63 liv. 2 onc. 5 $\frac{1}{2}$ gros.

§ 1. PREMIERE OPÉRATION.

ON chauffa cette petite étuve, d'abord par un feu de fagots, & enſuite on y mit des bûches de hêtre ; car je voulois un feu de flamme, afin que l'opération allât plus vîte. La chaleur étoit preſque égale dans toute la longueur de l'étuve; il eſt vrai qu'il ſe perdoit beaucoup de chaleur par le tuyau ; mais ce défaut venoit de la petiteſſe de mon étuve. Celles des Ports étant plus de deux fois plus grandes, le courant d'air chaud ne peut être auſſi rapide, & la chaleur y eſt employée plus utilement ; je n'ai pas cru devoir omettre ces petites remarques : je reviens à mon Expérience.

Le feu fut continué pendant plus de trois heures & demie ; au bout de deux heures, je fis découvrir & retourner les madriers, mettant du côté des plaques la face qui étoit en deſſus, pour que les deux faces fuſſent chauffées également. Au bout de trois heures & demie, on ceſſa de mettre du bois dans l'étuve.

Mais le ſable étoit aſſez échauffé pour entretenir les pieces très-chaudes pendant deux heures & demie qu'elles en reſterent recouvertes.

§ 2. SECONDE OPÉRATION.

ON les tira alors de l'étuve, & le pied cube de ces bois peſoit 60 liv. 10 onc. 5 $\frac{1}{3}$ gros, le poids de chaque pied cube étant diminué de 2 liv. 8 onc. ce qui eſt aſſez conſidérable pour des bois abattus depuis trois ans. Il eſt vrai qu'ils étoient reſtés ſous le hangar en bois quarré, & que je ne les avois fait débiter par les ſcieurs de long, que quand je voulus les mettre à l'étuve : car on ſçait que quand on refend en planches une vieille poutre, ces planches ſe tourmentent & perdent de leur poids. De plus les moitiés que j'ai conservées sous le hangar, ont perdu de leur poids, quoiqu'elles n'eussent point été étuvées; mais elles ont beaucoup moins perdu que celles qui avoient été étuvées. Ces bois, au sortir de l'étuve, étoient si chauds qu'on ne pouvoit les toucher sans se brûler. C'est en cet état que je les fis peser.

§ 3. TROISIEME OPÉRATION.

On les mit sous le hangar; douze heures après, je les fis peser pour voir s'ils auroient aspiré l'humidité de l'air, comme cela arrive aux bois très-secs; mais au contraire ils étoient plus légers: le pied cube ne pesoit plus que 59 liv. 12 onc. 2 $\frac{1}{3}$ gros. Ainsi chaque pied cube avoit encore perdu 14 onces, 2 $\frac{1}{4}$ gros du poids qu'il avoit au sortir de l'étuve.

Comme ces bois étoient pénétrés de chaleur jusqu'au centre, ils furent long-temps à se réfroidir, & la dissipation de l'humidité continua tant qu'ils furent chauds; mais ayant remis ces bois sous le hangar pour les peser, vingt-quatre heures après, le pied cube pesoit 60 liv. 4 onc. c'est 7 onces 5 $\frac{2}{3}$ gros de l'humidité de l'air qu'ils avoient repris; il est vrai que le jour qui précédoit cette pesée, fut pluvieux.

§ 4. QUATRIEME OPÉRATION.

Je fis remettre ces mêmes bois à l'étuve; ils y passerent neuf heures, & de temps en temps on les retournoit comme on avoit fait la premiere fois.

Mon Expérience fut un peu dérangée: car il avoit plu, & le sable étoit humide: aussi au lieu de diminuer de poids, étant exposés à une chaleur aussi long-temps continuée, ils devinrent plus pesants, & au sortir de l'étuve le pied cube de ces bois pesoit 61 liv. 9 onc. 2 $\frac{2}{3}$ gros.

Il est vrai que cette humidité étant réduite en vapeurs, devoit se dissiper aisément: aussi ayant passé douze heures sous le hangar, le pied cube ne pesoit plus que 60 liv. 10 onc. 5 $\frac{1}{2}$ gros.

Douze heures encore après, 60 liv. 8 onc. & vingt-quatre heures encore après, 60 liv. 2 onc. 5 $\frac{1}{3}$ gros.

De forte qu'ils étoient plus légers qu'ils ne l'avoient été avant que d'être étuvés pour la feconde fois ; & probablement on les auroit trouvé encore diminués de poids, fi l'on avoit continué à les pefer : car il eft probable que par des temps fecs, on les auroit trouvé revenus à 59 liv. 12 onc. 2 $\frac{2}{3}$ gros ; peut-être même encore plus légers : car les vapeurs chaudes qui s'échappoient du fable, & qui entroient dans le bois, pouvoient bien avoir diffous une partie de la fubftance gélatineufe, ce qui l'auroit difpofée à s'évaporer. Ces bois avoient un grand nombre de petites gerces & quelques fentes.

ARTICLE VII. *Expérience faite avec des Bois abattus de l'hiver précédent, & qui ont été étuvés dans le fable fec.*

VOYANT que la chaleur de l'étuve au fable avoit enlevé au bois fec le refte de fon humidité, il me parut intéreffant de favoir fi elle pourroit pareillement enlever toute celle des bois verds & nouvellement abattus.

Dans cette vue, je fis débiter des bois abattus de l'hiver précédent, les réduifant aux mêmes dimenfions que ceux de la précédente Expérience.

§ 1. PREMIERE OPÉRATION.

AVANT que de mettre ces bois à l'étuve, le pied cube pefoit 82 liv.

Après avoir paffé cinq heures dans le fable chaud & fec, le pied cube pefoit 78 liv. 1 onc. 2 $\frac{2}{3}$ gros.

§ 2. SECONDE OPÉRATION.

ON les laiffa au grand air pendant vingt-quatre heures : alors ils pefoient 76 livres 10 onces.

On voit par cette Expérience, que la chaleur de l'étuve n'avoit pas pu, à beaucoup près, faire perdre à ces bois toute leur humidité; car s'ils avoient été aussi secs que ceux que nous avons employés pour la précédente Expérience, le pied cube n'auroit dû peser, à peu près, que 60 liv. 10 onces 5 $\frac{1}{3}$ gros.

Il ne faut pas oublier de faire remarquer qu'il sortoit de l'étuve une odeur pénétrante, qui s'étendoit au loin.

§ 3. *Troisieme Opération.*

Vingt-quatre heures après, le temps ayant été pluvieux, je fis encore peser ces bois, qui étoient restés sous un hangar : le pied cube pesoit 76 liv. 10 onc. 5 $\frac{1}{3}$ gros.

Ainsi ces bois s'étoient un peu chargés de l'humidité de l'air; & il est singulier qu'ayant à perdre encore beaucoup de leur seve, ils aspirassent l'humidité de l'air. Il me paroît probable que cela dépend de ce que la superficie de ces bois s'étoit beaucoup desséchée; & que cette superficie se chargeoit de l'humidité de l'air. D'ailleurs il faut faire attention à l'élasticité des fibres, qui n'ont pas été assez desséchées par la chaleur de l'étuve pour perdre tout leur ressort : car ce ressort, en se rétablissant, aura pu pomper de l'air humide.

§ 4. *Quatrieme Opération.*

Pour voir à quel point on pourroit dessécher les bois verds par la chaleur de l'étuve au sable, je les y remis comme la premiere fois, & je les y laissai plus de neuf heures : la chaleur qu'ils avoient éprouvée, étoit si considérable, qu'ils commençoient à se charbonner du côté des plaques; mais le temps étoit pluvieux & le sable humide : ces bois ainsi chauffés jusqu'à griller, pesoient, au sortir de l'étuve, (je parle toujours du pied cube) 71 liv. 12 onc. 5 $\frac{1}{3}$ gros.

Les voilà diminués de 4 liv. 13 onc. 2 $\frac{2}{3}$ gros, quoique sûrement ils eussent aspiré de l'humidité dont le sable étoit humeᴄ͡té : ou au moins l'humidité de ce ſable a fait obſtacle au deſſéchement de ces bois.

§ 5. Cinquieme Opération.

On ſait que cette humidité ſe diſſipe aiſément, & qu'elle entraîne même avec elle une portion de la ſeve ; c'eſt pourquoi ces bois ayant reſté douze heures ſous un hangar, ils ne peſoient plus que 71 liv.

Douze heures encore après, 70 liv. 10 onc. 5 $\frac{1}{3}$ gros.

Quarante-huit heures encore après, 70 liv. 8 onc.

Ainſi, quoique ces bois euſſent été étuvés pendant quatorze heures à deux fois, & juſqu'à griller, ils n'avoient pas été autant deſſéchés que les bois qui étoient abattus depuis trois ans.

Sans doute qu'ils ont continué à ſe deſſécher ſous le hangar où on les a dépoſés ; mais comme ce n'étoit plus un effet de l'étuve, nous avons négligé de ſuivre plus loin cette Expérience.

Article VIII. *Expérience faite avec des Bois abattus depuis trois ans, & qui, après avoir été conſervés ce temps ſous un hangar aéré, ont été mis à l'Étuve au ſable, & arroſés d'eau bouillante.*

Dans les Expériences précédentes, où nous avons chauffé les bois dans du ſable ſec, il ne s'agiſſoit que de les deſſécher ; maintenant il eſt queſtion de les attendrir, pour les mettre en état d'être pliés ſans ſe rompre : c'eſt dans cette vue qu'on arroſoit le ſable avec de l'eau bouillante.

Je pris pour ces Expériences des bois pareils à ceux de l'Article VI ; je les étuvai de même, à celà près que je les fis arroſer pendant ce temps avec de l'eau bouillante.

§ 1. Premiere Opération.

Avant l'Expérience, les bois que j'employai peſoient le pied cube, 60 liv.

Je

Je les mis, comme pour l'Expérience précédente, passer cinq heures dans le sable chaud, les retournant de temps en temps, & ôtant quelquefois le sable de dessus pour les arroser plus exactement d'eau bouillante : sur le champ on les recouvroit de sable.

Au sortir de l'étuve, ils pesoient, (je parle toujours du pied cube) 60 liv. 10 onc. 5 $\frac{1}{3}$ gros.

Ainsi ils s'étoient chargés de 10 onc. 5 $\frac{1}{3}$ gros de l'eau bouillante dont on les arrosoit.

§ 2. Seconde Opération.

Vingt-quatre heures après avoir été tirés de l'étuve, ils ne pesoient plus que 59 liv. 1 onc. 2 $\frac{2}{3}$ gros.

Ainsi ces bois, quoique secs & abattus depuis trois ans, avoient perdu de leur seve, 14 onc. 5 $\frac{1}{2}$ gros.

Il s'échappoit de l'étuve une odeur forte, qui ne pouvoit venir que de l'évaporation d'une portion de la substance du bois, qui étoit dissoute par l'eau dont on les arrosoit.

Vingt-quatre heures encore après, ils pesoient 59 liv. 5 onc. 2 $\frac{2}{3}$ gros.

Ainsi ils avoient aspiré 4 onc. de l'humidité de l'air, parce que le temps étoit à la pluie.

§ 3. Troisieme Opération.

Pour suivre cette Expérience comme les précédentes, je les remis passer encore neuf heures à l'étuve continuant de les arroser & de les retourner de temps en temps.

Au sortir, ils pesoient 62 liv. 8 onc.

Ainsi étant restés plus long-temps à l'étuve, ils se sont plus chargés de l'eau dont on arrosoit le sable.

§ 4. Quatrieme Opération.

Ayant été mis sous le hangar, douze heures après, ils ne

pesoient plus que 61 liv. & douze heures encore après, 60 liv.

Ils auroient certainement perdu encore beaucoup de leur poids ; mais les voyant revenus à leur premier poids, j'ai cessé de les peser.

ARTICLE IX. *Expériences faites sur des Bois abattus de l'hiver précédent, mis à l'Étuve au sable & arrosés d'eau bouillante.*

MON intention, en exécutant cette Expérience, étoit de voir si les bois verds qu'on étuve dans le sable chaud arrosé d'eau bouillante, perdroient de leur seve, ou s'ils se chargeroient de l'eau dont on humectoit le sable. Pour cela, ayant disposé mes bois dans l'étuve, comme pour les précédentes Expériences, j'eus soin de les découvrir de sable toutes les demi-heures, de les retourner & de les arroser d'eau bouillante.

§ 1. PREMIERE OPÉRATION.

CES bois pesoient, avant que d'être mis à l'étuve, 84 liv. 6 onces.

Après y avoir resté cinq heures, ils pesoient 83 liv. 5 onc. 2 $\frac{2}{3}$ gr.

Ainsi au lieu de se charger de l'humidité du sable, ils avoient perdu 1 liv. 6 $\frac{2}{3}$ gr. de leur seve. Je crois même qu'il s'étoit dissipé une plus grande quantité de leur seve, en même temps qu'ils avoient pris de l'eau dont on les arrosoit : car il sortoit de l'étuve une odeur pénétrante.

§ 2. SECONDE OPÉRATION.

VINGT-QUATRE heures après les avoir tirés de l'étuve, ils ne pesoient que 81 liv. 5 onc. 2 $\frac{2}{3}$ gros.

On les pesa encore vingt-quatre heures après ; mais comme il pleuvoit beaucoup, ils n'avoient pas changé de poids.

§ 3. TROISIEME OPÉRATION.

On les remit à l'étuve, où ils resterent plus de neuf heures : au sortir, ils pesoient 82 liv.

Cette augmentation de poids n'est pas, à beaucoup près, aussi considérable que celle que nous avons remarquée sur les bois secs ; & comme c'est une humidité étrangere qui est presque réduite en vapeurs, on devoit s'attendre qu'elle se dissiperoit promptement.

§ 4. QUATRIEME OPÉRATION.

Ayant passé vingt-quatre heures sous le hangar, le pied cube ne pesoit plus que 80 liv. 2 onces.

Et quarante-huit heures après, 76 liv. 10 onc. 5 $\frac{1}{5}$ gr.

Ces bois continuoient à diminuer très-sensiblement toutes les fois qu'on les pesoit.

Article X. *Expérience faite avec des Madriers de cœur de Chêne abattus l'hiver précédent, & étuvés au sable sans être arrosés.*

Je pris des pieces de bois abattus de l'hiver 1732. Je fis lever à la scie quatre dosses sur les quatre faces pour n'avoir que du bois de cœur ; ce qui me procura un madrier qui avoit 6 pieds de longueur, 6 pouces de largeur & 3 d'épaisseur.

§ 1. PREMIERE OPÉRATION.

Il pesoit au commencement de l'Expérience, le 18 Juin 1734, 54 liv.

Il est bon de remarquer que ce madrier n'étoit pas de bonne qualité : il avoit à un bout quelques veines de bois blanc, & quelques-unes de bois rouge.

On le mit dans le ſable de l'étuve, où on le chauffa pendant cinq à ſix heures ſans l'humecter avec de l'eau chaude; l'ayant tiré du ſable, il peſoit 51 liv. 3 onc.

Son poids étoit donc diminué de 2 liv. 13 onc.

§ 2. SECONDE OPÉRATION.

ON le laiſſa vingt-quatre heures au grand air : alors il peſoit 49 liv. 13 onc. 4 gr.

Vingt-quatre heures encore après, il peſoit 50 liv.

Ainſi ſon poids étoit un peu augmenté, parce que l'air étoit fort humide.

§ 3. TROISIEME OPÉRATION.

ON le remit paſſer neuf à dix heures dans le ſable de l'étuve: ſa ſuperficie étoit un peu grillée, & il peſoit 46 liv. 4 onc.

§ 4. QUATRIEME OPÉRATION.

DEUX heures après avoir été tiré de l'étuve, il peſoit 45 liv. 12 onc.

Encore deux heures après, étant reſté expoſé au ſoleil, il peſoit 45 liv. 8 onc.

Enfin, encore quarante-huit heures après, il peſoit 45 liv. 6 onc.

Comme le ſable n'avoit pas été humecté, ce madrier avoit beaucoup perdu de ſa ſeve; cependant il n'étoit pas parfaitement ſec : car l'ayant peſé le 25 Octobre 1742, il ne peſoit que 36 liv. 8 onc.

Article XI. *Expérience faite ſur un Madrier pareil au précédent, mais abattu l'hiver 1732, & mis à ſec dans l'Étuve au ſable.*

§ 1. *Premiere Opération.*

Au commencement de Juin 1734, ce madrier peſoit 39 liv. 14 onc.

Ayant reſté cinq heures dans le ſable chaud & ſec, il peſoit 38 liv.

§ 2. *Seconde Opération.*

Étant reſté vingt-quatre heures au grand air, il peſoit 37 liv. 5 onc.

Ce jour-là étoit pluvieux.

§ 3. *Troisieme Opération.*

On le remit paſſer neuf à dix heures dans le ſable chaud : le ſable ayant été mouillé par la pluie, au ſortir, il peſoit 38 liv. 11 onc.

Ainſi il s'étoit chargé de l'humidité du ſable.

§ 4. *Quatrieme Opération.*

On le tira de l'étuve; douze heures après, il peſoit 38 liv.

Douze heures après, 37 liv. 14 onc.

Vingt-quatre heures après, 37 liv. 10 onc.

Ce madrier n'étoit cependant pas, à beaucoup près, deſſéché : car le 25 Octobre 1742, il ne peſoit plus que 34 liv. 8 onc.

L'autre moitié de la même piece qui avoit été tirée du même arbre à côté du précédent, & qui peſoit au commencement de l'Expérience, 40 liv. 6 onc. ne peſoit, le 25 Octobre 1742, que 35 liv. 8 onc. ayant toujours reſté ſous le hangar ſans avoir été étuvé.

La diminution qu'il a éprouvée est à peu près la même : car au commencement de l'Expérience, il pesoit 8 onc. de plus que celui qui a été étuvé ; & à la fin de l'Expérience, la supériorité de son poids étoit de 16 onc. la chaleur de l'étuve a apparemment dissipé 8 onces de la substance du bois.

ARTICLE XII. *Expérience faite sur un madrier de Chêne pareil à ceux dont on vient de parler ; mais abattu l'hiver précédent, & étuvé dans le sable arrosé d'eau bouillante.*

§ 1. PREMIERE OPÉRATION.

CE madrier pesoit le 27 Juin 1734, 55 liv. 12 onc. 4 gros.

On le mit, comme les autres, passer cinq heures dans le sable chaud, mais qu'on humectoit toutes les demi-heures avec de l'eau bouillante : au sortir de l'étuve, il pesoit 55 liv.

Ainsi, quoique le sable fût humecté, le madrier qui étoit verd, a perdu 12 onc. 4 gros de son poids.

§ 2. SECONDE OPÉRATION.

AYANT été vingt-quatre heures au grand air, il pesoit 53 liv. 8 onces.

Au bout encore de vingt-quatre heures de temps humide, son poids n'étoit pas changé.

§ 3. TROISIEME OPÉRATION.

ON le remit passer neuf à dix heures dans le sable chaud qu'on arrosoit avec de l'eau bouillante ; étant tiré du sable, il pesoit 54 liv.

Ainsi il s'étoit chargé d'une demi-livre d'eau.

§ 4. QUATRIEME OPÉRATION.

DOUZE heures après avoir été tiré du sable, il pesoit 53 liv. 2 onc.

Ayant ensuite resté douze heures au soleil, il pesoit 52 liv. 9 onc. 4 gros.

Quarante-huit heures encore après, 50 liv.

Cette Expérience ayant été faite avec un madrier rempli de seve, j'ai voulu voir ce qui arriveroit à un pareil madrier qui seroit de plus ancienne coupe.

ARTICLE XIII. *Expérience faite avec un Madrier de mêmes dimensions que le précédent, mais qui, après avoir été abattu l'hiver 1732, a été mis dans le sable chaud, & arrosé d'eau bouillante.*

CE Madrier de bois à demi sec, & de mêmes dimensions que le précédent, pesoit au commencement de l'Expérience, le 18 Juin 1734, 37 liv. 8 onc.

§ 1. *PREMIERE OPÉRATION.*

APRÈS avoir resté cinq heures dans le sable chaud & humecté d'eau bouillante, il pesoit 38 liv.

§ 2. *SECONDE OPÉRATION.*

ÉTANT tiré de l'étuve, & ayant resté vingt-quatre heures au grand air, il pesoit 36 liv. 13 onc.

Vingt-quatre heures encore après, l'air étant fort humide, il pesoit 37 liv.

§ 3. *TROISIEME OPÉRATION.*

ON le remit à l'étuve, où il a resté neuf à dix heures, étant de temps en temps arrosé d'eau bouillante : au sortir, il pesoit 39 liv. 6 onc.

§ 4. QUATRIEME OPÉRATION.

DOUZE heures après être sorti de l'étuve, il pesoit 38 liv. 4 onc.

Douze heures encore après, étant resté au soleil, 37 l. 8 onc.

Quarante-huit heures encore après, 37 liv. 6 onc.

Enfin le 27 Octobre 1742, il ne pesoit plus que 33 l. 8 onc.

ARTICLE XIV. *Expérience faite sur quatre Madriers passés à l'Étuve au sable arrosés d'eau bouillante.*

QUATRE Madriers, entiérement semblables aux précédents pour le temps de leur abattage, furent numérotés I, II, III & IV.

N°. I, pesoit le 13 Juin 1735, . .	117 liv.	4 onc.
N°. II, ...	111	12
N°. III, ...	112	
N°. IV, ...	117	4

Les Madriers N°. III & IV, qui n'étoient point destinés à être mis à l'étuve, furent mis sous un hangar.

§ 1. PREMIERE OPÉRATION.

LES Madriers N°. I & II, furent enfouis dans le sable de l'étuve; & on eut soin d'entretenir le feu sous les plaques, & d'arroser toutes les demi-heures le sable avec de l'eau bouillante.

On les tira de l'étuve au bout de huit heures.

N°. I, pesoit 118 liv. 4 onc. ainsi son poids étoit augmenté d'une livre.

N°. II, pesoit 113 liv. 12 onc. ainsi son poids étoit augmenté de deux livres.

§ 2.

§ 2. SEÇONDE OPÉRATION.

LE 26 Octobre 1742, le poids de ces quatre Madriers se trouva comme il suit, savoir;

N°. I, étuvé	85 liv.	8 onc.
N°. II, étuvé	82	8
N°. III, non étuvé	83	
N°. IV, non étuvé	86	

On voit qu'il s'en faut de beaucoup que les Madriers I & II, eussent été complétement desséchés par la chaleur de l'étuve.

ARTICLE XV. *Expérience faite à Toulon, sur cinq Bordages d'Italie, de 10 pieds de longueur, 11 pouces de largeur, & 3 ½ d'épaisseur.*

§ 1. PREMIERE OPÉRATION.

LE 18 Août, N°. I, fut mis sous un hangar où il passoit beaucoup d'air : il pesoit 159 liv.

Le 9 Novembre, il pesoit 142 liv. il étoit diminué de 17 liv.

Une fente de plus de 3 pieds de long, & ouverte de 6 à 7 lignes, traversoit toute l'épaisseur du bordage.

§ 2. SECONDE OPÉRATION.

N°. II, pesoit le 18 Août, 173 liv.

Il fut mis au soleil & au grand air.

Le 9 Novembre il pesoit 155 liv. Il étoit diminué de 18 liv.

§ 3. TROISIEME OPÉRATION.

N°. III, pesoit le 18 Août, 166 livres.

Ayant resté six heures dans l'étuve au sable, il pesoit

163 livres. Il n'étoit diminué que de 3 livres.

Il s'étoit formé une fente de 8 pouces de longueur par un bout, & de 3 lig. d'ouverture.

On le mit sous le hangar ; & le 9 Novembre il pesoit 145 liv. Son poids étoit diminué de 18 liv.

La fente qui s'étoit faite pendant qu'il étoit dans l'étuve avoit augmenté sous le hangar ; elle avoit un pouce d'ouverture, & traversoit le madrier de part en part.

§ 4. QUATRIEME OPÉRATION.

LE madrier N°. IV, pesoit 168 livres.

Il fut mis à l'étuve le 18 Août ; on l'en tira six heures après, il pesoit 166 liv. Il avoit perdu 2 liv. de son poids.

Il étoit fendu à un bout de part en part, d'un pied de long ; la fente avoit un demi-pouce d'ouverture. On exposa ce madrier au soleil & au grand air jusqu'au 9 Novembre qu'il pesoit 149 liv. Son poids étoit diminué de 17 liv.

La fente avoit beaucoup augmenté à l'air.

ARTICLE XVI. *Expérience faite à Toulon sur six pieces de Bois de 10 pieds de longueur, 12 pouces de largeur & 11 d'épaisseur.*

§ 1. PREMIERE OPÉRATION.

LA piece N°. I, pesoit le 9 Août 1730, 686 liv.

On la mit dans l'eau de la mer, & le 9 Novembre elle pesoit 709 liv. Son poids étoit augmenté de 23 liv.

La piece N°. II, pesoit 670 liv.

Etant mise dans l'eau de la mer & retirée le 9 Novembre, elle pesoit 689 liv. Son poids étoit augmenté de 19 liv.

§ 2. SECONDE OPÉRATION.

LA piece N°. III, pesoit le 9 Août 711 liv.

On la mit sous un hangar, & le 9 Novembre, elle pesoit 647 liv. Son poids étoit diminué de 64 liv.

Elle s'étoit fendue de part en part par un éclat considérable.

§ 3. TROISIEME OPÉRATION.

La piece N°. IV, pesoit le 9 Août, 677 liv.

On l'exposa au soleil & au grand air : le 9 Novembre elle pesoit 619 liv. Son poids étoit diminué de 58 liv.

Elle étoit fendue à un bout en plusieurs rayons : il s'étoit formé un éclat à l'autre bout, & une fente à une des surfaces.

§ 4. QUATRIEME OPÉRATION.

La piece N°. V, pesoit le 9 Août, 684 liv.

On la mit passer à l'étuve au sable depuis six heures du matin jusqu'au lendemain à la même heure : mais on n'avoit fait du feu dans l'étuve que jusqu'à six heures du soir ; on la retournoit sur les quatre faces, & on l'arrosoit de temps en temps d'eau chaude. Au sortir de l'étuve, elle pesoit 659 liv. Ainsi son poids étoit diminué de 25 liv.

Les angles étoient un peu grillés ; il s'étoit formé une fente diagonale de 8 pouces d'une longueur, de demi-ligne d'ouverture, & qui traversoit la piece. En tirant la piece de l'étuve, il sortit de cette fente la valeur d'un petit gobelet d'eau rousse très-âcre au goût ; il s'étoit fait une petite fente à l'autre bout, d'où il n'étoit rien sorti.

On la mit sous un hangar très-aéré, où elle resta jusqu'au 9 Novembre : alors elle pesoit 612 liv. Ainsi son poids étoit diminué de 47 liv. de ce qu'elle pesoit d'abord.

La fente qui avoit commencé à l'étuve, s'étoit beaucoup ouverte ; & il s'étoit formé de nouvelles fentes très-considérables.

§ 5. CINQUIEME OPÉRATION.

La piece N°. VI, pesoit le 18 Août, 719 liv.

On la mit à l'étuve comme la précédente : au sortir elle pesoit 706 liv. Ainsi elle avoit perdu 13 liv. de son poids.

Les angles étoient grillés : elle s'étoit fendue comme l'autre; mais il n'en étoit sorti que quelques gouttes de liqueur par un des bouts : cependant, par une fente, il en étoit sorti plein une demi-coque d'œuf de liqueur.

On l'exposa au soleil & au grand air : le 9 Novembre, elle pesoit 639 liv. Ainsi son poids étoit diminué de 67 liv. Un bout étoit fendu par rayons.

On peut remarquer que la piece N°. III, mise sous le hangar, a plus perdu de son poids que la piece N°. IV, qui avoit été mise au grand air : mais la piece N°. V, qui étoit sous le hangar, a moins perdu de son poids que la piece N°. VI, qui étoit restée à l'air : ce sont des faits dont il seroit difficile de rendre raison. Nous rapportons les faits comme nous les trouvons sur nos registres.

CHAPITRE VIII.

Des avantages que peuvent procurer les grandes Étuves dont nous venons de parler, & Réponses aux objections qu'on a formées sur cet Établissement.

CINQ Articles vont en même-temps exposer les avantages & répondre aux objections. Dans le premier, je prouverai que le chauffage de l'étuve ne coûte presque rien; ainsi je répondrai à l'objection qu'on a faite qu'elle occasionneroit une grande consommation de bois.

J'établirai dans le second, que le service de l'étuve n'emploie que très-peu de monde; & n'exige point qu'on passe la nuit dans l'Arcenal; & par-là je répondrai à ceux qui ont exagéré les frais qu'exige le service de l'étuve, & qui ont dit avec raison qu'il étoit contraire à la bonne police qu'on passât la nuit dans l'intérieur de l'Arcenal.

On verra dans le troisieme, qu'en prenant les précautions convenables, on peut mettre les bordages en place sans courir risque de les rompre, l'étuve leur ayant donné la souplesse convenable.

Je ferai appercevoir en quatrieme lieu, que l'étuve procure une grande économie sur le bois; &, en cinquieme lieu, qu'il en résulte une meilleure liaison pour les vaisseaux; ce qui me donnera occasion de rapporter une Expérience qui prouve qu'on n'a point à craindre que les écarts larguent & s'ouvrent comme beaucoup l'avoient pensé.

ARTICLE I. *Le chauffage de l'Étuve ne coûte presque rien.*

IL ne s'agit pas de chauffer vivement les bois pour les attendrir convenablement: il faut employer une chaleur modérée, & la continuer long-temps pour qu'elle pénetre jusqu'au centre de la piece sans en brûler la superficie. Ainsi on n'emploie point de bois de chauffage, ni même de gros copeaux; on ramasse & on conserve à couvert les vieilles étouppes que les calfats tirent des vaisseaux qu'on carene, ou de ceux qu'on radoube ou qu'on démolit; tous les bouts de cordages qu'on ne peut écharpir pour en faire de l'étouppe pour les calfats, les balayures de l'attelier où l'on écharpit les vieux cordages: on mêle avec cela de menus copeaux, même de la sciure de bois. On conserve le tout sous un appentis auprès de l'étuve: ces ordures, qui resteroient inutiles, suffisent presque pour échauffer entiérement l'étuve: seulement quand on est pressé, & quand on n'a pas le loisir de laisser long-temps le bois dans le sable chaud, on met quelques fagots de gros copeaux. Qu'on exagere tant qu'on voudra la valeur de ces matieres combustibles, on ne pourra pas la porter fort haut.

ARTICLE II. *On n'a pas besoin de passer la nuit dans l'Arcenal, & il faut peu de monde pour soigner l'Étuve.*

ON allume le matin un feu modéré dans les fourneaux de l'étuve & dans celui de la chaudiere ; on entretient ces feux dans cet état pendant toute la journée, pour bien échauffer le sable, qu'on remue de temps en temps, & qu'on arrose aussi de temps en temps avec de l'eau bouillante : deux hommes suffisent pour ce travail.

Le soir, quand le sable est ainsi bien échauffé, on en ôte une partie de dessus les plaques, n'en laissant que quatre à cinq pouces dessous les bordages qu'on y arrange à côté les uns des autres : il en pourroit tenir six, sept ou huit dans l'étuve dont j'ai donné les plans, quoiqu'elle soit simple.

Quand les bordages sont bien assis sur le sable chaud, on les arrose de quelques seaux d'eau bouillante, & on les recouvre de sable à l'épaisseur de 14 à 15 pouces : on l'arrose encore avec de l'eau bouillante.

Ce travail doit être exécuté avec quelque diligence : ainsi il faut du monde à proportion du nombre & de la grosseur des pieces qu'on doit mettre à l'étuve. Mais ce travail doit se faire le soir avant la retraite ; & quand il est fait, on remplit les fourneaux avec les ordures dont j'ai parlé. Elles ont l'avantage de ne se consumer que lentement, & de conserver long-temps le feu ; ce qui est sur-tout avantageux pour la nuit : car quand le soir on a bien rempli les fourneaux de ces balayures, on peut être assuré que l'étuve ne se morfondra pas, à moins qu'il ne survînt des pluies considérables, & les bois se disposeront dans le sable chaud à être mis en place le lendemain de bonne heure.

Nous avons supposé que c'étoit le soir qu'on mettoit les bois à l'étuve ; & c'est effectivement le temps le plus convenable pour les bordages épais, ou pour ceux qu'il faut beaucoup ployer, parce que, pendant la nuit, les bois se pénetrent de la chaleur & de l'humidité que leur communique le ſable, ſans qu'on ſoit obligé de veiller l'étuve. Les deux hommes qui en ſont particuliérement chargés, mettent une bonne quantité de pouſſiere dans les fourneaux : ils en ferment les portes ; ils jettent quelques ſeaux d'eau ſur le ſable ; ils rempliſſent la chaudiere, & ils abandonnent l'étuve juſqu'au lendemain.

A l'ouverture de l'Arcenal, quand les Ouvriers y rentrent pour reprendre leur travail, on rétablit le feu dans les fourneaux, & on le rend plus ou moins actif ſuivant que la beſogne preſſe, que les bordages ont plus d'épaiſſeur, & qu'on doit leur faire prendre une plus grande courbure. Alors, au lieu de pouſſiere, on met dans les fourneaux quelques fagots de gros copeaux, ou, ce qui n'arrive que très-rarement, quelques bûches de bois fendu.

On a remarqué que, quand l'ouvrage preſſe, on peut étuver les bois en les laiſſant dans le ſable précédemment échauffé autant d'heures qu'ils ont de pouces d'épaiſſeur : trois heures pour un bordage de trois pouces, quatre heures pour un bordage de quatre pouces.

Cependant comme le temps qu'il faut laiſſer les bois dans l'étuve dépend non ſeulement de l'épaiſſeur des bordages, & de la courbure qu'on doit leur faire prendre, mais encore de la qualité des bois, (car il y en a qui s'attendriſſent bien plus promptement que d'autres,) il faut que l'on s'accoutume à juger du temps qu'on doit les laiſſer à l'étuve, mais il ne faut point ici de préciſion ; les *à peu près* ſuffiſent, & ſe trouvent aiſément.

ARTICLE III. *En prenant les précautions convenables, on peut mettre les bordages en place ſans courir riſque de les rompre.*

QUAND le Conſtructeur juge que les bordages ou les préceintes ſont aſſez attendris, il fait ôter le ſable, & découvrir promptement le bordage qu'il veut mettre en place ; il le fait porter au chantier de conſtruction ; & l'ayant élevé à la place qu'il doit occuper, il en arrête un des bouts avec un taquet ſur un des membres (*Planche XV*, *a Fig.* 5). Il frappe un appareil à l'autre bout *b*, il fait haler ſur cet appareil juſqu'à ce que le bordage touche le membre ſuivant, ſur léquel il l'arrête encore avec un taquet. Il continue à faire travailler ſur l'appareil pour faire porter le bordage ſur le troiſieme membre, où il l'arrête encore avec un taquet ; ce qu'il continue juſqu'à ce que le bordage ait pris la courbure des membres, & qu'il ſoit en place.

C'eſt en ſuivant ces pratiques, que j'ai vu mettre en place des préceintes qui avoient 6 pouces d'épaiſſeur, 10 pouces de largeur, & 25 ou 30 pieds de longueur, auxquelles on faiſoit prendre une courbure de plus de 5 pieds ſans qu'il s'en détachât un ſeul éclat.

Mais pour réuſſir, il ne faut point ſe preſſer lorſqu'on met les bordages en place ; il faut, au contraire, agir lentement, &, autant qu'on le peut, ſans ſecouſſes ; l'eſſentiel eſt de les bien arrêter ſur les membres, où on les fait toucher en les ſerrant fortement avec des bridolles (*Fig.* 1 *&* 2) & des coins, pour les empêcher de s'éclater : car une préceinte de 6 pouces d'épaiſſeur conſerve pendant une heure & demie, ou même deux heures, aſſez de ſoupleſſe pour ſe prêter aux contours qu'on veut lui faire prendre.

Je ne dois point négliger d'avertir qu'un coup de hache ou d'erminette, même un trait de rouanne, ſur la ſurface qui doit être convexe, ſuffit pour que le bordage s'éclate en cet endroit : ainſi il faut éviter de toucher à la ſurface qui doit faire l'extérieur de la courbe, mais donner toute la dégraiſſe ſur la face qui doit toucher aux membres, & former la partie concave de la courbe.

On ſent bien que les bois fort chargés de nœuds ſont peu propres à être courbés ; mais s'il ſe trouvoit quelques nœuds un peu conſidérables à la ſurface d'un bordage, on ne courra point riſque de le rompre, ſi l'on met ce nœud du côté des membres, ou à la partie concave de la courbe : moyennant ces

ces attentions, on aura peu à craindre d'éclater les préceintes & les bordages, qui s'appliqueront aussi exactement sur les membres que s'ils étoient de cire.

Je crois avoir fait voir que l'étuve au sable altere peu la qualité des bois ; que l'usage en est facile ; qu'elle n'occasionne qu'une très-petite consommation de bois ; qu'elle met à portée de faire une économie considérable sur la main d'œuvre ; & que son service n'exige point que des ouvriers passent la nuit dans les Arcenaux. Nos Expériences ont fait connoître que les bois qu'on met à l'étuve se chargent de l'humidité du sable qu'on a humecté ; mais on a vu que cette humidité étrangere se dissipe promptement ; d'où l'on doit conclure qu'il faut se presser de mettre en place les bordages aussi-tôt qu'ils sont tirés de l'étuve, afin de ménager l'humidité qui concourt, avec la chaleur, à les rendre souples & capables de plier.

Il faut maintenant faire voir la grande économie que cette étuve produit sur les bois les plus rares.

ARTICLE IV. *Au moyen de l'Étuve, on peut faire une grande économie sur les Bois.*

QUAND on manque d'étuve, on gabarie non seulement les préceintes, mais même les bordages de l'avant & de l'arriere : par cette pratique, on perd une énorme quantité de bois des plus rares par leur grosseur, leur figure & leur qualité. Ce travail exige une main d'œuvre des plus considérables, qui est employée à faire des copeaux ; & que résulte-t-il de tout cela ? un bordage tranché & de mauvaise qualité. Je dis tranché, parce qu'il est impossible de trouver des plançons qui aient naturellement la courbure qu'exige le contour des membres ; ce qui jette dans la nécessité indispensable de former ces bordages aux dépens de très-grosses pieces. J'ajoute de mauvaise qualité, parce que les gros bois étant toujours altérés au cœur, les pieces qu'on tire de gros corps d'arbre sont toujours mauvaises. Rendons ceci sensible par un exemple qui n'est point une hypothèse.

J'ai vu mettre à un vaiſſeau de la Compagnie des Indes une préceinte de bois droit de 30 ou 35 pieds de longueur ſur 7 pouces d'épaiſſeur : il eſt certain que ſi l'on n'avoit point eu d'étuve, on auroit été obligé de la faire de deux pieces de 18 pieds 6 pouces de longueur chacune ſur 12 à 13 pouces d'équarriſſage, à cauſe de leur écart & de leur bouge. Ainſi cette préceinte auroit conſommé 37 pieds cubes de gros bois, au lieu que celle qu'on a miſe en place au moyen de l'étuve n'a conſommé qu'un peu plus de 18 pieds 8 pouces de bois, ce qui fait une différence de moitié. Il faut joindre à cette économie celle de la main d'œuvre, qui, pour la piece gabariée, ſeroit plus du double de ce qu'elle a été pour celle qu'on a étuvée. Enfin il eſt certain que la préceinte d'une ſeule piece fait une liaiſon tout autrement bonne que celle qui auroit été de deux pieces.

Voila les avantages des étuves bien établis ; il ne nous reſte plus qu'à détruire une forte objection, qui, ſi elle avoit eu lieu, auroit cauſé bien de l'inquiétude aux Navigateurs.

ARTICLE V. *Les Bordages étuvés qu'on a mis en place avec force ne tendent point à ſe redreſſer.*

VOYANT combien on faiſoit force ſur le garant de la caliorne qu'on avoit frappé au bout des préceintes & des bordages qu'on mettoit en place, & imaginant que la piece faiſoit un pareil effort pour ſe redreſſer, on appréhendoit que dans les mouvements que les vaiſſeaux font à la mer, un clou ne vînt à manquer, & que le bordage ſe redreſſant par ſa force de reſſort, il n'en réſultât une voie d'eau à laquelle il n'auroit pas été poſſible de remédier. J'avoue que cette difficulté me frappa; & pour ſavoir ce qui en étoit, je propoſai au ſieur Cambry, Conſtructeur de la Compagnie des Indes, de mettre en place une préceinte à une partie de l'avant où elle devoit prendre une courbure conſidérable. La préceinte fut miſe en place & retenue par des taquets; elle y reſta vingt-quatre heures; enſuite on rompit les taquets, & on deſcendit la préceinte; je mesurai la fleche de sa courbure, & je la fis mettre sur le can : plusieurs jours après, elle avoit conservé toute sa courbure, & on la remit en sa place sur le vaisseau sans employer aucune manœuvre. Ainsi il est prouvé que les fibres ligneuses des pieces que l'on a courbées, après les avoir attendries par le feu, affectent aussi puissamment la nouvelle forme qu'elles ont prise que si elle leur étoit naturelle ; & comme elles ne font point effort pour se redresser, on ne doit avoir aucune inquiétude sur ce point.

EXPLICATION des Planches & des Figures du Livre troisieme.

LA maniere de chauffer les Bois sur des chenêts & à feu nud, est représentée sur la derniere Planche du Livre II.

PLANCHE XI.

ELLE est destinée à faire connoître la façon d'attendrir les bois par l'eau bouillante.

LA FIGURE 1. représente l'élévation de l'étuve vue par le côté où sont les bouches des fourneaux *F G H I.*

C D E F, des gradins pour monter sur l'étuve.

K, des chevres pour monter les préceintes sur l'étuve & les descendre dans l'eau.

Figure 2. Elle représente la même étuve à vue d'oiseau ; les objets sont représentés par les mêmes lettres qu'à la *Fig.* 1.

On voit de plus en *M M*, l'intérieur de la chaudiere qu'on remplit d'eau, dans laquelle on met les bordages qu'on veut attendrir.

La Figure 3 représente la même étuve coupée par la ligne *A B* de la *Fig.* 2 ; & les différents objets qu'on apperçoit sont indiqués par les mêmes lettres qu'aux *Figures* 1 *&* 2. *N*, repréſente les couvercles qui couvrent la chaudiere *M* pour conſerver la chaleur.

PLANCHE XII.

ELLE ſert à faire connoître la diſpoſition de l'étuve à la vapeur de l'eau.

FIGURE 1. Elle repréſente l'élévation de cette étuve vue ſuivant ſa longueur.

G H, caiſſe qu'on fait aſſez longue pour qu'elle puiſſe contenir les bordages qu'on veut y attendrir.

H K K F, moiſes deſtinées à ſerrer les bordages qui forment cette caiſſe, & à porter les pieds *L L* qui ſoutiennent cette caiſſe à une hauteur proportionnée à l'élévation de la chaudiere.

M, le terre-plein; on a ponctué la bouche du fourneau qui eſt plus baſſe que le niveau du terrein.

D, le fourneau ſur lequel eſt monté la chaudiere *C*; *E*, eſt ſon couvercle; *N*, le tuyau qui porte les vapeurs dans la caiſſe.

O, la cheminée du fourneau.

La Figure 2 eſt la même étuve repréſentée à vue d'oiſeau, & toutes les parties en ſont repréſentées par les mêmes lettres qu'à la *Fig.* 1.

La Figure 3 eſt une coupe tranſverſale par la ligne *A B* de la *Figure* 1.

La Figure 4 eſt une coupe par la ligne *C D* de la *Figure* 1, pour faire voir le couliſſeau, ou la porte à couliſſe *I*, qui ſert à fermer & à ouvrir le bout de la caiſſe.

P eſt un petit treuil qui ſert à ouvrir ce couliſſeau.

PLANCHES XIII & XIV.

ELLES repréſentent l'étuve au ſable.

FIGURE 1 (*Planche XIV*) repréſente l'élévation de cette

étuve; au-dessus de *C D* sont les bouches des fourneaux.

b, cloison qui sépare les deux fourneaux.

c d, le mur de devant de cette étuve.

I I, les potences qui servent à élever les préceintes qu'on veut mettre à l'étuve. *K*, les treuils qui sont destinés au service de ces potences.

F F, tuyaux des cheminées de ces fourneaux.

f, tuyau de la cheminée du petit fourneau de la chaudiere.

M, réservoir d'eau pour remplir la chaudiere.

L, petite trappe qui est au-dessus de ce réservoir.

La Figure 2 (*Planche XIV*) est la même étuve représentée à vue d'oiseau.

a b, le mur de derriere de l'étuve; *c d*, le mur de devant.

e g, les murs des bouts.

F F, les cheminées de l'étuve. *f*, la cheminée du petit fourneau de la chaudiere. *C D*, les endroits où sont les bouches des fourneaux, & les degrés pour y descendre.

H, le fourneau sur lequel est montée la chaudiere.

I K, les potences ou petites grues avec leur treuil.

M, le réservoir d'eau avec sa petite trappe *L*.

O, les plaques de fer sur lesquelles on met le sable.

P P, bandes de fer plat qui recouvrent les joints des plaques pour empêcher le sable de passer entre ces plaques.

FIGURE I de la *Planche XIII*; coupe longitudinale de l'étuve par la ligne *A B* de la *Figure* 2.

d d, le mur de derriere de l'étuve.

a c, le terre-plein.

E E, carrelage de brique parallele aux plaques *O O*.

p p, les bandes de fer plat qui recouvrent les joints des plaques.

C D, l'intérieur des fourneaux; *b*, la cloison qui les sépare.

N N, les murs des bouts de l'étuve.

F F, les tiges des cheminées de l'étuve.

f, la tige du petit fourneau de la chaudiere.

M, le réservoir où l'on met l'eau pour remplir la chaudiere.

La Figure 2 est la même étuve représentée à vue d'oiseau; ou une coupe horizontale immédiatement au-dessous des plaques *O O*, *Figure* 1.

a b, le mur de derriere.

c d, le mur de devant.

e f, les murs des bouts avec des rouleaux pour aider à mettre les bois à l'étuve.

C D, l'intérieur des fourneaux où l'on voit les grilles sur lesquelles on met le bois; *b*, cloison qui sépare ces deux fourneaux.

i i, bandes de fer représentées *Figure* 6, & qui servent à supporter les plaques de fonte.

H, le fourneau sur lequel est montée la chaudiere.

F F, la coupe des tuyaux des cheminées des fourneaux.

I K, la coupe des poteaux qui forment la potence ou petite grue, & qui servent à supporter son treuil.

Figure 3, la coupe transversale de cette étuve par la ligne *A B* de la *Figure* 1.

a b c d, la coupe des murs de devant & de derriere de l'étuve.

G, le sable qui est sur les plaques de fer fondu.

K, petit auvent qu'on pourroit mettre sur cette étuve pour l'empêcher d'être refroidie par l'eau de la pluie.

H, la chaudiere; *f*, la tige de la cheminée de son fourneau.

I K, la petite grue avec son treuil.

Figure 4, une des plaques de fer fondu; elle est représentée trop épaisse.

Figure 5, bandes de fer plat qui se mettent sur les joints des plaques.

Figure 6, barres qui servent à supporter les plaques; on les voit en *i*, *Figure* 2.

Figure 7, fortes plaques de fer qu'on met de champ sur les côtés des fourneaux pour recevoir la grande action du feu.

Figure 8, grandes & fortes barres de fer forgé qui s'assemblent avec les barres *i*, pour supporter les plaques, & qu'on met immédiatement au-dessus du feu.

Figure 9, barres de fer forgé, qui font la grille des fourneaux *C D*, *Figure* 2.

Figure 10, petites roulettes qui servent à approcher les bois de l'étuve.

Figure 11, *A B C*, rouable, fourgons & pelles qui servent pour gouverner le feu des fourneaux.

PLANCHE XV.

ELLE est destinée à faire comprendre comment on met en place les bois qui ont été chauffés aux étuves dont on vient de parler.

FIGURE 1. *H*, un membre de vaisseau; *I I*, les bordages qui le recouvrent; *G F*, les bordages qu'on met en place.

D E, ce qu'on nomme une bridolle; elle est attachée au bout *E* par un cordage au membre *H*, & par le bout *D*, à une crampe *A*, qui est clouée sur le membre.

C, sont des coins qu'on frappe entre la bridolle & le bordage pour le faire toucher exactement le membre *H*; la crampe *A* est dessinée à part avec les 6 clous qui servent à l'attacher.

La Figure 2 représente une bridolle disposée différemment. Au lieu de la crampe *A* & du cordage *D Figure* 1. on se sert pour assujettir le bas de la bridolle d'une cheville à boucle, *A I*, *Fig.* 2; la cheville passe dans les trous que l'on fait pour assujettir les bordages & les vaigres sur les membres au moyen des gournables; au moyen de la clavette *C* & de la virolle *D*, la cheville est bien assujettie.

La Figure 3 représente une cheville à boucle; *I*, représente la boucle avec l'organeau; *C*, la clavette.

A la *Figure 4*, on voit un bordage *c f*, qui est attaché aux membres par le bout *f*; il est saisi par le bout *c* par un palan *e*, au moyen duquel on l'approche peu à peu des membres, & à mesure que le bordage touche les membres, on les y attache avec des chevilles.

A la *Figure 5*, on voit cet appareil en place, & un Perceur qui frappe un clou pour assujettir un bordage.

LIVRE

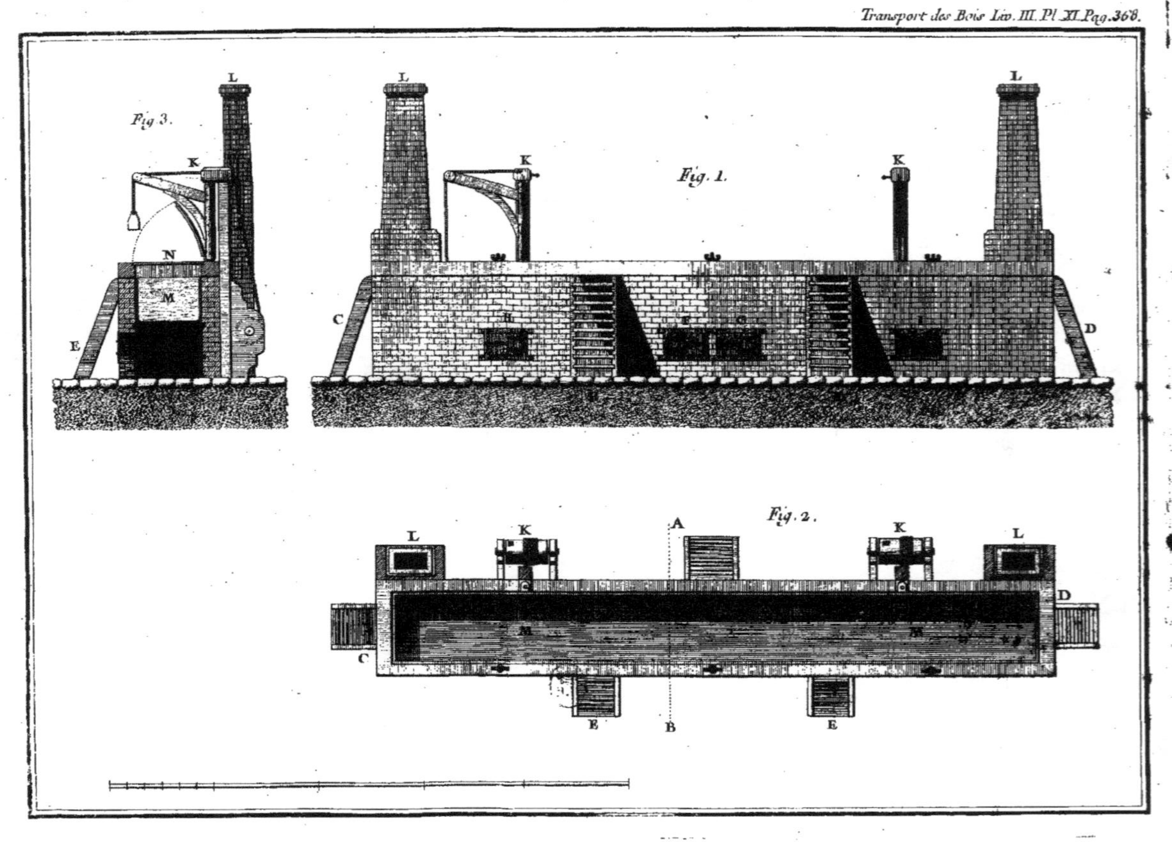
Fig. 3.
L
K
N
M
E
Fig. 1.
L
K
K
L
C
D
H
F
G
I
Fig. 2.
A
L
K
K
L
D
C
M
M
E
B
E

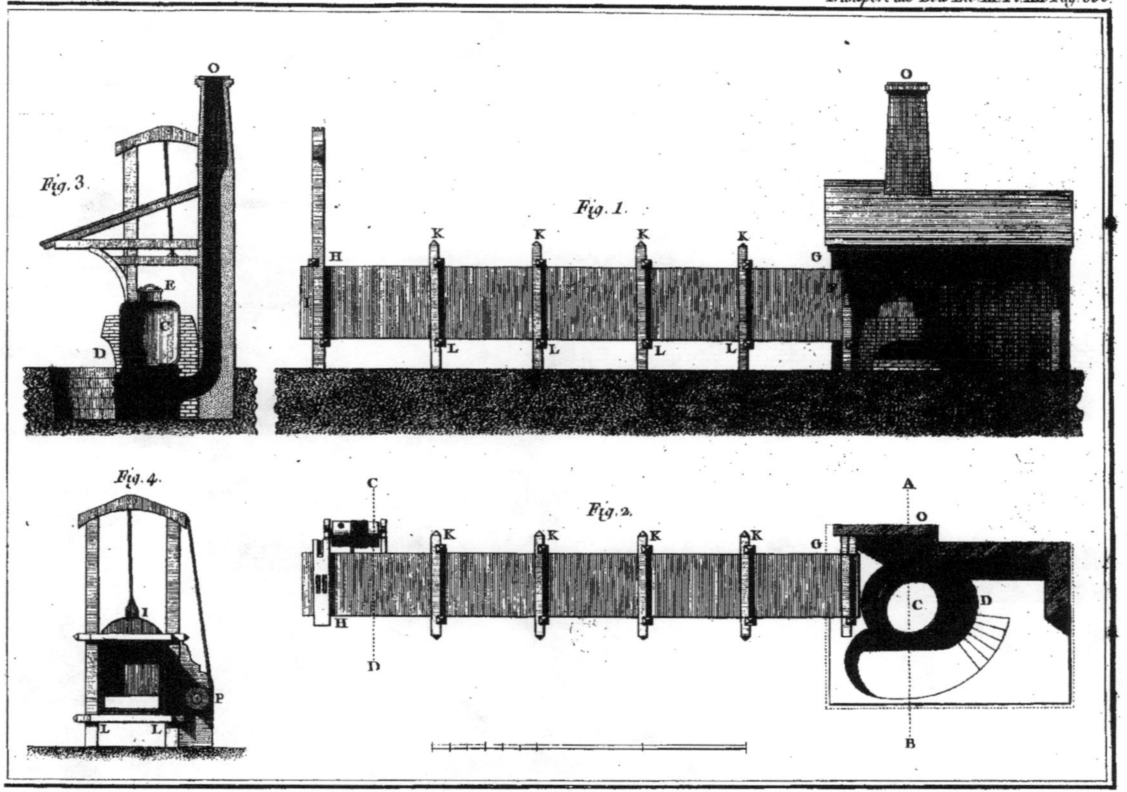

Fig. 3.

Fig. 1.

Fig. 4.

Fig. 2.

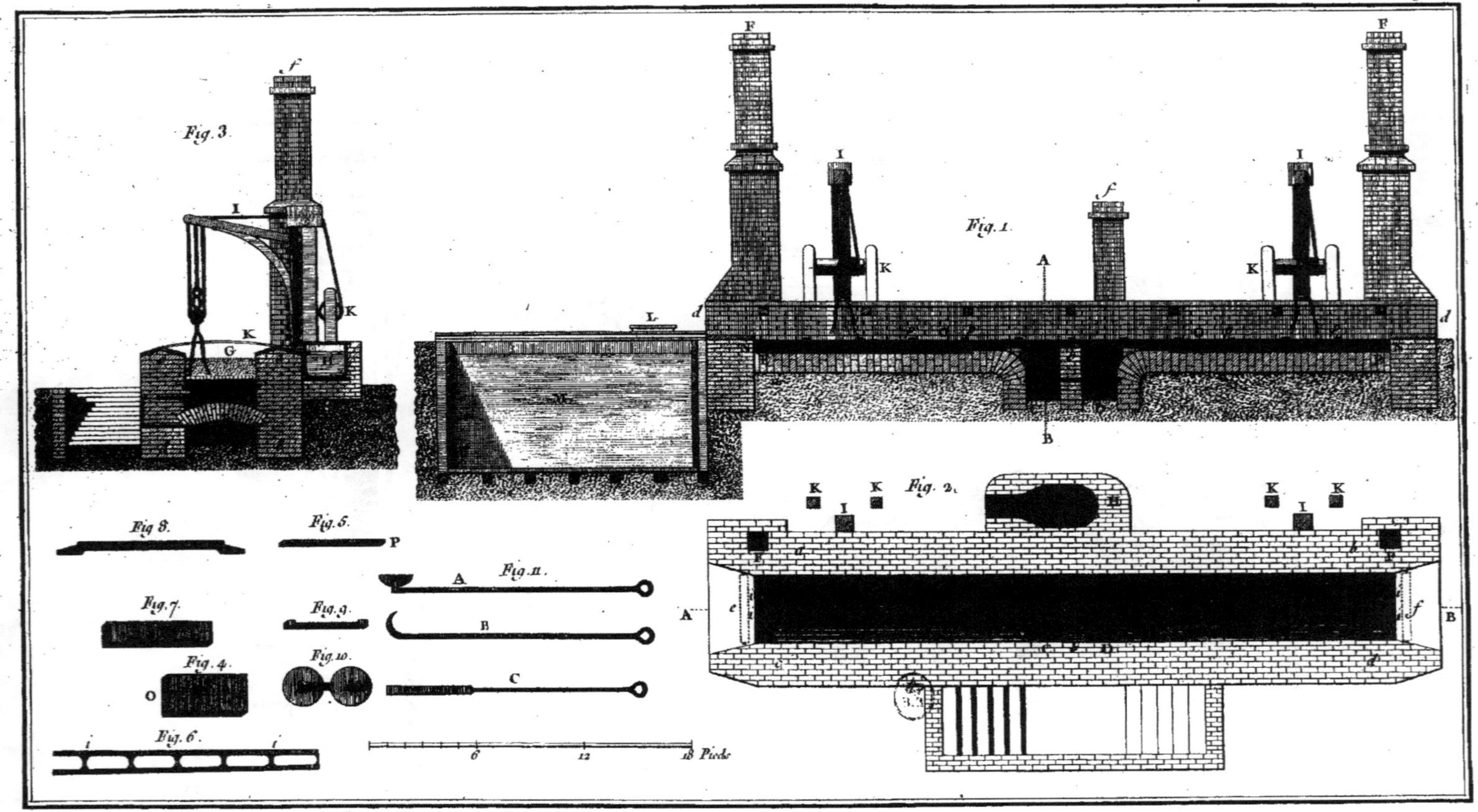

Fig. 3.

Fig. 1.

Fig. 2.

Fig. 8.

Fig. 5.

Fig. 11.

Fig. 7.

Fig. 9.

Fig. 4.

Fig. 10.

Fig. 6.

6 12 18 Pieds

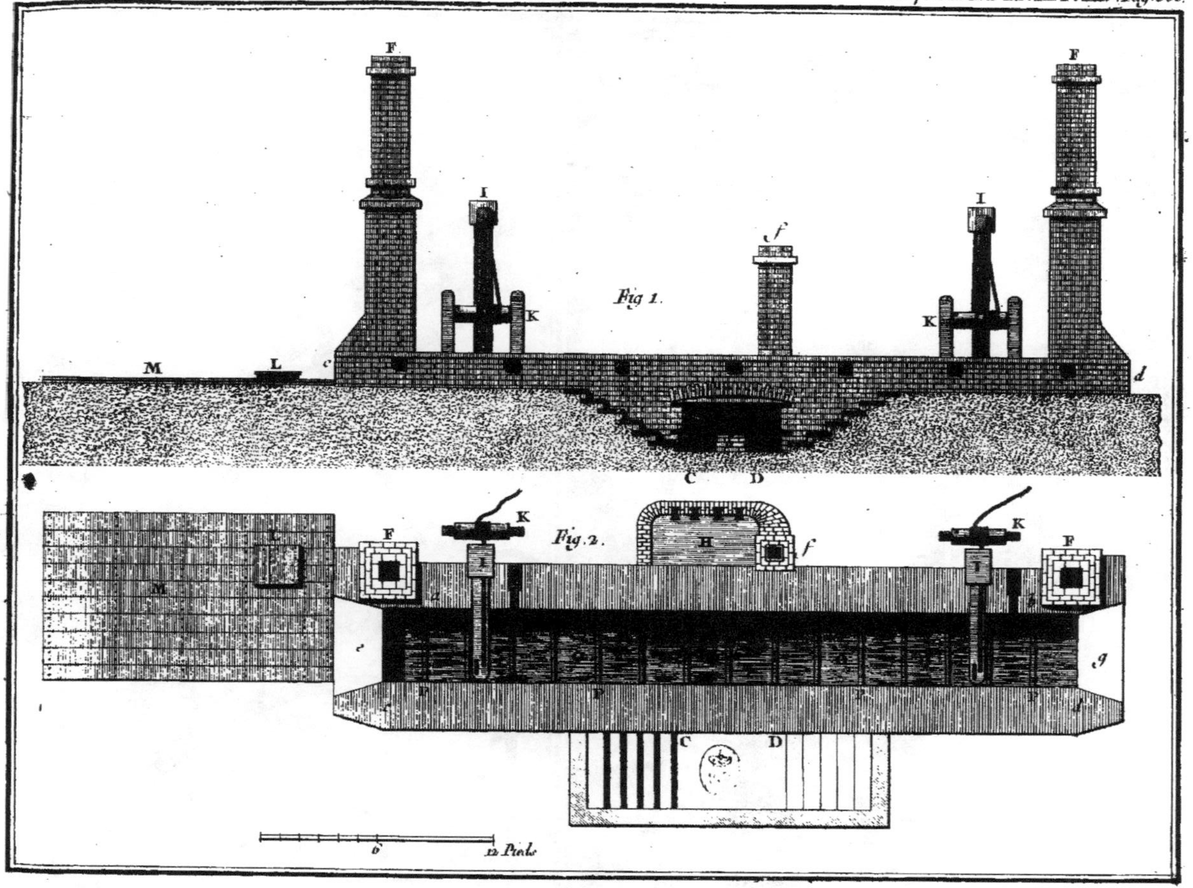

Fig. 1.

Fig. 2.

0 6 12 Pieds

Fig. 5.
a
Fig. 3.
C
J
Fig. 1.
A
6 5 4 3 2 1
E
F
G
C
A
D
B
Fig. 2.
A
B
G
F
C
D
I
B
Fig. 4.
a
b
d
f
c

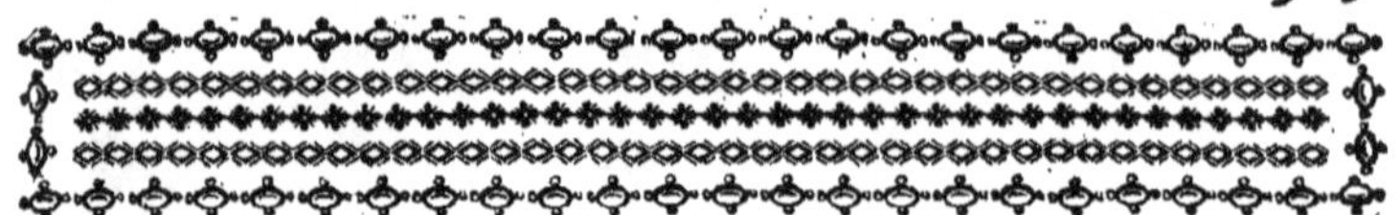

LIVRE QUATRIEME.

Des Bois destinés pour les Rames & les Mâtures ; & de la Conservation des Mâts.

CE QUE nous avons dit jusqu'à présent a son application aux bois qu'on emploie pour les Rames & pour les Mâtures, ces sortes de bois exigent néanmoins des considérations particulieres que nous nous proposons de développer dans ce quatrieme Livre, qui se divise ainsi naturellement d'abord en deux Chapitres ; nous y en ajouterons un troisieme sur la Conservation des Mâts.

CHAPITRE PREMIER.

Des Bois destinés pour les Rames.

POUR faire de bonnes rames, il faut des bois qui ne soient pas pesants, qui soient bien de fil, qui n'aient pas de nœuds considérables, & qui soient pliants & élastiques. J'ai vu en Angleterre faire quelques rames pour des Canots avec le Chêne : mais ce bois, sur-tout quand il est de bonne qualité, est trop pesant pour les grandes rames. J'ai encore vu employer en Provence, du bois de Pin au même usage ; il a l'avantage d'être léger & pliant, sur-tout quand c'est du Pin du Nord fort résineux ; mais il devient cassant en fort peu de temps, & je ne sache pas qu'on en ait jamais employé pour de grandes rames.

Le Frêne eſt ferme & pliant, puiſqu'on en fait des arcs; & pour cette raiſon, on en fait de bonnes rames pour les petits bâtiments; mais il eſt trop peſant pour les grandes rames, telles que celles des Galeres.

Le Hêtre eſt ferme, pliant & élaſtique, tant qu'il conſerve un peu de ſa ſeve; car quand il eſt extrêmement ſec, il devient très-caſſant. Les Menuiſiers pour meubles en emploient beaucoup à Paris; & l'on voit des voitures dont les reſſorts ſont de bois de Hêtre. C'eſt auſſi le ſeul bois qu'on emploie en France pour les rames des Galeres; & il eſt de bon ſervice, quand il eſt bien choiſi, ainſi que je vais l'indiquer.

1°, Les Hêtres qui viennent dans des vallées humides, & dont le bois eſt roux, perdent en très-peu de temps leur élaſticité, & deviennent fort caſſants. 2°, Ceux qui ont crû dans des terreins maigres, pierreux & ſecs, ont leur bois de bonne qualité, mais peu propre pour être employé à faire des rames, parce qu'il eſt rebours & tranché. 3°, J'en dis autant des arbres iſolés qui ont été battus par les vents, & qui ont preſque toujours de gros nœuds. 4°, On doit encore rejetter les arbres qui ont le fil très-tors, & qui, pour cette raiſon, ſont peu propres pour la fente. 5°, Les meilleurs Hêtres pour les rames ſont ceux qui ſe trouvent dans un très-bon ſol, plus ſec qu'humide, & dont le bois eſt blanchâtre. 6°, Pour les raiſons que je viens d'expoſer, on doit donner la préférence aux Hêtres qui ſe rencontrent dans des maſſifs, en bon ſol, qui ont crû avec force, qui ont bien filé ſans produire beaucoup de groſſes branches, & qui n'ont pas été expoſés à être beaucoup fatigués par les vents. 7°, Le bois des vieux Hêtres n'eſt pas auſſi liant, que celui de ceux qui ſont plus jeunes; & il faut éviter d'employer ceux qui ſont en retour, & dont la cime eſt morte ou malade. En voyant fendre de gros Hêtres, j'ai remarqué qu'il y avoit du bois roux vers le centre, ſur-tout du côté des racines, & on voyoit des veines échauffées aux parties les plus voiſines de l'écorce. Il eſt ſenſible que, pour éviter les défauts des arbres en retour, on doit préférer un arbre dont on ne pourra tirer que deux, trois ou quatre rames, à un plus vieux qui pourroit en fournir 6, 7 ou 8.

On doit donc choisir pour faire les grandes rames des Hêtres bien filés, qui aient peu ou point de nœuds : on les fend en deux, trois ou quatre, ou en un plus grand nombre de parties, suivant la grosseur des arbres, pour en faire ce qu'on nomme des *Estelles* ou *Atelles*; c'est ainsi qu'on nomme les bois refendus qu'on destine à faire des rames.

Pour qu'un arbre soit propre à faire des rames, il doit avoir 46 à 48 pieds de longueur ; s'il n'avoit au pied que 2 pieds de diametre, on n'en pourroit tirer que deux estelles ; mais s'il avoit 2 pieds 7 à 8 pouces, on en tireroit 3 ou 4, pourvu toutefois qu'il eût un peu plus de 2 pieds à son petit bout. Quand l'arbre est abattu, on l'équarrit grossiérement ; puis on marque avec une ligne, ou un cordeau, la route que doit suivre la fente, & on fend l'arbre pour en tirer le nombre d'estelles qu'il peut fournir. On peut consulter, sur la façon de fendre ces arbres, ce que nous avons dit dans le *Traité de l'Exploitation des Bois*, *Livre IV*, *Chap. III*, *Art. VI*, §. 3.

Quand les arbres sont fendus, s'ils l'ont été en 3 ou 4, ou en un plus grand nombre de parties, on emporte le bois du cœur, qui, formant un triangle, ne pourroit servir pour faire des rames ; par ce moyen on retranche, dans les gros arbres, la partie qui est communément la plus défectueuse, & l'on conserve le jeune bois qui est plus élastique que le vieux. Alors ces pieces peuvent être livrées dans les Ports pour estelles, supposé toutefois qu'elles aient les dimensions que nous allons rapporter ; mais auparavant il est bon de faire connoître les noms qu'on donne aux différentes parties d'une rame.

On nomme *la pelle*, ou *la pale d'une rame*, (*Planche XVI*, *Fig.* 1.) la partie qui est hors de la Galere, & dont le bout applati s'élargit en forme de pelle pour trouver un point d'appui dans l'eau, lorsqu'on présente le plat au fluide ; & quand on lui présente le tranchant, elle en sort aisément, & presque sans éprouver de résistance.

Ainsi la pelle de la rame est la partie comprise depuis le bout de la rame, jusqu'à l'endroit qui repose sur le bord de la Galere. On attache la rame à l'*Apostis*, qui est la piece de bois sur laquelle repose la rame au moyen d'un anneau de corde qu'on nomme l'*Estrope :* & par cette raison la partie de la rame qui repose sur l'apostis se nomme aussi l'*Estrope ;* & comme cette partie est exposée à de grands frottements, on la garnit de deux jumelles de bois de Chêne verd, qui ont 5 à 6 pieds de longueur; on les nomme *Galavernes*.

On appelle *Tallar* la partie de la rame qui entre dans la Galere, ou qui est comprise depuis l'estrope jusqu'à son extrémité. Cependant on appelle encore *le genou d'une rame*, la partie du tallar qui répond aux genoux des Forçats quand ils voguent.

Les rames étant trop grosses pour être empoignées par les Forçats, on enchâsse à l'endroit de la rame qui se nomme *le Genou*, une piece de bois de Hêtre où il y a des ouvertures pour placer les mains des Forçats; cette piece rapportée se nomme *la Manuelle*.

Maintenant qu'on sait les noms qu'on a coutume de donner aux différentes parties des rames, nous allons rapporter les dimensions que doit avoir chacune de ces parties.

Les rames des Galeres extraordinaires, Réales ou Patrones, doivent avoir du bout de la pale à l'estrope, 31 pieds, le reste 13 pieds 5 pouces, en tout 44 pieds 5 pouces; c'est pourquoi on exige que les estelles aient 47 pieds de longueur : & comme la longueur des rames pour les Galeres Sensiles est de 38 pieds 4 pouces, on veut que les estelles aient 41 pieds de longueur.

La largeur de la pelle pour les Galeres extraordinaires, est de 7 pouces 4 lignes, & son épaisseur d'un pouce; ainsi les estelles doivent avoir en cet endroit, 9 pouces de largeur sur 3 d'épaisseur. Les pelles pour les Galeres sensiles ont 7 pouces 3 lignes de largeur sur 10 lignes d'épaisseur, & l'on veut que l'estelle ait 8 pouces de largeur sur 2 $\frac{1}{2}$ d'épaisseur.

Le plat de la pelle étant excepté, on veut, pour les grandes

Galeres, réales & patrones, que les eſtelles aient depuis cette pelle juſqu'au tiers de la longueur, 6 pouces 6 lignes de diametre, pour être réduits à quatre pouces; depuis le tiers juſqu'à l'eſtrope, 7 pouces 6 lignes, pour être réduits à 6 pouces 2 lignes; & depuis l'eſtrope juſqu'au bout du genou, 9 pouces, pour être réduits à 7 pouces 3 lignes.

A l'égard des Galeres ſenſiles, les eſtelles doivent avoir depuis la pelle juſqu'au tiers, 6 pouces de diametre, pour être réduits à 3 pouces 8 lignes; du tiers à l'eſtrope, 7 pouces 6 lignes, pour être réduits à 6 pouces; & de l'eſtrope au bout du genou, 8 pouces, pour être réduits à 6 pouces $\frac{1}{2}$. Les avirons qu'on embarque ſur les vaiſſeaux ont à peu près 30 pieds de longueur; ceux pour les canots & chaloupes 15 ou 20 pieds: l'uſage eſt de diviſer la longueur de la rame en quatre, de donner un quart à la pale, un quart au genou, & les deux quarts reſtants pour l'entre-deux.

Comme le Hêtre eſt ſujet à être piqué des vers, & comme les gerces ſont à craindre pour les rames, il faut fendre le bois en eſtelles le plus promptement qu'il ſera poſſible; ce qui empêche qu'il ne ſe gerce; & on doit le tirer promptement des ventes & le mettre dans l'eau, puiſque, comme nous l'avons prouvé plus haut, c'eſt le meilleur moyen d'empêcher que le bois ne ſoit attaqué par les vers qui le moulinent. Mais un bois long-temps flotté devient caſſant; & comme les rames doivent être pliantes & élaſtiques, il ne faut pas les laiſſer long-temps dans l'eau; ainſi au bout de quelques mois, on doit tirer les eſtelles de l'eau, & les dépoſer ſous un hangar, ayant ſoin de les caler à pluſieurs endroits de leur longueur pour qu'elles ſe conſervent bien droites; & comme ce bois eſt pénétré de ſa ſeve & de l'eau dans laquelle on l'a mis flotter, il s'échaufferoit & pourriroit en peu de temps dans un lieu humide, ſi l'on ne faiſoit pas enſorte que l'air pût paſſer entre toutes les pieces. Il arriva dans un Port de Provence où j'étois, des eſtelles dont une partie ſe trouva altérée pour avoir été renfermée encore verte dans le bâtiment de tranſport; de ſix eſtelles qu'on travailla pour faire des rames à la réale, une étoit pourrie de presque la moitié de son épaisseur, & dans toute sa longueur, pendant que sur l'autre face le bois étoit sain. D'autres estelles avoient des veines échauffées en différents endroits.

Les Marchands feront bien de livrer leurs estelles le plus promptement qu'ils pourront, ayant grand soin de prévenir qu'elles ne s'échauffent dans les bâtiments de transport.

Comme on doit travailler les rames avant que le bois soit parfaitement sec, parce qu'on est obligé, pour les dresser parfaitement, de les gêner beaucoup dans des entailles qu'on fait à de grosses pieces de bois destinées pour cela : il est bon de les travailler aussi-tôt que les estelles sont livrées dans les Ports.

Quand les rames sont travaillées, on les arrange bien de niveau sur des chantiers qui soutiennent les rames en plusieurs endroits de leur longueur. On charge le premier lit par un second qui croise le premier; ce que l'on continue jusqu'à ce qu'on ait empilé toutes les rames qui appartiennent à une Galere. Souvent, pour ménager la place, on les arrange les unes sur les autres, toutes suivant leur longueur; & on met entre deux de fortes calles, ou de menues pieces de bois, ayant soin de bécheveter les rames, c'est-à-dire, qu'on fait en sorte que le gros bout d'un rang réponde à la pelle de l'autre.

Suivant ce que nous venons de dire, les rames s'échaufferoient dans un lieu humide, & elles deviendroient cassantes dans un lieu trop hâleux. Pour éviter les excès, il convient donc de les tenir dans un lieu frais & sec. Peut-être y auroit-il quelque avantage à les frotter avec quelques graisses pour empêcher les vers de les attaquer, & pour prévenir qu'elles ne se dessechent trop; mais je ne l'ai point éprouvé.

On fait grand cas des rames rompues, pour en faire des brancards de Chaise de poste & de Cabriolet.

CHAPITRE II.

Des Bois destinés pour les Mâtures.

On sait que les *Mâts* pour les bâtiments de mer sont de longues pieces de bois posées verticalement, destinées à supporter les *Vergues*, autres pieces de bois qui sont suspendues aux mâts dans une situation horizontale, & sur lesquelles sont attachées les voiles. Quoique les vergues, relativement à leur position & à leurs usages, soient fort différentes des mâts, comme elles sont faites avec le même bois, on comprend ordinairement sous la dénomination de *Bois de mâture*, les pieces qui doivent servir à faire des vergues ainsi que des mâts, d'autant qu'on emploie les pieces de mâture, suivant leur grosseur ou leur longueur, à faire tantôt un mât & tantôt une vergue. On distingue seulement dans les arcenaux les pieces de mâture en *mâts*, en *matreaux*, & en *esparts doubles* & *simples*. Les plus grandes pieces sont rangées dans la premiere classe, les autres dans la seconde, & les plus petites dans la troisieme. Les mâts ont depuis 60 jusqu'à 80 pieds de longueur, & depuis 22 jusqu'à 28 palmes de diametre; la palme a 13 lignes. Les matreaux ont depuis 40 jusqu'à 70 pieds de longueur, & seulement depuis 15 jusqu'à 22 & 24 pouces de diametre. Toutes les pieces moins considérables sont des esparts.

Quand un vaisseau démâté aborde une terre, il se remâte avec les bois qu'il rencontre dans le pays où il se trouve. Il n'importe de quelle espece il soit, pourvu que le bois soit sain, droit, point tranché, exempt de nœuds, & sur-tout qu'il ne soit point trop lourd, & qu'il puisse un peu plier sans se rompre. Entre ces mâtures prises par nécessité, il s'en rencontre quelquefois de fort bonnes; ce qui prouve qu'on peut faire des mâts & des vergues avec plusieurs especes de bois.

Cependant l'uſage conſtant de la plûpart des Puiſſances de l'Europe, eſt de faire tous les mâts & les vergues avec des bois de Pin & de Sapin : c'eſt pourquoi nous ne parlerons ici que de ces deux genres d'arbre ; & comme il eſt bon de ne les pas confondre, je vais en donner une deſcription abrégée, renvoyant ceux qui deſireront quelque choſe de plus précis, à ce que j'en ai dit dans le *Traité des Arbres & Arbuſtes*.

Les *Pins* ont des feuilles menues, filamenteuſes, plus ou moins longues ſuivant les eſpeces; il ſort de chaque bouton deux, trois, ou un plus grand nombre de ces feuilles filamenteuſes : c'eſt ce qui les diſtingue des *Sapins*, qui ont leurs folioles plus ou moins étroites, dont chaque foliole eſt unique, & rangée ſur un filet commun comme les dents d'un peigne. Nous connoiſſons beaucoup d'eſpeces de Pins qui different les uns des autres par la longueur de leurs feuilles toujours filamenteuſes; par le nombre des feuilles qui ſortent de chaque bouton ; aux uns il n'en ſort que deux, à d'autres trois, à d'autres cinq, ſix ou ſept ; par la forme de leurs fruits, qui ſont quelquefois gros & arrondis, d'autres fois gros & terminés en pointe ; d'autres ſont fort petits, tantôt pointus & tantôt arrondis. La plûpart des Pins ont leurs fruits ou cônes formés d'écailles dures : cependant à quelques eſpeces, ces écailles ſont comme membraneuſes. Il y a entre toutes ces eſpeces de Pins des différences très-ſenſibles dans la qualité de leur bois : on donne la préférence, pour les mâtures, à ceux qui ſont fort réſineux. D'ailleurs quantité d'eſpeces de Pins ne parviennent pas à une grandeur ſuffiſante pour fournir des mâts, & quelques-uns, quoique très-réſineux, ne peuvent pas pour ces raiſons être employés à cet uſage.

Entre un nombre aſſez conſidérable de Pins que je cultive, je crois que l'eſpece la plus propre à faire des mâts, eſt celle qu'on connoît ſous le nom de *Pin d'Ecoſſe*, qui me paroît la même que les Auteurs ont nommée *Pin de Genêve*, à en juger par des branches, des fruits & des ſemences que j'ai tirées de Riga. C'eſt auſſi cette eſpece de Pin que toutes les Nations maritimes d'Europe tirent de ce pays pour faire la mâture de leurs plus

plus gros vaiſſeaux. Suivant ce que je viens de dire, l'eſpece contribue beaucoup à la bonne ou à la mauvaiſe qualité des mâts : mais l'âge des arbres, la qualité du terrein où ils ont crû, ainſi que le climat, ſont auſſi des circonſtances très-importantes.

Les Pins, ainſi que les autres genres d'arbre, ne parviennent que peu à peu à leur état de perfection : leur bois n'acquiert que par degrés la dureté & la denſité dont il eſt capable. Les jeunes Pins n'ont pas leur bois auſſi pénétré de réſine que ceux qui ſont plus âgés : ceux-ci, pour cette raiſon, ſont moins ſujets à être piqués par les vers : les Pins trop vieux s'alterent comme les autres arbres par le cœur ; ce qui fait qu'il y a des mâts dont le bois eſt plus peſant au cœur qu'à la circonférence, & d'autres, au contraire, qui ont le bois de la circonférence plus peſant qne celui du centre. Je rapporterai ailleurs le détail des Expériences que j'ai faites à ce ſujet, & je ferai voir, en parlant de la force des bois, qu'il eſt plus important pour un mât que ce ſoit le bois de la circonférence qui ait toute ſa bonne qualité, & qu'il n'eſt que peu affoibli par une légere altération dans le cœur. Cependant il faut éviter de prendre, pour les mâtures, des arbres en retour & morts en cime.

A l'égard du terrein, on ne trouve gueres d'aſſez grands arbres pour faire des mâts dans les terres très-maigres & arides ; & ceux qui ont crû dans des terres fort humides, ne ſont pas réſineux. Ainſi c'eſt comme pour les autres arbres, les bons fonds, plus ſecs qu'humides, qui fourniſſent les meilleures mâtures.

La bonté des Pins dépend principalement du climat où la forêt ſe trouve ſituée ; & généralement parlant, les pays les plus froids ſont ceux où cette eſpece de bois eſt de meilleure qualité, & où les arbres ſont les plus grands & les plus droits. C'eſt ce qui s'apperçoit aiſément en conſidérant la ſupériorité des mâts de Norwege ſur ceux qu'on trouve ailleurs : car les mâts que les Anglois, les Hollandois, les François tirent de Riga, & qu'on a cru long-temps être des Sapins, ſont des Pins qui me paroiſſent, comme je l'ai déja dit, peu différents de ceux d'Écoſſe. La meilleure qualité des mâts qui ont crû dans les pays très-froids, peut dépendre de ce que le ſuc propre de ces bois étant une réſine qui ſe fige par le froid, & s'attendrit par la chaleur, cette ſubſtance réſineuſe s'accumule en plus grande abondance dans les climats froids que dans les pays chauds, où devenant plus fluide, elle eſt plus diſpoſée à s'échapper; & elle s'échappe en effet, puiſque quand on entre, lorſqu'il fait chaud, dans un bois de Pin, on ſent une odeur de réſine très-pénétrante: & lorſqu'on fait des inciſions à des Pins pour en tirer la réſine, cette ſubſtance coule d'autant plus abondamment que l'air eſt plus chaud. Nous ne donnons ceci que comme une conjecture; mais c'eſt un fait que les Pins qui viennent du Nord ſont plus réſineux, que ceux qui ont crû dans un climat plus tempéré. C'eſt encore un fait bien avéré, que leurs couches ſont plus minces & plus rapprochées les unes des autres; ce qui peut dépendre, ou de ce que dans ces climats froids les arbres croiſſent lentement, ou de ce qu'étant d'une très-grande taille, la ſeve qui doit ſe diſtribuer à un plus grand nombre de parties, ne peut pas faire à chaque endroit des productions conſidérables: mais comme ces couches ligneuſes ſont très-intimement liées les unes aux autres, on regarde toujours d'un œil de préférence les arbres qui ont leurs couches annuelles fort minces & très-ſerrées les unes auprès des autres. Il eſt naturel de penſer que le bois le plus ſerré eſt le plus fort, non ſeulement parce qu'il y a dans un même eſpace plus de matiere réſiſtante, mais encore parce que les parties fort réunies agiſſent plus de concert pour réſiſter aux efforts.

A l'égard de l'abondance de la réſine, elle eſt avantageuſe, non ſeulement parce qu'elle donne de la ſoupleſſe au bois, mais encore parce qu'elle déplaît à pluſieurs inſectes qui attaquent plus volontiers les arbres pauvres de réſine, que ceux qui en ſont abondamment pourvus. De plus on peut la regarder comme un baume conſervateur qui réſiſte à la fermentation & à la pourriture. Les Pins qui ont crû dans les climats très-froids, réuniſſant tous ces avantages à un degré plus éminent que ceux qui ont pris leur accroiſſement dans un climat plus tempéré, il s'enſuit que dans les pays de montagne les Pins qui ſe trouvent ſur le côté de la montagne qui regarde le Nord, ſont meilleurs que ceux qui ont crû ſur le côté expoſé au Sud. Je parle ici des arbres qu'on deſtine à faire des mâts; car s'il étoit queſtion d'élever des Pins pour en retirer la réſine, je crois que l'expoſition du Sud ſeroit préférable.

Dans quelques lieux que ſoient ſituées les forêts de Pins, on ne peut deſtiner pour faire des mâts, que les arbres fort élevés, puiſque les grands mâts ont de 60 à 80 pieds de longueur: il faut que leur tige s'éleve bien droite; ſi elle faiſoit la couleuvre, on ne pourroit la redreſſer qu'aux dépens du bois; ce qui en trancheroit le fil, & en diminueroit beaucoup de la groſſeur: leur tige doit être bien arrondie, ſans cela on ſeroit obligé de beaucoup ôter de bois pour les rendre cylindriques. Il eſt encore néceſſaire qu'ils conſervent de la groſſeur à la cime, & c'eſt un avantage que le Pin a ſur beaucoup d'eſpeces d'arbres, que ſa tige approche plus d'être cylindrique que conique. Sans cette qualité, les arbres ne pourroient être réduits aux proportions qu'exige l'uſage auquel ils ſont deſtinés.

Les arbres chargés de branches, & par conſéquent de nœuds, forment un bois tranché qui court riſque de rompre ſous de foibles efforts; & les nœuds ſont d'autant plus à craindre, qu'ils ſe trouvent raſſemblés près à près à un même endroit.

Nous l'avons déja dit, les Pins qui ont des branches mortes à la cime, ſont ordinairement viciés dans le cœur, & affectés de tous les défauts des arbres qui ſont en retour.

Voila à peu près les indices qui peuvent faire augurer qu'un arbre ſur pied ſera propre à faire de bons mâts, ou qu'il n'eſt pas propre à cet uſage; & rarement ſommes-nous dans le cas de faire l'application de ce que nous venons de dire, puiſque preſque toutes les grandes mâtures ſe tirent du Nord. Ainſi il eſt plus important de détailler les attentions qu'il faut apporter pour faire de bonnes recettes.

En pliant & en tordant un copeau, on juge, s'il ne rompt

pas, que le bois eſt liant & flexible ; & plus il eſt chargé de réſine, meilleur il eſt. Il faut que les cercles annuels aient peu d'épaiſſeur, & qu'ils ſoient bien liés les uns aux autres. On doit examiner ſi, ſur la coupe, tant au gros qu'au petit bout, le bois eſt d'une couleur brillante & uniforme : les endroits qui ſont roux & ternes ou blancs, ſont ordinairement vicieux. Enfin on doit être prévenu que ceux qui exploitent ces bois, ont grand ſoin de remplir de réſine & de nœuds pris à d'autres arbres, les endroits où il ſe trouve des nœuds pourris. Pour découvrir cette fraude, il faut parer les nœuds à l'Erminette, & quelquefois les percer avec une tariere ; il faut de même ſonder les nœuds ſoupçonnés de pourriture.

Il eſt très-certain que les mâtures qu'on tire aujourd'hui du Nord, ne ſont pas auſſi réſineuſes que celles qu'on tiroit anciennement de ces mêmes pays. M'étant aſſuré de ce fait par la comparaiſon des bois de mâtures d'ancienne coupe que l'on conſervoit depuis long-temps dans le port de Breſt, avec celui qu'on fourniſſoit actuellement, M. le Comte de Maurepas jugea à propos d'envoyer à Riga le maître Mâteur de Breſt, qui s'aſſura que les mâts de la derniere fourniture étoient de la meilleure qualité ; & il attribue la différence qu'on remarquoit dans ces mâts, en les comparant avec ceux des anciennes fournitures, à ce que les coupes ſe font maintenant aſſez loin de la mer, ce qui oblige de les laiſſer un, & quelquefois deux hivers dans la neige, avant que de pouvoir les conduire au lieu de l'embarquement. Cette circonſtance peut bien altérer la qualité des mâts. Peut-être auſſi que les mâts qu'on abat préſentement, ne ſont pas dans un terrein auſſi favorable à la qualité de ces bois, que ceux qu'on coupoit autrefois. Il pourroit bien arriver auſſi que ceux qui exploitent ces forêts, laiſſeroient les bois au moins un été dans la forêt, afin qu'ayant perdu une partie de leur ſeve, ils fuſſent plus aiſés à tranſporter ; mais il eſt très-vraiſemblable que ce retard n'eſt pas avantageux à la bonté des mâts.

On fait auſſi des mâts avec des Sapins ; & je crois que la plûpart des mâtures que les Anglois & les François ont tirées de leur ſol, étoient de ce bois. Nous en cultivons dans nos jardins un assez grand nombre d'especes : sur quoi l'on peut consulter notre *Traité des Arbres & Arbustes* au mot *Abies ;* mais les deux especes les plus communes dans nos montagnes sont le Sapin à feuilles d'If, qui est *le Sapin proprement dit*, & le Sapin à feuilles étroites qu'on appelle *le Picea* ou *Epicia*. Ces arbres sont presque les seuls qu'on trouve dans la Zone glaciale & dans notre climat : ils se plaisent sur le côté des montagnes qui regarde le Nord. Il s'en trouve de fort gros dans le Valais, dans la haute & la basse Auvergne, dans les Pyrénées & ailleurs.

Il n'y a aucune comparaison à faire entre les mâts de Sapin & ceux de Pin qui viennent de Riga. La plûpart des Pins ont leur bois si rempli de résine, que si l'on fait une plaie à un Pin qui végete, il en coule de la résine en abondance ; & c'est ainsi qu'on ramasse celle dont on fait usage dans la Marine. Voyez *le Traité des Arbres & Arbustes* au mot *Pinus*. Le Sapin n'est pas, à beaucoup près, aussi résineux ; il se forme sur son écorce des vessies qui fournissent en petite quantité une térébenthine claire & coulante, & son bois a toujours un caractere d'aridité que n'ont pas les bonnes especes de Pins, & sur-tout ceux qui viennent de Norwege ; car il m'a paru que leur bois est toujours plus résineux que celui des Pins qui ont crû en France, en Ecosse & en Angleterre.

Il ne faut donc pas exiger que les mâts qu'on feroit avec du Sapin, soient aussi gras & aussi résineux que ceux qui seroient faits avec du Pin ; il ne convient point, pour juger de la bonne qualité du bois de Sapin, de le mettre en comparaison avec le bois de Pin ; ces deux bois ont des caracteres très-différents. Il s'agit de savoir si le bois, résineux ou non, peut faire de bons mâts.

Suivant des Expériences faites à Brest, sous les yeux de M. Hocquart, alors Intendant de la Marine, un pied cube de bois de Pin du Nord s'est trouvé peser 41 liv. 3 onc. & un pied cube de Sapin des Pyrénées, 37 liv. 9 onc. ainsi le Pin du Nord a pesé 3 liv. 10 onces de plus par pied cube que le Sapin des Pyrénées. Cette différence de poids est peu considérable :

encore faudroit-il favoir fi ces deux efpeces de bois étoient également fecs. Suivant la même épreuve faite à Breft, un pied cube de Sapin des Pyrénées, pris au petit bout d'un petit mât de 16 palmes, s'eft trouvé pefer une livre de moins que le pied cube pris au gros bout. Par des Expériences faites par M. de Roquefeuil, Lieutenant Général des Armées Navales, Commandant de la Marine, la différence de poids entre le bois du gros bout & celui du petit bout, eft beaucoup plus grande. Tous les deux fe font affurés que le Sapin fe charge de beaucoup plus d'eau que le Pin.

On mit un mât de Hune de ce Sapin des Pyrénées fur un vaiffeau de 64 canons qui alloit à S. Domingue; & il eft revenu fain & fauf dans le Port, quoiqu'il eût effuyé dans ce voyage des coups de vent affez confidérables. Effectivement en rompant plufieurs barreaux de Sapin, il nous a paru que ce bois étoit ferme, qu'il fupportoit un poids affez confidérable fans fe rompre; mais qu'il plioit peu fous la charge, & que fans annoncer qu'il alloit rompre, il caffoit net par éclats. Je parle du Sapin fec; car quand il eft humide, il plie, & eft fort élaftique. J'ai habité à Paris une maifon fort ancienne, dont les poutres, les folives, & une partie de la charpente, étoient de Sapin; tous ces bois paroiffoient encore fort bons. Cependant en général, le bois de Sapin eft plus fujet à être piqué des vers que celui de Pin; & n'ayant que peu de réfine, il perd plus promptement fon élafticité.

Nous croyons pouvoir conclure de tout ce qui vient d'être dit fur les bois de Pin & de Sapin, que les mâts de Pin du Nord font préférables à ceux de Sapin de France; mais qu'on peut économifer les Pins du Nord, en faifant avec le Sapin des mâts d'affemblage, comme grands mâts, mâts de mifaine, grandes vergues de mifaine, mâts & vergues d'artimon, vergues feches, jumelles de campagne, aiguilles pour la carene & pour la mâture de tous les petits bâtiments, des bordages, dits Pruffe & demi-Pruffe, pour le vaigrage, ainfi que pour border les petits bâtiments, des épontilles, des planches pour les emménagements & les foutes; mais pour les mâts de hune, ainsi que pour tous les mâts & vergues qui ne sont pas d'assemblage, je crois qu'on ne peut pas se passer de Pins du Nord.

On a coutume d'abattre les Pins & les Sapins pendant l'hiver, évitant les temps de forte gelée, parce qu'alors ils sont plus sujets à s'éclater ; on les abat au ras de terre le plus qu'il est possible, afin de profiter de toute la longueur des arbres : on retranche sur le champ les branches, & on ôte l'écorce, parce qu'il se forme, entre le bois & l'écorce, des vers qui ensuite pénetrent dans le bois & l'endommagent. Si les arbres sont sur la croupe d'une montagne, on a grande attention qu'ils tombent du côté de la montagne, afin que la chûte les endommage moins. Il faut essayer de les voiturer au lieu de leur destination le plus promptement qu'il est possible, & éviter qu'ils ne s'échauffent dans le transport. On a coutume, lors des recettes, de mesurer la grosseur des mâts, qui ont depuis 15 jusqu'à 25 palmes à 12 pieds du talon : la grosseur de ceux qui sont plus forts se prend à 15 pieds. Si l'aubier n'est pas pourri, on le laisse, il conserve le bois ; & on le compte au Marchand ; s'il est altéré, on le retranche, & le fournisseur perd cette soustraction.

On pense communément qu'aux Sapins c'est l'aubier qui est le meilleur, mais qu'au Pin c'est le bois qui est immédiatement sous l'aubier. Je n'ai pas été à portée de bien constater cette assertion ; mais j'apperçois qu'elle peut quelquefois être vraie, & se trouver d'autres fois en défaut, suivant l'âge & la vigueur des arbres.

Le nombre des bâtiments de mer, tant pour le commerce que pour la guerre, s'étant beaucoup multiplié en Europe, il s'en est suivi une grande consommation de mâts ; ce qui les rend beaucoup plus rares & plus chers qu'ils n'étoient autrefois : cette raison doit engager à conserver cette matiere précieuse avec toute l'attention possible. Nous nous proposons de faire sentir d'une façon générale quels sont les avantages des pratiques qui sont en usage dans les différents Ports pour conserver les mâts ; mais ces pratiques, que nous croyons avantageuses à tant d'égards, sont sujettes à des inconvénients auxquels il est bon de remédier ; c'eſt ce que nous tâcherons de faire appercevoir dans la ſuite de cet Ouvrage ; ainſi nous allons commencer par rendre compte des différents moyens qu'on emploie pour conſerver les mâts, & nous expoſerons les vues qu'on s'eſt propoſées en imaginant ces méthodes, & les avantages qu'on en retire. Nous rapporterons enſuite les défauts de ces méthodes & les moyens d'y remédier.

CHAPITRE III.

De la Conſervation des Mâts.

LES Pins qu'on emploie pour la mâture des vaiſſeaux, ont quelquefois leur bois ſi chargé de réſine, qu'on peut appercevoir la lumiere du ſoleil au travers d'une planche qui auroit près d'un demi-pouce d'épaiſſeur ; & dans les pays abondants en Pins, les Payſans s'éclairent la nuit avec des copeaux de Pin qui brûlent comme des flambeaux. C'eſt de l'abondance & de la bonne qualité de cette réſine, que dépend la perfection des bois qu'on deſtine aux mâtures.

Cette réſine eſt-elle dans un état de ſoupleſſe ? les mâts ſont élaſtiques, & de plus elle répand une odeur pénétrante qui écarte les ſcarabées qui produiſent ces petits vers qu'on nomme dans les Ports des *Cirons*, & que les Tonneliers appellent des *Artuiſons ;* en un mot, ces petits vers qui moulinent & piquent le bois. Au contraire cette réſine eſt-elle ſeche ? ce n'eſt plus un corps liant ; c'eſt une ſubſtance friable qui ſe réduit aiſément en pouſſiere ; & alors ayant peu d'odeur, les petits vers dont nous avons parlé, ſauront ſe nourrir de la partie ligneuſe qui eſt naturellement aſſez tendre, & les mâts ſeront vermoulus.

Il ſuit de ce que nous venons de dire, que la parfaite conſervation des mâts ſe réduit à les garantir d'être vermoulus, & à conſerver leur élaſticité. Il eſt naturel de penſer qu'on qu'on pourroit remplir ces deux objets en couvrant les mâts de quelque bitume, ou de quelque graiſſe ; en un mot d'une eſpece de vernis qui empêcheroit que les ſcarabées, qui produiſent les petits vers dont nous parlons, ne puſſent dépoſer leurs œufs ſur la ſuperficie des mâts, & qui en même-temps formât un obſtacle à l'évaporation de l'humidité, & au deſſéchement de la réſine.

C'eſt bien auſſi ce qu'on pratique pour conſerver les mâts qui ſont travaillés : car comme la ſuperficie des bois qui ſéjournent long-temps dans l'eau, eſt toujours un peu endommagée, on ſeroit obligé de les réparer lorſqu'on viendroit à les tirer de l'eau, & l'on perdroit de leur groſſeur. D'ailleurs comme la plûpart des mâts travaillés ſont de pluſieurs pieces très-exactement aſſemblées, l'eau qui gonfleroit ces différentes parties pourroit les faire éclater, ou elles ſe déjetteroient, & les aſſemblages ne ſeroient plus exacts.

On a donc coutume de démâter les vaiſſeaux qui déſarment ; & excepté les trois mâts majeurs, les autres ſont mis en chantier ſous des halles qui les défendent des injures du temps, & on les enduit d'un mélange de gaudron & de graiſſe qu'on fait fondre enſemble, ou on les couvre de ſuif. On a même la précaution, dans les campagnes des pays chauds, de frotter les mâts de temps en temps avec quelque ſubſtance graſſe. Malgré ces précautions, les mâts ſe deſſéchent ; ils deviennent caſſants ; quelquefois ils ſont attaqués par les vers. C'eſt ce qu'on obſerve dans tous les Ports : nous n'avons cependant pas négligé de faire ſur cela quelques Expériences ; il faut les rapporter.

Pour connoître la meilleure maniere de conſerver ces bois précieux à la Marine, on prit douze pieces de mâtures qui venoient d'être débarquées. Six furent miſes dans l'eau ſuivant l'uſage qu'on ſuit ordinairement pour conſerver les mâtures neuves ; les ſix autres furent dépoſées dans le Magaſin où l'on conſerve les mâtures travaillées ; trois de ces mâts furent couverts d'une couche de ſuif, & les trois autres reſterent dans leur état naturel.

Trois ans après, on employa ces mâts à une mâture neuve,

& voici les Obſervations qu'on eut occaſion de faire.

1°, Une groſſe piece qui étoit reſtée dans le Magaſin après avoir été frottée de ſuif, & qu'on travailla pour en faire un mât d'une piece, ſe trouva très-ſaine ; le bois en étoit d'une couleur avantageuſe & très-liant ; la réſine mieux conditionnée qu'aux autres pieces.

2°, Une piece qui étoit reſtée dans le même Magaſin ſans être couverte de ſuif, ſe trouva en bon état ; mais la réſine étoit moins onctueuſe que celle de la piece précédente. Leur bois étoit plus ferme que celui des pieces qui avoient été conſervées dans l'eau.

On crut remarquer que l'aubier de celles-ci étoit plus épais, & que l'eau qui agiſſoit ſur les couches extérieures du bois, diſſolvoit la réſine, & rendoit les couches extérieures blanches & ſemblables à l'aubier.

Toutes ces pieces de mâtures étoient à peu près auſſi fendues les unes que les autres. Mais quand, par des attentions particulieres à renouveller ſouvent ces couches de graiſſe, nous ſerions parvenus à conſerver en bon état quelques mâts, peut-on eſpérer qu'on apportera ces attentions à une proviſion de mâts qui ſont rangés les uns ſur les autres, & qu'il faudroit changer de place toutes les fois qu'on ſe propoſeroit de renouveller les enduits ? & ces attentions ſeroient encore bien moins praticables pour l'immenſe quantité de mâts non travaillés que l'on conſerve dans les Ports : il faudroit des hangars d'une grandeur immenſe ; le remuement des bois exigeroit des frais conſidérables, & le renouvellement des couches de matiere graſſe que l'air & la pouſſiere détruiſent, occaſionneroit une conſommation qui ſeroit onéreuſe. D'ailleurs il eſt toujours important, lorſqu'il s'agit de grandes opérations, d'éviter les ſoins journaliers & les aſſiduités : c'eſt donc avec raiſon qu'on n'emploie cette méthode que pour les mâts travaillés, & qu'on s'eſt déterminé à tenir dans l'eau les mâts de réſerve qui ne ſont pas travaillés.

On ſent bien déjà qu'en tenant ces bois ſous l'eau, on les préſerve de l'attaque des vers qui les moulinent ; effectivement, puiſque ces vers ſont de nature à vivre dans l'air, il eſt certain qu'ils ne pourront endommager des bois qu'on tient ſubmergés, & cela eſt prouvé par les Expériences que j'ai rapportées dans le Livre troiſieme de ce Volume. Il eſt clair qu'à cet égard l'eau douce ſeroit auſſi bonne que l'eau ſalée de la mer; mais je crois qu'il s'en faut de beaucoup qu'elle ſoit auſſi propre pour conſerver aux bois la ſoupleſſe & le reſſort, deux qualités très-importantes pour les mâts.

Il eſt vrai que l'eau douce empêchera le deſſéchement de la réſine: mais l'eau ſalée fera plus; elle entretiendra dans les bois qui en auront une fois été pénétrés, une humidité conſidérable, que je regarde comme auſſi avantageuſe dans le cas dont il s'agit, qu'elle eſt pernicieuſe pour les membres des vaiſſeaux. Je fonde mon opinion ſur l'obſervation générale, que tous les corps ſpongieux qui ont une fois été pénétrés de l'eau de la mer, ne ſe deſſéchent jamais parfaitement; & ſur quelques Expériences particulieres que je vais détailler.

Je pris dans une même piece de bois quatre ſoliveaux: j'en mis un flotter dans l'eau de la mer, un autre dans de l'eau douce, & je conſervai les autres ſous un hangar. Mes bois ayant ſéjourné aſſez de temps dans l'eau douce & dans l'eau ſalée pour en être intimement pénétrés, on les en retira, & on les mit ſous le hangar paſſer 8 à 10 mois: comme ces bois n'étoient pas de gros échantillon, ce temps étoit ſuffiſant pour les bien deſſécher: après ce temps je les fis refendre à la ſcie pour en former des barreaux qui avoient un pouce d'équarriſſage ſur 3 pieds de longueur. On remarqua en les travaillant que les bois qu'on avoit conſervés ſous le hangar, ainſi que ceux qui avoient été flottés dans de l'eau douce, étoient fort ſecs, au lieu que ceux qu'on avoit flottés dans l'eau ſalée, étoient très-humides.

On poſa ces barreaux par leurs extrémités ſur des treteaux, & on les chargea dans leur milieu juſqu'à les faire rompre: on remarqua que ceux qui avoient été pénétrés de l'eau de la mer, plioient beaucoup plus ſous le poids que les autres. Les bois qui ſont pénétrés de l'eau de la mer ne ſe deſſéchent donc que très-difficilement : ce qui dépend sans doute du bitume de la mer, & de son sel qui attire continuellement l'humidité de l'air, puisque cette propriété de ces matieres salines & grasses fait que le sel gris de gabelle tombe en *deliquium* dans les salieres. Or cette humidité qui pourroit être nuisible aux membres des vaisseaux, parce qu'ils sont resserrés entre le bordage & le vaigrage, doit être avantageuse aux mâts qui étant toujours exposés au grand air, ne courent risque que de se trop dessécher.

Il paroît donc que l'usage où sont les Anglois, les Hollandois, les François, de conserver les mâtures dans l'eau salée de la mer, est avantageux pour leur conservation. Examinons maintenant comment on s'y prend pour cela ; car il y a différents usages établis dans les Ports.

La plus mauvaise pratique est de jetter les mâts à l'eau, de les retenir avec des cordages pour empêcher que la marée ne les entraîne, & de les laisser flotter sans autre précaution. Comme ces bois sont légers, ils sont aux trois quarts dans l'eau pendant qu'ils flottent d'un quart de leur diametre. Cette méthode est assurément très-mauvaise : cependant on ne conserve pas autrement les esparts dans le Port de Brest ; mais elle est encore plus vicieuse, quand ils sont dans un endroit qui desséche à toutes les marées. Nous avons prouvé que l'alternative de sécheresse & d'humidité altere prodigieusement les bois ; on s'en est apperçu, & l'on a employé différents moyens pour les tenir toujours entiérement submergés.

Les bois de mâture étant beaucoup plus légers qu'un volume d'eau pareil à celui qu'ils occupent, ils tendent à gagner la superficie de l'eau avec une force pareille à l'excès du poids de l'eau sur celui du bois ; ainsi il faut, pour les tenir sous l'eau, employer une force supérieure à celle qu'ils ont pour gagner la superficie, & l'on doit appliquer cette force à différents points de la longueur des mâts pour éviter qu'ils ne se courbent trop. A Brest, on les enfouit dans la vase d'une petite riviere ; & quoique la mer se retire, l'humidité de la vase empêche qu'ils ne se dessechent. Le poids de la vase ne les empêcheroit cependant pas de se porter à la superficie, si on ne les assujettissoit par des clefs qui aboutissent à des files de pilotis frappés dans le fond : mais les crûes de la petite riviere & l'eau de la marée qui s'éleve & se retire, dérangeant fréquemment ces vases, on est obligé d'entretenir au bord de cette riviere beaucoup de journaliers pour remettre les vases sur les mâts.

A Toulon, on assujettit les mâts sous l'eau en les traversant avec de grandes caisses qu'on remplit d'une assez grande quantité de pierres pour empêcher les mâts de se porter à la superficie de l'eau ; & l'on multiplie assez les caisses pour que les mâts soient chargés en plusieurs endroits de leur longueur.

Ce moyen est assez bon ; mais il exige un travail long, pénible & embarrassant. Ajoutons à cela que comme ces caisses sont grandes & en grand nombre, elles consomment beaucoup de bois, & exigent de fréquentes réparations. J'ai vu faire à peu près la même chose à Marseille, où on chargeoit les mâts des Galeres avec de vieux canons, ce qui suffisoit pour un petit nombre de mâts que l'on conservoit dans un chenal.

Le plus grand, le plus beau & le meilleur établissement est celui de Rochefort : c'est pourquoi nous allons le décrire en détail.

Il y a à Rochefort trois fosses ou chenaux, dans lesquelles l'eau salée de la Charente entre dans les temps de grande marée à 4 ou 5 pieds de hauteur. Cette eau se retireroit entiérement aux basses marées, si l'on ne la retenoit avec des écluses. Un de ces chenaux (*Planche XVII, Fig.* 1) s'appelle *la Fosse noire*, un autre (*Fig.* 2) *la Fosse de l'Islot ;* elles ont une écluse du côté de la riviere ; le *Fer à cheval* (*Fig.* 3) ayant deux branches à deux écluses.

Toutes ces fosses sont traversées par des files de chevalets qui s'étendent dans toute leur longueur : les mâts sont rangés entre ces chevalets, & ils sont assujettis par des traversins qui sont callés sous les chevalets. Ces idées générales vont devenir plus claires.

La *Fosse noire* (*Fig.* 1), & celle *de l'Islot* (*Fig.* 2), ont chacune 280 toises de longueur sur 9 de largeur. Il y a dans chacune 40 travées *A* qui sont formées par 200 chevalets *b b b*; une rangée *C* de cinq chevalets fait ce qu'on appelle *une Ferme*, (*Planche XVIII*); cinq fermes font une travée *A*. Or comme on peut mettre entre chaque file de chevalets trois gros mâts, chaque travée en peut contenir 12, sans compter les matreaux & les esparts qu'on peut mettre au-dessus ou entre les gros mâts; de sorte que chacune des fosses noire, ou de l'Islot, peut contenir 252 mâts de 80 pieds de long : mais comme tous les mâts ne sont pas de cette longueur & grosseur, chacune de ces fosses pourroit contenir environ 420 mâts de 10 à 18 palmes.

A l'égard de la fosse dite *le fer à cheval*, (*Planche XVII*, *Fig.* 3) comme elle a d'une écluse à l'autre 400 toises de tour sur 11 de largeur, elle contient 58 travées formées par 340 chevalets, qui sont à 33 pieds de distance les uns des autres dans le sens de la longueur de la fosse, & à 8 pieds 6 pouces dans le sens de la largeur : de sorte que cette fosse peut contenir 450 mâts de 80 pieds de long, & à peu près 520 mâts de moyenne proportion avec 400 matreaux ou esparts. Il est encore bon de remarquer que cette fosse a six rangs de chevalets, au lieu que les deux autres n'en ont que cinq. Nous avons parlé de travées, de fermes, de chevalets, de traversins, d'écluses; il faut définir séparément toutes ces choses.

Pour se former une idée de ces fosses, il faut s'imaginer un canal assez creux pour que l'eau de la marée y entre de 4 à 5 pieds, & tout entouré de berges de 10 à 12 pieds d'élévation. La partie de la berge qui est du côté de la riviere, & qui forme une chaussée, est coupée pour recevoir une vanne *B* (*Pl. XVII.*) qui s'éleve avec une vis, ce qui met en état de recevoir dans les fosses l'eau de la marée montante, & de la laisser écouler quand elle se retire; & en fermant cette vanne avant que la marée monte, on peut tenir les fosses à sec lorsqu'on le juge à propos. Il n'y a qu'une vanne à la *fosse noire* & à celle *de l'Islot*; & il y en a deux, une à chaque branche de la fosse dite *le fer à cheval*.

On entre facilement les mâts dans les fosses lorsque la mer est haute; alors ils flottent, & on les hâle avec des cordelles. On en sort de même avec facilité ceux dont on a besoin. Il s'agit maintenant de les assujettir au fond de l'eau dans la fosse; c'est pour cet usage que sont faits les chevalets (*Planche XVIII, Fig.* 2 & 3. & *Pl. XIX, Fig.* 1 & 2.)

Nous avons dit que ces fosses contenoient sur leur longueur plusieurs travées; que chaque travée est composée de cinq fermes, & que chaque ferme contient cinq chevalets dans la fosse noire & dans celle de l'Islot, & six dans le fer à cheval qui est plus large.

Ces chevalets sont faits en bois de Chêne de 10 à 12 pouces d'équarrissage : ils sont formés de deux montants *A A*, *B B*, (*Planche XIX, Fig.* 1 & 2), qui ont 12, 13 à 14 pieds de longueur : à un pied ou un pied & demi de leur bout d'en bas, est assemblée une traverse ou entre-toise *C*, sur laquelle est établie une piece de Sapin *D*, qu'on nomme *le Gisant*, qui passe entre les deux jumelles *A B*, se repose sur l'entre-toise *C*, qu'elle croise à angle droit, enfile ainsi les cinq ou six chevalets qui font une ferme, & entre même dans les berges des deux côtés. Au-dessus de cette piece de Sapin, est une autre entre-toise *E*, qui est assemblée dans les deux jumelles : elle repose sur la piece de Sapin *D*, & elle l'empêche de monter à la superficie de l'eau, parce que le bas des chevalets jusqu'à la moitié de l'épaisseur des entre-toises *E E*, est renfermé dans une banquette de maçonnerie de 6 pieds de largeur, comme on le voit (*Fig.* 1 & 2). Cette maçonnerie forme par son poids une force supérieure à celle avec laquelle les mâts agissent pour gagner la superficie de l'eau. A quatre, cinq ou six pieds au-dessus de la maçonnerie est une entre-toise *F* assemblée dans les jumelles, ou qui porte un fort tenon qui glisse dans des rainures de trois pouces de largeur & de deux pieds de hauteur, pratiquées dans l'épaisseur de ces jumelles.

Ces jumelles, qui sont écartées l'une de l'autre de 12 à 15 pouces, sont liées à leur extrémité d'en haut par un chapeau

G, qui excede les jumelles de 5 à 6 pouces de chaque côté. Disons un mot de l'usage de ces chevalets.

Quand la marée monte, on fait entrer les mâts dans les fosses à l'aide du flot, & on les dispose par échantillon, les arrangeant entre les chevalets de sorte que les gros se trouvent avec les gros, & les petits avec les petits, à moins que ce ne soit des matreaux ou des esparts qu'on loge entre les gros mâts. On a soin que le milieu des gros mâts réponde à la ferme du milieu de chaque travée, & que le gros bout d'un mât réponde au petit bout d'un autre. Tout étant ainsi disposé, on attend la basse mer pour que les mâts se rasseyent sur le fond des fosses. Lorsque les mâts *I* posent sur ce fond, & que ces fosses sont à sec, on passe sur les mâts *I*, & entre les jumelles, des pieces de bois quarré *H* de 8 à 10 pouces d'équarrissage, qu'on assujettit avec l'étance *K*, qui porte d'un bout sur la piece *H* qu'on nomme *Traversin*, & de l'autre sous l'entre-toise *F*. Quand cette entre-toise *F* est à rainure, on la descend jusques sur la piece *H*. Tout ceci étant exécuté, on ouvre les vannes, & bientôt les mâts sont recouverts de 2 à 3 pieds d'eau.

Quand on veut retirer quelque mât, on décale la piece *H* lorsque la mer est basse ; & quand elle remonte, les mâts qui ne sont plus arrêtés flottent ; on retire ceux dont on a besoin ; on remet les autres entre les chevalets : quand la mer est basse, on les cale comme nous l'avons dit ; & quand la mer est haute, on sort des fosses les mâts dont on veut faire usage.

Au moyen de ces fosses, de leurs écluses & des chevalets, on peut mettre & tirer aisément les mâts des fosses, & les y faire entrer. Ils sont très-bien assujettis sous l'eau ; on peut, quand on le veut, les tenir à sec, & renouveller l'eau, si l'on veut, à toutes les marées. Assurément cet établissement est des plus beaux ; mais les chevalets sont sujets à de fréquentes réparations qui occasionnent une grande consommation de bois & des dépenses considérables.

On sait que les bois qui sont toujours sous l'eau y durent très-long-temps, ainsi que ceux qui sont toujours au sec & à l'abri ;

l'abri : & qu'ils pourrrissent plus promptement quand ils sont tantôt au sec & tantôt à l'eau. C'est le cas où sont les radiers des écluses, & encore plus les chevalets.

La partie de ces bois qui ne desseche pas, & qui devroit subsister très-long-temps, est dévorée par les vers à tuyau qui percent les vaisseaux, & qui ont occasionné des désordres si considérables dans les Digues de Hollande. Il ne faut donc pas être surpris de voir les écluses & les chevalets exiger de fréquentes réparations.

A l'égard des écluses on a remédié en grande partie à ces inconvénients en faisant les bajoyers en pierre : ils étoient anciennement en bois : il ne reste plus en bois que les radiers qu'il seroit possible de faire aussi en pierre. Il n'est pas aussi aisé de prendre un bon parti pour les chevalets : cet article est cependant bien digne d'attention ; car suivant le devis estimatif que j'en ai fait, une travée coûte plus de mille écus & consomme beaucoup de bois, matiere absolument nécessaire à la Marine, & qui devient de plus en plus rare.

Je crois me rappeller d'avoir vu dans quelques Ports d'Angleterre, qu'on avoit bâti sur des chenaux des arcades en maçonnerie, qui servoient à retenir, au moyen d'étances, les mâts au fond de l'eau. Assurément, en suivant cette méthode, on remédieroit à tous les inconvénients dont nous avons parlé ; & si on se rencontroit dans des circonstances où le sol fût bon pour asseoir des fondations, & où les matériaux fussent communs, on pourroit n'être pas effrayé de ce que coûteroient ces arceaux, d'autant que le chenal n'étant point embarrassé par des chevalets, pourroit être beaucoup plus étroit, ou tenir une plus grande quantité de mâts.

Autant que je puis me rappeller la construction de ces arceaux, il faut se former l'idée de petits ponceaux détachés les uns des autres, & on fait ensorte que le milieu des mâts soit sous chaque arceau. Mais sans abandonner entiérement la disposition des fermes de Rochefort, j'ai cru qu'on pouvoit avec peu de dépense les rendre moins sujettes à réparations. L'épreuve en a été faite avec succès, quoiqu'on n'ait pas donné à ce nouvel établissement une solidité suffisante, parce qu'il n'étoit question que d'une épreuve.

Il faut conserver les chevalets tels qu'ils sont pour toute la partie renfermée dans la maçonnerie. Les deux montants ou jumelles *A B* (*Planche XVIII, Fig.* 2 & 3) sont coupés immédiatement au-dessus de l'entre-toise *E*. On conserve cette entre-toise, ainsi que celle marquée *C* & la piece de Sapin *D*. Il n'y a point à craindre que ces bois pourrissent, ni qu'ils soient endommagés par les vers, parce qu'ils sont toujours à l'humidité, & qu'ils sont renfermés dans un massif de maçonnerie. A la tête de chacune des jumelles *A* & *B*, sont de forts étriers de fer *L L*, qui portent à leur milieu un œil dans lequel entre comme le corps d'un verrou *P P*, qui est aux angles *M* & *N* du triangle de fer *M N O*. En *O* est un fort crochet qui entre dans les maillons de la chaîne *Q*, qui passe par dessus les mâts *I*, & n'a de longueur que la moitié de la distance qu'il y a d'un chevalet à un autre. Comme cette distance est de 9 à 10 pieds, il suffit que chaque bout de chaîne ait 5 à 6 pieds de longueur, & ces bouts de chaîne sont terminés par un crochet pour les arrêter dans un maillon de l'autre chaîne. Les mâts sont ainsi retenus sous l'eau; mais comme on entre les mâts dans les fosses lorsque la mer est haute, on n'appercevroit point la tête des chevalets, & on auroit peine à les arranger, si l'on ne marquoit pas avec de mauvais esparts, qui font l'effet de balise, les chevalets du commencement & de la fin de chaque travée. Il seroit peut-être encore plus commode d'avoir autant de petites bouées qu'il y a de chaînes, pour qu'elles indiquent où sont les chaînes qu'on pourroit retirer en hâlant sur une corde qui répondroit à la bouée de chaque bout de chaîne. Cette opération étant faite, on laissera venir l'eau dans les fosses, on fera entrer les mâts dans ces fosses; & ayant laissé retirer l'eau jusqu'à ce qu'il n'y en ait plus que ce qu'il en faut pour qu'ils flottent, on fermera la vanne, & on arrangera les mâts à peu près dans la situation où ils doivent rester, se contentant de jetter les chaînes sur les mâts pour les empêcher de se déranger.

Ce travail étant fini, on mettra les fosses à sec pour laisser les mâts se rasseoir sur le fond : alors on accrochera les chaînes les unes avec les autres, & le travail sera fini ; à la premiere marée, on laissera entrer l'eau dans les fosses.

Quand on voudra retirer un mât, après avoir mis les fosses à sec, on décrochera les chaînes qui le retiennent, on jettera ces chaînes sur les mâts de la même travée qui doivent rester en place. On laissera entrer l'eau dans les fosses, & l'on retirera le mât avec d'autant plus de facilité que les fosses n'étant plus embarrassées par les chevalets, elles ne feront plus qu'un étang. Enfin on remettra encore les fosses à sec pour accrocher les chaînes sur les mâts voisins de celui qu'on aura retiré. Faisons appercevoir les principaux avantages des fermes disposées comme nous venons de l'expliquer.

1°, La premiere construction consommera beaucoup moins de bois, & sera moins dispendieuse. 2°, Si les fosses étoient garnies de chevalets comme le sont celles de Rochefort, on pourroit se servir de la partie des chevalets qui entre dans la maçonnerie en rognant les jumelles à cette hauteur, comme on le voit (*Planche XVIII. Fig. 2 & 3*). 3°, Comme les bois ne s'alterent point dans l'eau, & comme la maçonnerie les mettra à couvert des vers, la partie de ces chevalets qui est en bois ne pourrira jamais. On sait d'ailleurs, par beaucoup d'Expériences, que les fers durent long-temps dans l'eau de la mer lorsqu'ils sont rarement exposés à se dessécher : ainsi ces chevalets exigeront peu de réparations, d'autant qu'ils ne seront point exposés à être heurtés par les mâts, qui ébranlent les chevalets dont la tête s'éleve au-dessus de l'eau.

Nous convenons qu'on n'éprouvera plus de difficultés à arranger les mâts avec les chaînes que lorsque les chevalets qui surpassent la superficie de l'eau, mettent à portée de les disposer entre les têtes de ces chevalets ; mais l'économie qu'on a fait appercevoir, doit faire passer sur ces difficultés. Nous allons parler d'un autre inconvénient plus considérable, qu'on a eu occasion de remarquer dans plusieurs grands Ports.

On a conservé long-temps des mâts dans les fosses de Rochefort sans qu'on se fût apperçu que les vers aquatiques, ces vers qui dévorent les digues de Hollande & nos vaisseaux, y eussent fait aucun dommage ; mais enfin ils en ont pris possession, & pendant bien des années les radiers, les fermes & les mâts ont servi de retraite à ces insectes, qui auroient enfin tout dévoré si l'on n'y avoit remédié.

En supposant que ces vers soient d'origine étrangere, & que ce soit le commerce des grandes Indes qui ait favorisé leur transport, il faut qu'ils se soient bien accommodés de notre climat pour s'être multipliés sur nos côtes au point où ils le sont aujourd'hui. Ils ne sont cependant pas en aussi grande quantité par-tout. Il n'y en a que peu dans la vieille Darce de Toulon, tandis que la Darce neuve en est remplie. Une partie du Port de Marseille en est presque exempte ; on n'en a vu que très-peu dans les bois des Galeres, au lieu qu'il y en a dans la partie de ce même Port où sont les vaisseaux Marchands. Il n'y en a point dans le Port de Rochefort, & ce n'est que depuis environ 40 ans qu'on s'est apperçu qu'ils faisoient du désordre dans les fosses où l'on conserve les mâts.

Vers l'année 1727, on s'apperçut presque tout à coup que les vers dont nous parlons commençoient à endommager les mâts qui étoient dans les fosses. M. de Barailh en avertit la Cour ; & pour arrêter ce désordre, il fit ôter les mâts des fosses, les fit distribuer dans des chenaux d'eau presque douce le long de la riviere. Il fit ôter la vase qui s'étoit amassée dans les fosses, & après avoir paré le pied des chevalets à l'erminette, il les fit couvrir de gaudron auquel on mit le feu, & par dessus une nouvelle couche de gaudron. L'intention de M. Barailh, en faisant ôter les vases, étoit de détruire la semence vermineuse qu'il croyoit être en grande abondance dans la vase. En faisant, pour ainsi dire, caréner le pied des chevalets, il espéroit attaquer les vers dans leur retranchement. En couvrant d'une couche de brai ces fermes ainsi chauffées, il comptoit empêcher que de nouveaux vers ne s'y logeassent. Nous ferons voir dans la suite qu'il se trompoit ; que la semence vermineuse n'étoit point dans la vase. On ne pouvoit pas douter qu'en brûlant la superficie du bois où étoient les vers, ceux de ces inſectes qui reſſentoient l'ardeur du feu ne duſſent périr ; mais il eſt probable que cette chaleur n'agiſſoit pas bien avant dans des bois pénétrés d'eau ſalée, & qui par leur poſition ne permettoient pas de porter le feu où les vers étoient en plus grande quantité : pluſieurs Expériences nous ont fait connoître que la couche de gaudron qu'on mettoit au pied des fermes, & qui s'appliquoit mal ſur du bois mouillé, ne formoit qu'un foible obſtacle à l'introduction de nouveaux vers. Quoi qu'il en ſoit, comme dans de pareilles circonſtances il n'y a rien de pire que de reſter dans l'inaction, M. de Baraílh fit exécuter toutes ces opérations avec beaucoup d'ardeur, & les mâts furent remis dans les foſſes. On ordonna ſeulement aux gardiens de renouveller l'eau des foſſes le plus fréquemment qu'ils pourroient, imaginant que cela pourroit être encore contraire à la multiplication de ces inſectes.

Il eſt bon de remarquer, (car c'eſt un fait dont nous ferons uſage dans la ſuite) qu'on fut très-ſurpris de trouver tous les vers morts dans les mâts qu'on tiroit des chenaux.

Quoique les principes qui guidoient M. de Baraílh dans ſes opérations fuſſent faux, ils ne laiſſerent pas d'avoir quelque ſuccès ; car ſans ſavoir préciſément à laquelle de ces opérations on en étoit redevable, on fut preſque débarraſſé de cet inſecte pendant pluſieurs années : mais au commencement de 1736, l'allarme recommença, pluſieurs mâts ſe trouverent très-endommagés par les vers ; & les radiers, ainſi que les fermes, en étoient criblés.

On exécuta alors tout ce qu'avoit fait M. de Baraílh, excepté qu'au lieu de mettre les mâts dans les chenaux, la plupart furent tirés à terre ; mais ce ne fut pas avec autant de ſuccès qu'en avoit eu M. de Baraílh ; les vers reparurent bientôt. Peut-être s'étoient-ils beaucoup plus multipliés ; peut-être auſſi que M. de Baraílh avoit été favoriſé par la ſaiſon : car on ſait que tous les inſectes ſe montrent très-abondants pendant pluſieurs années, & que tout d'un coup ils diſparoiſſent preſqu'entiérement. Les Auteurs qui ont écrit des vers à tuyau penſent qu'il en eſt ainſi de ces inſectes ; & je reçus il y a quelques années une lettre de Hollande, dans laquelle un voyageur éclairé me marquoit que les vers dont il s'agit, y faisoient moins de dommage qu'ils n'avoient fait les années précédentes. Quoi qu'il en soit, quand on s'appercevoit que les vers endommageoient les mâts, on les tiroit des fosses; on les étendoit au bord de la riviere où le soleil les faisoit fendre. Pour éviter cet inconvénient, on les remettoit dans les fosses, d'où on les retiroit quand on s'appercevoit que les vers les endommageoient de nouveau; & cette manœuvre répétée, qui occasionnoit de grands frais, nuisoit beaucoup aux mâts. M. le Comte de Maurepas instruit de tous ces faits, & concevant que les moyens qu'on employoit tendoient à la destruction d'un grand approvisionnement de mâts du Nord d'une excellente qualité, me chargea d'aller à Rochefort, & me recommanda d'examiner avec toute l'attention dont je serois capable, s'il ne seroit pas possible de trouver un remede à ce mal, qui étoit des plus fâcheux.

Au Printemps de l'année 1738, quand j'arrivai à Rochefort, les vers se montroient en plus grand nombre que jamais dans les fosses; j'allai souvent, avec les principaux Officiers du Département, visiter les fosses; & en faisant parer à l'erminette différents mâts, nous trouvâmes que les vers avoient principalement attaqué le bois tendre; de sorte que la cime des gros mâts étoit plus endommagée que le pied, où la trace des vers se trouvoit principalement dans l'aubier: rarement le cœur étoit endommagé, apparemment parce qu'on ne leur avoit pas donné le temps d'y pénétrer: car il est certain qu'à la longue ils auroient tout piqué. Mais ils commencent par attaquer le bois qui est moins dur & moins résineux: c'est pour cette raison que nous trouvâmes que les esparts étoient plus endommagés que les mâts.

Nous remarquâmes encore que la partie des mâts qui reposoit sur la vase, & celle du dessus étoient moins endommagées que les côtés.

Nous trouvâmes les radiers des écluses, & le pied des chevalets si remplis de vers, que presque par-tout la somme des espaces occupés par les vers surpassoit de beaucoup celle où les bois étoient reſtés ſains & entiers. Comme les vannes & empellements étoient à ſec depuis quelque temps, nous ne trouvâmes que des trous de vers & point d'inſectes.

Nous viſitâmes les chevalets ; & ayant fait démolir un peu de la maçonnerie, nous ne trouvâmes point de vers à la partie qui étoit toujours recouverte de vaſe, ou engagée dans la mâçonnerie. Il y avoit beaucoup de vers à la partie qui étoit toujours ſubmergée, & point à celle qui étoit toujours hors de l'eau.

En faiſant ces obſervations, chacun prétendoit appercevoir que l'origine des vers dépendoit de telle ou telle circonſtance; les uns croyoient qu'ils ſe trouvoient en abondance dans les foſſes, parce qu'étant à l'entrée de la riviere, l'eau ſaumâtre leur étoit favorable : d'autres imaginoient que la ſemence vermineuſe ſe conſervoit dans la vaſe ; d'autres prétendoient que les vers ſortoient des radiers pour entrer dans les mâts, & qu'on en ſeroit exempt ſi on banniſſoit des foſſes les chevalets & les radiers : quelques-uns penſoient avoir remarqué qu'une eau courante étoit contraire aux vers : il paroiſſoit à d'autres qu'il falloit s'occuper de trouver un vernis qui empêchât les vers de pénétrer dans le bois. Je crus donc qu'il convenoit d'examiner ſéparément la valeur de ces idées.

M. le Comte de Maurepas ayant bien voulu, à ma ſollicitation, charger M. Dumeſnil Rolland, alors Lieutenant de Port, de m'aider dans cette recherche, nous crûmes qu'il falloit commencer par s'aſſurer s'il y avoit des endroits de la côte qui fuſſent exempts des attaques de ces inſectes. Voici ce qui réſulta d'un examen exact. Il ne s'eſt trouvé aucun ver dans le Port, ni le long de la riviere au-deſſus du Port, dans tous les chenaux qui y aboutiſſent, ſoit que l'eau y fût courante ou dormante, comme cela arrive dans quelques chenaux dont l'entrée eſt fermée par une écluſe.

Il y a encore au-deſſous du Port un eſpace aſſez conſidérable de la riviere qui eſt exempt de vers, puiſqu'il ne s'eſt trouvé aucun ver dans les membres du *Fougueux*, Vaiſſeau du Roi, qui échoua il y a plus de 30 ans ſur un écueil de la riviere preſque vis-à-vis Soubise. A soixante toises au-dessous du *Fougueux*, un Pilote dragua, à peu près dans le même temps, deux pieces de bois de Chêne de 30 pieds de long, qui probablement étoient depuis bien long-temps au fond de l'eau : elles se trouverent exemptes de la plus legere attaque de vers ; toutes les balises, les perches des pêcheurs & les pieux se trouverent absolument sains jusqu'à une petite distance au-dessus des fosses.

Mais voici une observation qui mérite attention, & dont nous espérons dans la suite tirer des conséquences avantageuses pour la conservation des mâts. On trouva dans le lit de la riviere, presque vis-à-vis les fosses, des pieux qui n'étoient point du tout piqués des vers, pendant que les pilotis de l'ancien radier extérieur de la fosse de l'Islot, de même que les restes de ceux qui étoient ci-devant à l'entrée des autres fosses, en étoient remplis, quoique ces bois fussent submergés du même montant que les perches. Ce fait paroît si singulier qu'on seroit porté à douter de l'exactitude de l'observation : déja quelques-uns en concluoient que la source des vers étoit dans ces fosses même. Nous aurions fort souhaité que cela eût pu être, puisque nous serions parvenus à les détruire en tenant les fosses un temps assez considérable à sec pour faire périr tous les vers : mais les observations que nous allons rapporter prouvent incontestablement le contraire ; & pour appercevoir la cause physique de ce fait, il faut être instruit de quelques circonstances particulieres qui dépendent de la situation du terrein.

Le reflux de la marée est considérable à cet endroit de la riviere ; cette eau qui remonte contre le courant naturel de la riviere est fort salée, au lieu que l'eau qui coule dans le lit, lorsque la marée est retirée, est presque douce. Or les fosses aux mâts, de même que les radiers qui sont à leur entrée, ne peuvent, à cause de leur élévation, recevoir que de l'eau salée qui vient par la marée qui y reste dans de petites mares, au lieu que les perches exemptes de vers étant plus basses, se trouvent, lorsque la mer est retirée, dans une eau presque douce. Or il commence a être prouvé par les observations faites le long de la riviere, que les vers ne peuvent subsister dans l'eau douce ; & nous le démontrerons d'une façon inconteſtable. Ce fait ſi ſingulier étant vu de près n'offre donc rien que de très-naturel. Je reviens à l'examen de la riviere au-deſſous des foſſes dans la rade & le long de la côte.

Les deux baliſes qui ſont entre l'iſle Madame & l'iſle Daix, ſur la Moucliere & la Sabliere, étoient remplies de vers. A la partie du Nord-Oueſt de l'iſle Daix, on trouva une piece de Sapin plantée au plus bas de la mer, elle étoit abſolument détruite par les vers. A la Rochelle, dans une eſpece de foſſe aux mâts, appellée par les gens du pays *un Abbateau*, il y avoit 60 ou 80 mâts entiérement rongés par les vers. Au-deſſus de cette foſſe, il y en a une autre qui n'en eſt ſéparée que par une chauſſée, & qui ſe trouva exempte de vers. Cette foſſe plus élevée ne peut recevoir l'eau de la mer que cinq ou ſix mois de l'année par des intervalles qui dépendent des marées plus ou moins rapportantes : le reſte de l'année cette foſſe ne recevant que l'eau des pluies qui y arrive en aſſez grande abondance par des ravines qui y aboutiſſent, & qui ne ſuffiſent pas pour y entretenir l'eau, elle reſte de temps en temps à ſec; quelquefois elle eſt remplie d'une eau douce ou preſque douce : voilà à quoi on peut attribuer la privation des vers.

Les vaiſſeaux échoués qui forment la digue de la Rochelle, la baliſe qui marque l'entrée du chenal, les faſcines même étoient criblées de vers. Une carcaſſe qui ſubſiſte depuis long-temps à Enande, & une autre qui eſt ſur l'écueil nommé *Lavardin*, les défenſes qui ſont à l'entrée du Port de S. Martin, de l'iſle de Ré, tous ces bois ſont remplis de vers. Il n'eſt donc pas douteux que ces inſectes ſe trouvent en grande abondance au bas de la riviere, dans la rade & le long de la côte. Ainſi ce n'eſt point un inſecte qui ne ſubſiſte que dans les foſſes aux mâts, & qui ne ſe plaiſe que dans l'eau dormante : on apperçoit encore que l'eau ſalée eſt celle qui lui plaît le plus. Pour en être encore plus certain, je convins avec M. Dumeſnil qu'on renouvelleroit les baliſes qui marquent les écueils & qui étoient remplies de vers; & qu'en les conduiſant à la remorque derriere une chaloupe, on les dépoſeroit en différents endroits de la riviere, pour examiner comment les vers se comporteroient dans ces différentes positions.

Ayant enlevé quelques copeaux à une de ces balises qu'on avoit remorquée jusques vis-à-vis l'entrée du Port, on trouva que les tuyaux de la superficie qui étoient remplis de vers en partant de la rade, étoient vuides, apparemment parce que l'eau douce avoit déja agi sur eux; mais en hachant plus profondément, on trouva les trous remplis de vers. On mit quelques-uns de ces vers sur du papier; ils s'y desséchèrent : on en mit dans de l'eau douce, ils s'y fondirent en très-peu de temps, & devinrent comme un mucilage qui nâgeoit à la surface; & il n'étoit resté intact que le casque de la tête. On en mit dans l'eau salée; ils noircirent d'abord auprès de la tête, & ils ne se fondirent pas comme dans l'eau douce. Ils furent racornis par le vinaigre, & on en conserva dans de l'eau de vie, la bouteille étant bien bouchée.

Cette piece resta à l'air; on en amarra une au milieu de la riviere vis-à-vis l'avant-garde; une autre fut déposée dans un chenal où l'eau est saumâtre, parce qu'il ne reçoit l'eau qu'à la haute mer : une autre vis-à-vis le Fougueux, & une autre au-dessous des fosses aux mâts & de la fontaine Lupin. Les vers qui avoient été déposés vis-à-vis l'avant-garde, & qui de l'eau de mer se trouvoient transportés dans l'eau douce, périrent les premiers; ils étoient fondus, & on ne trouvoit dans les tuyaux que le casque.

A la piece qui étoit à terre, les vers qui avoient conservé leur eau, à cause de la disposition des tuyaux, étoient encore existants : les autres étoient pourris. Dans le chenal d'eau saumâtre, les vers devinrent bientôt mollasses; mais ils n'avoient pas été détruits aussi promptement que dans l'eau douce.

Les balises qui avoient été déposées le long de la riviere n'ayant pû être visitées que 15 jours après, les vers étoient entiérement détruits vis-à-vis le Fougueux; quelques-uns existoient encore vis-à-vis les fosses aux mâts; mais tous étoient en très-bon état au-dessous de la fontaine Lupin, où l'eau est toujours salée.

S'il y a moins de vers dans la vieille Darce de Toulon que

dans la nouvelle, c'eſt qu'il ſe rend beaucoup d'eau douce dans cette vieille Darce; & il y auroit encore moins de vers, ſi l'on fermoit la communication de cette Darce avec la nouvelle. Si dans le Port de Marſeille, il y a moins de vers du côté où l'on amarre les galeres, que dans la partie du Port où ſont les vaiſſeaux Marchands; c'eſt qu'il ſe rend des eaux douces & des égoûts de ſavonnerie dans cette partie, & que n'y ayant point de marée dans la Méditerranée, le mélange de l'eau douce avec l'eau ſalée ſe fait plus lentement que dans les Ports de l'Océan.

S'il n'y a point de vers dans le Port de Rochefort, & ſi les vaiſſeaux qui y entrent chargés de vers, ſont bientôt délivrés de ce fléau; c'eſt parce qu'à la mer baſſe, les vaiſſeaux ſe trouvent dans l'eau douce.

On a encore pris des bois remplis de vers; & les uns ont été retenus couchés ſur la vaſe, les autres y ont été enterrés verticalement comme des pieux: au bout de quelques jours, tous les vers étoient pourris à la partie qui étoit recouverte de vaſe, pendant que ceux qui étoient au-deſſus de la vaſe & dans l'eau ſalée, étoient très-vivants. Il eſt donc certain que la vaſe préſerve les mâts d'être endommagés par les vers, & qu'elle n'en contient pas une ſource intariſſable, comme pluſieurs le penſoient. Par conſéquent on fait bien d'enfouir à Breſt les mâts dans la vaſe.

Feu M. Boyer, Conſtructeur des Vaiſſeaux du Roi à Toulon, m'a aſſuré qu'il avoit vu en quelques endroits, &, ſi je ne me trompe, dans la Biſcaye, conſerver les mâts dans le ſable imbibé d'eau ſalée. Il eſt fâcheux que cette méthode ſoit difficile à pratiquer, & qu'elle exige beaucoup de frais pour tirer les mâts de ce ſable. Mais il eſt très-évidemment prouvé que les vers ne peuvent ſubſiſter dans l'eau douce; que cette eau eſt pour eux un poiſon plus efficace que l'air: d'où l'on peut conclure qu'on détruiroit les vers des foſſes, ſi l'on y introduiſoit de l'eau douce, & M. Dumeſnil a prouvé que cela étoit poſſible; mais outre que l'exécution de ce projet exigeroit beaucoup de dépenſe, il y auroit à craindre que l'eau douce ne fût pas auſſi propre à la conservation des mâts que l'eau salée pour les raisons que nous avons rapportées plus haut. Aussi M. Dumesnil ne proposoit-il que de mettre de temps en temps l'eau douce dans les fosses; & assurément on seroit parvenu à préserver les mâts d'être attaqués par les vers sans beaucoup altérer leur qualité. Mais comme le canal qu'il auroit fallu faire pour prendre l'eau de la riviere assez haut pour qu'elle fût douce, & la conduire aux fosses, auroit été considérable, nous avons espéré qu'en étudiant avec plus de soin la maniere dont les vers attaquent les bois, nous pourrions découvrir un moyen de les détruire avec moins de frais; nous avons donc entrepris de nouvelles Expériences qu'il faut rapporter.

On a planté tous les quinze jours deux pieux dans un endroit où nous étions certains qu'il y avoit beaucoup de vers; & toutes les fois qu'on plantoit de nouveaux pieux, on examinoit si ceux qui avoient été mis en place auparavant, étoient attaqués par les vers; par cette épreuve, que nous avons continuée une année entiere, nous avons très-évidemment reconnu que les vers n'attaquoient point les bois en Janvier, en Février, en Mars, en Avril & en Mai; ils ont commencé à les attaquer en Juin, encore plus sensiblement en Juillet & en Août, & ils ont cessé vers la mi-Septembre; en Octobre, Novembre & Décembre, plus de ravage.

Il est à propos d'être prévenu que la saison où les vers commencent & où ils finissent d'endommager les bois, varie suivant la température de l'air chaud ou froid; de sorte que dans des climats plus chauds que Rochefort, en Provence, par exemple, & en Italie, ils peuvent commencer à attaquer les bois dès la fin d'Avril, & continuer jusqu'au commencement d'Octobre, pendant qu'à Brest le temps du désordre commence plus tard & finit plutôt. Quoi qu'il en soit, ayant reconnu que l'on n'avoit rien à craindre des vers à Rochefort pendant huit mois, je proposai à M. de Maurepas d'ordonner qu'on rétabliroit les écluses, & que pendant les quatre mois critiques on donneroit ordre au gardien de tenir tous les huit jours, d'une marée à l'autre, les fosses à sec; après quoi on remettroit l'eau dans les fosses. Les mâts se couvrent naturellement d'une couche de limon assez mince : c'est apparemment sur cette couche que se dépose le frai de ces vers, qui d'abord n'est qu'un glaire très-délié : un coup de soleil, une risée de vent, une petite pluie, suffisent pour faire périr cette semence vermineuse sans que le hâle puisse agir sur les mâts & les endommager, parce que la sécheresse ne pourroit en un aussi court espace de temps agir que sur le limon, ou sur les premieres couches d'aubier. Les ordres furent donnés & exécutés ; & étant retourné deux ans après à Rochefort, je trouvai les mâts absolument exempts de vers, excepté au fond du fer à cheval qui ne desséchoit pas & où il restoit une lame d'eau d'environ 6 pouces d'épaisseur : la partie des mâts qui restoit mouillée par cette eau, étoit attaquée des vers pendant que le reste en étoit exempt, ainsi que tous ceux de la fosse noire & de l'Islot, de même que ceux des deux branches du fer à cheval. Je ne sai pas si on a suivi assidument cette méthode ; mais il est très-bien prouvé que sans occasionner aucune dépense, elle a fourni pendant plusieurs années un très-bon moyen de conserver les mâts.

Nos Expériences prouvent encore que la méthode qu'on suit à Brest est fort bonne. A l'égard de Toulon, je voudrois qu'on établît des fosses dans des especes de marais qui sont derriere la vieille Darse, & qu'on y conduisît assez d'eau douce pour affoiblir la salûre de l'eau, & la rendre pernicieuse pour ces insectes ; ce qui seroit facile, non-seulement parce qu'il y a beaucoup d'eau douce aux environs de Toulon ; mais encore parce qu'on pourroit profiter des ravines considérables qui viennent des montagnes.

A l'égard des mâts travaillés, j'ai déja dit qu'il ne convenoit pas de les mettre dans l'eau, & tout ce qu'on peut faire de mieux, est de les mettre en chantier sous des hangars frais & secs, & de les couvrir d'une couche de graisse qu'il faut renouveller de temps en temps.

J'ai fait beaucoup d'Expériences pour reconnoître ce qu'on pourroit espérer des vernis, espalmes ou corrois, pour défendre les bois de l'attaque des vers. La moindre couche résineuse n'est point attaquée par les vers, & elle garantit les bois qui en sont recouverts, pourvu qu'elle les couvre exactement par-tout; mais ils savent s'introduire par la moindre fente, par le moindre éclat; & les mouvements du vaisseau, l'abordage des canots & chaloupes, le frottement du cable en occasionnent nécessairement, & en occasionneroient quand ces enduits seroient durs comme du fer: d'ailleurs il y en a qui se réduisent en terre à force de rester dans l'eau. On trouvera dans le Livre suivant des Expériences qui ont encore rapport aux mâts, & qui prouvent la vérité de plusieurs choses que nous avons avancées dans celui-ci.

EXPLICATION des Planches & des Figures du Livre quatrieme.

PLANCHE XVI.

LA FIGURE I représente deux rames, l'une *A* vue par le tranchant, & l'autre *B* par le plat de la pelle. *f g* est la longueur de la rame. En *g* est la poignée par laquelle le principal rameur, qu'on nomme *Vogue avant*, la saisit pour voguer; *e* est la manuelle que saisissent les rameurs; *d* est le corps de la rame vis-à-vis la manuelle; *c c* sont les jumelles qu'on met pour empêcher que la rame ne s'use à son point d'appui; *b d* est ce qu'on nomme le *genou*; *a* est la pelle.

La Figure 2 représente une vergue formée de quatre pieces assemblées les unes avec les autres. *Figure 3*, *a b* sont les deux bouts de cette vergue. On les voit assemblées l'une avec l'autre à la *Fig.* 4; & les endents qu'on apperçoit depuis *c* jusqu'en *d* sont recouverts par la jumelle *Fig.* 5, de telle sorte que les endents qui engrenent les uns dans les autres empêchent les pieces *a b Fig.* 3 de se séparer.

PLANCHE XVII.

LA FIGURE 1 représente la fosse noire.

La Figure 2 est la fosse de l'Islot.

La Figure 3 est celle du fer à cheval. *A* représente les travées qui sont composées de cinq fermes *c*, qui chacune sont formées de cinq chevalets *b*. *B* représente l'endroit où sont les portes d'écluse pour recevoir l'eau dans les fosses, & la retenir à volonté.

PLANCHE XVIII.

LA FIGURE 1 représente une travée plus en grand. *CC* sont autant de fermes composées chacune de cinq chevalets *b*, qu'on voit représentés en grand sur la *Planche XIX.*

La Figure 2 représente un chevalet composé de deux jumelles *A B*, & qui est coupé à la hauteur de la maçonnerie en *P P*. *C* représente l'entre-toise d'en-bas sur laquelle repose la piece de Sapin, ou le *gisant D*. *E* est l'entre-toise qui est placée au-dessus du *gisant*. *L P M N O* représente la ferrure qui sert à retenir les chaînes *Q*, qui assujettissent le mât *I*.

La Figure 3 représente le même chevalet vu dans un autre sens, & les différentes pieces sont indiquées par les mêmes lettres.

PLANCHE XIX.

CETTE Planche représente les chevalets tels qu'ils ont été établis dans les fosses de Rochefort.

FIGURE 1. *A A*, *B B*, sont les deux montants ou jumelles. *C*, l'entre-toise d'en-bas. *D*, la piece de Sapin, ou le *gisant*. *E*, l'entre-toise d'en-haut qui est placée au-dessus du *gisant*. Toutes ces pieces sont renfermées dans un massif de maçonnerie. *I*, le mât qui repose sur cette maçonnerie. *H* est une piece de bois quarrée qu'on nomme *Traversin*, qui assujettit les mâts sous l'eau. *K* eſt une étance qui s'appuie par ſon bout d'en-haut ſous l'entre-toiſe *F*, & par ſon bout d'en-bas ſur le traverſin *H*. *G* eſt un chapeau qui lie la tête des jumelles, & les défend d'être pénétrées par l'eau de la pluie.

La Figure 2 repréſente la même ferme vue dans un autre ſens, & les objets ſont indiqués par les mêmes lettres.

LIVRE

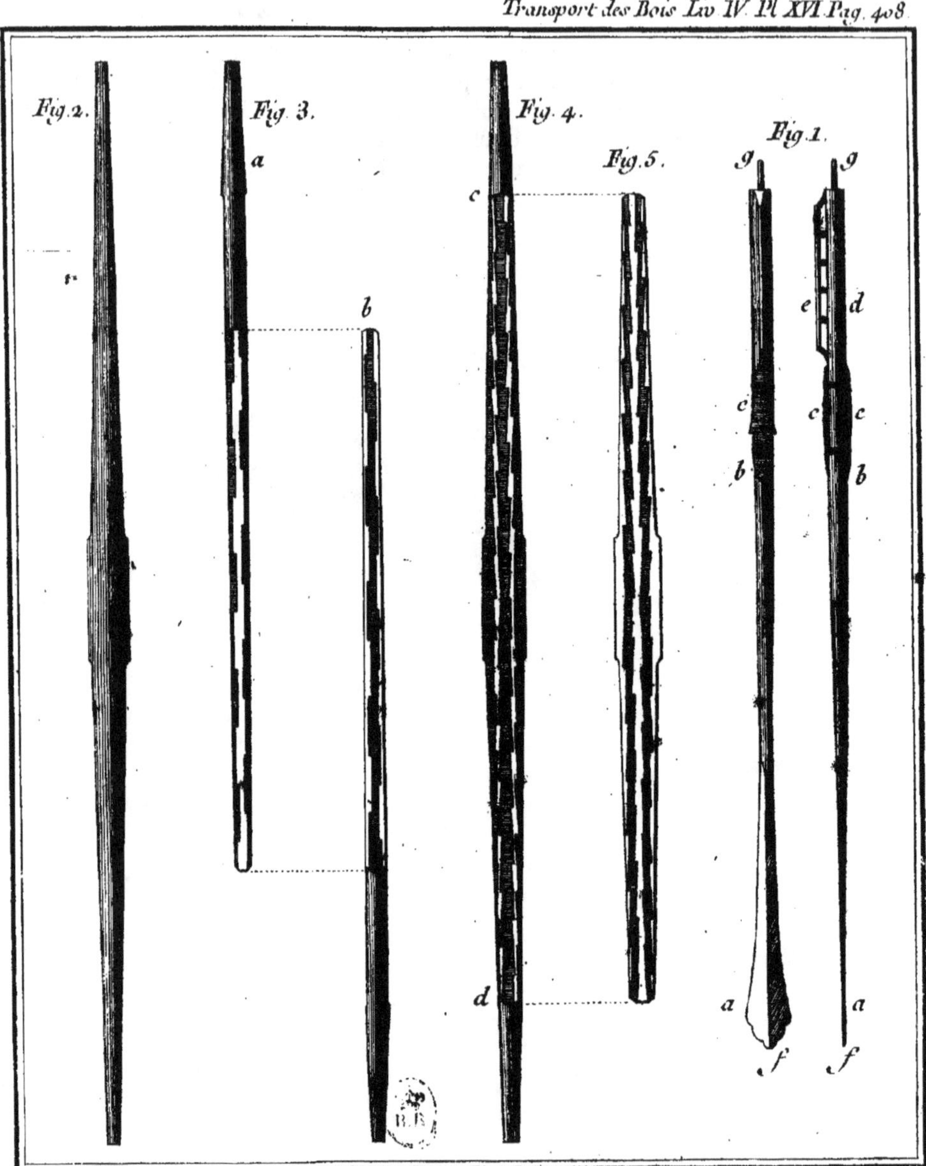
Fig. 2.
Fig. 3.
a
b
Fig. 4.
c
d
Fig. 5.
Fig. 1.
g
g
e
d
c
c
c
b
b
a
a
f
f

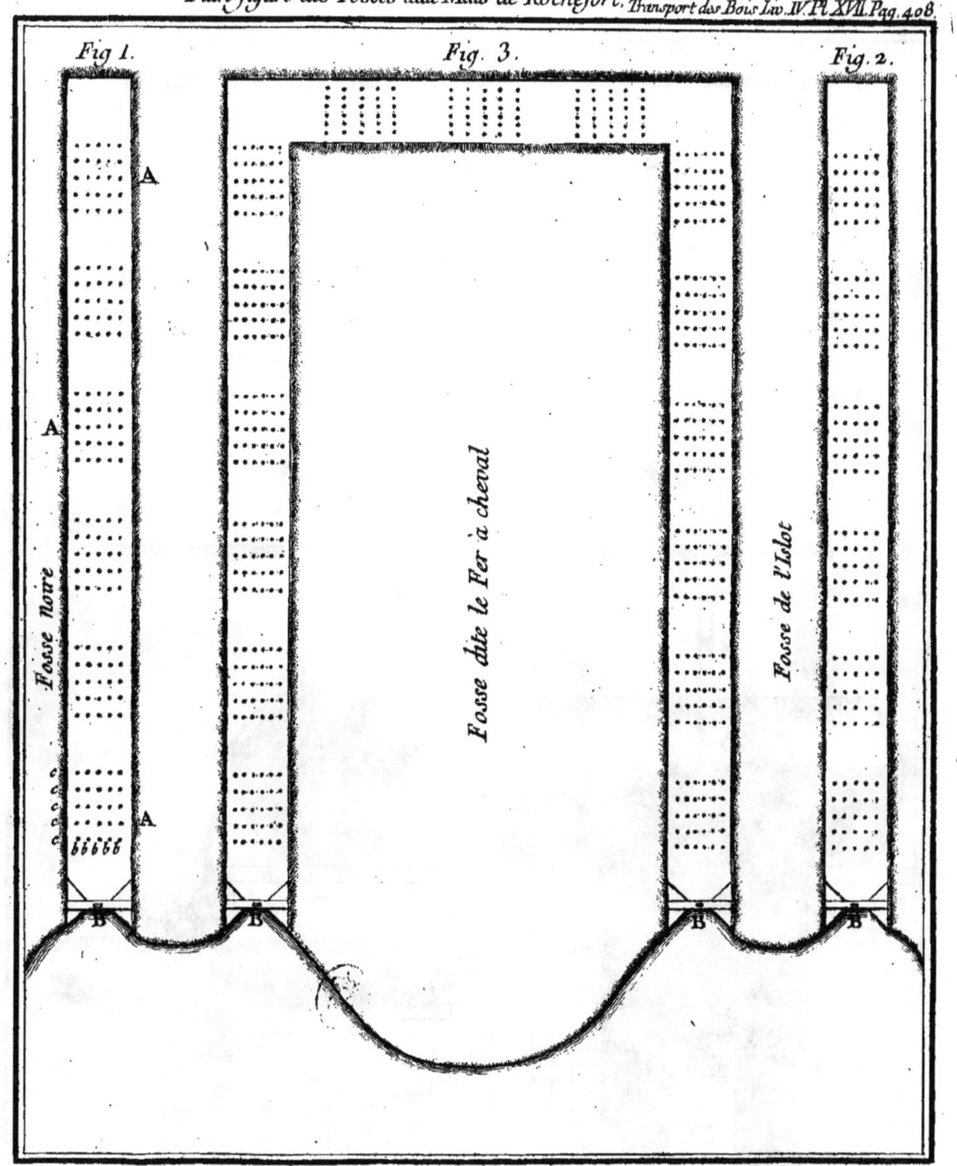
Fig 1.
Fig. 3.
Fig. 2.
A
A
A
B
B
B
B
Fosse noire
Fosse dite le Fer à cheval
Fosse de l'Islot

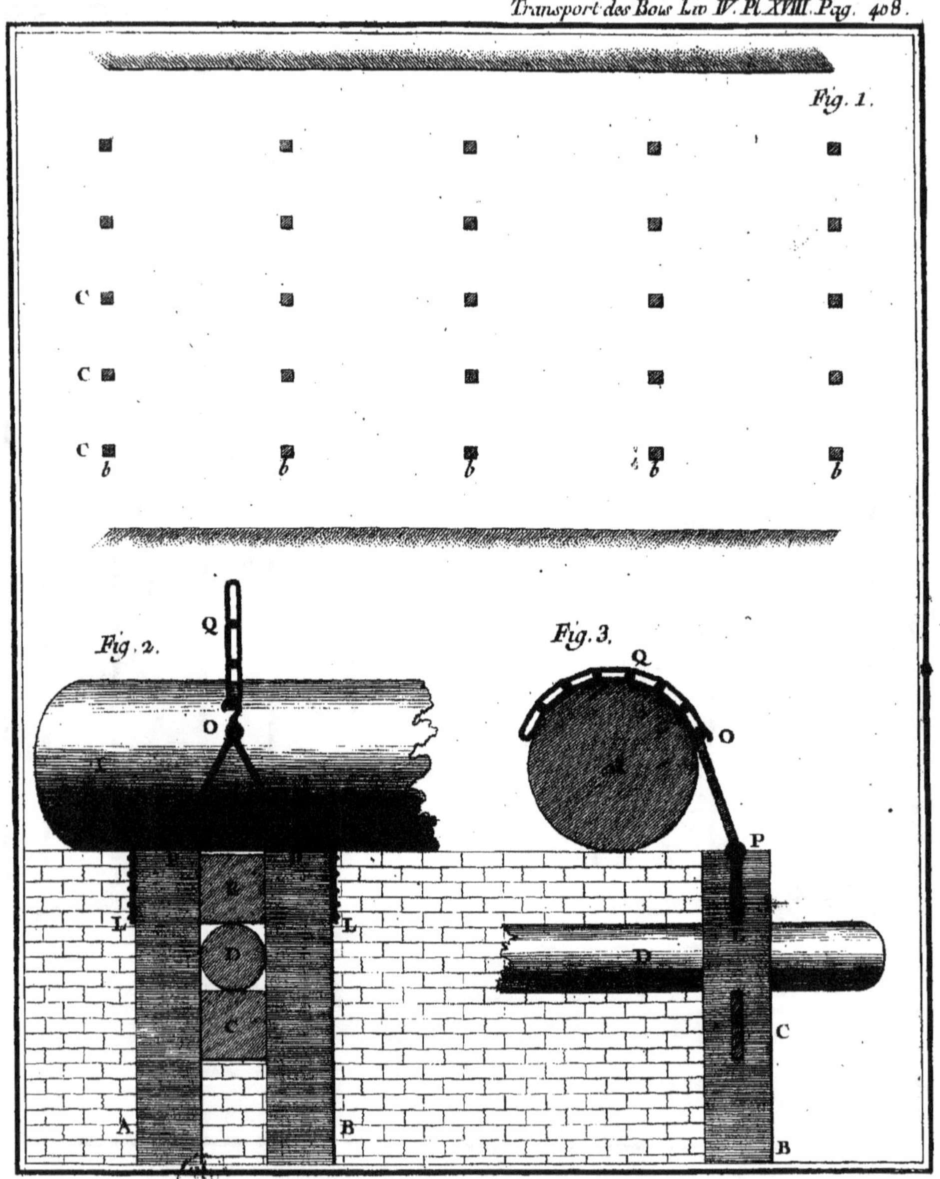
Fig. 1.
C
C
C
b
b
b
b
b
Fig. 2.
Q
O
B
D
C
L
L
A
B
Fig. 3.
Q
O
P
D
C
B

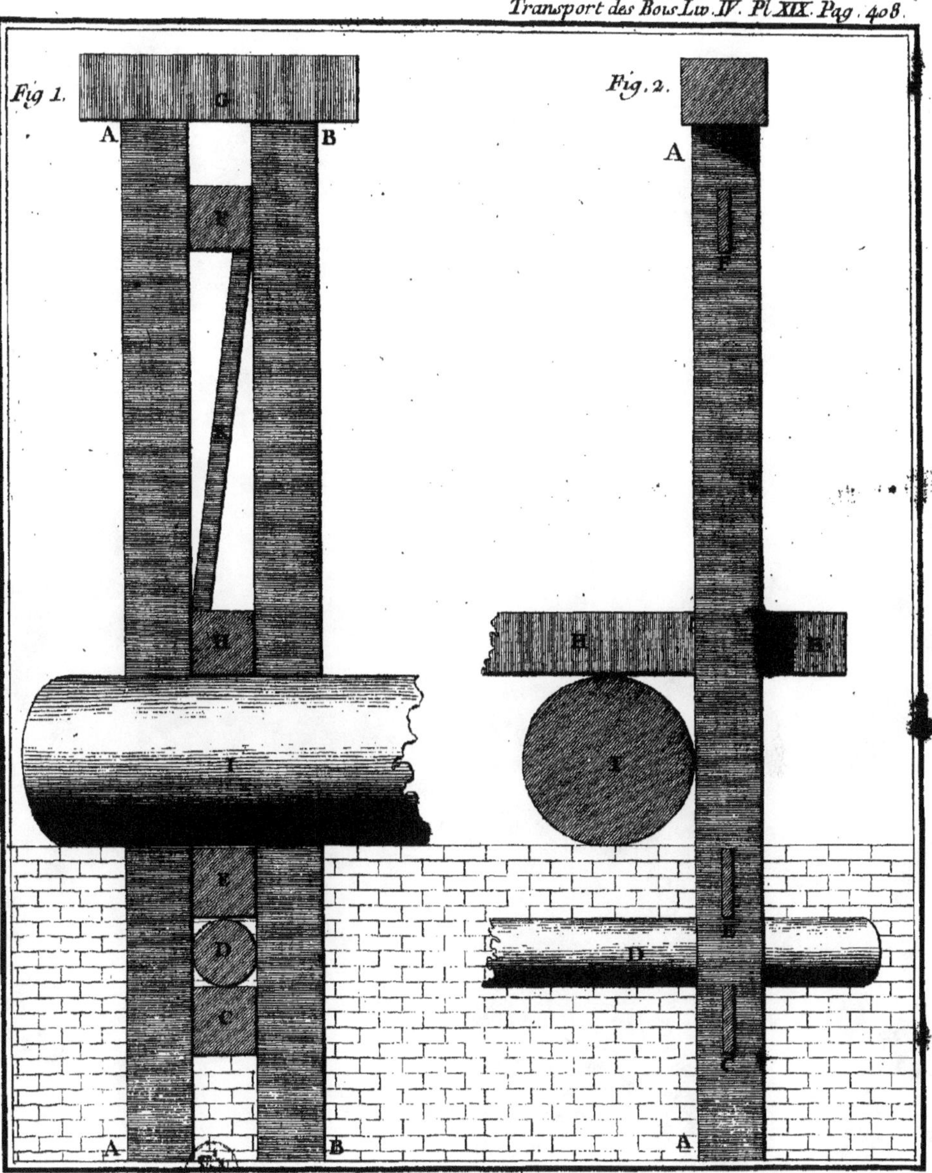
Fig 1.
G
A
B
F
H
I
E
D
C
A
B
Fig. 2.
A
F
H
H
I
E
D
C
A

LIVRE CINQUIEME.

De la Force des Bois, ſoit d'une piece, ſoit d'aſſemblage, les uns & les autres de différentes groſſeurs.

NOUS avons principalement porté nos vues dans les Livres précédents ſur la peſanteur des bois ; & il eſt ſenſible que les bois les plus peſants ayant plus de matiere réſiſtante dans un même eſpace, doivent être les plus forts & les meilleurs. Nous avons cependant dit que cela ne pouvoit être que lorſque les matieres qui augmentent le poids ſont capables d'agir de concert avec le reſte de la maſſe pour rendre le tout plus réſiſtant ; & le contraire arrive ſouvent, comme le prouvent quelques-unes de nos Expériences. Un ſoliveau qui ſort de l'eau eſt plus peſant qu'un ſoliveau qui eſt ſec : cependant il eſt moins dur ; on le coupe, on le ſcie plus aiſément ; il eſt moins fort ; il plie ſous un poids que l'autre ſoutient. Une des qualités du bois qui indique le mieux ſa bonté ſemble donc conſiſter dans ſa force : cette regle, quoique généralement vraie, ſouffre cependant quelques exceptions relativement à l'uſage qu'on veut faire des bois ; puiſque nous avons dit plus d'une fois que certains bois légers, tendres & aſſez fragiles, le Cédre, le Génévrier, le Cyprès, réſiſtent beaucoup plus long-temps à la pourriture, que des bois plus peſants tels que le Chêne, le Hêtre, &c. Mais il n'en eſt pas moins vrai que, pour quantité de ſervices, les bois les plus forts ſont les meilleurs ; & quand il s'agira de comparer des bois d'un même genre, la regle ſouffrira encore moins d'exceptions : on pourra dire que toute choſe étant égale d'ailleurs, la force eſt à peu près proportionnelle à la peſanteur. Cela poſé, il eſt clair qu'il n'y a que des Expériences exactes, & exécutées avec tout le soin possible, qui puissent déterminer le degré de force qui appartient à chaque nature de bois ; & ce sera le plus ou le moins de force, qui fera juger de leur bonne ou de leur mauvaise qualité. Car assez souvent pour les charpentes, les constructions, les machines, on tire avantage de la force du bois, leur principal usage étant de supporter des fardeaux. Nous avons déja eu recours à la méthode de faire rompre des barreaux pour reconnoître leur force, particuliérement dans ce Volume, Livre II, Chap. V. Art. X. Mais dans ce Livre V, nous nous occuperons uniquement de la Force des Bois.

Avant que d'entamer le détail de nos Expériences, il est bon de faire connoître les précautions que nous avons prises pour les rendre fort exactes (*).

(*) Tout ce qui a trait à la force des bois, est trop intéressant à la Marine, au Génie, à l'Architecture civile, pour que je pusse négliger de suivre toutes les vues qui me paroissoient y avoir rapport : aussi ai-je exécuté à Denainvilliers quantité d'Expériences sur cette matiere. Mais de temps en temps je me trouvois en défaut : je manquois de quelque qualité de bois, qui, pour certains objets, me paroissoit plus avantageuse que les autres : un Ouvrier très-adroit m'étoit absolument nécessaire ; je m'en étois procuré un, ainsi que quantité de petits ustensiles dont on sent le besoin quand on opere ; j'en avois une provision : mais comme tous ces secours se trouvent dans les Ports mieux que par-tout ailleurs, je profitai d'un séjour que je fis à Marseille pour mettre mes Expériences en train. Il est vrai que pour les conduire aussi loin que je le desirois, il auroit fallu y séjourner bien long-temps, ce qui m'étoit impossible. Heureusement M. d'Héricourt, alors Intendant des Galeres, sentit l'utilité de mes recherches au point d'y prendre un intérêt singulier, d'adopter en quelque façon mon travail, & d'en protéger efficacement l'exécution. M. Garavaque, Ingénieur de la Marine, qui étoit plein de sagacité, d'intelligence, d'exactitude, & doué d'une patience à toute épreuve, fut chargé de présider à l'exécution de mes Expériences.

M. Deidier, sous-Constructeur des Galeres, en qui se trouvoit une adresse & une précision qui n'a point d'égal, fut chargé de faire lui-même tous les barreaux que nous imaginerions, & dont nous desirions éprouver la force. M. d'Héricourt nous destina un lieu commode & sûr pour l'exécution de nos Expériences. C'étoit à moi de profiter de circonstances aussi heureuses: combien ai-je éprouvé de fois qu'elles se rencontrent rarement ! Nous conférâmes sur ce qu'il y avoit à faire : nous convînmes des Expériences qu'il falloit exécuter; mais lorsque nous étions en train d'opérer, je reçus ordre de me rendre au Port de Bouc. Je fus donc obligé d'abandonner la suite du travail à M. Garavaque, & de le mettre sous la protection de M. d'Héricourt, me proposant, aussi-tôt que je serois quitte de ma tournée, d'exécuter des Expériences de mon côté. J'ai cru que cette Note étoit convenable pour témoigner ma reconnoissance à ceux qui ont bien voulu venir à mon secours, & pour qu'on sçût qu'on pouvoit avoir autant de confiance aux Expériences exécutées à Marseille, qu'à celles que j'ai faites moi-même.

CHAPITRE PREMIER.

Précautions pour rendre les Expériences exactes.

On a vu dans la *Physique des Arbres* que leur tronc est formé par un nombre de couches ligneuses qui sont jointes les unes aux autres par un tissu plus rare. Ces couches (*Pl. XX. fig.* 1) font des orbes concentriques qui indiquent à peu près l'accroissement de chaque année; comme les couches intermédiaires qui joignent ces couches ligneuses sont plus rares & moins fortes que les couches ligneuses, on peut les considérer dans un corps d'arbre, comme des tuyaux qui seroient mis les uns dans les autres, & qui seroient réunis par une espece de colle. Ceci bien entendu, il est sensible que si on leve une planche dans le sens *A E*, (*Fig.* 1) cette planche sera formée comme d'un nombre de petites planches collées les unes sur les autres, & qui sont désignées par les traits qui sont entre *A* & *E*. Maintenant si l'on forme avec cette planche un barreau comme *F*, qui est représenté plus en grand en *G* & en *H*, il est sensible qu'on peut regarder ces barreaux comme étant composés de plusieurs petites planches collées les unes sur les autres ; & nous prouverons dans la suite que le même barreau, posé comme *H*, ou *h* sera, par cette seule raison, plus fort que s'il étoit posé comme *G* ou *g*. Nous avons fait attention à cette circonstance, & on verra que dans toutes nos Expériences nous avons posé les couches dans un sens vertical ; mais on apperçoit aisément qu'elle ne mériteroit aucune attention, si l'on faisoit rompre des arbres de brin ronds ou quarrés, comme on le voit par la seule inspection de la *Figure* 1.

Nous avons prouvé, par un très-grand nombre d'Expériences, que quand les arbres sont vigoureux, & qu'ils végetent encore avec force, c'est le bois du cœur qui est le plus dense; &

que dans les gros arbres qui commencent à entrer en retour, le bois du cœur est souvent plus léger que la couronne qui est entre le cœur & la circonférence, de sorte que le bois acquiert peu à peu sa densité, & qu'il la perd peu à peu quand il a passé le terme de cette plus grande densité. On verra que dans nos Expériences, nous avons eu égard à toutes ces circonstances; & encore, autant que cela a été possible, au terrein où les bois ont crû, à leur degré de sécheresse, &c. On verra, pour le dire en un mot, que nous n'avons négligé aucuns des détails que l'exactitude la plus grande pouvoit prescrire.

Je vais commencer par rapporter quelques discussions théoriques, qui rendront plus sensibles ce que nous aurons à dire dans la suite.

CHAPITRE II.

Réflexions sur la résistance des fibres ligneuses d'où résulte la Force des Bois.

GALILÉE s'étant proposé de connoître le rapport qu'il y a entre la force directe ou absolue des corps, & leur force transversale ou respective, a supposé que dans un corps qu'on surcharge, les fibres rompoient dans un même instant.

MM. Mariotte & Leibnitz s'étant apperçu qu'il n'y avoit point de corps, si roide qu'il fût, fût-ce du verre, qui ne s'étendît un peu avant de rompre, ils ont compris cet élément essentiel dans leurs problêmes.

Il sembloit alors que ces illustres Mathématiciens avoient épuisé cette matiere : aussi MM. Varignon & Parent adopterent-ils leurs principes. Cependant M. Bernoulli a prouvé qu'il y avoit dans un corps prêt à se rompre, dans une poutre, par exemple, des fibres qui étoient en contraction & d'autres en dilatation : des considérations différentes de celles de M. Bernoulli m'ont amené à le penser de même, & m'ont fait naître l'idée de quelques Expériences qui feront le sujet de ce Chapitre. Je voudrois, en supposant la théorie de M. Bernoulli, en venir tout de suite au détail de mes Expériences : mais j'ai cru ne pouvoir pas faire sentir leur utilité sans rapporter quelques réflexions qui les ont précédées, ou qui me les ont fait imaginer.

Je considere d'abord la piece de bois *a b* (*Pl. I, fig.* 2) comme étant formée de deux parallélipipedes *a* & *b*, unis par leur base en *f*. Je suppose ensuite un point d'appui en *c*, & deux puissances appliquées, l'une en *d*, & l'autre en *e*, qui tendent à faire baisser ces deux parties des parallélipipedes.

Il est clair que *d e* venant à baisser, les bases des parallélipipedes se sépareront au point *f*, mais qu'elles resteront unies au point *c*.

Maintenant, sans rien changer à la premiere supposition, je demande qu'on imagine ces deux parallélipipedes parfaitement durs, & qu'il y a en *f* (*Fig.* 3) un lien qui les unit.

Dans cette supposition, les puissances *d e* tendront à rompre le lien *f* par les bras du levier *e f*, *d f* : les bases des parallélipipedes s'appliqueront exactement l'une contre l'autre ; & à cause de la dureté qu'on leur suppose, le point d'appui s'étendra dans toute la base *c f* des parallélipipedes.

Mais les fibres ligneuses sont extensibles : faisons donc une autre supposition. Imaginons (*Figure* 4) que les deux mêmes parallélipipedes, au lieu d'être retenus par le lien *f*, (*Figure* 3) que nous avons supposé inextensible, le sont par une multitude de ressorts qui sont tous également dilatables. Assurément quand les puissances *d e* viendront à agir, tous les ressorts entreront en dilatation, mais dans une proportion telle que ceux qui seront les plus éloignés du point *c* seront les plus dilatés, & ceux qui seront les plus proches de ce point, le seront infiniment peu, comme on le voit (*Figure* 5). En un mot ces ressorts seront dans un degré de dilatation proportionel à leur éloignement du point *c*. Il faut remarquer de plus que les puissances *d e* agiſſent ſur les reſſorts par les bras de levier, *d g* & *e h*, que les baſes des parallélipipedes *a b* s'appuient l'une contre l'autre au point *c* qui eſt le point d'appui, & que les leviers de réſiſtance s'étendent du point *c* au point *g*, & du point *c* au point *h*, de ſorte que les reſſorts agiſſent d'autant plus puiſſamment pour réſiſter aux puiſſances *d e*, qu'ils ſont plus éloignés du point *c*.

Si l'on étoit bien ſûr que les fibres ligneuſes réſiſtent d'autant plus qu'elles ſont plus allongées par la tenſion, comme un reſſort qui fait d'autant plus d'effort pour revenir à ſon point qu'il eſt plus tendu; s'il étoit bien prouvé que le *maximum* de la réſiſtance des fibres ligneuſes eſt le point où elles ſont prêtes à ſe rompre; il ſeroit certain que ce ſeroit la fibre repréſentée par le reſſort *g h*, (*Figure 5*) qui réſiſteroit le plus aux puiſſances *d e*, tant à cauſe de ſa ſituation à l'extrémité des leviers de réſiſtance *c g*, *c h*, que parce que c'eſt elle qui eſt dans la plus grande tenſion.

Mais il eſt conſtant, par l'Expérience, qu'une fibre qui a été peu allongée, revient à peu près à ſon premier état lorſqu'elle a été rendue à elle-même, & qu'elle conſerve une partie de cet allongement lorſqu'elle a été tendue juſqu'à un certain point. On en voit un exemple dans une verge de bois, qui revient dans ſon premier état quand elle a été légérement pliée; & qui conſerve une partie de la courbure qu'on lui a fait prendre, quand elle a été beaucoup pliée. La fibre *g h* pourroit donc avoir perdu ſa réaction lorſque les autres fibres moins tendues jouiroient encore de cette propriété.

D'ailleurs ſi l'on pouvoit comparer une fibre ligneuſe à un fil de métal tendu, il eſt sûr que ce fil perd de ſa groſſeur à meſure qu'il s'allonge, & que plus il diminue de groſſeur, plus il s'affoiblit: ainſi il pourroit bien être qu'une fibre ligneuſe trop tendue ne ſeroit plus dans l'état de ſa plus grande réſiſtance; & ſi cela eſt, on ne peut plus décider laquelle des fibres qui ſont diſtribuées depuis *c* juſqu'à *g*, & depuis *c* juſqu'à *h*, eſt capable de cette plus grande réſiſtance.

Nous avons ſuppoſé juſqu'à préſent que nos parallélipipedes

étoient parfaitement durs : le bois ne l'eſt pas, & ſes fibres ſont extenſibles & compreſſibles même dans le ſens de leur longueur. Pour mieux faire comprendre ma penſée, je vais faire encore une ſuppoſition différente des précédentes.

Il faut pour cela imaginer les deux parallélipipedes *a b* écartés l'un de l'autre, comme on le voit (*Figure 6*), & joints par des reſſorts ſemblables que je ſuppoſe indifférents à ſe contracter ou à ſe dilater. Aſſurément quand les puiſſances *d e* agiront pour abaiſſer les extrémités *a* & *b*, les reſſorts qui ſont vers *c* ſe contracteront, & ceux qui ſont vers *f* ſe dilateront : c'eſt à peu près ce qui arrive à un morceau de cire molle, que l'on plie : car l'effet de la condenſation ſe fait appercevoir à l'intérieur de la courbe par le bourſouflement de la cire, & la dilatation paroît à l'extérieur par l'applattiſſement de cette cire, comme on le voit (*Figure 7*).

Il y a donc des fibres qui ſont en condenſation, & d'autres qui ſont en dilatation ; & il me paroît que la ſomme des fibres qui ſont en dilatation & en condenſation dans un morceau de bois qu'on charge, varie ſuivant que les fibres ſont plus dilatables que compreſſibles ; ou le contraire : de ſorte que ſi les fibres étoient plus contractibles qu'extenſibles, il y auroit beaucoup de fibres en condenſation, & peu en dilatation ; & au contraire ſi les fibres étoient plus extenſibles que compreſſibles, il y auroit beaucoup de fibres en dilatation, & peu en condenſation.

Certainement pour calculer avec quelque préciſion la force des bois, il ſeroit fort utile de pouvoir diſtinguer, ne fût-ce qu'à peu près, la ſomme des fibres qui ſont en condenſation d'avec celle des fibres qui ſont en dilatation : ou bien de connoître quelle proportion il y a entre la compreſſibilité des fibres ligneuſes & leur dilatabilité. Ce ſont-là des choſes de fait, qui ne peuvent pas être éclaircies par la théorie : il faut avoir recours aux Expériences.

Quantité de Phyſiciens ont fait des recherches dont on peut tirer un grand parti pour connoître la force des bois : mais j'ai conſidéré la choſe ſous un autre point de vue, & j'ai exécuté des

Expériences qui me paroissent avoir encore un rapport plus direct à la question dont il s'agit. Avant que de les rapporter, je dois faire remarquer une circonstance qui est de grande conséquence dans l'occasion présente.

Dans la supposition que j'ai faite en dernier lieu (*Figure 6*) lorsque les puissances *d e* agiront, les ressorts qui sont vers *c* entreront en condensation pendant que ceux qui sont vers *f* seront en dilatation. Donc les ressorts *f* tendront par leur réaction à rapprocher les parallélipipedes, pendant que les ressorts *c* tendront aussi par leur réaction à les écarter. Donc si l'on divisoit les parallélipipedes par la ligne ponctuée *a b*, (*Pl. XXI*, *fig.* 8) supposant que les portions *d e* ne fussent jointes aux portions *l m* que par une substance visqueuse capable de céder à l'action des ressorts, ces deux portions *d e* & *l m* glisseroient l'une sur l'autre; ce glissement est sensible dans un jeu de carte qu'on plie, dans des planches posées de plat & chargées (*Figure 9*). J'ai quelquefois vu la même chose arriver dans mes Expériences, quand j'ai fait rompre des barreaux de Chêne bien durs & bien secs : ces barreaux résistoient long-temps sans plier; & avant que de rompre à la partie convexe au point *f*, (*Fig.* 10) il se détachoit à la partie concave un grand éclat *c* qui glissoit, & aussi-tôt le barreau rompoit. Pour rendre ceci sensible, je suppose la piece (*Figure* 11) formée de quatre planches *a b c d*. Quand on chargera cette piece, elle se courbera pour prendre la forme de la piece (*Fig. 9*). Les planches *a*, *b*, *c*, *d* ne prendront pas une pareille courbure. La courbure de la planche *a* sera plus considérable que celle de la planche *b*; & la planche *d* aura moins de courbure que toutes les autres. Or les pieces qui sont à l'intérieur de la courbe *a*, se raccourcissent moins que les pieces *d* qui sont à l'extérieur. Ce raccourcissement inégal fait que les planches doivent glisser les unes sur les autres; & plus il y aura d'obstacle à ce glissement, plus la piece chargée aura de force. Ainsi la cohésion des couches ligneuses contribue beaucoup à la force des pieces de bois que l'on charge : c'est par le défaut de cette force de cohésion que quatre planches *a b c d* posées de plat (*Figure* 12) ont bien moins de force que les mêmes

mêmes planches *a b c d* poſées de champ (*Planche XXI, fig* 13) : car aſſurément ſi ces quatre planches étoient réunies par une colle qui fût auſſi forte que les fibres ligneuſes qui les uniſſoient avant qu'on les eût ſéparées, la piece auroit une force égale étant chargée dans un ſens ou dans un autre. Cette obſervation prouve qu'il y a, dans une piece de bois qu'on charge, une aſſez grande quantité de fibres en condenſation, & que la force de cohéſion des fibres ligneuſes les unes avec les autres, influe beaucoup ſur la force des bois ; de ſorte qu'une piece de bois formée de fibres ligneuſes très-fortes, mais qui ſeroient peu adhérentes les unes aux autres, pourroit rompre ſous un poids que ſupporteroit une piece dont les fibres ſeroient plus foibles, mais mieux unies les unes aux autres. Enfin, on voit que dans certains cas les fibres qui ſont en condenſation ſouffrent beaucoup, puiſque ce ſont elles (*Figure* 10) qui ont rompu les premieres. Je ne prétends pas dire que la force des fibres longitudinales ſoit inutile pour la réſiſtance d'une piece de bois que l'on charge ; mais je n'examine pour le préſent que ce qui réſulte de la force de cohéſion pour la réſiſtance de cette piece : nous examinerons dans la ſuite ce qui regarde la force des fibres tirées ſuivant leur longueur.

On voit par ce que nous venons de dire, la juſteſſe de la remarque que nous avons faite au commencement de ce Livre, ſavoir que ſi l'on met en charge un barreau de cartelage (qu'on ſuppoſe n'être point tranché) dans le ſens où les couches annuelles ſe trouvent à plat, ce barreau (*Figure* 12) ſera moins fort que ſi l'on avoit placé les couches annuelles verticalement (*Figure* 13) : ce qui vient de ce que la force de cohéſion des couches ligneuſes n'eſt pas ſi grande que la force même des fibres qui forment ces couches.

D'après ces obſervations, on conçoit que le barreau (*Fig.* 11) étant chargé par les deux extrémités, les couches *a* ſont en refoulement pendant que les couches *d* du même barreau ſont en tenſion : mais juſqu'à quelle hauteur les fibres ſont-elles en contraction, & où commence la tenſion ? la contraction s'étend-elle juſqu'à la couche *b* ou la couche *c* ? en un mot, à quel point finit la contraction & où commence la tension?

Il n'est pas douteux que le point qui partage les fibres qui sont en tension de celles qui sont en contraction, est variable : nous avons déja dit qu'il devoit changer suivant que les fibres étoient plus ou moins extensibles & plus ou moins contractibles. J'ajoute que la somme des fibres en tension remonte à mesure que la piece plie : mais aussi à mesure que la piece plie, la tension de la couche *d* (*Figure* 11) augmente. Ainsi quoiqu'il parût d'abord que la piece qui auroit plié, seroit plus forte, parce que le nombre des fibres qui sont en tension augmente : cependant elle est affoiblie parce que la tension des fibres est inégale, & la couche *d* (*Figure* 11) étant plus tendue que les autres, elle est surchargée, & elle rompt. Il en est bientôt de même de la couche *c*, puis de la couche *b*; & dans un instant tout le barreau sera rompu.

Voyant bien clairement cette tension & cette compression; voici le raisonnement que je fis : Toutes les fibres qui sont en condensation ne servent qu'à s'appuyer les unes les autres : d'où il suit que si, dans le barreau (*Figure* 14) qu'on suppose chargé en *d* & en *e*, les fibres qui sont en compression s'étendent jusqu'au point *g*, qui est le tiers de l'épaisseur de la piece, je puis scier cette piece jusqu'en *g* sans qu'elle en soit affoiblie, pourvu que je remplisse le trait de la scie par un morceau de bois dur qui serve d'appui aux fibres que j'ai coupées. Deux choses me confirmoient dans cette pensée :

1°, J'avois remarqué en rompant des barreaux de Chêne que le moindre nœud qui étoit à la partie convexe du barreau l'affoiblissoit beaucoup, au lieu qu'un gros nœud qui étoit à la partie concave, ne diminuoit point sa force.

2°, Dans les Expériences que j'avois faites pour plier les bois qui avoient été chauffés à l'étuve, j'avois remarqué qu'un simple coup d'erminette sur la partie convexe des bordages les faisoit éclater, au lieu que des traits de scie donnés de distance en distance sur la partie concave, faisoient que les pieces plioient plus aisément. Tout ceci souffrira moins de difficulté quand on connoîtra nos Expériences : il faut donc en commencer le détail.

ARTICLE I. *Préparations pour les Expériences qui vont suivre.*

JE choisis du Saule préférablement à d'autres especes de bois, 1°, parce qu'il me parut qu'il étoit d'une densité plus uniforme que le Chêne, l'Orme, &c. les cercles qui distinguent la crûe des années, étant moins sensibles dans le Saule que dans les autres especes de bois que je viens de nommer.

2°, Le bois de Saule est liant, sans être fort dur ; & ces deux qualités m'ont paru favorables au dessein que je me proposois.

3°, J'avois à ma disposition quantité de Saules de même âge, de même grosseur, abattus dans le même temps, & également secs : toutes conditions essentielles pour mes Expériences ; & il ne m'étoit d'aucune utilité d'avoir des bois très-difficiles à rompre.

Je choisis donc dans beaucoup de jeunes Saules des bouts de 3 pieds de longueur, qui fussent droits & à peu près de la même grosseur, afin que le cœur de l'arbre se trouvât au centre des barreaux. J'en fis faire 24 barreaux qui avoient 3 pieds de longueur sur un pouce & demi d'équarrissage : je fis marquer le milieu de chaque barreau d'un trait de compas.

Comme il m'étoit important de connoître quel poids il falloit pour rompre ces barreaux dans leur entier, je les faisois porter de chaque bout de trois quarts de pouces sur deux forts treteaux bien solides. Je passois ces barreaux dans une boucle de fer que je mettois précisément sur le trait du compas qui marquoit le milieu, & cette boucle soutenoit une caisse dans laquelle on mettoit les poids. Je supprime le détail de quantité de précautions d'où dépendoit l'exactitude de mes opérations, parce que je les ai rapportées ailleurs.

ARTICLE II. *Suite d'Expériences qui prouvent qu'une partie des fibres d'une piece qu'on charge, est en condensation, pendant que l'autre partie est en dilatation.*

§ 1. PREMIERE EXPÉRIENCE *pour reconnoître la force de six barreaux entiers.*

N°.	Force.	
1	530	Force moyenne, 524 liv. $\frac{5}{6}$.
2	563	
3	529	
4	413	
5	559	
6	555	

Le barreau N°. 4 avoit un petit défaut.

REMARQUE.

AYANT reconnu par cette Expérience que la force moyenne de ces barreaux étoit de 524 liv. $\frac{5}{6}$, je dis : Si la somme des fibres qui sont en compression dans les barreaux de cette grosseur & de cette espece de bois s'étendent jusqu'au $\frac{1}{3}$ de leur épaisseur, je puis scier en dessus le tiers de l'épaisseur de ces barreaux sans les affoiblir, pourvu que je remplisse le trait de la scie avec une petite planche de bois qui supplée à ce que la scie a emporté, en fournissant un point d'appui au bois qui est des deux côtés du trait de la scie.

Je sciai donc deux barreaux du tiers de leur épaisseur (P*lanche XXI*, *fig*. 15); je remplis le trait un peu à force avec une petite planche de Chêne bien sec; & les ayant fait rompre comme ceux qui étoient entiers, voici quelle fut leur force.

§ 2. SECONDE EXPÉRIENCE *pour connoître la force des barreaux sciés en dessus d'un tiers de leur épaisseur.*

N°.	Force.	
1	 571	Force moyenne, 551 liv.
2	 531	

REMARQUE.

QUOIQU'IL y eût un petit défaut au barreau N°. 2, ces barreaux sciés du tiers de leur épaisseur, ont supporté 27 liv. de plus que ceux qui étoient entiers.

Le succès de cette Expérience m'engagea à tenter si les fibres qui étoient en compression n'excéderoient pas le tiers de l'épaisseur de ces barreaux; ainsi j'en sciai deux de la moitié de leur épaisseur : voici quelle fut leur force.

§. 3. TROISIEME EXPÉRIENCE *pour connoître la force des barreaux sciés en dessus de la moitié de leur épaisseur.*

N°.	Force.	
1	 575	Force moyenne, 542 liv.
2	 509	

REMARQUE.

LE N°. 2 rompit net ayant un petit nœud caché à sa partie inférieure. Le N°. 1 éclata sous le poids de 575 liv. & plia au point qu'il échappa de dessus les supports : étant tiré de la boucle, il resta courbé; & comme il n'étoit pas entiérement rompu, je le forçai en sens contraire pour le redresser : alors il y avoit plus d'une ligne & demie entre la planchette & les bords de la fente qui avoit été faite par la scie. Cet élargissement vient-il de la compression du coin, ou de la compression des fibres du barreau qui avoient été comprimées, ou de l'allongement des fibres qui avoient été en dilatation ? j'essaierai dans la suite d'éclaircir cette question.

Mais indépendamment des réflexions que je viens de faire, tant à l'égard du N°. 2 qui avoit un nœud caché, que du N°. 1 qui n'a fait qu'éclater, les deux barreaux sciés jusqu'à la moitié de leur épaisseur ont supporté 18 liv. de plus que ceux qu'on avoit laissés dans leur entier.

Je croyois être bien fondé à penser que si je sciois de pareils barreaux au-delà de la moitié de leur épaisseur, je les affoiblirois beaucoup : néanmoins pour avoir quelque chose de plus que des soupçons, j'en fis scier six aux trois quarts de leur épaisseur : voici quelle a été leur force.

§ 4. QUATRIEME EXPÉRIENCE *pour connoître la force des barreaux qui seroient sciés aux trois quarts de leur épaisseur.*

N°.	Force.	
1	555	Force moyenne, 530 liv. $\frac{2}{3}$
2	529	
3	576	
4	535	
5	576	
6	413	

REMARQUE.

IL est bon de faire remarquer que la petite planche qui remplissoit le trait de la scie du barreau N° 1, n'étoit pas à force, de sorte que ce barreau, avant que d'être chargé, étoit parfaitement droit, au lieu que la plupart des autres avoient été obligés de prendre une petite courbure, parce que la planchette étoit entrée un peu à force. Si ces planchettes avoient été en forme de coin & mises plus à force, il est probable que les barreaux auroient porté un plus grand poids, tant à cause de la compression des fibres du barreau, que parce que le levier de résistance auroit été augmenté.

Le N°. 2 n'a pas rompu sous le poids de 529 liv. que nous avons marqué : il a seulement éclaté, & ensuite plié assez pour échapper de dessus les supports. Je voulus m'assurer si dans cet état il pourroit encore supporter quelques poids ; & comme le trait de la scie étoit fort élargi, je le remplis d'une planchette en forme de coin qui étoit plus épaisse. Alors étant chargé de 413 liv. il plia beaucoup : il éclata encore, & échappa de dessus les points d'appui sans rompre.

Il restoit peu de fibres entieres : néanmoins ayant encore rempli l'ouverture par un coin plus gros que la seconde fois, je le chargeai de 380 liv. & il rompit entiérement, un filet de bois gros comme le petit doigt, & long de près de 8 pouces, s'étant tiré tout entier d'un des morceaux.

On voit, par cette Expérience, que les fibres ligneuses qui sont tirées suivant leur longueur, sont capables d'une grande résistance quand elles sont bien de fil.

On en a tous les jours une preuve sensible à laquelle on ne fait peut-être pas assez d'attention : les cerceaux des futailles qui ne sont presque que de l'aubier, résistent à de violents coups de maillets qui les forcent d'avancer sur un plan qui est très-peu incliné, ou plutôt sur un conoïde qui fait l'effet d'un coin très-aigu.

Cette derniere Expérience me fit soupçonner que mes barreaux résisteroient encore plus si je les déchargeois avant qu'ils eussent éclaté, pour remplir l'ouverture par un coin plus gros, & qui occuperoit la place que la pression avoit élargie.

Dans cette vue, je chargeai le barreau N°. 3 de 435 liv., poids que je savois qu'il supporteroit aisément. Je le déchargeai pour substituer à la premiere planchette un coin plus gros ; & en cet état il ne rompit que sous le poids de 576 liv. comme je l'ai marqué.

Si je l'avois déchargé à plusieurs reprises pour y mettre de plus gros coins à mesure que le bois se seroit comprimé, je crois qu'il auroit supporté un plus grand poids : car il est plus que probable, que s'il étoit possible d'augmenter la grosseur des coins à proportion que l'ouverture augmenteroit, ou par le refoulement des fibres qui ſont en compreſſion, ou par l'allongement de celles qui ſont en dilatation, les barreaux ſupporteroient un poids très-conſidérable.

Le N°. 4 a été rompu tout ſimplement, ſans le décharger.

A l'égard du N°. 5, on a ſeulement eu la précaution de mettre la petite planche en coin & à force.

Enfin on avoit intention de rompre le N°. 6 avec les mêmes précautions qu'on avoit priſes pour le N°. 3 : mais il éclata ſous le poids de 413 liv. à cauſe des défauts qu'il renfermoit intérieurement ; & l'on conçoit que le moindre défaut eſt de grande conſéquence pour un barreau qui ne réſiſte que par la tenſion d'un plan de fibres qui n'a que $4\frac{1}{2}$ lig. d'épaiſſeur.

Malgré cela, & en comprenant même le N°. 6 avec les autres, on voit que la force moyenne de ces barreaux ſciés aux trois quarts, excede de 6 livres celle de ceux qui étoient entiers ; & quand on ſuppoſeroit les forces moyennes pareilles, mes Expériences prouveroient toujours que les fibres qui ſont en condenſation s'étendent bien avant dans une piece de bois qu'on veut faire rompre.

Ce ſeroit avancer une propoſition bien révoltante que de dire qu'on fortifiera une piece de bois, qu'on la rendra capable de ſupporter un plus grand fardeau, en la ſciant de la moitié, même des trois quarts de ſon épaiſſeur ; c'eſt néanmoins ce qu'annoncent mes Expériences. Mais de plus, il eſt aiſé de faire voir que cela doit être ainſi : car je crois que cette augmentation de force dépend d'une petite circonſtance que j'ai déja indiquée : la voici expoſée plus clairement.

Le trait de la ſcie *g* (*Pl. XXI*, *figure* 15) fait une ouverture qui eſt égale en haut & en bas : je la remplis par une planchette qui eſt un peu en forme de coin : je force un peu par ce coin les fibres qui ſont à la partie ſupérieure du barreau ; je mets donc le principal point d'appui à l'extrémité du levier de réſiſtance ; ce qui doit déja un peu augmenter la force.

Si je force le coin, je refoule les fibres qui doivent être en contraction : j'empêche le barreau de plier autant qu'il le feroit ſans cette compreſſion : je fais que les fibres qui ſont en dilatation,

tation, sont tirées plus directement, qu'elles approchent plus d'une tension égale, & par-là je rends mon barreau capable d'une plus grande résistance.

Si je décharge mon barreau pour mettre un coin plus gros, je multiplie les avantages dont je viens de parler, & j'augmente encore la force de mon barreau.

ARTICLE III. *Où l'on essaie de connoître si l'élargissement de l'entaille vient de la tension ou du refoulement des fibres ligneuses.*

J'AI dit que le trait de la scie s'élargissoit par l'allongement des fibres qui sont en dilatation, & beaucoup plus encore par le refoulement des fibres qui sont en condensation : je vais rapporter les raisons qui me le font penser; & pour m'expliquer clairement je suppose les deux parallélipipedes *a b*, (*Pl. XXI, figure 16*) parfaitement durs, & un peu écartés l'un de l'autre : je les joins par un lien ductile *c*, une lame de plomb, par exemple : je remplis l'espace qui est entre les deux parallélipipedes par une petite planche, que je suppose incompressible. Il est clair que quand les puissances *d e* agiront, le lien *c* s'étendra : les parties des parallélipipedes qui sont voisines du lien, s'écarteront du coin pendant que la partie inférieure des bases s'appliquera sur le coin. Si l'on releve les bouts *a b* des parallélipipedes, pour les remettre de niveau comme ils étoient d'abord, les bases qui ne se seront point comprimées, deviendront paralleles : l'ouverture sera seulement plus large : c'est ce qui est peu arrivé à nos barreaux.

Faisons maintenant une autre hypothèse : supposons que le lien *c* (*Figure 16*) ainsi que le coin, sont incompressibles, & que les parallélipipedes le sont. Il est clair que quand les puissances *d e* abaisseront les bouts *a b* des parallélipipedes, la partie supérieure de la base des parallélipipedes restera appliquée sur le coin, pendant que les parties inférieures se contracteront: & si l'on remet les parallélipipedes dans une situation horizontale, l'ouverture sera évasée par en bas comme désignent les lignes ponctuées $f\,g$. C'est ce qui est arrivé aux barreaux de mes Expériences : d'où je conclus que l'élargissement du trait de scie vient principalement du refoulement des fibres. J'ai fait à ce sujet quelques Expériences ; il faut les rapporter.

J'ai mis le lien *c* de fer plat qui avoit la largeur du barreau : cette bande de fer avoit 8 pouces de long sur 3 lig. d'épaisseur, & je l'assujettis avec deux vis. Le barreau étoit scié, sous cette bande de fer, des trois quarts de son épaisseur : il porta 608 liv.

Un autre barreau ajusté de même, porta plus de 623 liv.

On ajusta un autre barreau de même, excepté qu'en le chargeant, on mit la barre en dessous ; il rompit sous 413 liv.

Un autre tout pareil, & chargé de même, rompit aussi sous 413 liv. les vis s'étant rompues. Ainsi le barreau de fer qui étoit en dilatation, n'a pas autant résisté que les fibres ligneuses.

Comme les vis avoient rompu, je crois que les barreaux auroient mieux résisté si la bande de fer avoit été de toute leur longueur, & attachée avec un plus grand nombre de vis. On voit qu'on fortifie considérablement les brancards des équipages par des bandes de fer ; & je me rappelle que le Maître Mâteur de Brest, nommé *Barbé*, proposa, en 1748, de fortifier de même les mâts des vaisseaux : je pourrai en parler dans la suite.

Je ne m'en suis pas tenu aux Expériences dont je viens de parler : j'en ai encore fait plusieurs autres avec des différences qui les rendent intéressantes ; ainsi je vais les rapporter.

§ 1. EXPÉRIENCES *faites avec des barreaux sciés à différentes profondeurs.*

LES barreaux dont je me servis, étoient de bois de Pin du Nord : ils avoient trois pieds de longueur, 15 lig. d'épaisseur, & 7 lig. de largeur.

Pour reconnoître l'élasticité & la force des barreaux entiers, on en fit rompre deux que nous désignâmes par les lettres *A* & *B*, (*Planche XXII*, *figure* 17.)

Le barreau *A* étant chargé de 50 l. plia de 6 lignes : étant chargé de 75 l. il plia de 9 ½ lignes : étant chargé de 150 l. 8 onc. il plia de 26 lig. & rompit.

Le barreau *B* étant chargé de 50 l. plia de 7 lignes : étant chargé de 75 l. il plia de 10 lignes : étant chargé de 138 l. 10 ½ onc. il plia de 24 lig. & il rompit ſous le poids.

Ainſi la force moyenne de ces barreaux eſt de 144 liv. 9 onces ¼.

On prit trois autres barreaux de mêmes dimenſions que les premiers ; mais on les ſcia en quatre endroits d'un tiers de leur épaiſſeur, (*Figure* 18) : nous les déſignâmes par les lettres *C*, *D*, *E*. Après avoir rempli les traits de la ſcie avec de petites planches de bois dur ; on les fit rompre.

C, étant chargé de 50 liv. plia de 8 ½ lignes : étant chargé de 75 l. plia de 15 lignes : étant chargé de 142 l. 2 onc. il plia de 31 ½ lig. & rompit.

D, étant chargé de 50 l. plia de 8 ½ lignes : étant chargé de 75 l. plia de 13 ½ lignes : étant chargé de 134 l. plia de 30 ½ lig. & rompit.

E, étant chargé de 50 l. plia de 10 ¼ lignes : étant chargé de 75 l. plia de 16 ½ lignes : étant chargé de 120 l. 4 onc. plia de 29 ½ lig. & rompit.

La force moyenne de ces trois barreaux eſt donc de 132 liv. 2 onc.

Trois autres barreaux déſignés par les lettres *F*, *G*, *H*; (*Figure* 19) étoient tout à fait ſemblables aux précédents, excepté que les traits de ſcie s'étendoient juſqu'à la moitié de leur épaiſſeur.

F, étant chargé de 50 l. plia de 8 ¾ lignes : étant chargé de 75 l. plia de 13 ¾ lignes : étant chargé de 158 l. 10 ½ onc. plia de 29 ½ lig. & rompit.

G, étant chargé de 50 l. plia de 9 ¼ lignes : étant chargé de 75 l. plia de 14 ½ lignes : étant chargé de 134 ¼ l. plia de 30 ½ lig. & rompit.

H, étant défectueux, rompit ſous un très-petit poids, ſans qu'on eût pu mesurer ni sa force, ni la quantité dont il avoit plié.

La force moyenne des deux autres barreaux *F*, *G*, étoit de 146 liv. 7 $\frac{1}{4}$ onc.

Trois autres barreaux (*Figure* 20), désignés par les lettres *I*, *K*, *L*, étoient semblables aux précédents, à cela près que les traits de scie s'étendoient jusqu'aux deux tiers de leur épaisseur.

I, défectueux, étant chargé de 50 l. plia de 10 lignes : étant chargé de 75 liv. plia de 15 $\frac{1}{4}$ lig. & rompit lorsqu'on le chargeoit de 110 liv.

K, étant chargé de 50 l. plia de 9 $\frac{1}{2}$ lignes : étant chargé de 75 l. plia de 13 $\frac{1}{4}$ lignes : étant chargé de 147 l. 8 $\frac{1}{2}$ onc. plia de 34 $\frac{1}{2}$ lig. & rompit.

L, étant chargé de 50 l. plia de 8 lignes : étant chargé de 75 l. plia de 13 lignes : étant chargé de 126 l. 6 onc. plia de 36 $\frac{1}{2}$ lig. & rompit.

La force moyenne de ces deux barreaux étoit donc de 136 liv. 15 $\frac{1}{4}$ onc.

RÉSUMÉ

A ces Expériences les barreaux entiers *A*, *B*, (*Figure* 17) ont porté 144 liv. 9 $\frac{1}{4}$ onc.

Les barreaux *C*, *D*, *E*, (*Figure* 18) sciés en quatre endroits au tiers de leur épaisseur, ont porté 132 liv. 2 onces.

Les barreaux *F*, *G*, (*Figure* 19) sciés en quatre endroits à la moitié de leur épaisseur, ont porté 146 liv. 7 $\frac{1}{4}$ onc.

Les barreaux *K*, *L*, (*Figure* 20) sciés en quatre endroits aux deux tiers de leur épaisseur, ont porté 136 liv. 15 $\frac{1}{4}$ onc.

§ 2. EXPÉRIENCES *à peu près de même genre que les précédentes.*

ON rompit encore un barreau au milieu duquel on avoit fait une entaille *a b*, (*Figure* 21) d'un pied de longueur & d'un demi-pouce de profondeur, qu'on remplit avec un morceau de bois de Chêne : il porta 509 liv.

Un pareil barreau, qui n'avoit été entamé que d'un quart de pouce de profondeur, porta 554 liv. & un barreau entier, de mêmes dimensions, porta 576 liv. quelque chose de moins.

REMARQUES.

APRÈS ce que nous avons dit au sujet des premieres Expériences, nous devons nous borner à l'exposition des faits; & ayant donné une idée de notre façon de considérer la résistance des fibres ligneuses, je puis entrer dans le détail de nos Expériences : je vais commencer par rapporter celles que nous avons faites pour connoître la force absolue de quelques bois, principalement du Chêne.

CHAPITRE III.

Examen de la force de quelques bois de Chêne de différentes qualités.

ON A VU dans ce Traité, qu'il y a des bois qui different beaucoup entr'eux par leur pesanteur spécifique. Ici, nous nous proposons de connoître quelle est la force des bois de Chêne de différentes qualités.

ARTICLE I. *Préparation pour parvenir à faire cette comparaison avec exactitude.*

ON a fait faire de petits barreaux de bois qu'on a pris dans différentes pieces, & l'on a eu attention qu'ils fussent de trèségales dimenſions. On a chargé enſuite tous ces barreaux les uns après les autres : ils étoient ſoutenus par leurs deux extrémités : on les a fait rompre en fourniſſant peu à peu des poids qui étoient ſuſpendus à leur milieu.

Voici les diverſes eſpeces de Chênes qu'on a fait rompre, & la note des poids qu'ils ont ſoutenus.

ARTICLE II. *Expériences ſur des bois de Chêne de différentes qualités.*

§ 1. *PREMIERE EXPÉRIENCE.*

Chêne de Provence abattu en 1732, jeune Bois.

LES barreaux provenoient de la moitié d'un petit billon qui avoit reſté 10 mois ſous un hangar, enſuite 17 mois dans un Magaſin. Ils avoient 3 pieds de long, un pouce en quarré; & le pied cube de ce bois ſec peſoit 54 liv. 1 onc.

1 Barreau a rompu ſous . . .	250 l.	Force moyenne, 215 l.
2	180	
3 * à 60 liv. mais on le ſuppoſe à	215	
	645	

* Ce barreau étant tranché par une gerçure, on a ſuppléé à ſa force en prenant la force moyenne, qui eſt de 215 livres, des deux autres barreaux en qui on n'a point reconnu de défaut.

§ 2. *SECONDE EXPÉRIENCE.*

BARREAUX provenants de l'autre moitié du même billon, mais qui avoit reſté 10 mois dans l'eau de la mer, pendant que ſon égal ci-dessus étoit sous le hangar, & ensuite 17 mois dans le même Magasin.

1 Barreau a rompu sous	180 liv.	Force moyenne 195 liv.
2	210	
3 * sous 140, par supposition	195	
	585.	

* Ce barreau étant tranché par une fente, on a suppléé à sa force en prenant la force moyenne de la somme des deux autres.

REMARQUE.

ON voit par cette Expérience que le bois de Chêne de Provence perd environ un tiers de sa force lorsqu'il a séjourné 10 mois dans la mer; car la force moyenne de la moitié de la piece qui n'a point touché à l'eau, est de 215 liv., & celle de son égale, qui a resté 10 mois dans la mer, n'est que de 195 liv.

§ 3. TROISIEME EXPÉRIENCE.

Autre Chêne de Provence.

BARREAUX provenants de la moitié d'une piece qui a resté 10 mois sous un hangar, & ensuite qu'on a mise 17 mois dans l'eau douce, & qu'on a laissé sécher parfaitement. Le pied cube de ce bois sec pesoit 54 liv. 1 onc.

1 Barreau a rompu sous	200 liv.	Force moyenne, 175 liv.
2	175	
3	150	
	525.	

§ 4. QUATRIEME EXPÉRIENCE.

BARREAUX provenants de l'autre moitié de la piece ci-dessus, mais qui a resté 10 mois dans l'eau de la mer, & qui a été plongée ensuite, avec son égale, dans l'eau douce, où elle a resté 17 mois, & qu'on a laissé sécher parfaitement.

1 Barreau a rompu sous	150 liv.	Force moyenne, 143 l. 5 on. $\frac{1}{3}$
2	180	
3	100	
	430.	

REMARQUE.

CES Expériences confirment ce qu'on a établi précédemment, savoir, que le bois qui a séjourné dans l'eau de la mer perd de sa force, qu'il en perd encore plus quand il a été pénétré d'eau douce, & beaucoup plus encore quand il a été successivement dans l'eau de la mer & dans l'eau douce. En effet on voit 1°, que le bois de Chêne de Provence qui a toujours été sous le hangar, a soutenu 215 livres: 2°, que celui qui a séjourné dans l'eau de la mer, n'a soutenu que 195 livres: 3°, que celui qui a été pénétré d'eau douce, avoit encore moins de force n'ayant soutenu que 175 livres: 4°, & enfin que celui qui après avoir été pénétré d'eau de mer, a été ensuite dans l'eau douce, s'est trouvé le plus foible, n'ayant supporté que 143 liv. 5 onces $\frac{1}{3}$. Si l'on s'en tenoit à cette suite d'Expériences, on pourroit conclure, que pour conserver au bois toute sa force il ne doit point être mis dans l'eau de la mer, & encore moins dans l'eau douce; mais il ne faut pas perdre de vue ce que nous avons dit plus haut sur la Conservation des Bois, & sur les altérations qu'ils éprouvent sous les hangars & à l'air. Nous ne répéterons point ici les Expériences ci-devant faites, qui ont rapport à ce ce que nous disons au sujet de l'eau, parce qu'elles ont été détaillées dans le corps de cet Ouvrage : nous nous réduisons seulement à rapprocher ce qui a été établi par nombre d'Expériences, & qui a le plus de rapport avec celles que nous venons d'exposer, savoir :

1°, Que le bois dans l'eau de la mer augmente son poids ; quoiqu'on ait employé toute sorte de moyens pour le rendre parfaitement sec.

2°, Que le séjour qu'il fait dans l'eau de la mer ne l'empêché point de se gercer, puisqu'on a reconnu qu'au moment qu'il est sorti de l'eau, les fentes paroissent, & que dans cinquante jours au plus, il perd dans l'air toute l'eau qu'il a pu prendre, même par un séjour de dix-sept mois : or, en rapprochant ces premieres Expériences de celles-ci, où l'on voit que le même bois dans l'eau a perdu la moitié de sa force, on peut conclure, comme nous l'avons déja fait, que pour conserver au bois toute sa force, il ne doit point être mis dans l'eau douce, encore moins dans l'eau de la mer.

§ 5. CINQUIEME EXPÉRIENCE.

Chêne de Provence, abattu en 1732, & qui n'a point été dans l'eau.

Poids d'un pied cube sec, 57 livres 15 onces.

1 Barreau a rompu sous	262 liv.	Force moyenne, 255 l. 4 onc.
2	225	
3	269	
4	265	
	1021.	

REMARQUES.

CES barreaux ont rompu par longs éclats : le bois en étoit souple sous l'outil, pliant, léger, veine fine, couleur blanchâtre. On remarquera que ce bois est encore plus fort que celui de la premiere Expérience :

Que ces barreaux provenoient d'un billon de moyen âge, & que les autres provenoient d'un jeune arbre.

§ 6. SIXIEME EXPÉRIENCE.

Chêne de Provence, abattu en 1732, & qui n'a point touché à l'eau.

Poids d'un pied cube sec, 81 liv. 6 onc.

1 Barreau a rompu sous	275 liv.	Force moyenne, 286 l. 4 onc.
2.	287	
3.	297	
4.	286	
	1145.	

REMARQUES.

Ces quatre barreaux ont rompu par longs éclats, & avec grand bruit : ils ont beaucoup plié avant que de rompre. Le bois en étoit dur, fort pesant, de couleur brune & vive, les veines grosses. La piece entiere étoit fort gercée, ensorte qu'on a eu de la peine à trouver ces quatre barreaux bien sains ; le bois étoit fort luisant dans la fracture.

Ce bois étoit encore plus fort & plus nerveux que celui de l'Expérience ci-dessus : aussi étoit-il plus pesant.

§ 7. SEPTIEME EXPÉRIENCE.

Chêne de Provence, abattu en 1732, & qui n'a point touché à l'eau.

Poids d'un pied cube sec, 72 liv. 15 onc.

1 Barreau a rompu sous . . . . . . 125 liv.		
2 210	}	Force moyenne, 177 liv.
3 175		
4 198		
708.		

REMARQUES.

CES quatre barreaux ont rompu sans bruit, & presque tous net comme un navet. Le bois étoit pesant, de couleur brune & terne, les fibres séparées les unes des autres, & toutes remplies entre deux d'une matiere grenue, comme de la sciure de bois. Il paroît surprenant que du bois de la même coupe que ceux de la 3e. & 4e. Expérience, soit de moitié plus foible que ceux-là. Cette piece paroissoit de même nature & qualité que les autres. Cet arbre étoit peut-être dans une exposition différente de ceux qui ont fourni les autres pieces. Mais on a vu, lorsqu'il s'agissoit d'examiner quelle étoit la meilleure saison pour abattre les arbres, que dans le même terrein & la même exposition, il y a des Chênes de même âge, qui sont beaucoup plus tendres, plus légers & plus disposés à se pourrir les uns que les autres.

§ 8. HUITIEME EXPÉRIENCE.

Chêne du Comtat d'Avignon, abattu en 1736.

Poids d'un pied cube, 76 liv. 14 onc.

1 Barreau a rompu sous	187 liv.	Force moyenne, 180 l. 12 on.
2	200	
3	186	
4	150	
	723.	

REMARQUES.

CES quatre barreaux ont rompu sans bruit, en navet, sans éclats ; la couleur étoit brune & sombre, les veines grosses, les fibres extrêmement distantes les unes des autres, & toutes remplies entre deux de cette même matiere grenue semblable à la sciure de bois, mais plus gros grains que ci-dessus.

Il est à remarquer que ce bois si foible & si mal tissu, étoit néanmoins fort beau à l'œil, de belle forme, le bois fort net & sans defaut sensible : mais il étoit de plus nouvelle coupe & pas aussi sec.

§ 9. NEUVIEME EXPÉRIENCE.

Même Chêne du Comtat.

1 Barreau a rompu sous	250 liv.	Force moyenne, 174 l. 4 onc.
2	160	
3	150	
4	137	
	697.	

REMARQUE.

On a reconnu dans ce bois-ci toutes les mêmes qualités que ci-dessus.

§ 10. *DIXIEME EXPÉRIENCE.*

Même bois du Comtat.

1 Barreau a rompu sous	187 liv.	Force moyenne; 180 l. 12 on.
2	160	
3	190	
4	186	
	723.	

REMARQUES.

TOUS les barreaux provenants de bois du Comtat d'Avignon ont rompu de la même façon, & étoient tous de la même qualité, & fort approchants du bois de la 5e. Expérience, qui étoit de Provence.

On a reconnu que tous les billons qu'on a fait refendre étoient extrêmement tendres sous la scie.

On sait que la Forêt d'où on les a tirés est exposée au Nord, & que la plûpart étoient dans des vallons privés de la présence du soleil.

Tous ces barreaux ont été pris de trois courbants de différents âges, & de différents abattages; néanmoins on trouve,

1°, Qu'ils étoient tous également foibles, ou à peu de chose près, & beaucoup plus que ceux de Provence, à l'exception de ceux de la 5e. Expérience.

2°, Que cependant le bois en étoit très-beau à l'œil, & presque sans nœuds; ce qui fait soupçonner que leur mauvaise qualité dépendoit de la situation & de l'exposition où ils avoient crû : car nous avons dit en son lieu qu'on trouvoit de beaux arbres dans des vallons ombragés, mais que leur bois étoit tendre & de médiocre qualité. J'en dis autant de ceux de Provence, qui ont servi pour la 5e. Expérience : ils faisoient l'admiration de ceux qui ne jugent du mérite des bois que par leur forme extérieure.

§ 11. *Conséquences des précédentes Expériences.*

On voit par toutes les Expériences que nous venons de rapporter,

1°, Que les bois de Chêne de Provence sont très-inégaux en force, & conséquemment très-différents aussi dans le tissu de leurs fibres, & la nature de leur seve : ce qui doit influer sur leur durée.

2°, Que les bois abattus dans le Comtat d'Avignon, qui étoient très-beaux à l'œil, de grande taille, sans nœuds & d'un tissu uni, se sont néanmoins trouvés très-foibles en comparaison de ceux de Provence. Nous avons prouvé ailleurs que les terreins qui sont les plus propres pour former de beaux arbres, ne sont pas ceux qui les donnent de la meilleure qualité : ce qui fait que dans les pays de montagnes, on peut trouver des bois de qualité fort différentes.

Je vais placer ici quelques Expériences sur la force des bois, qui m'ont été remises par M. Cossigny, qui a été long-temps Directeur des fortifications à l'Isle de France.

CHAPITRE IV.

Examen de la Force de quelques Bois de l'Isle de France, fait par M. Cossigny, Directeur des Fortifications de Besançon, & Correspondant de l'Académie Royale des Sciences.

ARTICLE I. *Premiere suite d'Expériences.*

UNE petite solive de 18 pouces de longueur & d'un pouce en quarré, bien serrée par ses deux bouts.

I. EXPERIENCE.

Bois puant.

1 Solive.	909 liv.
2.	1009
3.	959
Force totale.	2877
Force moyenne. . . .	959

II.

Bois de Natte.

1 Solive.	1109 liv.
2.	1009
3.	1152
Force totale.	3270
Force moyenne. . . .	1090

III.

Bois Colophone.

1 Solive	959 liv.
2.	909
3.	884
Force totale	2752
Force moyenne . . .	917 liv. 5 onc.

IV. EXPERIENCE.

Tacamahaca.

1 Solive	959 liv.
2.	959
3.	939
Force totale.	2857
Force moyenne . . .	952 liv. 5 onc.

V.

Bois blanc dit de Violon.

1 Solive	459 liv.
2.	459
3.	409
Force totale	1327
Force moyenne. . . .	442 liv. 5 onc.

VI.

Bois de Pomme.

1 Solive	1056 liv.
2.	909
3.	871
Force totale. . . .	2836
Force moyenne . . .	945 liv. 5 onc.

VII. EXPERIENCE.

Chêne d'Europe.

1 Solive	909 liv.
2.	784
3.	784
Force totale	2477
Force moyenne. . . .	825 liv. 10 on.

VIII. EXPERIENCE.

Sapin d'Europe.

1 Solive	559 liv.
2.	683
3.	899
Force totale	2141
Force moyenne . . .	713 liv. 10 on.

ARTICLE II. *Seconde suite d'Expériences.*

SOLIVE de 18 pouces de longueur & d'un pouce sur 8 lignes & demie de grosseur, posées de champ, fortement serrées par les deux bouts.

I. EXPERIENCE.

Bois puant.

1 Solive	959 liv.
2.	895
Force totale	1854
Force moyenne . . .	927 liv.

II.

Bois de Natte.

1 Solive	995 liv.	4 onc.
2.	1128	4
Force totale	2123	8
Force moyenne . . .	1061	12

III.

Tacamahaca.

1 Solive.	709 liv.	4 onc.
2.	788	4
Force totale.	1497	8
Force moyenne . . .	8	12

IV. EXPERIENCE.

Bois blanc dit de Violon.

1 Solive	359 liv.
2.	361
Force totale.	720
Force moyenne . . .	360

V.

Chêne d'Europe.

1 Solive	809 liv.	4 onc.
2.	734	4
Force totale	1543	8
Force moyenne . . .	771	12

VI.

Sapin d'Europe.

1 Solive	559 liv.	
2.	459	4
Force totale	1018	4
Force moyenne . . .	509	2

ARTICLE

ARTICLE III. *Troisieme suite d'Expériences.*

BARREAUX ronds, faits au tour, de 18 pouces de longueur & d'un pouce de diametre.

I. EXPERIENCE.

Bois puant.

1 Barreau bien serré par les deux bouts.		
. . . .	722 liv.	$\frac{3}{4}$
2.	770	
3.	760	$\frac{1}{4}$
Force totale	2253	
Force moyenne	751	

II.

Bois de Natte.

1 Barreau.	1251 liv.	$\frac{1}{4}$
2.	1153	$\frac{2}{4}$
3.	959	$\frac{1}{4}$
Force totale . . .	3364	$\frac{1}{4}$
Force moyenne. . .	1121	6 on. $\frac{2}{3}$

III.

Colophone.

1 Barreau	499 liv.	4 onc.
2.	561	
3.	550	
Force totale	1610	4
Force moyenne . . .	536	12

IV. EXPERIENCE.

Tacamahaca.

1 Barreau.	759 liv.	12 onc.
2.	759	4
3.	709	4
Force totale	2228	4
Force moyenne. . .	742	12

V.

Chêne d'Europe.

1 Barreau	609 liv.	4 onc.
2.	759	4
3.	709	12
Force totale	2078	4
Force moyenne . . .	692	12

VI.

Sapin d'Europe.

1 Barreau	670 liv.	4 onc.
2.	546	12
3.	384	4
Force totale	1601	4
Force moyenne . . .	533	12

ARTICLE IV. *Quatrieme suite d'Expériences.*

BARREAUX faits au tour, de 3 pieds de longueur, un pouce de diametre par un bout horizontalement, l'autre bout en l'air.

I. EXPERIENCE.

Bois de Natte.

	liv.	onc.
1 Barreau.	84	4
2.	54	4
Force totale.	138	8
Force moyenne . . .	69	4

II.

Chêne d'Europe.

	liv.	onc.
1 Barreau.	51	4
2.	42	4
Force totale.	93	8
Force moyenne. . . .	46	12

III. EXPERIENCE.

Tacamahaca.

	liv.	onc.
1 Barreau.	57	4
2.	53	4
Force totale.	110	8
Force moyenne. . . .	55	4

IV.

Sapin d'Europe.

Deux épreuves égales.
Force moyenne. . . . 27 liv. 4 onc.

Différence de la force des solives de même longueur, dont le quarré de leur épaisseur seroit à peu près le double du quarré de leur base, ou comme 7 est à 5, les solives posées de champ & bien serrées par les deux bouts.

	Force quarrée moyenne. liv.	onc.		Force moyenne de champ. liv.	onc.		Différence. liv.	onc.
1. Bois puant . . .	959		. .	927		. .	32	
2. Bois de Natte .	1090		. .	1061	12	. .	28	4.
3. Tacamahaca . .	952	5	. .	748	12	. .	203	9.
4. Bois blanc . . .	442	5	. .	360		. .	82	5.
5. Chêne d'Europe.	825	10	. .	771	12	. .	53	14.
6. Sapin d'Europe.	713	10	. .	509	2	. .	204	8.

Différence de la force des solives de même longueur & d'un pouce quarré, à celle des barreaux ronds faits au tour, d'un pouce de diametre serrés par les deux bouts.

Force moyenne des Bois quarrés.	liv.	onc.		Force moyenne des Bois rondins. liv.	onc.		Différence. liv.	onc.
1. Bois puant . . .	959		. .	751		. .	208	
2. Bois de Natte .	1090		. .	1121	6	. .	31	6.
3. Tacamahaca . .	952	5	. .	742	12	. .	209	9.
4. Chêne d'Europe.	825	10	. .	692	12	. .	132	14.
5. Sapin d'Europe.	713	10	. .	533	12	. .	179	14.

Fin des Expériences de M. Cossigny.

CHAPITRE V.

Dans lequel on se propose d'examiner si dans les Mâts du Nord le bois de la circonférence est plus ou moins fort que celui du centre; si les fentes diminuent beaucoup la force des Pieces, & si le bois sec est aussi fort que le bois un peu humide.

JE vais maintenant rapporter les Expériences que nous avons faites sur des bois ronds de Pin du Nord : elles fourniront la preuve de plusieurs choses que j'ai avancées dans le Livre précédent au sujet des Bois de mâture ; & de plus, elles nous mettront en état de décider deux questions importantes.

Nous avons dit que, dans les Pins qui servent pour faire les mâts des gros vaisseaux, & qu'on tire du Nord, le bois du cœur étoit moins fort que celui de la circonférence : nos Expériences en fourniront une preuve complette.

De plus les Pins se gercent & se fendent en se séchant : il nous a paru intéressant de connoître s'ils étoient beaucoup affoiblis par les fentes, ou si, comme quelques-uns le croient, les fentes longitudinales influent peu sur la force des mâts. J'avoue qu'il n'y a gueres de proportion entre la masse & la somme des fentes de nos petits rondins comparés à la masse & à la somme des fentes des gros mâts : mais comme il n'est pas possible de rompre d'aussi grosses pieces, il a fallu tirer le plus d'éclaircissements qu'on a pu de nos petites Expériences ; & je crois que l'on conviendra que nous avons apporté toutes les attentions possibles à leur exécution. Ceci nous conduira à découvrir si le bois sec est aussi fort que le bois un peu humide.

Nous nous étions encore proposé de connoître par des Expériences, si en frettant des mâts fendus avec des cercles de fer, on les fortifieroit : nous avons fait dans cette vue plusieurs Expériences ; mais comme elles ne nous ont rien appris de positif, & sur quoi on puisse compter, nous n'en ferons aucune mention.

ARTICLE I. *Suite d'Expériences pour connoître, à l'égard des Pins du Nord, dans quelle partie du tronc le bois a le plus de force ; & quel est l'affoiblissement que les gerces & les fentes causent aux pieces de Mâture.*

COMME le mérite des Expériences que nous allons rapporter dépend de leur grande exactitude, il faut commencer par faire connoître les précautions que nous avons prises pour parvenir à la plus grande précision.

§. 1. *Préparation pour rendre les Expériences exactes.*

LA *Figure* 22 (*Pl. XXII.*) représente l'aire de la coupe d'un bout de Pin du Nord dont on fait les mâtures : ce morceau avoit trois pieds de longueur, ayant été coupé au gros bout d'un mât d'environ 20 pouces de diametre au milieu de sa longueur. Ce mât avoit resté environ 8 ou 10 ans dans l'eau de la mer, comme on les tient ordinairement dans les Ports jusqu'à ce qu'on les mette en œuvre; de sorte que ce bout qui en a été coupé, étoit tellement pénétré d'eau de mer, qu'on a été obligé de le laisser un temps assez considérable sous un hangar avant que de le débiter, afin qu'il se desséchât assez pour être travaillé. On tira de ce bout de mât (*Fig.* 22) 112 petits rondins de 3 pieds de longueur chacun, & d'un pouce un quart de diametre, comme je vais l'expliquer.

Après avoir fait raboter l'aire de la coupe, on la divisa à peu près en huit parties égales, en traçant à la main six cercles qui avoient pour centre le cœur de l'arbre, & la circonférence passoit par les points de division *A*, *B*, *C*, *D*, *E*, en suivant, non la circonférence d'un cercle parfait, mais la trace des cercles annuels de végétation, afin que les rondins pris dans chacun des espaces *A*, *B*, *C*, *D*, *E*, fussent parfaitement égaux en qualité, en âge & en dimensions, en un mot à tous égards.

On marqua ensuite à la main dans chaque espace le plan de tous les rondins avec une lettre, pour les reconnoître après qu'ils seroient séparés de la piece, & savoir la place qu'ils occupoient dans le tronc de l'arbre.

On n'a point tiré de rondin dans l'espace *G*, parce que le bois, à cet endroit, étoit de l'aubier extrêmement ramolli par l'eau de la mer, & il avoit une couleur fort différente du bois de l'intérieur. A l'égard de l'espace *F*, qui étoit tout à fait dans le cœur de l'arbre, on n'a pu en tirer aucun rondin, parce que tous les traits de la scie qui s'entrecoupoient dans le centre avoient emporté presque tout le bois compris dans ce dernier espace. Ainsi on n'a pu avoir de piece de comparaison que du bois compris dans les orbes *A*, *B*, *C*, *D*, *E*.

On conçoit, par la façon dont cette piece de bois a été débitée, que tous les rondins marqués aux mêmes lettres étoient de même qualité, de même âge, & parfaitement pareils à tous égards. On en a donc tiré 112 rondins, qui ont fourni autant de pieces de comparaiſon.

Nous avons cru très-important d'employer pour toutes nos Expériences des bois qui fuſſent de même qualité, de même âge, & qu'il y eût dans les pieces comparées même nombre de couches annuelles : ce qui nous a déterminé à les faire la plûpart avec du Pin du Nord, dont les couches ſont droites, uniformes, très-aiſées à diſtinguer. Chaque billon pouvoit fournir le nombre de pieces que nous voulions mettre en comparaiſon : par exemple, dans le billon (*Figure* 22) on pouvoit avoir 8 barreaux tirés de l'orbe *E*, dont l'âge, la ſomme des cercles annuels, & la qualité du bois étoient auſſi ſemblables qu'il eſt poſſible de ſe le procurer : & lorſqu'on a employé des pieces armées, toutes les pieces d'armures étant priſes dans le même orbe, étant de même groſſeur & longueur, ne différoient que par la façon de les aſſembler. On a enſuite peſé toutes les pieces quand elles ont été travaillées. Avec ces attentions, il y a lieu de croire qu'en les chargeant avec des poids connus, & dans des intervalles de temps égaux, prenant un réſultat moyen entre ceux de pluſieurs pieces, répétant les mêmes épreuves avec des barreaux pris dans l'orbe *B* ou dans l'orbe *C*, on peut eſpérer d'avoir de juſtes objets de comparaiſon, & de pouvoir opérer avec toute l'exactitude poſſible. Nous avons auſſi eu l'attention, tant pour les pieces ſimples que pour celles d'aſſemblage, de mettre toujours les couches dans une ſituation perpendiculaire, comme *BB* (*Figure* 24), & jamais comme *A A*, encore moins comme *C C* même figure.

Il faut rapporter maintenant les précautions que nous avons priſes pour exécuter les Expériences qui doivent faire connoître quel eſt l'affoibliſſement que les fentes peuvent occaſionner, & ſi le bois du centre eſt de même force que celui de la circonférence.

Avant que de faire rompre tous ces rondins ſous des poids connus, on a fait des fentes artificielles à huit rondins marqués chacun d'une lettre différente; & en ayant trouvé qui étoient fendus naturellement en quelques endroits, on leur a fait d'autres petites fentes artificielles, qui ont assez bien réussi au moyen d'un outil fait exprès; de sorte qu'on a eu huit rondins marqués de chaque lettre, avec des fentes naturelles ou artificielles qui pénétroient presque jusqu'au centre du rondin, pour être comparés avec pareil nombre marqué des mêmes lettres, qui n'avoient point de fentes.

Pour faire rompre tous les morceaux de bois dont nous voulions éprouver la force, nous les avions sellés (*Fig.* 25, *Pl.* XXIII.) par un de leurs bouts dans une muraille *A*, & nous suspendions à l'autre bout une caisse *B* dans laquelle on mettoit les poids jusqu'à ce qu'il y en eût assez pour les faire rompre. Mais cet appareil n'ayant pas réussi, parce que le sellement s'affaissoit, & que le bois s'endommageoit sur le point d'appui, nous essayâmes de coucher la piece *b b*, qu'on vouloit éprouver, sur un établi *a a* (*Figure* 26). Nous posions sur la piece *b b* un fort listeau *c c* qu'on retenoit avec des valets *d d*. Un foible barreau couché sur la table de l'établi, & désigné par la ligne ponctuée *f f*, servoit à reconnoître la courbure qu'il prendroit avant que de rompre. A un des bouts *b* du barreau qu'on vouloit éprouver, étoit suspendue une caisse *e* dans laquelle on mettoit suffisamment de poids pour faire rompre le barreau, & le fil à-plomb *g g* servoit à reconnoître le raccourcissement du barreau. Cette disposition ne nous ayant pas encore procuré l'exactitude que nous desirions, nous essayâmes de faire reposer les deux bouts des barreaux sur deux forts treteaux, & de les charger par leur milieu. Il se présenta deux inconvénients : l'un étoit que quelques barreaux se déversoient d'un côté ou d'un autre ; l'autre, qu'en mettant des poids à la main dans la boîte, il se faisoit une secousse. Enfin, il nous parut avantageux de fournir les poids peu à peu, & dans des intervalles de temps égaux. Ce qui nous détermina à avoir recours à l'établissement représenté par la *Figure* 27. *A* est une caisse suspendue à la piece qu'on chargeoit. *B*, deux forts listeaux qui laissoient entre eux un espace dans lequel on mettoit la piece qu'on vouloit rompre ; ils servoient à l'empêcher de se déverser. *D* est un magasin de plomb en grenaille fine avec son canal en entonnoir, qui répondoit dans la caisse *A* pour augmenter peu à peu par cette grenaille la charge qu'on vouloit donner au barreau. *E* est une petite porte à coulisse qu'on pouvoit ouvrir & fermer à souhait, de façon qu'elle fournissoit une livre de poids par seconde. *F*, deux forts treteaux sur lesquels reposoit par les bouts la piece qu'on vouloit rompre. *G*, forte planche attachée sur les treteaux avec quatre vis *C* pour les rendre encore plus solides. *H* est un entonnoir de cuir qui sert à conduire la grenaille dans la caisse. *I*, petit gradin pour élever la caisse de la grenaille. Il est évident que par cette disposition tous les barreaux étoient chargés peu à peu dans un même intervalle de temps jusqu'à ce qu'ils rompissent, & qu'il étoit aisé, au moyen des listeaux *B B*, de connoître la courbure qu'ils prenoient. On pouvoit, au moyen de la porte à coulisse *E*, interrompre l'écoulement de la grenaille, pour laisser quelque temps le barreau sous une même charge : car un poids qui ne fait pas rompre un barreau sur le champ, le rompt souvent quelque temps après, sans être plus considérable. C'est avec cet ajustement que nous avons fait toutes nos Expériences.

§ 2. PREMIERE EXPÉRIENCE *sur huit Barreaux cotés* E *à la Figure 22, Planche XXII.*

APRÈS avoir fait toutes ces préparations avec la précision la plus exacte, on commença à faire rompre les rondins *E* (*Figure* 22) en les saisissant par un bout seulement dans un trou fait à une muraille (*Fig.* 25, *Pl. XXIII*), parce que les mâts sont ainsi retenus par un de leurs bouts. Mais voyant que cette façon de rompre ces rondins étoit difficile à exécuter & peu exacte, parce qu'en pliant beaucoup, le poids échappoit, & qu'elles se coupoient à fleur de l'arrête du point d'appui, les cinq premiers barreaux qu'on fit rompre sont regardés comme inutiles. Ajoutons que deux se trouverent trop défectueux pour être rompus; ainsi des huit rondins tirés de la zone *E*, il n'en resta qu'un qu'on pût rompre étant soutenu par ses deux bouts.

Voici cependant les poids qui ont fait rompre les cinq rondins qui

qui ont été fixés par une de leurs extrémités, & qui avoient tous 16 couches annuelles.

N°.	I a rompu ſous	39 livres.
	II.	44.
	III.	51.
	IV.	63.
	V.	44.

La force de celui qui étoit ſoutenu par ſes deux bouts, s'eſt trouvée de 267 livres.

§. 3. SECONDE EXPÉRIENCE, *ſur ſeize Rondins* D (Fig. 22), *dont huit avoient des fentes qui entroient juſqu'au centre, & huit étoient ſans fentes. Tous avoient* 17 *cercles annuels.*

1 Rondin D ſans fentes.	337 liv.	1 Rondin D avec fentes.	300 liv.
2.	349	2.	274
3.	260	3.	252
4.	310	4.	271
5.	320	5.	389
6.	394	6.	320
7.	325	7.	267
8.	335	8. il a rompu par un petit nœud vers le milieu. .	260
	2630 liv.		2333
Force moyenne. . . .	328 12 on.	Force moyenne. . . .	291 liv. 10 on.

§. 4. TROISIEME EXPÉRIENCE, *ſur ſeize Rondins* C, *huit ſans fentes & huit avec des fentes. Tous avoient* 20 *cercles annuels.*

1 Rondin C ſans fentes.	Cette piece s'eſt ſéparée en feuillets ſous le poids de 192 liv. avant que de caſſer. Et pour cette raiſon on n'a pas compris ſa force avec les autres.	
2.	355 liv.	
3.	345	
4.	355	
5.	300	
6.	377	
7.	335	
8. On n'a point compris ſa force, parce que les couches ſe ſont ſéparées ſous le poids de 250 liv. avant que de ſe rompre.		
	2067	
Force moyenne. . . .	344 liv. 8 on.	

1 Rondin C avec fentes. .	290 liv.
2.	297
3.	274
4.	305
5 non comprise, parce qu'elle s'est feuil-letée étant chargée de 200 liv.	

6.	300
7.	355
8.	352
	2173
Force moyenne	310 l. 7 on.

§. 5. QUATRIEME EXPÉRIENCE, *sur seize Rondins* B, *huit sans fentes & huit avec des fentes.*

1 Rondin *B* sans fentes. .	345 liv.
2.	355
3.	355
4.	355
5.	358
6.	330
7.	337
8.	335
	2770
Force moyenne.	346 liv. 4 o.

1 *B* avec fentes artificielles	335 liv.
2.	310
3.	325
4.	348
5.	351
6 avec fentes naturelles.	335
7.	320
8.	345
	2669
Force moyenne.	333 l. 10 on.

§. 6. CINQUIEME EXPÉRIENCE, *sur seize Rondins* A, *huit sans fentes & huit avec des fentes.*

1 *A* sans fentes. . . .	310 liv.
2.	386
3.	367
4.	377
5.	357
6.	345
7.	394
8.	350
	2886
Force moyenne. . . .	360 l. 12 on.

1 *A* avec fentes. . . .	335 liv.
2.	330
3.	350
4.	367
5.	300
6.	287
7.	300
8.	340
	2609
Force moyenne. . . .	326 liv. 2 on.

§. 7. RECAPITULATION *des Forces moyennes.*

Nombre des Cercles de végétation.

			liv.	onc.		liv.	onc.	diff.
34	*A*	Sans fentes......	360	12.	Avec fentes.......	326	2	$\frac{1}{11}$.
32	*B*	Sans fentes......	346	4.	Avec fentes.......	333	10	$\frac{1}{26}$.
30	*C*	Sans fentes......	344	8.	Avec fentes.......	310	7	$\frac{1}{10}$.
22	*D*	Sans fentes.....	328	12.	Avec fentes.......	291	10	$\frac{1}{9}$.
18	*E*	Sans fentes * ...	267					

* La force de cette piece n'entre point en comparaison, parce qu'elle a été la seule cassée étant appuyée par une de ses extrémités.

ARTICLE II. *Expérience faite dans les mêmes vues que les précédentes, & pour connoître de plus si le bois sec est aussi fort que le bois un peu humide.*

VINGT mois après avoir fait cette suite d'Expériences, on fit rompre de la même façon 40 autres Rondins qui avoient été tirés dans le même temps d'un autre bout de mât de même longueur & à peu près de même grosseur, & arrondis précisément au même diametre que les premiers, mais qui étoient beaucoup plus secs lorsqu'on les rompit.

Voici le détail des forces de ces Rondins.

§. 1. PREMIERE EXPÉRIENCE, *sur huit Rondins* E, *qui avoient 18 cercles de végétation.*

1.	285 liv.
2.	265
3.	265
4.	265
	1080
Force moyenne.	270

Les quatre autres avoient des défauts qui les ont fait rompre par 200 à 220 livres, ce qui fait qu'on n'en a pas tenu compte.

§. 2. SECONDE EXPÉRIENCE, *sur huit Rondins* D, *qui avoient* 18 *cercles annuels.*

1.	275 liv.
2.	265
3.	250
4 rompu par un nœud. . .	
5.	285
6.	330 liv.
7.	295
8.	260
	1960
Force moyenne.	280

§. 3. TROISIEME EXPÉRIENCE, *sur huit Rondins* C, *qui avoient* 20 *cercles annuels.*

1.	275 liv.
2.	245
3.	300
4.	300
5.	310
8.	310
	1740
Force moyenne.	290

Les Rondins 6 & 7 s'étant partagés au cœur avant que de rompre, n'étant chargés que de 160 livres, on ne les a pas compris.

§. 4. QUATRIEME EXPÉRIENCE, *ſur huit Rondins* B, *qui avoient 33 cercles annuels.*

1.	300 liv.
2.	300
3.	300
5.	300
6.	300
7.	310
8.	310
	2120
Force moyenne. . . .	302 l. 13 on.

Le N°. 4 s'étant ſéparé par feuillets avant que de rompre, n'étant chargé que de 245 livres, on n'en a pas tenu compte.

§. 5. CINQUIEME EXPÉRIENCE, *ſur huit Rondins* A, *qui avoient 30 cercles annuels.*

1.	330 liv.
2.	300
3.	310
4.	280
5.	280
6 il avoit du bois d'aubier	240
7.	280
8.	280
	2060
Force moyenne. . . .	294 l. 4 on.

§. 6. TABLE *des Forces moyennes des Bois ſecs.*

	liv.	onc.	DIFFERENCES. liv.	onc.
A avec 30 cercles de végétation...	294	4	 8	9
B.....33 cercles..............	302	13	12	13
C.....20 cercles..............	290		10	
D.....18 cercles..............	280		10	
E.....18 cercles..............	270			

§. 7. TABLE *des Forces moyennes de tous les Barreaux qui n'avoient point de fentes, mais qui étoient plus ou moins ſecs, énoncés dans la Table de l'Art. I, § 7, & de l'Art. II, § 6.*

	liv.	onc.	FORCES MOYENNES. liv.	onc.	DIFFERENCES. liv.	onc.
A. Premiere Expérience.	360	12	327	8		
A. Seconde Expérience.	294	4				
B. Premiere Expérience.	346	4			3	
B. Seconde Expérience.	302	13	324	8		
C. Premiere Expérience.	344	8			.... 7..	4
C. Seconde Expérience.	290		317	4		
D. Premiere Expérience.	328	12			........12..	14
D. Seconde Expérience.	280		304	6		
E. Premiere Expérience.	267				........35..	14
E. Seconde Expérience.	270		268	8		

ARTICLE III. *Conséquences qu'on peut tirer de ces Expériences.*

EN comparant, dans chacune de ces Expériences, les forces moyennes de tous les rondins marqués des mêmes lettres, avec les forces de ceux des différentes lettres, & les différents rapports qu'elles ont entr'elles, eu égard à la partie du tronc dans lequel ces rondins ont été pris : considérant d'ailleurs le rapport de ces mêmes forces avec le nombre des cercles de végétation de l'arbre qui sont dans chaque rondin : comparant de plus les forces moyennes des rondins dans la premiere suite d'Expériences avec celles des rondins dans la seconde suite, eu égard à l'état du plus ou du moins de sécheresse des mêmes rondins lorsqu'ils ont été rompus, il résulteroit de toutes ces comparaisons bien des conséquences curieuses & même utiles : mais comme ces comparaisons sont aisées à faire, & comme notre but principal en faisant ces Expériences sur des bois de Pin du Nord, qu'on emploie pour les mâtures, a eu deux principaux objets, dont le premier regarde le rapport des forces dans les pieces de mâture lorsqu'elles sont gercées ou fendues par desséchement, avec la force de celles qui ne le sont point, & le second est de savoir dans quelle partie du tronc le bois a le plus de force, selon qu'il est plus ou moins éloigné du cœur de l'arbre ; on a cru devoir s'arrêter à ces deux objets. Les faits étant ici bien constatés, chacun pourra, suivant l'exigence des cas, combiner différemment les résultats. Quant à ce qui regarde les fentes & les gerces, on verra, par la comparaison que nous allons donner des forces moyennes des trente-deux rondins qui ont été fendus, avec la force d'un pareil nombre d'autres rondins qui n'avoient aucune fente, jusqu'où va la diminution de force que les gerces causent à une piece de mâture ; bien entendu cependant que les petites fentes que nous avons faites à nos barreaux de petite solidité, ne sont pas exactement comparables aux fentes d'un gros mât. Quoi qu'il en soit, voici l'extrait des comparaisons.

La somme des forces moyennes de tous les rondins sans fentes, qui est de 345 livres, comparée avec la somme des forces moyennes des rondins fendus, qui est de 316 livres, fait une différence de 29 livres, à l'avantage des rondins qui ne sont point fendus, dont le rapport est comme 1 à 12.

D'où il suit qu'une piece de mâture qui est gercée & fendue par desséchement perd environ un onzieme ou un douzieme de la force qu'elle auroit eue si elle eût été saine & sans fentes. Car les rondins fendus de cette Expérience, de même que ceux qui ne l'étoient point, ont été rompus très-exactement de la même façon; & ils étoient parfaitement égaux en qualité & en dimension, comme il a été montré plus haut. Voilà pour les fentes & les gerces.

A l'égard du second objet, qui regarde la force du bois selon la place qu'il occupe dans les différentes parties du tronc, on trouve dans l'exposé de la premiere & de la seconde Expérience la solution de cette question.

Cependant avant que d'entrer dans la comparaison des forces de ces deux Expériences, on doit observer que les rondins *E* (premiere Expérience) ne doivent point entrer en comparaison avec les autres rondins qui les suivent, parce qu'ils ont été rompus au commencement étant appuyés sur une seule extrémité, & plantés dans un mur, ce qui est défectueux pour les raisons que nous avons rapportées plus haut; il n'en est pas de même pour les rondins *D*, ainsi que pour tous les autres qui les suivent, parce qu'ils ont été rompus étant appuyés sur leurs deux extrémités.

Faisons maintenant la comparaison des forces moyennes des 32 rondins *A*, *B*, *C*, *D* qui étoient sans fentes.

La force moyenne des rondins *D*, qui est de 328 livres 12 onces, (prise à la Table, Art. I, § 7, pag. 452.) comparée à celle des rondins *C*, qui est de 344 livres 8 onces, fait une différence de 15 livres 12 onces à l'avantage des rondins *C* sur *D*. Donc, par cette comparaison, l'avantage de la force est pour le bois qui s'éloigne du cœur de l'arbre.

Comparant ensuite la force moyenne des rondins *C*, qui est

de 344 livres 8 onces, avec celle des rondins *B*, qui eſt de 346 livres 4 onces, on trouve une autre différence d'une livre 12 onces à l'avantage des rondins *B*. Donc, l'avantage de la force ſe trouve encore pour le bois qui s'éloigne du cœur.

Comparant enfin la force moyenne des rondins *B*, qui eſt de 346 livres 4 onces, avec celle des rondins *A*, qui eſt de 360 livres 12 onces, on trouve encore une autre différence de 14 livres 8 onces à l'avantage des rondins *A* ſur les rondins *B*. Donc, dans cette Expérience, comme dans les autres, l'avantage de la force ſe trouve conſtamment pour le bois qui s'éloigne du cœur.

D'où l'on pourroit conclure que dans une groſſe piece de mâture qui auroit, comme celle-ci, environ 260 cercles annuels de végétation, & conſéquemment environ 260 ans d'âge, le bois qui eſt le plus près du cœur eſt le plus foible, & qu'il devient fort de plus en plus à meſure qu'il s'en éloigne.

Mais avant que de ſuivre plus loin le réſultat des comparaiſons de cette premiere Expérience, il eſt bon de voir les rapports des forces moyennes des 40 autres rondins qui ont été tirés d'une autre piece de mâture, différente de la premiere en âge & en groſſeur, leſquels rondins ont été travaillés préciſément de même diametre que les premiers, & ont été rompus de la même façon, enſorte qu'ils ne différoient des premiers que parce qu'ils étoient plus ſecs, leur force ayant été éprouvée vingt mois après. Voici donc la comparaiſon des forces moyennes des quarante autres rondins de Pin du Nord, provenants d'une piece de mâture qui avoit 210 cercles annuels de végétation, & dont, par conſéquent, l'âge étoit à peu près de 210 ans.

La force moyenne des rondins *E*, qui eſt, dans cette ſeconde Expériene, (Voyez la Table Art. II, § 6) de 270 liv. comparée à celle des rondins *D*, qui eſt de 280 livres, fait une différence de 10 livres à l'avantage des rondins *D* ſur *E*. Donc l'avantage de la force eſt pour le bois qui s'éloigne du cœur, de même que dans la premiere ſuite d'Expériences.

Comparant ensuite la force moyenne des rondins *D*, de 280 livres, avec les rondins *C*, qui est de 290 livres, il y a une autre différence de 10 livres à l'avantage des rondins *C* sur les rondins *D*. Donc l'avantage de la force est encore ici pour le bois qui s'éloigne du cœur.

Remontant vers l'écorce pour comparer les rondins *C*, dont la force moyenne est de 290 livres, avec celle des rondins *B*, qui est de 302 livres 13 onces, on trouve une différence de 12 livres 13 onces à l'avantage de *B* sur *C*. Donc l'avantage de force, dans cette Expérience, comme dans la premiere, est toujours pour le bois qui s'éloigne du cœur.

Continuant de comparer les rondins *B*, dont la force est de 302 livres 13 onces, avec les rondins *A*, dont la force n'est que de 294 livres 4 onces, on trouve un désavantage de force en *A*, & l'avantage dans les rondins *B* sur les rondins *A*, de 8 livres 9 onces, duquel on rendra raison dans un moment. Cependant au lieu de conclure pour ces derniers rondins, comme nous avons conclu pour les autres, que la plus grande force du bois se trouve toujours dans celui qui va en s'éloignant du cœur, on conclura seulement que la plus grande force réside dans l'orbe compris de *A* à *B*, ce qui fait environ la troisieme partie extérieure du rayon, ou du demi-diametre du tronc.

A l'égard de la variété qu'on vient de trouver dans les forces des derniers rondins *A* & *B* de cette seconde Expérience, dans laquelle on a vu que *B* est plus fort que *A*, & dans la premiere au contraire que *A* est plus fort que *B*, apparemment qu'un de ces arbres étoit parvenu au *maximum* de son accroissement, au lieu que l'autre profitoit encore. Le nombre des cercles de végétation qui font le corps de ces rondins pourroit bien encore en être la cause; car on voit dans l'exposé de la premiere Expérience, que les rondins *A* avoient 34 cercles annuels, & les rondins *B* n'en avoient que 32, quoique toutes ces pieces fussent très-exactement de même diametre : & par l'exposé de la seconde Expérience, que les rondins *A* n'avoient que 30 cercles de végétation, & les rondins *B* 33. Comme il paroît que la force de ces rondins suit à peu près la propor-

tion

tion du nombre des cercles annuels, il s'ensuivroit qu'à diametre égal, une piece de Pin du Nord qui auroit une plus grande quantité de cercles annuels de végétation, seroit plus forte, & conséquemment de meilleure qualité, qu'une autre de même diametre qui en auroit moins. Cette remarque, digne d'attention, justifie l'usage où l'on est de donner la préférence aux pieces de mâtures dont les couches sont minces.

Comparons maintenant la somme des forces moyennes des deux Expériences.

La somme des forces moyennes de tous les rondins *E*, qui est de 268 livres 8 onces, comparée à celle des rondins *D*, qui est de 304 livres 6 onces, fait une différence de 35 livres 14 onces à l'avantage de *D* sur *E*. Donc l'avantage de la force se trouve dans le bois qui s'éloigne du cœur.

Comparant ensuite la même somme des forces des rondins *D* avec *C*, on y trouve une différence de 12 livres 14 onces à l'avantage de *C*. Donc l'avantage de la force se trouve toujours pour le bois qui s'éloigne du cœur.

Comparant de même *C* avec *B*, il y a une différence de 7 livres 4 onces à l'avantage de *B*. Donc l'avantage de la force est encore ici pour le bois qui s'éloigne du cœur.

Comparant enfin *B* avec *A*, on y trouve encore une différence de 3 livres à l'avantage de *A* sur *B*. Donc l'avantage de la force se trouve constamment pour le bois qui s'éloigne du cœur.

Donc il est prouvé, par ces deux Expériences, qu'aux Pins du Nord dont on fait les mâtures des grands vaisseaux, qui ont environ 220 années, & qui ont séjourné dans l'eau de la mer long-temps avant que d'être façonnés & mis en œuvre, le bois qui a le moins de force est celui qui est le plus proche du cœur; & qu'à mesure qu'il s'en éloigne, il a plus de force.

On doit remarquer, dans ces deux Expériences, que le bois de Pin du Nord perd considérablement de sa force par la trop grande sécheresse : car on voit que la somme moyenne de toutes les forces de tous les rondins de la derniere suite d'Expériences, (qui étoient beaucoup plus secs que ceux de la premiere, ayant été rompus une année & demie après les premiers,) laquelle somme est de 287 livres 6 onces, étant comparée à la somme des forces moyennes de la premiere Expérience, qui est de 345 livres 1 once, il y a une différence de 57 livres 11 onces en diminution de force que l'évaporation de la seve a causée.

Il suit des Expériences que nous venons de rapporter 1°, que le Pin du Nord perd environ une sixieme partie de sa force par une trop grande sécheresse, qu'on fait très-bien de tenir les bois dans l'eau pour prévenir leur desséchement, & qu'il faut essayer de conserver un peu d'humidité aux mâts qui sont travaillés, & qu'on ne peut tenir dans l'eau, en mettant quelque enduit gras sur toute leur surface, & tenant ensuite ces bois ainsi enduits dans des lieux frais, peu aérés & cependant secs.

2°, Que dans ces gros Pins, le bois qui a le plus de force, est celui qui en divisant le diametre de l'arbre du centre vers la circonférence jusqu'à l'aubier inclusivement en six parties égales, se trouve dans la cinquieme partie : mais on conçoit que cela est sujet à varier suivant bien des circonstances.

3°, Il résulte de nos Expériences, que les fentes ont causé à nos petits barreaux une diminution de force de 30 livres, ce qui n'est qu'environ un onzieme de la force des rondins qui n'avoient point de fentes.

On s'est apperçu que les Expériences que nous venons de présenter ont un rapport direct aux mâts : ainsi elles sont liées avec l'objet qui nous a occupés dans le Chapitre second du Livre précédent. Il nous a encore paru intéressant de savoir, à solidité égale, lesquels avoient plus de force, des bois ronds ou des bois quarrés : ce sera cet objet qui nous occupera principalement dans le Chapitre suivant. Nous y examinerons aussi quelle sera la courbure que ces bois prendront sous différentes charges.

CHAPITRE VI.

Expériences pour connoître, dans les Barreaux d'une seule piece, quel est le rapport de la force absolue des Barreaux d'une même longueur & d'un même volume, dont les uns seroient ronds, & les autres équarris; & de plus quelle est la courbure que les uns & les autres prennent, étant chargés de différents poids, jusqu'à celui qui peut les faire rompre.

ARTICLE I. *Préparation.*

ON A FAIT six Barreaux de Pin du Nord, chacun de 3 pieds de longueur, dont trois ont été équarris, & réduits à 10 $\frac{1}{4}$ lignes de hauteur sur 7 $\frac{1}{4}$ lignes de largeur : trois autres ont été arrondis, & on leur a donné 9 $\frac{1}{4}$ lignes de diametre, ensorte que l'aire de la base des rondins étoit égale à l'aire du parallélogramme de la base des parallélipipedes ou barreaux quarrés.

Avant que de faire plier & rompre ces barreaux, on s'est assuré de la parfaite égalité de leur volume, en les pesant les uns après les autres; & quand on trouvoit une différence dans le poids, (différence toujours peu considérable, parce que tous ces barreaux avoient été travaillés avec beaucoup de soin,) on les réduisoit au même poids en rabotant très-délicatement les plus pesants, & en les présentant dans la balance à chaque coup de rabot.

Pour observer avec exactitude la courbe qu'ils prendroient sous différents poids, on fixoit verticalement derriere le barreau qu'on chargeoit, une feuille d'un fort carton fin, qui étoit attaché à un chassis de Menuiserie; ce carton étant tout près du barreau dont on éprouvoit la force, on traçoit avec un crayon bien pointu (le barreau servant de regle) la courbe qu'il prenoit étant chargé de différents poids: & afin d'avoir exactement la longueur des ordonnées de cette courbe, on avoit eu l'attention de tracer une ligne droite *A D*, (*Pl. XXIV, Fig.* 1) qui représentoit le barreau avant qu'il fût chargé, sur laquelle on avoit abaissé les verticales *A B*, *a b*, *a b*, *a b*, &c. qui divisoient en cinq parties égales la moitié *A D* de la longueur du barreau. Chacune de ces parties *A*, *a*, *a*, *a*, &c. furent encore divisées en quatre parties égales par d'autres verticales, & chacune de ces parties en vingt-cinq autres parties égales: ainsi la moitié *A D* du barreau se trouvoit divisée en cinq cent parties égales, au moyen desquelles on mesuroit très-exactement l'abaissement des différentes parties des barreaux sous différentes charges.

ARTICLE II. *Premiere suite d'Expériences faites sur des Barreaux ronds.*

ON chargea le barreau rond, N°. 1, de 25 livres; & l'ayant laissé passer 5 minutes sous cette charge, on traça sur le carton la courbe *B b b D*: mais comme à cause de la figure cylindrique de ce barreau, le crayon varioit, la courbe ne pouvoit pas être tracée avec précision; ce qui nous fit prendre le parti de nous contenter, pour les rondins, de ne prendre que la valeur de la plus grande ordonnée *A B*.

§ 1. PREMIERE EXPÉRIENCE.

Le barreau rond, N°. 1, étant chargé de 25 livres, la fleche *A B* avoit 5 lignes de longueur; étant chargé de 50 livres, elle avoit 10 $\frac{1}{2}$ lignes; étant chargé de 75 livres, elle avoit 17 lignes; étant chargé de 85 livres, 23 $\frac{1}{4}$ lignes; chargé de 100 livres, toujours ayant resté en charge 5 minutes, elle avoit 25 lignes ; ayant ajouté une livre, elle fut de 29 lignes ; & le rondin rompit ſous le poids de 101 liv. 2 onc.

§ 2. SECONDE EXPÉRIENCE.

BARREAU rond, N°. 2, chargé de 25 livres, plia de 6 lignes ; chargé de 50 livres, plia de 10 $\frac{1}{2}$ lignes ; chargé de 75 livres, plia de 17 lignes ; chargé de 85 livres, plia de 23 lignes $\frac{1}{4}$; chargé de 100 livres, toujours au bout de 5 minutes, plia de 30 $\frac{1}{2}$ lignes, & rompit avant les 5 minutes : c'eſt pourquoi on n'eſtima ſa force qu'à 85 livres.

§ 3. TROISIEME EXPÉRIENCE.

BARREAU rond, N°. 3, chargé de 25 livres, plia de 5 $\frac{3}{4}$ lignes ; chargé de 50 livres, plia de 10 $\frac{1}{2}$ lignes ; chargé de 75 livres, plia de 23 $\frac{1}{4}$ lignes ; chargé de 100 livres, plia de 30 $\frac{1}{2}$ lignes ; & ayant rompu avant les cinq minutes, on fixa ſa force à 88 liv. 3 onc.

ARTICLE III. *Seconde ſuite d'Expériences faites avec des Barreaux quarrés.*

NOUS allons entrer dans de plus grands détails pour les barreaux quarrés numérotés 4, 5 & 6, afin qu'ayant un plus grand nombre d'ordonnées, on puiſſe mieux connoître la courbe qu'ils ont priſe ſous différents poids.

§ 1. PREMIERE EXPÉRIENCE.

BARREAU quarré, N°. 4, chargé de 25 livres : l'ordonnée 1, 18 $\frac{2}{3}$ lignes ; l'ordonnée 2, 18 $\frac{1}{3}$ lignes ; l'ordonnée 3, 18 lignes ; l'ordonnée 4, 17 $\frac{2}{3}$ lignes ; l'ordonnée 5, 17 $\frac{1}{3}$ lignes ; l'ordonnée 6, 16 $\frac{5}{6}$ lignes ; l'ordonnée 7, 16 $\frac{1}{3}$ lignes ; l'ordonnée 8, 15 $\frac{5}{6}$ lignes ; l'ordonnée 9, 15 $\frac{1}{3}$ lignes ; l'ordonnée 10, 14 $\frac{2}{3}$ lignes ; l'ordonnée 11, 14 lignes ; l'ordonnée 12, 13 lignes ;

l'ordonnée 13, 12 lignes ; l'ordonnée 14, 11 lignes ; l'ordonnée 15, 10 lignes ; l'ordonnée 16, 9 lignes ; l'ordonnée 17, 8 lignes ; l'ordonnée 18, 6 $\frac{2}{3}$ lignes ; l'ordonnée 19, 5 lignes ; l'ordonnée 20, 4 $\frac{1}{3}$ lignes ; l'ordonnée 21, 3 $\frac{1}{3}$ lignes.

Le même barreau, N°. 4, chargé de 50 livres : l'ordonnée 1, 29 lignes ; l'ordonnée 2, 28 $\frac{1}{2}$ lignes ; l'ordonnée 3, 28 lignes ; l'ordonnée 4, 27 $\frac{1}{2}$ lignes ; l'ordonnée 5, 27 lignes ; l'ordonnée 6, 26 $\frac{1}{3}$ lignes ; l'ordonnée 7, 25 $\frac{1}{3}$ lignes ; l'ordonnée 8, 24 $\frac{2}{3}$ lignes ; l'ordonnée 9, 23 $\frac{1}{3}$ lignes ; l'ordonnée 10, 22 $\frac{1}{2}$ lignes ; l'ordonnée 11, 21 lignes ; l'ordonnée 12, 19 $\frac{2}{3}$ lignes ; l'ordonnée 13, 18 $\frac{1}{3}$ lignes ; l'ordonnée 14, 16 $\frac{2}{3}$ lignes ; l'ordonnée 15, 15 lignes ; l'ordonnée 16, 13 $\frac{1}{2}$ lignes ; l'ordonnée 17, 12 lignes ; l'ordonnée 18, 10 $\frac{1}{3}$ lignes ; l'ordonnée 19, 8 $\frac{1}{2}$ lignes ; l'ordonnée 20, 7 lignes ; l'ordonnée 21, 5 lignes.

Le même barreau, N°. 4, chargé de 75 livres : l'ordonnée 1, 44 lignes ; l'ordonnée 2, 43 $\frac{1}{2}$ lignes ; l'ordonnée 3, 43 lignes ; l'ordonnée 4, 42 lignes ; l'ordonnée 5, 41 lignes ; l'ordonnée 6, 40 lignes ; l'ordonnée 7, 39 lignes ; l'ordonnée 8, 37 $\frac{1}{2}$ lignes ; l'ordonnée 9, 36 lignes ; l'ordonnée 10, 34 lignes ; l'ordonnée 11, 32 lignes ; l'ordonnée 12, 30 lignes ; l'ordonnée 13, 28 lignes, l'ordonnée 14, 25 $\frac{1}{2}$ lignes ; l'ordonnée 15, 23 lignes ; l'ordonnée 16, 20 $\frac{1}{2}$ lignes ; l'ordonnée 17, 18 lignes ; l'ordonnée 18, 15 $\frac{1}{4}$ lignes ; l'ordonnée 19, 12 $\frac{1}{2}$ lignes ; l'ordonnée 20, 9 $\frac{3}{4}$ lignes ; l'ordonnée 21, 7 lignes.

Le même barreau, N°. 4, chargé de 100 livres : l'ordonnée 1, 50 $\frac{2}{3}$ lignes ; l'ordonnée 2, 50 lignes ; l'ordonnée 3, 49 $\frac{2}{3}$ lignes ; l'ordonnée 4, 48 $\frac{2}{3}$ lignes ; l'ordonnée 5, 47 $\frac{1}{3}$ lignes ; l'ordonnée 6, 46 lignes ; l'ordonnée 7, 44 $\frac{1}{3}$ lignes ; l'ordonnée 8, 42 $\frac{1}{3}$ lignes ; l'ordonnée 9, 40 $\frac{1}{3}$ lignes ; l'ordonnée 10, 38 $\frac{1}{3}$ lignes ; l'ordonnée 11, 36 lignes ; l'ordonnée 12, 33 $\frac{1}{2}$ lignes ; l'ordonnée 13, 31 lignes ; l'ordonnée 14, 28 $\frac{1}{2}$ lignes ; l'ordonnée 15, 26 lignes ; l'ordonnée 16, 23 lignes ; l'ordonnée 17, 20 lignes ; l'ordonnée 18, 17 lignes ; l'ordonnée 19, 14 lignes ; l'ordonnée 20, 11 lignes ; l'ordonnée 21, 7 $\frac{1}{2}$ lignes.

§ 2. SECONDE EXPÉRIENCE.

Le barreau quarré, N°. 5, & ſemblable au précédent, étant chargé de 25 livres : l'ordonnée 1, 22 $\frac{2}{3}$ lignes; l'ordonnée 2, 22 $\frac{1}{3}$ lignes; l'ordonnée 3, 22 lignes; l'ordonnée 4, 21 $\frac{1}{2}$ lignes; l'ordonnée 5, 21 lignes; l'ordonnée 6, 20 $\frac{1}{2}$ lignes; l'ordonnée 7, 20 lignes; l'ordonnée 8, 19 $\frac{1}{2}$ lignes; l'ordonnée 9, 19 lignes; l'ordonnée 10, 18 lignes; l'ordonnée 11, 17 lignes; l'ordonnée 12, 15 $\frac{2}{3}$ lignes; l'ordonnée 13, 14 $\frac{1}{2}$ lignes; l'ordonnée 14, 13 $\frac{1}{2}$ lignes; l'ordonnée 15, 12 $\frac{1}{3}$ lignes; l'ordonnée 16, 11 lignes; l'ordonnée 17, 9 $\frac{1}{2}$ lignes; l'ordonnée 18, 8 $\frac{1}{3}$ lignes; l'ordonnée 19, 7 lignes; l'ordonnée 20, 5 $\frac{1}{2}$ lignes; l'ordonnée 21, 4 lignes.

Le même barreau, N°. 5, étant chargé de 50 livres : l'ordonnée 1, 32 $\frac{2}{3}$ lignes; l'ordonnée 2, 32 $\frac{1}{3}$ lignes; l'ordonnée 3, 32 lignes; l'ordonnée 4, 31 $\frac{1}{2}$ lignes; l'ordonnée 5, 31 lignes; l'ordonnée 6, 30 lignes; l'ordonnée 7, 29 lignes; l'ordonnée 8, 28 lignes; l'ordonnée 9, 27 lignes; l'ordonnée 10, 25 $\frac{2}{3}$ lignes; l'ordonnée 11, 24 $\frac{1}{3}$ lignes; l'ordonnée 12, 23 lignes; l'ordonnée 13, 21 $\frac{1}{2}$ lignes; l'ordonnée 14, 19 $\frac{1}{3}$ lignes; l'ordonnée 15, 18 lignes; l'ordonnée 16, 16 lignes; l'ordonnée 17, 14 lignes; l'ordonnée 18, 12 lignes; l'ordonnée 19, 9 $\frac{1}{2}$ lignes; l'ordonnée 20, 7 $\frac{1}{2}$ lignes; l'ordonnée 21, 5 $\frac{1}{2}$ lignes.

Le même barreau, N°. 5, chargé de 75 livres : l'ordonnée 1, 47 lignes; l'ordonnée 2, 46 $\frac{1}{2}$ lignes; l'ordonnée 3, 46 lignes; l'ordonnée 4, 45 $\frac{1}{2}$ lignes; l'ordonnée 5, 45 lignes; l'ordonnée 6, 43 $\frac{1}{2}$ lignes; l'ordonnée 7, 42 lignes; l'ordonnée 8, 40 $\frac{1}{2}$ lignes; l'ordonnée 9, 39 lignes; l'ordonnée 10, 37 lignes; l'ordonnée 11, 35 lignes; l'ordonnée 12, 32 $\frac{1}{2}$ lignes; l'ordonnée 13, 30 lignes; l'ordonnée 14, 27 $\frac{2}{3}$ lignes; l'ordonnée 15, 25 $\frac{1}{3}$ lignes; l'ordonnée 16, 22 $\frac{2}{3}$ lignes; l'ordonnée 17, 20 lignes; l'ordonnée 18, 17 lignes; l'ordonnée 19, 14 lignes; l'ordonnée 20, 11 lignes; l'ordonnée 21, 7 $\frac{1}{2}$ lignes.

Le même barreau, N°. 5, chargé de 100 livres : l'ordonnée 1, 54 lignes ; l'ordonnée 2, 53 lignes ; l'ordonnée 3, 52 lignes ; l'ordonnée 4, 51 lignes ; l'ordonnée 5, 50 lignes ; l'ordonnée 6, $48\frac{1}{3}$ lignes ; l'ordonnée 7, $46\frac{1}{3}$ lignes ; l'ordonnée 8, $44\frac{2}{3}$ lignes ; l'ordonnée 9, 43 lignes ; l'ordonnée 10, $40\frac{2}{3}$ lignes ; l'ordonnée 11, $38\frac{1}{3}$ lignes ; l'ordonnée 12, 36 lignes ; l'ordonnée 13, 33 lignes ; l'ordonnée 14, $30\frac{1}{2}$ lignes ; l'ordonnée 15, $27\frac{1}{2}$ lignes ; l'ordonnée 16, $24\frac{1}{2}$ lignes ; l'ordonnée 17, $21\frac{1}{2}$ lignes ; l'ordonnée 18, $18\frac{1}{2}$ lignes ; l'ordonnée 19, 15 lignes ; l'ordonnée 20, 12 lignes ; l'ordonnée 21, 9 lignes.

§ 3. TROISIEME EXPÉRIENCE.

LE barreau N°. 6, pareil aux précédents, étant chargé de 25 livres : l'ordonnée 1, $24\frac{2}{3}$ lignes ; l'ordonnée 2, $24\frac{1}{3}$ lignes ; l'ordonnée 3, 24 lignes ; l'ordonnée 4, $23\frac{1}{2}$ lignes ; l'ordonnée 5, 23 lignes ; l'ordonnée 6, $22\frac{1}{2}$ lignes ; l'ordonnée 7, 22 lignes ; l'ordonnée 8, $21\frac{1}{2}$ lignes ; l'ordonnée 9, 21 lignes ; l'ordonnée 10, 20 lignes ; l'ordonnée 11, 19 lignes ; l'ordonnée 12, $17\frac{1}{2}$ lignes ; l'ordonnée 13, 16 lignes ; l'ordonnée 14, $14\frac{1}{2}$ lignes ; l'ordonnée 15, $13\frac{1}{3}$ lignes ; l'ordonnée 16, $11\frac{1}{2}$ lignes ; l'ordonnée 17, $9\frac{1}{2}$ lignes ; l'ordonnée 18, $8\frac{1}{3}$ lignes ; l'ordonnée 19, 7 lignes ; l'ordonnée 20, $5\frac{1}{2}$ lignes ; l'ordonnée 21, 4 lignes.

Le même barreau, N°. 6, chargé de 50 livres : l'ordonnée 1, 37 lignes ; l'ordonnée 2, $36\frac{1}{2}$ lignes ; l'ordonnée 3, 36 lignes ; l'ordonnée 4, $35\frac{1}{2}$ lignes ; l'ordonnée 5, $34\frac{1}{2}$ lignes ; l'ordonnée 6, $33\frac{1}{2}$ lignes ; l'ordonnée 7, $32\frac{1}{2}$ lignes ; l'ordonnée 8, $31\frac{1}{4}$ lignes ; l'ordonnée 9, 30 lignes ; l'ordonnée 10, $28\frac{1}{2}$ lignes ; l'ordonnée 11, 27 lignes ; l'ordonnée 12, $25\frac{1}{4}$ lignes ; l'ordonnée 13, $23\frac{1}{2}$ lignes ; l'ordonnée 14, $21\frac{1}{2}$ lignes, l'ordonnée 15, $19\frac{1}{2}$ lignes ; l'ordonnée 16, $17\frac{1}{4}$ lignes ; l'ordonnée 17, 15 lignes ; l'ordonnée 18, $12\frac{1}{2}$ lignes ; l'ordonnée 19, 10 lignes ; l'ordonnée 20, $7\frac{1}{2}$ lignes ; l'ordonnée 21, $5\frac{1}{2}$ lignes.

Le même barreau, N°. 6, étant chargé de 75 livres : l'ordonnée

donnée 1, 56 $\frac{2}{3}$ lignes; l'ordonnée 2, 56 $\frac{1}{3}$ lignes; l'ordonnée 3, 56 lignes; l'ordonnée 4, 54 $\frac{1}{2}$ lignes; l'ordonnée 5, 53 lignes; l'ordonnée 6, 51 $\frac{1}{2}$ lignes; l'ordonnée 7, 50 lignes; l'ordonnée 8, 48 lignes; l'ordonnée 9, 46 lignes; l'ordonnée 10, 43 $\frac{1}{2}$ lignes; l'ordonnée 11, 41 lignes; l'ordonnée 12, 38 $\frac{1}{4}$ lignes; l'ordonnée 13, 35 $\frac{1}{2}$ lignes; l'ordonnée 14, 32 $\frac{1}{2}$ lignes; l'ordonnée 15, 29 $\frac{1}{2}$ lignes; l'ordonnée 16, 26 lignes; l'ordonnée 17, 22 $\frac{1}{2}$ lignes; l'ordonnée 18, 18 $\frac{1}{4}$ lignes; l'ordonnée 19, 16 lignes; l'ordonnée 20, 12 $\frac{1}{2}$ lignes; l'ordonnée 21, 9 lignes.

Ce même barreau, N°. 6, fut chargé de 100 livres : mais on ne put mesurer sa courbure, parce qu'il rompit avant que les 5 minutes fussent écoulées.

ARTICLE IV. *Conséquences des Expériences précédentes.*

EN comparant les deux plus forts barreaux quarrés des Expériences précédentes avec les deux plus forts de ceux qui étoient ronds, on voit que les plus forts barreaux quarrés, quoique de même solidité que les ronds, ont environ un quarantieme de supériorité sur les ronds, & que les barreaux ronds, qui étoient plus foibles que les quarrés, ont plus plié sous la charge : d'où l'on peut conclure qu'à masse & à solidité égales, il est plus avantageux d'employer des bois quarrés que des ronds. La raison de la foiblesse des bois ronds, par comparaison aux quarrés, devient sensible quand on fait attention à ce que nous avons dit sur les fibres qui sont en dilatation & en condensation; & elle le sera encore plus lorsqu'on aura connoissance des Expériences que nous rapporterons dans la suite à l'occasion des barreaux armés.

CHAPITRE VII.

Expériences pour connoître dans les Barreaux ſimples, ou d'une ſeule piece, quelle eſt leur force & la courbure qu'ils prennent étant chargés de différents poids, ſoit qu'on emploie des Barreaux d'une même largeur & de différentes épaiſſeurs, ſoit qu'on emploie des Barreaux d'une même épaiſſeur & de différentes largeurs.

POUR ſe former une idée de la force des bois d'après les principes que nous avons établis, il faut, en ſuppoſant qu'il n'y a que la lame *a a*, (*Pl. XXIV. fig.* 2) qui ſoit en tenſion, concevoir que les puiſſances *b b* agiſſent par le levier *d e*, pour rompre la lame *a a*; le point d'appui eſt en *e*, & l'autre bras du levier, que je nomme *de réſiſtance*, eſt *e c*: d'où l'on doit conclure que plus le bras du levier *d e* ſera long, & celui *e c* court, plus les forces *b* auront de puiſſance pour rompre la lame *a a*. Suivant cette ſuppoſition, il ſeroit aiſé de calculer la force des bois de différentes dimenſions : mais quand j'ai mis le point d'appui en *e*, c'eſt une pure ſuppoſition. C'en eſt encore une, que de dire que c'eſt la lame *a a*, qu'il faut rompre : nous avons ſuffiſamment prouvé que la ſomme des fibres en contraction s'étend fort avant dans un barreau qu'on veut rompre, & que le point d'appui eſt incertain & variable. Nous avons donc cru qu'il falloit avoir recours à des Expériences : nous allons en rapporter que nous avons exécutées avec l'attention la plus ſcrupuleuſe.

ARTICLE I. *Préparation.*

On a fait un nombre de barreaux de Pin du Nord, qui avoient tous 3 pieds de longueur. Neuf de ces barreaux (*Figure 3*) avoient leur base *A B* de 8 lignes de large chacun; mais leur hauteur *B C* étoit inégale : ainsi trois cotés *D*, avoient 4 lignes de hauteur; deux cotés *E*, 8 lignes; deux cotés *F*, 12 lignes; & deux cotés *G*, 16 lignes. Tous ces barreaux avoient donc 3 pieds de longueur, 8 lignes de largeur; mais leur épaisseur, ou leur hauteur, varioit depuis 4 lignes jusqu'à 16. Ils avoient tous été pris dans une même zone; & les couches ligneuses ont toujours été posées verticalement comme le désignent les hachures.

On fit dix autres barreaux (*Fig.* 4) qui avoient tous 8 lignes de hauteur; mais la largeur de leurs bases étoit inégale : savoir, deux cotés *H*, avoient 4 lignes de largeur; deux cotés *I*, 8 lignes; deux cotés *K*, 12 lignes; & deux cotés *L*, 16 lignes. On a eu l'attention de prendre tous ces barreaux dans une même zone, & on a observé que les couches annuelles fussent toujours placées perpendiculairement comme le représentent les hachures (*Fig.* 3 & 4).

Les bases sont dessinées de grandeur naturelle aux *Figures* 3 & 4. On n'a pas cru devoir faire ces barreaux d'un plus gros volume; parce que, pour parvenir à une plus grande précision, il falloit que les couches ligneuses des barreaux à bases égales *F G* ne fussent pas si courbes par comparaison à celles des barreaux *K L*. On les a fait rompre. Voyons quelle a été leur force, & de combien ils ont plié.

ARTICLE II. *Barreaux de largeur égale, & de hauteurs inégales.*

Le barreau *D* 1 étant chargé de 3 livres, plia de 6 $\frac{1}{4}$ lignes; chargé de 5 livres, plia de 11 lignes; chargé de 10 livres, rompit par un défaut dans le bois, qui d'ailleurs étoit un peu tranché. On n'en a tenu aucun compte.

D 2, chargé de 3 livres, plia de 5 lignes; chargé de 5 livres, plia de 8 lignes; chargé de 24 liv. 14 onces, plia de 60 lignes, & rompit.

D 3, chargé de 5 livres, plia de 9 lignes; chargé de 10 livres, échappa de dessus les supports. On le remit en Expérience, & étant chargé de 20 livres 14 onces, il plia de 70 lignes, & rompit.

La force moyenne des barreaux *D* 2 & *D* 3 étoit donc de 22 liv. 14 onc.

E 1, chargé de 10 livres, plia de 4 lignes; chargé de 15 livres, plia de 6 lignes; chargé de 25 livres, plia de 10 $\frac{1}{2}$ lignes; chargé de 63 liv. 10 onces, rompit.

E 2, chargé de 10 livres, plia de 3 lignes; chargé de 15 livres, plia de 5 lignes; chargé de 25 livres, plia de 9 lignes, & rompit sous le poids de 66 liv. 14 onc.

Ainsi la force moyenne des barreaux *E* 1 & *E* 2 étoit de 65 livres 4 onces.

F 1, chargé de 25 livres, plia de 3 lignes; chargé de 50 livres, plia de 5 $\frac{1}{2}$ lignes; chargé de 75 livres, plia de 8 lignes; chargé de 100 livres, plia de 11 lignes; chargé de 144 liv. 12 onces, plia de 22 lignes, & rompit.

F 2, chargé de 25 livres, plia de 3 lignes; chargé de 50 livres, plia de 6 lignes; chargé de 75 livres, plia de 9 lignes; chargé de 100 livres, plia de 12 lignes; chargé de 148 liv. 8 onces, plia de 23 lignes, & rompit.

La force moyenne des deux barreaux *F* est donc de 146 liv. 10 onces.

G 1, chargé de 25 livres, plia d'une ligne; chargé de 50 livres, plia de 2 lignes; chargé de 75 livres, plia de 3 lignes; chargé de 100 livres, plia de 4 $\frac{3}{4}$ lignes; chargé de 150 livres, plia de 8 lignes; chargé de 200 livres, plia de 14 lignes; chargé de 215 livres 3 onces, rompit.

G 2, chargé de 25 livres, plia d'une ligne; chargé de 50 livres, plia de 2 $\frac{1}{2}$ lignes; chargé de 75 livres, plia de 4 lignes; chargé de 100 livres, plia de 6 lignes; chargé de 150 livres, plia de 10 lignes; chargé de 200 livres, plia de 14 lignes; chargé de 181 livres 9 onces, plia de 16 lignes, & rompit.

Ce barreau étoit un peu tranché, & ne rompit pas au milieu. La force moyenne de ces deux barreaux *G* étoit donc de 198 livres 6 onces.

ARTICLE III. *Barreaux de hauteur égale, & de largeurs inégales.*

H 1, chargé de 3 livres, plia d'une ligne $\frac{3}{4}$; chargé de 5 livres, plia de 2 $\frac{1}{2}$ lignes; chargé de 10 livres, plia de 5 lignes; chargé de 15 livres, plia de 7 lignes; chargé de 20 livres, plia de 9 lignes; chargé de 47 livres 12 onces, plia de 25 lignes, & rompit.

H 2, chargé de 3 livres, plia d'une ligne $\frac{3}{4}$; chargé de 5 livres, plia de 3 $\frac{1}{4}$ lignes; chargé de 10 livres, plia de 6 $\frac{3}{4}$ lignes; chargé de 15 livres, plia de 10 $\frac{3}{4}$ lignes; chargé de 37 liv. 7 onces, plia de 29 lignes, & rompit.

H 3, chargé de 3 livres, plia d'une ligne; chargé de 5 livres, plia de 2 lignes; chargé de 10 livres, plia de 5 lignes; chargé de 15 livres, plia de 7 $\frac{1}{2}$ lignes; chargé de 20 livres, plia de 10 $\frac{3}{4}$ lignes, & rompit.

La force moyenne de ces trois barreaux *H* étoit donc de 27 liv. 7 onces.

I 1, chargé de 5 livres, plia d'une ligne $\frac{1}{4}$; chargé de 10 livres, plia de 3 lignes; chargé de 15 livres, plia de 4 $\frac{1}{2}$ lignes; chargé de 20 livres, plia de 6 lignes; chargé de 25 livres, plia de 8 $\frac{1}{2}$ lignes; chargé de 63 livres 3 onces, plia de 30 lignes, & rompit.

I 2, chargé de 5 livres, plia d'une ligne $\frac{1}{2}$; chargé de 10 livres, plia de 3 lignes; chargé de 15 livres, plia de 5 lignes; chargé de 20 livres, plia de 7 lignes; chargé de 25 livres, plia de 9 $\frac{1}{4}$ lignes; chargé de 57 liv. 9 onces, plia de 27 lignes, & rompit.

La force moyenne de ces deux barreaux *I* étoit donc de 60 liv. 6 onces.

Il eſt bon de remarquer qu'à ces deux barreaux *I*, les couches ligneuſes étoient dans une ſituation horizontale, pour les diſtinguer des barreaux *E* qui étoient de même équarriſſage; & l'on voit qu'ils ont été moins forts de 4 liv. 14 onces.

K 1, chargé de 25 livres, plia de 6 lignes; chargé de 50 livres, plia de 12 lignes; chargé de 75 livres, plia de 19 lignes; chargé de 96 livres 13 $\frac{1}{2}$ onces, plia de 34 lignes, & rompit.

K 2, chargé de 25 livres, plia de 6 lignes; chargé de 50 livres, plia de 12 $\frac{1}{2}$ lignes; chargé de 75 livres, plia de 21 lignes; chargé de 95 livres, plia de 37 lignes, & rompit.

K 3, chargé de 25 livres, plia de 5 lignes; chargé de 50 livres, plia de 11 lignes; chargé de 75 livres, plia de 16 lignes; chargé de 101 liv. 12 onces, plia de 30 lignes, & rompit.

La force moyenne de ces trois barreaux *K*, étoit donc de 97 liv. 13 $\frac{3}{4}$ onces.

L 1, chargé de 25 livres, plia de 5 lignes; chargé de 50 livres, plia de 11 lignes; chargé de 75 livres, plia de 16 lignes; chargé de 113 livres, plia de 36 lignes, & rompit.

L 2, chargé de 25 livres, plia de 4 lignes; chargé de 50 livres, plia de 9 lignes; chargé de 75 livres, plia de 14 lignes; chargé de 121 livres 13 onces, plia de 34 lignes, & rompit.

La force moyenne des deux barreaux *L* étoit donc de 117 livres 6 $\frac{1}{2}$ onces.

ARTICLE IV. *Récapitulation & comparaiſon de la force des barreaux de même maſſe, qui ne différoient que par leur poſition ſous la charge.*

H & *D*, 32 lignes de ſolidité : *H* a porté 42 livres, & *D*, 22 livres 14 onces.

E & *I*, tous deux 64 lignes de ſolidité, même équarriſſage; la ſeule différence conſiſtoit en ce que à *E* les couches annuelles étoient verticales, & à *I*, elles étoient horizontales. Pour cette raison, *E* a porté 65 liv. 4 onces, & *I* seulement 60 liv. 6 onces.

F & *K*, tous deux 96 lignes de solidité : *F*, qui étoit sur le champ, a porté 146 liv. 10 onces, & *K*, qui étoit sur le plat, n'a porté que 97 liv. 13 $\frac{3}{4}$ onc.

G & *L*, tous deux ayant 128 lig. de solidité : *G* a porté 198 liv. 6 $\frac{1}{2}$ onces, & *L*, qui étoit chargé sur le plat, n'a porté que 117 liv. 6 $\frac{1}{2}$ onces.

En examinant les bouts rompus, on a cru pouvoir distinguer les fibres qui en rompant ont souffert une compression, de celles qui ont souffert une dilatation : & si cette distinction est juste, la ligne de séparation a paru, dans toutes les pieces, être au-dessous du milieu de la hauteur de la piece environ d'une demi-ligne, ou d'une ligne, ou au plus d'une ligne & demie ; mais jamais au milieu. Cependant nous ne donnons point cette observation comme exacte.

ARTICLE V. *Autres Expériences faites dans les mêmes vues que les précédentes, pour connoître, dans les barreaux de même volume, quelle est la forme d'équarrissage qui les rend capables d'une plus grande résistance.*

On a fait 20 barreaux de même longueur, & qui portoient tous 100 lignes de base, mais qui avoient différents équarrissages. Pour abréger, je ne rapporterai que les forces moyennes, & je ne parlerai point de leur courbure.

Quatre barreaux qui avoient 10 lig. de hauteur & 10 lig. de largeur, ont porté 131 liv.

Quatre barreaux qui avoient 12 lig. de hauteur sur 8 $\frac{1}{3}$ lig. de largeur, ont porté 154 liv.

Quatre barreaux qui avoient 14 lig. de hauteur & 7 $\frac{1}{7}$ lig. de largeur, ont porté 164 liv.

Quatre barreaux qui avoient 16 lig. de hauteur & 6 $\frac{1}{4}$ lig. de largeur, ont porté 180 liv.

Quatre barreaux qui avoient 18 lig. de hauteur & 5 $\frac{1}{2}$ lig. de largeur, ont porté 243 liv.

Ces Expériences, comme les précédentes, font voir que les forces des barreaux sont à peu près en même raison que leur hauteur.

ARTICLE VI. *Expériences pour connoître quelle est la force d'un barreau d'une piece, comparé à un autre qui seroit formé de trois planches collées les unes sur les autres, & chargées de champ.*

VOYANT, par les Expériences que nous venons de rapporter, qu'une piece méplate est beaucoup plus forte quand on la charge sur son roide, que quand elle l'est sur son plat, nous nous sommes proposés de comparer la force d'un barreau qui seroit d'une seule piece avec la force d'un autre barreau, de pareilles dimensions, qui seroit formé par trois planches collées les unes sur les autres. Dans cette vue, nous avons fait faire deux barreaux qui avoient 3 pieds de longueur *a a*, 9 lignes de largeur *D E*, & 18 lignes de hauteur *F D*: un (*Fig.* 2) étoit d'un seul morceau, & l'autre (*Figure* 5) étoit formé de trois planches *A*, *B*, *C*, collées les unes sur les autres. Pour connoître quelle étoit la force de ces deux barreaux, nous les avons fait rompre, & nous avons observé de combien ils plioient étant chargés de 25 livres, puis de 50, puis de 75, &c. jusqu'à les faire rompre. Voici le détail de nos Observations.

§ 1. *Elasticité & force d'un Barreau d'une piece, & des dimensions que nous venons de rapporter.*

CHARGÉ de 25 livres, il plia d'une demi-ligne; chargé de 50 livres, il plia d'une ligne; chargé de 75 livres, il plia de 1 $\frac{1}{3}$ ligne; chargé de 100 livres, il plia de 2 $\frac{1}{2}$ lignes; chargé de 125 livres, il plia de 3 lignes; chargé de 150 livres, il plia de de 3 $\frac{2}{3}$ lignes; chargé de 175 livres, il plia de 4 $\frac{1}{4}$ lignes; chargé de 200 livres, il plia de 4 $\frac{2}{3}$ lignes; chargé de 225 livres, il plia de 5 $\frac{1}{4}$ lignes; chargé de 250 livres, il plia de 5 $\frac{1}{2}$ lignes; chargé de 275 livres, il plia de 6 $\frac{1}{4}$ lignes; chargé de 300 livres, il plia de 7 lignes; chargé de 325 livres, il plia de 8 lignes; chargé de 350 livres, il plia de 9 lignes; chargé de 370 liv. 12 onces, il plia de 11 lignes, & rompit.

§ 2. *Elasticité & force d'un Barreau formé de trois planches collées les unes sur les autres, & posées de champ, ayant les mêmes dimensions que la piece précédente.*

CHARGÉ de 25 livres, il plia de deux tiers de lignes; chargé de 50 livres, il plia de 1 $\frac{1}{2}$ ligne; chargé de 75 livres, il plia de 2 $\frac{1}{4}$ lignes; chargé de 100 livres, il plia de 3 lignes; chargé de 125 livres, il plia de 3 $\frac{2}{3}$ lignes; chargé de 150 livres, il plia de 4 $\frac{2}{3}$ lignes; chargé de 175 livres, il plia de 5 $\frac{1}{4}$ lignes; chargé de 200 livres, il plia de 5 $\frac{1}{2}$ lignes; chargé de 225 livres, il plia de 6 $\frac{1}{4}$ lignes; chargé de 250 livres, il plia de 7 $\frac{1}{4}$ lignes; chargé de 275 livres, il plia de 10 lignes; chargé de 300 livres, il plia de 11 lignes, & ce barreau rompit sans que les planches se fussent séparées en aucune façon: elles étoient aussi exactement jointes les unes aux autres, aux endroits où elles n'étoient point rompues, que si elles eussent été d'un seul morceau. On peut remarquer que comme ces planches étoient de champ, elles ne faisoient point effort pour glisser comme elles auroient fait, si elles avoient été posées de plat. Je suis fâché que nous n'ayons pas fait rompre un pareil barreau en le chargeant de plat; mais ce barreau de planches est de 70 liv. 12 onc. plus foible que celui qui étoit entier: ce qui peut dépendre de ce que les fibres avoient été tranchées par la scie de long, lorsqu'on les avoit réduites en planches.

ARTICLE VII. *Expériences faites pour éprouver la force des Barreaux d'une seule piece, & de même équarrissage, mais de différentes longueurs.*

On a fait 6 barreaux de Pin du Nord (*Pl. XXIV, fig. 6*) de 7 $\frac{1}{2}$ lignes de largeur, & de 10 $\frac{1}{2}$ lignes de hauteur; mais de trois longueurs différentes, savoir :

Deux barreaux marqués *D*, qui avoient en longueur 45 fois leur hauteur, ce qui faisoit 3 pieds 3 pouces 4 $\frac{1}{2}$ lignes.

Deux autres barreaux marqués *E*, qui avoient un cinquieme moins de longueur que les premiers, ou 36 fois leur hauteur, ce qui faisoit 2 pieds 7 pouces 6 lignes.

Deux autres barreaux marqués *F*, qui avoient un cinquieme moins de longueur que les seconds, ou 28 fois $\frac{4}{5}$ leur hauteur, ce qui faisoit 2 pieds 1 pouce 2 lig.

D 1, chargé de 25 livres, plia de 4 $\frac{1}{2}$ lignes ; chargé de 50 liv. plia de 9 $\frac{1}{2}$ lignes; chargé de 75 liv. plia de 16 lignes ; chargé de 100 liv. plia de 16 lignes, & rompit étant chargé de 122 liv. 5 onc.

D 2, chargé de 25 livres, plia de 4 $\frac{1}{2}$ lignes; chargé de 50 liv. plia de 10 $\frac{1}{2}$ lignes ; chargé de 75 liv. plia de 16 lignes, chargé de 100 liv. plia de 28 lignes, & rompit.

La force moyenne de ces deux barreaux étoit donc de 111 liv. 2 $\frac{1}{2}$ onces.

E 1, chargé de 25 livres, plia de 2 lignes ; chargé de 50 liv. plia de 4 $\frac{1}{2}$ lignes; chargé de 75 liv. plia de 7 lignes; chargé de 100 liv. plia de 10 lignes; chargé de 125 liv. plia de 15 lignes; chargé de 145 liv. rompit.

E 2, chargé de 25 livres, plia de 1 $\frac{1}{4}$ lignes; chargé de 50 liv. plia de 4 $\frac{1}{2}$ lignes; chargé de 75 liv. plia de 6 $\frac{3}{4}$ lignes; chargé de 100 liv. plia de 10 lignes; chargé de 146 liv. 12 onc. plia de 26 lignes, & rompit.

Ainsi la force moyenne de ces deux barreaux *E* est de 145 liv. 14 onces.

F 1, chargé de 25 livres, plia de trois quarts de ligne ; chargé de 50 liv. plia de 2 ¼ lignes; chargé de 75 liv. plia de 4 lignes; chargé de 100 liv. plia de 5 lignes; chargé de 125 liv. plia de 9 lignes; chargé de 184 liv. plia de 50 lignes, & rompit.

F 2 ayant des défauts considérables, on n'a pas tenu compte de sa force, & nous comptons pour la force des barreaux *F* 2 celle de *F* 1, qui est de 184 liv. 5 onc.

Force moyenne de ces barreaux.

D,	111 liv.	2	onces & demie.
E,	145	14	
F,	184	5	

REMARQUE.

La force de ces barreaux est à peu près en raison de leur longueur : il nous a semblé qu'on pouvoit appercevoir, après la rupture, les fibres qui avoient été en compression, & les distinguer de celles qui avoient été en dilatation. Si cela est, la ligne de séparation s'est constamment trouvée un peu au-dessous de la moitié de l'épaisseur des barreaux.

ARTICLE VIII. *Expériences faites dans les mêmes vues que les précédentes.*

CES Expériences sont une répétition des précédentes, excepté que les barreaux ont été rompus étant assujettis sur un établi (*Pl. XXIII*, *fig.* 26). On a mesuré la longueur des barreaux depuis *c* jusqu'à *b*; ils avoient tous un pouce d'équarrissage; mais les six barreaux cotés *A* avoient 3 pieds 10 pouces de longueur, & les six barreaux cotés *B* n'avoient qu'un pied 11 pouces de longueur.

A 1 a rompu étant chargé de 51 livres : son raccourcissement, à compter de la ligne *gg*, a été de 15 lignes.

A 2 a rompu étant chargé de 45 livres.

A 3 a rompu étant chargé de 47 livres : son raccourcissement a été de 18 lignes.

A 4 ayant plié de 11 lignes, a rompu chargé de 45 livres: ſon raccourciſſement a été de 9 lignes.

A 5 ayant plié de 7 lignes, a rompu chargé de 58 livres: ſon raccourciſſement ayant été de 21 lignes.

A 6 ayant plié de 11 lignes, a rompu chargé de 47 livres: ſon raccourciſſement a été de 14 lignes.

B 1 étant chargé de 50 livres, a plié de 2 lignes; a rompu étant chargé de 105 livres, s'étant raccourci de 11 lignes.

B 2 étant chargé de 50 livres, a plié de 3 lignes; a rompu étant chargé de 131 livres, s'étant raccourci de 11 lignes.

B 3 étant chargé de 50 livres, a plié de 3 lignes; a rompu étant chargé de 112 livres, s'étant raccourci de 9 lignes.

B 4 étant chargé de 50 livres, a plié de 5 lignes; a rompu étant chargé de 110 livres, s'étant raccourci de 15 lignes.

B 5 étant chargé de 50 livres, a plié de 3 lignes; a rompu étant chargé de 104 livres, s'étant raccourci de 7 lignes.

B 6 étant chargé de 50 livres, a plié de 3 lignes; a rompu étant chargé de 112 livres, s'étant raccourci de 12 lignes.

Nous avons dit plus haut que cette façon d'éprouver la force des barreaux eſt incertaine.

CHAPITRE VIII.

Des Barreaux d'aſſemblage qu'on nomme Armés.

APRÈS avoir rapporté quantité d'Expériences qui établiſſent 1°, Quelle eſt la force des bois de Chêne de différentes qualités, & de pluſieurs eſpeces de bois des Iſles, d'après les Expériences de M. de Coſſigny:

2°, Quelle eſt la force du bois de Sapin du Nord, pris au centre de l'arbre, & à différentes diſtances juſqu'à l'aubier:

3°, Quelle eſt la force des barreaux de même ſolidité, les uns ronds, les autres quarrés:

4°, Quelle eſt la force des barreaux quarrés de même longueur, & de pareille ſolidité, mais de différents équarriſſages:

5°. Quelle eſt la force des barreaux de même équarriſſage & de différentes longueurs.

Après avoir rapporté toutes les Expériences que nous avons faites ſur des barreaux d'une piece, il étoit très-intéreſſant de connoître quelle eſt la force des barreaux d'aſſemblage, ou de pluſieurs pieces, puiſqu'on en fait uſage dans les Architectures Civile, Navale & Militaire, où l'on appelle les pieces d'aſſemblage des *poutres*, ou des *baux armés*. Nous nous ſommes donc propoſés de connoître, par des Expériences exécutées avec ſoin, quelle eſt la force de ces pieces d'aſſemblages, comparée avec la force des pieces qui ſont d'un ſeul morceau.

Il eſt bon, avant d'entrer en matiere, de ſe rappeller d'abord les Expériences que nous avons imaginées & exécutées pour faire concevoir l'idée que nous avions priſe ſur la diſtinction des fibres qui, dans une piece que l'on charge, ſont en compreſſion ou en dilatation. Il faut ſe rappeller, 1°, Qu'ayant fait rompre des barreaux entiers, leur force moyenne s'eſt trouvée de 144 livres.

2°, Que des ſoliveaux de même ſolidité que nous avions ſciés du tiers de leur épaiſſeur, le trait de la ſcie étant rempli par une planche de bois dur, ont porté 132 livres.

3°, Que de pareils barreaux, ſciés de la moitié de leur épaiſſeur, ont porté 136 livres.

4°, Enfin que des barreaux ſciés des deux tiers de leur épaiſſeur, ont encore porté 136 livres.

Et je prends ici les Expériences les moins favorables : car ayant rempli le trait de ſcie avec des coins qui étoient un peu à force, mes barreaux ſe ſont trouvés en état de ſupporter un poids beaucoup plus conſidérable que les barreaux entiers.

Nous avons donc prouvé, par raiſonnement & par Expériences, premiérement, que dans une poutre qui eſt ſoutenue par ſes extrémités, & chargée à ſon milieu, il y a des fibres qui ſont en condenſation, & d'autres en dilatation.

Secondement, que ſouvent la ſomme des fibres qui ſont

en condenſation eſt beaucoup plus conſidérable que la ſomme des fibres qui ſont en dilatation.

Troiſiémement, que le rapport de la ſomme des fibres qui ſont en condenſation à la ſomme des fibres qui ſont en dilatation, eſt variable ſuivant différentes cauſes phyſiques : ſavoir, 1°, la diſpoſition que les fibres ont à ſe condenſer ou à s'étendre; 2°, la force propre des fibres de différents bois; 3°, le degré de courbure que les pieces de bois prennent ſous la charge, &c.

Quatriémement, que la force des fibres ligneuſes qui ſont comprimées dans le ſens de leur longueur, ainſi que celle des mêmes fibres qui ſont tirées ſuivant cette même direction, eſt très-conſidérable.

Cinquiémement, que la force des pieces de bois ſeroit des plus grandes, ſi les fibres qui les compoſent n'étoient ni compreſſibles ni dilatables.

Sixiémement, que la force de ces pieces dépend encore beaucoup de la cohérence des fibres & des couches ligneuſes les unes avec les autres.

J'ai déja annoncé que ces connoiſſances devoient jetter un jour ſur la force des pieces différemment armées : je me propoſe maintenant de faire l'application de ces principes pour connoître, par Expérience, quelle eſt la meilleure maniere d'armer les poutres, les baux, &c.

On eſt d'abord étonné de voir qu'en ſciant une piece de bois du quart, & encore mieux de la moitié, même des trois quarts de ſon épaiſſeur, elle ſoit au moins auſſi forte que ſi elle étoit entiere. Mais quand on ſait que les baux de pluſieurs pieces ſont au moins auſſi forts que ceux qui ſont d'un ſeul morceau, on conçoit que leur force dépend de la même cauſe qui produit la force de nos barreaux ſciés en deſſus.

Dans la façon d'armer la plus commune, la piece *A* (*Pl. XXIV, fig.* 7 *&* 8) qu'on nomme *la Meche*, eſt d'un ſeul morceau, & les deux pieces *B B*, qu'on nomme les *Armures* ou les *Jumelles*, ſe joignent exactement au milieu en *D*, & s'appuyent bout à bout l'une contre l'autre. On sait, par Expérience, que ces baux sont au moins aussi forts que ceux d'une piece : ils sont cependant comme sciés en *D*, suivant l'usage ordinaire, des deux cinquiemes de l'épaisseur de la piece *E D*. Le soin que l'on a de faire ensorte que les pieces *B B* se butent en *D*, équivaut au coin de bois sec que nous avons mis dans le trait de scie de nos barreaux, & les endents *c c c* empêchent que les pieces ne glissent l'une sur l'autre ; c'est en quoi consiste la force des poutres armées.

Tous les gros mâts sont faits de pieces d'assemblage. Les jumelles sont jointes avec la meche par des endents, comme on le voit au Livre précédent (*Pl. XIV, fig.* 3 *&* 4). On a voulu imiter cet assemblage pour les baux (*Pl. XXIV, fig.* 9). *A* est la meche qui a, si l'on veut, 11 pouces de largeur & 13 pouces d'épaisseur : *B B* sont des jumelles, ou armures latérales, de 3 pouces d'épaisseur, & dont la largeur est égale à la hauteur du bau ou de la poutre : le côté du bau se présente comme la *Figure* 10.

On fait aussi des baux de deux pieces posées à côté l'une de l'autre, comme on le voit dans la *Figure* 11, où le bau est représenté vu par sa face de dessus, ou par sa face de dessous : les deux pieces *A* & *B*, posées à côté l'une de l'autre, forment des écarts qui s'étendent depuis *C* jusqu'à *D*.

On a fait encore des baux de trois pieces, tels que celui de la *Figure* 12, qui est vu par la face de dessus, ou par celle de dessous.

Enfin on en a encore fait avec des bordages posés de champ & endentés les uns dans les autres, comme le sont les jumelles des mâts avec leurs meches. Ceux-là different peu du barreau formé de trois planches collées les unes sur les autres, dont nous avons éprouvé la force.

Ayant fait exécuter avec du bois de noyer toutes ces especes d'armures, & ayant chargé les barreaux d'un poids assez considérable, non pas cependant suffisant pour les faire rompre ; le barreau d'une piece fut celui qui perdit le premier sa *tonture*, ou la courbure qu'on a coutume de lui donner ; & celui qui est représenté (*Figures* 7 *&* 8), ainsi que celui qui étoit formé de quatre bordages poſés de champ, & joints les uns aux autres par des endents, fléchit moins que les autres.

Mais nous avons fait des Expériences avec plus de ſoin : il faut les rapporter; & comme les barreaux (*Figures* 7 & 8) me paroiſſent mieux armés que les autres, c'eſt de ceux-là que je vais d'abord parler.

Toutes les Expériences dont nous allons donner le détail ont été faites avec du Pin du Nord, en prenant toutes les précautions que nous avons rapportées au commencement de ce Livre, pour que les barreaux fuſſent les plus ſemblables qu'il ſeroit poſſible : ainſi nous ne répéterons point ce que nous avons dit.

Nous avons donc cru devoir commencer par examiner la façon d'armer les poutres & les baux (*Figures* 7 & 8) parce qu'elle nous a paru la plus ſimple, une des plus parfaites, & la plus uſitée. Or, ſuivant les principes que nous avons établis au commencement de ce Livre, les fibres qui ſont vers *K* ſont en condenſation, pendant que celles qui ſont vers *E* ſont en dilatation. Ceci bien entendu, on conçoit que les deux pieces d'armures qui s'appuient bout à bout, forment un bon point d'appui en *D*, capable de réſiſter auſſi bien à la condenſation que ſi elles n'en étoient qu'une, pourvu toutefois qu'elles ſoient bien ſerrées l'une contre l'autre ; & ſi cela n'étoit pas, il faudroit chaſſer entre elles un coin qui augmentât la preſſion, comme on l'a fait aux barreaux coupés par un trait de ſcie. A cet égard la poutre armée doit donc être auſſi forte que ſi elle étoit d'une ſeule piece : c'eſt une conſéquence directe de ce que j'ai établi plus haut.

Les fibres qui ſont vers *E* entrent en tenſion : c'eſt pourquoi la piece *A*, qui fait l'office de tirant, eſt d'un ſeul morceau dans toute la longueur de la poutre ou du bau. Et comme les Expériences que j'ai rapportées plus haut, prouvent que la ſomme des fibres qui ſont en condenſation eſt communément plus grande que celle des fibres qui ſont en dilatation, en faiſant voir qu'un barreau ſcié aux deux tiers de ſa hauteur n'eſt point affoibli, on doit en conclure que la piece *A* ſera aſſez forte ſi elle s'étend à la moitié de l'épaiſſeur de la poutre. Il

Il ſuit de ces conſidérations que la poutre armée doit être auſſi forte que ſi elle étoit d'une ſeule piece. Mais ces deux éléments ne renferment pas toutes les circonſtances qui doivent concourir pour rendre une poutre très-forte. Nous avons prouvé que la cohérence des couches ligneuſes eſt une condition très-importante : ainſi pour que la poutre armée dont il s'agit, ſoit auſſi forte que ſi elle étoit d'une piece, il faut que les pieces d'armure *B B* (*Pl. XXIV, fig.* 7) ſoient auſſi intimement jointes à la meche *A* que ſi le tout étoit d'un ſeul morceau : il faut que *BB* ne puiſſe gliſſer ſur *A*. Les endents *c c c*, &c. ſont bien propres à produire cet effet; & plus ils ſeront profonds, plus la cohérence des pieces ſera grande : mais en augmentant la profondeur des endents, on tranche d'autant plus les fibres de la piece *A*; on la rend donc moins capable de réſiſter à la dilatation : ce qui fait appercevoir que pour donner à la poutre, ainſi armée, toute la force poſſible, il faut que les endents aient une profondeur déterminée, de maniere que la cohérence des armures avec la meche ſoit ſuffiſamment grande ſans trop affoiblir la piece *A*. Nous avons cherché à déterminer par des Expériences ce point avantageux : mais il y a bien d'autres choſes à connoître. Il faut examiner s'il y a à gagner en donnant aux poutres armées, ou aux baux, une convexité, ou un bouge *F M*, qu'on nomme *la Tonture*; & pour rendre cette Expérience exacte, il ne faut pas charger tout d'un coup les pieces du poids qui doit les faire rompre : il faut les laiſſer ſupporter quelque temps leur fardeau, afin de s'aſſurer ſi elles ſeront long-temps en état de conſerver leur tonture. J'ajoute qu'il faut, pour parvenir à une plus grande économie des bois longs qui ſont les plus rares, eſſayer de faire les meches, ainſi que les jumelles d'empature, d'un plus grand nombre de pieces courtes; il faut examiner comment, & à quel endroit ſe fait la rupture, &c. Nous allons ſuivre ſéparément ces différents objets, conſultant toujours l'Expérience.

ARTICLE I. *Préparation pour les Expériences.*

AVANT que de faire des pieces armées de plusieurs façons différentes, dans la vue de parvenir à faire avec plusieurs pieces courtes empatées ou assemblées les unes avec les autres, les poutres des bâtiments civils, les baux & les quilles des bâtiments de mer, &c. sans perdre de la force qu'elles ont quand elles sont d'une seule piece ; nous avons fait faire des barreaux de Pin du Nord, donnant la préférence à ce bois parce qu'il nous a paru d'un tissu plus uniforme que tous autres : de plus, pour avoir des bois plus comparables eu égard à la qualité, à l'âge, à l'exposition, & dont chaque morceau fût composé d'un pareil nombre de couches ligneuses, nous les avons tirés d'un même billon ; nous les avons pris d'un même côté comme *A* (*Pl. XXII*, *fig.* 22), à une même distance du cœur, comme de l'orbe *B*, ou de l'orbe *C* ; enfin toutes les pieces, tant des meches que des armures, ont toujours été assemblées dans un même sens, les couches ligneuses étant dans une situation perpendiculaire relativement à la direction du poids qui les chargeoit comme *E* & *F* (*Pl. XXIV*, *fig.* 13). Je passe rapidement sur toutes ces attentions ; il me suffit de rappeller ce que j'en ai dit fort au long au commencement de ce Livre.

Voici la méthode qu'on a suivie pour faire les barreaux armés avec exactitude.

La piece inférieure *A B* (*Pl. XXV*, *fig.* 17) étoit parfaitement droite & de fil pour qu'elle ne fût pas tranchée ; on y faisoit les endents *F G* & *f g*, &c. plus ou moins profonds suivant les vues qu'on se proposoit. On la courboit ensuite, en la faisant plier sur une calle *K L*, qu'on faisoit plus ou moins épaisse suivant qu'on vouloit que la courbure fût plus ou moins considérable. On l'arrêtoit par les extrémités *A B* sur la table d'un établi *P Q* ; ensuite on traçoit les endents des pieces d'armure en les appliquant sur le côté de la piece courbé, après quoi on creusoit les endents en suivant le trait. Les endents étant exactement faits, on assembloit les pieces d'armures ſur la meche ; on les arrêtoit avec des clous, & tout cela étoit aſſez exactement exécuté pour que la piece armée parût être d'un ſeul morceau. Quand on la détachoit de deſſus l'établi, elle ſe redreſſoit fort peu.

ARTICLE II. *Expériences pour connoître la force de reſſort & la force abſolue des Barreaux armés, comparées à celles des Barreaux qui ſont d'une ſeule piece.*

NOUS avons fait faire quatre barreaux droits (*Pl. XXIV, fig.* 14) tout d'une piece, & qui n'étoient point armés : ils avoient 7 ½ lignes de largeur, 15 lignes de hauteur : on les a numérotés *A*, *B*, *C*, *D*.

A, chargé de 80 livres, a plié de 5 lignes ¼ ; & a rompu, étant chargé de 196 livres 7 onc.

B, chargé de 80 livres, a plié de 5 lignes ; & a rompu, étant chargé de 186 livres.

C, chargé de 80 livres, a plié de 5 ½ lignes ; & a rompu, étant chargé de 182 livres 15 onc.

D, chargé de 80 livres, a plié de 6 ½ lignes ; & a rompu, étant chargé de 160 livres.

La force moyenne de ces barreaux s'eſt donc trouvée de 181 livres 5 onces.

Ayant reconnu la force des barreaux d'une piece, nous avons fait faire quatre autres barreaux armés ; mais ils étoient tout droits (*Figure* 15), & on avoit obſervé de ne leur donner aucun bouge, afin qu'ils fuſſent plus comparables aux barreaux d'une ſeule piece. La meche, ainſi que les pieces d'armures, avoient chacune 7 ½ lignes d'épaiſſeur non compris les endents ; ainſi les deux faiſoient un barreau de 15 lignes de hauteur, les endents avoient 2 lignes de profondeur. Ces barreaux furent numérotés *E*, *F*, *G*, *H*.

E, chargé de 80 livres, plia de 5 ½ lignes ; & rompit, étant chargé de 118 liv. 13 onc.

F, chargé de 80 livres, plia de 5 ½ lignes ; & rompit, étant chargé de 126 livres 4 onc.

G, chargé de 80 livres, plia de 4 $\frac{1}{4}$ lignes; & rompit, étant chargé de 99 livres 7 $\frac{1}{2}$ onces.

H, chargé de 80 livres, plia de 6 $\frac{1}{2}$ lignes; & rompit, étant chargé de 160 livres.

La force moyenne de ces barreaux s'est donc trouvée de 126 livres 2 onces.

Conséquences des précédentes Expériences.

LES pieces armées ont donc moins plié sous la charge, que celles qui étoient entieres: cependant elles se sont trouvé plus foibles. Il est vrai qu'elles étoient droites, & que les pieces armées sont ordinairement courbes. D'ailleurs nous ignorions alors bien des choses qui importent à la force des pieces armées: nous nous proposâmes donc de mettre en comparaison des barreaux qui auroient une pareille courbure.

ARTICLE III. *Expériences pour mettre en comparaison deux Barreaux auxquels on avoit fait trois traits de scie pour leur faire prendre une courbure pareille à celle de deux pieces armées à l'ordinaire qu'on vouloit leur comparer.*

NOUS désirions avoir des bois courbes; mais nous ne voulions pas qu'ils fussent tranchés: c'est pourquoi nous fîmes faire deux petits barreaux de 3 pieds de longueur, 7 $\frac{1}{2}$ lign. de largeur *g h*, & 15 lign. de hauteur *g i*, (*Pl. XXV, fig.* 1). On fit à la partie supérieure trois traits de scie *e b f*, de 6 lignes de profondeur, & on les remplit avec des coins qu'on força assez pour faire prendre à ces barreaux une courbure dont la fleche étoit *c d*: ces deux barreaux furent numérotés *A* & *B*.

A, chargé de 90 livres, plia de 12 lignes; & étant chargé de 151 livres 14 onces, il rompit.

B, chargé de 90 livres, plia de 12 lignes; & étant chargé de 165 livres 4 onces, il rompit.

Ainsi la force moyenne de ces deux barreaux étoit de 158 livres 9 onces.

On a répété cette Expérience sur deux autres barreaux : leur force moyenne a encore été de 158 liv.

Nous fîmes faire deux barreaux armés à l'ordinaire (*Figure* 2) qui avoient, comme les autres, 7 $\frac{1}{2}$ lignes de largeur *K H*, & 15 lignes de hauteur *K I* : les endents avoient deux lignes de profondeur. Les deux armures *E*, *B*, avoient 6 lignes de hauteur comme les traits de scie *e b f* (*Figure* 1). Ils furent numérotés *C*, *D*; & la fleche de leur courbure *C D*, étoit égale à *c d*.

C, étant chargé de 77 livres, plia de 12 lignes; & étant chargé de 111 livres 12 onces, il rompit.

D, étant chargé de 72 livres, plia de 12 lignes; & étant chargé de 104 livres 12 onces, il rompit.

La force moyenne de ces barreaux étoit donc de 108 liv. 4 onces.

Deux barreaux tout pareils, excepté que les endents n'avoient que 1 $\frac{1}{2}$ lign. de profondeur, n'ont eu de force moyenne que 108 livres.

Conséquences des Expériences précédentes.

On voit que les barreaux sciés en dessus (*Figure* 1), se sont trouvés de 50 livres 5 onces plus forts que ceux qui étoient armés, & de 32 livres 7 onces plus forts que les barreaux entiers & droits de l'Expérience précédente (*Pl. XXIV*, *fig.* 14). Nous avons dit que la profondeur des endents devoit beaucoup influer sur la force des pieces armées : c'est ce que nous allons examiner dans l'article suivant.

ARTICLE IV. *Expériences pour connoître quelle doit être la profondeur des endents, afin que les pieces armées ſoient capables d'une plus grande réſiſtance.*

Nous avons cru, pour les raiſons que nous avons déja rapportées, qu'il étoit néceſſaire de connoître d'abord quelle doit être la profondeur des endents *b c* (*Pl. XXV, fig.* 3) relativement à la groſſeur des pieces *FE* & *GK*, pour les rendre capables de la plus grande force à groſſeur pareille. Car en ſuppoſant des poutres armées de même longueur, & de même équarriſſage, nous avons penſé, pour les raiſons que nous avons rapportées, que des endents plus ou moins profonds devoient influer ſur la force & le reſſort des pieces armées.

Pour nous en éclaircir, nous avons fait faire douze barreaux armés, de 3 pieds de longueur, de 15 lignes de hauteur *KF* (*Figure* 3) & de 9 lignes de largeur *I K*. Chaque barreau étoit formé de trois pieces : la meche *E F* avoit toute la longueur du barreau, & étoit de même longueur que les deux armures ou jumelles *G H* & *K H* : à quatre de ces barreaux armés, les endents avoient une ligne de profondeur : à quatre autres, les endents avoient 2 lignes; & enfin à quatre autres, les endents avoient 2 $\frac{1}{2}$ lignes.

Nous avons fait prendre à la meche, ou à la piece *E F*, une courbure telle que la fleche *D C* (*Figure* 2) avoit 12 lignes de longueur. Les pieces d'armures *G H*, *K H*, ont été aſſemblées ſur la piece *E F*, comme nous l'avons expliqué plus haut. On a enſuite cloué, les unes aux autres ces pieces aſſemblées, avec des clous faits exprès d'égale groſſeur, & qu'on a mis à des diſtances pareilles. Quand les barreaux, ainſi armés, ont été mis en liberté, ils ſe ſont redreſſés au plus d'une ligne, de ſorte que la fleche *C D* avoit, à très-peu près, 11 lignes de longueur.

Voici quelle a été leur force.

§ 1. *Pieces dont les endents avoient une ligne de profondeur.*

N°.		
1	220 liv.	Force moyenne, 228 liv. 12 onc.
2	235	
3	235	
4	225	

§ 2. *Pieces dont les endents avoient deux lignes de profondeur.*

N°.		
1	180 liv.	Force moyenne, 170 liv. 8 onc.
2	195	
3	185	
4	122	

§ 3. *Pieces dont les endents avoient deux lignes & demie de profondeur.*

N°.		
1	215 liv.	Force moyenne, 196 liv. 4 onc.
2	195	
3	215	
4	160	

ARTICLE V. *Expériences pour connoître dans les poutres armées, quelle doit être la profondeur des endents, relativement au volume du bois qu'on veut employer.*

LES Expériences dont nous allons rendre compte, ont été faites avec plus de précautions que les précédentes, & avec du bois de Chêne. Nous supposons ici qu'on a trois pieces de bois d'un même équarrissage : une *E F* (*Figure* 4) pour faire la meche, & deux *G H*, *K H*, pour faire les armures. Il s'agit de savoir si en joignant ces trois pieces, il sera avantageux de faire les endents plus ou moins profonds. En augmentant la profondeur des endents, on augmente l'engrenage des pieces,

& l'on présente plus de surface à la somme des fibres qui sont en contraction : il sera prouvé dans la suite que ce point est très-avantageux. Mais on diminue d'autant l'épaisseur *A H* de la piece ; ce qui doit l'affoiblir. Les Expériences que nous allons rapporter, sont pour décider quelle doit être la juste profondeur des endents lorsque l'équarrissage des pieces est donné. On a donc pris 28 barreaux de bois de Chêne dans un même billon & dans un même orbe : ils avoient 3 pieds de longueur, 12 lignes de hauteur, & 10 lignes de largeur : ayant été assemblés les uns sur les autres, ils ont fait 14 barreaux armés, qui, deux à deux, ont été entaillés à différentes profondeur pour faire les endents plus ou moins considérables.

§ 1. PREMIERE EXPÉRIENCE.

A deux barreaux, les endents *b c* (*Figure* 3) avoient demi-ligne de profondeur : leur hauteur totale *A H* étoit de 23 lignes.

L'un de ces barreaux, N°. 1, étant chargé de 300 livres, plia de 9 lignes ; & rompit, étant chargé de 375 livres.

L'autre barreau, N°. 2, étant chargé de 300 livres, plia de 10 lignes ; & rompit, étant chargé de 350 livres.

La force moyenne de ces barreaux qui étoient endentés d'$\frac{1}{24}$, étoit donc de 362 $\frac{1}{2}$ livres.

§ 2. SECONDE EXPÉRIENCE.

UN barreau, N°. 3, dont les endents étoient d'une ligne, & l'épaisseur *A H* de 22 lignes, étant chargé de 300 livres, plia de 5 lignes ; & rompit, étant chargé de 500 livres.

Un barreau semblable, N°. 4, étant chargé de 300 livres, plia de 5 lignes ; & rompit, étant chargé de 475 livres.

La force moyenne de ces deux barreaux, qui étoient endentés d'$\frac{1}{12}$, étoit donc de 487 $\frac{1}{2}$ livres.

§ 3.

§ 3. TROISIEME EXPÉRIENCE.

UN barreau, N°. 5, dont les endents étoient d'une ½ ligne, & l'épaisseur *AH* de 21, étant chargé de 300 livres, plia de 5 lignes; & rompit, étant chargé de 580 livres.

Un barreau semblable, N°. 6, étant chargé de 300 livres, plia de 5 lignes; & rompit, étant chargé de 602 liv.

La force moyenne de ces deux barreaux, qui étoient endentés d'un huitieme, étoit donc de 591 liv.

§ 4. QUATRIEME EXPÉRIENCE.

UN barreau, N°. 7, dont les endents étoient de 2 lignes, & l'épaisseur *AH* (*Fig.* 4) de 20 lignes, étant chargé de 300 livres, plia de 5 ½ lignes; & rompit, étant chargé de 604 liv.

Un barreau semblable, N°. 8, étant chargé de 300 livres, plia de 6 ½ lignes; & rompit, étant chargé de 550 liv.

La force moyenne de ces deux barreaux, qui étoient endentés d'un sixieme, étoit donc de 577 liv.

§ 5. CINQUIEME EXPÉRIENCE.

UN barreau, N°. 9, dont les endents étoient de 2 ½ lignes, & l'épaisseur *AH* de 19 lignes, étant chargé de 300 livres, plia de 6 ½ lignes; & rompit, étant chargé de 545 liv.

UN barreau semblable, N°. 10, étant chargé de 300 livres, plia de 6 ½ lignes; & rompit, étant chargé de 555 liv.

La force moyenne de ces deux barreaux, qui étoient endentés d'un cinquieme, étoit donc de 550 liv.

§ 6. SIXIEME EXPÉRIENCE.

UN barreau, N°. 11, dont les endents étoient de 3 lignes, & l'épaisseur *AH* (*Pl. XXV. fig.* 4) de 18 lignes, étant chargé de 300 livres, plia de 5 $\frac{2}{3}$ lignes; & rompit, étant chargé de 575 livres.

Un barreau ſemblable, N°. 12, étant chargé de 300 livres, plia de 6 lignes; & rompit, étant chargé de 500 liv.

La force moyenne de ces deux barreaux, qui étoient endentés d'un quart, étoit donc de 537 $\frac{1}{2}$ livres.

§ 7. SEPTIEME EXPÉRIENCE.

UN barreau, N°. 13, dont les endents étoient de 3 $\frac{1}{2}$ lignes, & l'épaiſſeur *A H* de 17 lignes, étant chargé de 300 livres, plia de 5 $\frac{2}{3}$ lignes; & rompit, étant chargé de 575 liv.

Un barreau ſemblable, N°. 14, étant chargé de 300 livres, plia de 5 $\frac{2}{3}$ lignes, & rompit, étant chargé de 537 livres.

La force moyenne de ces deux barreaux, qui étoient endentés d'un tiers, étoit donc de 556 livres.

§ 8. *Remarques ſur les Expériences précédentes.*

LES Expériences que nous venons de rapporter, & particuliérement la ſeconde ſuite, peuvent ſervir à réſoudre le problême qu'on s'étoit propoſé : ſavoir, Ayant des pieces d'un équarriſſage fixe, quelle doit être la profondeur des endents pour que ces pieces étant aſſemblées les unes avec les autres par des endents, il en réſulte une piece armée la plus forte qu'il eſt poſſible? & comme les barreaux qui ont été entaillés d'une ligne & demie ont été les plus forts & les moins pliants, il paroît réſulter de cette grande Expérience qu'ayant à armer une poutre, le point le plus avantageux eſt de faire les endents de la huitieme partie de la hauteur des pieces, & qu'on pourroit régler la profondeur des endents à la ſeptieme partie de la hauteur.

Il eſt ſenſible que dans les Expériences que nous venons de rapporter, les barreaux qui avoient été préparés pour faire les armures & les meches, ayant été travaillés ſur de ſemblables dimenſions, les pieces armées avoient d'autant moins d'épaisseur que les endents avoient plus de profondeur ; de sorte que si les barreaux armés devenoient plus forts par l'augmentation des endents, ils devenoient plus foibles par la diminution de leur épaisseur. Nos Expériences devoient nous indiquer le point où une de ces causes prédominoit sur l'autre, & cette connoissance peut être très-avantageuse dans la pratique ; mais elles ne donnent aucune idée de la profondeur qu'on doit donner aux endents pour faire une poutre armée d'une même épaisseur qu'une qui seroit d'une piece, & déterminer dans ce cas quelle doit être la profondeur des endents. On consomme alors plus de bois, puisqu'il faut prendre les endents aux dépens des pieces qu'on assemble : mais il est très-intéressant de savoir quelle profondeur il faut donner aux endents pour se procurer une poutre d'un équarrissage donné comme 18 ou 20 pouces, &c.

Notre intention étant donc que tous les barreaux eussent une même épaisseur, nous avions débité les morceaux de bois qui devoient former les barreaux armés de plus en plus épais, à proportion que les endents devoient être plus profonds ; mais comme nous voulions que tous ces barreaux fussent pris dans un même orbe, également éloigné du cœur de l'arbre, nous ne pûmes nous en procurer que de quoi faire six barreaux armés.

ARTICLE VI. *Autre suite d'Expériences sur des Barreaux armés & endentés à différentes profondeurs.*

§ 1. *Pieces dont les endents avoient une ligne de profondeur.*

1 . . . 154 liv. 10 on.		Force moyenne, 173 liv. 1 once.
2 . . . 191 8		

§ 2. *Pieces dont les endents avoient deux lignes de profondeur.*

1 . . . 198 liv. 1 on.		Force moyenne, 185 livres une demi-once.
2 . . . 172		

Qqq ij

§ 3. Pieces dont les endents avoient deux lignes & demie de profondeur.

1 . . . 169 liv. 6 on.	}	Force moyenne, 184 liv. 10 onc.
2 . . . 199 14		

§ 4. Remarques ſur les Expériences précédentes.

SUIVANT ces Expériences, il paroîtroit que les barreaux dont les endents étoient les plus profonds, ont été les plus forts; mais n'ayant pas trouvé les différences aſſez conſidérables, nous avons cru devoir les répéter plus en grand.

ARTICLE VII. *Autre ſuite d'Expériences ſur des Barreaux armés qui avoient des endents de différentes profondeurs.*

NOUS avons fait faire neuf barreaux armés, ſemblables à ceux de l'Expérience précédente; mais on a de plus obſervé combien il falloit de poids pour faire plier de 6 lignes les différents barreaux.

§ 1. Barreaux dont les endents avoient une ligne de profondeur.

Poids qui ont fait plier les pieces de 6 lignes.		*Poids qui les ont fait rompre.*	
liv.		liv. onc.	
1 . . . 85	Poids moyen, 75 liv.	1 . . 176 2	Force moyenne, 157 livres 4 onces.
2 . . . 65		2 . . 143 13	
3 . . . 75		3 . . 151 13	

§ 2. Barreaux dont les endents avoient deux lignes de profondeur.

Poids qui ont fait plier les pieces de 6 lignes.		*Poids qui les ont fait rompre.*	
liv.		liv. onc.	
1 . . . 119	Poids moyen, 104 l.	1 . . 189 2	Force moyenne, 179 livres 10 onces.
2 . . . 110		2 . . 179 10	
3 . . . 83		3 . . 170 4	

§ 3. Barreaux dont les endents avoient deux lignes & demie de profondeur.

Poids qui ont fait plier les pieces de 6 lignes.			Poids qui les ont fait rompre.			
	liv.			liv.	onc.	
1	102	Poids moyen, 109 l.	1	172	3	Force moyenne, 187 livres 5 onces.
2	115		2	184	8	
3	110		3	205	5	

§ 4. Remarques sur les Expériences précédentes.

Nous avons dit pourquoi nous nous abstenions de conclure des premieres Expériences, que les pieces peu endentées étoient les plus fortes, quoique nous ayons vu que celles qui n'étoient endentées que d'une ligne & demie, avoient plus porté que celles qui étoient endentées de trois lignes, parce qu'il étoit sensible que les pieces qui étoient plus minces, devoient être les moins fortes.

Mais dans les dernieres Expériences où toutes les pieces avoient une même épaisseur, on peut remarquer :

1°, Que la force des barreaux dont les endents étoient de deux lignes, ou de deux lignes & demie, a été à peu près égale.

2°, Que la force des barreaux endentés de deux lignes, est plus grande de 11 livres 15 onces 4 gros, que celle des barreaux dont les endents n'avoient qu'une ligne de profondeur ; d'où l'on peut conclure, qu'à volume égal, les plus profonds endents ont procuré plus de force que ceux qui étoient moins considérables.

On voit sur-tout par la derniere suite d'Expériences, qui a été exécutée avec tout le soin possible, Que la force moyenne des barreaux dont les endents étoient d'une ligne, a été de 157 livres 4 onces.

Que celle des barreaux dont les endents étoient de deux lignes, a été de 179 livres 10 onces.

Que celle des barreaux dont les endents étoient de deux

lignes & demie, a été de 187 livres 5 onces.

Donc les barreaux endentés de deux lignes, ont eu un avantage de 22 livres 6 onces sur ceux dont les endents ont été d'une ligne; & les barreaux qui ont été endentés de deux lignes & demie, ont eu 7 livres 11 onces d'avantage sur ceux qui n'étoient endentés que de 2 lignes.

Cette augmentation de force est à peu près proportionnelle à la profondeur des endents: & l'on voit de plus que les pieces qui avoient des endents plus profonds ont moins plié sous la charge que les autres.

Quelque concluantes que soient les Expériences que nous venons de rapporter, l'objet est si important pour les pieces qu'on fait de plusieurs morceaux endentés les uns dans les autres, que nous avons jugé à propos de la répéter d'une autre façon.

ARTICLE VIII. *Autres Expériences dans lesquelles on a fait les endents des Barreaux de différentes profondeurs.*

ON a fait quatre barreaux d'assemblage d'égales dimensions, à l'exception de la profondeur des endents: les voici.

A deux barreaux cotés *A*, la profondeur des endents *cd* (*Pl. XXV. fig.* 4) étoit, savoir *a* d'une ligne & demie; *b*, de 2 lignes & demie; *c*, de 3 lignes & demie; *d*, de 4 lignes & demie. En additionnant toutes ces sommes, la coupure verticale étoit de 12 lignes.

Aux deux barreaux *B* (même figure) la profondeur de tous les endents *c d* étoit d'une ligne, & la somme de toutes les coupures perpendiculaires étoit de 6 lignes.

Il est bon de remarquer que les premiers endents *a* de la piece *A* (*Figure* 4) n'ayant qu'une ligne de profondeur, cette partie de ces barreaux étoit aussi forte que la même partie des barreaux *B*, & c'est à cet endroit que les pieces rompent ordinairement.

La force moyenne des deux barreaux *A*, a été de 256 liv. 12 onces.

Et la force moyenne des deux barreaux *B*, a été de 242 liv. 7 $\frac{1}{2}$ onces.

Ce qui fait voir que dans ces Expériences, comme dans les précédentes, les barreaux *A*, dont les endents étoient plus profonds, ont été de 14 livres 4 $\frac{1}{2}$ onces plus forts que les barreaux *B*, dont les endents étoient moins profonds.

L'objet que nous traitons nous a paru si intéressant, que nous n'avons point balancé d'exécuter une autre suite d'Expériences à dessein de connoître la juste proportion qu'on doit donner à la profondeur des endents, pour avoir la plus grande force relativement à l'épaisseur des bois.

ARTICLE IX. *Suite d'Expériences faites avec du bois de Chêne, pour connoître quelle profondeur il faut donner aux endents, relativement à la grosseur des pieces.*

Nous avons jugé que les endents devoient être plus ou moins profonds suivant la grosseur des pieces; & comme il nous parut convenable de faire ces Expériences avec du bois de Chêne, nous fîmes préparer 14 barreaux de Chêne pris dans un même plançon, à une pareille distance du cœur de l'arbre, & qui contenoient tous à peu près un pareil nombre de couches annuelles. Ils avoient chacun 3 pieds de longueur, 10 lignes de hauteur & 10 de largeur. On fit faire avec ces morceaux de bois bien choisis :

Deux barreaux dont les endents avoient 3 $\frac{1}{2}$ lignes de profondeur en *BC*, & il restoit en *AB* & en *DC*, 6 $\frac{1}{2}$ lignes de bois ; conséquemment l'épaisseur de la piece entiere *AD* étoit de 16 $\frac{1}{2}$ lignes.

Deux autres barreaux avoient les endents *BC* de 3 lignes de profondeur, & il restoit 7 lignes en *AB* & en *CD*: ainsi l'épaisseur de la piece entiere étoit de 17 lignes.

Deux autres barreaux avoient les endents de 2 lignes & demie de profondeur; il restoit 7 lignes & demie en *AB* & en *CD*,

& la hauteur de la piece étoit de 17 lignes & demie.

Deux autres avoient les endents *B C* de 2 lignes de profondeur ; il restoit 8 lignes en *A B* & en *C D*, & la hauteur de la piece étoit de 18 lignes.

Deux autres barreaux avoient des endents *C B* d'une lig. & demie de profondeur : il restoit en *A B* & en *C D* 8 lignes & demie ; & par conséquent l'épaisseur *A D* du barreau étoit de 18 $\frac{1}{2}$ lignes.

Deux autres barreaux avoient les endents *B C* d'une ligne de profondeur : il restoit 9 lignes en *A B* & en *C D;* & ainsi la piece entiere étoit de 19 lignes.

Enfin deux autres barreaux avoient les endents *BC* d'une demi-ligne de profondeur : il restoit 9 $\frac{1}{4}$ lignes en *AB* & en *CD*; ainsi l'épaisseur de la piece entiere étoit de 19 $\frac{1}{2}$ lignes.

§ 1. PREMIERE EXPÉRIENCE.

LE barreau N°. 1, ayant des endents d'une demi-ligne de profondeur, qui est un vingt-quatrieme de sa hauteur *S*, étant chargé de 300 liv. plia de 9 lignes ; & rompit, étant chargé de 375 livres.

Le barreau semblable N°. 2, étant chargé de 300 livres, plia de 10 $\frac{1}{2}$ lignes ; & rompit, étant chargé de 350 liv.

La force moyenne de ces barreaux étoit donc de 362 liv. & demie.

§ 2. SECONDE EXPÉRIENCE.

LES barreaux ayant des endents d'une ligne de profondeur, ce qui fait un douzieme de leur hauteur.

N°. 1 chargé de 300 livres, plia de 5 lignes ; & rompit, étant chargé de 500 livres.

N°. 2 chargé de 300 livres, plia de 5 lignes; & rompit, étant chargé de 475 livres.

La force moyenne de ces barreaux étoit de 487 $\frac{1}{2}$ liv.

§ 3. TROISIEME EXPÉRIENCE.

LES barreaux ayant des endents d'une ligne & demie de profondeur, ce qui fait un huitieme de leur hauteur.

N°. 1 chargé de 300 livres, plia de 5 lignes; & rompit, étant chargé de 580 livres.

N°. 2 chargé de 300 livres, plia de 5 lignes; & rompit, étant chargé de 602 liv.

La force moyenne de ces barreaux étoit de 591 liv.

§ 4. QUATRIEME EXPÉRIENCE.

LES barreaux ayant des endents de 2 lignes de profondeur, ce qui fait un sixieme de leur hauteur.

N°. 1 chargé de 300 livres, plia de 5 $\frac{1}{2}$ lignes; & rompit, étant chargé de 604 liv.

N°. 2 chargé de 300 livres, plia de 6 $\frac{1}{2}$ lignes; & rompit, étant chargé de 550 liv.

La force moyenne de ces barreaux étoit de 577 liv.

§ 5. CINQUIEME EXPÉRIENCE.

LES barreaux ayant des endents de 2 $\frac{1}{2}$ lignes de profondeur, ce qui fait à peu près un cinquieme de leur hauteur.

N°. 1 chargé de 300 livres, plia de 6 $\frac{1}{2}$ lignes; & rompit, étant chargé de 545 livres.

N°. 2 chargé de 300 livres, plia de 6 $\frac{1}{2}$ lignes; & rompit, étant chargé de 555 livres.

La force moyenne de ces barreaux étoit de 550 liv.

§ 6. SIXIEME EXPÉRIENCE.

LES barreaux ayant des endents de 3 lignes de profondeur, ce qui fait un quart de leur hauteur.

N°. 1 chargé de 300 livres, plia de 5 $\frac{1}{3}$ lignes; & rompit, étant chargé de 575 liv.

N°. 2 chargé de 300 livres, plia de 6 $\frac{1}{3}$ lignes; & rompit, étant chargé de 500 liv.

La force moyenne de ces barreaux est de 537 $\frac{1}{2}$ liv.

§ 7. SEPTIEME EXPÉRIENCE.

LES barreaux ayant des endents de 3 $\frac{1}{2}$ lignes de profondeur, ce qui fait à peu près un tiers de leur hauteur.

N°. 1 chargé de 300 livres, plia de 6 lignes ; & rompit, étant chargé de 575 livres.

N°. 2 chargé de 300 livres, plia de 6 $\frac{1}{2}$ lignes; & rompit, étant chargé de 537 liv.

La force moyenne de ces barreaux est de 556 liv.

§ 8. *Conséquences des Expériences précédentes.*

Ces Expériences font voir :

1°, Qu'il y a une proportion déterminée pour donner aux endents des armures une profondeur qui rende les pieces armées capables de la plus grande résistance.

2°, Que les deux barreaux dont les endents n'avoient qu'une demi-ligne de profondeur, ont été les plus foibles, savoir 362 $\frac{1}{2}$ liv. quoiqu'ils eussent 6 lignes de plus en hauteur *AD*, que la derniere paire qui a eu 213 $\frac{1}{2}$ liv. plus de force que la premiere paire.

3°, Que les endents augmentent la force des armures à mesure qu'ils ont plus de profondeur, jusqu'à ce qu'elles parviennent à peu près à la huitieme partie de l'épaisseur de la piece. Passé ce terme, les pieces deviennent d'autant plus foibles, à mesure qu'on augmente la profondeur des endents. Car la plus grande force s'est trouvée à la troisieme paire, dont les endents avoient en profondeur la huitieme partie de la hauteur *EG* de la piece armée (*Planche XXV*, *fig.* 3 ou 4).

4°, Que toutes les pieces armées de cette Expérience, excepté la premiere paire, étant chargées de 300 livres, qui est plus de la moitié du poids qui les a fait rompre, n'ont plié, sous cette charge, que de la quatrieme partie de l'épaisseur entiere de la piece : ce qui prouve qu'une piece armée est encore bien forte quand la charge la fait plier du quart de toute sa hauteur *AC*, (*Figure* 8).

5°, Comme les Expériences font voir que pour procurer aux pieces plus de résistance, les endents des armures ne doivent pas être moindres de la huitieme partie de la hauteur de la poutre qu'on veut former de plusieurs pieces d'assemblage, ni excéder la sixieme partie, on pourroit établir pour regle qu'elles doivent être de la septieme partie.

ARTICLE X. *Résultat des Expériences que nous avons faites pour connoître s'il étoit à propos de beaucoup multiplier le nombre des endents.*

IL est sensible que si l'on faisoit à la partie *AB* ou *BH* (*Fig.* 5) des endents fort longs, il y auroit trop peu de points d'appui pour résister au refoulement des fibres qui sont en condensation lorsque les pieces sont chargées; & que si l'on multiplioit trop les endents, ils pourroient se détacher, comme *DBA* (*Fig.* 10), & cela nous est arrivé plusieurs fois. Nous avons conclu de plusieurs Expériences, qu'il falloit donner aux parties *AB* ou *BH* (*Fig.* 5) au moins 22 fois la profondeur *HI* des endents.

Ayant établi par nombre d'Expériences quelles doivent être la longueur & la profondeur des endents, pour que les pieces armées soient les plus fortes qu'il est possible, nous nous sommes proposés d'examiner quelle doit être la proportion entre les pieces d'armure & la meche, ou la piece qu'on arme.

ARTICLE XI. *Expériences pour connoître quelle épaisseur relative on doit donner aux meches & aux pieces d'armures.*

§ 1. *Premiere suite d'Expériences.*

ON a fait six barreaux armés comme les précédents, avec du Chêne de Bourgogne. Tous étoient d'une même longueur, d'une même épaisseur & d'une même largeur. Mais à deux, *A* & *B*, on a donné aux armures 7 $\frac{1}{2}$ lignes de hauteur, & à la meche, 8 ½ lignes : à deux autres, *C* & *D*, on a donné aux armures 8 lignes de hauteur, & aussi 8 lignes à la meche : enfin aux deux autres, *E* & *F*, 8 ½ lignes de hauteur aux armures, & 7 ½ lignes à la meche.

Le barreau *A* étant chargé de 200 livres, plia de 11 lignes; & rompit, étant chargé de 340 livres 12 onces.

B, chargé de 200 livres, plia de 13 lignes; & rompit, étant chargé de 294 livres 5 onces.

Leur force moyenne étoit donc de 317 livres 8 onces.

C, chargé de 200 livres, plia de 9 lignes; ayant perdu son bouge, il rompit, étant chargé de 344 liv.

D, chargé de 200 livres, plia de 11 lignes; & rompit, étant chargé de 300 livres.

Leur force moyenne étoit donc de 322 livres.

E, chargé de 200 livres, plia de 11 ½ lignes; & rompit, étant chargé de 320 livres.

F, chargé de 200 livres, plia de 11 ½ lignes; & rompit, étant chargé de 300 livres.

Leur force moyenne étoit donc de 310 livres.

§ 2. *Seconde suite d'Expériences.*

A, armé au tiers de son épaisseur, étant chargé de 100 livres, plia de 13 ½ lignes; & rompit, étant chargé de 123 livres.

B, de même armé au tiers de son épaisseur, étant chargé de 100 livres, plia de 13 lignes; & rompit, étant chargé de 134 liv. 3 onc.

Ainsi la force moyenne de ces deux barreaux étoit de 228 liv. 9 ½ onc.

C, armé à moitié de son épaisseur, étant chargé de 100 livres, plia de 14 ½ lignes; & rompit, étant chargé de 134 liv. 10 onc.

D, de même armé à la moitié de son épaisseur, étant chargé de 100 livres, plia de 17 lignes; & rompit, étant chargé de 126 livres une once.

Ainsi la force moyenne de ces deux barreaux étoit de 130 liv. 5 ½ onc.

E, armé aux deux tiers de son épaisseur, étant chargé de 100 livres, plia de 15 lignes; & rompit, étant chargé de 126 livres 3 onces.

F, de même armé aux deux tiers de son épaisseur, étant de 100 livres, plia de 13 lignes; & rompit, étant chargé chargé de 141 livres 4 onces.

Ainsi la force moyenne de ces deux barreaux étoit de 133 livres 12 ½ onces.

§ 3. *Troisieme suite d'Expériences.*

Six barreaux de 16 lignes de hauteur.

Deux barreaux dont l'armure avoit 6 lignes de hauteur & la meche 10 lignes; leur force moyenne fut de 261 livres 14 onces.

Deux barreaux dont l'armure avoit 8 lignes de hauteur & la meche pareillement 8 lignes; leur force moyenne fut de 287 livres 6 onces.

Enfin deux barreaux dont l'armure avoit 10 lignes de hauteur & la meche 6 lignes; leur force moyenne fut de 248 liv.

§ 4. *Quatrieme suite d'Expériences.*

On fit encore six barreaux.

A deux, l'armure avoit 7 lignes d'épaisseur & la meche 9; leur force moyenne fut de 287 livres 5 onces.

A deux autres, l'armure, ainsi que la meche, avoient 8 lignes de hauteur; leur force moyenne fut de 301 liv. 12 ½ onc.

Enfin aux deux autres, l'armure avoit 9 lignes de hauteur & la meche 7 lignes; leur force moyenne fut de 219 liv. 5 ½ onc.

§ 5. *Cinquieme suite d'Expériences.*

On fit de plus six autres barreaux.

A deux barreaux, l'armure avoit 6 $\frac{1}{2}$ lignes d'épaiſſeur, & la meche 8 $\frac{1}{2}$ lignes; leur force moyenne fut de 303 livres 3 onces.

A deux autres, l'armure avoit 7 $\frac{1}{2}$ lignes de hauteur, & la meche de même; leur force moyenne fut de 310 liv. 3 onc.

Enfin à deux autres, l'armure avoit 7 lignes de hauteur, & la meche 8 lignes; leur force moyenne fut de 262 liv. 11 $\frac{1}{2}$ onc.

Nota que nous avons répété toutes les Expériences dont nous venons de parler ſur des pieces endentées, comme le repréſente la *Figure* 7; *EF*, la largeur des entailles; *GE*, le bois qui reſtoit entre les entailles; *IH*, la profondeur des entailles : & les réſultats des Expériences ont été à peu près les mêmes.

§ 6. *Sixieme ſuite d'Expériences.*

PREMIERE EXPÉRIENCE.

DEUX barreaux dont les armures avoient 6 lignes d'épaiſſeur, & les meches 10 lignes; force moyenne 261 liv. 14 onc.

Deux barreaux dont les armures avoient 8 lig. d'épaiſſeur, & les meches de même 8 lignes; force moyenne 287 livres 6 onces.

Deux barreaux dont les armures avoient 10 lig. d'épaiſſeur, & les meches 6 lignes; force moyenne 248 liv.

SECONDE EXPÉRIENCE.

DEUX barreaux dont les armures avoient 7 lignes d'épaiſſeur, & les meches 9 lignes; leur force moyenne 287 liv. 5 onc.

Deux barreaux dont les armures avoient 8 lignes d'épaiſſeur, & les meches de même 8 lignes; leur force moyenne 301 liv. 12 onces.

Deux barreaux dont les armures avoient 9 lignes d'épaiſſeur, & les meches 7 lignes; leur force moyenne 219 liv. 5 onc.

TROISIEME EXPÉRIENCE.

DEUX barreaux dont les armures avoient 6 $\frac{1}{2}$ lig. de hauteur, & les meches 8 $\frac{1}{2}$ lignes ; leur force moyenne a été de 303 liv. 3 onces.

Deux barreaux dont les armures avoient 7 $\frac{1}{2}$ lignes de hauteur, & les meches de même 7 $\frac{1}{2}$ lignes ; leur force moyenne a été de 310 livres 3 onces.

Deux barreaux dont les armures avoient 7 lignes de hauteur, & les meches 8 lignes; leur force moyenne a été de 262 livres 11 onces.

QUATRIEME EXPÉRIENCE.

DEUX barreaux dont les armures avoient 7 $\frac{1}{2}$ lignes de hauteur, & les meches 8 $\frac{1}{2}$ lignes ; leur force moyenne a été de 317 liv. 8 onc.

Deux barreaux dont les pieces d'armures avoient 8 lignes, & les meches auſſi 8 lignes d'épaiſſeur ; leur force moyenne a été de 322 liv. 4 onc.

Deux barreaux dont les pieces d'armures avoient 8 $\frac{1}{2}$ lignes, & les meches 7 $\frac{1}{2}$ lignes de hauteur ; leur force moyenne a été de 310 livres.

Voilà bien des faits qu'on peut combiner par le calcul, & nous aurions volontiers épargné ce ſoin au Lecteur, ſi nous n'étions pas forcé d'abréger, pour ne point trop groſſir ce Volume ; nous nous bornerons donc à tirer de toutes ces Expériences quelques conſéquences générales.

§ 7. *Conſéquences qu'on peut tirer des Expériences précédentes.*

IL paroît, par ces Expériences, que les plus forts barreaux ont été ceux où les pieces d'armure avoient la même hauteur que les meches, & que les plus foibles étoient ceux où les armures avoient moins de hauteur que les meches.

Nous avons exécuté de pareilles Expériences ſur des barreaux plus forts; mais comme le réſultat a été à peu près pareil, nous n'en parlerons point. Nous allons rapporter les Obſervations que nous avons faites ſur la façon dont ces barreaux ont rompu.

ARTICLE XII. *Obſervations ſur la façon dont les Barreaux ont rompu.*

EN examinant avec attention tous les barreaux rompus, nous avons apperçu que c'eſt toujours la meche qui rompt, au milieu & au-deſſous de la réunion des deux armures, à l'endroit *C G F* (*Figure 6*); aux uns, les éclats s'étendoient du côté droit, & aux autres du côté gauche. On voyoit encore que les endents ſouffrent une grande contraction : on l'appercevra encore mieux par les détails où nous allons entrer.

Aux barreaux dont les endents n'avoient qu'une demi-ligne de profondeur, les endents, tant des armures que de la meche, ſe ſont refoulés, les pieces ont gliſſé les unes ſur les autres, & la meche a rompu au milieu, (*Figure* 8).

Aux barreaux dont les endents avoient une ligne de profondeur, les endents ſe ſont emportés d'un côté ſeulement. *A* (*Figure 9*) s'eſt plus déchiré que *B*; *B*, plus que *C*; & *C*, plus que *D*: l'autre côté de la piece eſt reſté dans ſon état naturel, les endents étant ſeulement un peu refoulés.

Aux barreaux dont les endents avoient une ligne & demie de profondeur, les endents ſe ſont refoulés d'un côté ſeulement; à l'autre côté *E D*, (*Pl. XXV. figure* 10) ils ſont reſtés dans leur état : le premier endent *A B C* s'eſt détaché tout entier ſuivant le fil du bois.

Aux barreaux dont les endents avoient deux lignes de profondeur, les endents ſe ſont moins refoulés, mais toujours d'un même côté *A*, (*Figure* 11): ils ont rompu au milieu de la meche, où les fibres ſe ſont arrachées par filaments.

Aux barreaux dont les endents avoient 2 $\frac{1}{2}$ lignes de profondeur, les endents n'ont point éprouvé de refoulement ſenſible

ſible (*Figure* 12) : ils ont rompu au milieu par grands filaments.

Aux barreaux dont les endents avoient 3 lignes de profondeur, il n'y a point eu de refoulement ; mais un endent *A B C*, (*Figure* 13) s'eſt détaché en entier : la meche a rompu au milieu par filaments.

Aux barreaux dont les endents avoient 3 $\frac{1}{2}$ lignes de profondeur, les endents (*Figure* 14) ſont reſtés dans leur entier : la meche a rompu au milieu & par filaments ; mais comme elle étoit mince, elle n'a pas porté un auſſi grand poids que les autres.

On voit dans les endents l'effet de la compreſſion des fibres, & dans les meches les effets d'une grande tenſion ; étant forcées d'obéir à cette puiſſance, elles ont rompu, comme on le voit (*Figure* 15). Ces réflexions nous ont engagé à faire encore les Expériences ſuivantes.

ARTICLE XIII. *Expériences pour connoître l'effet de la contraction des fibres qui ſont en refoulement.*

§ 1. *Premiere ſuite d'Expériences.*

NOUS avons pris ſix barreaux armés (*Figure* 16).

Deux, Nos. 1 & 2, étoient armés au tiers, de ſorte que l'armure *A B* avoit 4 $\frac{1}{3}$ lignes de hauteur, & la meche *C D* 8 $\frac{2}{3}$ lig.

Deux, Nos. 3 & 4, étoient armés à moitié, de ſorte que l'armure *A B* avoit 6 $\frac{1}{2}$ lig. de hauteur, & la meche *C D* auſſi 6 $\frac{1}{2}$ lig.

Deux, Nos. 5 & 6, étoient armés aux deux tiers, de ſorte que l'armure *A B* avoit 8 $\frac{2}{3}$ lig. de hauteur, & la meche *C D* 4 $\frac{1}{3}$ lig.

Les endents avoient 2 lig. de profondeur, & la hauteur totale *A C* des barreaux étoit de 13 lig. non compris la profondeur des endents.

Comme nous ſavions que ces barreaux devoient porter aux

environs de 130 livres, nous les chargeâmes peu à peu de 100 livres ; puis nous ôtâmes les poids pour mesurer ce que chaque barreau avoit perdu de sa courbure, étant chargé de ce poids.

N°. 1 avoit perdu 4 $\frac{1}{4}$ lignes ; N°. 2, 3 $\frac{1}{2}$ lignes ; N°. 3, 3 $\frac{1}{4}$ lignes ; N°. 4, 4 $\frac{1}{3}$ lignes ; N°. 5, 2 $\frac{1}{2}$ lignes ; N°. 6, 2 $\frac{1}{2}$ lignes.

On voit, par cette Expérience, que les pieces dont les endents étoient moins considérables, ont plus perdu de leur courbure ; & si le N°. 4 s'est un peu éloigné de cette regle, il faut faire attention, pour cette Expérience comme pour toutes les autres, que malgré la grande adresse de celui qui travailloit les barreaux, il étoit presque indispensable que quelques-uns fussent moins exactement travaillés que les autres.

§ 2. *Seconde suite d'Expériences.*

NOUS ne prîmes qu'un seul barreau, & nous le chargeâmes d'un même poids ; mais pendant différents intervalles de temps.

Ce barreau (*Figure* 19) avoit 3 pieds de longueur *A B*, 7 lig. de largeur *B C*, & 14 lig. de hauteur totale *C D*. Les pieces d'armure *D B* ayant 6 lignes d'épaisseur, & la meche *B C* ayant pareillement 6 lignes ; les endents *F G*, *f g*, &c. avoient 2 lignes de profondeur.

PREMIERE EXPÉRIENCE.

CE barreau étoit appuyé par ses extrémités, on le chargea dans le milieu ; & pour le faire plier jusqu'à la ligne droite *A B* (*Fig.* 17), il fallut le charger de 90 livres : ainsi ce poids le fit plier de *L K* égal à 7 $\frac{1}{2}$ lig. L'ayant déchargé tout de suite, on n'apperçut aucun dommage sensible : mais ayant mesuré sa courbure, elle étoit diminuée d'une demi-ligne.

On le chargea du même poids ; & on le laissa chargé pendant 24 heures : au bout de ce temps, il se trouva avoir plié de 10 lig. Etant déchargé, sa courbure étoit diminuée de 2 lig.

On le chargea du même poids ; & 48 heures après, il avoit plié de 10 $\frac{1}{2}$ lig. L'ayant déchargé, sa courbure étoit diminuée de 2 $\frac{1}{2}$ lig.

On le chargea du même poids ; & l'ayant laissé en charge pendant 8 jours, il avoit plié de 10 $\frac{3}{4}$ lignes : après l'avoir déchargé, il avoit perdu 2 $\frac{3}{4}$ lignes de sa courbure.

On le chargea de nouveau de 90 livres, & au bout d'un mois il avoit plié de 12 $\frac{1}{4}$ lignes ; étant déchargé, il avoit perdu 4 lignes de sa courbure.

En le visitant, on remarqua que la jointure *HI* (*Fig.*) 17) étoit fort élargie ; & les fibres, de part & d'autre de ce joint, étoient refoulées : les deux endents *Gg* étoient un peu refoulés ; les autres ne l'étoient presque point, & les suivants point du tout.

SECONDE EXPÉRIENCE.

ON remit ce barreau à sa premiere courbure en le tenant assujetti sur la cale *KL* (*Fig.* 17) ; alors la jointure *HI* parut beaucoup plus élargie : on introduisit dans ce joint un coin de bois dur, & l'ayant remis en liberté, il conserva sa premiere courbure égale à 7 $\frac{1}{2}$ lig.

On le chargea de nouveau de 90 livres : il plia sous ce poids comme la premiere fois, jusqu'à perdre toute sa courbure, qui étoit de 7 $\frac{1}{2}$ lig. L'ayant laissé en charge pendant une demi-heure, & l'ayant ensuite déchargé, il avoit perdu une lig. de sa courbure.

On le chargea encore du même poids de 90 livres ; & 24 heures après, il avoit plié de 10 lignes ; étant déchargé, il avoit perdu 2 lig. de sa courbure.

On le chargea encore de 90 livres ; & un mois après, il avoit plié de 13 lig. étant déchargé, il avoit perdu 3 $\frac{1}{2}$ lig. de sa courbure.

Après toutes ces épreuves, la jointure *HI* s'étoit encore un peu ouverte, le bois s'étoit refoulé, & le coin ne tenoit presque plus. On remarqua que les fibres s'étoient refoulées à la partie supérieure en *MMM*, où il s'étoit formé un petit bourrelet, comme un repliement des fibres les unes contre les autres.

On n'apperçut aucun dommage à la partie inférieure, ſinon que les endents depuis *N* juſqu'à *O* étoient un peu refoulés, & les autres point du tout.

TROISIEME EXPÉRIENCE.

COMME ce barreau ne pouvoit être d'aucune utilité dans cet état, on coupa l'armure en *N* & en *O* (*Fig.* 17), & cette partie *N O* faiſoit le tiers de la longueur du barreau. Alors le barreau ſe redreſſa preſqu'entiérement : il reſta ſeulement un peu de courbure vers les extrémités à cauſe des endents *T T T*, &c. qui étoient reſtés en place.

On remit le barreau ſur la cale *K L*, pour lui faire reprendre ſa premiere courbure, & on ajuſta dans la place *N O* un morceau d'armure *V* (*Fig.* 18). On ajuſta enſuite deux autres pieces ſemblables *E F*, *F G*, qui avoient la même largeur *B C* que le barreau.

Il faut concevoir que la piece *N O* avoit ſa hauteur *C E* égale à la hauteur *E D* de la *Figure* 17 : la ſeconde piece *E F* avoit 3 lignes de plus d'épaiſſeur que *C E*; & la troiſieme *F G* avoit 6 lignes plus de hauteur que *C E*.

Ces trois pieces étoient ſi exactement travaillées, qu'en les mettant en place, & les preſſant fortement contre la meche, le barreau prenoit préciſément ſa premiere courbure 7 $\frac{1}{2}$ lig.

On s'étoit abſtenu de clouer ces morceaux d'armure ſur la meche, afin de pouvoir les changer à volonté.

On mit la premiere piece *N V O* (*Fig.* 18) à l'endroit *N O* (*Figure* 17); on la lia fortement avec de la ficelle ſur la meche *A B*; on la chargea enſuite de 90 livres : mais ce poids n'ayant pas été ſuffiſant pour la faire plier de 7 $\frac{1}{2}$ lignes, ou de toute ſa courbure, on fut obligé d'ajouter des poids juſqu'à 120 liv.

Alors on ôta cette premiere piece *N V O*; & l'on mit à la place la ſeconde 2 *E*, qui avoit 3 lignes d'épaiſſeur de plus ;

on la lia à la meche avec de la ficelle ; & pour faire perdre au barreau sa courbure, il fallut le charger de 140 liv.

Enfin on ôta encore ce second morceau d'armure, on y substitua le troisieme *3 F*; & pour faire perdre au barreau sa courbure, il fallut le charger de 170 liv.

Si l'on fait attention que le barreau a été de 30 livres plus fort lorsqu'on a eu substitué la piece *NVO* (*Figure* 18) à la piece *NO* (*Fig.* 17), quoique la piece qu'on avoit ajoutée ne fût pas plus forte que celle qu'on avoit retranchée, on est disposé à en conclure que les armures faites de trois pieces seroient plus fortes que celles de deux. Ce fait, qui met en état de substituer des bois courts à des bois longs, nous a paru assez intéressant pour nous déterminer à nous en assurer par des Expériences particulieres que nous rapporterons dans la suite ; mais il faut auparavant faire quelques réflexions sur les Expériences précédentes.

§ 3. *Remarques sur l'action des fibres ligneuses lorsque les Barreaux armés sont chargés.*

PAR la construction du barreau armé qui a été chargé de 90 livres pendant différents intervalles de temps, on conçoit qu'étant appuyé par ses extrémités, & chargé dans le milieu, les fibres de la partie supérieure, ou des armures, ont entré en contraction à mesure que le barreau a plié sous la charge, & tous les joints se sont comprimés pendant que les fibres qui composoient la partie inférieure, ou la meche, étoient toutes en tension. Ces vérités ont été démontrées au commencement de ce Livre ; & les Expériences que nous venons de rapporter les mettent dans une entiere évidence.

Effectivement puisque ce barreau, chargé de 90 livres à différentes reprises, & pendant des intervalles de temps inégaux, perd une portion de sa courbure lorsqu'on l'a déchargé, s'approchant de la ligne droite à chaque reprise, & toujours relativement au temps que le barreau a demeuré chargé, il faut que les fibres ligneuses, qui par la rencontre des endents entretiennent cette courbure, perdent de leur reſſort à meſure que le barreau perd de la ſienne. Sont-ce les fibres qui ſont en contraction, ou celles qui ſont en dilatation, qui ſouffrent cette perte ? Nous avons déja diſcuté cette queſtion ; mais les Expériences que nous venons de rapporter, nous engagent à y revenir, parce qu'elles fourniſſent de nouvelles preuves de ce que nous avons avancé.

On a vu que notre barreau ayant demeuré pendant deux mois chargé de 90 livres, a plié de 12 $\frac{1}{2}$ lignes, & qu'étant déchargé il avoit perdu 4 lignes de ſa courbure. La jointure *H I* (*Fig.* 17) fut trouvée beaucoup élargie ; on a rempli cette ouverture avec une nouvelle piece d'armure qui l'a remis au degré de courbure que le barreau avoit perdu. Dans cet état, il a été chargé une ſeconde fois de 90 livres pendant les mêmes intervalles de temps, & à chaque repriſe il s'en eſt ſuivi les mêmes effets qu'à la premiere épreuve.

La nouvelle piece d'armure qu'on a introduite dans l'ouverture du joint, ayant rendu au barreau la force qu'il avoit perdue par la premiere épreuve, ceci eſt exactement pareil à ce qui eſt arrivé à nos barreaux ſciés. Le coin que nous avons mis dans le trait de la ſcie a bien pu réparer le refoulement des fibres qui étoient en contraction ; mais il n'a rien pu produire ſur celles qui étoient en dilatation. On a donc lieu de penſer que ces fibres n'avoient point été affoiblies dans la premiere épreuve, puiſqu'à l'aide du coin, ou du morceau d'armure, le barreau a ſoutenu dans la ſeconde épreuve, & dans les mêmes circonſtances, la même charge qu'à la premiere. Donc, ce barreau qui étoit près de rompre, ayant plié de 12 $\frac{1}{2}$ lignes à la premiere épreuve, n'a été dans cet état que par le défaut du reſſort des fibres contractées qui s'étoient refoulées & racourcies dans tous les endroits où elles ſe touchoient.

Nous ſommes donc diſpoſés à conclure de cette derniere Expérience, comme nous l'avons déja fait plus haut, que les barreaux armés perdent principalement leur force par le défaut du reſſort des fibres qui ſont en contraction, leſquels ſe refoulent mutuellement aux points de leur contact, & que les fibres en dilatation influent peu dans le cas dont il s'agit.

Cette conféquence paroît confirmée par la troifieme épreuve, lorfqu'après avoir coupé la partie *N O* (*Figure* 17) qui avoit été refoulée pendant la feconde épreuve, on a vu ce même barreau rétabli par le morceau d'armure *N O* (*Figure* 18), & fa force beaucoup augmentée par le morceau *G* 3. Ces morceaux d'armure n'ont fait, comme les coins, que remplacer les fibres qui étoient refoulées aux points de contact. Car fi, par fuppofition, les fibres en dilatation avoient perdu par la premiere opération un peu de leur force, il eft évident que cette meche, après tant d'épreuves, n'auroit pas foutenu un poids près du double des premieres fans avoir plié davantage : d'où l'on peut conclure que les fibres qui font en dilatation, s'affoibliffent peu jufqu'au moment de leur rupture.

On pourroit croire cependant que les fibres qui entrent en dilatation, pourroient bien avoir acquis par la tenfion un peu de longueur, & qu'elles auroient contribué par-là en quelque chofe à l'ouverture du joint *H I* (*Fig.* 17). Nous avons penfé au commencement de ce Livre, que cet allongement pouvoit avoir lieu, mais que fon effet étoit beaucoup moins fenfible que la contraction des fibres qui font en condenfation : cependant fi on fe rappelle que quand, à la troifieme Expérience, on a mis en place à l'endroit *N O* (*Figure* 17) la piece d'armure *G* 3 (*Fig.* 18), elle a auffi précifément rempli l'efpace *NO*, que les pieces 2 *F* & 1 *E*, (*Figure* 18), de forte que la courbure du barreau étoit toujours $7\frac{1}{2}$ lignes ; il eft clair que cela n'auroit pas été, fi les fibres qui étoient en tenfion s'étoient allongées, puifque les trois pieces d'armure 1 *E*, 2 *F* & 3 *G*, étoient de même longueur.

Il paroît donc affez bien prouvé par ces trois Expériences :

1°, Que les fibres ligneufes des barreaux armés qui ont formé la meche, & qui ont été fortement tendues au point d'être près de rompre, n'ont été ni allongées ni affoiblies fenfiblement, jufqu'à ce qu'elles aient eté rompues.

2°, Que les fibres des armures qui font comprimées, fe refoulent, qu'elles perdent une partie de leur longueur & le reffort qui pourroit les rétablir.

Cela prouve que dans les pieces armées, il faut donner aux endents assez de profondeur pour augmenter la surface des parties qui s'appuient les unes sur les autres, toujours relativement à la résistance des fibres qui sont en tension; & cette conséquence s'accorde à merveille avec le résultat des Expériences que nous avons faites pour connoître la profondeur qu'on devoit donner aux endents dans les barreaux armés. Aux uns, les endents n'avoient qu'une ligne & demie de profondeur; aux autres, 2 $\frac{1}{2}$ lignes; aux autres, 3 $\frac{1}{2}$ lignes, & aux autres, &c.

Voyant que nos barreaux armés rompoient toujours au-dessous des armures & au milieu des meches, nous soupçonnâmes que l'augmentation de force du barreau (*Figure* 17) par l'addition des pieces d'armure 2 *F* & 3 *G* de la *Figure* 18, pouvoit venir de ce que ces pieces étoient plus épaisses que la premiere piece *NVO*; nous imaginâmes de fortifier ces barreaux armés ainsi que nous allons l'expliquer.

Article XIV. *Expériences pour s'assurer si l'on peut augmenter la force des Barreaux armés en mettant une petite engraisse sur la réunion des deux armures.*

La force moyenne des barreaux armés *A B* (*Figure* 19), de 3 pieds de longueur, de 7 lignes de largeur & de 12 lignes de hauteur, dont les endents ont 1 $\frac{1}{2}$ ligne de profondeur, a été reconnue être de 108 livres.

Nous avons fait faire deux barreaux pareils armés *A & B* (*Fig.* 19); & sur la jonction *b* des deux pieces d'armure, nous avons fait mettre une petite planche *a e c* qui est ponctuée sur la *Figure* 19: elle avoit 1 $\frac{1}{2}$ ligne d'épaisseur en *e*, & finissoit à rien du côté *a* & du côté *c*; la force moyenne de ces deux barreaux a été de 127 livres; c'est-à-dire, de 19 livres plus forte que celle des autres barreaux : je l'attribue à ce que la petite planche *a e c* faisoit que la charge étoit distribuée sur une

une plus grande longueur du barreau. Il faut voir maintenant si l'on peut augmenter la force des barreaux en faisant les armures de trois pieces au lieu de deux.

ARTICLE XV. *Comparaison des Barreaux armés à l'ordinaire, dont l'armure n'est que de deux pieces, avec des Barreaux dont l'armure est de trois pieces.*

NOUS avons encore éprouvé la force de deux barreaux armés dont la meche ou le tirant *A B* (*Pl. XXV, fig.* 19) étoit d'une piece, & l'armure *E D*, de deux pieces *a c*. Ces barreaux avoient 3 pieds de longueur *A B*, 16 lignes de hauteur *C D*, & 8 lignes d'épaisseur *E F*; leur force moyenne s'est trouvée de 357 livres.

Deux barreaux de pareilles dimensions, mais dont l'armure étoit formée de trois pieces *C*, *D*, *E*, (*Figure* 20), ont rompu étant chargés de 304 livres. C'est 53 livres moins que ceux dont l'armure étoit de deux pieces.

Cette différence de ce qu'on a vu, Art. XIII, vient de ce que dans cette derniere Expérience, outre la compression des endents *h h*, il s'en est fait en *F* & en *G*, au lieu qu'à l'Article XIV, les pieces qu'on substituoit à la piece *N O* (*Figure* 17) remplissoient le vuide que la compression précédente avoit occasionné : & je crois que si l'on avoit chassé des coins dans les joints *F G* de la *Figure* 20, ces barreaux auroient été plus forts que ceux de la *Figure* 19; mais nous reviendrons sur ce point.

ARTICLE XVI. *Récapitulation de ce qui a été traité dans ce Chapitre.*

NOUS avons comparé, dans le Chapitre septieme, la force des barreaux simples, & faits d'un seul morceau, avec la force des barreaux pareils, mais qu'on avoit sciés à leur partie supérieure de plusieurs traits de scie, qu'on avoit ensuite remplis avec une planche mince de bois sec.

Nous avions employé ce moyen pour prouver que dans un barreau que l'on charge, il y a des fibres qui ſont en compreſſion pendant que d'autres ſont en dilatation ; il nous a paru convenable de répéter ces mêmes Expériences dans ce huitieme Chapitre, pour nous mettre en état de faire mieux comprendre en quoi conſiſte la force des barreaux armés.

Nous avons donc éprouvé la force de ces barreaux ſciés, & nous l'avons comparée, tant à la force des barreaux ſimples qu'à celle des barreaux armés, ou formés de différentes pieces aſſemblées les unes avec les autres par des endents. Mais il eſt évident qu'il doit y avoir un point le plus avantageux pour faire les endents plus ou moins profonds. Il eſt ſenſible que ſi l'on ne les faiſoit pas aſſez profonds, la quantité des fibres qui ſont refoulées étant peu conſidérable, & ne pouvant pas réſiſter à la compreſſion, les barreaux ſe courberoient, & romproient bientôt. Mais ſi l'on faiſoit les endents très-profonds, on diminueroit la ſomme des fibres qui ſont en dilatation ; ce qui pourroit affoiblir encore les barreaux. Il y a donc en ceci un *maximum* à obſerver : comme l'Expérience ſeule peut le faire connoître, nous l'avons cherché par cette voie, & l'objet nous a paru aſſez intéreſſant pour être étudié avec attention ; c'eſt pourquoi nous avons beaucoup multiplié les Expériences. En les exécutant, nous avons remarqué qu'il y avoit des endents qui éclatoient, ce qui nous a fait deſirer de ſavoir quelle largeur il falloit donner aux endents. Il eſt clair qu'en multipliant beaucoup les endents, on augmente la ſomme des ſurfaces qui ſont en contraction, de même que quand on les fait plus profonds ; mais auſſi les endents ayant moins de ſoutien, ils ſont plus expoſés à éclater. Nous avons donc fait des Expériences pour ſavoir s'il étoit avantageux, ou non, de multiplier le nombre des endents. Nous avons encore fait des Expériences pour connoître ſi les barreaux armés étoient en état de ſupporter long-temps un fardeau conſidérable dont on les laiſſeroit chargés.

Après ces recherches, il ne nous reſtoit plus, pour acquérir toutes les connoiſſances qu'on pouvoit deſirer ſur les barreaux armés, que d'examiner si l'on pouvoit conserver leur force en les faisant d'un plus grand nombre de pieces; dans toutes les Expériences que nous avons faites jusqu'à présent, la meche, ou le tirant, étoit toujours d'un seul morceau, & les armures étoient de deux pieces. Il est évident que si l'on pouvoit, sans inconvénient, faire les armures de quatre ou cinq pieces, & les meches de trois, on se mettroit dans le cas très-avantageux de pouvoir employer des bois courts pour faire de grandes poutres. Il est vrai que par ces assemblages, on augmenteroit la consommation du bois & la main d'œuvre; mais, enfin, avec des bois courts & menus on feroit son ouvrage, ce qui ne seroit pas possible quand on manque de bois longs & de gros équarrissage.

Ayant remarqué que les barreaux rompoient par le milieu des tirants, au-dessous de la réunion des armures, nous avons fait des Expériences pour connoître si l'on augmenteroit leur force en mettant une petite semelle de bois non endentée qui couvriroit la réunion des armures : l'effet de cette semelle n'a pas été fort avantageux, parce que n'étant point endentée avec les armures, elle ne les a point empêché de glisser, & elle n'a produit aucun effet relativement à la condensation ni à la dilatation des fibres. Le Chapitre suivant est destiné à examiner si l'on peut, sans inconvénient, augmenter le nombre des pieces pour la meche, ou pour les armures.

CHAPITRE IX.

Des Armures variées de différentes façons.

POUR assembler les pieces armées, on peut faire les endents comme autant de plans inclinés (*Pl. XXV. fig.* 5) : jusqu'à présent nous n'avons presque parlé que de ceux-là. Ou bien on peut faire les endents comme autant de dés (*Fig.* 7 *même Planche*) :

c'eſt de cette façon qu'on aſſemble les mâts, ainſi que nous l'avons repréſenté dans le quatrieme Livre. Comme nous aurons à parler des uns & des autres, nous appellerons les uns (*Pl. XXVI, fig* 1) *Endents obliques A C;* & les autres, *Endents en dés* (*Figure* 2).

ARTICLE I. *Expérience ſur des Barreaux armés de deux pieces avec des endents obliques.*

POUR connoître laquelle de ces deux armures ſeroit préférable, nous avons fait faire deux barreaux armés à l'ordinaire à endents obliques (*Figure* 1); ils avoient de longueur chacun 3 pieds, *A D*, 16 lignes, de hauteur *A B*, & 8 lignes de largeur *B C;* ils étoient formés de trois pieces: la meche *A D* d'une piece, les armures *C* & *E* de deux pieces. Ces barreaux armés avoient 11 lignes de courbure *F G*. Un de ces barreaux étant chargé de 200 livres, plia de 7 lignes, & l'autre, de 7 $\frac{1}{2}$ lignes.

Leur force moyenne étoit de 357 livres.

ARTICLE II. *Expérience ſur des Barreaux armés de deux pieces avec des endents en dés.*

NOUS fîmes faire deux autres barreaux de mêmes dimenſions que les précédents, & qui n'en différoient que par la forme des endents, qui étoient en dés (*Figure* 2). Étant chargés de 200 livres, ils plierent l'un & l'autre de 8 lignes; & leur force moyenne ſe trouva de 372 $\frac{1}{4}$ livres.

ARTICLE III. *Conſéquences des Expériences précédentes.*

LES barreaux dont les endents étoient en dés (*Figure* 2), ſe ſont donc trouvés de 15 livres 4 onces plus forts que ceux (*Figure* 1) dont les endents étoient obliques. Cependant c'eſt cette derniere façon de faire les endents (*Figure* 1) qui eſt d'uſage pour faire des poutres & des baux armés; & notre

Expérience eſt favorable à la façon d'aſſembler les mâts : car elle differe peu de la *Figure* 2. La ſupériorité de cet aſſemblage ſera confirmée par d'autres Expériences.

ARTICLE IV. *Expérience ſur un Barreau armé de trois pieces, avec des endents obliques.*

POUR connoître s'il ſeroit poſſible de faire des barreaux armés avec un plus grand nombre de pieces ſans perdre beaucoup ſur leur force, nous avons fait faire un barreau (*Figure 3*) à endents obliques tout à fait ſemblable à celui de la *Figure* 1 ; la meche *A D* étoit d'une piece ; mais les pieces d'armure *B E*, étoient de trois pieces, *H*, *I*, *K*, & la courbure étoit de 10 lignes. Etant chargés de 200 livres, l'un & l'autre ont plié de 11 lignes ; & leur force moyenne s'eſt trouvée de 304 $\frac{1}{2}$ livres.

ARTICLE V. *Conſéquences de l'Expérience précédente.*

ON voit que ce barreau eſt de 67 $\frac{1}{4}$ livres plus foible que celui dont les armures n'étoient que de deux pieces (*Fig.* 1).

ARTICLE VI. *Expériences ſur des Barreaux armés de trois pieces, avec des endents en dés.*

NOUS nous proposâmes enſuite d'éprouver quelle ſeroit la force des barreaux dont les armures ſeroient pareillement de trois morceaux, mais dont les endents ſeroient en dés (*Fig.* 4).

Nous fimes donc faire deux barreaux tout à fait ſemblables aux précédents, & qui n'en différoient qu'en ce que les endents étoient en dés au lieu d'être obliques.

Ces barreaux étant chargés de 200 livres, plierent de 9 lignes ; & leur force moyenne ſe trouva de 373 $\frac{1}{2}$ livres.

ARTICLE VII. *Conséquences de l'Expérience précédente.*

CES barreaux se sont trouvés de 69 livres plus forts que ceux de la *Figure 3* ; d'une livre $\frac{1}{4}$ plus forts que ceux de la *Figure 1* ; & de 16 $\frac{1}{2}$ livres plus forts que ceux de la *Figure 2* ; ce qui est encore à l'avantage des endents en dés, & de l'assemblage des mâts.

Mais il est bon de remarquer qu'à la circonstance près de la forme des endents, les uns obliques, les autres en dés, tous les barreaux, dont nous venons de parler, devroient être à peu près de même force, si les endents étoient faits dans les uns & dans les autres avec une pareille exactitude, puisque les pieces d'armures qui sont en contraction s'appuient bout à bout les unes contre les autres, & font toutes l'effort de bois debout : mais après ce que nous avons dit à l'occasion des barreaux sciés d'une partie de leur épaisseur, on apperçoit que si ces pieces n'étoient pas exactement jointes les unes aux autres, elles plieroient beaucoup, &, pour cette raison, les barreaux seroient très-affoiblis. Ceci bien entendu, on voit qu'on peut, sans beaucoup perdre de la force des barreaux, faire les pieces d'armure de plusieurs morceaux, comme de deux, trois, ou un plus grand nombre, pourvu que le contact soit bien exact. Examinons maintenant si l'on peut faire aussi les meches de plusieurs pieces : car jusqu'à présent nous les avons toujours faites d'un seul morceau.

ARTICLE VIII. *Expérience sur des Barreaux à meche de deux pieces & des endents en dés.*

DANS cette vue, nous fîmes faire des barreaux dont les pieces d'armure (*Figure 5*) étoient aux uns de deux pieces, & aux autres de trois *H I K* ; & la meche étoit de deux pieces *A G*, *D G* : les endents étoient en dés, & la courbure de ces barreaux étoit de 11 lignes. Etant chargés de 200 livres, ils plierent de 12 lignes ; & leur force moyenne se trouva de 218 $\frac{1}{2}$ livres.

ARTICLE IX. *Observations sur l'Expérience précédente.*

CES barreaux étoient très-foibles, puisque leur force moyenne a été de 155 livres moindre que celle des barreaux représentés par la *Figure* 4; & il ne faut pas en être surpris, parce que nous avions mis l'assemblage des deux pieces de la meche au milieu, précisément à l'endroit où toutes les meches rompent, & il n'étoit pas naturel de penser que deux endents *G* pourroient autant résister à la tension que les fibres continues. Ces réflexions nous engagerent à faire d'autres barreaux, dont les uns seroient de 5 pieces (*Figure 6*), deux, *B E*, pour l'armure, & trois pour la meche, *A F D*; d'autres de six pieces, trois, *H I K*, pour l'armure, & trois, *A F D*, pour la meche (*Figure* 7); & de ceux-ci les uns étoient à endents obliques (*Figure* 7), & les autres à endents en dés (*Figure* 8).

ARTICLE X. *Expériences sur des Barreaux à meche de trois pieces, & des endents obliques & en dés.*

LES barreaux de cinq pieces (*Figure 6*), qui avoient dix lignes & demie de courbure, étant chargés de 200 livres, ont plié de 9 lignes; & leur force moyenne s'est trouvée de 285 livres. Ces barreaux n'étoient donc pas aussi forts que ceux de 4 pieces (*Figure* 4); il s'en falloit 88 ½ livres : mais ils étoient de 66 ½ livres plus forts que ceux de 5 pieces (*Figure* 5).

Les barreaux de six pieces à endents obliques (*Figure* 7), étant chargés de 200 livres, plierent de 14 lignes; & leur force moyenne se trouva de 252 ½ livres, c'est-à-dire, de 33 ½ livres moins forts que les barreaux de 5 pieces (*Figure 6*).

Des barreaux (*Figure* 8) tout-à-fait pareils aux précédents, armés aussi de six pieces, mais dont les endents étoient en dés, étant chargés de 200 livres, plierent de 11 lignes; &

leur force moyenne se trouva de 280 livres, ou de 27 ½ livres plus forts que ceux de la *Figure* 7.

ARTICLE XI. *Conséquences des Expériences précédentes.*

IL est assez bien prouvé par les Expériences que nous venons de rapporter :

1°, Que les endents en dés sont très-bons, & un peu meilleurs que ceux qui sont obliques : ce qui doit faire penser avantageusement de la façon d'assembler les mâts.

2°, Qu'on affoiblit peu, ou point, les pieces armées en multipliant les pieces d'armure, pourvu que les assemblages soient bien faits, & que les bouts des pieces s'appuient bien les unes contre les autres. Car plus on multiplie les pieces, plus il y a à craindre le refoulement qui résulte de la pression; c'est pourquoi il faut les mettre à force le plus qu'il est possible : alors elles résistent comme le bois de bout, & elles sont capables d'une très-grande résistance.

3°, Il y a plus d'inconvénient à faire de plusieurs morceaux les meches, ou tirants, parce que, dans ce cas, l'effort en dilatation ne s'opere que sur les endents, qui ne peuvent être beaucoup multipliés, comme on le voit par l'inspection des *Figures* 6, 7 & 8 : mais cet assemblage est préférable à celui de la *Figure* 5, qui est le plus mauvais de tous.

Nous avons encore varié les assemblages, comme on le verra par les Expériences que nous allons rapporter.

CHAPITRE

CHAPITRE X.

Continuation des Expériences ſur les Barreaux armés de différentes façons.

NOUS avons fait faire des barreaux droits ; ils avoient tous 4 pieds de longueur *P O* (*Figure 9*), 14 lignes de hauteur *N O*, 10 lignes de largeur *M N*.

ARTICLE I. *Expérience ſur des Barreaux droits, de trois pieces avec des endents obliques.*

NOUS fîmes faire deux barreaux armés à l'ordinaire de trois morceaux (*Figure 9*), la meche ou tirant *Q N*, d'une ſeule piece, l'armure de deux morceaux *P* & *O*, les endents obliques, aſſemblés droits & ſans courbure : étant chargés de 200 livres, ils plierent de 31 ½ lignes ; & leur force moyenne ſe trouva de 240 livres.

ARTICLE II. *Expérience ſur des Barreaux droits, de deux pieces avec des endents en dés.*

AYANT reconnu, par les Expériences que nous venons de rapporter, quelle étoit la force des barreaux de trois morceaux aſſemblés à l'ordinaire, & des dimenſions que nous avons marquées, nous fîmes faire des barreaux de mêmes dimenſions, formés de deux pieces qui avoient toute la longueur des barreaux (*Figure 10*) : ces deux pieces placées à côté l'une de l'autre, ſavoir *P O* & *Q M*, étoient aſſemblées dans le ſens vertical avec des endents en dés, comme le ſont les mâts : étant chargés de 200 livres, ils plierent de 31 ½ lignes ; & leur force moyenne ſe trouva de 212 ½ livres, étant de 28 livres moindre que celle du barreau de l'Article précédent. On appercevra que cela doit être, si l'on fait attention au sens dans lequel ce barreau a été chargé, parce que, à la partie inférieure où les fibres sont en dilatation, il n'y avoit, à cause des endents, que la moitié de la somme des fibres qui résistassent à la tension : cela s'apperçoit à la seule inspection de la figure.

ARTICLE III. *Expérience sur des Barreaux droits, dont les meches étoient de quatre pieces.*

NOUS fîmes encore faire des barreaux armés dont les meches ou tirants *CFDE*, (*Figure* 11) étoient formés de quatre pieces, savoir, deux pieces, *CE* & *IH*, assemblées de plat l'une contre l'autre, avec des endents en dés coupés verticalement comme le représente la *Figure* 10 : & ces deux pieces, *CE* & *IH*, étoient chacune formées de deux pieces *DE* & *IK*, (*Figure* 11 & 12), qui avoient chacune un tiers de la longueur de la piece *CE*.

Ces barreaux étant chargés de 200 livres, plierent de 31 lignes ; & leur force moyenne se trouva à peu près de 205 livres. Je dis, à peu près, parce qu'un de ces barreaux s'étant jetté sur le côté, perdit un peu de sa force. Quoi qu'il en soit, ils étoient de 35 livres moins forts que les barreaux armés à l'ordinaire; ce qui peut venir en partie de la raison que nous avons rapportée dans l'Article précédent, & en partie de ce qu'en multipliant les assemblages, il se rencontre nécessairement des défauts qui affoiblissent les barreaux. Mais je suis persuadé que ces défauts seroient moins sensibles si l'on éprouvoit la force de plus gros barreaux; & il y a lieu d'être étonné que ces barreaux, formés d'un aussi grand nombre de différentes pieces, se soient trouvés aussi forts. Sans les réflexions que nous avons mises à la fin de l'Article II, on pourroit être étonné de voir que les barreaux (*Figure* 10) qui n'étoient formés que de deux morceaux dont les endents étoient en dés aſſemblés verticalement, n'aient pas été les plus forts.

ARTICLE IV. *Expérience ſur des Barreaux courbes, dont la meche étoit d'une piece.*

Je fis faire deux barreaux (*Figure* 13) dont la meche étoit d'une piece, & les armures de deux ; la courbure *B D* étoit de 8 lignes, & les endents étoient obliques ſuivant l'uſage ordinaire.

Etant chargés de 100 livres, ils plierent de 10 $\frac{1}{4}$ lignes ; leur force moyenne ſe trouva de 149 livres 12 onces.

Ayant répété cette épreuve ſur trois barreaux de pareilles dimenſions, leur force moyenne ſe trouva de 148 livres 8 onc.

ARTICLE V. *Expérience ſur des Barreaux courbes, dont la meche étoit de trois pieces.*

NOUS fîmes faire deux autres barreaux de mêmes dimenſions ; mais la meche *A C* (*Figure* 14) étoit de trois pieces ; étant chargés de 100 livres, ils plierent de 6 lignes ; & ils rompirent, étant chargés de 127 livres 13 onces : ainſi ils étoient de 21 livres 15 onces plus foibles que les précédents.

Ayant répété cette Expérience ſur trois autres barreaux de mêmes dimenſions, & dont les meches étoient auſſi de trois pieces ; leur force moyenne ſe trouva de 140 livres ; & ſi l'on compare la force des 6 barreaux qui ont ſervi à répéter l'Expérience, on appercevra que la différence en force n'eſt que d'un vingtieme.

Je ſoupçonnai que je les rendrois plus forts ſi je pouvois augmenter les empatures *E E*, (*Figure* 14).

ARTICLE VI. *Expérience ſur des Barreaux à fortes empatures.*

DANS cette vue nous fîmes faire deux autres barreaux

(*Figure* 15) qui étoient courbes par dessus, *E F e*, & droits par dessous *A C B* : la meche, ou la piece de dessous, étoit de trois pieces *A*, *C*, *B*; & par cette disposition, nous étions en état de multiplier les endents, & de les faire dans les pieces *A* & *B*. A un de ces barreaux, les armures étoient de trois morceaux *E*, *F*, *e*; & à un autre, cette armure n'étoit que de deux pieces *E F*, *F e*, ce qui, comme on l'a vu, est assez indifférent.

Ces barreaux de 5 & 6 pieces étant chargés de 100 livres, plierent de 6 ½ lignes; & leur force moyenne se trouva de 129 livres 6 onces. Ces barreaux n'étoient donc que d'une livre 9 onces plus forts que ceux de l'Article précédent.

ARTICLE VII. *Remarques sur les Expériences précédentes.*

TOUTES ces pieces ayant été déchargées lorsqu'elles avoient été chargées de 75 livres, les pieces de l'Article I n'avoient rien perdu de leur courbure, quoiqu'elles eussent plié sous ce poids de plus de 9 lignes; & ayant ensuite été rechargées, elles rompirent tout d'un coup sous le poids marqué ci-dessus.

Les pieces de l'Article II ayant été pareillement déchargées du poids de 75 livres, avoient perdu près d'une demi-ligne de leur courbure, & la piece rompit dans le milieu, le reste n'ayant souffert aucun dommage.

Enfin les pieces de l'Article III plierent beaucoup avant de rompre.

Il est bon de remarquer, à l'occasion de ces Expériences, qui ont été faites avec beaucoup de précision, tant pour l'égalité du bois que pour l'exactitude des assemblages, sur-tout celles qui sont marquées comme répétition dans les Articles IV & V, que les baux des vaisseaux & les poutres des bâtiments étant destinés presque aux mêmes usages; savoir, les baux pour supporter le poids énorme de l'artillerie qui est sur les ponts, & les poutres pour soutenir des planchers souvent très-étendus, chargés t aôt de cloisons, tantôt de marchandises peſantes, comme le bled, ou de beaucoup de monde. Mais dans tous ces cas, la charge ne devant être jamais aſſez conſidérable pour les faire rompre, on pourroit, ſans aucun riſque, lorſqu'on manque de bois longs, faire des poutres armées de pluſieurs pieces aſſemblées les unes avec les autres, puiſqu'on voit dans les Articles IV & V que les barreaux armés à l'ordinaire, avec les tirants d'une ſeule piece, ont plié davantage ſous la charge que ceux dont le tirant étoit de trois pieces, & que ceux-ci n'ont, du côté de la force, qu'environ un vingtieme de moins; ce *deficit*, probablement, ne ſe trouveroit pas ſi l'on faiſoit les armures avec des bois moins compreſſibles.

Dans l'expoſé que nous avons fait de nos dernieres Expériences, je me ſuis borné, pour abréger, à ne rapporter que la force moyenne de deux, de trois, ou d'un plus grand nombre de barreaux; & comme nous y avons compris les forts & les foibles, il en a réſulté un tableau vrai, qui met en état de connoître l'uſage qu'on peut faire des pieces de conſtruction & de charpente différemment armées. Cependant il nous a paru convenable de mettre en comparaiſon la force & l'élaſticité de deux barreaux choiſis les plus forts, chacun dans leur eſpece, mais pris l'un & l'autre dans une même ſuite d'Expérience.

Le barreau que je nommerai *A*, avoit le tirant, d'une ſeule piece, & il a rompu ſous le poids de 245 livres.

Le barreau que je nommerai *B*, qui avoit le tirant ou la meche de quatre pieces, a rompu ſous le poids de 220 liv.

Ces barreaux étoient aſſemblés avec des endents en dés, ou coupés verticalement: au barreau *B*, les allonges de la meche empatés avoient chacun un quart de la longueur du barreau. Au reſte les barreaux *A* & les barreaux *B* étoient préciſément de même longueur, de même largeur, de même épaiſſeur, & de même qualité de bois, de ſorte qu'ils ne différoient l'un de l'autre que par le tirant, qui à l'un *A*, étoit d'une piece, & à l'autre *B* étoit de quatre.

En comparant la force de ces deux barreaux, on voit que le barreau *B* eſt à 25 livres près auſſi fort que le barreau *A*, & cette différence répond à peu près à un dixieme; ce qui n'eſt pas fort conſidérable.

En comparant enſuite l'élaſticité de ces deux barreaux, on a trouvé que le barreau *A* a plié de 3 $\frac{1}{2}$ lignes, étant chargé de 25 livres; & de 6 $\frac{1}{2}$ lignes, étant chargé de 50 livres.

Le barreau *B* a plié de 4 lignes ſous le même poids de 25 livres, & il a fallu 50 livres de poids pour le faire plier de 7 lignes.

La roideur du barreau *B* eſt donc à peu près pareille à celle du barreau *A*.

Si nous les conſidérons chargés de 100 livres, le barreau *A* a plié de 12 $\frac{1}{2}$ lignes, & le barreau *B* de 14 lignes. Le barreau *B* chargé de ce grand poids ne différoit point conſidérablement du barreau *A*, & il n'y avoit aucune déſunion apparente dans les aſſemblages.

En ſuivant cette comparaiſon juſqu'à la rupture de l'un & l'autre barreau, on voit que le barreau *A* a plié de 37 lignes, & a rompu étant chargé de 245 livres; que le barreau *B* n'a plié que de 33 lignes, étant chargé de 212 livres, & qu'il a plié de 35 lignes, étant chargé de 220 livres, poids qui l'a fait rompre.

Le barreau *B*, ainſi que ſes ſemblables, a rompu au milieu de la meche comme le barreau *A*, ſans que les empatures des extrémités aient paru dérangées; elles ſont même toujours reſtées unies : ce qui peut fournir une grande reſſource quand on manque de bois longs, & qu'on ſe trouve dans le cas d'avoir beſoin de grandes pieces, puiſqu'il eſt prouvé que par des aſſemblages bien faits, on peut faire des poutres & des baux qui, à un dixieme près, ſeroient auſſi forts que ceux d'une ſeule piece : & je ferai remarquer que ſi je mets en comparaiſon deux barreaux qui ſe ſont trouvés les plus forts, je les ai pris dans une même ſuite d'Expériences, ſans chercher dans les autres ſuites des faits qui auroient été plus avantageux aux barreaux armés.

CHAPITRE XI.

Conséquences & applications utiles des connoissances qu'on a acquises sur la Force des Bois.

On pourroit nous reprocher 1°, d'avoir fait toutes nos Expériences sur des barreaux, & de ne les avoir pas étendues à des chevrons, ou des soliveaux; 2°, de n'avoir pas établi une théorie fondée sur le grand nombre d'Expériences que nous avons faites.

Pour ce qui regarde ce dernier reproche, il est vrai que je me suis borné à la simple exposition des faits, & à jetter les fondements d'une théorie qui pourra être utile. Ce sont des données dont je pourrai faire usage dans la suite, si d'autres travaux me permettent d'achever l'édifice que j'ai commencé: si, au contraire, d'autres occupations ne me permettent pas de me livrer à ce travail, du moins quelques Théoriciens pourront travailler à mettre en œuvre des matériaux que je n'ai amassés qu'avec beaucoup de peine. D'ailleurs, comme la multiplicité des faits donne lieu de faire un grand nombre de combinaisons, j'ai cru devoir éviter de traiter un objet qui auroit beaucoup augmenté ce volume, dont l'étendue excede déja les bornes que je m'étois proposées. Quoique j'aie essayé de le restreindre le plus qu'il m'a été possible; cependant je n'ai pas négligé de faire appercevoir d'une façon générale les applications utiles qu'on peut faire des résultats de nos Expériences.

A l'égard de l'autre reproche qu'on pourroit nous faire sur ce que nous nous sommes bornés à faire rompre des barreaux, nous avons déja eu occasion, dans le cours de cet Ouvrage, de faire remarquer que si, en faisant des Expériences en grand, on apperçoit des différences plus sensibles, cet avantage est compensé par l'exactitude & la précision qu'on peut mettre en exécutant des Expériences en petit; ce qui n'est point praticable pour des Expériences en grand. Il faut, pour faire une juste comparaison entre des bois de différents échantillons, que les pieces dont on veut comparer la force, soient de même âge, prises dans un même terrein, à une même exposition, abattues dans le même temps, parvenues à un égal degré de sécheresse, ayant un même nombre de couches annuelles, qu'on place toujours dans un même sens quand on veut faire rompre les pieces. Or toutes ces choses ne peuvent s'observer dans différents arbres, qui, comme nous l'avons prouvé ailleurs, sont souvent de qualités fort différentes, quoiqu'abattus les uns à côté des autres dans une même vente; au lieu que nous avons rempli toutes ces conditions, en mettant en comparaison des barreaux pris dans un même arbre, à une pareille distance du centre, & avec toutes les précautions que nous avons rapportées au commencement de ce Livre. Quand on doit faire rompre de grosses pieces, il faut remuer des poids très-considérables; & quelques précautions que l'on prenne, il en résulte nécessairement des secousses qui influent sur l'exactitude de l'Expérience; au lieu que par l'écoulement de notre grenaille de plomb qui tomboit comme d'un sablier, la charge augmentoit insensiblement & sans aucune secousse, dans des temps égaux. En un mot, les Expériences en petit m'ont mis à portée d'opérer avec des précisions qui sont impraticables pour les Expériences en grand; & je crois que l'on conviendra que nous n'avons rien négligé pour donner à nos Expériences la plus grande exactitude.

Malgré cela, il ne sera peut-être pas possible d'établir, d'après nos Expériences, une théorie rigoureusement exacte sur la force des bois de toutes sortes de grosseur, & de dresser des tables qui aient une précision mathématique : cependant cela n'empêchera pas qu'elles ne soient utiles pour la pratique : je le prouve.

Quoique les Expériences des Physiciens qui se sont appliqués avant nous à établir la force des bois, n'ayent assurément

ment pas été faites avec la même précision que les nôtres, & qu'il en ait résulté des théories vicieuses, elles n'ont cependant pas été inutiles. On peut convenir qu'elles n'ont fourni que des à peu près, si l'on veut même, fort éloignés du vrai; mais il vaut mieux être conduit par des regles d'approximation plus ou moins éloignées, que de s'abandonner tout à fait au hazard. Quand on a des observations directes, on fait bien d'en profiter: par exemple, un Constructeur qui sait, par des épreuves souvent répétées, qu'un bau de tel équarrissage & de tant de longueur, peut porter l'artillerie dont il sera chargé, ce Constructeur fera bien de partir de là pour fixer la grosseur des baux du vaisseau qu'il construit. Mais quand de pareilles observations lui manqueront, il pourra avoir recours à des théories, choisissant celles qui pourront lui fournir une plus grande approximation; & il courra d'autant moins de risque d'éprouver quelqu'accident fâcheux, que nous avons prouvé qu'afin qu'une piece de bois résiste long-temps au poids dont elle est continuellement chargée, il ne faut lui donner à supporter que la moitié, ou au plus les deux tiers du poids qui la fait rompre.

La rareté des bois nous mettant souvent dans la nécessité d'employer des bois courts pour faire de longues pieces, qu'il est très-difficile, ou même impossible de trouver, nous nous sommes beaucoup appliqués à faire connoître comment on pouvoit faire des poutres & des baux de plusieurs pieces, & quelle est leur force par comparaison aux baux ou aux poutres d'un seul morceau.

Dans toutes ces Expériences, nous avons toujours eu soin de nous renfermer dans un même équarrissage pour les bois armés, ou non armés, que nous mettions en comparaison: car si nous nous étions permis d'augmenter l'épaisseur de nos barreaux armés, nous les aurions rendu infiniment plus forts: ce qui deviendra sensible par des exemples que nous rapporterons.

ARTICLE I. *Moyens de fortifier les pieces de Charpente par des Décharges.*

QUAND les Charpentiers mettent en place une poutre *A B* (*Pl. XXVII, fig.* 1) qui a beaucoup de portée, ils la fortifient quelquefois par ce qu'ils nomment *une Décharge*. Ce sont deux fortes membrures *C*, *D*, dont les bouts *E*, *F*, sont reçus dans des entailles faites à la poutre pour que ces membrures ne puissent reculer; elles arcboutent l'une contre l'autre en *G*, & elles sont liées à la poutre par un boulon de fer *G H*, qui la traverse. Il est sensible que ces décharges, qui font l'effet de bois debout, s'appuient d'autant plus l'une contre l'autre, que la poutre est plus sollicitée par la charge à plier. Ces décharges sont très-bonnes quand elles sont dans un galetas où il n'y a point d'inconvénient qu'elles soient apparentes; mais si elles sont dans des appartements, comme on est obligé de charger les planchers de 7 à 8 pouces pour qu'elles ne paroissent pas, elles sont, à cause de cette énorme charge, peu avantageuses.

Quelquefois on lie les poutres par des étriers & tirants de fer aux arbalêtriers de la charpente, ce qui les fortifie beaucoup.

Pour faire au-dessus d'un bûcher, un plancher qui devoit être chargé d'un très-grand poids, nous mîmes à l'ordinaire les poutres *A*, *B*, (*Figure* 2) qui n'étoient pas très-fortes; mais à 1 pied ou 18 pouces au-dessous, nous en mîmes une plus foible, parce qu'elle ne devoit faire que l'office d'un tirant: nous ajoutâmes les fortes membrures *C*, *D*, qui étoient reçues en *E* & en *F* dans des entailles, & qui arcboutoient en *G* & en *H*, contre la femelle *G H*. On voit que les décharges *C*, *D*, qui soutiennent la poutre font leur effort en bois debout, ce qui rend ces planchers presqu'aussi forts que des voûtes. Aussi quoique ce plancher construit de cette façon, ait été chargé d'un très-grand poids, il n'a point du tout fléchi.

L'écrou est la piece des pressoirs à étau qui souffre le plus:

on la fait ordinairement avec une grosse piece d'Orme, qui a 11 pieds de longueur *A B* (*Figure 3*), 22 pouces d'épaisseur *B C*, & au plus 24 pouces de largeur *C D*. Elle a à chaque bout *E*, *E*, une entaille qui a 14 pouces de profondeur pour embrasser le collet des jumelles; & au milieu en *F*, un trou d'un pied de diametre, dans lequel sont formés les pas de l'écrou. Ainsi au milieu *F*, il ne reste au plus que 6 pouces d'épaisseur de bois, sur quoi il faut rabattre les défournis & flaches qui sont toujours aux angles, ainsi que l'aubier qui en peu de temps tombe en pourriture.

Pour fortifier les écrous, qui sont des pieces cheres, & qui rompent fréquemment, on met ordinairement dessus deux pieces courbes qu'on nomme *Solles torses*, *G*, *G* (*Figure 4*). Ces pieces sont naturellement courbes, & on les pose de plat sur la partie de l'écrou qui excede le trou: elles sont jointes à la tête des jumelles comme l'écrou. On les lie l'une à l'autre par deux bandes de fer *H*, *H*, & elles ont 7 à 8 pouces d'équarrissage. Leur courbure fait que la vis passe entre-deux: mais comme elles sont posées de plat sur l'écrou, elles ne le fortifient pas beaucoup. Car il est sensible que quand l'écrou plie au milieu, les solles torses, à cause de leur courbure, font effort pour tourner sur les points *G* comme sur leur axe: elles fortifient donc peu l'écrou, & elles fatiguent beaucoup la tête des jumelles. Comme malgré ces solles torses, il nous arrivoit fréquemment que nos écrous rompoient, nous avons imaginé de les fortifier par des pieces droites & des décharges, comme on le voit (*Figure 5*); & depuis ce temps il ne nous a pas rompu un seul écrou. Nous posons sur l'écrou, aux deux côtés de la vis *I* (*Figure 4*) deux pieces de bois droites *K*, *K*, de 6 ou 8 pouces d'équarrissage, & au-dessus une pareille piece *L L*, qui est éloignée de la piece *K K* de 10 à 12 pouces. Entre ces deux pieces paralleles, nous mettons les deux *Guettes M*, *M*, qui ont 5 pouces d'équarrissage; elles sont reçues par leur bout d'en haut dans des entailles faites en *N N* à la piece *L L*, & par l'autre bout dans des entailles *O O* faites à la piece *K K*. Ces guettes résistent suivant leur longueur:

tout l'effort se fait sur les entailles *N N*, & la tête *S S* des jumelles n'est point fatiguée. On conçoit que quand on met en *P* des coins pour que le milieu de la piece *K K* appuie exactement sur l'écrou, il est prodigieusement fortifié ; de sorte que, comme je l'ai déja dit, aucun de nos écrous n'a rompu depuis que nous avons fait usage de ces décharges. On voit en *Q Q* des mortaises pour recevoir des paumelles qui lient ensemble la décharge du devant du pressoir, qui est représentée dans la *Figure* 5, avec celle de derriere qu'on n'a point figurée. *R* est le corps des jumelles, qui a 15 pouces d'équarrissage, & *S S* est la tête de ces mêmes jumelles.

On fait un fréquent usage des décharges dans les charpentes ; & les trois exemples que nous venons de donner, suffisent pour faire concevoir qu'on peut en retirer de grands avantages, qui dépendent des mêmes principes que nous avons établis en parlant des poutres armées.

Nous revenons aux armures pour faire appercevoir le grand avantage qui peut en résulter lorsqu'on sait les employer avec intelligence.

ARTICLE II. *Moyens de fortifier les Mâts.*

NOUS avons déja fait observer que l'assemblage des mâts de plusieurs pieces est comparable à celui des barreaux armés, les jumelles étant assemblées très-artistement avec la meche par des endents en dés.

Nous avons prouvé que dans une piece que l'on charge, une partie des fibres est en dilatation & une autre en condensation; & qu'il ne faut point perdre de vue ce principe pour faire de bonnes pieces d'assemblage. Dans nos barreaux, nous avons toujours eu grande attention que les endents des armures fussent disposés de façon qu'ils pussent résister à la compression ; & ceux de la meche, ou du tirant, de maniere qu'ils fussent en état de résister à la tension : c'est sur ce seul principe que roule toute la théorie des pieces armées, ou faites de plusieurs pieces d'assemblage.

On voit que les Charrons, pour donner de la force aux brancards des Berlines, qui sont presque toujours de bois tranché, font mettre dessus & dessous des bandes de fer plat liées l'une à l'autre par des boulons rivés ou à vis, qui traversent le brancard. Une de ces bandes résiste à la compression pendant que l'autre résiste à la tension : d'où il résulte que les brancards sont capables d'une grande résistance.

Le sieur Barbé, Maître Mâteur de Brest, qui s'est distingué dans son état, proposa, vers l'année 1748, un moyen de rendre les mâts capables d'une plus grande résistance : ce moyen nous a paru fondé sur de bons principes; & comme on n'y a pas porté assez d'attention, nous allons essayer de rendre les idées de l'Auteur le plus clairement qu'il nous sera possible.

Un des plus fâcheux accidents qui puissent arriver à un vaisseau, est d'être démâté : si c'est dans un combat, il est forcé de se rendre; si c'est pendant une tempête, il court risque de se perdre, sur-tout s'il n'est pas fort éloigné des côtes; & dans l'un & l'autre cas, il perd presque toujours beaucoup de monde.

Les démâtements sont occasionnés ou par les boulets de l'ennemi qui coupent les mâts, ou par les violents mouvements de tangage, sur-tout lorsque précédemment un vaisseau a perdu une partie des manœuvres qui l'assujettissent, comme Aubans, Galaubans, Etais, &c.

Le sieur Barbé proposa un supplément de liaisons dans les mâts d'assemblage, qui sans augmenter leur grosseur, & sans les rendre beaucoup plus pesants, les rendroit capables d'une plus grande résistance, soit dans le cas d'une grosse mer, soit dans celui d'un combat.

Tous les mâts d'assemblage sont composés de jumelles qui s'assemblent sur une meche, ou les unes avec les autres, par des endents qui ont au moins 3 ou 4 pouces de largeur, & un pouce & demi de profondeur. Il s'agit, suivant le sieur Barbé, d'encastrer entre chaque rang d'endents, à la partie où les mâts sont les plus sujets à rompre, des bandes de fer de 15,

20 ou 30 pieds de longueur ſur 3 pouces de largeur, & 3 à 4 lignes d'épaiſſeur, ainſi qu'on le voit (*Figure 6*).

Le ſieur Barbé inſiſte ſur l'obſtacle que ces bandes de fer feroient aux boulets pour traverſer les mâts; & après ce que nous avons dit ſur les fibres qui ſont en condenſation & en dilatation, on conçoit que ces mâts doivent être beaucoup plus forts que les autres.

Un grand mât de 104 pieds de longueur & de 33 pouces de diametre, eſt eſtimé peſer 24682 livres; & l'addition de 12 bandes de fer de 30 pieds de longueur chacune ſur 3 pouces de largeur & 3 lignes d'épaiſſeur, n'augmentera ce poids que de 1380 livres, qui ne feroient pas un objet conſidérable. J'aurois deſiré qu'on eût éprouvé cette idée ſur quelque mât de beaupré, celui-ci étant la clef de tous les mâts, & rompant plus fréquemment que les autres.

Je vais terminer ce Livre par l'expoſition d'une application des plus heureuſe & de plus utile qui ait été faite des armures, ou des aſſemblages, au moyen des endents.

ARTICLE III. *Moyens de conſerver aux Galeres leur Tonture par des Armures.*

LES œuvres mortes des vaiſſeaux relevent à l'avant & à l'arriere, & les Galeres ſont encore plus gondolées; c'eſt pourquoi nous nous attacherons à parler principalement de ces bâtiments pour examiner ce qui leur fait perdre leur tonture, & ce qu'on pourroit faire pour la leur conſerver; car ce relévement de l'avant & de l'arriere, ce gondolement s'appelle *la Tonture d'une Galere*.

Quand un bâtiment de mer, ſoit Vaiſſeau, ſoit Galere, a baiſſé de l'avant & de l'arriere, quand il a perdu ſon gondolement ou ſa tonture, on dit qu'il eſt *arqué*, ou qu'il a *chûté*. Alors la quille des Vaiſſeaux, qui étoit ſur le chantier une ligne droite *A B* (*Figure* 7), devient concave comme *C D*; & la quille des Galeres, qui étoit convexe comme *A B* (*Figure* 8), devient concave comme *C D*.

La tonture qu'on donne aux œuvres mortes des Vaiſſeaux ne les empêche pas de s'arquer ; elle fait ſeulement qu'ils paroiſſent moins arqués qu'ils ne le ſont effectivement. Il n'en eſt pas de même de la courbure qu'on donne à la quille des Galeres ; nous penſons qu'en employant les moyens que nous propoſerons d'après M. Garavaque, cette courbure peut empêcher que les Galeres ne s'arquent.

On ſait que les Galeres ne périſſent pas tant par la deſtruction de leur bois, que parce qu'elles perdent leur tonture, ou le gondolement qu'on leur avoit donné en les conſtruiſant. Il eſt certain que les Conſtructeurs portent trop loin ce gondolement pour les œuvres mortes, puiſqu'une Galere neuve, qui a toute ſa tonture, eſt moins bonne pour la vogue, qu'une Galere qui a perdu une partie de ſon gondolement. Il faut que les rames des extrémités aillent chercher l'eau trop bas lorſque les Galeres ſont neuves, & qu'elles ont tout leur gondolement. Les Conſtructeurs ne l'ignorent pas ; mais comme ils ſavent que leurs Galeres chûteront infailliblement, ils croient devoir relever plus qu'il ne faut l'avant & l'arriere. Si par les moyens que nous propoſerons, on prévient que les Galeres n'arquent, on pourra ſe diſpenſer de porter le gondolement à l'excès. Au reſte ceci ne regarde que les œuvres mortes ; & il eſt d'expérience qu'un bâtiment dont la quille a la forme de *C D* (*Figure* 8), navigue mal, & ſous voile, & à la rame ; la forme de toutes les lignes d'eau étant changée, & la courbure faiſant au milieu de la Galere un remoux qui rallentit ſa marche. Enfin il en réſulte tant d'inconvénients, que la plupart des Galeres ſont condamnées pour ce ſeul défaut, quoique leurs bois ſoient encore très-ſains.

Les Conſtructeurs, perſuadés de ce que nous venons d'avancer, ont cherché les moyens de conſerver aux Galeres qu'ils conſtruiſoient leur tonture ; mais pour cela il faut connoître la cauſe du mal : nous allons l'expoſer le plus ſuccinctement qu'il nous ſera poſſible.

Les cauſes qui font arquer les Galeres ſont 1°, la forme même des Galeres ; 2°, la maniere dont elles ſont amarrées dans le Port; 3°, l'arrimage ou la distribution de la charge dans la Galere; 4°, la qualité des bois qu'on emploie pour les construire; 5°, le défaut dans les liaisons & l'assemblage des pieces qui les composent. Ce sont là autant de causes qui concourent pour faire arquer les Galeres.

Je commence par ce qui regarde la figure généralement observée pour les Galeres : ce sont des bâtiments extrêmement longs : ils ont leur plus grande largeur vers le milieu; leurs extrémités sont très-pincées & fort relevées.

Le déplacement d'eau, & par conséquent la poussée verticale de ce fluide, est donc très-inégalement distribuée dans toute la longueur des Galeres. Il n'y auroit pas grand mal à cela, si le poids de la coque & la charge étoient tellement distribués que les poids fussent dans chaque point de la longueur de la Galere, proportionnels au déplacement d'eau; qu'il y eût peu de poids où il y auroit peu de déplacement d'eau, & plus de poids où le déplacement d'eau seroit considérable; mais c'est tout le contraire. L'artillerie, le corps-de-garde, les soldats qui s'y rassemblent, l'éperon, les ancres, les cables; tout cela forme un poids considérable sur l'avant qui déplace peu d'eau. L'arriere, qui est aussi très-pincé, est chargé de la chambre de poupe, du gaveon, du timon, d'une quantité de menuiserie & de sculpture, tant pour l'ornement de la poupe, que pour placer les timoniers, d'une bonne partie de la compagne, des meubles des Officiers, des timoniers, &c. On voit, par cet exposé, que la proue & la poupe sont proportionellement beaucoup plus chargées que le milieu, qui seroit cependant plus en état qu'aucun autre endroit de supporter de grands fardeaux.

Il faut donc concevoir qu'il y a à l'avant & à l'arriere, des puissances toujours agissantes en ces endroits pour les faire baisser, tandis qu'au milieu la poussée verticale de l'eau fait continuellement effort pour soulever cette partie. Cette seule considération fait appercevoir que les Galeres doivent s'arquer tôt ou tard. On a tenté de rendre les Galeres moins sujettes à s'arquer en baissant un peu les façons de l'avant & de de l'arriere, & en renflant ces parties d'une petite quantité ; mais on a prétendu que par ces changements, les Galeres qui devenoient plus propres à porter la voile, étoient plus lourdes à la rame. Y avoit-il en cela de la prévention ? c'eſt ſur quoi je n'oſe prononcer. Mais par les cauſes que je viens d'expoſer, les Galeres doivent arquer dans un baſſin d'eau dormante, & elles ſouffrent infiniment plus quand elles ſont agitées par la lame.

Voici une autre circonſtance qui doit les faire arquer encore bien plus promptement dans le Port. Il eſt vrai que quand les Galeres ſont déſarmées, elles ſont déchargées d'une partie des poids de l'avant & de l'arriere, comme les canons, les ancres, les cables, &c. mais ces parties reſtent néceſſairement chargées de poids dont on ne peut les ſoulager. A quoi il faut ajouter qu'elles ſont amarrées dans le Port, ſavoir, par l'arriere à deux organeaux *c*, *d* (*Figure 9*), qui ſont ſellés ſur le quai pluſieurs pieds au-deſſous de l'endroit d'où ſortent les cables d'amarrage ; & les amarres de l'avant tiennent à des ancres *a*, *b*, qui ſont beaucoup plus baſſes que les organeaux. Ainſi les quatre points d'amarrage, *a*, *b*, *c*, *d*, tirent en bas les deux extrémités de la Galere, & la forcent de s'arquer ; ces efforts augmentent beaucoup quand l'eau eſt agitée, & encore plus quand elle s'éleve dans le Port ; car quoiqu'il n'y ait point de marée dans la Méditerranée, les vents du large font ſouvent élever la mer dans le Port de Marſeille. En voici quelques exemples aſſez remarquables.

Le 12 Mai 1718, à neuf heures du matin, par un beau temps calme, les eaux ſortirent du nouvel Arcenal avec autant de rapidité que le courant de la Seine, & dans l'eſpace de trois quarts-d'heure elles baiſſerent de 21 pouces ; elles reſterent à ce point juſqu'à une heure & demie : à 5 heures du ſoir, elles rentrerent preſque avec la même vîteſſe, & elles s'éleverent de 29 pouces dans l'eſpace de 2 heures.

Le 4 Octobre 1719, à 2 heures après midi, les eaux s'éleverent en 40 minutes de 14 pouces au-deſſus de leur hauteur ordinaire : à cinq heures elles commencerent à ſe retirer lentement,

& le lendemain à 7 heures du matin, elles avoient diminué de 23 pouces.

Tout cela n'égale pas le phénomene de Marseille, arrivé le 29 Juin 1725, que M. Gerbié, Professeur d'Hydrographie à Marseille, rapporte dans une Dissertation insérée dans les Mémoires de Littérature & d'Histoire, *Tome II, page 56*.

Ces especes de fausses marées qui paroissent occasionnées par les différents vents du large, qui tiennent la mer plus ou moins haute sur les côtes septentrionales du golfe de Lion où se trouve Marseille, arrivent assez souvent, & quelquefois plusieurs jours de suite. Dans ces circonstances, les Galeres s'élevent avec tant de force qu'on a vu rompre les cordages & les ancres d'amarrage; & l'on conçoit que ces accidents qui se répetent souvent, sont capables de précipiter la chûte des Galeres. Poury remédier, on a ordonné aux Cômes de faire larguer les amarres quand la mer s'éleve : mais cela ne s'exécute pas avec assez d'attention. On a proposé de soutenir les cables par des chevalets formés par des pilotis; mais ce moyen a paru trop embarrassant. L'expédient le plus efficace qu'on ait employé, a été de charger de lest le milieu des Galeres.

Il est évident que dans l'arrimage, on doit avoir une singuliere attention à mettre les plus grands poids à la partie de la Galere qui déplace le plus d'eau : c'est dans cette vue qu'on a plusieurs fois proposé de mettre le paillot à la place de la compagne, & la compagne à la place du paillot. L'assujettissement qu'on se fait à suivre les anciens usages, a toujours fait un obstacle à ce changement qui nous paroît très-raisonnable.

Il n'est pas douteux que pour qu'une Galere conserve sa tonture, il faut que les Constructeurs donnent toute leur attention à ce que les empatures, les assemblages, les endentures & les joints soient si bien faits, que toutes les parties, exactement liées les unes avec les autres, ne fassent qu'un même corps. Dans le temps que j'étois à Marseille, on ne pouvoit leur rien reprocher sur ce point. Les uns, comme je l'ai dit, ont tenté d'allonger un peu la quille, & de diminuer le porte-à-faux de l'éperon; d'autres ont tenté d'augmenter un peu la force des membres : mais on n'a pas remarqué que ces changements qu'on ne pouvoit pas porter fort loin, aient beaucoup diminué la chûte des Galeres.

Il est d'expérience que les Menuiseries qui sont faites avec du bois verd, se démentent : les bois se tourmentent ; les joints s'ouvrent. La même chose arriveroit aux Galeres qui doivent être travaillées avec beaucoup de précision. Lorsque j'étois à Marseille, M. d'Héricourt, Intendant des Galeres, avoit en Magasin des bois de différentes qualités, auxquels on donnoit le temps de se sécher en les tenant sous des hangars plus ou moins aérés ; & rarement on étoit dans le cas de mettre en place des pieces nouvellement abattues. Si les bois étoient tourmentés, on pouvoit leur donner la tonture qu'ils devoient avoir. Certainement toutes ces attentions prolongeoient la durée des Galeres ; cependant elles chûtoient encore assez promptement.

Enfin, feu M. Garavaque, Ingénieur de la Marine, qui avoit travaillé avec moi sur l'effet des pieces armées, imagina un nouvel assemblage qui a eu un succès étonnant : je vais l'expliquer : il démontre complétement que les armures bien entendues peuvent être employées très-avantageusement.

Les Constructeurs, pour empêcher les Galeres d'arquer, donnent à la quille *ABC* (*Figure* 10) une courbure en dehors ; ils la fortifient par une contrequille ; & ils donnent au coursier *DE* une courbure plus forte que celle de la quille, espérant par-là donner plus de force à la quille pour conserver sa tonture. Les extrémités de la quille & de la contrequille aboutissent aux rodes de poupe & de proue *AG*, *CH*, & les extrémités des coursiers répondent aux jougues de l'avant & de l'arriere *DE*. Les épontilles *FF* sont distribués dans toute la longueur de la Galere : ils s'appuient sur la quille & sous le coursier. Les Constructeurs comptent qu'en réunissant ainsi ces deux principales pieces, leurs forces agissent de concert pour résister à l'impulsion de l'eau ; mais cela n'empêche pas que la quille & le coursier ne perdent assez promptement leur courbure : ce qui doit être, 1°, parce que ce n'est pas l'impulsion de l'eau qui fait chûter ou arquer les Galeres ; mais au contraire cet accident vient, comme nous l'avons dit plus haut, de ce que l'avant & l'arriere ne sont point soutenus par l'eau, & sont chargés de poids considérable.

2°, On conçoit que la quille ne peut perdre sa courbure sans augmenter de longueur ; ainsi, si les rodes de poupe & de proue étoient liés par de longues pieces de bois ou de fer, qui s'étendroient d'un bout à l'autre de la Galere, comme le représente la ligne ponctuée *G H*, il en résulteroit une très-bonne liaison que le coursier ne peut produire, non-seulement parce qu'il ne s'étend pas de toute la longueur de la Galere, & qu'il se termine aux jougues *D E*, mais encore parce qu'étant courbe, il obéit aux efforts de la quille, & se redresse comme elle. A l'égard des épontilles *F*, ils entretiennent la quille & le coursier à une pareille distance respective ; mais ils ne s'opposent point du tout à ce que ces deux parties se redressent de concert.

M. Garavaque s'est proposé de mettre la quille & le coursier en état de ne jamais perdre leur premiere courbure. Par les raisons qui ont été rapportées plus haut, il est prouvé que ce qui oblige la quille à se redresser, est que son milieu est sollicité à remonter par la pression verticale de l'eau, pendant que ses extrémités sont portées à s'abaisser, soit parce qu'elles ne sont pas suffisamment soutenues par l'eau, soit parce que ces parties sont chargées de grands poids : mais ce redressement ne peut se faire, comme nous l'avons déja dit, que la ligne courbe ne devienne plus longue : il suit delà que si l'on fait des endents *A A A* (*Figure* 11) sur la contrequille, qu'on ajoute dessus une autre piece forte *B B B*, qui ait des endents faits en contre-sens de ceux de la piece *A A A*, & que ces endents s'assemblent bien exactement les uns dans les autres ; la contrequille ainsi armée ne pouvant s'allonger, elle s'opposera à ce que la quille perde sa tonture.

C C est la quille qui est courbe (*Figure* 11), elle est formée de plusieurs pieces, comme on le voit en *E* : ces pieces sont jointes les unes aux autres par des écarts. Cette quille eſt échancrée aux endroits *D* pour recevoir la moitié de l'épaiſſeur des madiers qui tiennent lieu des varangues des vaiſſeaux. *A A* ſont les pieces de contrequille qui ſont auſſi échancrées en deſſous, pour recevoir l'autre moitié de l'épaiſſeur des madiers. Il faut d'abord remarquer que ces membres encaſtrés de la moitié de leur épaiſſeur dans la quille, & de l'autre moitié dans la contrequille, font l'effet des endents d'une armure ; mais comme les Galeres ſont fort longues par comparaiſon à l'épaiſſeur de la quille, cette ſeule liaiſon ne ſuffiroit pas pour l'empêcher de s'arquer. C'eſt pourquoi M. Garavaque a fait des endents à la partie ſupérieure de la contrequille *A A*, pour recevoir l'armure *B B*. On apperçoit aiſément qu'en continuant ces endents & cette armure dans toute la longueur de la contrequille, les extrémités de la quille & de la contrequille ne pourront s'abaiſſer, parce que la ligne qu'elles doivent ſuivre pour s'abaiſſer eſt la verticale *B D* (*Figure* 12), & qu'elles ne peuvent parvenir à former une ligne droite *C C*, ſans s'allonger de la quantité *D C*; à quoi s'oppoſent les endents de l'armure de la contrequille, qui font un effort de bois debout.

On aura ſoin que les pieces de la contrequille doublent les écarts de la quille, & autant que faire ſe pourra, que les écarts de l'armure ne ſe rencontrent point ſur ceux de la contrequille.

On voit un exemple de ces empatures (*Figure* 13). Il doit y avoir au moins quatre pieds de *C* en *D*, & on pratiquera ſur chacune des empatures des endents de rencontre *E E E*.

Ce qui vient d'être dit de la quille, peut s'appliquer au courſier *D E* (*Fig.* 10), qui ne perd ſa premiere courbure qu'à meſure que le milieu de la quille s'éleve & fait élever les épontilles *F F F*, &c. qui forcent le milieu du courſier de s'élever auſſi. Mais en faiſant au courſier des endents comme à la quille, & mettant deſſus une piece d'armure, il ne s'agira plus que de lier fortement les extrémités du courſier avec la quille, pour que ces deux pieces agiſſent de concert pour s'oppoſer à la chûte des Galeres ; & la force du courſier aura d'autant plus de puissance qu'il est plus élevé au-dessus de la quille : car on sait que la force des pieces de même épaisseur & de même longueur, mais de différente hauteur, augmente à peu près en raison du quarré des hauteurs.

Etant convaincu de l'efficacité de cette bonne liaison, on pourroit diminuer de la courbure du coursier ; & la ligne de vogue relevant moins de l'avant & de l'arriere, il s'ensuivroit que ces Galeres neuves seroient meilleures que les autres pour la vogue : nous en avons dit la raison plus haut.

Enfin M. Garavaque étant très-persuadé de la bonté de son projet, demanda qu'il lui fût permis d'armer la quille & le coursier d'une Galere arquée & hors de service. M. d'Héricourt en fit la proposition à M. le Comte de Maurepas ; j'y joignis mes sollicitations ; & M. le Comte de Maurepas ayant agréé le projet de M. Garavaque, on lui donna une Galere dont les bois étoient bons, mais qui étoit hors de service, parce qu'elle étoit fort arquée : cette Galere fut mise dans un bassin de construction ; on l'échoua sur des tins qui lui firent reprendre sa tonture. M. Garavaque arma, comme nous venons de l'expliquer, & la contrequille & le coursier : cette Galere fut mise à flot sans perdre autant de sa tonture que les Galeres neuves ; elle se comporta bien à la mer dans une campagne qu'on lui fit faire ; & de retour dans le Port, elle avoit très-peu perdu de sa tonture.

L'empressement qu'on avoit de visiter la quille de cette Galere, fit qu'on la mit à la bande ayant presque toute sa charge : cette imprudence fit rompre une raie de coursier ; mais cet accident, qui n'augmenta pas sensiblement sa chûte, fit seulement appercevoir le grand effort que faisoient les armures pour soutenir dans sa tonture une Galere qui avoit chûté, & qui, pour cette raison, étoit privée de toutes ses autres liaisons.

Cette épreuve, dont le succès fut complet, essuya quelques contradictions ; c'est le sort de toutes les nouvelles inventions : cependant on convint qu'en armant la quille & le coursier des Galeres neuves, on prolongeroit leur durée ; &

le sieur Reynoard le Cadet, Constructeur des Galeres, en ayant une à construire, joignit aux armures du coursier la précaution de tellement endenter les vaigres, ou, en terme de Galeres, les pieces qui forment *les fourrures*, qu'elles s'armoient & se soutenoient les unes les autres.

La *Figure* 14 représente les fourrures comme on les posoit; & la *Figure* 15, les mêmes fourrures comme les avoit placées M. Reynoard.

Assurément cet assemblage est fort bon, quoiqu'il ne s'oppose pas autant à la chûte des Galeres que l'armure de la contrequille & du coursier; principalement parce que ces fourrures ne sont pas placées dans l'axe de la Galere, & qu'elles font une espece d'enveloppe convexe, qui, pour cette raison, peut s'approcher de l'axe lorsqu'elles ont à supporter des efforts considérables. Mais l'Expérience de M. Garavaque fait appercevoir le grand avantage qu'on peut tirer des armures dans beaucoup de circonstances.

ARTICLE IV. *Application de ces principes aux Vaisseaux.*

POUR indiquer d'une façon générale comment on pourroit appliquer aux Vaisseaux les assemblages que nous venons d'indiquer pour les Galeres, je ferai remarquer qu'il faut empêcher que les Vaisseaux n'arquent, ou que leur quille *A B* (*Figure* 7) ne devienne concave comme la ligne ponctuée *C D*. Pour y parvenir, il faut considérer le Vaisseau comme ne faisant qu'un tout, & regarder la quille comme étant en condensation, & les illoires comme étant en dilatation: partant de ces principes, armer & la quille & les illoires comme il convient, & sur-tout essayer de lier les illoires avec l'étrave & l'étambot. Je passe légérement sur ce point, parce que j'en ai déja parlé dans le *Traité d'Architecture Navale*, & que ce que je viens de dire sur les Galeres a une grande application à ce qui regarde les Vaisseaux.

Mais de plus, il faut faire ensorte que les côtés des Vaisseaux conservent la forme que le Constructeur leur a donnée.

On peut regarder les baux des Vaisseaux comme autant de poutres qui soutiennent la charge qui est sur les ponts, & particuliérement l'artillerie, qui étant sur les ailes, tend à faire ouvrir le corps des Vaisseaux en faisant redresser les baux *A B C* (*Figure 16*). En ce cas, il suffiroit de joindre aux courbes qui lient les bouts des baux aux membres, de simples armures, comme on le voit (*Figure 16*). Mais on peut regarder les baux comme devant résister de plus à l'effort que les membres font pour se rapprocher, soit à cause de l'effort que font les aubans de bas-bord & de tribord qui tendent à rapprocher les côtés du Vaisseau de son axe, soit à cause de la pression de l'eau qui agit dans le même sens, soit à cause de l'effort que le Vaisseau fait continuellement pour baisser de l'avant & de l'arriere : car on apperçoit que cet effort tend à faire rapprocher les bords du Vaisseau l'un vers l'autre. Il n'y a que la résistance des baux *A B C* qui s'y oppose ; & comme ces baux sont courbes, les extrémités *A* & *C* tendroient à augmenter la courbure *A B C* du bau : si cela est, les armures ordinaires deviendront tout-à-fait inutiles, parce que dans cette direction de bas en haut, les endents des armures tendroient à s'ouvrir & à s'écarter, n'étant faites que pour résister à la charge du plancher dont la direction est de haut en bas. Mais ce n'est là qu'une supposition ; il faudroit examiner si dans les Vaisseaux arqués, la tonture des baux est plus grande qu'elle ne l'étoit lors de la construction : en attendant que cet article soit constaté, je pense que le grand poids de l'artillerie prédomine sur les autres causes. Néanmoins s'il étoit bien vrai que le bouge des baux augmentât, il faudroit les armer aussi en sens contraire, ou, encore mieux, faire les endents des armures en dés, parce que ces endents s'opposent presque également à ce que la tonture augmente ou qu'elle diminue.

EXPLICATION

EXPLICATION des Planches & des Figures du Livre cinquieme.

PLANCHE XX.

LA FIGURE I repréſente l'aire de la coupe d'un tronc d'arbre où les couches annuelles ſont marquées par des cercles concentriques, ce qui fait voir qu'une planche qui ſeroit levée dans le même ſens que *A E*, pourroit être regardée comme formée de pluſieurs planches poſées les unes ſur les autres, & collées enſemble. Il en eſt de même d'un barreau qui eſt repréſenté plus en grand en *G H* & en *g h*, & il eſt prouvé que ce barreau ſera plus fort étant poſé comme on le voit en *H* ou en *h*, que comme en *G* ou en *g*.

La Figure 2 eſt un barreau, mais que l'on conſidere comme formé de deux parallélipipedes *a f*, *b f*, appuyés l'un contre l'autre par leurs baſes *c f*: on imagine en *c* un point d'appui & deux forces *e d* appliquées aux deux extrémités *b a*; on examine ce qui doit réſulter de l'effet de ces deux forces *e d*.

La Figure 3 repréſente un barreau pareil, formé auſſi de deux parallélipipedes *a* & *b*, & chargé des poids *e d*, mais qui ſont unis à leur baſe par un lien *f*.

La Figure 4 repréſente les mêmes parallélipipedes dont les baſes ſe touchent encore; mais au lieu d'être liés par un lien qu'on ſuppoſe incapable de prêter, ils le ſont par des reſſorts *f* diſtribués dans toute la hauteur des parallélipipedes.

La Figure 5 fait appercevoir ce qui arrivera dans cette ſuppoſition, quand les poids *e d* agiront ſur les extrémités *a b*. Tous les reſſorts entreront en dilatation, mais inégalement; ceux *g h* ſeront fort dilatés, & ceux qui ſeront vers *c* ne le ſeront preſque pas.

A la Figure 6 la ſuppoſition eſt changée: les baſes du parallélipipede *a b* ſont écartées l'une de l'autre, & liées par des ressorts *f c* qu'on suppose indifférents à se dilater & à se contracter : dans ce cas, les uns entreront en dilatation & les autres en contraction.

On voit cet effet *Figure 7*, en pliant un bâton de cire molle par l'applatissement qui se fait en *f*, & le boursoufflement qu'on voit en *c*.

PLANCHE XXI.

La Figure 8 sert à faire appercevoir qu'on peut remarquer cet effet dans le barreau que nous avons supposé (*Figure 6*), & on peut remarquer de plus que les ressorts *f* qui entrent en dilatation tendent à rapprocher les parties *a d* & *b e* du point *f*, pendant que ceux qui sont en condensation tendent à éloigner les parties *l a* & *m b* du point *c*; & si ces parallélipipedes étoient partagés en deux par la ligne ponctuée *a b*, ces deux parties glisseroient l'une sur l'autre.

Ce glissement est sensible à la *Figure 9* où l'on suppose des planches *a*, *b*, *c*, *d*, couchées les unes sur les autres, & chargées par les extrémités.

C'est encore à cause de la contraction des fibres qu'on voit quelquefois dans un barreau sec & de bon bois qu'on rompt, qu'il se détache d'abord un éclat *f* à la partie concave de la piece *Figure 10*.

La Figure 11 représente quatre planches *a b c d*, posées les unes sur les autres, & l'on apperçoit sensiblement qu'elles seront moins fortes étant posées de plat *Figure 12*, qu'étant posées de champ *Figure 13*.

Les Figures 14 & 15 représentent des barreaux entiers qu'on a sciés en *g*, les uns du tiers, les autres de la moitié de leur épaisseur, & on a rempli le trait de scie avec une petite planche de bois sec pour connoître combien il y a de fibres en condensation, & combien il y en a en dilatation. Il est bon de remarquer qu'à la Figure 14 le point d'appui est supposé en *f*, & les poids en *d* & en *e*, au lieu qu'à la Figure 15 les points d'appui sont en *a* & en *b*, & la charge au point *g*; c'est ainsi qu'on a fait toutes les Expériences.

La Figure 16 repréſente deux parallélipipedes *a* & *b*, entre leſquels on a mis une petite planche de bois ſec *c*, & là eſt ſuppoſé le point d'appui; les poids ſont en *d* & en *e*. Il y a un lien en *hh*; quand les poids ont fait leur effet, & quand on décharge la piece pour la redreſſer, la compreſſion de la piece fait que la fente s'eſt ouverte comme le repréſentent les lignes ponctuées *fg*.

PLANCHE XXII.

La Figure 17 repréſente un barreau entier; on en a fait rompre pluſieurs pour connoître leur force.

La Figure 18 eſt un barreau de mêmes dimenſions, mais ſcié en quatre endroits *a*, *b*, *c*, *d*, du quart de ſon épaiſſeur.

Le barreau *Figure 19* étoit ſcié de la moitié de ſon épaiſſeur; & le barreau *Figure 20* étoit ſcié des deux tiers de ſon épaiſſeur. Ayant rempli les traits de ſcie avec des planches minces, on les fit rompre pour éprouver leur force.

La Figure 21 repréſente un pareil barreau, auquel on avoit rapporté à la partie qui entre en condenſation un morceau de bois dur *a b*.

La Figure 22 repréſente l'aire de la coupe d'un tronçon de mât qu'on voit en perſpective *Figure 23*. On a diviſé ce tronçon par ſept cercles concentriques qu'on a eu ſoin de faire ſuivre dans les cercles annuels; & dans les cercles, on a pris 8 rondins *E*, 16 rondins *D*, 24 rondins *C*, 32 rondins *B*, & 32 rondins *A*. On n'en a point fait avec l'orbe *G*, parce que ce n'étoit que de l'aubier, & les traits de ſcie multipliés ont empêché qu'on n'en prît en *F*; il eſt clair qu'en mettant en comparaiſon des rondins, ou des barreaux du même orbe, on les avoit auſſi comparables qu'il eſt poſſible, tant à l'égard de la nature du bois, qu'à l'égard de l'âge, du degré de ſécheresſe, &c.

On a eu attention, quand on a chargé les barreaux ou ſimples ou armés pour les faire rompre, de mettre toujours les couches ligneuſes dans un ſens vertical, comme il eſt repréſenté en *B B Figure 24*, & jamais comme en *A A* ni comme en *CC*.

PLANCHE XXIII.

La Figure 25 repréſente comment nous comptions d'abord faire rompre nos barreaux en les ſcellant dans un mur *A*, & en les chargeant de poids qu'on mettoit dans la caiſſe *B*.

Ayant reconnu que cette méthode étoit défectueuſe, nous en avons enſuite fait rompre pluſieurs ſur un établi de Menuiſier *Figure 26*. *a a* repréſente cet établi; *b b*, le barreau dont on vouloit éprouver la force; *c c*, une regle qui le recouvroit; *d d*, des valets qui ſervoient à aſſujettir le barreau; *ff*, une regle mince qui ſervoit à meſurer ſa courbure; *g g*, un fil à plomb qui faiſoit connoître de combien il ſe raccourciſſoit; *e*, la caiſſe où l'on mettoit les poids.

N'ayant pas encore été ſatisfaits de cet établiſſement, nous avons employé pour preſque toutes nos Expériences la machine repréſentée à la *Figure 27*.

A, la caiſſe où l'on mettoit les poids; *B B*, deux fortes regles entre leſquelles on mettoit le barreau qu'on vouloit rompre; *CC*, forte planche attachée avec des vis aux treteaux *F* pour les rendre plus ſolides, & pour porter le gradin *G*. Sur la planche *I* étoit la trémie *D*, qui étoit remplie de fines dragées de plomb. On voit en *E* une petite porte à couliſſe qu'on ouvroit ou qu'on fermoit, pour qu'il ne coulât qu'une certaine quantité de plomb dans un temps donné. Ce plomb ſe rendoit par la chauſſe *H* dans la caiſſe *A*, ce qui faiſoit que le poids augmentoit peu à peu & ſans ſecouſſes.

PLANCHE XXIV.

LA FIGURE 1 repréſente un carton diviſé en 500 parties égales par des lignes verticales. On le poſoit derriere le barreau qu'on chargeoit; & en traçant avec un crayon la courbe que prenoit le barreau ſous différents poids, on connoiſſoit les ordonnées de ces différentes courbes.

La Figure 2 repréſente un barreau d'une piece; *a a* eſt ſa longueur; *D E*, ſa largeur, & *F D*, ſon épaiſſeur ou ſa hauteur.

La Figure 3 D,E,F,G repréſente le bout des barreaux qui avoient tous une même largeur *AB*, & différentes épaiſſeurs *BC*.

La Figure 4 H,I,K,L repréſente le bout des barreaux qui avoient tous une même épaiſſeur *BC*, mais différentes largeurs *AB*.

La Figure 5 repréſente un barreau de mêmes dimenſions que celui de la Figure 2, mais qui eſt formé de trois planches *ABC* collées les unes aux autres.

Après avoir éprouvé la force des barreaux de même longueur & de différent équarriſſage, je me ſuis propoſé d'éprouver la force des barreaux d'un pareil équarriſſage, mais de différente longueur comme *D*, *E*, *F Fig. 6*.

Les Figures 7 & 8 repréſentent des barreaux armés. *A* eſt la meche; *BB*, les armures; *ccc*, les endents. La ligne ponctuée *M* marque la tonture ou la courbure de ce barreau.

La Figure 9 repréſente un barreau armé comme le ſont les mâts d'aſſemblage. *A*, la meche; *BB*, les jumelles. On voit ce barreau par deſſus, & la *Figure 10* le repréſente vu par le côté. On peut faire les jumelles d'une ſeule piece ou de deux, comme on le voit en *a*.

La Figure 11 repréſente un barreau aſſemblé par des écarts. La face *AA* eſt le deſſus; l'écart s'étend de *C* en *D*, & il y a un endent en *E*.

La Figure 12 repréſente un barreau de trois pieces aſſemblées par des écarts qui s'étendent de *A* en *B*; *cc* eſt une des faces verticales.

La Figure 13 eſt deſtinée à faire voir que dans tous ces cas on a eu l'attention de mettre perpendiculairement les couches ligneuſes.

La Figure 14 repréſente un barreau entier; on en a rompu pluſieurs pour conſtater la force des barreaux entiers.

La Figure 15 repréſente un barreau d'aſſemblage ou armé, de mêmes dimenſions que le barreau *Figure* 14; mais contre l'uſage ordinaire, on ne lui a point donné de bouge ou de tonture: on l'a fait tout droit, ce qui n'eſt pas avantageux à ſa force.

PLANCHE XXV.

La Figure 1 repréſente un barreau qu'on a ſcié en trois endroits *e*, *b*, *f*, à ſa partie ſupérieure, & l'on a mis dans les traits de la ſcie des coins pour faire prendre au barreau une courbure pareille à celle des barreaux armés.

La Figure 2 eſt un barreau armé à l'ordinaire, de mêmes dimenſions que celui *Figure* 1; *LK*, ſa longueur; *KH*, ſa largeur; *HI*, ſa hauteur; *DC*, ſon bouge ou ſa tonture; *LK*, la meche; *GG*, les armures; *ccc*, les endents.

La Figure 3 eſt un barreau tout ſemblable au précédent repréſenté dans la Figure 2. *EF*, la meche; *GH*, *KH*, les armures; *bc*, les endents qui ont différentes profondeurs, les uns ayant une ligne, les autres deux lignes, les autres deux lignes & demie.

La Figure 4 eſt un barreau pareil au précédent, dont tous les endents étant pris aux dépens des pieces, les barreaux étoient d'autant moins épais que les endents étoient plus profonds. *EF*, la meche; *GH*, *KH*, les armures; *AH*, l'épaiſſeur totale du barreau; *cd*, les endents.

La Figure 6 repréſente un barreau armé comme les précédents, & qui a rapport à l'Article IX, ce qu'il eſt bon de faire remarquer, parce que dans le diſcours on a oublié de renvoyer à la Figure 6. Outre cela on indique les endents par *BC* grandes lettres, au lieu qu'ils doivent l'être par *bc* petites lettres. *gk*, les armures; *ef*, la meche; *bc*, les endents; *AB*, l'épaiſſeur des armures; *CD*, l'épaiſſeur de la meche; *AD*, l'épaiſſeur totale.

La Figure 5 eſt un morceau de meche deſſiné plus en grand que les Figures précédentes, afin de faire mieux appercevoir la forme des endents; *AB*, & *BH* marquent la longueur des endents; *HI*, la profondeur des endents; *CD*, la hauteur ou l'épaiſſeur de la meche.

La Figure 7 repréſente les endents différemment taillés qu'à la Figure 5. *GE* eſt la partie ſaillante; *EF*, la partie creuſe ou enfoncée; *IH*, la profondeur des endents qui ſont taillés perpendiculairement à la face *K L*, au lieu qu'à la Figure 5 la coupe eſt oblique.

On voit à la *Figure 8* que la rupture de la meche s'eſt faite en *B G*, & que les endents *B C*, *F G*, ſe ſont comprimés, refoulés & émouſſés; la jonction *A* des armures s'eſt ouverte.

A la Figure 9, la meche a rompu en *F G*, les endents du côté de *E* ſe ſont un peu refoulés, & ceux *A B C D* ſe ſont comme déchirés, *A* plus que *B*, *B* plus que *C*, & *C* plus que *D*.

A la Figure 10, la rupture de la meche a été en *D C*; les endents *D E* ſont reſtés dans leur entier; les endents *B F* ſe ſont un peu refoulés, & l'endent *B C A* s'eſt détaché en entier ſuivant le fil du bois.

Au barreau *Figure 11*, la meche a rompu par grands filaments en *B C*; il n'y a point eu de refoulement aux endents du côté *B D*, un peu à ceux du côté *A E*.

Au barreau *Figure 12*, la meche a rompu au milieu par grands filaments, & l'on n'a point apperçu de refoulement aux endents. On n'en a point apperçu non plus au barreau *Figure 13*; mais un endent *B C* s'eſt détaché en entier.

Au barreau *Figure 14*, la meche a rompu par grands filaments, & on n'a point apperçu de refoulement aux endents. La *Figure 15* eſt deſtinée à faire mieux appercevoir comment les meches rompoient.

La Figure 16 repréſente un barreau armé. *A B*, les deux pieces d'armure; *G G*, les clous qui joignoient l'armure à la meche; *E F*, les endroits où l'on a ſcié l'armure pour lui ſubſtituer d'autres pieces.

La Figure 19 eſt encore un barreau armé. *A B* eſt ſa longueur; *B C*, la largeur du barreau; *C D*, ſa hauteur ou ſon épaiſſeur; *F G* ou *f g*, la profondeur des endents; *L K*, la fleche ou la courbure du barreau. La ligne ponctuée *a b c* marque une petite engraiſſe, ou une petite planche courbe qu'on a quelquefois miſe en cet endroit pour que le poids ne portât pas ſur un ſeul endroit, & qu'il ſe diſtribuât dans une certaine étendue.

La Figure 17 ſert à faire voir comment on s'y eſt pris pour que tous les barreaux eussent une courbure pareille. *P Q*, une forte piece de bois quarré ; *K L*, une calle de bois qui déterminoit la courbure qu'on vouloit faire prendre au barreau ; on pose le milieu *I* de la meche sur le morceau de bois *K L* ; puis forçant sur les extrémités *A B*, on lui donne la courbure *A K B*, & l'on arrête fermement les extrémités *A B* de la meche sur la piece de bois *P Q*. La meche étant en cette situation, on forme les endents *T T*, *M*, *I*, *g G*, *T*, &c. & posant dessus les armures *N I*, *M O*, *f F*, on trace & on taille les endents de rencontre des armures, & on les assujettit avec des clous semblables à *G G Figure* 16. On voit en *M M* un pli que les fibres comprimées par la charge avoient fait en cet endroit, & *N O* marque le morceau d'armure qu'on a emporté pour y en substituer un autre de la Figure 18.

Cette *Figure 18 N O* ou 1 *C* est un morceau d'armure dessiné un peu en grand. Il doit être mis à la place de *N O Figure* 17 qu'on a retranché, comme on l'a dit dans le discours. *B C* est la largeur de cette enture ; *C E*, son épaisseur. 2 *F*, 1 *C* est un morceau d'enture plus épais que *C E* de la quantité *E F*, qu'on a mis ensuite à la place de *C* 1. 1 *C* & 3 *G* représentent un autre morceau d'armure, qu'on a mis ensuite à la place du précédent 1 *C*, 2 *F*. On voit dans l'ouvrage, que le barreau a été d'autant plus fort, qu'on a mis la portion d'armure *Figure* 18 plus épaisse.

La Figure 20 représente un barreau dont la meche *A B* est d'une piece ; l'armure *C D E*, de trois morceaux ; *F G*, les endroits où ces morceaux d'armure s'arcboutent ; *h*, *h*, *h*, les endents.

PLANCHE XXVI.

LA FIGURE I est un barreau armé à l'ordinaire avec des endents obliques. *A D*, la meche ; *B E*, les armures ; *B C*, l'épaisseur du barreau ; *F G*, la fleche de la courbure.

La Figure 2 est un barreau semblable à celui de la Figure premiere. *A D*, la meche ; *B E*, les armures ; *F G*, la fleche ; mais à celui-ci les endents étoient en dés.

Figure

Figure 3, barreau à endents obliques. *A D*, la meche d'un morceau ; *B E*, l'armure de trois pieces *HIK*.

Figure 4, barreau tout ſemblable au précédent, excepté que les endents ſont en dés. *A D*, la meche d'une piece ; *B E*, les armures de trois pieces *H I K*.

Figure 5, barreau de cinq pieces avec des endents en dés. *A D*, la meche de deux pieces étant jointe par un écart en *G*.

Figure 6, barreau de cinq pieces avec des endents en dés. *A F D*, la meche qui eſt de trois pieces ; *B E*, les armures qui ſont de deux pieces ; *G G*, les écarts.

La Figure 7 eſt un barreau de ſix pieces avec des endents obliques. *A F D*, la meche qui eſt de trois pieces ; *H I K*, l'armure auſſi de trois pieces ; *G G G*, les écarts.

Figure 8, barreau de ſix pieces avec des endents en dés. *A F D*, la meche qui eſt de trois pieces ; *H I K*, l'armure qui eſt de trois pieces ; *G G G*, les écarts.

La Figure 9 eſt un barreau à endents obliques armé à l'ordinaire, mais ſans courbure. *Q M N*, la meche d'une piece ; *P O*, les deux armures ſéparées de la meche.

Figure 10, barreau formé de deux pieces poſées de champ avec des endents en dés. *Q M*, une de ces pieces ; *P O*, l'autre piece.

Figure 11, barreau à endents obliques & qui n'a point de tonture. Il y a deux pieces d'armure *L M* ; la meche eſt formée de quatre pieces, ſavoir, *C F D* & *D E*, *D K H* & *I D* ; les empatures ſont en *D*.

Figure 12, barreau droit avec des endents en dés ; ſavoir, *i k*, *k l* & *c d*, *d e*.

Figure 13, barreau courbe avec des endents obliques de trois pieces armé à l'ordinaire. *C A*, la meche d'une piece ; *E F*, l'armure de deux morceaux ; *B D*, la fleche de la courbe ; *a c*, épaiſſeur totale du barreau.

Figure 14, barreau de pareilles dimenſions que le précédent, & dont les endents étoient obliques ; mais la meche *A C* étoit de trois pieces *A B C* ; les écarts de la meche étoient en *E*.

Figure 15, barreau à endents obliques. A quelques-uns l'armure étoit de deux pieces *E F*, *F e* ; & à d'autres de trois *E F e*. Cette armure étoit courbe ; la meche, qui étoit droite par dessous, étoit formée de trois pieces *A C B*.

PLANCHE XXVII.

LA FIGURE *1* représente une poutre *A B* qui est fortifiée par une décharge ; les deux pieces *C D* s'arcboutent en *G*, & sont retenues dans les entailles *E F* ; *G H* est un boulon de fer qui lie les décharges avec la poutre.

A la Figure 2, la poutre *A B* est fortifiée en dessous par le tirant *I K* & les décharges *C D*, qui sont reçues dans des entailles *E F* qui sont faites au tirant *I K*, & ces décharges *C D* arcboutent par leur autre extrémité contre la piece *G H*.

La Figure 3 est un écrou de pressoir ; *A B*, sa longueur ; *A C*, *B C*, son épaisseur ; *C D*, sa largeur ; *E E*, les entailles pour embrasser les jumelles ; *F* le trou dans lequel sont formés les pas de l'écrou. Ces écrous sont très-sujets à rompre en *G* ; pour les fortifier, on a coutume de mettre sur la face supérieure les pieces courbes *G G Figure 4*, entre lesquelles passe la vis *I* : *H H* sont des bandes de fer qui lient l'une à l'autre les pieces courbes *G G* qu'on nomme *Solles torses* ; ces solles torses ne fortifient pas beaucoup les écrous, il vaut mieux, *Figure 5*, coucher sur l'écrou *A B*, aux deux côtés de la vis, les pieces droites *K K* ; à un pied ou dix-huit pouces au-dessus, on ajoute les pieces *L L*, & entre elles deux, les décharges *M M* qui sont reçues dans les entailles *N N* de la piece ou tirant *L L*, & dans les entailles *O O* de la piece *K K* ; il faut que cette piece appuie fortement sur l'écrou au point *P* : *Q Q*, sont des mortaises pour recevoir des paumelles qui lient les pieces que nous venons de représenter avec de pareilles pieces qui doivent être à la face postérieure de l'écrou ; *R S* représente la tête des jumelles.

La Figure 6 représente la coupe d'un mât d'assemblage fortifié par des bandes de fer, comme l'a proposé le sieur Barbé, Maître Mâteur du Roi à Brest. *A*, la meche ; *B*, les jumelles ;

c c c, les bandes de fer qu'a proposé le sieur Barbé.

Figure 7, la ligne *A B* représente la quille d'un Vaisseau neuf; & la ligne ponctuée *C D*, la quille d'un Vaisseau arqué.

Figure 8, la ligne *A B* représente la quille d'une Galere qui a sa tonture; & la ligne *C D*, la quille d'une Galere qui a chûté ou qui est arquée.

La Figure 9 sert à donner l'idée de l'amarrage d'une Galere dans le Port; *a b* sont des ancres d'amarrage qui répondent à l'avant de la Galere; *c d*, des organeaux scellés au quai, & qui assujétissent la poupe de la Galere.

La Figure 10 représente la coupe d'une Galere. *A B C*, la quille; *D E*, le coursier; *A G*, *C H*, les rodes de proue & de poupe; *F F F*, les épontilles.

Figure 11; *c c c*, les pieces de quille; *E E*, les bouts de ces différentes pieces; *D D D*, la coupe des madiers qui sont entaillés de la moitié de leur épaisseur dans la quille, & de l'autre moitié dans la contrequille *A A A*. On voit en *F F* les écarts qui joignent les unes aux autres les pieces de contrequille; *B B* est l'armure de la contrequille.

La Figure 12 sert à faire voir que la quille d'une Galere, représentée par *B B*, ne peut perdre sa tonture pour devenir comme *c c*, sans qu'elle augmente de longueur, à quoi s'opposent les endents des armures.

La Figure 13 représente comment on forme les écarts avec des endents, & comment on peut, par ce moyen, faire des tirants de plusieurs pieces.

Nota. *Nous n'avons éprouvé la force des Barreaux d'assemblage qu'en les chargeant dans leur milieu, comme le sont les poutres des bâtiments; cependant si l'on avoit besoin de tirants qui eussent une grande longueur, on pourroit les former de plusieurs pieces assemblées bout-à-bout par des écarts & des endents, comme l'a fait fort heureusement feu M. Pitrou, Inspecteur Général des Ponts & Chaussées, pour relier le Pont d'Orléans.* Voyez *le Recueil* in-folio *des différents Projets d'Architecture de cet Auteur, imprimés en 1756.*

La Figure 14 repréſente des vaigres ou fourrures de Galeres, comme on les poſoit avant le ſieur Reynoard, qui a joint à l'armure du courſier & de la quille la diſpoſition des vaigres, comme on le voit *Figure 15*.

La Figure 16 ſert à faire comprendre un raiſonnement qui eſt dans le Mémoire ſur l'armure des baux.

FIN.

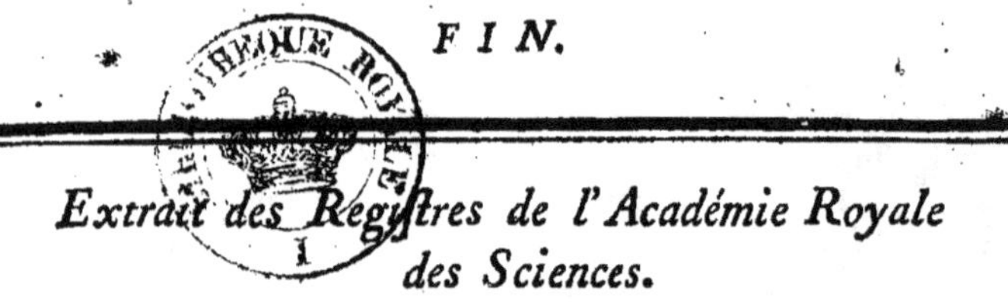

Extrait des Regiſtres de l'Académie Royale des Sciences.

Du dix-huit Janvier 1767.

MESSIEURS DE JUSSIEU, DEPARCIEUX & BÉZOUT, qui avoient été nommés pour examiner le huitieme & dernier Volume du *Traité complet des Bois & Forêts*, par M. DUHAMEL, en ayant fait leur rapport, l'Académie a jugé cet Ouvrage digne de l'impreſſion; en foi de quoi j'ai ſigné le préſent Certificat. A Paris, le 30 Janvier 1767.

GRANDJEAN DE FOUCHY,
Secretaire perpétuel de l'Académie Royale des Sciences.

On trouvera le Privilege à la fin du ſecond Volume du *Traité de l'Exploitation des Bois.*

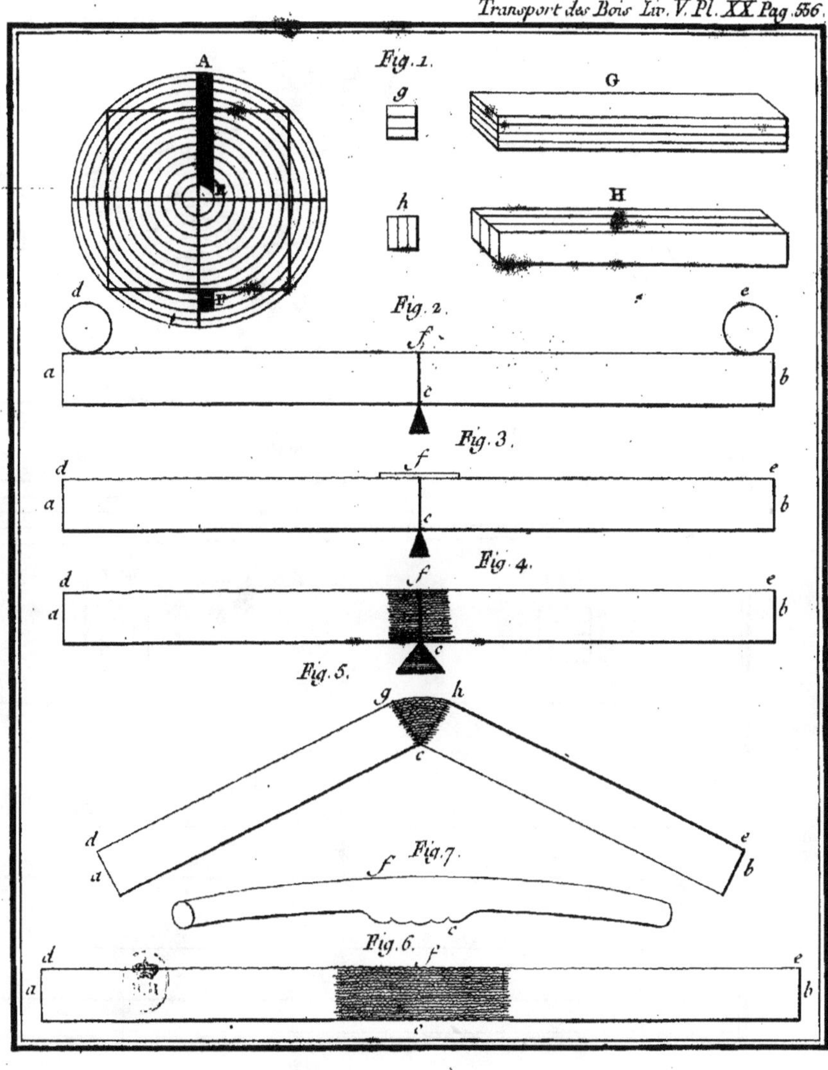
Fig. 1.
A
g
G
h
H
F
Fig. 2.
d
e
f
a
b
c
Fig. 3.
d
f
e
a
b
c
Fig. 4.
d
f
e
a
b
c
Fig. 5.
g
h
c
d
a
e
b
Fig. 7.
f
c
Fig. 6.
d
f
e
a
b
c

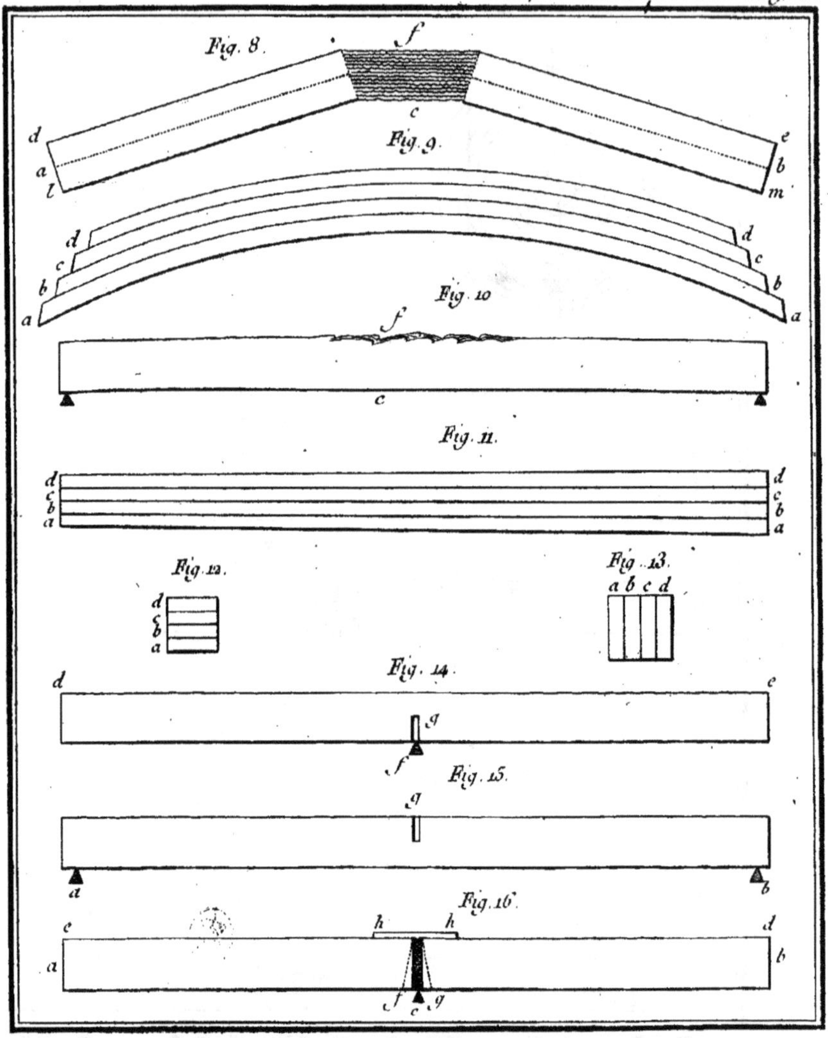

Fig. 8.

Fig. 9.

Fig. 10

Fig. 11.

Fig. 12.

Fig. 13.

Fig. 14.

Fig. 15.

Fig. 16.

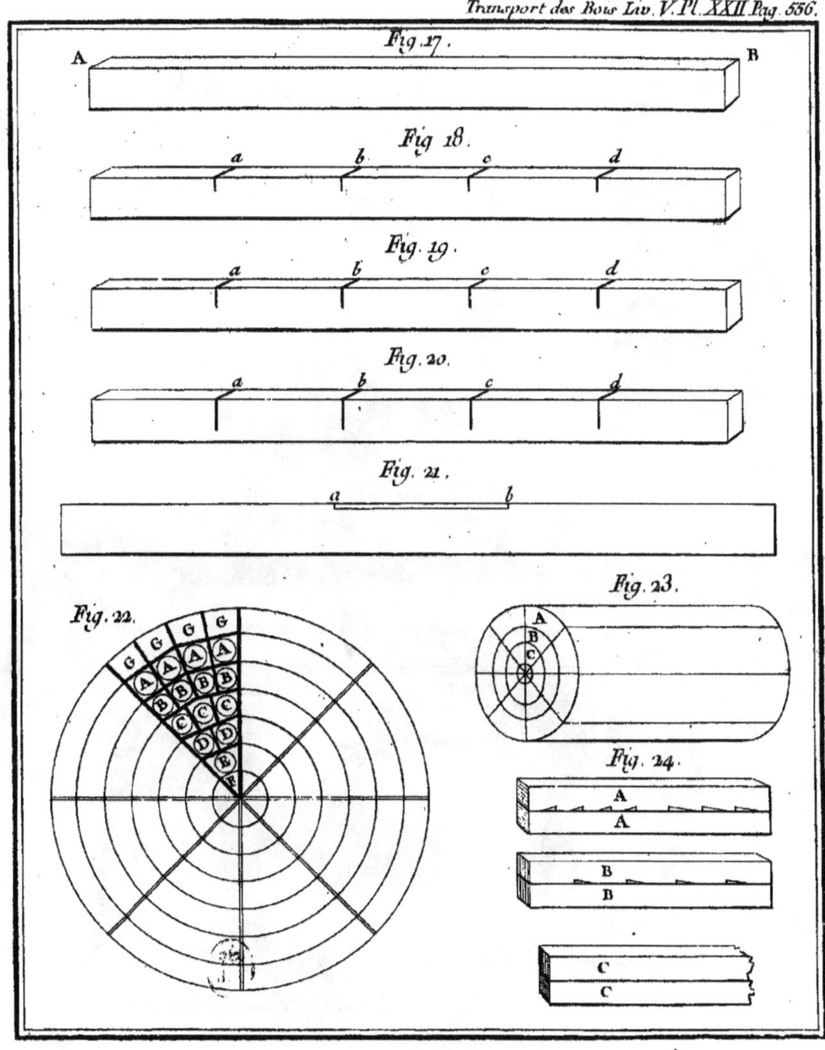
Fig. 17.
A
B
Fig. 18.
a
b
c
d
Fig. 19.
a
b
c
d
Fig. 20.
a
b
c
d
Fig. 21.
a
b
Fig. 22.
G
G
G
G
G
A
A
A
A
A
B
B
B
B
B
C
C
C
C
D
D
D
E
F
Fig. 23.
A
B
C
Fig. 24.
A
A
B
B
C
C

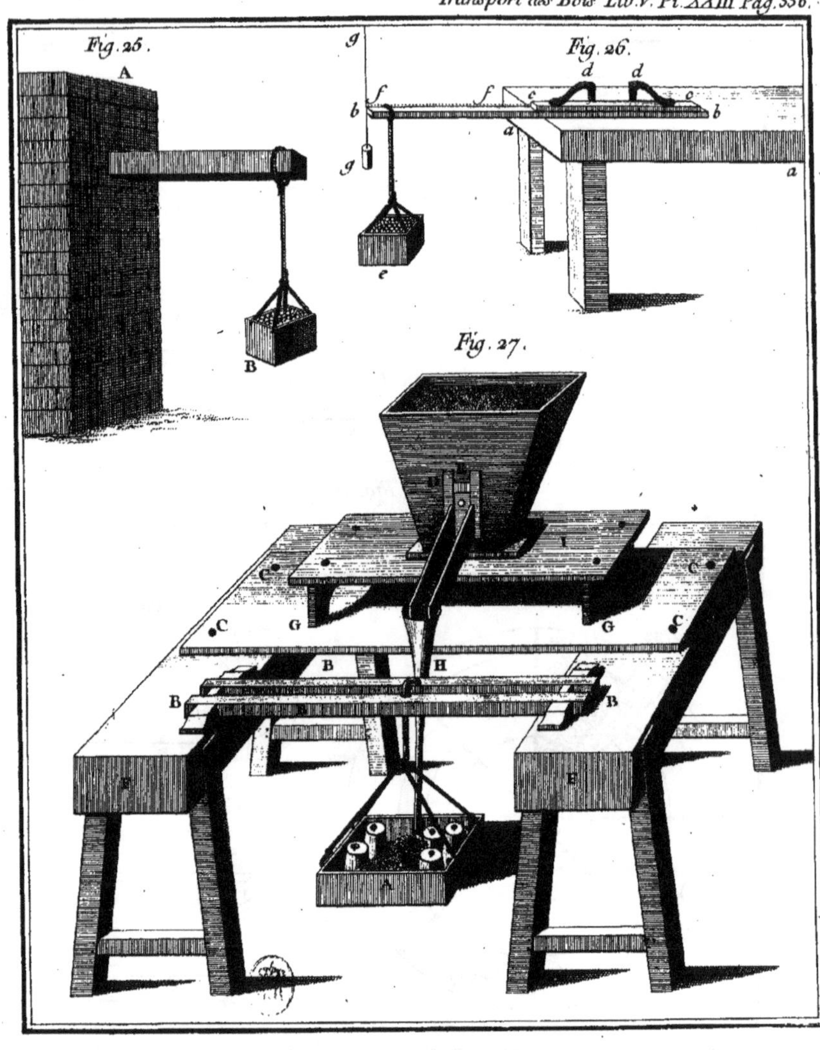
Fig. 25.
A
B
g
Fig. 26.
d
d
f
f
b
c
e
b
a
g
e
a
Fig. 27.
C
C
C
G
G
C
B
H
B
B
A

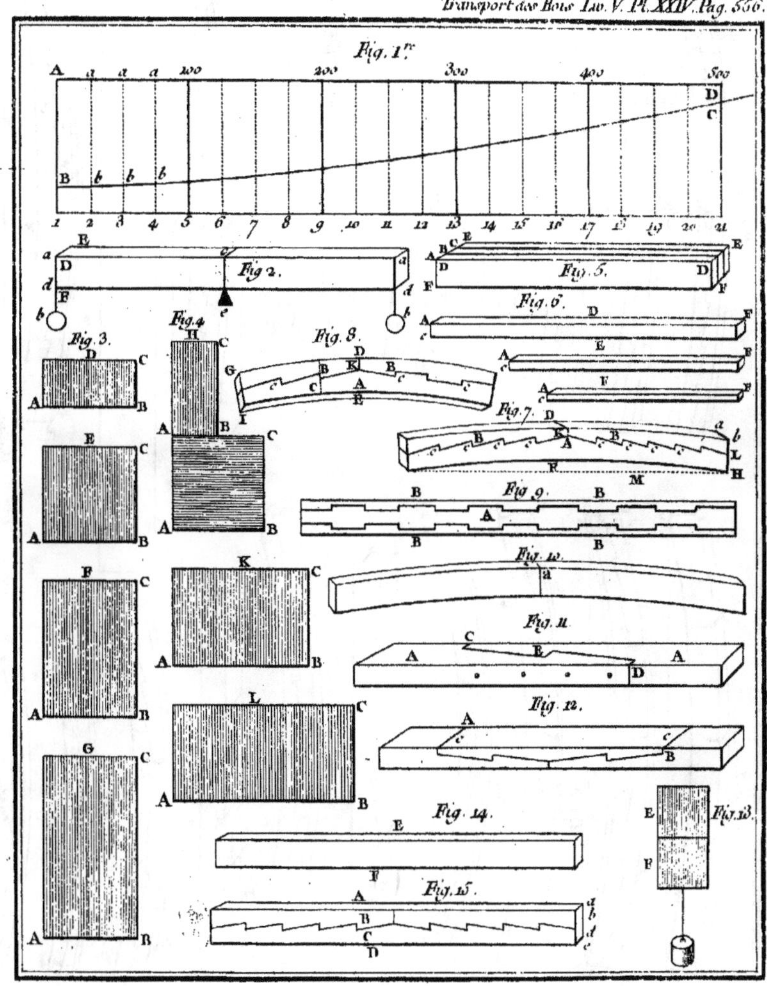

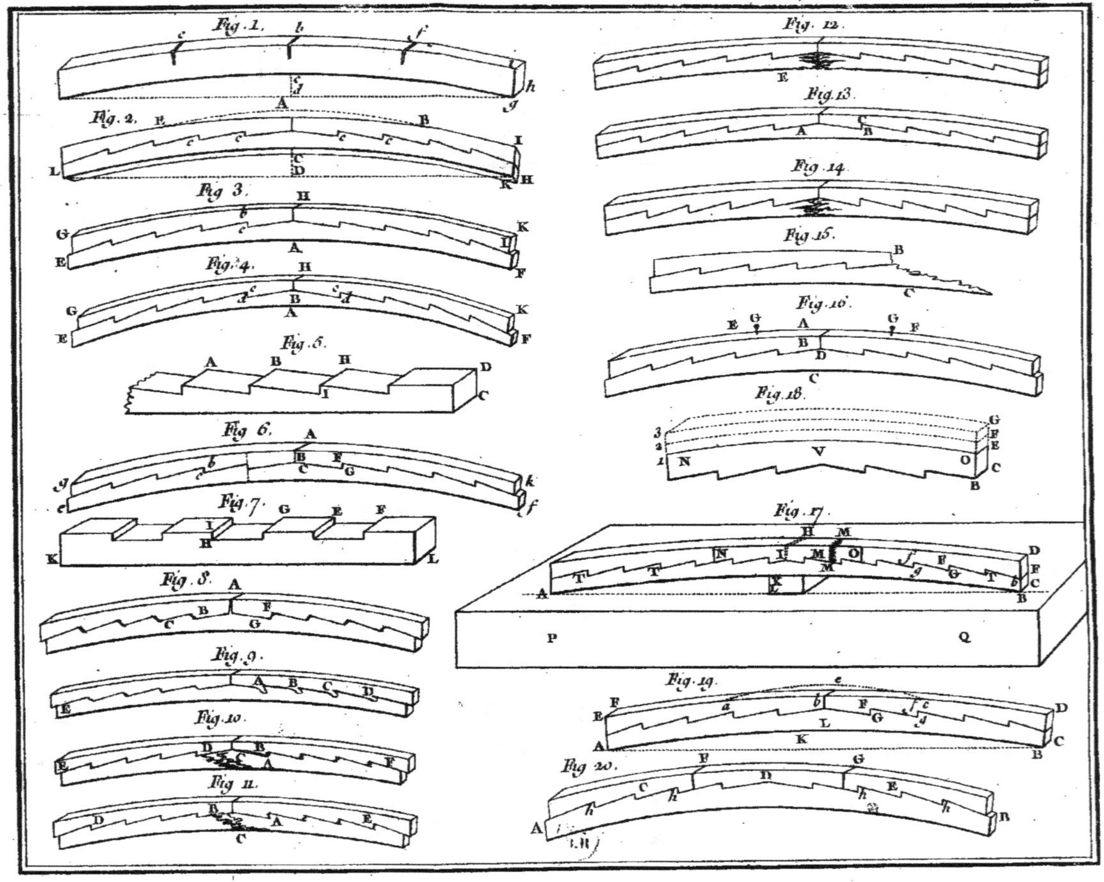

Fig. 1.

Fig. 2.

Fig. 3.

Fig. 4.

Fig. 5.

Fig. 6.

Fig. 7.

Fig. 8.

Fig. 9.

Fig. 10.

Fig. 11.

Fig. 12.

Fig. 13.

Fig. 14.

Fig. 15.

Fig. 16.

Fig. 18.

Fig. 17.

Fig. 19.

Fig. 20.

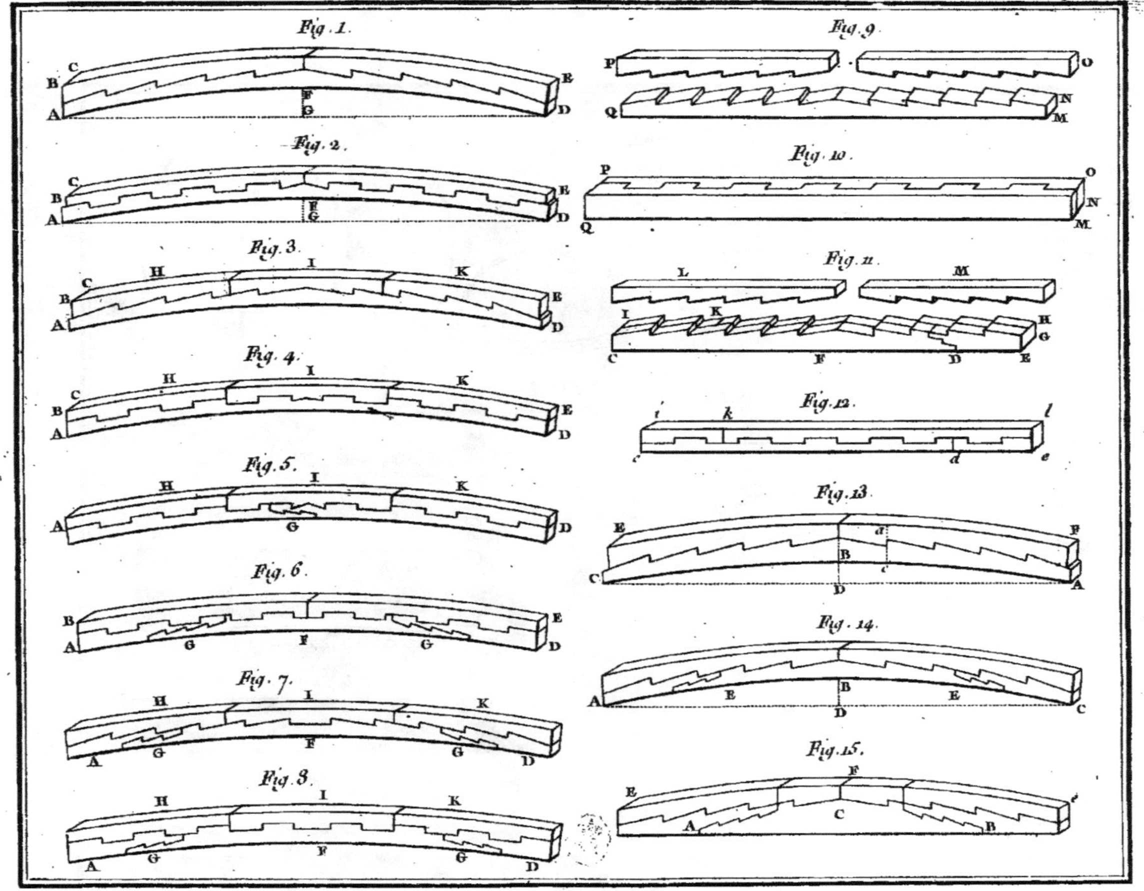

Fig. 1.

Fig. 2.

Fig. 3.

Fig. 4.

Fig. 5.

Fig. 6.

Fig. 7.

Fig. 8.

Fig. 9.

Fig. 10.

Fig. 11.

Fig. 12.

Fig. 13.

Fig. 14.

Fig. 15.

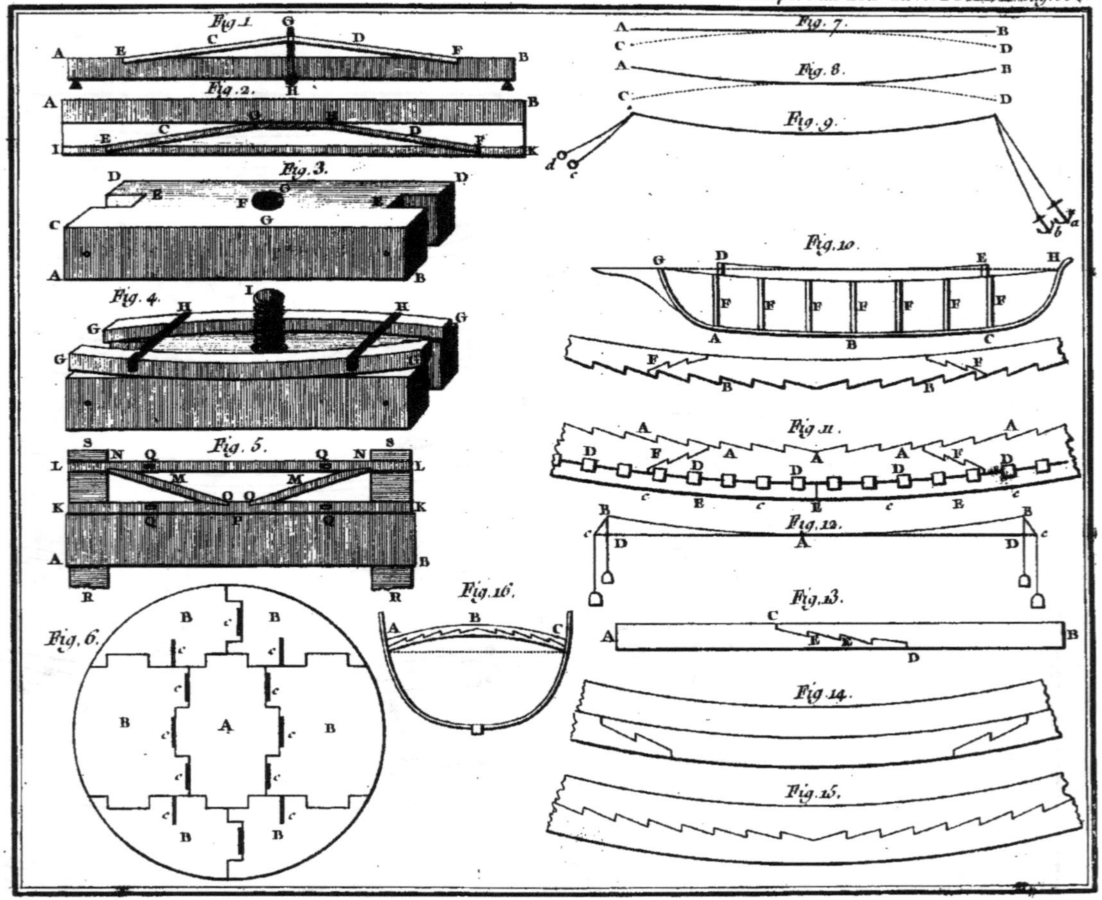

Fig. 1.

Fig. 2.

Fig. 3.

Fig. 4.

Fig. 5.

Fig. 6.

Fig. 7.

Fig. 8.

Fig. 9.

Fig. 10.

Fig. 11.

Fig. 12.

Fig. 13.

Fig. 14.

Fig. 15.

Fig. 16.

Duhamel du Monceau,
Henri-Louis

Du transport des bois

L.F. Delatour

1767

www.ingramcontent.com/pod-product-compliance
Lightning Source LLC
Chambersburg PA
CBHW060839220326
41599CB00017B/2334

* 9 7 8 2 0 1 1 8 6 1 1 3 9 *